建筑装饰装修
施工手册（第2版）

倪安葵 蓝建勋 孙友棣 吴颂荣 主编

中国建筑工业出版社

《建筑装饰装修施工手册》推荐说明

中国建筑装饰行业近 30 年快速发展，规模和产值都有了质的飞跃，涌现出一大批优质工程。伴随着装饰行业的快速发展，亟需加强行业理论体系建设，完善行业系统的施工工法和施工标准，打破行业发展的瓶颈，推动行业可持续发展。

为此，由广州市建筑装饰行业协会策划和组织，广州地区建筑装饰大型骨干企业共同编写了《建筑装饰装修施工手册》（以下简称《施工手册》），这是参编企业对近三十年来参与的各类重大工程施工过程中积累的先进技术和管理经验的汇集、总结和升华，具有规范性、适用性、先进性和引导性。

《施工手册》对克服行业工程质量通病，保障工程质量，引领企业争创、多创"精品工程"，推动提升行业工程质量，提升安全、绿色施工管理水平，具有积极促进作用。为此，中国建筑装饰协会给予郑重推荐。

中国建筑装饰协会

2017 年 9 月

前言

本《施工手册》由广州市建筑装饰行业协会策划和组织，广州地区骨干大型建筑装饰企业共同参与编写完成；这些企业近年参与了大量重大工程项目实践，具有丰富的建筑装饰施工技术和管理经验。本书是这些企业先进施工技术、先进做法和先进管理经验的总结、整合和升华，具有规范性、适用性及引导性。

本《施工手册》对12个建筑装饰分项展开，具体为地面工程、抹灰工程、防水工程、门窗工程、吊顶工程、轻质隔墙工程、饰面板工程、饰面砖工程、建筑幕墙工程、涂饰工程、裱糊与软包工程、细部工程，覆盖了建筑装饰工程的全项目、全工种和全流程，具有如下7个突出特点：（1）以国家《建筑装饰装修工程质量验收标准》（GB 50210–2018）量身定做，符合最新国家施工验收标准要求；（2）融入最新国家工程建设强制性条文及规范内容，指导施工具有合规性；（3）注入了一批近年新出现的新工艺如人造板幕墙、光伏幕墙、采光顶与金属屋面、纳米复合涂料等，提高了标准的先进性；（4）加入装配化装修施工及绿色装饰施工内容，符合建筑装饰行业技术发展方向；（5）对常见质量安全隐患点如水平吊挂石、玻璃吊顶、承受水平推力玻璃栏板等采取了相应措施，有利于消除质量安全隐患；（6）融入项目管理内容，有利于促进绿色施工及项目管理水平；（7）力求准确详细、图文并茂，现场可操作性强。本《施工手册》可作为指导企业项目施工、内部验收、编写施工方案、技术交底等的依据，也可供高校相关专业师生参考。

本《施工手册》在编写过程中，得到了行业协会、参编企业专家及出版社的大力支持，在此，表示衷心感谢！

编者

2020 年 5 月于广州

目录

➡

轻质隔墙工程

饰面板工程

饰面砖工程

建筑幕墙工程

➡

第 10 章 涂饰工程

第 11 章 裱糊与软包工程

第 12 章 细部工程

第 1 章

地面工程

➡

第1节

整体自流平面层施工工艺

1 / 总则

1.1 适用范围
本施工工艺适用于地面的自流平面层施工。

1.2 编制参考标准及规范
1.《建筑装饰装修工程质量验收标准》
   （GB 50210-2018）
2.《建筑工程施工质量验收统一标准》
   （GB 50300-2013）
3.《民用建筑工程室内环境污染控制标准》
   （GB 50325-2020）
4.《建筑地面工程施工质量验收规范》
   （GB 50209-2010）

2 / 施工准备

2.1 技术准备

熟悉施工图纸，依据技术交底和安全交底做好施工准备。

2.2 材料要求

1. 水泥基或石膏基自流平材料

自流平水泥基骨料或石膏基骨料、硬化剂等材料应有出厂合格证、性能检验报告、环保检测报告等。

2. 环氧树脂自流平材料

环氧树脂、固化剂、稀释剂、填料（天然耐磨矿石粉）、颜料助剂（分散剂、流平剂、消泡剂）等材料，应有出厂合格证、性能检验报告、环保检测报告。

2.3 主要机具

1. 水泥基或石膏基自流平施工的主要机具

❶ 机械：研磨机、吸尘器、电动搅拌机、手提电动磨光机、角磨机、电动搅拌机、砂浆泵、消泡滚筒等。❷ 工具：消泡针或辊、手推车、喷壶、铁锹、大（小）水桶、镘刀、搅拌桶、锯齿刮板、钉鞋、多用刀、墨斗、小线、扫帚、托线板、线坠等。❸ 计量检测用具：电子秤、靠尺、钢尺、水准仪、水平尺。

2. 环氧树脂自流平施工的主要机具

❶ 机械：打磨机、吸尘器、电动搅拌机、手提电动磨光机、角磨机、消泡滚筒等。❷ 工具：消泡针或辊、手推车、喷壶、锯齿镘刀、镘刀、刮板、毛刷、铲刀、手推车、大小装料桶、钢丝刷、多用刀、墨斗、小线、扫帚、托线板、线坠等。❸ 计量检测用具：电子秤、靠尺、钢尺、水准仪、水平尺、温湿度测量仪。

2.4 作业条件

❶ 地面（或楼面）的垫层以及预埋在地面内各种管线已做完。穿过楼面的竖管已安完，管洞四周已堵塞密实。❷ 水泥基或石膏基自

流平砂浆地面施工温度应为5℃～35℃，相对湿度不宜高于80%。
❸ 环氧树脂自流平地面施工区域严禁烟火，不得进行切割或电气焊等操作。❹ 环氧树脂自流平地面施工环境温度宜为15℃～25℃，相对湿度不宜高于80%，基层表面温度不宜低于5℃。❺ 水泥基或石膏基自流平与环氧树脂自流平，对基层混凝土的依赖性各不相同，因此，如基层平整度偏差较大时，建议选择水泥基或石膏基自流平。❻ 环氧树脂自流平地面面层施工时，现场应避免灰尘、飞虫、杂物等沾污。❼ 大面积装修前已按设计要求先做样板间，经检查鉴定合格后，可大面积施工。❽ 在操作前已进行技术交底，强调技术措施和质量标准要求。

3 施工工艺

3.1 水泥基或石膏基自流平

1. 水泥基或石膏基自流平工艺流程

图1.1.3-1 水泥基或石膏基自流平工艺流程

2. 操作工艺

❶ 基层检查：施工前应认真清理基层，基层应无明水，无油渍、浮浆层等残留物。

❷ 基层处理：① 对于旧的平整度不理想的基层应采用局部打磨或整体打磨的方法进行彻底打磨、吸尘。② 对于基层表面有油渍，应使用清洗剂处理，然后用清水冲洗，使基层表面清洁干净，并充分干燥。③基层表面应平整，用2m直尺检查时，其偏差应在2mm以内。

❸ 涂刷自流平界面剂：① 根据标高控制线，测出面层标高，并弹在四

周墙或柱上。② 应在处理好的基层上涂刷自流平界面剂，不得漏涂和局部积液，以消除基层表面的空洞和砂眼，增加与面层的结合力。

❹ 制备浆料：① 制备浆料可采用人工法或机械法，并应充分搅拌至均匀无结块为止。② 人工法制备浆料时，将准确称量好的拌合用水倒入干净的搅拌桶内，开动电动搅拌器，徐徐加入已精确称量的自流平材料，持续搅拌 3min～5min，至均匀无结块为止，静置 2min～3min，使自流平材料充分润湿，排除气泡后，再搅拌 2min～3min，使料浆成为均匀的糊状。③ 机械法制备浆料时，将拌合用水量预先设置好，再加入自流平材料，进行机械拌合，将拌合好的自流平砂浆泵送到施工作业面。自流平材料成分较多，在大型工程中建议使用机械搅拌，否则会影响分散效果。拌合时兑水量应准确，自流平材料发生反应所需水量比例是固定的，过多或过少都会降低材料的主要性能。

❺ 摊铺自流平浆料：为了减少施工缝，要连续浇筑，中间停顿时间不超过 5min。自流平地面厚度要在一次浇注中达到。

❻ 养护：施工完成后的自流平地面，应在施工环境条件下养护 24h 以上方可使用。

3. 质量关键要求

❶ 室内施工时，因室内通风会造成自流平地面开裂，因此要关闭门窗，封闭现场。施工要求基层和环境的清洁、无其他工种的干扰，不允许间断或停顿。❷ 浆料摊平后，宜采用自流平消泡滚筒放气。采用消泡滚筒放气时，需注意消泡滚筒的钉长与摊铺厚度的适应性，消泡滚筒主要辅助浆料流动并减少拌料和摊铺过程中所产生的气泡及接茬，操作人员需穿钉鞋作业。❸ 养护期需避免强风气流，温度不能过高，当温度或其他条件不同于正常施工环境条件，需要视情况调整养护时间。水泥基自流平未达到规定龄期前，虽可上人，但易被污染，因具有一定的柔性，不耐刻划，需要进行成品保护。

3.2 环氧树脂自流平

1. 环氧树脂自流平工艺流程

图 1.1.3-2 环氧树脂自流平工艺流程

2. 操作工艺

❶ 基层检查与处理： 同水泥基或石膏基自流平的操作工艺。

❷ 涂刷底涂： ① 根据标高控制线，测出面层标高，并弹在四周墙或柱上。② 按产品说明配置底层涂料，搅拌均匀后用硬刷或滚筒涂刷一道薄的涂层，要保持涂层的连续性。多孔基面要涂刷 2 道，以免底层涂料起泡或有空气进入。底层涂料养护 12h 以上，确认固化后方可进行下道施工工序。

❸ 配制涂料： 按产品说明配制环氧树脂自流平涂料，用强制搅拌器或装有搅拌叶的重荷低速钻机搅拌均匀。搅拌时缓慢加入原材料，持续搅拌 3min～5min 直至完全均匀。

❹ 涂刷： 将搅拌好的环氧树脂自流平涂料倒在刷过底层涂料，并经打磨吸尘后的基层面上，用刮板缓慢涂抹至适当厚度（如设计没明确厚度，建议涂抹的厚度为 3mm）。注意不要在树脂基面过度涂抹。

❺ 滚压： 涂刷后立即用带齿滚筒在同一水平方向上前后滚压。后一次滚压与前一次滚压至少重叠 50%，滚压可消除抹痕且有助于气泡的释放。30min～60min 后再次滚压，消除其他不平整痕迹。如仍有气泡翻溢出来则应再做滚压。

❻ 养护： 施工完成的地面应立即进行成品保护，防止灰尘、杂物等的污染，避免硬物划伤。确认硬化后涂一道保护蜡，保护涂膜表面。干燥后用抛光机打磨抛光。自然养护时间不少于 7d，方可交付使用。

3. 质量关键要求

由于自流平面层较薄，易失水，产生裂纹。故施工现场应封闭，减少空气流通和穿堂风。施工时要求基层和环境清洁、无其他工序的干扰，不允许间断或停顿。

4. 季节性施工

❶ 冬期施工时，应按冬期施工要求采取保温、防冻措施，环境温度不得低于 5℃。**❷** 环氧树脂自流平是坚硬、耐化学侵蚀的涂层，但在寒冷气候施工较困难，同时也需经常注意防止粉化和泛黄。

4 / 质量要求

4.1　主控项目

❶ 自流平面层的铺涂材料应符合设计要求和国家现行有关标准的规定。

检验方法：观察和检查材质的检验报告、出厂合格证明文件。

❷ 自流平涂料配合比要准确、无误。

检验方法：检查配合比通知单和检测报告。

❸ 涂层厚度均匀并应符合设计要求。

检验方法：观察或用针测法检查。

❹ 自流平面层的基层强度等级不应小于 C20。

检验方法：检查强度等级检测报告。

❺ 自流平面层的各构造层之间应粘结牢固，层与层之间不应出现分离、空鼓现象。

检验方法：用小锤轻击检查。

❻ 自流平面层的表面不应有开裂、漏涂和倒泛水、积水等现象。

检验方法：观察和泼水检查。

4.2　一般项目

❶ 自流平面层应分层施工，面层找平施工时不应留有抹痕。

检验方法：观察和检查施工记录。

❷ 自流平面层表面应光洁，色泽应均匀、一致，不应有起泡、泛砂等现象。

检验方法：观察。

❸ 自流平面层允许偏差和检验方法应符合表 1.1.4-1 的规定。

表 1.1.4-1　自流平地面允许偏差和检验方法

检验项目	允许偏差（mm）	检验方法
表面平整度	2	用 2m 靠尺和楔形塞尺检查
踢脚线上口平直	3	拉 5m 线和用钢尺检查
缝格顺直	2	拉 5m 线和用钢尺检查

5 / 成品保护

❶ 施工工作面的自流平未达到强度前，尽量封闭通行，避免污染或损坏。❷ 铺贴塑料薄膜罩进行成品保护。❸ 电气和其他设备在进行安装时，应注意保护已经施工好的饰面，以防止污染或损坏。❹ 冬期施工的水泥砂浆地面操作环境如低于 5℃时，应采取必要的防寒保暖措施，严格防止发生冻害，尤其是早期受冻，会使面层强度降低，造成起砂、裂缝等质量事故。❺ 如果先做地面，后做墙面时，要特别注意对面层进行覆盖，并严禁直接在面层上拌合砂浆和储存砂浆。

6 / 安全、环境及职业健康措施

6.1　安全措施

❶ 施工现场尽量避免使用碘钨灯或其他高温照明设备，不得动用明火。❷ 施工现场临时用电均应符合现行行业标准《施工现场临时用电安全技术规范》（JGJ 46）的规定。❸ 施工作业面，必须设置足够的照明，配备足够、有效的灭火器具，并设有防火标志及消防器具。

6.2　环保措施

❶ 严格按现行国家标准《民用建筑工程室内环境污染控制标准》（GB 50325）进行室内环境污染控制。对环保超标的原材料拒绝进场。❷ 装卸材料应做到轻拿轻放，最大限度地减少噪声。夜间材料运输车辆进入施工现场时，严禁鸣笛。❸ 剩余的材料不得乱扔乱倒，必须按有害废弃物进行集中回收、处理。❹ 机械作业时，采取降低噪声措施，减少噪声污染。❺ 自流平施工环境因素控制见表 1.1.6-1，应从其环境因素及排放去向控制环境影响。

表 1.1.6-1 自流平施工环境因素控制

序号	环境因素	排放去向	环境影响
1	水、电的消耗	周围空间	资源消耗、污染土地
2	铣刨机、研磨机、打磨机、吸尘器、电动搅拌机、手提电动磨光机、角磨机、滚筒、专用振动器等施工机具产生的噪声排放	周围空间	影响人体健康
3	用剩涂料的废弃	垃圾场	污染土地

6.3 职业健康安全措施

❶ 在施工中工人应戴防护口罩。❷ 涂料的大部分溶剂和稀释剂中挥发性有机化合物，含有不同程度的毒性，施工现场应有通风排气设施，操作人员应做好劳动保护措施。

7 / 工程验收

❶ **自流平工程验收检查文件和记录：** ① 自流平工程的施工图、设计说明及其他设计文件；② 材料的样板及确认文件；③ 材料的产品合格证书、性能检测报告、进场验收记录和复验报告；④ 施工记录。

❷ **各分项工程的检验批的划分：** 每一层次或每层施工段（或变形缝）划分检验批，高层建筑的标准层或按每三层（不足三层按三层计）划分检验批。

❸ **检查数量应符合下列规定：** 每检验批应随机检验不少于 3 间；不足 3 间，应全数检查；走廊（过道）应以 10 延长米为 1 间，工业厂房（按单跨计）、礼堂、门厅应以两个轴线为 1 间计算。

❹ **检验批合格质量和分项工程质量验收合格的规定：** ① 抽查样本主控

项目均合格；一般项目 80% 以上合格，其余样本不得影响使用功能或明显影响装饰效果的缺陷，其中有允许偏差和检验项目，其最大偏差不得超过规定允许偏差的 50% 为合格。均须具有完整的施工操作依据、质量检查记录。② 分项工程所含的检验批均应符合合格质量规定，所含的检验批的质量验收记录应完整。

❺ **分部（子分部）工程质量验收合格的规定：** ① 分部（子分部）工程所含分项工程的质量均应验收合格；② 质量控制资料应完整；③ 观感质量验收应符合要求。

8 / 质量记录

整体自流平面层施工质量记录包括：❶ 自流平面层涂料的检验报告、出厂合格证明文件；❷ 面层材料配比通知单；❸ 检验批质量验收记录；❹ 分项工程质量验收记录。

整体水磨石面层施工工艺

1 / 总则

1.1 适用范围

本施工工艺适用于施工现场捣制水磨石面层施工。

1.2 编制参考标准及规范

1. 《建筑装饰装修工程质量验收标准》
（GB 50210-2018）

2. 《建筑工程施工质量验收统一标准》
（GB 50300-2013）

3. 《民用建筑工程室内环境污染控制标准》
（GB 50325-2020）

4. 《建筑地面工程施工质量验收规范》
（GB 50209-2010）

5. 《通用硅酸盐水泥》
（GB 175-2007）

6. 《白色硅酸盐水泥》
（GB/T 2015-2017）

7. 《普通混凝土用砂、石质量及检验方法标准》
（JGJ 52-2006）

8. 《混凝土用水标准》
（JGJ 63-2006）

2 / 施工准备

2.1 技术准备

熟悉施工图纸，依据技术交底和安全交底做好施工准备。

2.2 材料要求

1. 水泥

❶ 硅酸盐水泥、普通硅酸盐水泥或矿渣硅酸盐水泥强度等级不低于42.5级。原色水磨石面层宜用42.5级普通硅酸盐水泥；彩色水磨石宜用白水泥（不低于42.5级）加颜料或彩色水泥。❷ 严禁不同品种、不同强度等级的水泥混用，同一颜色的面层，应使用同一批水泥。❸ 水泥进场应有产品合格证和出厂检验报告，进场后应进行取样复试。其质量必须符合现行国家标准《通用硅酸盐水泥》（GB 175）与《白色硅酸盐水泥》（GB/T 2015）的规定。

2. 石粒

应选用坚硬、可磨的白云石、大理石等岩石加工而成的石粒，其品种、规格、颜色应根据设计要求进行选定。石粒粒径除特殊要求外应为4mm～14mm，石粒最大粒径应比水磨石面层厚度小1mm～2mm。各种石粒应按不同品种、规格、颜色分别存放，且不可混杂。

3. 分格条

❶ 一般有玻璃条、铜条、铝条、彩色塑料条、导电金属分格条。❷ 玻璃条厚3mm、5mm，宽12mm～15mm；铜条、铝条、导电金属分格条厚3mm，宽12mm～15mm；彩色塑料条厚2mm～3mm，宽10mm。❸ 使用时，长度由分块尺寸决定。

4. 河砂

选用粗砂或中砂，含泥量不应大于3%，符合现行行业标准《普通混凝土用砂、石质量及检验方法标准》（JGJ 52）的规定。

5. 水

宜采用饮用水。当采用其他水源时，其水质应符合现行行业标准《混凝

《拌
土用水标准》（JGJ 63）的规定。

6. 颜料

应选用耐碱、耐光性强、着色好的矿物颜料，并应有出厂合格证。颜料掺入量一般为水泥重量的 3%～6%或由试验确定。同一颜色面层，应使用同厂、同批的颜料。如采用彩色水泥，可直接与石粒拌合使用。

7. 草酸

工业用块状或粉状草酸。

8. 地板蜡

宜采用成品地板上光蜡。

2.3 主要机具

❶ 机械：砂浆搅拌机、磨石机、手提磨石机、打蜡机、手枪钻等。
❷ 工具：铁辊、木抹子、铁抹子、筛子、毛刷子、铁簸箕、手推车、平锹、磨石、胶皮水管、大小水桶、扫帚、钢丝刷、錾子、小线、胶皮刮板、喷壶、墨斗等。❸ 计量检测用具：水准仪、磅秤、台秤、靠尺、坡度尺、塞尺、钢尺等。

2.4 作业条件

❶ 室内标高控制线已测设，并经预检合格。地面基层已施工完，办完交接检查手续。❷ 门框安装完，并已进行保护。❸ 穿过楼板的设备管线已安装完，管洞四周已用细石混凝土填塞密实。❹ 墙体、顶棚抹灰完。屋面或顶层楼板防水已做好。❺ 如采用白水泥加颜料拌制，则事先按不同配比制作样板待设计人员或业主认可。❻ 在操作前已进行技术交底，强调技术措施和质量标准要求。

3 / 施工工艺

3.1 整体水磨石面层施工工艺流程

图 1.2.3-1　整体水磨石面层施工工艺流程

3.2 操作工艺

1. 基层处理

❶ 施工前应认真清理基层，基层应无明水，无油渍、杂物、浮浆层等残留物。❷ 根据标高控制线，量出面层标高，在墙（柱）上分别弹出水磨石面层及找平层水平标高线。大面积施工时，应增设标高控制点，并做到房间和楼道、楼梯平台标高协调一致。

2. 抹找平层

❶ 在清理好的地面基层上，用喷壶均匀洒水一遍进行湿润。按已弹好的找平层标高控制线，用砂浆抹灰饼，间距 1.5m，然后用砂浆连接灰饼冲筋。有泛水的施工位置按设计要求的坡度找坡，冲筋应朝地漏方向呈放射状。❷ 将冲筋剩余的浆渣清理干净，涂刷一遍聚合物水泥浆粘结层（水灰比为 0.4~0.5），随刷随铺 1∶3 水泥砂浆。根据冲筋高度用平锹或木抹子将砂浆铺装在冲筋之间，用木抹子摊平拍实，刮杠刮平，确保表面平整、密实。

3. 养护

抹好找平层后，第二天应洒水养护至少 1d，待抗压强度达到 1.2MPa后，方可进行下道工序。

4. 分格条镶嵌

❶ 以十字线为准，弹出分格线或图案线。用水泥浆将分格条下口两边

抹成八字形后粘贴固定。两边固定砂浆堆成对称三角形，高度为分格条的 1/2～2/3，并应低于分格条 3mm～6mm。❷ 采用铜条时，应预先在两端头下部 1/3 处打眼，并穿入 22 号铁丝或铜丝，锚固于下口八字水泥浆内。❸ 防静电水磨石面层中采用导电金属分格条时，分格条应做绝缘处理，且十字交叉处不得碰接。

5. 拌制水磨石料

❶ 水磨石面层拌合料配比一般为 1：1.5～1：2.5（水泥：石粒），配合比应计量准确，拌合均匀。❷ 如采用白水泥加颜料，应反复干拌均匀，使颜料均匀混合在白水泥中。❸ 有防静电要求时，拌合料内应按设计要求掺入导电材料。

6. 铺拌合料

❶ 铺水磨石拌合料前，先用清水将找平层洒水湿润，涂刷与面层颜色相同的水泥浆结合层，亦可在水泥浆内掺加胶粘剂，其水灰比为 0.4～0.5。要涂刷均匀，随刷随铺拌合料，防止面层空鼓。❷ 铺设时将搅拌均匀的拌合料先铺抹分格条边，后铺入分格条框中间，用铁抹子由中间向边角推进。抹压后的水磨石拌合料厚度要与分格条持平。❸ 水磨石面层厚度宜为 12mm～18mm。❹ 铺设的水磨石地面应在 24h 之内加以覆盖，并浇水养护，一般养护时间为 5d～7d。

7. 磨光与出光

❶ 开磨前应进行试磨，以表面石子不松动为准。当水磨石面层表面强度达到 10MPa～13MPa 时开磨比较合适，强度过低打磨时容易掉石，强度过高，又难以打磨。一般开磨时间见表 1.2.3-1。

表 1.2.3-1　开磨时间表

平均温度（℃）	开磨时间（d）	
	机磨	人工磨
20～30	3～4	2～3
10～20	4～5	3～4
5～10	5～6	4～5

❷ 大面积施工宜用机械磨石机研磨，小面积、边角处可使用小型手提式磨石机研磨。对局部无法使用机械研磨时，可用手工研磨。❸ 磨光遍数：普通水磨石的面层一般磨光三次，补浆两次，即所谓"两浆三磨"，同时根据各次（遍）打磨的要求、特点选用不同规格的磨石。第一遍粗磨：用54号~70号磨石，使磨石机在地面施工路径为横"8"字形，随磨随用水冲洗，并用2m靠尺检查表面的平整度，直至表面磨平、磨匀，石子与分格条显露清晰（边角处用人工磨成同样的效果）。同时将磨光面层表面显现的细小空隙和凹痕冲洗干净，至其内无水无灰尘等杂物，待稍干后，用胶皮刮板将较浓的同色水泥浆满刮，将孔隙补实，刮浆约半小时后，待局部孔眼收缩，再补浆一次，湿润养护2d~3d。第二遍细磨：用90号~120号磨石磨第二遍，边磨边用2m长靠尺检查表面平整度，表面应基本光滑，分格条清晰。用水冲洗干净后，再满刮稠浆一遍，养护2d~3d。第三遍精磨：用180号~240号磨石磨至表面光滑且无磨纹、无砂眼，用水冲洗后晾干。如属高级水磨石，则面层厚度与磨光遍数，由设计确定。❹ 水磨石面层磨光后，在涂草酸和上蜡前，其表面不得污染。平整度、光滑度达到要求的水磨石面层，可进行擦草酸打磨出光。涂刷10%~15%的草酸溶液，或直接在水磨石面层上倒入适量水与草酸粉，随后用280号~320号磨石细磨，磨至出白浆、表面光滑为止。然后用清水洗干净并擦干。

8. 打蜡抛光

将成品蜡用海绵在面层上薄薄均匀涂一层，用打蜡机在磨石面层上反复进行磨光。用同样的方法再打第二遍蜡，直到光滑洁亮为止。打蜡机操作不到的边角处用人工打蜡出光。

3.3　　质量关键要求

❶ 各种颜色的水磨石拌合料不可以同时铺抹，要先铺抹深色的，后铺抹浅色的；先铺大面，后做镶边；待深色的凝固后，再铺浅色浆，避免混包。❷ 墙角、门口及有暗管部位，铺设拌合料时厚薄应一致，抹压时用力均匀，以免与基层粘结不牢而导致空鼓等缺陷。❸ 面层施工时，控制面层拌合料的铺设厚度，并掌握好铺设速度与磨光速度，使之相协调，避免开磨时间过迟，防止分格条显露不清。❹ 严格材料使用，同一部位应使用同一厂家、同一批号材料。水泥、石粒、颜料等应一次进场，中间不得更换供货厂家，保持品种、规格一致，并固定专人

统一配料，防止彩色磨石面层颜色深浅不一，彩色石子粒径大小分布不均匀。

3.4 季节性施工

❶ 进入冬季期间，气温较低时，磨石地面抹底灰、铺面层、磨光等工序必须连续作业，不得间断。完成后应做好门窗封闭，覆盖保温，防止面层与基层之间的游离水冻结造成空鼓。❷ 冬期施工时，搅拌温度和操作环境温度均不得低于 5℃。❸ 冬期施工的水磨石面层成品，均需及时使用保温材料进行覆盖，需保证养护环境温度在 5℃以上。严冬不宜进行现制水磨石施工。

4 / 质量要求

4.1 主控项目

❶ 水磨石面层的石粒，应采用白云石、大理石等岩石加工而成，石粒应洁净无杂物，其粒径除特殊要求外，应为 6mm～16mm。颜料应采用耐光、耐碱的矿物原料，不得使用酸性原料。

检验方法：观察和检查材质合格证明文件。

❷ 水磨石面层拌合料的体积比应符合设计要求，且为 1∶1.5～1∶2.5（水泥∶石粒）。

检验方法：检查配合比通知单和检测报告。

❸ 防静电水磨石面层应在施工前及施工完成表面干燥后进行接地电阻检测，并做好记录。

检验方法：检查施工记录和检测报告。

❹ 面层与下一层结合应牢固，且应无空鼓、裂纹。当出现空鼓时，空鼓面积不应大于 400cm²，而且每自然间或标准间不应多于 2 处。

检验方法：观察和用小锤轻击检查。

4.2 一般项目

❶ 表面光滑，无明显裂纹、砂眼和磨纹，石粒密实，显露均匀，颜色图案一致，不混色。分格条牢固、顺直和清晰。

检验方法：观察。

❷ 地面镶边接缝严密，相邻处不混色，分色线顺直，边角整齐光滑，清晰美观。

检验方法：观察。

❸ 水磨石面层允许偏差和检验方法应符合表 1.2.4-1 的规定。

表 1.2.4-1 水磨石面层的允许偏差和检验方法

检验项目	允许偏差（mm）		检验方法
	普通	高级	
表面平整度	3	2	用 2m 靠尺和楔形塞尺检查
踢脚线上口平直	3	3	拉 5m 线和用钢尺检查
缝格顺直	3	2	拉 5m 线和用钢尺检查

5 成品保护

❶ 面层养护期间不得上人操作，在已完工的地面上进行其他专业施工时，应对梯子腿、小车腿等进行包裹，避免划伤地面。面层上禁止直接堆放油漆、涂料，以防污染地面。❷ 运输材料时注意保护好门框（包铁皮保护）和分格条。❸ 对下水口、地漏应及时进行保护。磨水磨石面层时，研磨的水泥废浆应及时清除，不得流入下水口及地漏内，以防堵塞。❹ 在养护过程中（不少于 7d），封闭门口和通道，不得有其他工种进入操作，防止损坏面层。❺ 完成施工后的面层，严禁在水磨石面推车、搅拌砂浆、抛掷物料。堆放物料时应设隔离防护措施。

6 / 安全、环境及职业健康措施

6.1 安全措施

❶ 磨石机操作人员必须戴绝缘手套、穿绝缘鞋。❷ 施工现场临时用电均应符合现行行业标准《施工现场临时用电安全技术规范》（JGJ 46）的规定。❸ 施工作业面，必须设置足够的照明。配备足够、有效的灭火器具，并设有防火标志及消防器具。❹ 采用垂直运输设备上料时，不得超载，运料小车的车把严禁伸出笼外。❺ 夜间或在阴暗潮湿处作业时，移动照明应使用 36V 以下低压设备。❻ 草酸应妥善保管和使用，酸洗时操作人员应戴防护手套，防止损伤皮肤。

6.2 环保措施

❶ 严格按现行国家标准《民用建筑工程室内环境污染控制标准》（GB 50325）进行室内环境污染控制。对环保超标的原材料拒绝进场。❷ 装卸材料应做到轻拿轻放，最大限度地减少噪声。夜间材料运输车辆进入施工现场时，严禁鸣笛。❸ 剩余的材料不得乱扔乱倒，必须集中回收、处理。❹ 机械作业时，采取降低噪声措施，减少噪声污染。磨石机只能在白天作业。❺ 磨地面时的废水泥浆液应修好排放通道，浆液应沉淀后排放，并定时清运。❻ 水磨石面层施工环境因素控制见表 1.2.6-1，应从其环境因素及排放去向控制环境影响。

表 1.2.6-1　水磨石面层施工环境因素控制

序号	环境因素	排放去向	环境影响
1	水、电的消耗	周围空间	资源消耗、污染土地
2	砂浆搅拌机、磨石机、手提磨石机、打蜡机、手枪钻等的噪声排放	周围空间	影响人体健康
3	废水、泥浆液	土地	污染土地
4	水泥尘	周围空间	污染土地

6.3 职业健康安全措施

❶ 在拌制石子浆时，水泥粉尘对人体有害，工人应戴防护口罩。❷ 磨石机打磨时，工人应做好噪声防护。

7 / 工程验收

❶ 水磨石面层验收时应检查下列文件和记录：① 水磨石面层的施工图、设计说明及其他设计文件；② 材料的样板及确认文件；③ 材料的产品合格证书、性能检测报告、进场验收记录和复验报告；④ 施工记录。

❷ 各分项工程的检验批应按下列规定划分：每一层次或每层施工段（或变形缝）划分检验批，高层建筑的标准层或按每三层（不足三层按三层计）划分检验批。

❸ 检查数量应符合下列规定：每检验批应随机检验不少于3间；不足3间，应全数检查；走廊（过道）应以10延长米为1间，工业厂房（按单跨计）、礼堂、门厅应以两个轴线为1间计算。

❹ 检验批合格质量和分项工程质量验收合格应符合下列规定：① 抽查样本主控项目均合格；一般项目80%以上合格，其余样本不得影响使用功能或明显影响装饰效果的缺陷，其中有允许偏差和检验项目，其最大偏差不得超过规定允许偏差的50%为合格。均须具有完整的施工操作依据、质量检查记录。② 分项工程所含的检验批均应符合合格质量规定，所含的检验批的质量验收记录应完整。

❺ 分部（子分部）工程质量验收合格应符合下列规定：① 分部（子分部）工程所含分项工程的质量均应验收合格；② 质量控制资料应完整；③ 观感质量验收应符合要求。

8 / 质量记录

整体水磨石面层施工质量记录包括：❶ 水泥出厂合格证和检测报告及水泥复试报告；❷ 砂试验报告、石粒出厂合格证；❸ 检验批质量验收记录；❹ 分项工程质量验收记录。

第3节 涂料面层施工工艺

1 / 总则

1.1 适用范围
本施工工艺适用于建筑工程中涂料地面面层的施工。

1.2 编制参考标准及规范
1. 《建筑装饰装修工程质量验收标准》
   （GB 50210-2018）
2. 《建筑工程施工质量验收统一标准》
   （GB 50300-2013）
3. 《民用建筑工程室内环境污染控制标准》
   （GB 50325-2020）
4. 《建筑地面工程施工质量验收规范》
   （GB 50209-2010）
5. 《建筑防腐蚀工程施工规范》
   （GB 50212-2014）

2 / 施工准备

2.1 技术准备

熟悉施工图纸，依据技术交底和安全交底做好施工准备。

2.2 材料要求

❶ 本章的涂料指丙烯酸、环氧、聚氨酯等树脂型涂料。❷ 环氧树脂：可采用低黏度的液体状环氧树脂。❸ 不饱和聚酯：品种包括双酚 A 型、间苯型、二甲苯型和邻苯型等。❹ 颜料：矿物颜料。❺ 玻璃布：应使用无碱（中碱）无捻玻璃纤维布，厚度宜为 0.2mm ～ 0.4mm。

2.3 主要机具

❶ 机械：冲击钻、吸尘器等。❷ 工具：灰桶、搪瓷小桶、塑料桶、耐碱小勺、铁抹子、塑料抹子、刮板、锤子、錾子、剪刀、钢丝刷、喷壶、08 砂纸、80 目～100 目的罗筛、擦布、涂蜡棉纱、多用刀、粉线包、墨斗、小线、扫帚、托线板、线坠、铅笔、剪刀、划粉饼等。❸ 计量检测用具：台秤、天平、量杯、靠尺、直尺、方尺、钢尺、水平尺等。

2.4 作业条件

❶ 地面基层施工完，穿过楼板的管线已安装完毕，楼板孔洞已填塞密实。❷ 室内水平控制线已弹好，并经预检合格。❸ 施工环境温度为15℃～30℃，相对湿度不宜大于80％。❹ 大面积装修前已按设计要求先做样板间，经检查鉴定合格后，可大面积施工。❺ 在操作前已进行技术交底，强调技术措施和质量标准要求。

3　施工工艺

3.1　涂料面层施工工艺流程

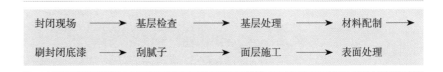

图 1.3.3-1　涂料面层施工工艺流程

3.2　操作工艺

1. 基层检查

施工前应认真清理基层，基层应无明水，无油渍、浮浆层等残留物。

2. 基层处理

❶ 对于旧的平整度不理想的基层应采用局部打磨或整体打磨的方法进行彻底打磨、吸尘。❷ 对于基层表面有油渍，应使用清洗剂处理，然后用清水冲洗，使基层表面清洁干净，并充分干燥。❸ 对光滑的基层表面应采用手工或电动工具打磨，使表面形成均匀、粗糙表面，并用工业吸尘器吸去浮尘。❹ 基层表面应平整，用 2m 直尺检查时，其偏差应在 2mm 以内。

3. 材料配制

❶ 环氧树脂胶料、胶泥或砂浆的配制，其施工配合比参见现行国家标准《建筑防腐蚀工程施工规范》（GB 50212）附录 B 表 B.0.1。❷ 不饱和聚酯树脂胶料、胶泥或砂浆的配制，其施工配合比参见现行国家标准《建筑防腐蚀工程施工规范》（GB 50212）附录 B 表 B.0.2。❸ 参考产品说明书。

4. 刷封闭底漆

封底漆一般做两遍，基层干燥后，先按配比准确计量，在树脂里加入固化剂和适量稀释剂，搅拌均匀，用滚涂或刮板将地面满涂一道树脂稀溶液。涂刷要薄而均匀，不要漏刷，刷完第一道底胶料 24h 后方可刷第二道封底料，如设计没要求，则厚度宜为 0.4mm。

5. 刮腻子

刷完第二道封底料 24h 后，将配成的树脂胶料加入滑石粉填料，调制成稠状腻子。在地面满刮一道腻子，将基层上的孔眼、裂缝嵌平。腻子自然固化，不宜小于 24h，干后再批刮下一道腻子。每批刮一道腻子均应在干后用砂纸打磨平整，扫净灰尘，再批刮下一道腻子；后一道腻子与前一道腻子的批刮方向相互交叉。在墙与地转角处宜在墙上刷高于地面 150mm～200mm 的卷边，并刮腻子胶料。

6. 面层施工

❶ 树脂胶泥整体面层：将配制好的树脂胶泥倒在经过处理的地面上，并按设计要求的厚度用刮板平稳地摊开、摊平。摊铺时，往返次数不要太多，避免出现气泡。操作时，一般从室内退向门口。配好的料应控制在 40min 以内用完。❷ 树脂砂浆整体面层：树脂砂浆铺摊前，应在施工面上涂刷一遍树脂胶料，摊铺时应控制厚度。铺好的树脂砂浆，应立即压实抹平。

7. 表面处理

将树脂液与设计所要求颜色的矿物颜料按定量配比搅拌均匀，倒在地面上，用刮板或滚涂将面层胶料涂刷均匀、表面平整，两次涂刷中间应留足够的间隔固化期，一般为 24h。面层涂料固化后，在其表面涂刷一层不加溶剂的树脂清漆，再静置固化 7d 以上，以提高其耐污染能力。

3.3 质量关键要求

配制好的树脂胶料、胶泥料或砂浆料应在初凝前用完。当树脂胶料、胶泥料或砂浆料有凝固、结块等现象时，严禁使用。

3.4 季节性施工

❶ 雨期施工时，如空气湿度超出施工条件时，除开启门窗通风外，还应增加人工排风设施（排风扇等）控制湿度。遇大雨、持续高湿度等天气时应停止施工。❷ 冬期施工，应在采暖条件下施工，室温保持均衡，一般室温不低于 10℃；若低于 10℃应采取加热保温措施，但严禁明火或蒸气直接加热。也可按材料的使用温度范围施工。

4 / 质量要求

4.1 主控项目

❶ 施工所用涂料必须符合设计要求和施工及验收规范的规定。

检验方法：观察和检查材质检验报告、出厂检验报告、合格证明文件。

❷ 涂料面层的表面不应有开裂、空鼓、漏涂和倒泛水、积水等现象。

检验方法：观察和泼水检查。

4.2 一般项目

❶ 涂料找平层应平整、不应有刮痕。

检验方法：观察。

❷ 涂料面层应光洁、色泽应均匀、一致、不应有起泡、起皮、泛砂等现象。

检验方法：观察。

❸ 涂料面层允许偏差和检验方法应符合表 1.3.4-1 的规定。

表 1.3.4-1　涂料面层的允许偏差和检验方法

检验项目	允许偏差（mm）	检验方法
表面平整度	2	用 2m 靠尺和楔形塞尺检查
踢脚线上口平直	3	拉 5m 线和用钢尺检查
缝格顺直	2	拉 5m 线和用钢尺检查

5 / 成品保护

❶ 对所覆盖的隐蔽工程要有可靠的保护措施，不得因为地面施工造成漏水、堵塞、破坏或降低等级。❷ 施工中不得污染、损坏其他工种的半成品、成品。❸ 面层完工后可用薄膜进行遮盖，避免涂料面层受破坏。

6 / 安全、环境及职业健康措施

6.1 安全措施

❶ 对化学物品有过敏反应者均不得参加此项施工。❷ 施工现场临时用电均应符合现行行业标准《施工现场临时用电安全技术规范》(JGJ 46)的规定。❸ 施工作业面,必须设置足够的照明。配备足够、有效的灭火器具,并设有防火标志及消防器具。❹ 施工操作和管理人员,施工前必须进行安全技术教育,制订安全操作规程。❺ 夜间或在阴暗潮湿处作业时,移动照明应使用 36V 以下低压设备。❻ 草酸应妥善保管和使用,酸洗时操作人员应戴防护手套,防止损伤皮肤。

6.2 环保措施

❶ 严格按现行国家标准《民用建筑工程室内环境污染控制标准》(GB 50325) 进行室内环境污染控制。涂料进入施工现场时,应有苯、甲苯 + 二甲苯、挥发性有机化合物(VOC)的游离甲苯二异氰酯(TDI)限量合格的检测报告。❷ 装卸材料应做到轻拿轻放,最大限度地减少噪声。夜间材料运输车辆进入施工现场时,严禁鸣笛。❸ 剩余的材料不得乱扔乱倒,必须集中回收、处理。❹ 机械作业时,采取降低噪声措施,减少噪声污染。❺ 清理地面基层时,应随时洒水,减少扬尘污染。❻ 涂料面层施工环境因素控制见表 1.3.6-1。

表 1.3.6-1 涂料面层施工环境因素控制

序号	环境因素	排放去向	环境影响
1	水、电的消耗	周围空间	资源消耗、污染土地
2	冲击钻、吸尘器等的噪声排放	周围空间	影响人体健康
3	树脂型涂料挥发的异味	周围空间	影响人体健康
4	废水	土地	污染土地
5	水泥尘	周围空间	污染土地

6.3 职业健康安全措施

在大面积或通风条件不好的空间内施工,应有通风排气设备。有害气体、粉尘不得超过允许浓度。操作人员应佩戴呼吸器、防护乳胶手套、工作服等。工作完毕应淋浴冲洗。

7 / 工程验收

❶ 涂料面层验收时应检查下列文件和记录：① 涂料面层的施工图、设计说明及其他设计文件；② 材料的样板及确认文件；③ 材料的产品合格证书、性能检测报告、进场验收记录和复验报告；④ 施工记录。

❷ 各分项工程的检验批应按下列规定划分：每一层次或每层施工段（或变形缝）划分检验批，高层建筑的标准层或按每三层（不足三层按三层计）划分检验批。

❸ 检查数量应符合下列规定：每检验批应随机检验不少于3间；不足3间，应全数检查；走廊（过道）应以10延长米为1间，工业厂房（按单跨计）、礼堂、门厅应以两个轴线为1间计算。

❹ 检验批合格质量和分项工程质量验收合格应符合下列规定：① 抽查样本主控项目均合格；一般项目80%以上合格，其余样本不得影响使用功能或明显影响装饰效果的缺陷，其中有允许偏差和检验项目，其最大偏差不得超过规定允许偏差的50%为合格。均须具有完整的施工操作依据、质量检查记录。② 分项工程所含的检验批均应符合合格质量规定，所含的检验批的质量验收记录应完整。

❺ 分部（子分部）工程质量验收合格应符合下列规定：① 分部（子分部）工程所含分项工程的质量均应验收合格；② 质量控制资料应完整；③ 观感质量验收应符合要求。

涂料面层施工质量记录包括：❶ 材料出厂合格证，检测报告、环保检测报告；❷ 隐检记录（基层处理、封底涂料）；❸ 地面材料配合比通知单；❹ 胶泥、砂浆试验报告；❺ 检验批质量验收记录；❻ 分项工程质量验收记录。

胶板面层施工工艺

1 / 总则

1.1 适用范围

本施工工艺适用于建筑工程中胶板面层的施工,包含 PVC 塑胶板、塑料板。

1.2 编制参考标准及规范

1.《建筑装饰装修工程质量验收标准》
 (GB 50210-2018)

2.《建筑工程施工质量验收统一标准》
 (GB 50300-2013)

3.《民用建筑工程室内环境污染控制标准》
 (GB 50325-2020)

4.《建筑地面工程施工质量验收规范》
 (GB 50209-2010)

5.《室内装饰装修材料 胶粘剂中有害物质限量》
 (GB 18583-2008)

2 / 施工准备

2.1 技术准备

熟悉施工图纸，依据技术交底和安全交底做好施工准备。

2.2 材料要求

塑胶地板是 PVC 地板的另一种叫法。主要成分为聚氯乙烯材料，PVC 地板可以做成两种，一种是同质透心的，就是从底到面的花纹材质都是一样的。还有一种是复合式的，就是最上面一层是纯 PVC 透明层，下面加上印花层和发泡层。"塑胶地板"就是指采用聚氯乙烯材料生产的地板。

❶ 塑胶板：板块的规格、尺寸符合设计要求。板块表面应平整、无裂纹、色泽均匀、厚薄一致、边缘平直，板内不应有杂物和气泡，其技术性能指标应符合现行有关产品标准的规定和设计要求。❷ 塑料板：板块和卷材的品种、规格、颜色、等级应符合设计要求和现行国家标准的规定，应有出厂合格证。块材板面应平整、光洁，色泽均匀、厚薄一致、边缘顺直、密实无气孔、无裂纹，板内不允许有杂质和气泡。并应符合现行国家标准《民用建筑工程室内环境污染控制标准》（GB 50325）的有关规定。❸ 胶粘剂：进场后应通过试验确定其相容性和使用方法。并应符合现行国家标准《室内装饰装修材料 胶粘剂中有害物质限量》（GB 18583）的有关规定。胶粘剂的选择还应注意：Ⅰ类民用建筑工程室内装修粘贴塑胶板时，不应采用溶剂型胶粘剂；Ⅱ类民用建筑工程中地下室及不与室外直接自然通风的房间贴塑胶地板时，不宜采用溶剂型胶粘剂。

2.3 主要机具

❶ 机械：冲击钻、吸尘器等。❷ 工具：钢丝刷、喷壶、小水桶、橡皮锤、油刷、小压辊、大压辊、刮胶板、壁纸刀、锤子、錾子、剪刀、擦布、多用刀、粉线包、墨斗、小线、扫帚等。❸ 计量检测用具：水准仪、方尺、靠尺、水平尺等。

2.4 作业条件

❶ 地面基层施工完，穿过楼板的管线已安装完毕，楼板孔洞已填塞密实。❷ 室内水平控制线已弹好，并经预检合格。❸ 室内相对湿度不应

建筑装饰装修施工手册（第2版）

大于80%。❹ 大面积装修前已按设计要求先做样板间，经检查鉴定合格后，可大面积施工。❺ 在操作前已进行技术交底，强调技术措施和质量标准要求。

3 / 施工工艺

3.1　胶板面层施工工艺流程

封闭现场 ⟶ 基层检查 ⟶ 基层处理 ⟶ 试铺 ⟶
面层施工 ⟶ 验收

图 1.4.3-1　胶板面层施工工艺流程

3.2　操作工艺

1. 基层检查
施工前应认真清理基层，基层应无明水，无油渍、浮浆层等残留物。

2. 基层处理
❶ 对于旧的平整度不理想的基层应采用局部打磨或整体打磨的方法进行彻底打磨、吸尘。❷ 对于基层表面有油渍，应使用清洗剂处理，然后用清水冲洗，使基层表面清洁干净，并充分干燥。❸ 对光滑的基层表面应采用手工或电动工具打磨，使表面形成均匀、粗糙表面，并用工业吸尘器吸去浮尘。❹ 基层表面应平整，用 2m 直尺检查时，其偏差应在 2mm 以内。当基层平整度超过 2mm 时，应用腻子分层处理。

3. 试铺
❶ 在地面上弹出十字线和分格线。❷ 在铺贴胶板前，应按设计图纸和所弹分格线进行试铺，与立管、插座等节点处连接时，应精心套裁，做

到拼缝处的图案、花纹吻合，交接严密。试铺合格后，按顺序编号。
❸ 参考产品说明书。

4.面层施工

❶ 规格板的铺贴：先用净布将胶板背面的灰尘擦干净，同时在胶板的背面和基层上均匀刷胶。基层刷胶面积不要过大，随刷随铺。涂胶时每边应超出分格线10mm，涂刷厚度不应大于1mm。铺贴胶板块时，应待胶层晾干至不粘手（约10min~20min）为宜，按分格线一次准确就位，对号铺贴，然后用压辊压实，边角等用压辊压不到的地方用橡皮锤敲实，排出空气。铺贴需做到连接平顺，不卷不翘。❷ 卷材的铺贴：根据卷材铺贴方向及施工位置尺寸剪裁下料，按铺贴的顺序编号。将卷材的一边对准尺寸线，刷胶铺贴，用胶皮辊由中间向两边压实，排出空气，防止起泡。滚压不到的地方用橡皮锤敲实，做到连接平顺，不卷不翘。❸ 当采用双组分胶粘剂时，严格按照指定配比进行配制，充分拌匀，以保证胶水和固化剂反应完全，基层上的胶要用刮板刮平。❹ 接缝处应用小压辊来回滚压，且滚压距离应大于450mm。对边、角部位，应设专人负责滚压。胶板块铺完后，所有操作人员退出，仅留一名专业人员用大压辊全面滚压1~2遍。大压辊可增加负荷进行滚压，操作人员应尽量减少走动，利用压辊的长臂来回滚压，以防止胶板地面出现空鼓、脱胶现象。

3.3 质量关键要求

❶ 胶板地面要确保基层清理干净，充分干燥；涂刷胶要均匀，铺贴时擦净板块上的尘土，从一边向另一边慢慢粘压，并做到充分排气，避免造成面层翘曲、空鼓。❷ 刷胶时注意不要太多太厚，胶液外溢应及时清擦，不要把胶粘在板块的上表面，以防地面出现胶痕，影响观感质量。❸ 铺设人员需穿软平底鞋进入施工现场，铺设时应站在垫板上操作，不得直接踩在已铺贴好的橡胶地板上。

3.4 季节性施工

❶ 雨期施工，当空气湿度超出操作条件范围时，应开启门窗通风，增加排风设施（排风扇等）控制湿度，遇大雨或持续高湿度等天气时应停止施工。❷ 冬期施工，应在采暖条件下施工，室温保持均衡，一般室温不低于10℃。适宜在10℃~30℃铺设。

4 质量要求

4.1 主控项目

❶ 胶板面层采用的材料应符合设计要求和国家现行有关标准的规定。

检验方法：观察和检查材质检验报告、出厂检验报告、合格证明文件。

❷ 胶板面层与基层应粘结牢固，不应有断边、起泡、起鼓、翘边、脱胶、溢液、空鼓等现象。

检验方法：观察和用敲击法检查。

4.2 一般项目

❶ 胶板面层应表面洁净，图案清晰，色泽一致，接缝严密、美观。拼缝处的图案、花纹吻合，无胶痕；与墙边交接严密，阴阳角收边方正。

检验方法：观察。

❷ 胶板面层厚度、坡度、表面平整度应符合设计要求。

检验方法：采用钢尺、坡度尺、2m 或 3m 水平尺检查。

❸ 胶板面层应光洁、图案清晰、色泽应一致、接缝处的图案、花纹应吻合，无明显高低差及缝隙，无胶痕；与周边接缝应严密，阴阳角应方正、收边整齐。

检验方法：观察。

❹ 胶板面层允许偏差和检验方法应符合表 1.4.4-1 的规定。

表 1.4.4-1　胶板面层的允许偏差和检验方法

检验项目	允许偏差（mm）	检验方法
表面平整度	2	用 2m 靠尺和楔形塞尺检查
踢脚线上口平直	3	拉 5m 线和用钢尺检查
缝格顺直	2	拉 5m 线和用钢尺检查

5 / 成品保护

❶ 对所覆盖的隐蔽工程要有可靠的保护措施，不得因为地面施工造成漏水、堵塞、破坏或降低等级。❷ 施工中不得污染、损坏其他工种的半成品、成品。❸ 面层完工后可用薄膜进行遮盖，避免涂料面层受破坏。❹ 下道工序在胶板面层上作业时，应进行覆盖、支垫，严禁直接在胶板面层上动火、焊接、和灰、调漆、支铁梯、搭脚手架等。

6 / 安全、环境及职业健康措施

6.1 安全措施

❶ 对化学物品有过敏反应者均不得参加此项施工。❷ 施工现场临时用电均应符合现行行业标准《施工现场临时用电安全技术规范》（JGJ 46）的规定。❸ 施工作业面，必须设置足够的照明。配备足够、有效的灭火器具，并设有防火标志及消防器具。❹ 施工操作和管理人员，施工前必须进行安全技术教育，制订安全操作规程。❺ 夜间或在阴暗潮湿处作业时，移动照明应使用 36V 以下低压设备。❻ 存放胶板面层和胶粘剂的库房应阴凉通风且远离火源，库房内配备消防器材。

6.2 环保措施

❶ 严格按现行国家标准《民用建筑工程室内环境污染控制标准》（GB 50325）进行室内环境污染控制。❷ 装卸材料应做到轻拿轻放，最大限度地减少噪声。夜间材料运输车辆进入施工现场时，严禁鸣笛。❸ 剩余的材料不得乱扔乱倒，必须集中回收、处理。❹ 机械作业时，采取降低噪声措施，减少噪声污染。❺ 清理地面基层时，应随时洒水，减少扬尘污染。❻ 胶板面层施工环境因素控制见表 1.4.6-1。

表 1.4.6-1　胶板面层施工环境因素控制

序号	环境因素	排放去向	环境影响
1	水、电的消耗	周围空间	资源消耗、污染土地
2	冲击钻、吸尘器等的噪声排放	周围空间	影响人体健康
3	胶板面层、胶粘剂挥发的异味	周围空间	影响人体健康
4	废水	土地	污染土地
5	水泥尘	周围空间	污染土地

6.3　职业健康安全措施

在大面积或通风条件不好的空间内施工，应有通风排气设备。有害气体、粉尘不得超过允许浓度。操作人员应佩戴呼吸器、防护乳胶手套、工作服等。工作完毕应淋浴冲洗。

7 ／ 工程验收

❶ 胶板面层验收时应检查下列文件和记录：① 胶板面层的施工图、设计说明及其他设计文件；② 材料的样板及确认文件；③ 材料的产品合格证书、性能检测报告、进场验收记录和复验报告；④ 施工记录。

❷ 各分项工程的检验批应按下列规定划分：每一层次或每层施工段（或变形缝）划分检验批，高层建筑的标准层或按每三层（不足三层按三层计）划分检验批。

❸ 检查数量应符合下列规定：每检验批应随机检验不少于 3 间；不足 3 间，应全数检查；走廊（过道）应以 10 延长米为 1 间，工业厂房（按单跨计）、礼堂、门厅应以两个轴线为 1 间计算。

❹ 检验批合格质量和分项工程质量验收合格应符合下列规定：① 抽查样本主控项目均合格；一般项目 80% 以上合格，其余样本不得影响使用功能或明显影响装饰效果的缺陷，其中有允许偏差和检验项目，其最

大偏差不得超过规定允许偏差的50%为合格。均须具有完整的施工操作依据、质量检查记录。② 分项工程所含的检验批均应符合合格质量规定，所含的检验批的质量验收记录应完整。

❺ **分部（子分部）工程质量验收合格应符合下列规定：** ① 分部（子分部）工程所含分项工程的质量均应验收合格；② 质量控制资料应完整；③ 观感质量验收应符合要求。

8 / 质量记录

胶板面层施工质量记录包括：❶ 材料出厂合格证，检测报告、环保检测报告；❷ 隐检记录；❸ 检验批质量验收记录；❹ 分项工程质量验收记录。

第5节　地砖面层施工工艺

1 / 总则

1.1 适用范围

本施工工艺适用于地面中抛光砖、玻化砖、釉面砖、耐磨砖、仿古砖、陶瓷锦砖面层的施工。

1.2 编制参考标准及规范

1. 《建筑装饰装修工程质量验收标准》
   （GB 50210-2018）
2. 《建筑工程施工质量验收统一标准》
   （GB 50300-2013）
3. 《民用建筑工程室内环境污染控制标准》
   （GB 50325-2020）
4. 《建筑地面工程施工质量验收规范》
   （GB 50209-2010）
5. 《通用硅酸盐水泥》
   （GB 175-2007）
6. 《普通混凝土用砂、石质量及检验方法标准》
   （JGJ 52-2006）
7. 《混凝土用水标准》
   （JGJ 63-2006）

2 / 施工准备

2.1 技术准备

熟悉施工图纸，依据技术交底和安全交底做好施工准备。

2.2 材料要求

❶ 地砖：有出厂合格证及检测报告，品种规格及物理性能符合国家标准及设计要求，外观颜色一致，表面平整、边角整齐，无裂纹、缺棱掉角等缺陷。❷ 水泥：硅酸盐水泥、普通硅酸盐水泥，其强度等级不应低于42.5，严禁不同品种、不同强度等级的水泥混用。水泥进场应有产品合格证和出厂检验报告，进场后应进行取样复试。其质量必须符合现行国家标准《通用硅酸盐水泥》（GB 175）的规定。当对水泥质量有怀疑或水泥出厂超过三个月时，在使用前必须进行复试，并按复试结果使用。❸ 河砂：中砂或粗砂，过5mm孔径筛子，其含泥量不大于3%。其质量应符合现行行业标准《普通混凝土用砂、石质量及检验方法标准》（JGJ 52）的规定。❹ 水：宜采用饮用水。当采用其他水源时，其水质应符合《混凝土用水标准》（JGJ 63）的规定。❺ 填缝剂：应有出厂合格证及检测报告。

2.3 主要机具

❶ 机械：砂搅拌机、台式砂轮锯、切割机、角磨机等。❷ 工具：橡皮锤、铁锹、手推车、筛子、木耙、水桶、刮杠、木抹子、铁抹子、錾子、铁锤、擦布、多用刀、粉线包、墨斗、小线等。❸ 计量检测用具：水准仪、磅秤、钢尺、直角尺、靠尺、水平尺等。

2.4 作业条件

❶ 地面垫层及预埋在地面内的各种管线已做完，穿过楼面的套管已安装完，管洞已堵塞密实，并办理完隐检手续。❷ 室内水平控制线已弹好，并经预检合格。❸ 室内墙面抹灰已做完、门框安装完。❹ 大面积装修前已按设计要求先做样板间，经检查鉴定合格后，可大面积施工。❺ 在操作前已进行技术交底，强调技术措施和质量标准要求。

3 施工工艺

3.1 抛光砖、玻化砖、釉面砖、耐磨砖、仿古砖面层施工

1. 抛光砖、玻化砖、釉面砖、耐磨砖、仿古砖面层施工工艺流程

图 1.5.3-1 抛光砖、玻化砖、釉面砖、耐磨砖、仿古砖面层施工工艺流程

2. 操作工艺

❶ **基层处理**：① 施工前应认真清理基层，基层应无明水，无油渍、浮浆层等残留物。② 对于旧的平整度不理想的基层应采用局部打磨或整体打磨的方法进行彻底打磨。③ 对于基层表面有油渍，应使用清洗剂处理，然后用清水冲洗，使基层表面清洁干净，并充分干燥。④ 基层的标高与地砖完成面的标高差超过 30mm 时，应先在基层面铺装强度等级 C20 的细石混凝土，用平锹将细石混凝土摊平，用刮杠刮平，木抹子拍实、抹平整，同时检查其标高和泛水坡度是否正确。

❷ **排砖试铺**：① 按照排砖图和地砖的留缝大小，在基层地面弹出十字控制线和分格线。② 排砖时，垂直于门口方向的地砖为主轴线，然后根据主轴线两边对称排列，当试排最后出现非整砖时，应将非整砖与一块整砖尺寸之和平分切割成各大半块砖。排砖的总体原则，使四周收口砖按排序方向边长大于 200mm。密缝铺贴时，缝的宽度不能大于 1mm。根据施工大样图进行试铺，试铺无误后，进行正式铺贴。

❸ **铺砖**：① 干铺法：先在两侧铺两行控制砖，依此拉线，再大面积铺贴。铺贴采用干硬性砂浆，其配比一般为 1：2.5～3.0（水泥：砂）。根据砖的大小先铺一段砂浆，并找平拍实，将砖放置在干硬性水泥砂浆上，用橡皮锤将砖敲平后揭起，在干硬性水泥砂浆上浇适量素水泥浆，同时在砖背面刮聚合物水泥膏，厚度不少于10mm，再将砖重新铺放在干硬性水泥砂浆上，用橡皮锤按标高控制线、十字控制线和分格线敲压平整，然后向四周铺设，并随时用 2m 靠尺和水平尺检查，确

保砖面平整，缝格顺直。② 湿铺法：铺砌前将砖放在水桶中浸水湿润，晾干后方可使用。找平层上洒水湿润，均匀涂刷素水泥浆（水灰比为 0.4～0.5），涂刷面积不要过大，铺多少刷多少。结合层如采用纯水泥膏、水泥细砂砂浆铺贴时应为 4mm～5mm；如采用沥青胶结料铺贴时，应为 3mm～5mm；如采用胶粘剂铺设时应为 2mm～3mm。铺贴时，砖面略高出水平标高线，找正、找直、找方后，砖上垫木板，用橡皮锤敲压平整，顺序从内向外铺砌，做到面砖砂浆饱满，相接紧密、坚实。阳台、厨房、卫生间地面多用湿铺法施工。

❹ **养护**：砖面层铺贴完 24h 内应进行洒水养护，夏季气温较高时，应在铺贴完 12h 后浇水养护并覆盖，养护时间不少于 7d。

❺ **填缝**：当铺砖面层的砂浆强度达到 1.2MPa 时，用专用填缝料进行填缝（填缝料的使用参考产品使用说明），填缝应清晰、顺直、平整光滑、深浅一致，填缝的深度应比地砖的完成面低 0.5mm～1mm。

3. 质量关键要求

❶ 铺贴前应对地面砖进行严格挑选，凡不符合质量要求的均不得使用。铺贴后防止过早上人，避免产生接缝高低不平现象。

❷ 铺贴时必须拉通线，操作者应按线铺贴。每铺完一行，应立即再拉通线检查缝隙是否顺直，避免出现板缝不均匀现象。

❸ 勾缝所用的材料颜色应与地砖颜色一致，防止色差从而影响美观。

❹ 切割时要认真操作，避免造成地漏、管根处套割不规矩、不美观。

4. 季节性施工

冬季环境温度低于 5℃时，原则上不能进行铺地砖作业，如必须施工时，应对外门窗采取封闭保温措施，保证施工在正常温度条件下进行，同时应根据气温条件在砂浆中掺入防冻剂（掺量按防冻剂说明书），并进行覆盖保温，以保证地面砖的施工质量。

3.2　**陶瓷锦砖面层施工**

1. 陶瓷锦砖面层施工工艺流程

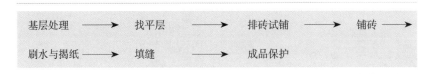

基层处理 ——→ 找平层 ——→ 排砖试铺 ——→ 铺砖 ——→
刷水与揭纸 ——→ 填缝 ——→ 成品保护

图 1.5.3-2　陶瓷锦砖面层施工工艺流程

2. 操作工艺

❶ **基层处理**：① 施工前应认真清理基层，基层应无明水，无油渍、浮浆层等残留物。② 对于旧的平整度不理想的基层应采用局部打磨或整体打磨的方法进行彻底打磨。③ 对于基层表面有油渍，应使用清洗剂处理，然后用清水冲洗，使基层表面清洁干净，并充分干燥。④ 基层的标高与地砖完成面的标高差超过30mm时，应先在基层面铺装强度等级C20的细石混凝土，用平锹将细石混凝土摊平，用刮杠刮平，木抹子拍实、抹平整，同时检查其标高和泛水坡度是否正确。

❷ **找平层**：① 在清理好的基层上洒水湿润。② 按标高拉水平线做灰饼（灰饼顶面为地砖结合层下皮）。先向四周冲筋，再在中间每隔1.5m左右冲筋一道。有泛水的施工场地按设计要求的坡度找坡，冲筋应朝地漏方向呈放射状。③ 冲筋后，及时清理冲筋剩余砂浆，再在冲筋之间铺装1:3水泥砂浆，一般铺设厚度不小于20mm，用平锹将砂浆摊平，用刮杠将砂浆刮平、木抹子拍实、抹平整，同时检查其标高和泛水坡度是否正确，做好洒水养护。

❸ **排砖试铺**：① 检查每"联"锦砖中，粘贴在牛皮纸上的锦砖不应有块粒脱落。② 按照排砖图，在基层地面弹出十字控制线和分格线。③ 将已选定的锦砖按"联"进行试铺，试铺无误后，将每一"联"陶瓷锦砖按顺序编号备用。

❹ **铺砖**：从里向外沿控制线进行，铺时先翻起一边的纸，露出锦砖以便对准控制线，对好后立即将陶瓷锦砖铺贴在尚未初凝的聚合物水泥浆上（纸面朝上），紧跟着用手将纸面铺平，用拍板拍实，使水泥浆进入锦砖的缝内直到纸面上显露出砖缝水印为止。

❺ **刷水与揭纸**：① 铺完后紧接着在纸面上用海绵或毛刷均匀地刷水，常温下过15min～30min纸面便可湿透，即可揭纸，并及时清理干净砖面。② 揭纸后，及时检查砖缝是否均匀、顺直。当不顺直时，用开刀轻轻地将缝拨顺、调直，调整后的锦砖应垫木板作垫，用橡皮锤敲拍平实。

❻ **填缝**：① 24h后，用专用填缝料进行填缝（填缝料的使用参考产品使用说明），填缝应清晰、顺直、平整光滑、深浅一致，填缝的深度应比地砖的完成面低0.5mm～1mm。② 陶瓷锦砖地面填缝12h后，洒水养护并进行覆盖，养护时间不得少于7d。当采用胶粘剂铺贴的锦砖，其养护方法视所选用胶粘剂的性能而定。

3. 质量关键要求

❶ 施工前应对锦砖进行严格挑选，凡不符合质量要求的均不得使用。铺贴后防止过早上人，避免产生接缝高低不平现象。❷ 铺贴时必须拉通线，操作者应按线铺贴。每铺完一行，应立即再拉通线检查缝隙是否顺直。❸ 有泛水要求的房间找平层施工时，必须按设计要求的泛水方向，找好坡度，防止出现倒坡、积水现象。❹ 填缝所用的材料颜色应与地砖颜色一致，防止色差从而影响美观。❺ 切割时要认真操作，避免造成地漏、管根处套割不规矩、不美观。❻ 对铺贴的陶瓷锦砖，如有花纹、图案的特殊要求，铺贴前应预拼，调整好花纹、图案及颜色。

4. 季节性施工

冬季环境温度低于5℃时，原则上不能进行铺锦砖作业，如必须施工时，应对外门窗采取封闭保温措施，保证施工在正常温度条件下进行，同时应根据气温条件在砂浆中掺入防冻剂（掺量按防冻剂说明书），并进行覆盖保温，以保证地面砖的施工质量。

4　质量要求

4.1　主控项目

❶ 地砖面层材料的品种、规格、颜色、质量必须符合设计要求。

检验方法：观察和检查材质检验报告、出厂检验报告、合格证明文件。

❷ 地砖进入施工现场时，应有放射性限量合格的检测报告。

检验方法：检查检测报告。

❸ 面层与下一层的结合（粘结）应牢固，无空鼓（单块砖边角允许局部空鼓，但空鼓率不应超过总数的5%）。

检验方法：用小锤轻击检查。

4.2　一般项目

❶ 砖面层应洁净，图案清晰，色泽一致，接缝平整，深浅一致，周边顺直。地面砖无裂纹、无缺棱掉角等缺陷，套割严密、美观。

检验方法：观察。

❷ 地砖面层邻接处的镶边用料与尺寸应符合设计要求，边角应整齐、光滑。

检验方法：观察和用钢尺检查。

❸ 地砖面层坡度应符合设计要求，不倒泛水，无积水；与地漏、管根结合处应严密牢固，无渗漏。

检验方法：观察泼水或坡度尺及蓄水检查。

❹ 地砖面层允许偏差和检验方法应符合表 1.5.4-1 的规定。

❺ 板块排列应符合设计要求，整齐美观，门口处宜用整砖，非整砖位置应安排在不明显处且不宜小于整砖尺寸的 1/2。

表 1.5.4-1　地砖面层的允许偏差和检验方法

检验项目	允许偏差（mm）	检验方法
表面平整度	2	用 2m 靠尺和楔形塞尺检查
缝格平直	3	拉 5m 线和用钢尺检查
接缝高低差	0.5	用钢尺和楔形塞尺检查
踢脚线上口平直	3	拉 5m 线和用钢尺检查
板块间隙宽度	2	用钢尺检查

5　成品保护

❶ 对所覆盖的隐蔽工程要有可靠的保护措施，不得因为地面施工造成漏水、堵塞、破坏或降低等级。❷ 在铺砌面砖操作过程中，对已安装好的门框、管道要加以保护。施工中不得污染、损坏其他工种的半成

品、成品。❸ 面层完工后可用薄夹板或编织布进行遮盖，避免面层受破坏。❹ 切割地砖时应用垫板，禁止在已经铺好的面层上直接操作。❺ 严禁在已铺砌好的地面上调配油漆、拌合砂浆。梯子、脚手架等不得直接放在砖面层上。

6 / 安全、环境及职业健康措施

6.1 安全措施

❶ 施工中使用的电动工具，应有漏电保护装置。❷ 施工现场临时用电均应符合现行行业标准《施工现场临时用电安全技术规范》（JGJ 46）的规定。❸ 施工作业面，必须设置足够的照明。配备足够、有效的灭火器具，并设有防火标志及消防器具。❹ 施工操作和管理人员，施工前必须进行安全技术教育，制订安全操作规程。❺ 夜间或在阴暗潮湿处作业时，移动照明应使用 36V 以下低压设备。❻ 切割面砖时，操作人员应戴好口罩、护目镜等安全用品。

6.2 环保措施

❶ 严格按现行国家标准《民用建筑工程室内环境污染控制标准》（GB 50325）进行室内环境污染控制。❷ 装卸材料应做到轻拿轻放，最大限度地减少噪声。夜间材料运输车辆进入施工现场时，严禁鸣笛。❸ 剩余的材料不得乱扔乱倒，必须集中回收、处理。❹ 机械作业时，采取降低噪声措施，减少噪声污染。❺ 清理地面基层时，应随时洒水，减少扬尘污染。❻ 地砖面层施工环境因素控制见表 1.5.6-1。

表 1.5.6-1　地砖面层施工环境因素控制

序号	环境因素	排放去向	环境影响
1	水、电的消耗	周围空间	资源消耗、污染土地
2	砂搅拌机、台式砂轮锯、切割机、角磨机等的噪声排放	周围空间	影响人体健康
3	废夹板等施工垃圾的排放	垃圾场	污染土地
4	废水	土地	污染土地
5	水泥尘	周围空间	污染土地

6.3　职业健康安全措施

切割操作时，操作人员应戴好口罩、护目镜等安全用品。

7 / 工程验收

❶ 地砖面层验收时应检查下列文件和记录：① 地砖面层的施工图、设计说明及其他设计文件；② 材料的样板及确认文件；③ 材料的产品合格证书、性能检测报告、进场验收记录和复验报告；④ 施工记录。

❷ 各分项工程的检验批应按下列规定划分：每一层次或每层施工段（或变形缝）划分检验批，高层建筑的标准层或按每三层（不足三层按三层计）划分检验批。

❸ 检查数量应符合下列规定：每检验批应随机检验不少于 3 间；不足 3 间，应全数检查；走廊（过道）应以 10 延长米为 1 间，工业厂房（按单跨计）、礼堂、门厅应以两个轴线为 1 间计算。

❹ 有防水要求的，每检验批抽查数量应按其房间总数随机检验不少于 4 间；不足 4 间，应全数检查。

❺ 检验批合格质量和分项工程质量验收合格应符合下列规定：① 抽查

样本主控项目均合格；一般项目 80% 以上合格，其余样本不得影响使用功能或明显影响装饰效果的缺陷，其中有允许偏差和检验项目，其最大偏差不得超过规定允许偏差的 50% 为合格。均须具有完整的施工操作依据、质量检查记录。② 分项工程所含的检验批均应符合合格质量规定，所含的检验批的质量验收记录应完整。

❻ 分部（子分部）工程质量验收合格应符合下列规定：① 分部（子分部）工程所含分项工程的质量均应验收合格；② 质量控制资料应完整；③ 观感质量验收应符合要求。

8 / 质量记录

地砖面层施工质量记录包括：❶ 材料出厂合格证，检测报告、环保检测报告；❷ 隐检记录；❸ 检验批质量验收记录；❹ 分项工程质量验收记录。

大理石面层和花岗石面层
施工工艺

---

1 / 总则

1.1 适用范围
本施工工艺适用于地面大理石面层和花岗石面层的施工。

1.2 编制参考标准及规范
1.《建筑装饰装修工程质量验收标准》
（GB 50210-2018）

2.《建筑工程施工质量验收统一标准》
（GB 50300-2013）

3.《民用建筑工程室内环境污染控制标准》
（GB 50325-2020）

4.《建筑地面工程施工质量验收规范》
（GB 50209-2010）

5.《通用硅酸盐水泥》
（GB 175-2007）

6.《白色硅酸盐水泥》
（GB/T 2015-2017）

7.《普通混凝土用砂、石质量及检验方法标准》
（JGJ 52-2006）

8《混凝土用水标准》
（JGJ 63-2006）

9.《建筑装饰用天然石材防护剂》
（JC/T 973-2005）

2 / 施工准备

2.1 技术准备

熟悉施工图纸，依据技术交底和安全交底做好施工准备。

2.2 材料要求

❶ **大理石、花岗石**：有检测报告，品种规格及物理性能符合国家标准及设计要求，外观光泽度、颜色一致，表面平整、边角整齐，无裂纹、缺棱掉角等缺陷，其质量符合现行国家标准《天然大理石建筑板材》（GB/T 19766）、《天然花岗石建筑板材》（GB/T 18601）、《民用建筑工程室内环境污染控制标准》（GB 50325）的要求。❷ **水泥**：硅酸盐水泥、普通硅酸盐水泥，其强度等级不应低于42.5，严禁不同品种、不同强度等级的水泥混用。水泥进场应有产品合格证和出厂检验报告，进场后应进行取样复试。其质量必须符合现行国家标准《通用硅酸盐水泥》（GB 175）的规定。当对水泥质量有怀疑或水泥出厂超过三个月时，在使用前必须进行复试，并按复试结果使用。❸ **白水泥**：白色硅酸盐水泥，其强度等级不小于42.5。其质量应符合现行国家标准《白色硅酸盐水泥》（GB/T 2015）的规定。❹ **河砂**：中砂或粗砂，过5mm孔径筛子，其含泥量不大于3%。其质量应符合现行行业标准《普通混凝土用砂、石质量及检验方法标准》（JGJ 52）的规定。❺ **水**：宜采用饮用水。当采用其他水源时，其水质应符合《混凝土用水标准》（JGJ 63）的规定。❻ **其他材料**：矿物颜料、蜡、保护剂、清洁剂、封闭剂等应有出厂合格证及相关性能检测报告。

2.3 主要机具

❶ **机械**：砂浆搅拌机、台钻、合金钢钻头、砂轮机、台式砂轮机、磨石机、云石机、切割机、角磨机、石材护理机（刷地机）等。❷ **工具**：橡皮锤、铁锹、手推车、筛子、木耙、水桶、刮杠、灰刀、木抹子、铁抹子、錾子、铁锤、刷子、棉布、钢丝刷、擦布、多用刀、粉线包、墨斗、小线等。❸ **计量检测用具**：水准仪、磅秤、钢尺、直角尺、靠尺、水平尺等。

2.4 作业条件

❶ 地面垫层及预埋在地面内的各种管线已做完，穿过楼面的套管已安装完，管洞已堵塞密实，并办理完隐检手续。❷ 室内水平控制线已弹好，并经预检合格。❸ 室内墙面抹灰已做完、门框安装完。❹ 已对大理石、花岗石的规格板按纹路进行编号。❺ 大面积装修前已按设计要求先做样板间，经检查鉴定合格后，可大面积施工。❻ 在操作前已进行技术交底，强调技术措施和质量标准要求。

3 施工工艺

3.1 大理石面层和花岗石面层施工工艺流程

图 1.6.3-1 大理石面层和花岗石面层施工工艺流程

3.2 操作工艺

1. 基层处理

❶ 施工前应认真清理基层，基层应无明水，无油渍、浮浆层等残留物。❷ 对于旧的平整度不理想的基层应采用局部打磨或整体打磨的方法进行彻底打磨。❸ 对于基层表面有油渍，应使用清洗剂处理，然后用清水冲洗，使基层表面清洁干净，并充分干燥。❹ 基层的标高与石材完成面的标高差超过 30mm 时，应先在基层面铺装强度等级 C20 的细石混凝土，用平锹将细石混凝土摊平，用刮杠刮平，木抹子拍实、抹平整，同时检查其标高和泛水坡度是否正确。

2. 石材刷防护剂

❶ 市场上防护剂的种类很多，但无论选用什么品牌的防护剂，均需确保石材涂刷防护剂后具有防护性、相溶性、耐候性、重涂性。刷防护剂能增强石材表面强度，有效降低因日常使用造成的磨损、风化，有效阻隔腐蚀性液体对于石材内部的渗透。❷ 如施工选用的大理石，背面有塑胶网时，需先用灰刀铲除，但需确保不能损伤大理石。❸ 涂刷防护剂前，清除石材表面灰尘，确保表面干燥、清洁。按选用防护剂说明书的要求，调配好防护剂，用刷子或干净棉布涂刷石材，石材的六个面均需涂刷防护剂，涂刷后静置至少1h后才能进入下一道工序。

3. 试拼

❶ 在正式铺设前，先按纹路进行试铺，将色泽较好的板块排在显眼位置。❷ 板块的排列应符合设计要求，门口位置宜用整块板材，非整块板材应安排在不显眼位置，且不宜小于整块板材的1/2。若用不同颜色镶边时，应留出镶边尺寸。房间与走道需分色处理时，宜设置在门口处。

4. 铺砂浆

❶ 试铺后将板块移开。❷ 场地清扫干净，用喷壶洒水湿润，刷一道聚合物水泥浆（不要刷的面积过大，随刷随铺砂浆）。❸ 根据板面水平线确定结合层砂浆厚度，拉十字控制线，铺干硬性水泥砂浆结合层，配合比为水泥∶砂 1∶2~1∶3（体积比），干硬程度以手捏成团，落地即散为宜，厚度控制为大理石（花岗石）板块高出面层水平线 3mm~4mm为宜。铺好后用刮杠刮平，再用抹子拍实找平。

5. 铺大理石或花岗石

❶ 根据房间拉的十字控制线，纵横各铺一行，作为大面积铺砌标筋。❷ 依据试拼时的编号、图案及试排时的缝隙（板块之间的缝隙宽度，当设计无规定时应不大于1mm），在十字控制线交点开始铺砌。搬起板块对好纵横控制线铺放在已铺好的干硬性砂浆结合层上，用橡皮锤敲击木垫板（不得用橡皮锤或木槌直接敲击板块），振实砂浆至铺设高度后，将板块掀起移至一旁，检查砂浆表面与板块之间是否相吻合，如发现有空隙之处应用砂浆填补，然后正式铺砌。❸ 先在水泥砂浆结合层上满浇一层聚合物水泥浆（用浆壶浇均匀），也可在石材背面满刮聚合物水泥膏，再铺板块，安放时四角同时往下落，用橡皮锤或木槌轻击

木垫板，根据水平线用水尺找平，铺完第一块，向两侧采取退步法铺砌。❹ 当铺设进口米黄石、雅士白石等浅色大理石时，建议用白水泥调配聚合物水泥浆。

6. 灌浆、擦缝

❶ 在板块铺砌后强度达到可上人操作（结合层抗压强度达到 1.2MPa）时，即可进行灌浆、擦缝。根据设计图纸确定的颜色选择专用填缝剂。灌浆 1h～2h 后，用棉纱团把板面上的水泥浆擦净，然后养护，养护时间不应小于 7d。填缝应清晰、顺直、平整光滑、深浅一致。❷ 大理石或花岗石铺贴在水池边或长期泡水的地方，石材表面的缝隙采用同色的硅胶填缝密封。

7. 打蜡或晶面处理

❶ **打蜡**：先将大理石或花岗石表面的污渍使用中性全能清洁剂加入适量的水进行清洗吸干，然后进行打蜡（根据气候的条件而决定于打蜡时间），整个打蜡流程是用布将成品蜡均匀涂在石材面层上，然后用磨石机进行推磨，建议选用硬光蜡，加强表面的硬度，推磨至少三遍，直至表面光亮、图案清晰、色泽一致。❷ **整体研磨、晶面处理**：具有加硬、加光、防滑、除渍四大功能。随着科技的进步，对石材进行结晶抛光的施工工艺越来越普及，石材磨块抛光后的晶体层和晶体层的持续护理（俗称晶面处理）后，其毛孔不会完全封闭，石材照样可以里外透气，石材不易病变，能使石材更具观赏性和延长其使用寿命。其操作流程为：先将大理石或花岗石地面进行整体带水研磨，达到整体平整光滑后，将表面的污渍使用中性全能清洁剂加入适量的水进行清洗吸干，然后在石材面洒晶面剂，每次洒面积以 2m² 为准，需逐步打磨，每当晶面剂被刷地机磨干后，石材发出玻璃光亮便应立即停机，否则光度会因过度的摩擦所产生的热力破坏，变成反效果，尤以白色石为甚。

3.3　　　## 质量关键要求

❶ 大理石或花岗石的原料在现场的堆放，应选择坚固的场地，并用 100mm×100mm 通长的木枋作垫（建议在木枋上钉上橡皮条），然后在木枋上放置专用的石材钢架，石材按 75° 斜立在钢架上，每块石材之间用塑料薄膜隔开，防止粘在一起或倾斜。❷ 铺贴前应对大理石或花岗石进行严格挑选，凡不符合质量要求的均不得使用。大理石或花岗石铺

贴后防止过早上人，避免产生接缝高低不平现象。❸ 铺砌石材时，基层必须清理干净，洒水湿润，结合层砂浆不得随意加水，做到随铺随刷水泥浆，严格遵守操作工艺，防止板面产生空鼓。❹ 有泛水要求的房间找平层施工时，必须按设计要求的泛水方向，找好坡度，防止出现倒坡、积水现象。❺ 板块材料应重视包装、储存、装卸，搬运时应轻拿轻放，防止损坏。浅色大理石不宜用草绳、草帘等捆绑，以防浸水污染板面。宜光面相对，直立堆放，其倾斜度不宜大于 75°。❻ 切割时要认真操作，避免造成地漏、管根处套割不规矩、不美观。❼ 进口大理石，需先去除背面的塑胶网，再进行下道工序的施工，以免铺贴后出现空鼓现象。

3.4 季节性施工

冬季环境温度低于 5℃时，原则上不能进行作业，如必须施工时，应对外门窗采取封闭保温措施，保证施工在正常温度条件下进行，同时应根据气温条件在砂浆中掺入防冻剂（掺量按防冻剂说明书），并进行覆盖保温，以保证施工质量。

4 　 质量要求

4.1 主控项目

❶ 大理石或花岗石面层材料的品种、质量必须符合设计要求。其质量符合现行国家标准《天然大理石建筑板材》（GB/T 19766）、《天然花岗石建筑板材》（GB/T 18601）的规定。

检验方法：观察和检查材质合格证明文件。

❷ 大理石或花岗石面层必须符合有害物质限量的规定。

检验方法：检查检测报告。

❸ 面层与下一层的结合（粘结）应牢固，无空鼓。

检验方法：用小锤轻击检查。

4.2 一般项目

❶ 大理石或花岗石面层应洁净，图案清晰，色泽一致，接缝平整，深浅一致，周边顺直。板块无裂纹、无缺棱掉角等缺陷，套割严密、美观。

检验方法：观察。

❷ 大理石或花岗石面层打蜡均匀，色泽一致，表面洁净。

检验方法：观察。

❸ 大理石或花岗石面层坡度应符合设计要求，不倒泛水，无积水；与地漏、管根结合处应严密牢固，无渗漏。

检验方法：观察，泼水或坡度尺及蓄水检查。

❹ 大理石或花岗石面层允许偏差和检验方法应符合表 1.6.4-1 的规定。

表 1.6.4-1 大理石或花岗石面层的允许偏差和检验方法

检验项目	允许偏差（mm）	检验方法
表面平整度	1	用 2m 靠尺和楔形塞尺检查
缝格平直	2	拉 5m 线和用钢尺检查
接缝高低差	0.5	用钢尺和楔形塞尺检查
踢脚线上口平直	1	拉 5m 线和用钢尺检查
板块间隙宽度	1	用钢尺检查

5 / 成品保护

❶ 对所覆盖的隐蔽工程要有可靠的保护措施，不得因为地面施工造成漏水、堵塞、破坏或降低等级。❷ 在铺大理石或花岗石面层操作过程中，对已安装好的门框、管道要加以保护。施工中不得污染、损坏其他工种的半成品、成品。❸ 铺大理石或花岗石面层完工后可铺盖一层塑料薄膜，减少砂浆在硬化过程中的水分蒸发，增强石材与砂浆的粘结牢度，保证地面的铺设质量。❹ 切割大理石或花岗石面层时应用垫

板，禁止在已经铺好的面层上直接操作。❺ 严禁在已铺砌好的地面上调配油漆、拌合砂浆。梯子、脚手架等不得直接放在砖面层上。

6 / 安全、环境及职业健康措施

6.1 安全措施

❶ 施工中使用的电动工具，应有漏电保护装置。❷ 施工现场临时用电均应符合现行行业标准《施工现场临时用电安全技术规范》(JGJ 46)的规定。❸ 施工作业面，必须设置足够的照明。配备足够、有效的灭火器具，并设有防火标志及消防器具。❹ 施工操作和管理人员，施工前必须进行安全技术教育，制订安全操作规程。❺ 夜间或在阴暗潮湿处作业时，移动照明应使用 36V 以下低压设备。❻ 切割面砖时，操作人员应戴好口罩、护目镜等安全用品。

6.2 环保措施

❶ 严格按现行国家标准《民用建筑工程室内环境污染控制标准》(GB 50325)进行室内环境污染控制。❷ 装卸材料应做到轻拿轻放，最大限度地减少噪声。夜间材料运输车辆进入施工现场时，严禁鸣笛。❸ 剩余的材料不得乱扔乱倒，必须集中回收、处理。❹ 石材切割应带水作业。机械作业时，采取降低噪声措施，减少噪声污染。❺ 清理地面基层时，应随时洒水，减少扬尘污染。❻ 大理石或花岗石面层施工环境因素控制见表 1.6.6-1。

表 1.6.6-1　大理石或花岗石面层施工环境因素控制

序号	环境因素	排放去向	环境影响
1	水、电的消耗	周围空间	资源消耗、污染土地
2	砂浆搅拌机、台钻、合金钢钻头、砂轮机、台式砂轮机、磨石机、云石机、切割机、角磨机、石材护理机（刷地机）等的噪声排放	周围空间	影响人体健康
3	废夹板等施工垃圾的排放	垃圾场	污染土地
4	废水	土地	污染土地
5	水泥尘	周围空间	污染土地

6.3　职业健康安全措施

切割操作时，操作人员应戴好口罩、护目镜等安全用品。

7 / 工程验收

❶ **大理石或花岗石面层验收时应检查下列文件和记录：**① 大理石或花岗石面层的施工图、设计说明及其他设计文件；② 材料的样板及确认文件；③ 材料的产品合格证书、性能检测报告、进场验收记录和复验报告；④ 施工记录。

❷ **各分项工程的检验批应按下列规定划分：**每一层次或每层施工段（或变形缝）划分检验批，高层建筑的标准层或按每三层（不足三层按三层计）划分检验批。

❸ **检查数量应符合下列规定：**每检验批应随机检验不少于 3 间；不足 3 间，应全数检查；走廊（过道）应以 10 延长米为 1 间，工业厂房（按单跨计）、礼堂、门厅应以两个轴线为 1 间计算。

❹ **有防水要求的，**每检验批抽查数量应按其房间总数随机检验不少于 4 间；不足 4 间，应全数检查。

❺ 检验批合格质量和分项工程质量验收合格应符合下列规定：① 抽查样本主控项目均合格；一般项目80％以上合格，其余样本不得影响使用功能或明显影响装饰效果的缺陷，其中有允许偏差和检验项目，其最大偏差不得超过规定允许偏差的50％为合格。均须具有完整的施工操作依据、质量检查记录。② 分项工程所含的检验批均应符合合格质量规定，所含的检验批的质量验收记录应完整。

❻ 分部（子分部）工程质量验收合格应符合下列规定：① 分部（子分部）工程所含分项工程的质量均应验收合格；② 质量控制资料应完整；③ 观感质量验收应符合要求。

8 / 质量记录

大理石面层和花岗石面层施工质量记录包括：❶ 材料出厂合格证，检测报告、环保检测报告；❷ 隐检记录；❸ 检验批质量验收记录；❹ 分项工程质量验收记录。

第 7 节

料石面层施工工艺

1 / 总则

1.1 适用范围

本施工工艺适用于地面料石面层施工。

1.2 编制参考标准及规范

1.《建筑装饰装修工程质量验收标准》
（GB 50210-2018）

2.《建筑工程施工质量验收统一标准》
（GB 50300-2013）

3.《民用建筑工程室内环境污染控制标准》
（GB 50325-2020）

4.《建筑地面工程施工质量验收规范》
（GB 50209-2010）

5.《通用硅酸盐水泥》
（GB 175-2007）

6.《白色硅酸盐水泥》
（GB/T 2015-2017）

7.《普通混凝土用砂、石质量及检验方法标准》
（JGJ 52-2006）

8.《混凝土用水标准》
（JGJ 63-2006）

9.《建筑材料放射性核素限量》
（GB 6566-2010）

2 施工准备

2.1 技术准备

熟悉施工图纸，依据技术交底和安全交底做好施工准备。

2.2 材料要求

❶ **料石**：料石包括条石和块石，其品种、规格应符合设计要求，技术等级、外观质量等应符合现行国家标准《天然花岗石建筑板材》(GB/T 18601)、《天然大理石建筑板材》(GB/T 19766)和《建筑材料放射性核素限量》(GB 6566)等的规定。条石厚度宜为80mm~120mm，块石厚度宜为100mm~150mm。❷ **水泥**：采用硅酸盐水泥、普通硅酸盐水泥和矿渣硅酸盐水泥，强度等级不低于42.5。水泥进场应有产品合格证和出厂检验报告，进场后应进行取样复试。其质量必须符合现行国家标准《通用硅酸盐水泥》(GB 175)的规定。当对水泥质量有怀疑或水泥出厂超过三个月时，在使用前必须进行复试，并按复试结果使用。❸ **河砂**：采用中砂或粗砂，含泥量不大于3%。过筛除去有机杂质。❹ **颜料**：矿物颜料。

2.3 主要机具

❶ **机械**：碾压机、砂轮机、云石机、冲击钻、吸尘器等。❷ **工具**：专用石材夹具、绳索、撬杠、手推车、铁锹、铁钎、刮尺、水桶、喷壶、铁抹子、木抹子、木夯、木槌（橡皮锤）、扫帚、钢丝刷、灰桶、搪瓷小桶、塑料桶、錾子、擦布等。❸ **计量检测用具**：靠尺、直尺、方尺、钢尺、水平尺等。

2.4 作业条件

❶ 地面基层施工完，穿过楼板的管线已安装完毕，楼板孔洞已填塞密实。❷ 室内水平控制线已弹好，并经预检合格。❸ 地面垫层均已完成并通过验收，基土层应为均匀密实的基土或夯实的基土。❹ 大面积装修前已按设计要求先做样板间，经检查鉴定合格后，可大面积施工。❺ 在操作前已进行技术交底，强调技术措施和质量标准要求。

3 / 施工工艺

3.1 料石面层施工工艺流程

图 1.7.3-1　料石面层施工工艺流程

3.2 操作工艺

1. 基层检查

❶ 施工前应认真清理基层，基层应无明水，无油渍、浮浆层等残留物。❷ 对于旧的平整度不理想的基层应采用局部打磨或整体打磨的方法进行彻底打磨、吸尘。❸ 基土层应为均匀密实的基土或夯实的基土。❹ 基层表面应平整，用 2m 直尺检查时，其偏差应在 2mm 以内。

2. 试拼

在正式铺砌前，按施工大样图对块石板块试拼，设计无要求时宜将非整块板对称排放在相应部位，试拼后编号，并码放整齐。

3. 拉线

为了控制块石板块的位置，拉十字控制线，然后依据标高控制线钉桩，弹出面层标高线或做标高控制点。

4. 铺料石面层

❶ 铺砂垫层，砂垫层压实后的厚度不应小于 60mm。❷ 根据控制线沿纵向铺砌一行块石，沿横向铺砌 2~3 行块石，作为大面积铺砌的标筋。然后按试拼的图案编号及缝隙（板块间的缝隙宽度设计无规定时一般不应大于 25mm）在标筋交点处开始铺砌，缝隙应相互错开。❸ 按标筋拉通线将块石大面朝上铺砌，调整缝隙后，用木夯夯击至面层标高上 5mm 左右（夯击时石材上垫木板，此时块石嵌入砂垫层的深度应大于

石料厚度的1/3），再用木槌（橡皮锤）轻击木垫板，按控制线用水平尺找平。铺完第一块，向两侧和后退方向顺序铺砌。大面积宜分段、分区进行铺砌。

5. 填缝

❶ 填缝前应对铺砌好的块石面层进行检查、调整，然后按设计要求的材料进行填缝。❷ 设计没要求时，可采用细砂、水泥砂浆相结合的方式填缝。即先将细砂撒于面层上，用扫帚扫入缝中，细砂填至缝的高度为1/2处，然后用水泥砂浆灌缝，勾缝抹平，缝口为平缝。

3.3 质量关键要求

❶ 料石面层铺砌时，基层上不得有明水，刷聚合物水泥浆应随刷随铺，防止粘贴力不够，造成空鼓。❷ 料石面层铺砌时，应保证结合层的厚度，防止面层松动。❸ 铺砌料石前应控制基土或垫层的施工质量，严禁在冻土层上铺砌。❹ 铺砌后应立即进行灌缝，并填塞密实，不得过早上车碾压，防止板面松动。

3.4 季节性施工

❶ 冬期施工时，砂浆应用热水拌合并掺加防冻剂，其掺量由试验确定。砂浆使用温度不得低于5℃，且随拌随用，做好保温。❷ 冬期施工时，不得在受冻的基土上铺砌料石。铺砌完后要及时进行覆盖保温，防止受冻。

4 / 质量要求

4.1 主控项目

❶ 面层材质应符合设计要求；条石的强度等级应大于 Mu60，块石的强度等级应大于 Mu30。

检验方法：观察和检查材质合格证明文件。

❷ 石材进入施工现场，应有放射性限量合格的检测合格报告。

检验方法：检查检测报告。

❸ 面层与下一层应结合牢固、无松动。

检验方法：观察和用锤击检查。

4.2 一般项目

❶ 条石面层应组砌合理，无十字缝，铺砌方向和坡度应符合设计要求；块石面层石料缝隙应相互错开，通缝不超过两块石料。

检验方法：观察和用坡度尺检查。

❷ 料石面层允许偏差和检验方法应符合表 1.7.4-1 的规定。

表 1.7.4-1　料石面层的允许偏差和检验方法

检验项目	条石允许偏差（mm）	块石允许偏差（mm）	检查检验方法
表面平整度	10	10	用 2m 靠尺和楔形塞尺
缝格平直	8	8	拉 5m 线和用钢尺检查
接缝高低差	2	—	用钢尺和楔形塞尺检查
板块间隙宽度	5	—	用钢尺检查

5　成品保护

❶ 地面铺砌完后，水泥砂浆终凝前不得上人，强度不够不准上重车。
❷ 施工中不得污染、损坏其他工种的半成品、成品。❸ 面层完工后可用薄膜进行遮盖，避免料石面层受破坏。

6 / 安全、环境及职业健康措施

6.1 安全措施

❶ 搬运料石中要互相配合，前后照应，防止砸伤。搬运石材的夹具、绳索等工具，班前应进行检查，防止出现问题。❷ 施工现场临时用电均应符合现行行业标准《施工现场临时用电安全技术规范》（JGJ 46）的规定。❸ 施工作业面，必须设置足够的照明。配备足够、有效的灭火器具，并设有防火标志及消防器具。❹ 施工操作和管理人员，施工前必须进行安全技术教育，制订安全操作规程。❺ 夜间或在阴暗潮湿处作业时，移动照明应使用 36V 以下低压设备。

6.2 环保措施

❶ 严格按现行国家标准《民用建筑工程室内环境污染控制标准》（GB 50325）进行室内环境污染控制。❷ 装卸材料应做到轻拿轻放，最大限度地减少噪声。夜间材料运输车辆进入施工现场时，严禁鸣笛。❸ 剩余的材料不得乱扔乱倒，必须集中回收、处理。❹ 切割石材应安排在白天进行，减少噪声扰民，同时应采取洒水降尘措施。❺ 清理地面基层时，应随时洒水，减少扬尘污染。❻ 料石面层施工环境因素控制见表 1.7.6-1。

表 1.7.6-1 料石面层施工环境因素控制

序号	环境因素	排放去向	环境影响
1	水、电的消耗	周围空间	资源消耗、污染土地
2	碾压机、砂轮锯、云石机、冲击钻、吸尘器等的噪声排放	周围空间	影响人体健康
3	废水	土地	污染土地
4	水泥尘	周围空间	污染土地

6.3　职业健康安全措施

❶ 在拌制砂浆与切割石材时，粉尘对人体有害，工人应戴防护口罩。

❷ 对石材切割与打磨时，工人应做好噪声防护。

---

7 ╱ 工程验收

❶ 料石面层验收时应检查下列文件和记录：① 料石面层的施工图、设计说明及其他设计文件；② 材料的样板及确认文件；③ 材料的产品合格证书、性能检测报告、进场验收记录和复验报告；④ 施工记录。

❷ 各分项工程的检验批应按下列规定划分：每一层次或每层施工段（或变形缝）划分检验批，高层建筑的标准层或按每三层（不足三层按三层计）划分检验批。

❸ 检查数量应符合下列规定：每检验批应随机检验不少于3间；不足3间，应全数检查；走廊（过道）应以10延长米为1间，工业厂房（按单跨计）、礼堂、门厅应以两个轴线为1间计算。

❹ 有防水要求的地面子分部工程的分项工程，每检验批抽查数量应按房间总数随机检验不少于4间，不足4间；应全数检查。

❺ 检验批合格质量和分项工程质量验收合格应符合下列规定：① 抽查样本主控项目均合格；一般项目80%以上合格，其余样本不得影响使用功能或明显影响装饰效果的缺陷，其中有允许偏差和检验项目，其最大偏差不得超过规定允许偏差的50%为合格。均须具有完整的施工操作依据、质量检查记录。② 分项工程所含的检验批均应符合合格质量规定，所含的检验批的质量验收记录应完整。

❻ 分部（子分部）工程质量验收合格应符合下列规定：① 分部（子分部）工程所含分项工程的质量均应验收合格；② 质量控制资料应完整；③ 观感质量验收应符合要求。

料石面层施工质量记录包括：❶ 材料出厂合格证，检测报告、环保检测报告；❷ 隐检记录（基层处理）；❸ 检验批质量验收记录；❹ 分项工程质量验收记录。

第8节　　人造草坪面层施工工艺

---

1 / 总则

1.1 适用范围
本施工工艺适用于地面人造草坪面层施工。

1.2 编制参考标准及规范
1.《建筑装饰装修工程质量验收标准》
（GB 50210-2018）

2.《建筑工程施工质量验收统一标准》
（GB 50300-2013）

3.《民用建筑工程室内环境污染控制标准》
（GB 50325-2020）

4.《建筑地面工程施工质量验收规范》
（GB 50209-2010）

5.《室内装饰装修材料　胶粘剂中有害物质限量》
（GB 18583-2008）

2 施工准备

2.1 技术准备

熟悉施工图纸，依据技术交底和安全交底做好施工准备。

2.2 材料要求

❶ **人造草坪**：人造草坪应鲜绿无反光，草丝柔软不刺手，重压不变形，暴晒不变色。❷ **胶粘剂**：有出厂合格证和环保检测报告，并有足够粘结强度。所选胶粘剂必须通过试验确定其适用性和使用方法，并符合现行国家标准《室内装饰装修材料　胶粘剂中有害物质限量》（GB 18583）的有关规定。

2.3 主要机具

❶ **机械**：吸尘器、裁边机等。❷ **工具**：铁锹、铁钎、刮尺、水桶、喷壶、铁抹子、木抹子、木夯、木槌（橡皮锤）、壁纸刀、割刀、塑料桶、錾子、胶皮辊、擦布、粉线包、墨斗、小线、托线板、线坠等。❸ **计量检测用具**：靠尺、直尺、方尺、钢尺、水平尺等。

2.4 作业条件

❶ 地面基层施工完，穿过楼板的管线已安装完毕，楼板孔洞已填塞密实。❷ 室内水平控制线已弹好，并经预检合格。❸ 基层施工完，表面无空鼓、起壳现象。阴阳角方正，无灰尘和砂粒。❹ 大面积装修前已按设计要求先做样板间，经检查鉴定合格后，可大面积施工。❺ 在操作前已进行技术交底，强调技术措施和质量标准要求。

3 / 施工工艺

3.1 人造草坪面层施工工艺流程

图 1.8.3-1 人造草坪面层施工工艺流程

3.2 操作工艺

1. 基层检查

❶ 施工前应认真清理基层，基层应无明水，无油渍、浮浆层等残留物。❷ 对于旧的平整度不理想的基层应采用局部打磨或整体打磨的方法进行彻底打磨、吸尘。❸ 基层表面应平整，用2m直尺检查时，其偏差应在2mm以内。❹ 如基层为泥土，泥土的厚度应不小于30mm，应平整压实场地。

2. 弹线

❶ 在施工场地放线，排出人造草坪的位置，并在地面弹出十字控制线和分格线。❷ 在铺贴人造草坪前，应按设计图纸弹分格线进行试铺。

3. 剪裁

根据定位尺寸剪裁草坪，其长度应比实际尺寸大20mm。剪裁时，应在较宽阔的地方集中进行，裁好后应编号堆放。

4. 人造草坪铺设（粘贴法）

❶ 基层为水泥砂浆或细石混凝土的粘贴工艺：在基层上间隔1m点涂胶粘剂，再在草坪背满涂胶粘剂，涂胶粘剂需合理控制晾置时间，一般以涂胶后10min～20min内，胶浆达到八九成干，以手触不粘为宜（胶粘剂还可以根据草坪的使用说明书涂刷），胶粘时要求一次性对准粘牢，切不可在粘合后来回移动被粘接的草坪。❷ 基层为泥土的施工工艺：将人造草坪满铺在泥土面，用长木楔直接固定在泥土上，收口位

置用压条固定。❸ **铺设顺序**：按弹好的十字控制线，从中间向四周铺设。大面积铺贴时应分段、分区铺贴。设计有图案要求时，应按照设计图案弹出准确分格线，做好标记，防止出现差错，使块与块之间服帖、挤紧。❹ 在块与块之间的接缝处，采用草坪专用胶带粘贴，草坪之间需搭接 3mm ~ 8mm。清理干净草坪底部后，把草坪胶带放置在两块草坪底部的接缝处，草坪胶带的宽度至少 150mm，撕开草坪胶带的离型纸，把草坪胶带粘贴在人造草坪底部的边缘，使草坪胶带在连接两块草坪上的宽度各为 75mm，粘接后应检查是否平整牢固。

5. 加压

在粘接好后，清除其表面杂物，用专用的橡皮锤从粘接处向两边用力锤实，使其表面充分接触密实，粘接更牢固。

6. 细部处理收口

❶ 在门口、走道、卫生间等部位，不同地面材料的交接处应在草坪背面刷胶粘剂满粘，或用专用收口条（压条）做收口处理。❷ 在室外铺设草坪时，草坪需铺入沟槽内 250mm，与沟壁粘接牢固。

3.3 **质量关键要求**

❶ 人造草坪铺贴时，基层上不得有积水，基层表面应坚实平整，清理必须干净（用吸尘器），无尘土、砂粒，防止铺贴后面层出现凹凸不平、砂粒状斑点。❷ 接缝时，应注意草绒的方向，裁割时应注意缝边顺直、尺寸准确，以防止草坪铺贴不平整、不顺直。❸ 涂刷胶粘剂时应厚薄一致、均匀到位，掌握好粘贴时间。❹ 铺贴后及时将外溢的胶液清理干净，并覆盖保护，防止污染。❺ 在室外铺贴时，应具有一定的坡度，一般为 3% ~ 5%，以便于雨天排水。

3.4 **季节性施工**

❶ 雨期施工应开启门窗通风，必要时增加人工排风设施（排风扇等）控制温度。❷ 冬期施工时温度不低于 10℃，或根据胶粘剂的使用温度确定。

4 / 质量要求

4.1 主控项目

❶ 人造草坪的品种、规格、颜色及胶料，其材质必须符合设计要求和国家现行产品标准的规定。

检验方法：观察和检查材质合格证明文件。

❷ 人造草坪与基层粘结应牢固，不翘边、不脱胶、无溢胶。

检验方法：观察。

4.2 一般项目

❶ 面层应表面洁净，图案清晰，色泽一致，接缝严密平整，无起鼓、起皱、污染和损伤。

检验方法：观察。

❷ 同其他面层连接处、收口处和墙边、柱子周围应顺直、压紧。

检验方法：观察。

5 / 成品保护

❶ 存放时要做好防雨、防潮、防火、防踩踏和防重压。❷ 施工中不得污染、损坏其他工种的半成品、成品。❸ 面层完工后可用薄膜进行遮盖，避免人造草坪受破坏。❹ 在人造草坪面层上进行其他工序作业时，必须采取遮盖、支垫等可靠的保护措施，严禁直接在塑料板面层上作业。

6　安全、环境及职业健康措施

6.1　安全措施

❶ 储存人造草坪的库房应配备消防器材，禁止动用明火，防止发生火灾。❷ 施工现场临时用电均应符合现行行业标准《施工现场临时用电安全技术规范》(JGJ 46) 的规定。❸ 施工作业面，必须设置足够的照明。配备足够、有效的灭火器具，并设有防火标志及消防器具。❹ 施工操作和管理人员，施工前必须进行安全技术教育，制订安全操作规程。❺ 夜间或在阴暗潮湿处作业时，移动照明应使用 36V 以下低压设备。

6.2　环保措施

❶ 严格按现行国家标准《民用建筑工程室内环境污染控制标准》(GB 50325) 进行室内环境污染控制。❷ 装卸材料应做到轻拿轻放，最大限度地减少噪声。夜间材料运输车辆进入施工现场时，严禁鸣笛。❸ 剩余的材料不得乱扔乱倒，必须集中回收、处理。❹ 清理地面基层时，应随时洒水，减少扬尘污染。❺ 人造草坪面层施工环境因素控制见表 1.8.6-1。

表 1.8.6-1　人造草坪面层施工环境因素控制

序号	环境因素	排放去向	环境影响
1	水、电的消耗	周围空间	资源消耗、污染土地
2	吸尘器、裁边机等的噪声排放	周围空间	影响人体健康
3	废水	土地	污染土地
4	水泥尘	周围空间	污染土地

6.3　职业健康安全措施

❶ 使用胶粘剂时，应戴口罩、手套。❷ 施工场地应保持室内空气流通。

❶ 人造草坪面层验收时应检查下列文件和记录：① 人造草坪面层的施工图、设计说明及其他设计文件；② 材料的样板及确认文件；③ 材料的产品合格证书、性能检测报告、进场验收记录和复验报告；④ 施工记录。

❷ 各分项工程的检验批应按下列规定划分：每一层次或每层施工段（或变形缝）划分检验批，高层建筑的标准层或按每三层（不足三层按三层计）划分检验批。

❸ 检查数量应符合下列规定：每检验批应随机检验不少于3间；不足3间，应全数检查；走廊（过道）应以10延长米为1间，工业厂房（按单跨计）、礼堂、门厅应以两个轴线为1间计算。

❹ 有防水要求的地面子分部工程的分项工程，每检验批抽查数量应按房间总数随机检验不少于4间；不足4间，应全数检查。

❺ 检验批合格质量和分项工程质量验收合格应符合下列规定：① 抽查样本主控项目均合格；一般项目80%以上合格，其余样本不得影响使用功能或明显影响装饰效果的缺陷，其中有允许偏差和检验项目，其最大偏差不得超过规定允许偏差的50%为合格。均须具有完整的施工操作依据、质量检查记录。② 分项工程所含的检验批均应符合合格质量规定，所含的检验批的质量验收记录应完整。

❻ 分部（子分部）工程质量验收合格应符合下列规定：① 分部（子分部）工程所含分项工程的质量均应验收合格；② 质量控制资料应完整；③ 观感质量验收应符合要求。

8 / 质量记录

人造草坪面层施工质量记录包括：❶ 材料出厂合格证，检测报告、环保检测报告；❷ 隐检记录（基层处理）；❸ 检验批质量验收记录；❹ 分项工程质量验收记录。

第9节　活动地板面层施工工艺

---

1 ／ 总则

1.1　适用范围
本施工工艺适用于地面防静电活动地板面层施工。

1.2　编制参考标准及规范
1. 《建筑装饰装修工程质量验收标准》
   （GB 50210-2018）
2. 《建筑工程施工质量验收统一标准》
   （GB 50300-2013）
3. 《民用建筑工程室内环境污染控制标准》
   （GB 50325-2020）
4. 《建筑地面工程施工质量验收规范》
   （GB 50209-2010）

2 施工准备

2.1 技术准备

熟悉施工图纸，依据技术交底和安全交底做好施工准备。

2.2 材料要求

❶ **活动地板**：由标准地板、异型地板和金属支架、横梁组成，其规格、型号要满足设计要求，并采用配套产品。活动地板应平整、坚实，并具有耐磨、防潮、阻燃、耐污染、耐老化和导静电等特点，活动地板面层承载力不应小于 7.5MPa。❷ **辅助材料**：泡沫塑料条、木条、橡胶条、铝型材和角铝、密封胶、滑石粉等材料应符合有关国家标准的要求。

2.3 主要机具

❶ **机械**：切割机、吸盘、无齿锯、圆盘锯、电锤、螺机、手持砂轮等。❷ **工具**：钢锯、手刨、斧子、开刀、扳手、棉丝、小方锹、铁钎、刮尺、铁抹子、錾子、粉线包、墨斗、小线、扫帚、托线板、线坠等。❸ **计量检测用具**：线坠、靠尺、直尺、方尺、钢尺、水平尺等。

2.4 作业条件

❶ 地面基层施工完，穿过楼板的管线已安装完毕，楼板孔洞已填塞密实。❷ 室内水平控制线已弹好，并经预检合格。❸ 大面积装修前已按设计要求先做样板间，经检查鉴定合格后，可大面积施工。❹ 在操作前已进行技术交底，强调技术措施和质量标准要求。

3 / 施工工艺

3.1　活动地板面层施工工艺流程

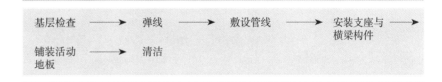

图 1.9.3-1　活动地板面层施工工艺流程

3.2　操作工艺

1. 基层检查

❶ 施工前应认真清理基层，基层应无明水，无油渍、浮浆层等残留物，含水率不大于 8%。❷ 对于旧的平整度不理想的基层应采用局部打磨或整体打磨的方法进行彻底打磨、吸尘。❸ 基层表面应平整，用 2m 直尺检查时，其偏差应在 3mm 以内。❹ 表面可涂刷绝缘脂或清漆。

2. 弹线

在地面弹出中心十字控制线；然后根据施工位置尺寸和地板块的尺寸计算，施工位置尺寸与地板块的模数正好合适时，直接找出十字交叉点，然后对称分格，按板块尺寸弹线，交叉点为支座位置，分格线即为横梁位置，同时标出设备安装位置；若施工位置尺寸不符合板块模数时，应考虑将非整块板放在室内靠墙或不明显的部位，内外相通的施工位置在门口处还应考虑板缝通线，进行排板设计；在四周墙上弹出横梁组件地板面层的标高控制线。

3. 敷设管线

根据控制线，敷设机电管线，但要避开支架底座的位置。

4. 安装支座与横梁构件

按照已弹好的纵横交叉点安装支座和横梁，支座要对准方格网中心交叉点，转动支座螺杆，调整支座的高低，拉横、竖线，检查横梁的平直度，使横梁与已弹好的横梁组件标高控制线同高并水平，待所有支座和横梁安装完构成一整体时，用水平仪抄平。支座与基层面之间的空隙应灌注粘结剂，连接牢固，亦可用膨胀螺栓或射钉固定。支座、横梁安装后，应按设计要求安装接地网线，并与系统接地网相连。

5. 铺装活动地板

❶ 铺设地板前要对面层下铺设的设备电气管线检查，并办完隐检。

❷ 根据施工场地尺寸及设备安装位置等实际情况，确定板块的铺设方向和先后顺序。铺设时要在横梁上铺设 5mm 厚缓冲胶条，并用粘结剂与横梁粘合，同时应调整水平度，保证四角接触平整、严密（不应采用加垫的方法），并拉小线对板面进行检查。铺设的地板块不符合模数时要根据具体尺寸切割地板，对于切割后的毛边应进行打磨处理，确保地板块平滑，并使用相应的可调支撑和横梁。在板块与墙边的接缝处用弹性材料镶嵌，不做踢脚板时用收边条收边。地板安装完后要检查其平整度及缝隙。

6. 清洁

当活动地板面层全部完成，经检验符合质量要求后，用清洁剂或肥皂水将板面擦净，晾干。

3.3　质量关键要求

❶ 活动地板铺贴时，基层上不得有积水，基层表面应坚实平整，清理必须干净（用吸尘器），含水率不大于 8%。❷ 活动地板下的各种管线要在铺板前安装完，并验收合格，防止安装完地板后多次揭开，影响地板的质量。❸ 和墙边不符合模数的板块，切割后应做好镶边、封边，防止板块受潮变形。

3.4　季节性施工

做好活动地板的材料存放，避免日光暴晒、雨水淋湿。

4 / 质量要求

4.1 主控项目

❶ 活动地板块、支架及其配件必须符合设计要求及国家规范、标准的规定，且应具有耐磨、防潮、阻燃、耐污染、耐老化和导静电等特点。

检验方法：观察和检查材质合格证明文件。

❷ 活动地板面层应无裂纹、掉角和缺棱等缺陷。行走无响声、无摆动。

检验方法：观察和脚踩检查。

❸ 活动地板的接地网设置与接地电阻值应符合设计要求。

检验方法：检查隐蔽工程记录和测试报告。

4.2 一般项目

❶ 活动地板面层应排列整齐、表面洁净、色泽一致、接缝均匀、周边顺直。

检验方法：观察。

❷ 活动地板的支架和横梁安装应牢固、平整。

检验方法：观察和脚踩检查。

❸ 活动地板面层允许偏差和检验方法应符合表 1.9.4-1 的规定。

表 1.9.4-1　活动地板面层的允许偏差和检验方法

检验项目	塑料面层允许偏差（mm）	检验方法
表面平整度	2	用 2m 靠尺和楔形塞尺检查
缝格平直	2.5	拉 5m 线和用钢尺检查
接缝高低差	0.4	用钢尺和楔形塞尺检查
板块间隙宽度	0.3	用钢尺检查

5 　成品保护

❶ 存放时要做好防雨、防潮、防火、防踩踏和防重压。❷ 施工中不得污染、损坏其他工种的半成品、成品。❸ 面层完工后，应避免人直接在活动地板上行走。如确需行走，应穿泡沫塑料拖鞋或干净胶鞋，不能穿带有金属钉的鞋子，更不能用锐物、硬物在地板表面拖拉、划擦及敲击。❹ 不可直接在活动地板面进行其他施工作业。

6 　安全、环境及职业健康措施

6.1　安全措施

❶ 储存活动地板的库房应配备消防器材，禁止动用明火，防止发生火灾。❷ 施工现场临时用电均应符合现行行业标准《施工现场临时用电安全技术规范》（JGJ 46）的规定。❸ 施工作业面，必须设置足够的照明。配备足够、有效的灭火器具，并设有防火标志及消防器具。❹ 施工操作和管理人员，施工前必须进行安全技术教育，制订安全操作规程。❺ 夜间或在阴暗潮湿处作业时，移动照明应使用36V以下低压设备。

6.2　环保措施

❶ 严格按现行国家标准《民用建筑工程室内环境污染控制标准》（GB 50325）进行室内环境污染控制。❷ 装卸材料应做到轻拿轻放，最大限度地减少噪声。夜间材料运输车辆进入施工现场时，严禁鸣笛。❸ 剩余的材料不得乱扔乱倒，必须集中回收、处理。❹ 清理地面基层时，应随时洒水，减少扬尘污染。❺ 地板板块排列应符合设计要求，当无设计要求时，宜避免出现板块小于1/2边长的边角料。❻ 活动地板面层施工环境因素控制见表1.9.6-1。

表 1.9.6-1　活动地板面层施工环境因素控制

序号	环境因素	排放去向	环境影响
1	水、电的消耗	周围空间	资源消耗、污染土地
2	切割机、吸盘、无齿锯、圆盘锯、电锤、螺机、手持砂轮等的噪声排放	周围空间	影响人体健康
3	废水	土地	污染土地
4	水泥尘	周围空间	污染土地

6.3　职业健康安全措施

❶ 切割地板时，操作人员要佩戴防护用品。❷ 施工的场地应保持室内空气流通。

7　工程验收

❶ 活动地板面层验收时应检查下列文件和记录：① 活动地板面层的施工图、设计说明及其他设计文件；② 材料的样板及确认文件；③ 材料的产品合格证书、性能检测报告、进场验收记录和复验报告；④ 施工记录。

❷ 各分项工程的检验批应按下列规定划分：每一层次或每层施工段（或变形缝）划分检验批，高层建筑的标准层或按每三层（不足三层按三层计）划分检验批。

❸ 检查数量应符合下列规定：每检验批应随机检验不少于3间；不足3间，应全数检查；走廊（过道）应以10延长米为1间，工业厂房（按单跨计）、礼堂、门厅应以两个轴线为1间计算。

❹ 有防水要求的地面子分部工程的分项工程，每检验批抽查数量应按房间总数随机检验不少于4间；不足4间，应全数检查。

❺ 检验批合格质量和分项工程质量验收合格应符合下列规定：① 抽查样本主控项目均合格；一般项目80%以上合格，其余样本不得影响使用功能或明显影响装饰效果的缺陷，其中有允许偏差和检验项目，其最大偏差不得超过规定允许偏差的50%为合格。均须具有完整的施工操作依据、质量检查记录。② 分项工程所含的检验批均应符合合格质量规定，所含的检验批的质量验收记录应完整。

❻ 分部（子分部）工程质量验收合格应符合下列规定：① 分部（子分部）工程所含分项工程的质量均应验收合格；② 质量控制资料应完整；③ 观感质量验收应符合要求。

8 / 质量记录

活动地板面层施工质量记录包括：❶ 材料出厂合格证，检测报告、环保检测报告；❷ 隐检记录（基层处理）；❸ 检验批质量验收记录；❹ 分项工程质量验收记录。

地毯面层施工工艺

1 / 总则

1.1 适用范围

本施工工艺适用于地面地毯面层施工。

1.2 编制参考标准及规范

1. 《建筑装饰装修工程质量验收标准》
   （GB 50210-2018）

2. 《建筑工程施工质量验收统一标准》
   （GB 50300-2013）

3. 《民用建筑工程室内环境污染控制标准》
   （GB 50325-2020）

4. 《建筑地面工程施工质量验收规范》
   （GB 50209-2010）

5. 《室内装饰装修材料　地毯、地毯衬垫及地毯胶粘剂有
   害物质释放限量》
   （GB 18587-2001）

2 / 施工准备

2.1　技术准备

熟悉施工图纸，依据技术交底和安全交底做好施工准备。

2.2　材料要求

❶ **地毯及衬垫**：地毯及衬垫的品种、规格、颜色、花色及其材质必须符合设计要求和国家现行地毯产品标准的规定。地毯的阻燃性应符合现行国家标准《建筑内部装修设计防火规范》（GB 50222）的防火等级要求。❷ **胶粘剂**：应符合环保要求，且无毒、无霉、快干、有足够粘结强度，并应通过试验确定其适用性和使用方法。地毯及衬垫、胶粘剂中有害物质的释放限量应符合现行国家标准《室内装饰装修材料　地毯、地毯衬垫及地毯胶粘剂有害物质释放限量》（GB 18587）的规定。❸ **倒刺板**：牢固顺直，倒刺均匀，长度、角度符合设计要求。❹ **金属压条**：宜采用厚度为 2mm 铝合金（铜）材料制成。

2.3　主要机具

❶ **机械**：冲击钻、裁边机、电剪刀、电熨斗、吸尘器等。❷ **工具**：壁纸刀、裁毯刀、割刀、剪刀、尖嘴钳子、钢锯、斧子、小方锹、铁钎、刮尺、铁抹子、錾子等。❸ **计量检测用具**：靠尺、直尺、方尺、钢尺、水平尺等。

2.4　作业条件

❶ 地面基层施工完，穿过楼板的管线已安装完毕，楼板孔洞已填塞密实。❷ 室内水平控制线已弹好，并经预检合格。❸ 水泥类基层表面应平整、光洁，阴阳角方正，基层强度合格，含水率不大于 10%。❹ 大面积装修前已按设计要求先做样板间，经检查鉴定合格后，可大面积施工。❺ 在操作前已进行技术交底，强调技术措施和质量标准要求。

3 / 施工工艺

3.1 卷材地毯面层

1. 卷材地毯面层施工工艺流程

图 1.10.3-1 卷材地毯面层施工工艺流程

2. 操作工艺

❶ **基层检查**：① 施工前应认真清理基层，基层应无明水，无油渍、浮浆层等残留物。② 对于旧的平整度不理想的基层应采用局部打磨或整体打磨的方法进行彻底打磨、吸尘。③ 基层表面应平整，用 2m 直尺检查时，其偏差应在 2mm 以内。

❷ **卷材地毯剪裁**：① 在地面弹出中心十字控制线；根据地毯的规格、花色、型号、图案等，对照现场实际情况进行排板，预留铺装施工尺寸。② 定位尺寸剪裁地毯，其长度应比房间实际尺寸大 20mm 或根据图案、花纹大小预留出一个完整的图案。宽度应以裁去地毯边缘后的尺寸计算，并在地毯背面弹线后裁掉边缘部分。裁剪时，应在较宽阔的地方集中进行，裁好后需编号。

❸ **钉倒刺板**：沿房间四周踢脚边缘，将倒刺板用钢钉牢固地钉在

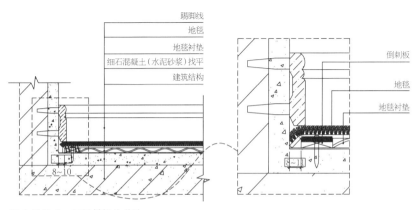

图 1.10.3-2 钉倒刺板的做法

地面基层上，钢钉间距 400mm 左右为宜。倒刺板应距踢脚板表面 8mm～10mm。具体做法见图 1.10.3-2。

❹ 铺衬垫：将衬垫采用点粘法或用双面胶带纸粘在地面基层上，边缘离开倒刺板 10mm～15mm。

❺ 铺卷材地毯：① 地毯铺装方向应使地毯绒毛走向朝背光方向。地毯对花拼接应按毯面绒毛和织纹走向的同一方向接缝。

接缝时需注意：

A. 纯毛地毯的接缝：先将地毯翻过来，使两条缝铺平对接，用线缝制结实平服后，刷胶粘剂，贴上牛皮纸。

B. 麻布衬底的化纤地毯接缝：用胶粘剂粘贴麻布窄条，沿拼缝处在地面上弹线，将麻布条铺平铺直，将地毯胶粘剂刮在麻布带上，然后将地毯对好后粘牢。

C. 胶带粘结法：先将专用胶带按地面上的弹线铺好，两端固定，将两侧地毯的边缘压在胶带上，然后用电熨斗在胶带背面熨烫，使胶质受热熔化，再用电铲将地毯接缝处碾平压实，使之牢固地连在一起；再修葺正面不齐处的绒毛。

接缝要求严密无隙，平直，不露空，不重叠，若是花格图案的地毯，其接缝处应使图案完整、线条接通、纹路一致。

② 铺地毯时，先将地毯的一边固定在倒刺板上，用地毯撑子呈 V 字形方向用力将地毯向四周展开，然后将地毯固定在倒刺板上，用扁铲将地毯毛边掩入卡条和墙壁的间隙中或掩入到踢脚板下面。再进行另一个方向的拉伸，直到拉平，四个边都固定在倒刺板上。当边长较长的时候，应多人同时操作，拉伸完成后，应确保地毯的图案无扭曲变形。

③ 楼梯铺卷材地毯施工工艺：铺地毯从上而下，逐级施工。每一梯段的上下休息平台边缘处，均需将倒刺板用钢钉牢固地钉在地面基层上，然后将卷材地毯固定在倒刺板上。在梯级固定的方式有压杆固定、粘结固定、倒刺板固定。压杆固定就是购买专用压杆，每级踏步的阴角各设两个紧固件，以楼梯宽度的中心线对称埋设，然后将金属压杆穿入紧固件内，并压实地毯。粘结固定就是用地毯专用贴或胶粘剂，在梯级阴、阳角位置均点贴地毯专用贴或胶粘剂，然后将地毯铺贴在上面。倒刺板固定就是在梯级的踏步与踢脚的两侧先固定倒刺板，然后从上而下逐级铺设地毯。

❻ 处理收口：① 地毯在门口、走道、卫生间等不同地面材料接处部位，应用专用收口条（压条）做收口处理，对管根、暖气罩等部位应套

割固定或修边。❷ 地毯全部铺完后，应用吸尘器吸去灰尘，清扫干净。

3. 质量关键要求

❶ 地毯铺贴时，基层上不得有积水，基层表面应坚实平整，清理必须干净（用吸尘器），含水率不大于10%。❷ 裁割地毯应用锋利的刀，一刀割开，避免重复裁割。裁割地毯时应注意缝边顺直、尺寸准确，防止地毯接缝明显。❸ 铺设转角处地毯时，应在地毯角部割一刀，便于地毯边缘嵌入倒刺板内，避免因地毯角部折叠产生高低不平。❹ 缝合或粘合地毯接缝时，应将毯面绒毛捋顺。若发现绒毛朝向不一致，应及时进行调整。烫地毯时，在接缝处应绷紧拼缝，严密后才烫平。❺ 有花纹图案的地毯，在同一场所应由同一批作业人员一次铺好。用撑子拉伸地毯时，各方向的力度应均匀一致，防止造成图案对花不符或扭曲变形。

3.2　　方块地毯面层

1. 方块地毯面层施工工艺流程

图1.10.3-3　方块地毯面层施工工艺流程

2. 操作工艺

❶ **基层检查**：① 施工前应认真清理基层，基层应无明水，无油渍、浮浆层等残留物。② 对于旧的平整度不理想的基层应采用局部打磨或整体打磨的方法进行彻底打磨、吸尘。③ 基层表面应平整，用2m直尺检查时，其偏差应在2mm以内。

❷ **方块地毯剪裁**：在地面弹出中心十字控制线；根据地毯的规格对照现场实际情况进行排板，预留铺装施工尺寸。

❸ **铺方块地毯**：先从施工位置中部涂刷部分胶粘剂，铺放预先裁割好的方块地毯，粘结固定后，用地毯撑子拉平、拉直，然后向四周铺设，每隔4~5块方块地毯，其底面可涂刷部分胶粘剂，块与块之间应挤紧服帖、不卷边。

❹ **处理收口**：① 地毯在门口、走道、卫生间等不同地面材料交接处部位，应用专用收口条（压条）做收口处理，对管根、暖气罩等部位应套割固定或掩边。② 地毯全部铺完后，应用吸尘器吸去灰尘，清扫干净。

3. 质量关键要求

❶ 地毯铺贴时，基层上不得有积水，基层表面应坚实平整，清理必须干净（用吸尘器），含水率不大于10%。❷ 方块地毯铺贴时，需相互挤实，防止地毯接缝明显。

4. 季节性施工

❶ 雨期施工时，应开启门窗通风。注意避免地毯遭受雨淋，以防受潮、发霉、变色。❷ 冬期用胶粘剂铺贴地毯时，室内温度不宜低于10℃。

---

4 / 质量要求

4.1　主控项目

❶ 地毯的品种、规格、颜色、花色、胶料和辅料及其材质必须符合设计要求和国家现行地毯产品标准的规定。

检验方法：观察和检查材质合格证明文件。

❷ 地毯表面应平整服帖，拼缝处粘贴牢固、严密平整、图案吻合。

检验方法：观察。

4.2　一般项目

❶ 地毯表面不应起鼓、起皱、翘边、卷边、显拼缝、露线和无毛边，绒面毛顺光一致，毯面干净，无污染和损伤。

检验方法：观察。

❷ 地毯同其他面层连接处、收口处和墙边、柱子周围应顺直、压紧。

检验方法：观察。

5 / 成品保护

❶ 地毯存放时要做好防雨、防潮、防火、防踩踏和重压。❷ 施工中不得污染、损坏其他工种的半成品、成品。❸ 面层完工后可用薄膜进行遮盖，避免人在地毯上活动而受破坏。❹ 在地毯面层上进行其他工序作业时，必须采取遮盖、支垫等可靠的保护措施，严禁直接在地毯面层上作业。

6 / 安全、环境及职业健康措施

6.1 安全措施

❶ 储存地毯的库房应配备消防器材，禁止动用明火，防止发生火灾。❷ 施工现场临时用电均应符合现行行业标准《施工现场临时用电安全技术规范》（JGJ 46）的规定。❸ 施工作业面，必须设置足够的照明。配备足够、有效的灭火器具，并设有防火标志及消防器具。❹ 施工操作和管理人员，施工前必须进行安全技术教育，制订安全操作规程。❺ 夜间或在阴暗潮湿处作业时，移动照明应使用36V以下低压设备。

6.2 环保措施

❶ 严格按现行国家标准《民用建筑工程室内环境污染控制标准》（GB 50325）进行室内环境污染控制。❷ 装卸材料应做到轻拿轻放，最大限度地减少噪声。夜间材料运输车辆进入施工现场时，严禁鸣笛。❸ 剩余的材料不得乱扔乱倒，必须集中回收、处理。❹ 胶粘剂使用后，应及时封闭存放，不得随意遗洒。废料和包装容器应及时清理回收。❺ 清理地面基层时，应随时洒水，减少扬尘污染。❻ 地毯面层施工环境因素控制见表1.10.6-1。

表 1.10.6-1　地毯面层施工环境因素控制

序号	环境因素	排放去向	环境影响
1	水、电的消耗	周围空间	资源消耗、污染土地
2	冲击钻、裁边机、电剪刀、电熨斗、吸尘器等的噪声排放	周围空间	影响人体健康
3	废水	土地	污染土地
4	水泥尘	周围空间	污染土地

6.3　职业健康安全措施

施工的场地应保持室内空气流通。

7　工程验收

❶ 地毯面层验收时应检查下列文件和记录：① 地毯面层的施工图、设计说明及其他设计文件；② 材料的样板及确认文件；③ 材料的产品合格证书、性能检测报告、进场验收记录和复验报告；④ 施工记录。

❷ 各分项工程的检验批应按下列规定划分：每一层次或每层施工段（或变形缝）划分检验批，高层建筑的标准层或按每三层（不足三层按三层计）划分检验批。

❸ 检查数量应符合下列规定：每检验批应随机检验不少于3间；不足3间，应全数检查；走廊（过道）应以10延长米为1间，工业厂房（按单跨计）、礼堂、门厅应以两个轴线为1间计算。

❹ 检验批合格质量和分项工程质量验收合格应符合下列规定：① 抽查样本主控项目均合格；一般项目80%以上合格，其余样本不得影响使用功能或明显影响装饰效果的缺陷，其中有允许偏差和检验项目，其最

大偏差不得超过规定允许偏差的 50% 为合格。均须具有完整的施工操作依据、质量检查记录。② 分项工程所含的检验批均应符合合格质量规定，所含的检验批的质量验收记录应完整。

❺ **分部（子分部）工程质量验收合格应符合下列规定：**① 分部（子分部）工程所含分项工程的质量均应验收合格；② 质量控制资料应完整；③ 观感质量验收应符合要求。

---

8 / **质量记录**

地毯面层施工质量记录包括：❶ 材料出厂合格证，检测报告、环保检测报告；❷ 隐检记录（基层处理）；❸ 检验批质量验收记录；❹ 分项工程质量验收记录。

第 11 节

实木地板面层施工工艺

1 / 总则

1.1 适用范围

本施工工艺适用于地面实木地板、实木复合地板、竹木地板面层施工。

1.2 编制参考标准及规范

1.《建筑装饰装修工程质量验收标准》
（GB 50210-2018）

2.《建筑工程施工质量验收统一标准》
（GB 50300-2013）

3.《民用建筑工程室内环境污染控制标准》
（GB 50325-2020）

4.《建筑地面工程施工质量验收规范》
（GB 50209-2010）

5.《实木地板 第1部分：技术要求》
（GB/T 15036.1-2018）

6.《竹集成材地板》
（GB/T 20240-2017）

7.《木结构工程施工质量验收规范》
（GB 50206-2012）

8.《实木复合地板》
（GB/T 18103-2013）

9.《室内装饰装修材料 人造板及其制品中甲醛释放限量》
（GB 18580-2017）

2 / 施工准备

2.1 技术准备

熟悉施工图纸，依据技术交底和安全交底做好施工准备。

2.2 材料要求

❶ **实木地板**：实木地板面层所采用的材料，其技术等级和质量应符合设计要求，其产品应有产品合格证，产品类别、型号、适用树种、检验规则及技术条件等均应符合现行国家标准《实木地板　第1部分：技术要求》（GB/T 15036.1）的规定。❷ **实木复合地板**：实木复合地板面层所采用的材料，应有产品检验合格证，含水率不大于12%。其技术等级和质量应符合现行国家标准《实木复合地板》（GB/T 18103）和《室内装饰装修材料　人造板及其制品中甲醛释放限量》（GB 18580）的规定。❸ **竹地板**：竹地板面层所采用的材料，应经严格选材、硫化、防腐、防蛀处理，并采用具有商品检验合格证的产品，其技术等级及质量应符合现行国家标准《竹集成材地板》（GB/T 20240）的规定。一般含水率宜在10%～14%之间。❹ **木材**：木龙骨、垫木、剪刀撑和毛地板等应做防腐、防蛀及防火处理。木材的材质、品种、等级应符合现行国家标准《木结构工程施工质量验收规范》（GB 50206）的有关规定。❺ **硬木踢脚板**：宽度、厚度应按设计要求的尺寸加工。❻ **其他材料**：防腐剂、防火涂料、地板胶、88～104镀锌铅丝、50mm～100mm钉子（地板钉）、扒钉、角码、膨胀螺栓、镀锌木螺钉、隔声材料等。防腐剂、防火涂料、胶粘剂应具有环保检测报告。

2.3 主要机具

❶ **机械**：多功能木工机床、刨地板机、磨地板机、平刨、压刨、小电锯、电锤、吸尘器等。❷ **工具**：斧子、冲子、凿子、手锯、手刨、锤子、鏊子、钢丝刷、气钉枪、打胶枪、割角尺、尖嘴钳子、钢锯、小方锹等。❸ **计量检测用具**：水准仪、水平尺、方尺、钢尺、靠尺、直尺等。

2.4　作业条件

❶ 地面基层施工完，穿过楼板的管线已安装完毕，楼板孔洞已填塞密实。❷ 室内水平控制线已弹好，并经预检合格。❸ 水泥类基层表面应平整、光洁，阴阳角方正，基层强度合格，含水率不大于8%。❹ 大面积装修前已按设计要求先做样板间，经检查鉴定合格后，可大面积施工。❺ 在操作前已进行技术交底，强调技术措施和质量标准要求。

3　施工工艺

3.1　实木地板面层施工工艺流程

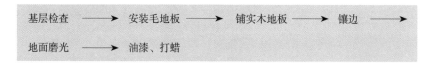

图1.11.3-1　实木地板面层施工工艺流程

3.2　操作工艺

实木地板按构造方法不同，可分为实铺与空铺两种。实铺是在钢筋混凝土板或垫层上，先铺一层防火厚夹板（15mm或18mm厚）作毛地板，可采用全铺，也可采用100mm宽的板条，板条相互间距为100mm作底层，然后再铺实木地板面层。空铺则是由木龙骨、剪刀撑构成地龙骨，将毛地板先铺地地龙骨上，然后再铺面层材料。

1. 基层检查

❶ 施工前应认真清理基层，基层应无明水，无油渍、浮浆层等残留物。❷ 对于旧的平整度不理想的基层应采用局部打磨或整体打磨的方法进行彻底打磨、吸尘。❸ 基层表面应平整，用2m直尺检查时，其偏差应在2mm以内。

2. 安装毛地板（实铺法）

❶ 先在基层上弹出毛地板的安装位置线及标高，再用电锤钻孔，孔与孔的间距为 400mm，孔的深度 50mm～60mm，钉入木楔，木楔须干燥稳固不松动，然后用不锈钢钉将毛地板固定在木楔上，毛地板与墙间留出不小于 30mm 的缝隙，以利于透气。❷ 地板安装应平稳、坚固。❸ 对毛地板做防腐处理。毛地板间至少留 8mm～10mm 的伸缩缝。❹ 在毛地板铺设前先铺防潮隔离膜，隔离膜可以延缓地板在短期内的吸湿膨胀。每条隔离膜之间应重叠 50mm 左右，并用胶纸封接。在墙体四周，隔离膜需向墙体上卷出 50mm～100mm。具体做法见图 1.11.3-2。

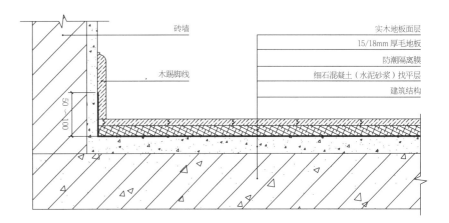

图 1.11.3-2　隔离膜的做法

3. 安装毛地板（空铺法）

❶ 空铺法的架空高度应根据使用的条件计算后确定，空铺法需铺设地龙骨，地龙骨的质量应符合有关验收规范的技术要求，并留出通风孔洞。❷ 地龙骨的施工工艺：应先在地面做预埋件，以固定木龙骨（通长的压沿木或垫木），预埋件为螺栓及铅丝，预埋件间距为 800mm，从地面钻孔预埋。预埋件做好后，应对基层地面进行防潮处理，涂刷一道热沥青或防水材料，然后将木龙骨用铅丝绑扎固定在预埋件上，为保证龙骨顶部平齐，应在绑扎处做凹槽，让铅丝陷入平面内。用平水尺调平顶面，若不平，可在龙骨下加经防腐处理的垫木来调整平面。顶面调平后，用螺栓紧固，螺栓帽应陷入龙骨顶面内，因此应在安装前加工好螺栓穴位。为保证龙骨牢固，每间隔 800mm 可在木龙骨表面临时钉设木拉条，使之互相牵拉。❸ 毛地板使用 15mm 厚大芯板，使用长铁钉钉牢在地龙骨面，毛地板的接缝必须在龙骨上，接缝处留 2mm 间隙，钉

帽应冲进板面 2mm，与墙之间应留 10mm～20mm 的缝隙。毛地板使用前必须做防腐处理。

4. 铺实木地板面层

❶ 条形铺钉，在毛地板底层上进行钉装。铺设时应从距门较近的墙边开始铺钉企口条板，靠墙的一块板应离墙面留 8mm～12mm 缝隙，用木楔固紧。以后逐块排紧，用地板钉从板侧企口处斜向钉入，钉长为板厚 2～2.5 倍，钉帽要砸扁冲入地板表面 2mm，企口板条要钉牢、排紧。板端接缝应错开至少 200mm，其端头接缝一般是有规律的在一条直线上，板缝宽度不大于 0.5mm。❷ 拼花木地板铺钉，拼花实木地板是在毛地板上进行拼花铺钉。铺钉前，应根据设计要求的地板图案进行弹线，一般有正方格形、斜方格形、人字形等。具体铺装方法与前一点相同。❸ 弹性铺装，使用专用地板胶对木地板进行弹性铺装。如面层采用满铺法，则将木地板胶均匀挤在基层面或毛地板面，用齿板均匀刮平，保证齿尖站立，最小胶用量为 0.8kg/m²，施胶半小时内铺设木地板，24h 后对地面进行打磨。如面层采用消音减振法，则将胶切割成 10mm×8mm 的 V 字形放入胶枪内，并旋紧胶嘴，打入已施切好的木地板胶缝内，施胶完半小时内铺设木地板，24h 后可对地面进行打磨。❹ 弹性铺装，应使用专用木地板胶对木地板进行弹性铺装。是否需要在地面施工底涂剂应参见各厂家具体的产品说明。若采用满铺法，将木地板胶均匀挤在基层面或毛地板面，用齿板均匀刮平，保证齿尖站立，最小胶用量为 0.8kg/m²，施胶半小时内铺设木地板，24h 后可对地板表面进行打磨。若采用条铺法，将胶嘴切割成 10mm×8mm 的 V 字形放入胶枪内，并旋紧胶嘴，将地板胶施在地面上并保持胶条成三角形，尺寸 10mm 宽 ×8mm 高，胶条间隔150mm 施胶完半小时内铺设木地板，可用棒槌或木板调整位置，24h 后可对地板表面进行打磨。

5. 镶边

此项施工工序，如设计图纸没要求，本工序取消。木地板的镶边工艺与铺实木地板面层相同。

3.3　质量关键要求

❶ 安装木地板面层前，需先检查毛地板是否已安装牢固。❷ 木材严格控制含水率。施工时不要遗留水在要地板上。❸ 施工前各种控制需

准确，防止接槎出现高低差。木地板与墙体要预留间隙，确保通风排气。❹ 木材需做防腐处理。❺ 已选用已着色的实木地板面层，在安装前，应注意筛选，尽量将着色与纹路一致的拼装在一起。❻ 在采用弹性铺装法时，除墙边预留伸缩缝外，在墙角四周、窗台与交通通道口均需布满地板胶，避免空鼓现象。❼ 采用弹性铺装法，24h 内不得在地板上行走。

---

4 / 质量要求

4.1　主控项目

❶ 实木地板面层所采用的材质和铺设时的木材含水率、胶粘剂等应符合设计要求和国家现行有关标准的规定。

检验方法：观察和检查材质合格证明文件。

❷ 木搁栅安装应牢固、平直。

检验方法：观察；行走、钢尺测量检查和检查验收记录。

❸ 面层铺设应牢固；粘贴无空鼓、松动。

检验方法：观察；行走或用小锤轻击检查

❹ 木搁栅、垫木和垫层地板等应做防腐、防蛀处理。

检验方法：观察和检查验收记录。

4.2　一般项目

❶ 实木地板面层应刨平、磨光，无明显刨痕和毛刺等现象，图案清晰、颜色均匀一致。

检验方法：观察；手摸和行走检查。

❷ 面层缝隙应严密；接头位置应错开、表面平整、洁净。

检验方法：观察。

❸ 面层采用粘、钉工艺时，接缝应对齐，粘、钉应严密；缝隙宽度应均匀一致；表面应洁净，无溢胶现象。

检验方法：观察。

❹ 实木地板面层允许偏差和检验方法应符合表 1.11.4-1 规定。

表 1.11.4-1　实木地板面层的允许偏差和检验方法

检查项目	允许偏差（mm）			检测方法
	松木地板	硬木地板	拼花地板	
板面缝隙宽度	1	0.5	0.2	用钢尺检查
表面平整度	3	2	2	用 2m 靠尺和楔形塞尺检查
板面拼缝平直	3	3	3	拉 5m 线，不足 5m 拉通线和用钢尺检查
相邻板材高差	0.5	0.5	0.5	用钢尺和楔形塞尺检查
踢脚线与面层的接缝	1	1	1	楔形塞尺检查

5 　成品保护

❶ 实木地板存放时要做好防雨、防潮、防火、防踩踏和重压。❷ 施工中不得污染、损坏其他工种的半成品、成品。❸ 面层完工后可用薄夹板进行遮盖，避免人活动时实木地板受破坏。❹ 在实木地板面层上进行其他工序作业时，必须采取遮盖、支垫等可靠的保护措施，严禁直接在地毯面层上作业。

6 安全、环境及职业健康措施

6.1 安全措施

❶ 存放木材、实木地板和胶粘剂的库房应阴凉、通风而且远离火源，库房内配备消防器材。❷ 施工现场临时用电均应符合现行行业标准《施工现场临时用电安全技术规范》(JGJ 46) 的规定。❸ 施工作业面，必须设置足够的照明。配备足够、有效的灭火器具，并设有防火标志及消防器具。❹ 采用垂直运输设备上料时，不得超载，运料小车的车把严禁伸出笼外。❺ 夜间或在阴暗潮湿处作业时，移动照明应使用 36V 以下低压设备。❻ 作业区域严禁明火作业。木材、油漆、胶粘剂应避免高温烘烤。

6.2 环保措施

❶ 严格按现行国家标准《民用建筑工程室内环境污染控制标准》(GB 50325) 进行室内环境污染控制。对环保超标的原材料拒绝进场。❷ 装卸材料应做到轻拿轻放，最大限度地减少噪声。夜间材料运输车辆进入施工现场时，严禁鸣笛。❸ 剩余的材料不得乱扔乱倒，必须集中回收、处理。❹ 机械作业时，采取降低噪声措施，减少噪声污染。❺ 清理地面基层时，应随时洒水，减少扬尘污染。❻ 实木地板面层施工环境因素控制见表 1.11.6-1，应从其环境因素及排放去向控制环境影响。

表 1.11.6-1　实木地板面层施工环境因素控制

序号	环境因素	排放去向	环境影响
1	水、电的消耗	周围空间	资源消耗、污染土地
2	多功能木工机床、刨地板机、磨地板机、平刨、压刨、小电锯、电锤、冲击钻、吸尘器等的噪声排放	周围空间	影响人体健康
3	废水、泥浆液	土地	污染土地
4	水泥尘	周围空间	污染土地

6.3 职业健康安全措施

❶ 使用胶粘剂铺贴木地板，房间应做好通风。❷ 操作人员应佩戴好劳动防护用品进行施工。

---

7 / 工程验收

❶ **实木地板面层验收时应检查下列文件和记录：** ① 实木地板面层的施工图、设计说明及其他设计文件；② 材料的样板及确认文件；③ 材料的产品合格证书、性能检测报告、进场验收记录和复验报告；④ 施工记录。

❷ **各分项工程的检验批应按下列规定划分：** 每一层次或每层施工段（或变形缝）划分检验批，高层建筑的标准层或按每三层（不足三层按三层计）划分检验批。

❸ **检查数量应符合下列规定：** 每检验批应随机检验不少于3间；不足3间，应全数检查；走廊（过道）应以10延长米为1间，工业厂房（按单跨计）、礼堂、门厅应以两个轴线为1间计算。

❹ **检验批合格质量和分项工程质量验收合格应符合下列规定：** ① 抽查样本主控项目均合格；一般项目80%以上合格，其余样本不得影响使用功能或明显影响装饰效果的缺陷，其中有允许偏差和检验项目，其最大偏差不得超过规定允许偏差的50%为合格。均须具有完整的施工操作依据、质量检查记录。② 分项工程所含的检验批均应符合合格质量规定，所含的检验批的质量验收记录应完整。

❺ **分部（子分部）工程质量验收合格应符合下列规定：** ① 分部（子分部）工程所含分项工程的质量均应验收合格；② 质量控制资料应完整；③ 观感质量验收应符合要求。

8 / 质量记录

实木地板面层施工质量记录包括：❶ 材料出厂合格证，检测报告、环保检测报告；❷ 隐检记录（基层处理）；❸ 检验批质量验收记录；❹ 分项工程质量验收记录。

第 12 节

浸渍纸层压木质地板面层施工工艺

---

1 / 总则

1.1　适用范围

本施工工艺适用于地面浸渍纸层压木质地板面层施工。

1.2　编制参考标准及规范

1.《建筑装饰装修工程质量验收标准》

（GB 50210-2018）

2.《建筑工程施工质量验收统一标准》

（GB 50300-2013）

3.《民用建筑工程室内环境污染控制标准》

（GB 50325-2020）

4.《建筑地面工程施工质量验收规范》

（GB 50209-2010）

5.《室内装饰装修材料　人造板及其制品中甲醛释放限量》

（GB 18580-2017）

6.《浸渍纸层压木质地板》

（GB/T 18102-2007）

7.《木结构工程施工质量验收规范》

（GB 50206-2012）

2 / 施工准备

2.1 技术准备

熟悉施工图纸，依据技术交底和安全交底做好施工准备。

2.2 材料要求

❶ *浸渍纸层压木质地板*：俗称金钢板、船甲板、太空板、层压板、复合地板等，国家标准将这类产品正式命名为浸渍纸层压木质地板，应有产品检验合格证，其技术等级及质量要求均应符合现行国家标准《*浸渍纸层压木质地板*》（GB/T 18102）和《*室内装饰装修材料　人造板及其制品中甲醛释放限量*》（GB 18580）的规定。用于公共场所的地板耐磨转数大于或等于 9000 转；用于住宅的地板耐磨转数大于等于 6000 转。
❷ *木材*：木龙骨、垫木、剪刀撑和毛地板等应做防腐、防蛀及防火处理。木材的材质、品种、等级应符合现行国家标准《*木结构工程施工质量验收规范*》（GB 50206）的有关规定。❸ *踢脚板*：高度、宽度、厚度应按设计（或产品配套）要求。❹ *其他材料*：防腐剂、防火涂料、胶粘剂、88～104 镀锌铅丝、50mm～100mm 钉子（地板钉）、扒钉、角码、膨胀螺栓、镀锌木螺钉、隔声材料等。防腐剂、防火涂料、胶粘剂应具有环保检测报告。

2.3 主要机具

❶ *机械*：小电锯、电锤、吸尘器等。❷ *工具*：斧子、冲子、凿子、手锯、手刨、锤子、錾子、钢丝刷、气钉枪、割角尺、尖嘴钳子、钢锯、小方锹等。❸ *计量检测用具*：水准仪、水平尺、方尺、钢尺、靠尺、直尺等。

2.4 作业条件

❶ 地面基层施工完，穿过楼板的管线已安装完毕，楼板孔洞已填塞密实。❷ 室内水平控制线已弹好，并经预检合格。❸ 水泥类基层表面应平整、光洁，阴阳角方正，基层强度合格，含水率不大于 8%。❹ 大面积装修前已按设计要求先做样板间，经检查鉴定合格后，可大面积施工。❺ 在操作前已进行技术交底，强调技术措施和质量标准要求。

3 施工工艺

3.1 浸渍纸层压木质地板面层施工工艺流程

基层检查 $\longrightarrow$ 安装衬垫 $\longrightarrow$ 安装浸渍纸层压木质地板面层

图 1.12.3-1 浸渍纸层压木质地板面层施工工艺流程

3.2 操作工艺

1. 基层检查

❶ 施工前应认真清理基层，基层应无明水，无油渍、浮浆层等残留物。❷ 对于旧的平整度不理想的基层应采用局部打磨或整体打磨的方法进行彻底打磨、吸尘。❸ 基层表面应平整，用 2m 直尺检查时，其偏差应在 2mm 以内。

2. 安装衬垫

❶ 采用 3mm 左右聚乙烯泡沫塑料衬垫，可在基层上直接满铺。❷ 衬垫可以延缓地板在短期内的吸湿膨胀。每条衬垫之间应重叠 50mm 左右，并用胶纸封接。在墙体四周，衬垫需向墙体上卷出 50mm～100mm。

3. 安装浸渍纸层压木质地板面层

❶ 先试铺，浸渍纸层压木质地板的铺设方向应考虑铺钉方便，固定牢固，使用美观的要求。对于走廊、过道等部位，应顺着行走的方向铺设；而室内房间，宜顺着光线铺钉。排与排之间的长边接缝必须保持一条直线，相邻条板端头应错开不小于 300mm。❷ 在施工场地施出十字线，并安装衬垫后，以墙面一侧开始，第一块板材凹企口朝墙面。第一排板每块只需在短头接尾凸榫上部涂足量的胶，使地板块榫槽粘结到位，接合严密。第二排板块需在短边和长边的凹榫内涂胶，与第一排板的凸榫粘结，用小锤隔开着垫木向里轻轻敲打，使两块结合严密、平整，不留缝隙。板面溢出的胶，用湿布及时擦净。每铺完一排，拉线检查，保证铺板平直。按上述方法逐块铺设挤紧。铺粘应从房间内退着往外铺设，不

建筑装饰装修施工手册（第 2 版）

符合模数的板块，其不足部分在现场根据实际尺寸将板块切割后镶补，并用胶粘剂加强固定。❸ 浸渍纸层压木质地板靠墙处要留出 10mm 空隙，以利通风。❹ 铺设浸渍纸层压木质地板长度达 10m 时或宽度 8m 时，在门口处，宜放置铝合金 T 型扣条，防止整体地层受热变形。

3.3　质量关键要求

❶ 安装浸渍纸层压木质地板面层前，需认真检查基层，发现不平整需进行修补。❷ 木材严格控制含水率。施工时不要遗留水在地板上。❸ 施工前各种控制需准确，防止接槎出现高低差。木地板与墙体要预留间隙，确保通风排气。间隙位用踢脚板收口。❹ 在安装前，应注意筛选，尽量将着色与纹路一致的木地板拼装在一起。

4　质量要求

4.1　主控项目

❶ 浸渍纸层压木质地板面层所采用的地板、胶粘剂等应符合设计要求和国家现行有关标准的规定。

检验方法：观察和检查材质合格证明文件。

❷ 水性胶粘剂中挥发性有机化合物（VOC）和游离甲醛。

检验方法：检查检测报告。

❸ 面层铺设应牢固；粘贴无空鼓、松动。

检验方法：观察；行走或用小锤轻击检查。

4.2　一般项目

❶ 浸渍纸层压木质地板面层图案和颜色应符合设计要求，图案清晰，颜色一致，板面无翘曲。

检验方法：观察；用 2m 靠尺和楔形塞尺检查。

❷ 面层缝隙应严密，接头位置应错开、表面平整、洁净。

检验方法：观察。

❸ 面层采用粘、钉工艺时，接缝应对齐，粘、钉应严密；缝隙宽度应均匀一致；表面应洁净，无溢胶现象。

检验方法：观察。

❹ 浸渍纸层压木质地板面层允许偏差和检验方法应符合表 1.12.4-1 的规定。

表 1.12.4-1　浸渍纸层压木质地板面层的允许偏差和检验方法

检验项目	允许偏差（mm）	检验方法
板面缝隙宽度	0.5	用钢尺检查
表面平整度	2.0	用 2m 靠尺和楔形塞尺检查
板面拼缝平直	3.0	拉 5m 线，不足 5m 拉通线和用钢尺检查
相邻板材高差	3.0	用钢尺和楔形塞尺检查
踢脚线与面层的接缝	0.5	楔形塞尺检查

5　成品保护

❶ 地板存放时要做好防雨、防潮、防火、防踩踏和重压。❷ 浸渍纸层压木质地板存放在现场库房时应水平放置，严禁柱立地上或斜放。❸ 施工中不得污染、损坏其他工种的半成品、成品。❹ 面层完工后可用薄夹板进行遮盖，24h 内严禁上人。❺ 在地板面层上进行其他工序作业时，必须采取遮盖、支垫等可靠的保护措施，严禁直接在地毯面层上作业。

6 / 安全、环境及职业健康措施

6.1　安全措施

❶ 存放木材、实木地板和胶粘剂的库房应阴凉、通风而且远离火源，库房内配备消防器材。❷ 施工现场临时用电均应符合现行行业标准《施工现场临时用电安全技术规范》(JGJ 46) 的规定。❸ 施工作业面，必须设置足够的照明。配备足够、有效的灭火器具，并设有防火标志及消防器具。❹ 采用垂直运输设备上料时，不得超载，运料小车的车把严禁伸出笼外。❺ 夜间或在阴暗潮湿处作业时，移动照明应使用36V 以下低压设备。❻ 作业区域严禁明火作业。木材、油漆、胶粘剂应避免高温烘烤。

6.2　环保措施

❶ 严格按现行国家标准《民用建筑工程室内环境污染控制标准》(GB 50325) 进行室内环境污染控制。对环保超标的原材料拒绝进场。❷ 装卸材料应做到轻拿轻放，最大限度地减少噪声。夜间材料运输车辆进入施工现场时，严禁鸣笛。❸ 剩余的材料不得乱扔乱倒，必须集中回收、处理。❹ 机械作业时，采取降低噪声措施，减少噪声污染。❺ 清理地面基层时，应随时洒水，减少扬尘污染。❻ 浸渍纸层压木质地板面层施工环境因素控制见表 1.12.6-1，应从其环境因素及排放去向控制环境影响。

表 1.12.6-1　浸渍纸层压木质地板面层施工环境因素控制

序号	环境因素	排放去向	环境影响
1	水、电的消耗	周围空间	资源消耗、污染土地
2	小电锯、电锤、冲击钻、吸尘器等的噪声排放	周围空间	影响人体健康
3	废水、泥浆液	土地	污染土地
4	水泥尘	周围空间	污染土地

6.3　职业健康安全措施

❶ 使用胶粘剂铺贴木地板，房间应做好通风。❷ 操作人员应佩戴好劳动防护用品进行施工。

---

7 / 工程验收

❶ 浸渍纸层压木质地板面层验收时应检查下列文件和记录：① 浸渍纸层压木质地板面层的施工图、设计说明及其他设计文件；② 材料的样板及确认文件；③ 材料的产品合格证书、性能检测报告、进场验收记录和复验报告；④ 施工记录。

❷ 各分项工程的检验批应按下列规定划分：每一层次或每层施工段（或变形缝）划分检验批，高层建筑的标准层或按每三层（不足三层按三层计）划分检验批。

❸ 检查数量应符合下列规定：每检验批应随机检验不少于3间；不足3间，应全数检查；走廊（过道）应以10延长米为1间，工业厂房（按单跨计）、礼堂、门厅应以两个轴线为1间计算。

❹ 检验批合格质量和分项工程质量验收合格应符合下列规定：① 抽查样本主控项目均合格；一般项目80%以上合格，其余样本不得影响使用功能或明显影响装饰效果的缺陷，其中有允许偏差和检验项目，其最大偏差不得超过规定允许偏差的50%为合格。均须具有完整的施工操作依据、质量检查记录。② 分项工程所含的检验批均应符合合格质量规定，所含的检验批的质量验收记录应完整。

❺ 分部（子分部）工程质量验收合格应符合下列规定：① 分部（子分部）工程所含分项工程的质量均应验收合格；② 质量控制资料应完整；③ 观感质量验收应符合要求。

8 / 质量记录

浸渍纸层压木质地板面层施工质量记录包括：❶ 材料出厂合格证，检测报告、环保检测报告；❷ 隐检记录（基层处理）；❸ 检验批质量验收记录；❹ 分项工程质量验收记录。

地面铺卵石施工工艺

1 / 总则

1.1 适用范围

本施工工艺适用于地面铺鹅卵石、雨花石的施工。

1.2 编制参考标准及规范

1.《建筑装饰装修工程质量验收标准》
（GB 50210-2018）

2.《建筑工程施工质量验收统一标准》
（GB 50300-2013）

3.《民用建筑工程室内环境污染控制标准》
（GB 50325-2020）

4.《建筑地面工程施工质量验收规范》
（GB 50209-2010）

5.《通用硅酸盐水泥》
（GB 175-2007）

6.《普通混凝土用砂、石质量及检验方法标准》
（JGJ 52-2006）

7.《混凝土用水标准》
（JGJ 63-2006）

2 施工准备

2.1 技术准备

熟悉施工图纸,依据技术交底和安全交底做好施工准备。

2.2 材料要求

❶ 卵石:有出厂合格证及检测报告,外表光滑、色泽亮丽、光泽度好、鹅卵石含硅量不少于98%、雨花石含硅量不少于95%、抗压强度在600kg/m² 以上。❷ 水泥:硅酸盐水泥、普通硅酸盐水泥,其强度等级不应低于42.5,严禁不同品种、不同强度等级的水泥混用。水泥进场应有产品合格证和出厂检验报告,进场后应进行取样复试。其质量必须符合现行国家标准《通用硅酸盐水泥》(GB 175)的规定。当对水泥质量有怀疑或水泥出厂超过三个月时,在使用前必须进行复试,并按复试结果使用。❸ 河砂:中砂,过5mm孔径筛子,其含泥量不大于3%。其质量应符合现行行业标准《普通混凝土用砂、石质量及检验方法标准》(JGJ 52)的规定。❹ 水:宜采用饮用水。当采用其他水源时,其水质应符合《混凝土用水标准》(JGJ 63)的规定。

2.3 主要机具

❶ 机械:砂浆搅拌机、喷雾器等。❷ 工具:筛子、软(硬)毛刷、托灰板、橡皮锤、平锹、手推车、水桶、刮杠、木抹子、錾子、钢丝球、擦布等。❸ 计量检测用具:水准仪、磅秤、钢尺、直角尺、靠尺、水平尺等。

2.4 作业条件

❶ 地面垫层及预埋在地面内的各种管线已做完,穿过楼面的套管已安装完,管洞已堵塞密实,并办理完隐检手续。❷ 室内水平控制线已弹好,并经预检合格。❸ 各种材料配套齐全并已进场,进行了检验或复试。❹ 大面积装修前已按设计要求先做样板间,经检查鉴定合格后,可大面积施工。❺ 在操作前已进行技术交底,强调技术措施和质量标准要求。❻ 施工现场所需的临时用水、用电、各种工机具准备就绪。

3 / 施工工艺

3.1   鹅卵石、雨花石面层施工工艺流程

基层处理 ——→ 筛选卵石 ——→ 铺水泥砂浆或 ——→ 插卵石 ——→
                                    细石混凝土

养护 ——→ 卵石面清洁 ——→ 成品保护

图1.13.3-1   鹅卵石、雨花石面层施工工艺流程

3.2   操作工艺

1. 基层处理

❶ 施工前应认真清理基层，基层应无明水，无油渍、浮浆层等残留物。
❷ 对于旧的平整度不理想的基层应采用局部打磨或整体打磨的方法进行彻底打磨。❸ 对于基层表面有油渍，应使用清洗剂处理，然后用清水冲洗，使基层表面清洁干净，并充分干燥。

2. 筛选卵石

❶ 卵石外观呈椭圆状、圆形、条型等，粒径大小不一。先按形状接近，粒径大小偏差在20mm以内的分别归类。如设计没要求，建议选用粒径为40mm～80mm的卵石。❷ 将卵石放置在水桶内，加入水浸泡2h，然后用钢丝球或擦布清除卵石表面的杂质，将清洗干净的卵石晒干。

3. 铺水泥砂浆或细石混凝土

❶ 完成面至现施工基层面标高，高度差在30mm以内铺水泥砂浆，高度差在30mm以上铺细石混凝土。❷ 清理干净基层面，并洒水湿润。在铺水泥砂浆或细石混凝土前，先刷水灰比为0.4～0.5的水泥浆一道。❸ 铺水泥砂浆：按标高拉水平线做灰饼（灰饼顶面比插卵石后的完成面低5mm～10mm）。先向四周冲筋，再在中间每隔1.5m左右冲筋一道。有泛水的场地按设计要求的坡度找坡，冲筋宜朝地漏方向呈放射状。冲筋后，及时清理冲筋剩余砂浆，再在冲筋之间铺装1：3水泥砂浆，用平锹将砂浆摊平，用刮杠将砂浆刮平，木抹子拍实、抹平整，同

时检查其标高和泛水坡度是否正确。❹ 铺细石混凝土：根据坡度要求，先通线确定施工完成面（铺细石混凝土的完成面比插卵石后的完成面低 5mm ~ 8mm），然后铺装强度等级 C20 的细石混凝土，用平锹将细石混凝土摊平，用刮杠刮平，木抹子拍实、抹平整，同时检查其标高和泛水坡度是否正确。

4. 插卵石

❶ 插卵石的施工工艺有平铺、竖铺、嵌缝、拼花、散铺。平铺、竖铺、嵌缝、拼花的插卵石施工工艺，均在基层混凝土初凝前施工。散铺则是在基层混凝土终凝后，直接将卵石铺放在基层面。❷ 平铺工艺：将卵石平放入水泥砂浆或细石混凝土内，插入基层的深度至少为卵石的 2/3 厚，用橡皮锤锤实，确保突出的卵石完成面标高基本一致。❸ 竖铺工艺：将卵石竖向放入水泥砂浆或细石混凝土内，插入基层的深度至少为卵石的 2/3 厚，用橡皮锤锤实，确保突出的卵石完成面标高基本一致。竖铺的卵石应拼挤紧密，确保完成后卵石能清晰显露。❹ 嵌缝工艺：嵌缝是指应用于地砖间、石材间的围边，围边的宽度不宜少于 20mm，其施工工艺与平铺相同。❺ 拼花工艺：根据设计要求，在基层面按 1：1 放样，然后插卵石（可安装铜条或轮廓线后才分类插卵石），拼花卵石的粒径大小应基本统一，不同颜色的卵石应对比明显，同一施工段卵石应一次施工完成，不留接缝。拼花插卵石施工工艺与平铺相同。

5. 养护

插卵石完成后 24h 内应用喷雾器进行喷水养护，夏季气温较高时，应在插卵石 12h 后喷水养护并覆盖，养护时间不少于 3d。

6. 卵石面清洁

❶ 检查卵石安插是否牢固，如未牢固，可用水泥砂浆加固。❷ 用钢丝球或擦布湿水后擦除卵石面浮浆。

3.3　质量关键要求

❶ 卵石应严格挑选，凡不符合质量要求的均不得使用。施工完后防止过早上人，避免产生卵石完成面高低不平现象。❷ 铺贴时必须拉通线，应充分考虑坡度。❸ 插卵石一定要在初凝前完成。❹ 切割时要认真操作，避免造成地漏、管根处套割不规矩、不美观。

3.4 季节性施工

冬季环境温度低于5℃时，原则上不能进行铺卵石作业，如必须施工时，应对外门窗采取封闭保温措施，保证施工在正温条件下进行，同时应根据气温条件在砂浆中掺入防冻剂（掺量按防冻剂说明书），并进行覆盖保温，以保证铺卵石的施工质量。

4 / 质量要求

4.1 主控项目

❶ 卵石的品种、规格、颜色、质量必须符合设计要求。

检验方法：观察和检查材质检验报告、出厂检验报告、合格证明文件。

❷ 卵石进入施工现场时，应有放射性限量合格的检测报告。

检验方法：检查检测报告。

❸ 卵石与下一层的结合（粘结）应牢固。

检验方法：用小锤轻击检查。

4.2 一般项目

❶ 卵石应洁净，外表光滑、色泽亮丽、光泽度好。

检验方法：观察。

❷ 卵石面层坡度应符合设计要求，不倒泛水，无积水；与地漏、管根结合处应严密牢固，无渗漏。

检验方法：观察；泼水或坡度尺及蓄水检查。

5 成品保护

❶ 对所覆盖的隐蔽工程要有可靠的保护措施，不得因为地面施工造成漏水、堵塞、破坏或降低等级。❷ 在铺卵石面层过程中，需对已安装好的门框、管道要加以保护。施工中不得污染、损坏其他工种的半成品、成品。❸ 面层完工后可用薄夹板或编织布进行遮盖，避免面层受破坏。❹ 严禁在已铺好卵石的地面上调配油漆、拌合砂浆。梯子、脚手架等不得直接放在卵石面层上。

6 安全、环境及职业健康措施

6.1 安全措施

❶ 施工中使用的电动工具，应有漏电保护装置。❷ 施工现场临时用电均应符合现行行业标准《施工现场临时用电安全技术规范》(JGJ 46) 的规定。❸ 施工作业面，必须设置足够的照明。配备足够、有效的灭火器具，并设有防火标志及消防器具。❹ 施工操作和管理人员，施工前必须进行安全技术教育，制订安全操作规程。❺ 夜间或在阴暗潮湿处作业时，移动照明应使用 36V 以下低压设备。

6.2 环保措施

❶ 严格按现行国家标准《民用建筑工程室内环境污染控制标准》(GB 50325) 进行室内环境污染控制。❷ 装卸材料应做到轻拿轻放，最大限度地减少噪声。夜间材料运输车辆进入施工现场时，严禁鸣笛。❸ 剩余的材料不得乱扔乱倒，必须集中回收、处理。❹ 机械作业时，采取降低噪声措施，减少噪声污染。❺ 清理地面基层时，应随时洒水，减少扬尘污染。❻ 卵石面层施工环境因素控制见表 1.13.6-1，应从其环境因素及排放去向控制环境影响。

表 1.13.6-1　卵石面层施工环境因素控制

序号	环境因素	排放去向	环境影响
1	水、电的消耗	周围空间	资源消耗、污染土地
2	砂浆搅拌机、喷雾器等的噪声排放	周围空间	影响人体健康
3	废夹板等施工垃圾的排放	垃圾场	污染土地
4	废水	土地	污染土地
5	水泥尘	周围空间	污染土地

6.3　职业健康安全措施

操作时，操作人员应戴好安全帽、口罩、防噪声耳塞等安全用品。

7　工程验收

❶ 卵石面层验收时应检查下列文件和记录：① 卵石面层的施工图、设计说明及其他设计文件；② 材料的样板及确认文件；③ 材料的产品合格证书、性能检测报告、进场验收记录和复验报告；④ 施工记录。

❷ 各分项工程的检验批应按下列规定划分：每一层次或每层施工段（或变形缝）划分检验批，高层建筑的标准层或按每三层（不足三层按三层计）划分检验批。

❸ 检查数量应符合下列规定：每检验批应随机检验不少于 3 间；不足 3 间，应全数检查；走廊（过道）应以 10 延长米为 1 间，工业厂房（按单跨计）、礼堂、门厅应以两个轴线为 1 间计算。

❹ 有防水要求的，每检验批抽查数量应按其房间总数随机检验不少于 4 间；不足 4 间，应全数检查。

❺ 检验批合格质量和分项工程质量验收合格应符合下列规定：① 抽查样本主控项目均合格；一般项目 80% 以上合格，其余样本不得影响使用功能或明显影响装饰效果的缺陷，其中有允许偏差和检验项目，其最大偏差不得超过规定允许偏差的 50% 为合格。均须具有完整的施工操作依据、质量检查记录。② 分项工程所含的检验批均应符合合格质量规定，所含的检验批的质量验收记录应完整。

❻ 分部（子分部）工程质量验收合格应符合下列规定：① 分部（子分部）工程所含分项工程的质量均应验收合格；② 质量控制资料应完整；③ 观感质量验收应符合要求。

8 / 质量记录

地面铺卵石施工质量记录包括：❶ 材料出厂合格证，检测报告、环保检测报告；❷ 隐检记录；❸ 检验批质量验收记录；❹ 分项工程质量验收记录。

第 2 章

抹灰工程

P129-246

➡

水泥砂浆抹灰施工工艺

1 / 总则

1.1 适用范围

本施工工艺适用于工业与民用建筑的室内墙面、顶棚水泥砂浆抹灰工程，包括基层抹灰：混凝土基层抹灰、泡沫混凝土板基层抹灰、普通黏土砖基层抹灰、钢板网基层抹灰、石膏板基层抹灰、保温板材基层抹灰、板条基层抹灰、陶粒板基层抹灰和石材基层抹灰。

1.2 编制参考标准及规范

1.《建筑装饰装修工程质量验收标准》
（GB 50210-2018）

2.《建筑工程施工质量验收统一标准》
（GB 50300-2013）

3.《建筑工程冬期施工规程》
（JGJ/T 104-2011）

4.《住宅装饰装修工程施工规范》
（GB 50327-2001）

5.《民用建筑工程室内环境污染控制标准》
（GB 50325-2020）

6.《水泥胶砂强度检验方法（ISO 法）》
（GB/T 17671-1999）

7.《通用硅酸盐水泥》
（GB 175-2007）

2 / 施工准备

2.1 技术准备

❶ 抹灰工程的施工图纸、设计说明及其他设计文件完成。❷ 材料的产品合格证书、性能检测报告、进场验收记录和复验报告完成。❸ 施工工艺技术交底已完成。

2.2 材料要求

1. 水泥

❶ 应采用普通水泥或硅酸盐水泥，也可采用矿渣水泥、火山灰水泥、粉煤灰水泥及复合水泥。水泥强度等级宜采用 32.5 级以上颜色一致、同一批号、同一品种、同一强度等级、同一厂家生产的产品，品种、强度等级应符合设计要求。❷ 水泥进场时应具有产品合格证书、性能检测报告、进场验收记录，并应对其强度、安定性及其他必要的性能指标进行复检。❸ 出厂三个月的水泥，应经试验符合强度指标后方能使用。

2. 砂

❶ 宜采用平均粒径 0.35mm ~ 0.5mm 的中砂，在使用前应根据使用要求过筛，筛子孔径应不大于 5mm，筛好后保持洁净。细砂可使用，特细砂不宜使用。❷ 砂颗粒要求坚硬洁净，不得含有黏土（不得超过 2%）、草根、树叶、碱物质及其他有机物等有害物质。❸ 使用的砂应为洁净河砂，严禁使用海砂。❹ 砂使用前应按规定取样复试，提供试验报告。

3. 磨细石灰粉

其细度过 0.125mm 的方孔筛，累计筛余量不大于 13%，使用前用水浸泡使其充分热化，热化时间最少不少于 3d。

4. 石灰膏

用块状生石灰淋制时，使用过筛孔径不大于 3mm × 3mm 的筛子，并应存在沉淀池中。熟化时间，常温一般不少于 15d；用于罩面灰时，熟化时间不应少于 30d，使用时石灰膏内不应含有未熟化颗粒和其他杂质。

建筑装饰装修施工手册（第2版）

5. 其他掺合料

胶粘剂、外加剂，其掺入量应通过试验决定。

2.3　主要机具

❶ 机械：砂浆搅拌机，一般常用的为 200L、325L 容量搅拌机；混凝土搅拌机，搅拌混凝土、豆石混凝土、水泥石子浆，一般常用的为 400L、500L 容量搅拌机；灰浆机。❷ 工具：电钻、5mm 及 2mm 孔径的筛子，大平锹、小平锹，塑料抹子、阴角抹子、阳角抹子、护角抹子、圆阴角抹子、划线抹子、木抹子、压子、沟刀、凿子、灰板、木杆、卡子、木模子、缺口木板、分格条、筛子等。❸ 计量检测用具：激光水平仪、皮尺、卷尺、靠尺、直尺、塞尺。

2.4　作业条件

❶ 主体结构工程完成，并经过相关质检部门验收合格。❷ 抹灰前应检查门窗框安装位置是否正确，需埋设的接线盒、电箱、管线、管道套管是否固定牢固，连接处缝隙应用 1∶3 水泥砂浆或 1∶1∶6 水泥混合砂浆分层嵌塞密实，若缝隙较大时，应在砂浆中掺少量麻刀嵌塞，将其填塞密实，并用塑料贴膜或铁皮将门窗框加以保护。❸ 将混凝土过梁、梁垫、圈梁、混凝土柱、梁等表面凸出部分剔平，将蜂窝、麻面、露筋、疏松部分剔到实处，并刷胶粘性素水泥浆或界面剂，然后用 1∶3 水泥砂浆分层抹平。脚手眼和废弃的空洞应堵严，外露钢筋头、铅丝头及木头等要剔除，窗台砖补齐，墙与楼板、梁底等交接处应用斜砖砌严补齐。❹ 配电箱（柜）、消防栓（柜）以及卧在墙内的箱（柜）等背面明露部分应加钉钢丝网固定好，涂刷一层胶粘性素水泥浆或界面剂，钢丝网与最小边搭接尺寸应不少于 10cm。窗帘盒、通风箅子、吊柜、吊扇等埋件、螺栓位置，标高应准确、安装牢固，且防腐、防锈工作完毕。❺ 对抹灰基层表面的油渍、灰尘、污垢等应清除干净，对抹灰墙面结构应提前浇水均匀湿透。❻ 抹灰前屋面防水及上一层地面最好已完成，如没完成防水及上一层地面需进行补灰时，必须有防水措施。❼ 抹灰前应熟识图纸、设计说明及其他设计文件，制定方案，做好样板间，经检验达到要求标准后方可正式施工。❽ 抹灰前应先搭好脚手架或准备好高马凳，架子应离开墙面 20cm～25cm，便于操作。

3 施工工艺

3.1 工艺流程

图 2.1.3-1 水泥砂浆抹灰施工工艺流程

3.2 操作工艺

1. 基层清理

❶ 砖砌体：应清除表面杂质，残留灰浆、舌头灰、尘土等。❷ 混凝土基体：表面凿毛或在表面洒水润湿，应在湿润后涂刷 1∶1 水泥砂浆（加适量胶粘剂或界面剂）。❸ 加气混凝土基体：应在湿润后边涂刷界面剂，边抹强度不大于 M5 的水泥砂浆。

2. 浇水湿润

一般在抹灰前一天，用软管或胶皮管或喷壶顺墙自上而下浇水湿润，宜浇两次。

3. 吊垂直、套方、找规矩、做灰饼

根据设计图纸要求的抹灰质量，根据基层表面平整垂直情况，用一面墙做基准，吊垂直、套方、找规矩，确定抹灰厚度，抹灰厚度不应少于 7mm。当墙面凹度较大时应分层衬平。每层厚度不大于 7mm～9mm。操作时应先抹上灰饼，再抹下灰饼。抹灰饼时应根据室内抹灰要求，确定灰饼的正确位置，再用靠尺板找好垂直与平整。灰饼宜用 1∶3 水泥砂浆抹成 5cm 建方形状。

房间面积较大时应先在地上弹出十字中心线，然后按基层面平整度弹出墙角线，随后在距墙阴角 100mm 处吊垂线（或用激光水平仪）并弹出

铅垂线，再按地上弹出的墙角线运用激光水平仪往墙上翻引弹出阴角两面墙上的墙面抹灰层厚度控制线，以此做灰饼，然后根据灰饼充筋。

4. 抹水泥踢脚（或墙裙）

根据已抹好的灰饼冲筋（此筋可以冲的宽一些，8cm～10cm为宜，因此筋即为抹踢脚或墙裙的依据，同时也作为墙面抹灰的依据），底层抹灰1:3水泥砂浆，抹好后用木杠刮平，木抹子搓毛，常温第二天用1:2.5水泥砂浆抹面层并压光，抹踢脚或墙裙厚度应符合设计要求，无设计要求时凸出墙面5mm～7mm为宜。凡凸出抹灰墙面的踢脚或墙裙上口必须保证光洁顺直，踢脚或墙面抹好将靠尺贴在大面与上口平，然后用小抹子将上口抹平压光，凸出墙面的棱角要做成钝角，不得出现毛茬和飞棱。

5. 做护角

墙、柱间的阳角应在墙、柱面抹灰前用1:2水泥砂浆做护角，其高度自地面以上2m，其做法详见图2.1.3-2，然后将墙、柱的阳角处浇水湿润，第一步在阳角正面立上八字靠尺，靠尺突出阳角侧面，依靠尺抹水泥砂浆，并用铁抹子将其抹平，按护角宽度（不小于5cm）将多余的水泥砂浆铲除。第二步待水泥砂浆稍干后，将八字靠尺移至抹好的护角面上（八字坡向外）。在阳角的正面，依靠尺抹水泥砂浆，并用铁抹子将其抹平，按护角宽度将多余的水泥砂浆铲除。抹完后去掉八字靠尺，用素水泥砂浆涂刷将角尖角处，并用角器自上而下捋一遍，使形成钝角。

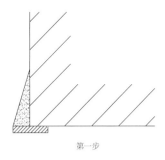

第一步　　　　　　　　　　　　　　　第二步

图2.1.3-2　护角的做法

6. 抹水泥窗台

先将窗台基层清理干净，松动的砖要重新砌好。砖缝划深，用水湿透，然后用1:2:3豆石混凝土铺实，厚度宜大于2.5cm，次日刷胶粘性素水泥一遍，随后抹1:2.5水泥砂浆面层，待水泥达到初凝后，浇水养护2d～3d，窗台板下口抹灰要平直，没有毛刺。

7. 墙面冲筋

当灰饼砂浆达到七八成干时，即可用抹灰层相同的砂浆冲筋，冲筋根数应根据房间的宽度和高度确定，一般标筋宽度为5cm，两筋间距不大于1.5m。当墙面高度不大于3.5m时宜做立筋。大于3.5m时宜做横筋，做横向充筋时做灰饼的间距不宜大于2m。

8. 抹底灰

一般情况下充筋完成2h左右开始抹底灰为宜，抹前应先抹一层薄灰，要求将基体抹严，抹时用力压实使砂浆挤入细小缝隙内，接着分层装档、抹与充筋平，用木杠刮找平整，用木抹子搓毛，然后全面检查底子灰是否平整，阴阳角是否方直、整洁，管道后与阴角交接处、墙顶板交接处是否光滑平整、顺直，并用托线板或激光水平仪检查墙面垂直与平整情况。散热器后面的墙面抹灰，应在散热器安装前进行，抹灰面接槎要平顺，地面踢脚板或墙裙，管道背后应及时清理干净，做到活完底清。

9. 修抹预留孔洞、配电箱、槽盒

当底灰抹平后，要随即由专人把预留空洞、配电箱、槽、盒周边5cm宽的砂浆刮掉，并清除干净，用大毛刷蘸水沿周边刷水湿润，然后用1：3水泥砂浆，把洞口、箱、槽、盒周边压抹平整、光滑。

10. 抹罩面灰

应在底灰六七成干时开始抹罩面灰（抹时如底灰过干应浇水湿润），罩面灰两遍成活，厚度约2mm，操作时最好两人配合进行，一人先刮一遍薄灰，另一人随即抹平。依先上后下的顺序进行，然后赶实压光，压时应掌握火候，既不要出现水纹，也不可压活，压好后随即用毛刷水将罩面灰污染处清理干净。施工时整面墙不宜甩破活，如遇到有预留施工洞时，可甩下整面墙待抹为宜。

3.3　**质量关键要求**

抹灰工程质量关键是，粘结牢固，无开裂、空鼓和脱落，施工过程应注意：❶抹灰基体表面应彻底清理干净，对于表面光滑的基体应进行毛化处理。❷抹灰前应将基体充分浇水均匀润透，防止基体浇水不透造

成抹灰砂浆的水分很快被基体吸收，造成质量问题。❸ 严格各层抹灰厚度，防止一次抹灰过厚，造成干缩率增大，造成空鼓、开裂等质量问题。基层不宜超过 15mm，面层不宜超过 7mm。❹ 抹灰砂浆中使用材料应充分水化，防止影响粘结力。

3.4 季节性施工

❶ 冬期施工现场温度最低不低于 5℃。❷ 抹灰前基层处理，必须经验收合格，并填写隐蔽工程验收记录。❸ 不同材料基体交接处表面的抹灰，应采取防止开裂的加强措施，当采用加强网时，加强网与各基体的搭接宽度不应少于 100mm，详见图 2.1.3-3。

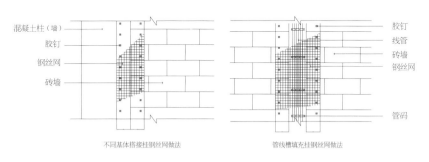

图 2.1.3-3 钢丝网铺钉示意图

4 质量要求

4.1 主控项目

❶ 抹灰前基层表面的尘土、污垢、油渍等应清除干净，并应洒水润湿。

检验要求：抹灰前基层必须经过检查验收，并填写隐蔽验收记录。

检验方法：检查施工记录。

❷ 一般抹灰材料的品种和性能应符合设计要求，水泥凝结时间和安定性应合格。砂浆的配合比应符合设计要求。

检验要求：材料复检要由监理或相关单位负责见证取样，并签字认可。

配制砂浆时应使用相应的量器，不得估配或采用经验配制。对配制使用的量器使用前应进行检查标识，并进行定期检查，做好记录。

检验方法：检查产品合格证、进场验收记录、复检报告和验收记录。

❸ 抹灰层与基层之间的各抹灰层之间必须粘结牢固，抹灰层无脱层、空鼓，面层应无爆灰和裂缝。

检验要求：操作时严格按照规范和工艺标准操作，现场质检员、监理工程师随时抽查监督。

检验方法：观察；用小锤轻击检查；检查施工记录。

4.2　一般项目

❶ 一般抹灰工程的表面质量应符合下列规定：① 普通抹灰表面应光滑、洁净，接槎平整，分格缝应清晰。② 高级抹灰表面应光滑、洁净，颜色均匀、无抹纹，分格缝和灰线应清晰、美观。

检验要求：抹灰等级应符合设计要求。

检验方法：观察；手摸检查。

❷ 护角、孔洞、槽、盒周围的抹灰应整齐、光滑，管道后面抹灰表面平整。

检验要求：组织专人负责孔洞、槽、盒周围、管道后面的抹灰工作，抹完后应由质检部门检查，并填写工程验收记录。

检验方法：观察。

❸ 抹灰总厚度应符合设计要求，水泥砂浆不得抹在石灰砂浆上，罩面石膏灰不得抹在水泥砂浆层上。

检验要求：施工时要严格按施工工艺要求操作。

检验方法：检查施工记录。

❹ 一般抹灰工程质量的允许偏差和检验方法应符合表 2.1.4-1 的规定。

表 2.1.4-1　一般抹灰工程的允许偏差和检验方法表

序号	项目	允许偏差（mm）		检验方法
		普通	高级	
1	立面垂直度	3	2	用 2m 垂直检测尺检查
2	表面平整度	3	2	用 2m 靠尺和塞尺检查
3	阴阳角方正	3	2	用直角检测尺检测
4	分格条（缝）直线度	3	2	拉 5m 线，不足 5m 拉通线，用钢直尺检查
5	墙裙、勒脚上口直线	3	2	拉 5m 线，不足 5m 拉通线，用钢直尺检查

5 成品保护

❶ 抹灰前必须将门、窗口与墙间的缝隙按工艺要求将其嵌塞密实，对木制门、窗应采用铁皮、木板或木架进行保护，对塑钢或金属门、窗口应采用贴膜保护。❷ 抹灰完成后应对墙面及门、窗口加以清洁保护，门、窗口原有保护层如有损坏的应及时修补确保完整至竣工交接。❸ 在施工过程中，搬运材料、机具以及使用小手推车时，要特别小心，防止碰、撞、磕、划墙面、门、窗等。后期施工操作人员严禁蹬踩门、窗口、窗台，以防损坏棱角。❹ 抹灰时墙上的预埋件、线槽、盒、通风算子、预留孔洞应采取保护措施，防止施工时砂浆漏入或堵塞。❺ 拆除脚手架、跳板、高马凳时要加倍小心，轻拿轻放，集中堆放整齐，以免撞坏门、窗口、墙面及棱角等。❻ 当抹灰层未充分凝结硬化前，防止快干、水冲、撞击、振荡挤压，以保证灰层不受损伤和有足够的强度。❼ 施工时不得在楼地面上和休息平台上拌合灰浆，对休息平台、地面和楼梯踏步要采取保护措施，以免搬运材料时或运输过程中造成损坏。

6 安全、环境及职业健康措施

6.1 安全措施

❶ 室内抹灰采用高凳上铺脚手架时，宽度不得少于两块（50cm）脚手板，间距不得大于2m，移动高凳时上面不得站人，作业人员不得超过2个人，高度超过2m时，应由架子工搭设脚手架。❷ 室内施工使用手推车时，拐弯时不得猛拐。❸ 作业过程中遇有脚手架与建筑物之间拉接，未经施工现场安全员、监理工程师同意，严禁拆除。必要时由架子工负责采取加固措施并经检查后，方可拆除。❹ 采用井子架、龙门架、外用电梯垂直运输材料时，卸料平台通道的两侧边安全防护必须齐全、牢固，吊盘（笼）内小推车必须加挡车掩，不得向井内探头张望。

⑤ 脚手（架）板不得搭设在门窗、暖气井、洗脸池等非承重的物器上。⑥ 夜间或阴暗作业，应用36V以下安全电压照明。

6.2 环保措施

① 使用现场搅拌站时，应设置施工污水处理设施。施工污水未经处理不得随意排放，需要向施工区外排放时，必须经相关部门批准后才能排放。② 施工垃圾要集中堆放，严禁将施工垃圾随意堆放、抛撒或就地填埋。施工垃圾应由合格消纳单位消纳，严禁随意消纳。③ 大风天严禁筛制砂料、石灰等材料。④ 砂子、石灰、散装水泥要封闭或苫盖集中存放，不得露天贮放。⑤ 清理现场时，严禁将垃圾杂物从窗口、洞口、阳台等处采用抛撒运输方式，以防造成粉尘污染。⑥ 施工现场应设立合格的卫生环保设施，严禁随处大小便。⑦ 施工现场使用或维修机械，应有防滴漏油措施，严禁将机油滴漏于地面，造成土壤污染。清修机械时，废弃的棉丝（布）等应集中回收，严禁随意丢弃或燃烧处理。

6.3 职业健康安全措施

① 参加施工人员应坚守岗位，严禁酒后操作，淋制石灰人员要带防护眼镜。② 机械操作人员必须身体健康，并经专业培训合格，持证上岗，学员不得独立操作。③ 凡患有高血压、心脏病、贫血病、癫痫病及不适宜高空作业人员不得从事高空作业。

7 / 工程验收

① 抹灰工程应对水泥的凝结时间和安定性进行复验。② 抹灰工程应对下列隐蔽工程项目进行验收：抹灰总厚度大于或等于35mm时的加强措施。不同材料基体交接处的加强措施。③ 相同材料、工艺和施工条件的室外抹灰工程每500m² ~ 1000m²应划为一个检验批，不足500m²也应划为一个检验批。④ 相同材料、工艺和施工条件的室内抹灰工程每50

建筑装饰装修施工手册（第2版）

个自然间（大面积房间和走廊按抹灰面积$30m^2$为一间）应划分为一个检验批，不足50间也应划分为一个检验批。❺室内每个检验批应至少抽查10%，并不得少于3间；不足3间时，应全数检查。

---

8 / 质量记录

水泥砂浆抹灰施工质量记录包括：❶抹灰工程设计施工图、设计说明及其他设计文件；❷材料的产品合格证书，性能检测报告，进场验收记录，进场材料复检记录；❸工序交接检验记录；❹隐蔽工程验收记录；❺工程检验批检验记录；❻分项工程检验记录；❼单位工程检验记录；❽质量检验评定记录；❾施工记录。

内墙抹防水砂浆施工工艺

1 / 总则

1.1 适用范围

本施工工艺适用于工业与民用建筑的室内墙面、地下室墙面、地面防水抹灰工程。

1.2 编制参考标准及规范

1.《建筑装饰装修工程质量验收标准》
（GB 50210-2018）

2.《建筑工程施工质量验收统一标准》
（GB 50300-2013）

3.《建筑工程冬期施工规程》
（JGJ/T 104-2011）

4.《住宅装饰装修工程施工规范》
（GB 50327-2001）

5.《民用建筑工程室内环境污染控制标准》
（GB 50325-2020）

6.《水泥胶砂强度检验方法（ISO 法）》
（GB/T 17671-1999）

7.《通用硅酸盐水泥》
（GB 175-2007）

2 施工准备

2.1 技术准备

防水砂浆抹灰工程必须进行设计，应具有完整的施工图纸、设计说明等设计文件，应符合城市规划、消防、环保、节能等方面的有关规定。施工图设计文件应规定：❶ 材料的品种、性能、防水砂浆的配合比。❷ 防水层分层施工厚度和总厚度。❸ 细部处理要求。

2.2 材料要求

1. 水泥

❶ 应采用普通水泥或硅酸盐水泥，也可采用矿渣水泥、火山灰水泥、粉煤灰水泥及复合水泥。水泥强度等级宜采用32.5级以上颜色一致、同一批号、同一品种、同一强度等级、同一厂家生产的产品，品种、强度等级应符合设计要求。❷ 水泥进场应对产品名称、代号、净含量、强度等级、生产许可证编号、生产地址、出厂编号、出厂日期、执行标准、日期等进行外观检查，并应对其强度、安定性及其他必要的性能指标进行复检。❸ 出厂三个月的水泥，应经试验符合强度指标后方能使用，对于轻微结块的水泥，强度降低10%~20%，可用适当方法压碎降低强度等级使用。普通硅酸盐水泥不同品种、不同龄期强度应符合2.2.2-1规定。❹ 凝结时间：硅酸盐水泥初凝时间不少于45min，终凝时间不大于390min。普通硅酸盐水泥、粉煤灰硅酸盐水泥、火山灰硅酸盐水泥、矿渣硅酸盐水泥、和复合硅酸盐水泥初凝时间不少于45min，终凝时间不大于600min。

表 2.2.2-1　普通硅酸盐水泥不同品种、不同龄期强度（单位：MPa）

品种	强度等级	抗压强度		抗折强度	
		3d	28d	3d	28d
硅酸盐水泥	42.5	≥ 17.0	≥ 42.5	≥ 3.5	≥ 6.5
	42.5R	≥ 22.0		≥ 4.0	
	52.5	≥ 27.0	≥ 52.5	≥ 4.0	≥ 7.0
	52.5R	≥ 23.0		≥ 5.0	

品种	强度等级	抗压强度		抗折强度	
		3d	28d	3d	28d
硅酸盐水泥	62.5	≥ 28.0	≥ 62.5	≥ 5.0	≥ 8.0
	62.5R	≥ 32.0		≥ 5.5	
普通硅酸盐水泥	42.5	≥ 17.0	≥ 42.5	≥ 3.5	≥ 6.5
	42.5R	≥ 22.0		≥ 4.0	
	52.5	≥ 23.0	≥ 52.5	≥ 4.0	≥ 7.0
	52.5R	≥ 27.0		≥ 5.0	
矿渣硅酸盐水泥 火山灰硅酸盐水泥 粉煤灰硅酸盐水泥 复合硅酸盐水泥	32.5	≥ 10.0	≥ 32.5	≥ 2.5	≥ 5.5
	32.5R	≥ 15.0		≥ 3.5	
	42.5	≥ 15.0	≥ 42.5	≥ 3.5	≥ 6.5
	42.5R	≥ 19.0		≥ 4.0	
	52.5	≥ 21.0	≥ 52.5	≥ 4.0	≥ 7.0
	52.5R	≥ 23.0		≥ 4.5	

2. 砂

❶ 宜采用平均粒径 0.35mm～0.5mm 的中砂，在使用前应根据使用要求过筛，筛子孔径应不大于 5mm，筛好后保持洁净。细砂可使用，特细砂不宜使用。❷ 砂颗粒要求坚硬洁净，不得含有黏土（不得超过 2%）、草根、树叶、碱物质及其他有机物等有害物质。天然砂含泥量及有害物质含量应符合表 2.2.2-2、表 2.2.2-3 规定。❸ 砂使用前应按规定取样复试，有试验报告。

表 2.2.2-2　天然砂含泥量指标

项目	指标		
	Ⅰ类	Ⅱ类	Ⅲ类
含泥量（按重量计，%）	< 1.0	< 3.0	< 5.0
泥块含量（按重量计，%）	0	< 1.0	< 2.0

表 2.2.2-3　天然砂有害物质含量指标

项目	指标		
	I 类	II 类	III 类
云母（按重量计，%）	≤ 1.0	≤ 2.0	
轻物质（按重量计，%）	≤ 1.0		
有机物（比色法）	合格		
硫化物及硫酸盐（按 SO_3 重量计，%）	≤ 0.5		
氯化物（以氯离子重量计，%）	≤ 0.01	≤ 0.02	≤ 0.06

3. 防水剂

防水剂一般有金属盐类防水剂、金属皂类防水剂和硅酸钠防水剂等，其品种与性能应按设计要求选用。其产品性能，应符合国家、行业现行有关规范的规定。

4. 水

宜采用自来水或生活用水。

2.3　主要机具

❶ 砂浆搅拌机，搅拌各种砂浆，一般常用的为 200L、325L 容量搅拌机；混凝土搅拌机，搅拌混凝土、豆石混凝土、水泥石子浆，一般常用的为 400L、500L 容量搅拌机；灰浆机。❷ 工具：电钻、5mm 及 2mm 孔径的筛子，大平锹、小平锹、塑料抹子、阴角抹子、阳角抹子、护角抹子、圆阴角抹子、划线抹子、木抹子、压子、沟刀、凿子、灰板、木杆、卡子、木模子、缺口木板、分格条、水管、筛子等。❸ 计量检测用具：激光水平仪、皮尺、卷尺、铝方通靠尺、直尺、塞尺。

2.4　作业条件

❶ 主体结构工程完成，并经过相关质检部门验收合格。❷ 抹灰前应检查门窗框安装位置是否正确，需埋设的接线盒、电箱、管线、管道套管是否固定牢固，连接处缝隙应用 1∶3 水泥砂浆或 1∶1∶6 水泥混合砂浆分层嵌塞密实，若缝隙较大时，应在砂浆中掺少量麻刀嵌塞，将其填

塞密实，并用塑料贴膜或铁皮将门窗框加以保护。❸ 配电箱（柜）、消火栓（柜）以及卧在墙内的箱（柜）等背面露明部分应加钉钢丝网固定好，涂刷一层胶粘性素水泥浆或界面剂，钢丝网与最小边搭接尺寸应不少于10cm。窗帘盒、通风算子、吊柜、吊扇等埋件、螺栓位置，标高应准确牢固，且防腐、防锈工作完毕。❹ 抹灰前屋面防水及上一层地面最好已完成，如没完成防水及上一层地面需进行补灰时，必须采取防雨等防水措施。❺ 对抹灰基层表面的油渍、灰尘、污垢等应清除干净，光滑墙面应进行毛化处理，对抹灰墙面结构应提前浇水均匀湿透。❻ 检查预埋件的位置、标高是否正确无误，做好铁件的防锈处理。❼ 抹灰前应熟识图纸、设计说明及其他设计文件，制定方案，做好样板间，经检验达到要求标准后方可正式施工。❽ 抹灰前应先搭好脚手架或准备好高马凳，架子应离开墙面20cm～25cm，便于操作。❾ 按防水剂的施工说明书或设计规定，确定防水剂掺量的施工配合比。❿ 做好防水砂浆施工工艺技术交底。

3 / 施工工艺

3.1 工艺流程

基层清理 →	浇水湿润 →	吊垂直、套方、找规矩 →	防水砂浆冲筋 →
修抹预留孔洞、配电箱、槽盒等 →	做护角抹水泥窗台 →		抹底层防水砂浆 →
分层抹压防水砂浆 →	抹压面层防水砂浆收光		

图 2.2.3-1 内墙抹防水砂浆施工工艺流程

3.2　操作工艺

❶ 抹灰前清理基层，凡凸起处应用钢錾子剔平，凹处洒水后用 1 : 3 水泥砂浆分层抹压平整。拉通线，用防水砂浆冲水平筋和垂直筋。厕浴间所有管道的预理件，应牢固固定，将穿墙管道与墙体的空隙用防水砂浆封堵严密。基层处理后必须经验收合格，并填写隐蔽工程验收记录。

❷ **防水砂浆配剂**：当设计采用氯化铁防水砂浆时，根据设计配合比，配制防水砂浆。设计无规定时，可参考表 2.2.3-1 比例配比。

表 2.2.3-1　氯化铁防水砂浆配合比（重量比，%）

材料名称	水泥	中砂	水	氯化铁防水剂	备注
防水净浆	1	—	0.35 ~ 0.39	0.03	—
防水砂浆	1	0.52	0.45	0.03	底层用以稠度控制用水量
防水砂浆	1	2.5	0.5 ~ 0.55	0.03	底层用以稠度控制用水量

❸ **氯化铁防水砂浆抹压**：① 在基层上刷防水净浆一遍，随即抹两层防水砂浆垫层，每层厚度 5mm ~ 6mm，第二层应在第一层阴干后进行，总厚度 12mm。第一层应用力压实，凝固前用木抹子搓成麻面。② 垫层抹完 12h 后，再刷防水净浆一遍，随刷随抹第一遍面层防水砂浆，阴干后再抹第二遍面层防水砂浆，总厚度 12mm。面层防水砂浆在凝固前应反复抹压密实，收光。

❹ **防水砂浆多层抹法**：当采用"四层"或"五层"做法时，每抹一层必须涂刷防水净浆 1mm ~ 2mm，然后分层抹压，每层厚度 5mm ~ 6mm，每层凝固后再铺抹。最后一层防水砂浆应在水泥初凝之前反复抹压密实，表面收光。

❺ **专人养护**：防水砂浆层抹压终凝后，应挂草帘，专人浇水养护 14d。

❻ **冬期施工**：冬期防水砂浆施工，应采取保暖措施，使室内温度在 5℃以上，湿度 60% ~ 80%。

3.3　质量关键要求

防水砂浆抹灰质量关键是，粘结牢固，无开裂、空鼓和脱落，施工过程应注意：

❶ 基体表面应彻底清理干净，对于表面光滑的基体应进行毛化处理。

❷ 防水砂浆抹压前应将基体充分浇水均匀润透，防止基体浇水不透造成抹灰砂浆的水分很快被基体吸收，造成质量问题。

❸ 严格各层抹灰厚度，防止一次抹灰过厚，造成干缩率增大，造成空鼓、开裂等质量问题。

3.4　季节性施工

❶ 冬期施工现场温度最低不低于5℃。❷ 抹灰前基层处理，必须经验收合格，并填写隐蔽工程验收记录。❸ 不同材料基体交接处表面的抹灰，应采取防止开裂的加强措施，当采用加强网时，加强网与各基体的搭接宽度不应少于100mm，详见图2.2.3-2。

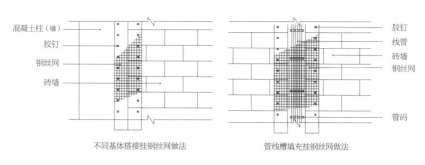

图 2.2.3-2　钢丝网铺钉示意图

4 ／ 质量要求

4.1　主控项目

❶ 抹灰前基层表面的尘土、污垢、油渍等应清除干净，并应洒水润湿。

检验要求：抹灰前基层必须经过检查验收，并填写隐蔽验收记录。

检验方法：检查施工记录。

❷ 防水砂浆抹灰材料的品种和性能应符合设计要求，水泥凝结时间和安定性应合格。防水砂浆的配合比应符合设计要求。

检验要求：材料复检要由监理或相关单位负责见证取样，并签字认可。配制防水砂浆时应使用相应的量器，不得估配或采用经验配制。对配制使用的量器使用前应进行检查标识，并进行定期检查，做好记录。

检验方法：检查产品合格证、进场验收记录、复检报告和验收记录。

❸ 抹灰层与基层之间的各抹灰层之间必须粘结牢固，抹灰层无脱层、空鼓，面层应无爆灰和裂缝。

检验要求：操作时严格按照规范和工艺标准操作。

检验方法：观察；用小锤轻击检查；检查施工记录。

4.2

一般项目

❶ 防水砂浆抹灰工程的表面质量应符合下列规定：① 一般抹灰表面应光滑、洁净，接槎平整，分格缝应清晰。② 高级抹灰表面应光滑、洁净，颜色均匀、无抹纹，分格缝和灰线应清晰、美观。

检验要求：抹灰等级应符合设计要求。

检验方法：观察；手摸检查。

❷ 护角、孔洞、槽、盒周围的抹灰应整齐、光滑，管道后面抹灰表面平整。

检验要求：组织专人负责孔洞、槽、盒周围、管道后面的抹灰工作，抹完后应由质检部门检查，并填写工程验收记录。

检验方法：观察。

❸ 抹灰总厚度应符合设计要求，防水砂浆不得抹在石灰砂浆上，罩面石膏灰不得抹在防水砂浆层上。

检验要求：施工时要严格按施工工艺要求操作。

检验方法：检查施工记录。

❹ 防水砂浆抹灰工程质量的允许偏差和检验方法应符合表 2.2.4-1 的规定。

表 2.2.4-1　防水砂浆抹灰工程的允许偏差和检验方法

序号	项目	允许偏差（mm）		检验方法
		普通	高级	
1	立面垂直度	3	2	用 2m 垂直检测尺检查
2	表面平整度	3	2	用 2m 靠尺和塞尺检查
3	阴阳角方正	3	2	用直角检测尺检测
4	分格条（缝）直线度	3	2	拉 5m 线，不足 5m 拉通线，用钢直尺检查
5	墙裙、勒脚上口直线	3	2	拉 5m 线，不足 5m 拉通线，用钢直尺检查

5 / 成品保护

❶ 抹灰前必须将门、窗口与墙间的缝隙按工艺要求将其嵌塞密实，对木制门、窗应采用铁皮、木板或木架进行保护，对塑钢或金属门、窗口应采用贴膜保护。❷ 抹灰完成后应对墙面及门、窗口加以清洁保护，门、窗口原有保护层如有损坏的应及时修补确保完整至竣工交接。❸ 在施工过程中，搬运材料、机具以及使用小手推车时，要特别小心，防止碰、撞、划墙面、门、窗等。后期施工操作人员严禁蹬踩门、窗口、窗台，以防损坏棱角。❹ 抹灰时墙上的预埋件、线槽、盒、通风篦子、预留孔洞应采取保护措施，防止施工时砂浆漏入或堵塞。❺ 拆除脚手架、跳板、高马凳时要加倍小心，轻拿轻放，集中堆放整齐，以免撞坏门、窗口、墙面及棱角等。❻ 当抹灰层未充分凝结硬化前，防止快干、水冲、撞击、振荡挤压，以保证灰层不受损伤和有足够的强度。❼ 施工时不得在楼地面上和休息平台上拌合灰浆，对休息平台、地面和楼梯踏步要采取保护措施，以免搬运材料时或运输过程中造成损坏。

6 / 安全、环境及职业健康措施

6.1　安全措施

❶ 室内抹灰采用高凳上铺脚手架时，宽度不得少于两块（50cm）脚手板，间距不得大于 2m，移动高凳时上面不得站人，作业人员不得超过 2 个人，高度超过 2m 时，应由架子工搭设脚手架。❷ 室内施工使用手推车时，拐弯时不得猛拐。❸ 作业过程中遇有脚手架与建筑物之间拉接，未经施工现场安全员、监理工程师同意，严禁拆除。必要时由架子工负责采取加固措施后，方可拆除。❹ 采用井子架、龙门架、外用电梯垂直运输材料时，卸料平台通道的两侧边安全防护必须齐

全、牢固，吊盘（笼）内小推车必须加挡车掩，不得向井内探头张望。❺ 脚手（架）扳不得搭设在门窗、暖气井、洗脸池等非承重的物器上。❻ 夜间或阴暗作业，应用 36V 以下安全电压照明。

6.2 环保措施

❶ 使用现场搅拌站时，应设置施工污水处理设施。施工污水未经处理不得随意排放，需要向施工区外排放时必须经相关部门批准后才能排放。❷ 施工垃圾要集中堆放，严禁将垃圾随意堆放、抛撒或就地填埋。施工垃圾应由合格消纳单位消纳，严禁随意消纳。❸ 大风天严禁筛制砂料、石灰等材料。❹ 砂子、石灰、散装水泥要封闭或苫盖集中存放，不得露天存放。❺ 清理现场时，严禁将垃圾杂物从窗口、洞口、阳台等处采用抛撒运输方式，以防造成粉尘污染。❻ 施工现场应设立合格的卫生环保设施，严禁随处大小便。❼ 施工现场使用或维修机械，应有防滴漏油措施，严禁将机油滴漏于地面，造成土壤污染。清修机械时，废弃的棉丝（布）等应集中回收，严禁随意丢弃或燃烧处理。

6.3 职业健康安全措施

❶ 参加施工人员应坚守岗位，严禁酒后操作，淋制石灰人员要带防护眼镜。❷ 机械操作人员必须身体健康，并经专业培训合格，持证上岗，学员不得独立操作。❸ 凡患有高血压、心脏病、贫血病、癫痫病及不适宜高空作业人员不得从事高空作业。

---

7 / 工程验收

❶ 抹灰工程应对水泥的凝结时间和安定性进行复验。❷ 抹灰工程应对下列隐蔽工程项目进行验收：抹灰总厚度大于或等于 35mm 时的加强措施；不同材料基体交接处的加强措施。❸ 相同材料、工艺和施工条件的室外抹灰工程每 500m² ~ 1000m² 应划为一个检验批，不足 500m² 也应

划为一个检验批。④ 相同材料、工艺和施工条件的室内抹灰工程每50个自然间（大面积房间和走廊按抹灰面积 $30m^2$ 为一间）应划分为一个检验批，不足 50 间也应划分为一个检验批。⑤ 室内每个检验批应至少抽查 10%，并不得少于 3 间；不足 3 间时，应全数检查。

8 / 质量记录

内墙抹防水砂浆施工质量记录包括：① 防水砂浆抹灰工程设计施工图、设计说明及其他设计文件；② 材料的产品合格证书，性能检测报告，进场验收记录，进场材料复检记录；③ 工序交接检验记录；④ 隐蔽工程验收记录；⑤ 工程检验批检验记录；⑥ 分项工程检验记录；⑦ 单位工程检验记录；⑧ 质量检验评定记录；⑨ 施工记录。

第 3 节

内墙抹膨胀珍珠岩砂浆施工工艺

1 / 总则

1.1 适用范围

本施工工艺适用于工业与民用建筑的室内（温度 -200℃～800℃）保温隔热墙体抹灰工程。

1.2 编制参考标准及规范

1. 《建筑装饰装修工程质量验收标准》
   （GB 50210-2018）
2. 《建筑工程施工质量验收统一标准》
   （GB 50300-2013）
3. 《建筑工程冬期施工规程》
   （JGJ/T 104-2011）
4. 《住宅装饰装修工程施工规范》
   （GB 50327-2001）
5. 《民用建筑工程室内环境污染控制标准》
   （GB 50325-2020）
6. 《水泥胶砂强度检验方法（ISO 法）》
   （GB/T 17671-1999）
7. 《通用硅酸盐水泥》
   （GB 175-2007）

2 / 施工准备

2.1 技术准备

膨胀珍珠岩保温砂浆抹灰工程必须进行设计，应具有完整的施工图纸、设计说明等设计文件，应符合城市规划、消防、环保、节能等方面的有关规定。施工图设计文件应规定：❶ 材料的品种、性能、保温砂浆的配合比；❷ 膨胀珍珠岩保温砂浆的配合比及分层抹灰施工厚度和总厚度；❸ 细部处理要求。

2.2 材料要求

❶ **膨胀珍珠岩**：膨胀珍珠岩应按设计性能要求采购。一般 1 类产品小于 $80kg/m^3$，2 类产品 $80kg/m^3 \sim 150kg/m^3$，3 类产品 $150kg/m^3 \sim 250kg/m^3$。含水率应小于 2%，保温隔热温度为 $-200℃ \sim 800℃$。2 类产品导热系数在常温下（$t=25℃$）$0.045kcal（m·h·℃）\sim 0.055kcal（m·h·℃）$。

❷ **水泥**：① 应采用普通水泥或硅酸盐水泥，也可采用矿渣水泥、火山灰水泥、粉煤灰水泥及复合水泥。水泥强度等级宜采用 32.5 级以上颜色一致、同一批号、同一品种、同一强度等级、同一厂家生产的产品，品种、强度等级应符合设计要求。② 水泥进场应对产品名称、代号、净含量、强度等级、生产许可证编号、生产地址、出厂编号、出厂日期、执行标准、日期等进行外观检查，并应对其强度、安定性及其他必要的性能指标进行复检。③ 出厂三个月的水泥，应经试验符合强度指标后方能使用，对于轻微结块的水泥，强度降低 10%~20%，可用适当方法压碎降低强度等级使用。普通硅酸盐水泥不同品种、不同龄期其强度应符合表 2.3.2-1 规定。④ 凝结时间：硅酸盐水泥初凝时间不少于 45min，终凝时间不大于 390min。普通硅酸盐水泥、粉煤灰硅酸盐水泥、火山灰硅酸盐水泥、矿渣硅酸盐水泥和复合硅酸盐水泥初凝时间不少于 45min，终凝时间不大于 600min。采用强度等级为 42.5 普通硅酸盐水泥或 32.5 矿渣硅酸盐水泥，无受潮结块现象，必须是同一批号、同一品种、同一强度等级、同一厂家生产的产品。水泥进场需对产品名称、代号、净含量、强度等级、生产许可证编号、生产地址、出厂编号、执行标准、日期等进行外观检查，同时验收合格证。

表 2.3.2-1 普通硅酸盐水泥不同品种、不同龄期强度规定（单位：MPa）

品种	强度等级	抗压强度		抗折强度	
		3d	28d	3d	28d
硅酸盐水泥	42.5	≥ 17.0	≥ 42.5	≥ 3.5	≥ 6.5
	42.5R	≥ 22.0		≥ 4.0	
	52.5	≥ 27.0	≥ 52.5	≥ 4.0	≥ 7.0
	52.5R	≥ 23.0		≥ 5.0	
	62.5	≥ 28.0	≥ 62.5	≥ 5.0	≥ 8.0
	62.5R	≥ 32.0		≥ 5.5	
普通硅酸盐水泥	42.5	≥ 17.0	≥ 42.5	≥ 3.5	≥ 6.5
	42.5R	≥ 22.0		≥ 4.0	
	52.5	≥ 23.0	≥ 52.5	≥ 4.0	≥ 7.0
	52.5R	≥ 27.0		≥ 5.0	
矿渣硅酸盐水泥 火山灰硅酸盐水泥 粉煤灰硅酸盐水泥 复合硅酸盐水泥	32.5	≥ 10.0	≥ 32.5	≥ 2.5	≥ 5.5
	32.5R	≥ 15.0		≥ 3.5	
	42.5	≥ 15.0	≥ 42.5	≥ 3.5	≥ 6.5
	42.5R	≥ 19.0		≥ 4.0	
	52.5	≥ 21.0	≥ 52.5	≥ 4.0	≥ 7.0
	52.5R	≥ 23.0		≥ 4.5	

❸ **石灰膏**：用块状生石灰淋制时，使用过筛孔径不大于 3mm×3mm 的筛子，并应存在沉淀池中。熟化时间，常温一般熟化时间须 15d～30d，使用时石灰膏内不应含有未熟化颗粒和其他杂质。

❹ **泡沫剂**：市场采购，掺量按产品说明书使用。

❺ **108 胶**：改性 107 胶产品。

❻ **水**：宜采用自来水或饮用水。

2.3　主要机具

❶ 搅拌机：一般常用的为 200L 或 325L 容量搅拌机。❷ 工具：电钻、5mm 及 2mm 孔径的筛子，大平锹、小平锹，塑料抹子、阴角抹子、阳角抹子、护角抹子、圆阴角抹子、划线抹子、木抹子、压子、沟刀、凿子、灰板、木杆、卡子、木模子、缺口木板、分格条、水管及筛子等。❸ 计量及检测工具：激光水平仪、皮尺、卷尺、靠尺、直尺、塞尺。

2.4　作业条件

❶ 主体结构工程完成，并经过相关质检部门验收合格。❷ 膨胀珍珠岩保温砂浆抹灰施工前应检查门窗框安装位置是否正确，需埋设的接线盒、电箱、管线、管道套管是否固定牢固，连接处缝隙应用 1：3 水泥砂浆或 1：1：6 水泥混合砂浆分层嵌塞密实，若缝隙较大时，应在砂浆中掺少量麻刀嵌塞，将其填塞密实，并用塑料贴膜或铁皮将门窗框加以保护。❸ 配电箱（柜）、消火栓（柜）以及卧在墙内的箱（柜）等背面露明部分应加钉钢丝网固定好，涂刷一层胶粘性素水泥浆或界面剂，钢丝网与最小边搭接尺寸应不少于 10cm。窗帘盒、通风箅子、吊柜、吊扇等埋件、螺栓位置，标高应准确牢固，且防腐、防锈工作完毕。❹ 抹灰前屋面防水及上一层地面最好已完成，如没完成防水及上一层地面需进行补灰时，必须采取防雨等防水措施。❺ 对抹灰基层表面的油渍、灰尘、污垢等应清理干净，光滑墙面应进行毛化处理，对抹灰墙面结构应提前浇水均匀湿透。❻ 检查预埋件的位置、标高是否正确无误，做好铁件的防锈处理。❼ 抹灰前应熟识图纸、设计说明及其他设计文件，制定方案，做好样板间，经检验达到要求标准后方可正式施工。❽ 抹灰前应先搭好脚手架或准备好高马凳，架子应离开墙面 20cm～25cm，便于操作。❾ 按照膨胀珍珠岩保温砂浆的施工说明书或设计规定，确定膨胀珍珠岩掺量的施工配合比。❿ 做好膨胀珍珠岩保温砂浆施工工艺技术交底。

3 / 施工工艺

3.1 工艺流程

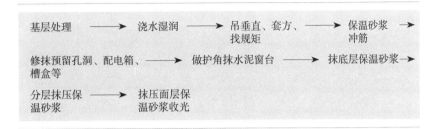

图 2.3.3-1　内墙抹膨胀珍珠岩砂浆施工工艺流程

3.2 操作工艺

1. 基层处理

将基层（基体）墙面上的水泥砂浆或残渣清理干净。如混凝土表面有油污用 5%~10% 火碱水溶液洗刷，再用清水冲洗干净。

2. 膨胀珍珠岩砂浆配制

膨胀珍珠岩砂浆的配合比，应按设计规定的材料比例配制。当设计无规定时，可参考下表比例配制。砂浆搅拌时应先干拌均匀，然后加水拌合，加水量要控制，避免膨胀珍珠岩上浮，产生离析现象。稠度宜控制在 10mm 左右，不宜太稀。一般以手握成团不散，只能挤出少量浆液为宜。

表 2.3.3-1　膨胀珍珠岩保温砂浆参考配合比之一

石灰膏	膨胀珍珠岩	108 胶	纸筋	泡沫剂	备注
1	4~5			适量	用于纸筋灰罩面的底层灰
1	4			适量	用于纸筋灰罩面的中层灰
1	0.1	0.03	0.1	适量	用于罩面灰

表 2.3.3-2　膨胀珍珠岩保温砂浆参考配合比之二

水泥	膨胀珍珠岩		水	灰浆（kg/m³）	抗压强度（MPa）	导热系数[kcal/（m·h·℃）]
	320~350kg/m³	120~160kg/m³				
1	4		1.55	480	1.05	0.070
1	0.1	0.03	1.6	430	0.8	0.064
			1.7	335	0.9~1.0	0.056

注：加水量按砂浆稠度控制。

3. 分层抹砂浆

❶ 抹膨胀珍珠岩砂浆前基层应适当洒水湿润，但不宜过湿。❷ 底层抹灰厚度 15mm~20mm 为宜，不宜超过 25mm。为避免干缩裂缝，抹完隔 24h 后再抹中层，中层厚度 5mm~8mm，中层抹灰收水稍干时，用干抹子搓平。待砂浆六七成干时，再罩面层灰。❸ 面层用纸筋灰厚度 2mm。用铁抹子随抹随压，直至表面平整光滑为止。抹灰总厚度约为 22mm~30mm。❹ 操作时不宜用力过大，否则会增加导热系数。❺ 膨胀珍珠岩砂浆应随用随拌，2h 用完。

3.3　质量关键要求

膨胀珍珠岩保温砂浆抹灰质量关键是，粘结牢固，无开裂、空鼓和脱落，施工过程应注意：❶ 基体表面应彻底清理干净，对于表面光滑的基体应进行毛化处理。❷ 膨胀珍珠岩砂浆抹压前应将基体充分浇水均匀润透，防止基体浇水不透造成抹灰砂浆水分很快被基体吸收，造成质量问题。❸ 严格控制各层抹灰厚度，防止一次抹灰过厚，造成干缩率增大，造成空鼓、开裂等质量问题。❹ 膨胀珍珠岩砂浆使用的材料应充分水化，防止影响粘结力。

3.4　季节性施工

❶ 冬期施工现场温度最低不低于 5℃；湿度 60%~80%。❷ 基层处理要彻底清理浮尘、油污、杂物、积水等，保证抹灰基层的洁净，凹陷部分要填补压实，凸出部分要剔除。基层处理后必须经验收合格，并填写工程验收记录。❸ 膨胀珍珠岩砂浆配剂的配比要严格按产品说明或设计要求进行，严禁随意配制膨胀珍珠岩砂浆。❹ 膨胀珍珠岩砂浆抹压

操作时应按工序工艺要求进行，每道砂浆抹压必须是前道砂浆阴干后进行，不可抢工序。每道砂浆层厚度控制在5mm～6mm。最后一道砂浆应在前道砂浆初凝前反复抹压密实并收光。❺ 膨胀珍珠岩砂浆层抹压终凝后，必须由专人负责浇水养护14d。

4 / 质量标准

4.1 主控项目

❶ 抹灰前基层表面的尘土、污垢、油渍等应清理干净，并应洒水润湿。

检验要求：抹灰前基层必须经过检查验收，并填写隐蔽验收记录。

检验方法：检查施工记录。

❷ 膨胀珍珠岩砂浆所用的材料品种和性能应符合设计要求，水泥凝结时间和安定性应合格。砂浆的配合比应符合设计要求。

检验要求：材料复检要由监理或相关单位负责见证取样，并签字认可。配制砂浆时应使用相应的量器，不得估配或采用经验配制。对配制使用的量器使用前应进行检查标识，并进行定期检查，做好记录。

检验方法：检查产品合格证、进场验收记录、复检报告和验收记录。

❸ 膨胀珍珠岩砂浆抹灰应分层进行，当总厚度大于或等于35mm时应采取加强措施。不同材料基体交接处表面的抹灰，应采取防开裂的措施，当采用加强网时，加强网与各基体的搭接宽度不应小于100mm，详见图2.3.4-1。

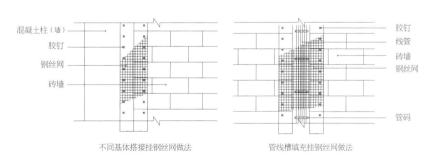

图2.3.4-1 钢丝网铺钉示意图

④ 抹灰层与基层之间的各抹灰层之间必须粘结牢固，抹灰层无脱层、空鼓，面层应无爆灰和裂缝。

检验要求：操作时严格按照规范和工艺标准操作。

检验方法：观察；用小锤轻击检查；检查施工记录。

4.2　一般项目

❶ 膨胀珍珠岩砂浆抹灰工程的表面质量应符合下列规定：① 普通抹灰表面应光滑、洁净，接槎平整，分格缝应清晰。② 高级抹灰表面应光滑、洁净，颜色均匀、无抹纹，分格缝和灰线应清晰、美观。

检验要求：抹灰等级应符合设计要求。

检验方法：观察；手摸检查。

❷ 护角、孔洞、槽、盒周围的抹灰应整齐、光滑，管道后面抹灰表面平整。

检验要求：组织专人负责孔洞、槽、盒周围、管道后面的抹灰工作，抹完后应由质检部门检查，并填写工程验收记录。

检验方法：观察。

❸ 抹灰总厚度应符合设计要求，膨胀珍珠岩砂浆不得抹在石灰砂浆上，罩面石膏灰不得抹在膨胀珍珠岩砂浆层上。

检验要求：施工时要严格按施工工艺要求操作。

检验方法：检查施工记录。

❹ 膨胀珍珠岩砂浆抹灰工程质量的允许偏差和检验方法应符合表 2.3.4-1 的规定。

表 2.3.4-1　膨胀珍珠砂浆抹灰工程质量的允许偏差和检验方法

| 序号 | 项目 | 允许偏差（mm） | | 检验方法 |
		普通	高级	
1	立面垂直度	3	2	用 2m 垂直检测尺检查
2	表面平整度	3	2	用 2m 靠尺和塞尺检查
3	阴阳角方正	3	2	用直角检测尺检测
4	分格条（缝）直线度	3	2	拉 5m 线，不足 5m 拉通线，用钢直尺检查
5	墙裙、勒脚上口直线	3	2	拉 5m 线，不足 5m 拉通线，用钢直尺检查

5　成品保护

❶ 抹灰前必须将门、窗口与墙间的缝隙按工艺要求将其嵌塞密实，对木制门、窗应采用铁皮、木板或木架进行保护，对塑钢或金属门、窗口应采用贴膜保护。❷ 抹灰完成后应对墙面及门、窗口加以清洁保护，门、窗口原有保护层如有损坏的应及时修补确保完整至竣工交接。❸ 在施工过程中，搬运材料、机具以及使用小手推车时，要特别小心，防止碰、撞、划墙面、门、窗等。后期施工操作人员严禁蹬踩门、窗口、窗台，以防损坏棱角。❹ 抹灰时墙上的预埋件、线槽、盒、通风箅子、预留孔洞应采取保护措施，防止施工时砂浆漏入或堵塞。❺ 拆除脚手架、跳板、高马凳时要加倍小心，轻拿轻放，集中堆放整齐，以免撞坏门、窗口、墙面及棱角等。❻ 当抹灰层未充分凝结硬化前，防止快干、水冲、撞击、振荡挤压，以保证灰层不受损伤和有足够的强度。❼ 施工时不得在楼地面上拌合灰浆，对地面和楼梯踏步要采取保护措施，以免搬运材料时或运输过程中造成损坏。

6　安全、环境及职业健康措施

6.1　安全措施

❶ 室内抹灰采用高凳上铺脚手架时，宽度不得少于两块（50cm）脚手板，间距不得大于 2m，移动高凳时上面不得站人，作业人员不得超过 2 个人，高度超过 2m 时，应由架子工搭设脚手架。❷ 室内施工使用手推车时，拐弯时不得猛拐。❸ 作业过程中遇有脚手架与建筑物之间拉接，未经施工现场安全员、监理工程师同意，严禁拆除。必要时由架子工负责采取加固措施后，方可拆除。❹ 采用外用电梯垂直运输材料时，卸料平台通道的两侧边安全防护必须齐全、牢固，吊盘（笼）内小推车必须加挡车掩，不得向井内探头张望。❺ 脚手扳不得搭设在

门窗、暖气井、洗脸池等非承重的物器上。❻ 夜间或阴暗作业，应用 36V 以下安全电压照明。

6.2　环保措施

❶ 使用现场搅拌站时，应设置施工污水处理设施。施工污水未经处理不得随意排放，需要向施工区外排放时必须经相关部门批准后才能排放。❷ 施工垃圾要集中堆放，严禁将垃圾随意堆放、抛撒或就地填埋。施工垃圾应由合格消纳单位消纳，严禁随意消纳、堆放、填埋。❸ 大风天严禁筛制砂料、石灰等材料。❹ 砂子、膨胀珍珠岩、石膏泡沫剂、散装水泥要封闭或苫盖集中存放，不得露天存放。❺ 清理现场时，严禁将垃圾杂物从窗口、洞口、阳台等处采用抛撒运输方式，以防造成粉尘污染。❻ 施工现场应设立合格的卫生环保设施，严禁随处大小便。❼ 施工现场使用或维修机械，应有防滴漏油措施，严禁将机油滴漏于地面，造成土壤污染。清修机械时，废弃的棉丝（布）等应集中回收，严禁随意丢弃或燃烧处理。

6.3　职业健康安全措施

❶ 参加施工人员应坚守岗位，严禁酒后操作。当使用的配合剂具有挥发性有害气体时，操作人员要戴防护口罩和眼镜，每次操作时间不得超过 30min，并有不操作的人员在旁监护。❷ 机械操作人员必须身体健康，并经专业培训合格，持证上岗，学员不得独立操作。❸ 凡患有高血压、心脏病、贫血病、癫痫病及不适宜高空作业人员不得从事高空作业。

7 ╱ 工程验收

❶ 膨胀珍珠岩砂浆抹灰工程应对水泥的凝结时间和安定性进行复验。
❷ 膨胀珍珠岩砂浆抹灰工程应对下列隐蔽工程项目进行验收：抹灰总厚度大于或等于 35mm 时的加强措施；不同材料基体交接处的加强措

施。❸ 相同材料、工艺和施工条件的室外抹灰工程每 $500m^2 \sim 1000m^2$ 应划为一个检验批，不足 $500m^2$ 也应划为一个检验批。❹ 相同材料、工艺和施工条件的室内抹灰工程每 50 个自然间（大面积房间和走廊按抹灰面积 $30m^2$ 为一间）应划分为一个检验批，不足 50 间也应划分为一个检验批。❺ 室内每个检验批应至少抽查 10%，并不得少于 3 间；不足 3 间时，应全数检查。

8 / 质量记录

内墙抹膨胀珍珠岩砂浆施工质量记录包括：❶ 膨胀珍珠岩砂浆抹灰工程设计施工图、设计说明及其他设计文件；❷ 材料的产品合格证书，性能检测报告，进场验收记录，进厂材料复检记录；❸ 工序交接检验记录；❹ 隐蔽工程验收记录；❺ 工程检验批检验记录；❻ 分项工程检验记录；❼ 单位工程检验记录；❽ 质量检验评定记录；❾ 施工记录。

内墙抹耐酸砂浆施工工艺

1 / 总则

1.1 适用范围

本施工工艺适用于工业与民用建筑的室内有防酸、耐酸要求的墙体抹灰工程。

1.2 编制参考标准及规范

1.《建筑装饰装修工程质量验收标准》
（GB 50210-2018）

2.《建筑工程施工质量验收统一标准》
（GB 50300-2013）

3.《建筑工程冬期施工规程》
（JGJ/T 104-2011）

4.《住宅装饰装修工程施工规范》
（GB 50327-2001）

5.《民用建筑工程室内环境污染控制标准》
（GB 50325-2020）

6.《水泥胶砂强度检验方法（ISO 法）》
（GB/T 17671-1999)

7.《通用硅酸盐水泥》
（GB 175-2007)

2 施工准备

2.1 技术准备

耐酸砂浆抹灰工程必须进行设计，应具有完整的施工图纸、设计说明等设计文件，应符合城市规划、消防、环保、节能等方面的有关规定。施工图设计文件应规定：❶ 材料的品种、性能、耐酸砂浆的配合比。❷ 耐酸砂浆的配合比及分层抹灰施工厚度和总厚度。❸ 耐酸砂浆细部处理做法。

2.2 材料要求

❶ 水玻璃：青灰或黄灰黏稠溶液，模数为 $2.6g/cm^3 \sim 2.8g/cm^3$，密度为 $1.38 \sim 1.45$，不得混入杂质。应有产品合格证明和性能检测报告。❷ 氟硅酸钠：白色、浅灰色或黄色粉末，纯度不小于 95%，细度要求全部通过 1600 孔 $/cm^2$ 筛，含水率小于 1%，注意防潮，如已受潮应在低于 600℃温度下烘干并研细过筛后使用。应有产品合格证明和性能检测报告。氟硅酸钠有毒，应做出标记，安全存放。❸ 粉料：辉绿岩粉或石英粉，耐酸率不得小于 94%，含水率不大于 0.5%，过 4900 孔 $/cm^2$ 筛，筛余 10% ~ 30%，洁净无杂质。❹ 69 号耐酸粉：耐酸性能好，但收缩性较大，成本较高。❺ 细集料：采用石英杂砂，耐酸率不小于 94%，含水率不大于 1%，不含杂质。

2.3 主要机具

❶ 机械：砂浆搅拌机、垂直运输设备等。❷ 工具：凿子、木抹子、铁抹子、阴角抹子、阳角抹子、圆阳角抹子、灰板、铁锹、木杠、手推车、5mm 孔径的筛子、灰桶、笤帚、胶水管等。❸ 计量检测用具：激光水平仪、卷尺、计量磅秤、靠尺、直尺、水平尺、压尺。

2.4 作业条件

❶ 主体结构工程完成，并经过相关质检部门验收合格。❷ 耐酸砂浆抹灰前应检查门窗框安装位置是否正确，需埋设的接线盒、电箱、管线、管道套管是否固定牢固，连接处缝隙应用 1:3 水泥砂浆或 1:1:6 水泥混合砂浆分层嵌塞密实，若缝隙较大时，应在砂浆中掺少量麻刀嵌

塞，将其填塞密实，并用塑料贴膜或铁皮将门窗框加以保护。❸ 配电箱（柜）、消火栓（柜）以及卧在墙内的箱（柜）等背面露明部分应加钉钢丝网固定好，涂刷一层胶粘性素水泥浆或界面剂，钢丝网与最小边搭接尺寸应不少于10cm。窗帘盒、通风算子、吊柜、吊扇等埋件、螺栓位置，标高应准确牢固，且防腐、防锈工作完毕。❹ 抹灰前屋面防水及上一层地面最好已完成，如没完成防水及上一层地面需进行补灰时，必须采取防雨等防水措施。❺ 对抹灰基层表面的油渍、灰尘、污垢等应清理干净，光滑墙面应进行毛化处理，对抹灰墙面结构应提前浇水均匀湿透。❻ 检查预埋件的位置、标高是否正确无误，做好铁件的防锈处理。❼ 抹灰前应熟识图纸、设计说明及其他设计文件，制定方案，做好样板间，经检验达到要求标准后方可正式施工。❽ 抹灰前应先搭好脚手架或准备好高马凳，架子应离开墙面20cm～25cm，便于操作。❾ 按耐酸砂浆的施工说明书或设计规定，确定耐酸砂浆的施工配合比。❿ 做好耐酸砂浆施工工艺技术交底。⓫ 施工环境以15℃～30℃为宜。

3 施工工艺

3.1 工艺流程

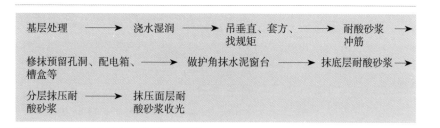

图 2.4.3-1　内墙抹耐酸砂浆施工工艺流程

操作工艺

1. 基层处理

耐酸砂浆抹灰前清理基层，混凝土基层表面的凹凸不平、局部麻面、蜂窝等缺陷，应用钢錾子剔平，凹处洒水后用1:2水泥砂浆分层抹压平整，将穿墙管道与墙体的空隙用耐酸砂浆封堵严密。按设计规定的耐酸抹灰厚度拉通线，用耐酸砂浆冲筋。做隔离层时，待修复水泥砂浆的含水率应小于6%时按设计要求进行处理（或刷冷底子油）。在隔离层上涂刷两遍稀水玻璃胶泥。其重量比为：水玻璃：氟硅酸钠：69号耐酸灰=1.0:0.13~0.20:0.9~1.1。每遍隔6h~12h。基层处理后必须经验收合格，并填写隐蔽工程验收记录。

2. 水玻璃胶泥、砂浆配制

水玻璃砂浆的施工配合比可参考表2.4.3-1。按配合比将粉料或细骨料与氟硅酸钠加入搅拌机内拌均匀，然后加水玻璃湿拌3min。如用人工拌制，先将粉料和氟硅酸钠混合过筛两遍（注意密闭），再加入细集料在特、铁板上干拌3次，然后加入水玻璃湿拌不小于3次，直至均匀。

表2.4.3-1　水玻璃胶泥、砂浆参考配合比（重量比）

名称	配合比				
	水玻璃	氟硅酸钠	辉绿岩粉（或石英粉）	69号耐酸粉	细集料
水玻璃胶泥	1.0 1.0 1.0	0.15~0.18 0.15~0.18 0.15~0.18	2.55~2.7 2.2~2.4	2.4~2.8	
水玻璃砂浆	1.0 1.0 1.0	0.15~0.17 0.15~0.17 0.15~0.17	2.0~2.2 2.0~2.2	2.0~2.2	2.5~2.7 2.5~2.6 2.5~2.6

❶氟硅酸钠纯度按100%时，不足100%时掺量按比例增加。

❷氟硅酸钠用量计算按下式计量：

$$G=1.5\frac{N_1}{N_2\times100}$$

式中：G——氟硅酸钠用量占水玻璃用量的百分率（%）；

　　　N_1——水玻璃中含氧化钠的百分率（%）；

　　　N_2——氟硅酸钠的纯度（%）。

❸水玻璃一般采用钠水玻璃，市场产品一般标志为波美度（^{0}Be），相对密度与波美度的换算按下式计算：

$$\rho = \frac{145}{145-B}$$

式中：ρ——水玻璃的密度；

B——水玻璃的波美度。

❹ 水玻璃模数过低时，可加入高模数的水玻璃进行模数调整；水玻璃模数过高时，可加入氢氧化钠（化成水溶液）进行模数调整。水玻璃模数可按下式计算：

$$模数 = 1.033 \frac{SiO_2 含量（\%）}{Na_2O 含量（\%）}$$

式中：1.033——Na_2O 分子量（62）与 SiO_2 分子量（60）的比值。

3. 耐酸砂浆涂抹

耐酸砂浆涂抹应分层进行。每层涂抹厚度，平面不大于 5mm，立面不大于 3mm，层间应涂水玻璃稀胶泥作结合层，并间隔 24h 以上。涂抹总厚度一般为 15mm～30mm。涂抹应在初凝前按同一方向连续抹平压实，不可反复抹压。如有间歇，接缝前应刷稀水玻璃胶泥一遍，稍干后再涂抹。每涂抹一层应等终凝后方可涂刷下一层。面层砂浆涂抹表面收水后，用铁抹子将面层抹平、压光。在涂抹过程中如发现缺陷，应即时铲除，重新涂抹。每次拌料不宜过多，从加入水玻璃时算起，30min 内用完。

3.3 质量关键要求

耐酸砂浆抹灰质量关键是，粘结牢固，无开裂、空鼓和脱落，施工过程应注意：❶ 基体表面应彻底清理干净，对于表面光滑的基体应进行毛化处理。❷ 耐酸砂浆抹压前应将基体充分浇水均匀润透，防止基体浇水不透造成抹灰砂浆的水分很快被基体吸收，造成质量问题。❸ 严格各层抹灰厚度，防止一次抹灰过厚（厚度一般 15mm～20mm 为宜，不超过 25mm），造成干缩率增大，造成空鼓、开裂等质量问题。

3.4 季节性施工

❶ 冬季施工现场温度最低不低于 5℃。湿度 60%～80%。❷ 基层处理要彻底清理浮尘、油污、杂物、积水等，保证抹灰基层的洁净，凹陷部分要填补压实，凸出部分要剔除。基层处理后必须经验收合格，并填写

工程验收记录。❸ 耐酸砂浆配剂的配比要严格按产品说明或设计要求进行，严禁随意配制耐酸砂浆。❹ 耐酸砂浆抹压操作时应按工序工艺要求进行，每道砂浆抹压必须是前道砂浆阴干后进行，不可抢工序。每道砂浆层厚度控制在 5mm ~ 6mm。最后一道砂浆在应在前道砂浆初凝前反复抹压密实并收光。❺ 耐酸砂浆层抹压终凝后，必须由专人负责浇水养护 14d。养护要在干燥环境下，气温达到 15℃以上养护 20d，并严禁浇水。养护完进行酸洗处理。方法用浓度 30% ~ 60% 的硫酸刷洗表面。每次刷洗间隔 8h，一般不少于 4 次。酸洗后出现白色结晶物，要在刷洗前擦去，直至表面不析出结晶为止。

4 / 质量要求

4.1 主控项目

❶ 耐酸砂浆抹灰前基层表面的尘土、污垢、油渍等应清理干净，并应洒水润湿。

检验要求：抹灰前基层必须经过检查验收，并填写隐蔽验收记录。

检验方法：检查施工记录。

❷ 水玻璃砂浆所用的材料品种和性能应符合设计要求，水泥凝结时间和安定性应合格。砂浆的配合比应符合设计要求。

检验要求：材料复检要由监理或相关单位负责见证取样，并签字认可。配制砂浆时应使用相应的量器，不得估配或采用经验配制。对配制使用的量器使用前应进行检查标识，并进行定期检查，做好记录。

检验方法：检查产品合格证、进场验收记录、复检报告和验收记录。

❸ 水玻璃砂浆抹灰应分层进行，当总厚度大于或等于 35mm 时应采取加强措施。不同材料基体交接处表面的抹灰，应采取防开裂的措施，当采用加强网时，加强网与各基体的搭接宽度不应小于 100mm。详见图 2.4.4-1。

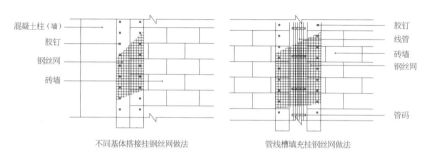

| 不同基体搭接挂钢丝网做法 | 管线槽填充挂钢丝网做法 |

混凝土柱（墙）
胶钉
钢丝网
砖墙

胶钉
线管
砖墙
钢丝网

管码

图 2.4.4-1　钢丝网铺钉示意图

❹ 层与基层之间的各抹灰层之间必须粘结牢固，抹灰层无脱层、空鼓，面层应无爆灰和裂缝。

检验要求：操作时严格按照规范和工艺标准操作。

检验方法：观察；用小锤轻击检查；检查施工记录。

4.2　一般项目

❶ 耐酸砂浆抹灰工程的表面质量应符合下列规定：① 普通抹灰表面应光滑、洁净，接槎平整，分格缝应清晰。② 高级抹灰表面应光滑、洁净，颜色均匀、无抹纹，分格缝和灰线应清晰、美观。

检验要求：抹灰等级应符合设计要求。

检验方法：观察；手摸检查。

❷ 护角、孔洞、槽、盒周围的抹灰应整齐、光滑，管道后面抹灰表面平整。

检验要求：组织专人负责孔洞、槽、盒周围、管道后面的抹灰工作，抹完后应由质检部门检查，并填写工程验收记录。

检验方法：观察。

❸ 抹灰总厚度应符合设计要求。

检验要求：施工时要严格按施工工艺要求操作。

检验方法：检查施工记录。

❹ 耐酸砂浆抹灰工程质量的允许偏差和检验方法应符合表 2.4.4-1 的规定。

表 2.4.4-1　耐酸砂浆抹灰工程质量的允许偏差和检验方法

序号	项目	允许偏差（mm）		检验方法
		普通	高级	
1	立面垂直度	3	2	用 2m 垂直检测尺检查

序号	项目	允许偏差（mm）		检验方法
		普通	高级	
2	表面平整度	3	2	用2m靠尺和塞尺检查
3	阴阳角方正	3	2	用直角检测尺检测
4	分格条（缝）直线度	3	2	拉5m线，不足5m拉通线，用钢直尺检查
5	墙裙、勒脚上口直线	3	2	拉5m线，不足5m拉通线，用钢直尺检查

5 成品保护

❶ 耐酸砂浆抹灰前必须将门、窗口与墙间的缝隙按工艺要求将其嵌塞密实，对木制门、窗应采用铁皮、木板或木架进行保护，对塑钢或金属门、窗口应采用贴膜保护。❷ 抹灰完成后应对墙面及门、窗口加以清洁保护，门、窗口原有保护层如有损坏的应及时修补确保完整至竣工交接。❸ 在施工过程中，搬运材料、机具以及使用小手推车时，要特别小心，防止碰、撞、划墙面、门、窗等。后期施工操作人员严禁蹬踩门、窗口、窗台，以防损坏棱角。❹ 抹灰时墙上的预埋件、线槽、盒、通风箅子、预留孔洞应采取保护措施，防止施工时砂浆漏入或堵塞。❺ 拆除脚手架、跳板、高马凳时要加倍小心，轻拿轻放，集中堆放整齐，以免撞坏门、窗口、墙面及棱角等。❻ 当抹灰层未充分凝结硬化前，防止快干、水冲、撞击、振荡挤压，以保证灰层不受损伤和有足够的强度。❼ 施工时不得在楼地面上拌合灰浆，对地面和楼梯踏步要采取保护措施，以免搬运材料时或运输过程中造成损坏。

6 / 安全、环境及职业健康措施

6.1　安全措施

❶ 室内耐酸砂浆抹灰采用高凳上铺脚手架时，宽度不得少于两块（50cm）脚手板，间距不得大于2m，移动高凳时上面不得站人，作业人员不得超过2个人，高度超过2m时，应由架子工搭设脚手架。❷ 室内施工使用手推车时，拐弯时不得猛拐。❸ 作业过程中遇有脚手架与建筑物之间拉接，未经施工现场安全员、监理工程师同意，严禁拆除。必要时由架子工负责采取加固措施后，方可拆除。❹ 采用外用电梯垂直运输材料时，卸料平台通道的两侧边安全防护必须齐全、牢固，吊盘（笼）内小推车必须加挡车掩，不得向井内探头张望。❺ 脚手板不得搭设在门窗、暖气井、洗脸池等非承重的物器上。❻ 夜间或阴暗作业，应用36V以下安全电压照明。

6.2　环保措施

❶ 使用现场搅拌站时，应设置施工污水处理设施。施工污水未经处理不得随意排放，需要向施工区外排放时必须经相关部门批准后才能排放。❷ 施工垃圾要集中堆放，严禁将施工垃圾随意堆放、抛撒或就地填埋。施工垃圾应由合格消纳单位消纳，严禁随意消纳。❸ 大风天严禁筛制砂料、耐酸粉料等材料。❹ 砂子、水玻璃、氟硅酸钠、耐酸粉、散装水泥要封闭或苫盖集中存放，不得露天存放。特别是氟硅酸钠材料，因有毒性，要谨慎储存，严格保管，用多少购多少，不得过多储存，避免非施工人员接触。❺ 清理现场时，严禁将垃圾杂物从窗口、洞口、阳台等处采用抛撒运输方式，以防造成粉尘污染。❻ 施工现场应设立合格的卫生环保设施，严禁随处大小便。❼ 施工现场使用或维修机械，应有防滴漏油措施，严禁将机油滴漏于地面，造成土壤污染。清修机械时，废弃的棉丝（布）等应集中回收，严禁随意丢弃或燃烧处理。

6.3　职业健康安全措施

❶ 参加施工人员应坚守岗位，严禁酒后操作。当使用的配制材料具有挥发性有害气体时，操作人员要戴防护口罩和眼镜，每次操作时间不得超过30min，并有不操作的人员在旁监护。❷ 机械操作人员必须身体健康，并经专业培训合格，持证上岗，学员不得独立操作。❸ 凡患有高血

压、心脏病、贫血病、癫痫病及不适宜高空作业人员不得从事高空作业。

7 / 工程验收

❶ 应对水泥的凝结时间和安定性进行复验。❷ 应对下列隐蔽工程项目进行验收：抹灰总厚度大于或等于 35mm 时的加强措施；不同材料基体交接处的加强措施。❸ 相同材料、工艺和施工条件的室外抹灰工程每 500m² ~ 1000m² 应划为一个检验批，不足 500m² 也应划为一个检验批。❹ 相同材料、工艺和施工条件的室内抹灰工程每 50 个自然间（大面积房间和走廊按抹灰面积 30m² 为一间）应划分为一个检验批，不足 50 间也应划分为一个检验批。❺ 室内每个检验批应至少抽查 10%，并不得少于 3 间；不足 3 间时，应全数检查。

8 / 质量记录

内墙抹耐酸砂浆施工质量记录包括：❶ 水玻璃耐酸砂浆抹灰工程设计施工图、设计说明及其他设计文件；❷ 材料的产品合格证书，性能检测报告，进场验收记录，进场材料复检记录；❸ 工程交接检验记录；❹ 隐蔽工程验收记录；❺ 工程检验批检验记录；❻ 分项工程检验记录；❼ 单位工程检验记录；❽ 质量检验评定记录；❾ 施工记录。

第 5 节

室外抹水泥砂浆施工工艺

1 / 总则

1.1 适用范围

本施工工艺适用于工业与民用建筑的室外墙面抹灰工程。

1.2 编制参考标准及规范

1.《建筑装饰装修工程质量验收标准》

（GB 50210-2018）

2.《建筑工程施工质量验收统一标准》

（GB 50300-2013）

3.《建筑工程冬期施工规程》

（JGJ/T 104-2011）

4.《住宅装饰装修工程施工规范》

（GB 50327-2001）

5.《民用建筑工程室内环境污染控制标准》

（GB 50325-2020）

6.《水泥胶砂强度检验方法（ISO 法）》

（GB/T 17671-1999）

7.《通用硅酸盐水泥》

（GB 175-2007）

2 / 施工准备

2.1 技术准备

❶ 抹灰工程的施工图纸、设计说明及其他设计文件完成。❷ 材料的产品合格证书、性能检测报告、进场验收记录和复验报告完成。❸ 施工技术交底（作业指导书）已完成。❹ 施工组织设计（方案）已完成，并已经审核批准。

2.2 材料要求

1. 水泥

❶ 应采用普通水泥或硅酸盐水泥，也可采用矿渣水泥、火山灰水泥、粉煤灰水泥及复合水泥。水泥强度等级宜采用32.5级以上颜色一致、同一批号、同一品种、同一强度等级、同一厂家生产的产品，品种、强度等级应符合设计要求。❷ 水泥进场应对产品名称、代号、净含量、强度等级、生产许可证编号、生产地址、出厂编号、出厂日期、执行标准、日期等进行外观检查，并应对其强度、安定性及其他必要的性能指标进行复检。❸ 出厂三个月的水泥，应经试验符合强度指标后方能使用，对于轻微结块的水泥，强度降低10%~20%，可用适当方法压碎降低强度等级使用。普通硅酸盐水泥不同品种、不同龄期其强度应符合表2.5.2-1规定。❹ 凝结时间：硅酸盐水泥初凝时间不少于45min，终凝时间不大于390min。普通硅酸盐水泥、粉煤灰硅酸盐水泥、火山灰硅酸盐水泥、矿渣硅酸盐水泥、和复合硅酸盐水泥初凝时间不少于45min，终凝时间不大于600min。

表2.5.2-1　普通硅酸盐水泥不同品种、不同龄期的强度（单位：MPa）

品种	强度等级	抗压强度		抗折强度	
		3d	28d	3d	28d
硅酸盐水泥	42.5	≥ 17.0	≥ 42.5	≥ 3.5	≥ 6.5
	42.5R	≥ 22.0		≥ 4.0	
	52.5	≥ 27.0	≥ 52.5	≥ 4.0	≥ 7.0
	52.5R	≥ 23.0		≥ 5.0	

品种	强度等级	抗压强度		抗折强度	
		3d	28d	3d	28d
硅酸盐水泥	62.5	≥ 28.0	≥ 62.5	≥ 5.0	≥ 8.0
	62.5R	≥ 32.0		≥ 5.5	
普通硅酸盐水泥	42.5	≥ 17.0	≥ 42.5	≥ 3.5	≥ 6.5
	42.5R	≥ 22.0		≥ 4.0	
	52.5	≥ 23.0	≥ 52.5	≥ 4.0	≥ 7.0
	52.5R	≥ 27.0		≥ 5.0	
矿渣硅酸盐水泥 火山灰硅酸盐水泥 粉煤灰硅酸盐水泥 复合硅酸盐水泥	32.5	≥ 10.0	≥ 32.5	≥ 2.5	≥ 5.5
	32.5R	≥ 15.0		≥ 3.5	
	42.5	≥ 15.0	≥ 42.5	≥ 3.5	≥ 6.5
	42.5R	≥ 19.0		≥ 4.0	
	52.5	≥ 21.0	≥ 52.5	≥ 4.0	≥ 7.0
	52.5R	≥ 23.0		≥ 4.5	

2. 砂

❶ 宜采用平均粒径 0.35mm～0.5mm 的中砂，在使用前应根据使用要求过筛，筛子孔径应不大于 5mm，筛好后保持洁净。细砂可使用，特细砂不宜使用。❷ 砂颗粒要求坚硬洁净，不得含有黏土（不得超过 2%）、草根、树叶、碱物质及其他有机物等有害物质。天然砂含泥量及有害物质含量应符合表 2.5.2-2、表 2.5.2-3 规定。❸ 砂使用前应按规定取样复试，有试验报告。

表 2.5.2-2　天然砂含泥量指标

项目	指标		
	Ⅰ类	Ⅱ类	Ⅲ类
含泥量（按重量计，%）	< 1.0	< 3.0	< 5.0
泥块含量（按重量计，%）	0	< 1.0	< 2.0

表 2.5.2-3　天然砂有害物质含量指标

项目	指标		
	I 类	II 类	III 类
云母（按重量计，%）	≤ 1.0	≤ 2.0	≤ 2.0
轻物质（按重量计，%）	≤ 1.0		
有机物（比色法）	合格		
硫化物及硫酸盐（按 SO_3 重量计，%）	≤ 0.5		
氯化物（以氯离子重量计，%）	≤ 0.01	≤ 0.02	≤ 0.06

3. 磨细石灰粉

其细度过 0.125mm 的方孔筛，累计筛余量不大于 13%，使用前用水浸泡使其充分热化，热化时间最少不少于 3d。

4. 石灰膏

用块状生石灰淋制时，使用过筛孔径不大于 3mm×3mm 的筛子，并应存在沉淀池中。熟化时间，常温一般不少于 15d；用于罩面灰时，熟化时间不应少于 30d，使用时石灰膏内不应含有未熟化颗粒和其他杂质。

5. 其他掺合料

胶粘剂、外加剂、其掺入量应通过试验决定。

6. 水

宜采用自来水或生活用水。

2.3　主要机具

❶ **机械**：砂浆搅拌机，搅拌各种砂浆，一般常用的为 200L、325L 容量搅拌机；混凝土搅拌机，搅拌混凝土、豆石混凝土、水泥石子浆，一般常用的为 400L、500L 容量搅拌机；灰浆机。❷ **工具**：电钻、5mm 及 2mm 孔径的筛子、大平锹、小平锹、塑料抹子、阴角抹子、阳角抹子、护角抹子、圆阴角抹子、划线抹子、木抹子、压子、沟刀、凿

子、灰板、木杆、卡子、木模子、缺口木板、分格条、水管、筛子等。❸ **计量检测用具**：激光水平仪、皮尺、卷尺、靠尺、直尺、塞尺。

2.4　作业条件

❶ 主体结构工程完成，并经过相关质检部门验收合格。❷ 抹灰前应检查门窗框安装位置是否正确，门窗框与墙体连接处缝隙应用1：3水泥砂浆分层嵌塞密实，若缝隙较大时，应在砂浆中掺少量麻刀嵌塞，将其填塞密实，并用塑料贴膜或铁皮将门窗框加以保护。❸ 将混凝土过梁、梁垫、圈梁、混凝土柱、梁等表面凸出部分剔平，将蜂窝、麻面、露筋、疏松部分剔到实处，并刷胶粘性素水泥浆或界面剂，然后用1：3水泥砂浆分层抹平。脚手眼和废弃的空洞应堵严，外露钢筋头、铅丝头及木头等要剔除，窗台砖补齐，墙与楼板、梁底等交接处应用斜砖砌严补齐。❹ 配电箱（柜）、消火栓（柜）等背后裸露部分应加钉钢丝网固定好，可涂刷一层胶粘性素水泥浆或界面剂，钢丝网与最小边搭接尺寸应不少于10cm。❺ 对抹灰基层表面的油渍、灰尘、污垢等应清理干净，对抹灰墙面结构应提前浇水均匀湿透。❻ 抹灰前外墙面防水应提前完成，如没完成防水不能进行抹灰。❼ 抹灰前应熟识图纸、设计说明及其他设计文件，制定方案，做好样板，经检验达到要求标准后方可正式施工。❽ 外墙抹灰施工要提前按安全操作规范搭好外架子，架子应离开墙面20cm～25cm，便于操作。为保证减少抹灰接槎，使抹灰面平整，外架子宜铺设三步板，以满足施工要求。为保证抹灰不出现接缝和色差，严禁使用单排架子，同时不得在墙面上预留临时孔洞等。❾ 抹灰开始前应对建筑整体进行表面垂直、平整度检查，在建筑物的大角两面、阳台、窗台、镟脸等两侧吊垂直弹出抹灰层控制线，以作为抹灰的依据。

3 施工工艺

3.1 工艺流程

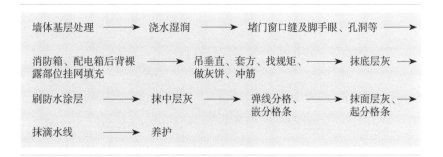

图 2.5.3-1 室外抹水泥砂浆施工工艺流程

3.2 操作工艺

1. 墙面基层处理、浇水湿润

❶ **砖墙基层处理**：将墙面上残留的砂浆、舌头灰剔除干净，污垢、灰尘等清理干净，用清水冲洗墙面，将砖缝中的浮砂、尘土冲掉，并将墙面均匀湿润。❷ **混凝土基础处理**：因混凝土墙面在结构施工时使用脱模隔离剂，表面比较光滑，故应将表面进行处理，其方法：采用脱污剂将墙面的油污脱除干净，晾干后采用机械喷涂或涂刷一层薄的胶粘性水泥浆或涂刷一层混凝土界面剂，使其凝固在光滑的基层上，以增加抹灰层与基层的附着力，不出现空鼓开裂。再一种方法可采用将其表面用尖钻子均匀剔成麻面，使其表面粗糙不平，然后浇水湿润。❸ **加气混凝土墙基层处理**：加气混凝土砌体其本身强度较低，孔隙率较大，在抹灰前应对松动和灰浆不饱满的拼缝或梁、板下的顶头缝，用砂浆填塞密实。将墙面凸出部分或舌头灰剔凿平整，并将缺棱掉角、坑洼不平和设备管线槽、洞等同时用砂浆整修密实、平顺，管线槽宽度超过 80mm 时，还应加钉钢丝网覆盖整槽，钢丝网宽度应宽于槽宽每边 30mm，钢丝网还应用小钢丝与管线绑扎固定，确保钢丝网不浮松。根据要求将墙面抹灰基层处理到位，然后喷水湿润。

2. 堵门窗口缝及脚手眼、孔洞等

堵缝工作要作为一道工序安排专人负责，门窗框安装位置准确牢固，用

1:3 水泥砂浆将缝隙塞严。堵脚手眼和废弃的孔洞时，应将洞内的杂物、灰尘等物清理干净，浇水湿润，然后用砖将其补齐砌严。

3. 吊垂直、套方、找规矩、做灰饼、冲筋

根据建筑高度确定放线方法，高层建筑可利用墙大角、门窗口两边，打直线找垂直。多层建筑时，可从顶层用大线坠吊垂直，绷铁丝找规矩，横向水平线可依据楼层标高或施工 +50cm 线为水平基准线进行交圈控制，然后按抹灰操作层抹灰饼，做灰饼时应注意横竖交圈，以便操作。每层抹灰时则以灰饼做基准冲筋，使其保证横平竖直。

4. 抹底层灰、中层灰

根据不同的基体，抹底层灰前可刷一道胶粘性水泥浆，然后抹 1:3 水泥砂浆（加气混凝土墙应抹 1:1:6 混合砂浆），每层厚度控制在 5mm～7mm 为宜。分层抹灰与冲筋平时用木杠刮平找直，木抹搓毛，每层抹灰不宜跟得太紧，以防收缩影响质量。

5. 弹线分格、嵌分格条

根据图纸要求弹线分格、贴分格条。分格宜采用红松制作，粘前应用水充分泡透。粘时在条两侧用素水泥抹成 45° 八字坡形。粘分格条时注意竖条应粘在所弹立线的一侧，防止左右乱粘，出现分格不均匀。条粘好后待底层呈七八成干后可抹面层灰。

6. 抹面层灰、起分格条

待底层呈七八成干时开始抹面层灰，将底层灰面浇水均匀湿润，先刮一层薄薄的素水泥浆，随即抹罩面灰与分格条，并用木杠横竖刮平，木抹子搓毛，铁抹子溜光、压实。待其表面无明水时，用软毛刷垂直于地面同一方向轻刷一遍，以保证面层灰颜色一致，避免出现收缩裂缝，随后将分格条起出，待灰层干后，用素水泥膏将缝勾好。难起的分格条不要硬起，防止棱角损坏，待灰层干透后补起，并补勾缝。

7. 抹滴水线

将其上面做成向外的流水坡度，严禁出现倒坡。下面做成滴水线（槽）。窗台上面的抹灰层应深入窗框下坎裁口内，堵塞密实，流水坡度和滴水线（槽）距外表面不少于 40mm，滴水线深度和宽度一般不少于 10mm，并应保证其流水坡度方向正确，做法见图 2.5.3-2。

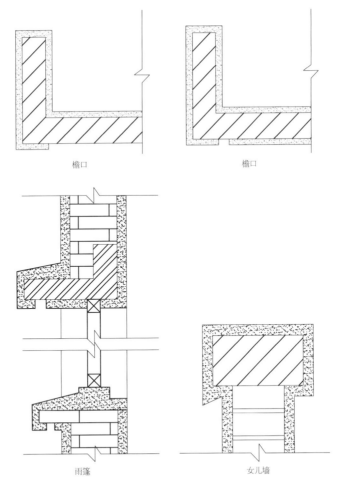

檐口　　　　　　　　　　檐口

雨篷　　　　　　　　　　女儿墙

图 2.5.3-2　滴水线（槽）做法示意图

抹滴水线（槽）应先抹立面，后抹顶面，再抹底面。分格条在底面灰层抹好后即可拆除。采用"隔夜"拆条法时，须待抹灰砂浆达到适当强度后方可拆除。

8. 养护

水泥砂浆抹灰常温 24h 后应喷水养护。冬期施工要有保温措施。

3.3　**质量关键要求**

抹灰工程质量关键是，粘结牢固，无开裂、空鼓和脱落，施工过程应注意：❶ 抹灰基体表面应彻底清理干净，对于表面光滑的基体应进行毛化处理。❷ 抹灰前应将基体充分浇水均匀润透，防止基体浇水不透造成抹灰砂浆的水分很快被基体吸收，造成质量问题。❸ 严格各层抹灰厚度，防止一次抹灰过厚，造成干缩率增大，造成空鼓、开裂等质量问题。❹ 抹灰砂浆中使用材料应充分水化，防止影响粘结力。

3.4 季节性施工

❶ 冬期施工现场温度最低不低于5℃。❷ 抹灰前基层处理，必须经验收合格，并填写隐蔽工程验收记录。❸ 不同材料基体交接处表面的抹灰，应采取防止开裂的加强措施，当采用加钢丝网时，钢丝网与各基体的搭接宽度不应少于100mm，详见图2.5.3-3。

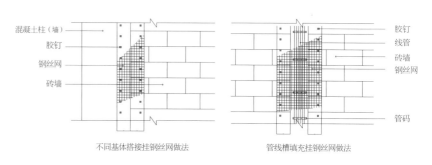

图 2.5.3-3　钢丝网铺钉示意图

4 ／ 质量要求

4.1 主控项目

❶ 抹灰前基层表面的尘土、污垢、油渍等应清理干净，并应洒水润湿。

检验要求：抹灰前基层必须经过检查验收，并填写隐蔽验收记录。

检验方法：检查施工记录。

❷ 一般抹灰材料的品种和性能应符合设计要求，水泥凝结时间和安定性应合格。砂浆的配合比应符合设计要求。

检验要求：材料复检要由监理或相关单位负责见证取样，并签字认可。配制砂浆时应使用相应的量器，不得估配或采用经验配制。对配制使用的量器使用前应进行检查标识，并进行定期检查，做好记录。

检验方法：检查产品合格证、进场验收记录、复检报告和验收记录。

❸ 抹灰层与基层之间的各抹灰层之间必须粘结牢固，抹灰层无脱层、

空鼓，面层应无爆灰和裂缝。

检验要求：操作时严格按照规范和工艺标准操作。

检验方法：观察；用小锤轻击检查；检查施工记录。

4.2　一般项目

❶ 一般抹灰工程的表面质量应符合下列规定：① 普通抹灰表面应光滑、洁净，接槎平整，分格缝应清晰。② 高级抹灰表面应光滑、洁净，颜色均匀、无抹纹，分格缝和灰线应清晰、美观。

检验要求：抹灰等级应符合设计要求。

检验方法：观察；手摸检查。

❷ 抹灰总厚度应符合设计要求，水泥砂浆不得抹在石灰砂浆上，罩面石膏灰不得抹在水泥砂浆层上。

检验要求：施工时要严格按设计要求或施工规范标准执行。

检验方法：检查施工记录。

❸ 抹灰分格缝的设置应符合设计要求，宽度和深度应均匀，表面光滑，棱角应整齐。

检验要求：面层灰完成后，随将分格条起出，然后用水泥膏勾缝，当时难起出的分格条，待灰层干透后再起，并补勾格缝。分格条使用前应充分用水泡透。

检验方法：观察；尺量检查。

❹ 有排水要求的部位应做滴水线（槽）。滴水线（槽）应整齐顺直，滴水线应内高外低，滴水线（槽）的宽度和深度，均不应少于10mm，滴水线（槽）应用红松木制作，使用前应充分用水泡透。

检验方法：观察；尺量检查。

❺ 一般抹灰工程质量的允许偏差和检验方法应符合表 2.5.4-1 的规定。

表 2.5.4-1　一般抹灰工程的允许偏差和检验方法

序号	项目	允许偏差（mm）		检验方法
		普通	高级	
1	立面垂直度	3	2	用 2m 垂直检测尺检查
2	表面平整度	3	2	用 2m 靠尺和塞尺检查
3	阴阳角方正	3	2	用直角检测尺检测

序号	项目	允许偏差（mm）		检验方法
		普通	高级	
4	分格条（缝）直线度	3	2	拉 5m 线，不足 5m 拉通线，用钢直尺检查
5	墙裙、勒脚上口直线	3	2	拉 5m 线，不足 5m 拉通线，用钢直尺检查

5　成品保护

❶ 对已完成的抹灰工程应采取隔离、封闭或看护等措施加以保护。
❷ 抹灰前必须应将木制门、窗口用钢板、木板或木架进行保护，塑钢或金属门、窗口用贴膜或胶带贴严加以保护。抹完灰后要对已完工的墙面及门窗口加以清洁保护，如门窗口原有保护层有损坏的要及时修补确保完整直至完工交验。❸ 在施工过程中，搬运材料、机具以及使用小手推车时，要特别小心，防止碰、撞、划墙面、门、窗等。后期施工操作人员严禁蹬踩门、窗口、窗台，以防损坏棱角。❹ 抹灰时墙上的预埋件、线槽、盒、通风箅子、预留孔洞应采取保护措施，防止施工时砂浆漏入或堵塞。❺ 拆除脚手架、跳板、高马凳时要加倍小心，轻拿轻放，集中堆放整齐，以免撞坏门、窗口、墙面及棱角等。❻ 当抹灰层未充分凝结硬化前，防止快干、水冲、撞击、振动挤压，以保证灰层不受损伤和有足够的强度。❼ 施工时不得在楼地面上拌合灰浆，对地面和楼梯踏步要采取保护措施，以免搬运材料时或运输过程中造成损坏。❽ 根据温度情况，加强养护。

6 安全、环境及职业健康措施

6.1 安全措施

❶ 搭设抹灰用高大架子必须有设计和施工方案，参加搭架子的人员，必须经培训合格，持证上岗。❷ 遇有恶劣气候（如风力在六级以上），影响安全施工时，禁止高空作业。❸ 高空作业时衣着要轻便，禁止穿硬底鞋和带钉易滑鞋上班。❹ 施工现场的脚手架、防护设施、安全标志和警告牌，不得擅自拆动，需要拆动的需要经施工负责人、监理工程师同意，并由专业人员加固后拆动。❺ 采用外用电梯垂直运输材料时，卸料平台通道的两侧边安全防护必须齐全、牢固，吊盘（笼）内小推车必须加挡车掩，不得向井内探头张望。❻ 乘人的外用电梯、吊笼应有可靠的安全装置，禁止人员随同运料吊笼、吊盘上下。❼ 对安全帽、安全带、安全网要定期检查，发现安全隐患，应立即整改至符合安全使用要求，不符合要求的禁止使用。❽ 高大架子必须经相关安全部门检验合格后方可开始使用。夜间或阴暗作业，应用36V以下安全电压照明。

6.2 环保措施

❶ 使用现场搅拌站时，应设置施工污水处理设施。施工污水未经处理不得随意排放，需要向施工区外排放时，必须经相关部门批准后才能排放。❷ 施工垃圾要集中堆放，严禁将垃圾随意堆放、抛撒或就地填埋。施工垃圾应由合格消纳单位消纳，严禁随意消纳。❸ 大风天严禁筛制砂料、石灰等材料。❹ 砂子、石灰、散装水泥要封闭或苫盖集中存放，不得露天存放。❺ 清理现场时，严禁将垃圾杂物从窗口、洞口、阳台等处采用抛撒运输方式，以防造成粉尘污染。❻ 施工现场应设立合格的卫生环保设施，严禁随处大小便。❼ 施工现场使用或维修机械，应有防滴漏油措施，严禁将机油滴漏于地面，造成土壤污染。清修机械时，废弃的棉丝（布）等应集中回收，严禁随意丢弃或燃烧处理。

6.3 职业健康安全措施

❶ 参加施工人员应坚守岗位，严禁酒后操作，淋制石灰人员要戴防护眼镜。❷ 机械操作人员必须身体健康，并经专业培训合格，持证上岗，学员不得独立操作。❸ 凡患有高血压、心脏病、贫血病、癫痫病

及不适宜高空作业人员不得从事高空作业。高空施工作业人员不得带病工作。

---

7 / 工程验收

❶ 应对水泥的凝结时间和安定性进行复验。❷ 应对下列隐蔽工程项目进行验收：抹灰总厚度大于或等于 35mm 时的加强措施；不同材料基体交接处的加强措施。❸ 相同材料、工艺和施工条件的室外抹灰工程每 500m^2 ~ 1000m^2 应划为一个检验批，不足 500m^2 也应划为一个检验批。❹ 相同材料、工艺和施工条件的室内抹灰工程每 50 个自然间（大面积房间和走廊 按抹灰面积 30m^2 为一间）应划分为一个检验批，不足 50 间也应划分为一个检验批。❺ 室内每个检验批应至少抽查 10%，并不得少于 3 间；不足 3 间时，应全数检查。

---

8 / 质量记录

室外抹水泥砂浆施工质量记录包括：❶ 抹灰工程设计施工图、设计说明及其他设计文件；❷ 材料的产品合格证书，性能检测报告，进场验收记录，进场材料复检记录；❸ 工序交接检验记录；❹ 隐蔽工程验收记录；❺ 工程检验批检验记录；❻ 分项工程检验记录；❼ 单位工程检验记录；❽ 质量检验评定记录；❾ 施工记录；❿ 施工现场管理检查记录。

第 6 节

水刷石抹灰施工工艺

1 / 总则

1.1 适用范围

本施工工艺适用于建筑外墙面抹水刷石工程。

1.2 编制参考标准及规范

1.《建筑装饰装修工程质量验收标准》

（GB 50210-2018）

2.《建筑工程施工质量验收统一标准》

（GB 50300-2013）

3.《住宅装饰装修工程施工规范》

（GB 50327-2001）

4.《民用建筑工程室内环境污染控制标准》

（GB 50325-2020）

5.《通用硅酸盐水泥》

（GB 175-2007）

6.《水泥胶砂强度检验方法（ISO 法）》

（GB/T 17671-1999）

2 施工准备

2.1 技术准备

❶ 审查设计图纸是否完整、齐全，设计图纸和资料是否符合国家有关工程建设的设计、施工方面的规范和要求。❷ 熟悉设计图纸、设计说明及其他文件，充分了解设计意图、工程特点和技术要求。发现设计图纸中存在的问题和错误，对疑难点、有疑义的问题及时提出质疑，在施工开始前予以修改和改正。❸ 编制施工技术方案，对施工人员进行安全、技术交底和技术培训。❹ 确定配合比和施工工艺，责成专人统一配料，并把好配合比关。在大面积施工前，要按要求做好施工样板，经检验合格后，方可大面积进行施工。

2.2 材料要求

❶ **水泥**：宜采用 42.5 级以上普通硅酸盐水泥或矿渣水泥，要求颜色一致，同一强度等级、同一品种、同一厂家生产、同一批进场的水泥。水泥进厂需对产品名称、代号、净含量、强度等级、生产许可证编号、生产地址、出厂编号、执行标准、日期等进行外观检查，同时验收合格证。❷ **砂子**：宜采用平均粒径为 0.35mm～0.5mm 的颗粒坚硬、洁净的中砂。使用前应过 5mm 孔径筛筛净，除去杂质和泥块等，筛好备用。❸ **石渣、小豆石**：宜采用粒径中八厘 6mm、小八厘 4mm 的石渣，小豆石粒径以 5mm～8mm 为宜。要求石质坚硬，品种、规格、颜色、级配应符合设计要求，耐光无杂质，使用前应用清水洗净晾。❹ **石灰膏**：用块状生石灰淋制，淋制时用孔径不大于 3mm 的筛网过滤，贮存在沉淀池中。熟化时间常温一般不少于 15d。❺ **磨细生石膏**：细度应通过 4900 目 $/cm^2$ 的筛子。使用前应用水浸泡使其充分熟化，其熟化时间宜为 7d 以上。❻ **颜料**：应采用耐碱性和耐光性较好的矿物质颜料，使用前与水泥干拌均匀，配合比计算准确，然后过筛装袋备用，保存时避免受潮。❼ 所使用胶粘剂必须符合环保产品要求。❽ 进入施工现场的材料应按相关标准规定要求进行检验。

2.3 主要机具

❶ **机械**：砂浆搅拌机、手压泵、喷雾器等。❷ **工具**：筛子、软（硬）

毛刷、托灰板、木抹子、铁抹子、刮杠、靠尺、分格条、小压子、喷壶、大（小）水桶、筷子笔、小车、小灰桶、铁板、灰勺、扫帚等。❸ 计量检测用具：磅秤、钢尺、水平尺、方尺、托线板、线坠等。

2.4 作业条件

❶ 主体结构经检验合格，外墙雨水管箍、泄水管、阳台栏杆、电线绝缘的托架等安装齐全牢固，各种预埋件安装的标高符合要求。❷ 抹灰前按施工要求搭好双排外架子或桥式架子，如果采用吊篮架子时必须满足安装要求，架子距墙面 20cm～25cm，以保证操作，墙面不应留有临时孔洞，架子必须经安全部门验收合格后方可开始抹灰。❸ 抹灰时对预埋件、线槽、盒、通风箅子、预留孔洞应采取保护措施，防止施工时掉入灰浆造成堵塞。❹ 抹灰前应检查门窗框安装位置是否正确固定牢固，并用 1：3 水泥砂浆将门窗口缝堵塞严密，对抹灰墙面预留孔洞、预埋管等已处理完毕。❺ 将混凝土过梁、梁垫、圈梁、混凝土柱、梁等表面凸出部分剔平，将蜂窝、麻面、露筋、疏松部分剔到实处，然后用 1：3 的水泥砂浆分层抹平。❻ 抹灰基层表面的油渍、灰尘、污垢等应清除干净，墙面提前浇水均匀湿透。

3 施工工艺

3.1 工艺流程

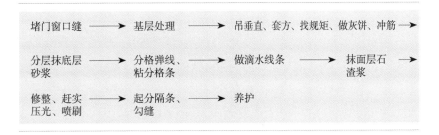

图 2.6.3-1　水刷石抹灰施工工艺流程

操作工艺

1. 堵门窗口缝

抹灰前检查门窗口位置是否符合设计要求，安装牢固。门窗与立墙交接处，应用1∶3水泥砂浆或水泥混合砂浆（掺少量麻刀）分层填塞密实。

2. 基层处理

❶ **基体处理**：墙上的脚手架眼、各种管道穿越过的墙洞和楼板洞、剔槽等，均应进行填堵砌筑并用1∶3水泥砂浆填嵌密实；各种设备和密集管道等背后的墙面抹灰，应在这些设备与管线安装前进行，抹灰的接槎应顺平；在木结构与砌体结构、木结构与混凝土结构相接处的基体表面抹灰，应先铺设金属网，并需牢固绷紧，金属网与各基体的搭接宽度从缝边起每边不小于100mm。❷ **混凝土墙基层处理**：凿毛处理：将混凝土墙面上凸起物剔平，凹处用1∶3水泥砂浆分层补平，酥松部分剔除干净，用钢钻子将混凝土墙面均匀凿出麻面，用钢丝刷将粉尘刷掉，用清水冲洗干净，然后浇水湿润。清洗处理：用清洗剂将混凝土表面油污及污垢清刷除净，然后用清水冲洗晾干，采用涂刷素水泥浆或混凝土界面剂等处理方法均可。如采用混凝土界面剂施工时，应按所使用产品要求使用。❸ **砖墙基层处理**：抹灰前将基层上的尘土、污垢、灰尘、残留砂浆、舌头灰等清除干净，填堵脚手眼及其他孔洞。❹ **浇水湿润**：基层处理完后，要认真浇水湿润，浇透浇均匀。浇水的渗水深度，一般需达到8mm～10mm为宜。120mm的砖砌体抹灰前一天浇水1遍，240mm的砖砌体需浇水2遍。加气混凝土基体吸水速度慢，则应在施工时提前两天浇水，每天2遍以上。浇水的方法是将水管对着墙体上部缓缓左右移动，水沿墙面流下，使墙面全部润湿即为1遍，小面积基体可使用喷壶喷水。对于厚度不大的砖砌体，浇水时注意不可使其成为饱和状态。各种基体的浇水程度，还与施工季节、天气状况及室内外操作环境有关，应根据实际情况适度掌握。

3. 吊垂直、套方、找规矩、做灰饼、冲筋（图 2.6.3-2）

根据建筑高度确定放线方法，高层建筑可利用墙大角、门窗口两边，用经纬仪打直线找垂直。多层建筑时，可从顶层用大线坠吊垂直，绷钢丝找规矩，横向水平线可依据楼层标高或施工 +50cm 线为水平基准线交圈控制，然后按抹灰操作层抹灰饼，做灰饼时应注意横竖交圈，以便操作。每层抹灰时则以灰饼做基准冲筋，使其保证横平竖直。

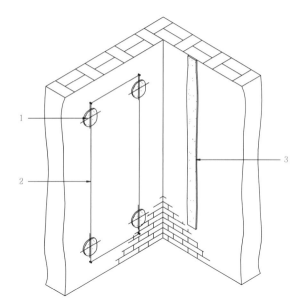

图 2.6.3-2　做灰饼和设计标筋示意图
1—灰饼；2—引线；3—标筋

4. 分层抹底层砂浆（图 2.6.3-3）

混凝土墙：先刷一道胶粘性素水泥浆，然后用 1：3 水泥砂浆分层装档抹与筋平，然后用木杠刮平，木抹子搓毛或花纹。两遍成活，每层厚度控制在 5mm～7mm 为宜。

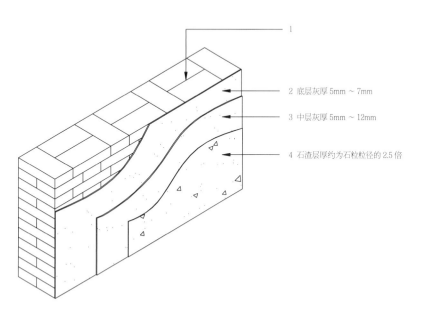

2 底层灰厚 5mm～7mm

3 中层灰厚 5mm～12mm

4 石渣层厚约为石粒粒径的 2.5 倍

图 2.6.3-3　分层抹灰示意图
1—基层；2—底层灰；3—中层灰；4—面层石渣

砖墙：抹1：3水泥砂浆，在常温时可用1：0.5：4混合砂浆打底，抹灰时以冲筋为准，控制抹灰层厚度，分层分遍装档与冲筋抹平，用木杠刮平，然后木抹子搓毛或花纹。两遍成活，每层厚度控制在5mm～7mm为宜。

抹头遍灰时，应用力将砂浆挤入砖缝内使其粘结牢固。每层抹灰不宜跟得太紧，以防收缩影响质量。水泥砂浆抹灰层应在24h后进行养护，养护时间一般不小于7d。抹灰层在凝结前，应防止快干、水冲、撞击和振动。

5. 分格弹线、粘分格条

根据图纸要求弹线分格、粘分格条，分格条宜采用红松制作，粘前应用水充分浸透，粘时在分格条两侧用素水泥浆抹成45°八字坡形，粘分格条时注意竖条应粘在所弹立线的同一侧，防止左右乱粘，出现分格不均匀，条粘好后待底层灰呈七八成干后可抹面层灰。

6. 做滴水线

在抹檐口、窗台、窗眉、阳台、雨篷、压顶和突出墙面的腰线以及装饰凸线等时，应将其上面作成向外的流水坡度，严禁出现倒坡。下面做滴水线（槽）。窗台上面的抹灰层应深入窗框下坎裁口内，堵密实。流水坡度及滴水线（槽）距外表面不小于40mm，滴水线深度和宽度一般不小于10mm，应保证其坡度方向正确。

抹滴水线（槽）应先抹立面，后抹顶面，再抹底面。分格条在其面层灰抹好后即可拆除。采用"隔夜"拆条法时，须待面层砂浆达到适当强度后方可拆除。滴水线做法同水泥砂浆抹灰做法。

7. 抹面层石渣浆

❶ **墙面抹面层石渣浆做法**：待底层灰六七成干时，按设计要求弹线分格并粘贴分格条，根据中层抹灰的干燥程度将墙面浇水湿润，涂刷一层胶粘性素水泥浆，随即抹面层水泥石粒浆。水泥石粒浆自下往上用铁抹子一次与分格条抹平，并及时用靠尺或小杠检查平整度（抹石渣层高于分格条1mm为宜），有坑凹处要及时填补，边抹边拍打揉平，但不宜把石粒压得过于紧固。水泥石粒浆（或水泥石灰膏石粒浆）的稠度应为5cm～7cm，面层厚度视石粒粒径而定，通常为石粒粒径的2.5倍。当大面积墙面做水刷石一天不能完成时，在继续施工冲刷新活前，应将前面做的刷石用水淋湿，以防喷刷时粘上水泥浆后便于清洗，防止对原墙

面造成污染。施工槎子应留在分格缝上。❷ 阳台、雨罩、门窗镶脸部位做法：门窗镶脸、窗台、阳台、雨罩等部位水刷石施工时，应先做小面，后做大面，刷石喷水应由外往里喷刷，最后用水壶冲洗，以保证大面的清洁、美观。檐口、窗台、镶脸、阳台、雨罩等底面应做滴水槽、滴水线（槽）应做成上宽7mm、下宽10mm、深10mm的木条，便于抹灰时木条容易取出，保持棱角不受损坏。滴水线距外皮不应小于4cm，且应顺直。

8. 修整、赶实压光、喷刷

将抹好在分格条块内的石渣浆面层拍平压实，并将内部的水泥浆挤压出来，压实后尽量保证石渣大面朝上，再用铁抹子溜光压实，反复3~4遍。拍压时特别要注意阴阳角部位石渣饱满，以免出现黑边。待面层初凝时（指按无痕），用水刷子刷不掉石粒为宜。然后，开始刷洗面层水泥浆，喷刷分两遍进行，第一遍先用毛刷蘸水刷掉面层水泥浆，露出石粒，第二遍紧随其后用喷雾器将四周相邻部位喷湿，然后自上而下顺序喷水冲洗，喷头一般距墙面10cm~20cm，喷刷要均匀，使石子露出表面1/3~1/2粒径为宜。最后，用水壶从上往下将石渣表面冲洗干净，冲洗时不宜过快，同时注意避开大风天，以避免造成墙面污染发花。若使用白水泥砂浆做水刷石墙面时，在最后喷刷时，可用草酸稀释液冲洗一遍，再用清水洗一遍，墙面更显洁净、美观。

9. 起分格条、勾缝

喷刷完成后，待墙面水分控干后，小心将分格条取出，刷光理净分格缝角，用素水泥浆勾缝。

10. 养护

待面层达到一定强度后可喷水养护，防止脱水、收缩，造成空鼓、开裂。

3.3 质量关键要求

❶ 注意防止水刷石墙面出现石子不均匀或脱落，表面混浊、不清晰。① 石渣使用前应冲洗干净。② 分格条应在分格线同一侧贴牢。③ 掌握好水刷石冲洗时间，不宜过早或过迟，喷洗要均匀，冲洗不宜过快或过慢。④ 掌握喷刷石子深度，一般使石粒露出表面1/3为宜。
❷ 两种不同材料的基层，抹灰前应加钢丝网（图2.6.3-4），以增加基体的整体性。

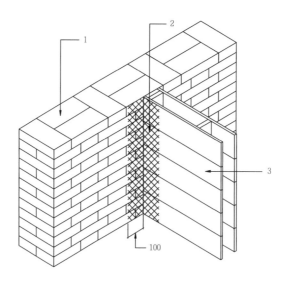

图 2.6.3-4　砖木交接处基体做法
1—砖墙；2—钢丝网；3—板条

❸ 注意防止水刷石面层出现空鼓、裂缝。① 待底层灰至六七成干时再开始抹面层石渣灰，抹前如底层灰干燥应浇水均匀润湿。② 抹面层石渣灰前应满刮一道胶粘剂素水泥浆，注意不要有漏刮处。③ 抹好石渣灰后应轻轻拍压，使其密实。

❹ 注意防止阴阳角不垂直，出现黑边。① 抹阳角时，要使石渣灰浆接槎正在阳角的尖角处。② 阳角卡靠尺时，要比上段已抹完的阳角高出 1mm～2mm。③ 喷洗阳角时要骑角喷洗，并注意喷水角度，同时喷水速度要均匀。④ 抹阳角时先弹好垂直线，然后根据弹线确定的厚度为依据抹阳角石渣灰。同时，掌握喷洗时间和喷水角度，特别注意喷刷。

❺ 注意防止水刷石与散水、腰线等接触部位出现烂根。① 应将接触的平面基层表面浮灰及杂物清理干净。② 抹根部石渣灰浆时注意认真抹压密实。

❻ 注意防止水刷石墙面留槎混乱，影响整体效果。① 水刷石槎子应留在分格条缝或落水管后边或独立装饰部分的边缘。② 不得将槎子留在分格块中间部位。

3.4　季节性施工

❶ 室外水刷石抹灰工程施工不得在五级及以上大风或雨、雪天气下进行。❷ 冬期施工当室外日平均气温连续 5d 稳定低于 5℃时，水刷石抹灰工程施工应采取冬期施工措施。❸ 冬期施工的水刷石抹灰工程施工

工艺除应符合本章要求外，尚应符合现行行业标准《建筑工程冬期施工规程》（JGJ/T 104）的规定。

---

4 / 质量要求

4.1 主控项目

❶ 抹灰前基层表面的尘土、污垢、油渍等应清除干净，并浇水均匀润湿。

检验要求：抹灰前应由质量部门对其基层处理质量进行检验，并填写隐蔽工程记录，达到要求后方可施工。

检验方法：检查施工记录。

❷ 装饰抹灰工程所用材料的品种和性能应符合设计要求。

水泥的凝结时间和安定性复验应合格。砂浆的配合比应符合设计要求。

检验要求：复试取样应由相关单位见证取样，并由见证人员签字认可、记录。

检验方法：检查产品合格证书、进场验收记录、复验报告和施工记录。

❸ 抹灰工程应分层进行。当抹灰总厚度大于或等于35mm时，应采取加强措施。不同材料基体交接处表面的抹灰，应采取防止开裂的加强措施。当采用加强网时，加强网与各基体的搭接宽度不应小于100mm。

检验要求：不同材料基体交接面抹灰，宜采用铺钉金属网加强措施，保证抹灰质量不出现开裂。

检验方法：检查隐蔽工程验收记录和施工记录。

❹ 各抹灰层之间及抹灰层与基体之间必须粘接牢固，抹灰应无脱层、空鼓和裂缝。

检验要求：严格过程控制，每道工序完成后，应进行"工序检验"，并填写记录。

检验方法：观察；用小锤轻击检查；检查施工记录。

一般项目

❶ 水刷石表面应石粒清晰，分布均匀，紧密严整，色泽一致，应无掉粒和接槎痕迹。

检验要求：操作时应反复揉挤压平，选料应颜色一致，一次备足，正确掌握喷刷时间，最后用清水清洗面层。

检验方法：观察；手摸检查。

❷ 分格条（缝）的设置应符合设计要求，宽度和深度应均匀，表面应平整、光滑，棱角应整齐。

检验要求：勾缝时要小心、认真，将勾缝膏溜压平整、顺直。

检验方法：观察。

❸ 有排水要求部位应做滴水线（槽），滴水线（槽）应整齐、顺直，滴水应内高外低，滴水线（槽）的宽度和深度应不小于10mm。

检验要求：分格条宜用红白松木制作。应做成上宽7mm，下宽10mm，厚（深）度10mm，用前必须用水浸透。木条起出后，立即将粘在条上的水泥浆刷净浸水，以备再用。

检验方法：观察；尺量检查。

❹ 水刷石工程质量的允许偏差和检查方法应符合表2.6.4-1的规定。

表 2.6.4-1　水刷石抹灰的允许偏差和检查方法

项次	项目	允许偏差（mm）	检查方法
1	立面垂直度	5	用2m垂直检测尺检查
2	表面平整度	3	用2m靠尺和塞尺检查
3	阳角方正	3	用直角检测尺检测
4	分隔条（缝）直线度	3	拉5m线，不足5m拉通线，用钢直尺检查
5	墙裙、勒脚上口直线	3	拉5m线，不足5m拉通线，用钢直尺检查

5 / 成品保护

❶ 抹灰前必须对门、窗口采取保护措施，对铝合金门窗膜造成损坏的要及时补粘好护膜，以防损伤、污染。施工时沾在门窗框及其他部位或墙面上的砂浆要及时清理，并用洁净的棉丝将门窗框擦拭干净。❷ 翻拆架子时应防止碰坏已抹好的水刷石墙面，并及时采取保护措施，防止因工序穿插造成污染和损坏。❸ 抹灰工程完成后，在建筑物进出口和转角部位，应及时做护角保护，防止碰坏棱角。采取保护措施，避免损坏棱角。❹ 勿压刷水刷石墙面时，应把已交活的墙面用塑料薄膜覆盖好，特别是大风天，防止造成污染。❺ 对已完成的成品，可采用封闭、隔离或看护等措施进行保护。

6 / 安全、环境及职业健康措施

6.1 安全措施

❶ 进入施工现场，必须戴安全帽，禁止穿硬底鞋和拖鞋。❷ 距地面 3m 以上作业要有防护栏杆、挡板或安全网。❸ 安全设施和劳动保护用具应定期检查，不符合要求严禁使用。❹ 禁止采用运料的吊篮、吊盘上下人。乘人的外用电梯、吊笼应安装可靠的安全装置。❺ 施工现场的脚手架、防护设施、安全标志和警告牌等，不可擅自拆动，确需拆动应经施工负责人同意。❻ 施工现场的洞口、坑、沟、升降口、漏斗、架子出入口等，应设防护设施及明显标志。❼ 搭设抹灰用高大架子必须有设计和施工方案，参加搭架子的人员，必须经培训合格，持证上岗。❽ 遇有恶劣气候（如风力在四级以上）影响安全施工时，禁止高空作业。

6.2 环保措施

❶ 采用机械集中搅拌灰料时，所使用机械必须是完好的，不得有漏油

现象，维修机械时应采取接油滴漏措施，以防止机油滴落在大地上，造成土壤污染。对清擦机械使用的棉丝（布）及清除的油污要装袋集中回收，并交合格消纳方消纳，严禁随意丢弃或燃烧消纳。❷ 施工现场搅拌站应制定施工污水处理措施，施工污水必须经过处理达到排放标准后再进行有组织的排放或回收再利用施工。施工污水不得直接排放，以防造成污染。❸ 抹灰施工过程中所产生的所有施工垃圾必须及时清理、集中消纳，作到活完底清。❹ 高处作业清理施工垃圾时不可抛撒，以防造成粉尘污染。

6.3　职业健康安全措施

❶ 抹灰时参加高空作业的人员要检查身体，凡患有高血压、心脏病、贫血病、癫痫病及不适宜高空作业的严禁从事高空作业。❷ 抹灰参加高空作业人员衣着要轻便，禁止穿硬底和带钉的易滑鞋。❸ 施工操作人员要熟知抹灰工安全技术操作规程，严禁酒后操作。❹ 机械操作人员应经过专业培训合格，持证上岗，女同志操作机械时不得外露长发，学员不得独立操作。

7 / 工程验收

❶ 装饰抹灰工程所用材料的品种和性能应符合设计要求。水泥的凝结时间和安定性复验应合格。砂浆的配合比应符合设计要求。❷ 各抹灰层之间及抹灰层与基体之间必须粘接牢固，抹灰层应无脱层、空鼓和裂缝。❸ 水刷石表面应石粒清晰、分布均匀、紧密平整、色泽一致，应无掉粒和接槎痕迹。❹ 验收时应检查下列文件和记录：① 抹灰工程的施工图、设计说明及其他设计文件；② 材料的产品合格证书、性能检测报告、进场验收记录和复验报告；③ 隐蔽工程验收记录。

8 　质量记录

水刷石抹灰施工质量记录包括：❶ 抹灰工程设计施工图、设计说明及其他设计文件；❷ 材料的产品合格证书、性能检测报告，进场验收记录、进厂材料复验记录；❸ 工序交接检验记录；❹ 隐蔽工程验收记录；❺ 工程检验批检验记录；❻ 分项工程检验记录；❼ 单位工程检验记录；❽ 质量检验评定记录；❾ 施工记录；❿ 施工现场管理检查记录。

第7节

斩假石抹灰施工工艺

1 / 总则

1.1 适用范围

本施工工艺适用于各类建筑的墙面、柱子、墙裙、台阶、门窗套等斩假石工程。

1.2 编制参考标准及规范

1. 《建筑装饰装修工程质量验收标准》
   （GB 50210-2018）
2. 《建筑工程施工质量验收统一标准》
   （GB 50300-2013）
3. 《住宅装饰装修工程施工规范》
   （GB 50327-2001）
4. 《民用建筑工程室内环境污染控制标准》
   （GB 50325-2020）
5. 《通用硅酸盐水泥》
   （GB 175-2007）
6. 《水泥胶砂强度检验方法（ISO 法）》
   （GB/T 17671-1999）

2 / 施工准备

2.1 技术准备

❶ 审查设计图纸是否完整、齐全，设计图纸和资料是否符合国家有关工程建设的设计、施工方面的规范和要求。❷ 熟悉设计图纸、设计说明及其他文件，充分了解设计意图、工程特点和技术要求。发现设计图纸中存在的问题和错误，对疑难点、有疑义的问题及时提出质疑，在施工开始前予以改正。❸ 编制施工技术方案，对施工人员进行安全、技术交底和技术培训。❹ 确定配合比和施工工艺，责成专人统一配料，并把好配合比关。在大面积施工前，要按要求做好施工样板，经检验合格后，方可进行大面积施工。

2.2 材料要求

❶ **水泥**：宜采用 32.5 级以上普通硅酸盐水泥或矿渣水泥，要求颜色一致，同一强度等级、同一品种、同一厂家生产、同一批进场的水泥。水泥进厂需对产品名称、代号、净含量、强度等级、生产许可证编号、生产地址、出厂编号、执行标准、日期等进行外观检查，同时验收合格证。❷ **砂子**：宜采用平均粒径为 0.35mm ~ 0.5mm 的颗粒坚硬、洁净的中砂。使用前应过 5mm 孔径筛筛净，除去杂质和泥块等，筛好备用。❸ **石渣**：宜采用小八厘，要求石质坚硬、耐光无杂质，使用前应用清水洗净晾。❹ **石灰膏**：用块状生石灰淋制，淋制时用孔径不大于 3mm 的筛网过滤，贮存在沉淀池中。熟化时间常温一般不少于 15d。❺ **磨细石灰粉**：细度应通过 4900 目 /cm^2 的筛子。使用前应用水浸泡使其充分熟化，其熟化时间宜为 7d 以上。❻ **颜料**：应采用耐碱性和耐光性较好的矿物质颜料，使用前与水泥干拌均匀，配合比计算准确，然后过筛装袋备用，保存时避免受潮。❼ 所使用胶粘剂必须符合环保产品要求。❽ 进入施工现场的材料应按相关标准规定要求进行检验。

2.3 主要机具

❶ **机械**：砂浆搅拌机、手压泵、喷雾器等。❷ **工具**：筛子、软（硬）毛刷、钢丝刷、托灰板、木抹子、铁抹子、刮杠、靠尺、分格条、小压子、喷壶、大（小）水桶、筷子笔、小车、小灰桶、铁板、灰勺、扫帚、钢筋卡子、钉子、单刃或多刃剁斧、棱点锤（花锤）、斩斧（剁

斧）、开口凿（扁平、凿平、梳口、尖锤）等。❸ **计量检测用具：**磅秤、钢尺、水平尺、方尺、托线板、线坠等。

2.4 作业条件

❶ 主体结构经检验合格，外墙雨水管箍、泄水管、阳台栏杆、电线绝缘的托架等安装齐全牢固，各种预埋件安装的标高符合要求。❷ 抹灰前按施工要求搭好双排外架子或桥式架子，如果采用吊篮架子时必须满足安装要求，吊篮距墙面 20cm～25cm，以保证操作，墙面不应留有临时孔洞，吊篮必须经安全部门验收合格后方可开始抹灰。❸ 在抹灰时对预埋件、线槽、盒、通风算子、预留孔洞应采取保护措施，防止施工时掉入灰浆造成堵塞。❹ 抹灰前应检查门窗框安装位置是否正确固定牢固，并用 1：3 水泥砂浆将门窗口缝堵塞严密，对抹灰墙面预留孔洞、预理管等已处理完毕。❺ 将混凝土过梁、梁垫、圈梁、混凝土柱、梁等表面凸出部分剔平，将蜂窝、麻面、露筋、疏松部分剔到实处，然后用 1：3 的水泥砂浆分层抹平。❻ 抹灰基层表面的油渍、灰尘、污垢等应清除干净，墙面提前浇水均匀湿透。

3 / 施工工艺

3.1 工艺流程

图 2.7.3-1　斩假石抹灰施工工艺流程

操作工艺

1. 堵门窗口缝

抹灰前检查门窗口位置是否符合设计要求，安装牢固。门窗与立墙交接处，应用1：3水泥砂浆或水泥混合砂浆（掺少量麻刀）分层填塞密实。

2. 基层处理

❶ **基体处理**：墙上的脚手眼、各种管道穿越过的墙洞和楼板洞、剔槽等，均应进行填堵砌筑并用1：3水泥砂浆填嵌密实；各种设备和密集管道等背后的墙面抹灰，应在这些设备与管线安装前进行，抹灰的接槎应顺平；在木结构与砖石结构、木结构与混凝土结构相接处的基体表面抹灰，应先铺设金属网，并需牢固绷紧，金属网与各基体的搭接宽度从缝边起每边不小于100mm。

❷ **混凝土墙基层处理**：凿毛处理：将混凝土墙面上凸起物剔平，凹处用1：3水泥砂浆分层补平，酥松部分剔除干净，用钢钻子将混凝土墙面均匀凿出麻面，用钢丝刷将粉尘刷掉，用清水冲洗干净，然后浇水湿润。
清洗处理：用清洗剂将混凝土表面油污及污垢清刷除净，然后用清水冲洗晾干，采用涂刷素水泥浆或混凝土界面剂等处理方法均可。如采用混凝土界面剂施工时，应按所使用产品要求使用。

❸ **砖墙基层处理**：抹灰前将基层上的尘土、污垢、灰尘、残留砂浆、舌头灰等清除干净，填堵脚手眼及其他孔洞。

❹ **浇水湿润**：基层处理完后，要认真浇水湿润，浇透浇均匀。浇水的渗水深度，一般需达到8mm～10mm为宜。120mm的砖砌体抹灰前一天浇水1遍，240mm的砖砌体需浇水2遍。加气混凝土基体吸水速度慢，则应在施工时提前两天浇水，每天2遍以上。浇水的方法是将水管对着墙体上部缓缓左右移动，水沿墙面流下，使墙面全部润湿即为1遍，小面积基体可使用喷壶喷水。对于厚度不大的砖砌体，浇水时注意不可使其成为饱和状态。各种基体的浇水程度，还与施工季节、天气状况及室内外操作环境有关，应根据实际情况适度掌握。

3. 吊垂直、套方、找规矩、做灰饼、冲筋（图2.7.3-2）

根据设计要求，在需要做斩假石的墙面、柱面中心线或建筑物的大角、门窗口等部位用线坠从上到下吊通线作为垂直线，水平横线可利用楼层水平线或施工+50cm标高线为基线作为水平交圈控制。为便于操作，做整体灰饼时要注意横竖交圈。然后，每层打底时以此灰饼为基准，进行层间套方、找规矩、做灰饼、冲筋，以便控制各层间抹灰与整体平直。施工时要特别注意保证檐口、腰线、窗口、雨篷等部位的流水坡度。

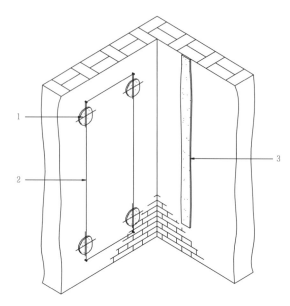

图 2.7.3-2 做灰饼和设计标筋示意图
1—灰饼；2—引线；3—标筋

4. 分层抹底层砂浆（图 2.7.3-3）

混凝土墙：先刷一道胶粘性素水泥浆，然后用 1：3 水泥砂浆分层装档抹与筋平，然后用木杠刮平，木抹子搓毛或花纹。两遍成活，每层厚度控制在 5mm～7mm 为宜。

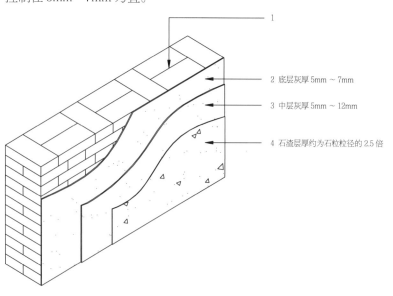

2 底层灰厚 5mm～7mm

3 中层灰厚 5mm～12mm

4 石渣层厚约为石粒粒径的 2.5 倍

图 2.7.3-3 分层抹灰示意图
1—基层；2—底层灰；3—中层灰；4—面层斩假石

砖墙：抹 1：3 水泥砂浆，在常温时可用 1：0.5：4 混合砂浆打底，抹灰时以冲筋为准，控制抹灰层厚度，分层分遍装档与冲筋抹平，用木杠刮平，然后木抹子搓毛或花纹。两遍成活，每层厚度控制在 5mm～7mm 为宜。

抹头遍灰时，应用力将砂浆挤入砖缝内使其粘结牢固。每层抹灰不宜跟得太紧，以防收缩影响质量。水泥砂浆抹灰层应在 24h 后进行养护，养护时间一般不小于 7d。抹灰层在凝结前，应防止快干、水冲、撞击和振动。

5. 分格弹线、粘分格条

根据图纸要求弹线分格、粘分格条，分格条宜采用红松制作，粘前应用水充分浸透，粘时在条两侧用素水泥浆抹成 45° 八字坡形，粘分格条时注意竖条应粘在所弹立线的同一侧，防止左右乱粘，出现分格不均匀，条粘好后待底层灰呈七八成干后可抹面层灰。

6. 做滴水线

在抹檐口、窗台、窗眉、阳台、雨篷、压顶和突出墙面的腰线以及装饰凸线等时，应将其上面做成向外的流水坡度，严禁出现倒坡。下面做滴水线（槽）。窗台上面的抹灰层应深入窗框下坎裁口内，堵密实。流水坡度及滴水线（槽）距外表面不小于 40mm，滴水线深度和宽度一般不小于 10mm，应保证其坡度方向正确。抹滴水线（槽）应先抹立面，后抹顶面，再抹底面。分格条在其面层灰抹好后即可拆除。采用"隔夜"拆条法时，须待面层砂浆达到适当强度后方可拆除。滴水线做法同水泥砂浆抹灰做法。

7. 抹面层石渣灰

涂抹面层前要洒水湿润中层，并满刮水灰比为 0.37～0.40 的素水泥浆一道，按设计要求分格弹线，粘贴分格条。面层砂浆通常采用 1：1.25 的水泥石粒浆，厚度为 10mm～12mm，石粒为 2mm 左右粒径的米粒石，内掺 30% 粒径为 0.15mm～1.00mm 的石屑。应统一备料，干拌均匀后备用。罩面一般分两次进行，先薄抹一层灰浆，稍收水后再抹一层灰浆与分格条平齐，用刮尺赶平，然后用木抹子横竖反复压实，达到表面平整、阴阳角方正。最后，用软质扫帚顺剁纹方向清扫一遍把表面水泥浆刷掉，使石渣均匀露出。

8. 浇水养护

斩剁石抹灰完成后，不能受到烈日曝晒或遭冰冻，且须进行养护。常温下（15℃~30℃）养护2d~3d；气温较低时（5℃~15℃）宜养护4d~5d，其强度控制在5MPa，即水泥强度还不大，较容易斩剁而石粒又剁不掉的程度为宜。

9. 面层斩剁（剁石）

掌握斩剁时间，在常温下经3d左右或面层达到设计强度60%~70%时即可进行，大面积施工应先试剁，以石子不脱落为宜。

斩剁前应先弹顺线，线距约为100mm，以避免剁纹跑斜。斩剁时须保持面层湿润，以防止石屑爆裂。斩假石的质感效果分立纹剁斧和花锤剁斧等。柱子、墙角边棱斩剁时，应先横剁出边缘横斩纹或留出窄小边条（边宽3cm~4cm）不剁。剁边缘时应使用锐利的小剁斧轻剁，以防止掉边掉角，影响质量。

斩剁应自上而下进行，首先将四周边缘和棱角部位仔细剁好，再剁中间大面。若有分格，每剁一行应随时将上面和竖向分格条取出，并及时将分块内的缝隙、小孔用水泥浆修补平整。

斩剁时动作要快并轻重均匀，移动速度应一致，不得出现漏剁。剁纹深度通常以剁掉石粒浆面层厚度的1/3为宜，剁纹深浅须保持一致。每斩一行随时取出分格条，同时检查分格缝内灰浆是否饱满、严密，否则应及时用素水泥浆修补平整。

斩剁完成后面层要用硬毛刷顺剁纹刷净灰尘，分格缝按设计要求做规整。

3.3 质量关键要求

❶ 斩假石抹底层砂浆时，应认真做好基层清理并做毛化处理，浇水湿润。抹底层砂浆时应分层进行，底层灰与基层及每层与每层之间抹灰不宜跟得太紧，各层抹完灰后要洒水养护，待达到一定强度（七八成干）时，再抹上面一层灰。抹灰不应过厚，超过35mm时应增加钢筋网片，打底后做好浇水养护，防止基层空鼓。❷ 两种不同材料的基层，抹灰前应加钢丝网，以增加基体的整体性（图2.7.3-4）。

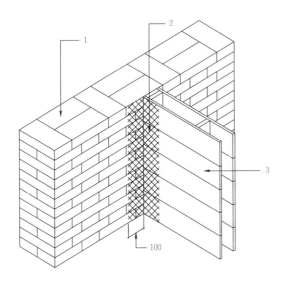

图 2.7.3-4　砖木交接处基体做法
1—砖墙；2—钢丝网；3—板条

❸ 首层地面与台阶基层回填土必须分步夯打密实，防止因不均匀沉陷产生混凝土垫层与基层空鼓、裂缝。台阶混凝土垫层厚度不宜小于80mm。❹ 斩假石剁石时，应掌握好开剁时间，不应过早，使用的剁斧应锋利，斩剁时应勤磨斧刃，斩剁时用力均匀，防止因开剁时间过早，出现面层有坑和因用力过大或过小造成剁纹深浅不一致、纹路凌乱、表面不平整。❺ 斩假石所使用材料要统一，掺颜料用的水泥应使用同一批号、同一品种、同一配比，并一次干拌、备足，保存时注意防湿。防止剁石面层颜色不一致，出现花感。

3.4　**季节性施工**

❶ 室外斩假石抹灰工程施工不得在五级及以上大风或雨、雪天气下进行。❷ 冬期施工当室外日平均气温连续 5d 稳定低于5℃时，斩假石抹灰工程施工应采取冬期施工措施。❸ 冬期施工的斩假石抹灰工程施工工艺除应符合本章要求外，尚应符合现行行业标准《建筑工程冬期施工规程》（JGJ/T 104）的规定。

4 / 质量要求

4.1 主控项目

❶ 抹灰前基层表面的尘土、污垢、油渍等应清除干净，并洒水润湿。

检验要求：加强过程控制，基层表面处理完成，抹灰前应进行"工序交接"检查验收，并记录。

检验方法：检查施工记录。

❷ 装饰抹灰工程所用材料的品种和性能应符合设计要求。水泥的凝结时间和安定性复验应合格。砂浆的配合比应符合设计要求。

检验要求：建立材料进场验收制度。材料复验取样应由相关单位"见证取样"签字认可。

检验方法：检查产品合格证书、进场验收记录、复验报告和施工记录。

❸ 抹灰工程应分层进行。当抹灰总厚度大于或等于35mm时，应采取加强措施。不同材料基体交接处表面的抹灰，应采取防止开裂的加强措施，当采用加强网时，加强网与各基体的搭接宽度不应小于100mm。

检验要求：加强措施应编入施工方案，施工过程中做好隐蔽工程验收记录。

检验方法：检查隐蔽工程验收记录和施工记录。

❹ 各抹灰层之间及抹灰层与基体之间必须粘接牢固，抹灰层应无脱层、空鼓和裂缝。

检验要求：抹灰前必须由技术负责人或责任工程师向操作人员进行技术交底（作业指导书），同时加强过程质量检验制度。

检验方法：观察；用小锤轻击检查；检查施工记录。

4.2 一般项目

❶ 斩假石表面剁纹应均匀顺直，深浅一致，应无漏剁处，阳角处应横剁并留出宽窄一致的不剁边条，棱角应无损坏。

检验要求：加强过程检验，发现不合格应返工重剁，阳角放线时应拉通线。

检验方法：观察；手模检查。

❷ 装饰抹灰分格条（缝）的设置应符合设计要求，宽度应均匀，表面应平整、光滑，棱角应整齐。

检验要求：分格条起出后，应用水泥膏将缝勾平，并保证棱角整齐，完成后应检验。

检验方法：观察。

❸ 有排水要求的部位应做滴水线（槽）。滴水线（槽）应整齐、顺直，滴水线应内高外低，滴槽的宽度和深度均不应小于10mm。

检验要求：应严格按操作规范施工，严禁抹完灰后用钉子划出线（槽）。

检验方法：观察；尺量检查。

❹ 斩假石装饰抹灰工程质量的允许偏差和检查方法应符合表2.7.4-1的规定。

表2.7.4-1　斩假石装饰抹灰的允许偏差和检查方法

项次	项目	允许偏差（mm）	检查方法
1	立面垂直度	4	用2m垂直检测尺检查
2	表面平整度	3	用2m靠尺和塞尺检查
3	阳角方正	3	用直角检测尺检测
4	分隔条（缝）直线度	3	拉5m线，不足5m拉通线，用钢直尺检查
5	墙裙、勒脚上口直线度	3	拉5m线，不足5m拉通线，用钢直尺检查

5 　成品保护

❶ 抹灰前必须对门、窗口采取保护措施，对铝合金门窗膜造成损坏的要及时补粘好护膜，以防损伤、污染。施工时沾在门窗框及其他部位或墙面上的砂浆要及时清理，并用洁净的棉丝将门窗框擦拭干净。 ❷ 翻拆架子时应防止碰坏已抹好的水刷石墙面，并及时采取保护措施，防止因工序穿插造成污染和损坏。 ❸ 抹灰工程完成后，在建筑物进出口和转角部位，应及时做护角保护，防止碰坏棱角。采取保护措施，避免损坏棱角。 ❹ 喷刷水刷石墙面时，应把已交活的墙面用塑料薄膜覆盖好，特别是大风天，防止造成污染。 ❺ 对已完成的成品可采用封闭、隔离或看护等措施进行保护。

6 / 安全、环境及职业健康措施

6.1　安全措施

❶ 进入施工现场，必须戴安全帽，禁止穿硬底鞋和拖鞋或易滑的钉鞋。❷ 距地面 3m 以上作业要有防护栏杆、挡板或安全网。❸ 安全设施和劳动保护用具应定期检查，不符合要求严禁使用。❹ 遇有恶劣气候影响安全施工时，不得进行露天高空作业。❺ 禁止采用运料的吊篮、吊盘上下人。乘人的外用电梯、吊笼应安装可靠的安全装置。❻ 施工现场的脚手架、防护设施、安全标志和警告牌等，不可擅自拆动，确需拆动应经施工负责人同意。❼ 施工现场的洞口、坑、沟、升降口、漏斗、架子出入口等，应设防护设施及明显标志。

6.2　环保措施

❶ 使用现场搅拌站时，应设置施工污水处理设施。施工污水未经处理不得随意排放，需要向施工区外排放时必须经相关部门批准方可外排。施工垃圾要集中堆放，严禁将垃圾随意堆放或抛撒。施工垃圾应由合格消纳单位组织消纳，严禁随意消纳。❷ 大风天严禁筛制砂料、石灰等材料。❸ 砂子、石灰、散装水泥要封闭或苫盖集中存放，不得露天存放。❹ 清理现场时，严禁将垃圾杂物从窗口、洞口、阳台等处采取抛撒运输方式，以防止造成粉尘污染。❺ 施工现场应设立合格的卫生环保设施，严禁随处大小便。❻ 施工现场使用或维修机械时，应有防滴漏油措施，严禁将机油滴漏于地表，造成土壤污染。清修机械时，废弃的棉丝（布）等应集中回收，严禁随意丢弃或燃烧处理。

6.3　职业健康安全措施

❶ 抹灰时参加高空作业的人员要检查身体，凡患有高血压、心脏病、贫血病、癫痫病及不适宜高空作业的人员严禁从事高空作业。❷ 抹灰参加高空作业人员衣着要轻便，禁止穿硬底鞋或带钉的易滑鞋上下班。❸ 施工操作人员要熟知抹灰工安全技术操作规程，严禁酒后操作。❹ 机械操作人员应经过专业培训合格，持证上岗，女同志操作机械时不得外露长发，学员不得独立操作。

7 / 工程验收

❶ 装饰抹灰工程所用材料的品种和性能应符合设计要求。水泥的凝结时间和安定性复验应合格。砂浆的配合比应符合设计要求。❷ 各抹灰层之间及抹灰层与基体之间必须粘接牢固，抹灰层应无脱层、空鼓和裂缝。❸ 验收时应检查下列文件和记录：① 抹灰工程的施工图、设计说明及其他设计文件；② 材料的产品合格证书、性能检测报告、进场验收记录和复验报告；③ 隐蔽工程验收记录。

8 / 质量记录

斩假石抹灰施工质量记录包括：❶ 抹灰工程设计施工图，设计说明及其他设计文件；❷ 材料的产品合格证书，性能检测报告，进场验收记录，进场材料复验记录；❸ 工序交接检验记录；❹ 隐蔽工程验收记录；❺ 工程检验批检验记录；❻ 分项工程检验记录；❼ 单位工程检验记录；❽ 质量检验评定记录；❾ 施工记录；❿ 施工现场管理检查记录。

第8节　干粘石抹灰施工工艺

1 / 总则

1.1 适用范围

本施工工艺适用于建筑外墙面抹干粘石工程。

1.2 编制参考标准及规范

1. 《建筑装饰装修工程质量验收标准》
   （GB 50210-2018）
2. 《建筑工程施工质量验收统一标准》
   （GB 50300-2013）
3. 《住宅装饰装修工程施工规范》
   （GB 50327-2001）
4. 《民用建筑工程室内环境污染控制标准》
   （GB 50325-2020）
5. 《通用硅酸盐水泥》
   （GB 175-2007）
6. 《水泥胶砂强度检验方法（ISO 法）》
   （GB/T 17671-1999）

2 施工准备

2.1 技术准备

❶ 审查设计图纸是否完整、齐全，设计图纸和资料是否符合国家有关工程建设的设计、施工方面的规范和要求。❷ 熟悉设计图纸、设计说明及其他文件，充分了解设计意图、工程特点和技术要求。发现设计图纸中存在的问题和错误，对疑难点、有疑义的问题及时提出质疑，在施工开始前予以修改和改正。❸ 编制施工技术方案，对施工人员进行安全、技术交底和技术培训。❹ 确定配合比和施工工艺，责成专人统一配料，并把好配合比关。在大面积施工前，要按要求做好施工样板，经检验合格后，方可进行大面积施工。

2.2 材料准备

❶ 水泥：宜采用 42.5 级以上普通硅酸盐水泥或矿渣水泥，要求颜色一致，同一强度等级、同一品种、同一厂家生产、同一批进场的水泥。水泥进厂需对产品名称、代号、净含量、强度等级、生产许可证编号、生产地址、出厂编号、执行标准、日期等进行外观检查，同时验收合格证。❷ 砂子：宜采用平均粒径为 0.35~0.5mm 的颗粒坚硬、洁净的中砂。使用前应过 5mm 孔径筛筛净，除去杂质和泥块等，筛好备用。❸ 石渣、小豆石：宜采用粒径中八厘 6mm、小八厘 4mm 的石渣，小豆石粒径以 5mm~8mm 为宜。要求石质坚硬，品种、规格、颜色、级配应符合设计要求，耐光无杂质，使用前应用清水洗净晾。❹ 石灰膏：用块状生石灰淋制，淋制时用孔径不大于 3mm 的筛网过滤，贮存在沉淀池中。熟化时间常温一般不少于 15d。❺ 磨细生石膏：细度应通过 4900 目 /cm^2 的筛子。使用前应用水浸泡使其充分熟化，其熟化时间宜为 7d 以上。❻ 颜料：应采用耐碱性和耐光性较好的矿物质颜料，使用前与水泥干拌均匀，配合比计算准确，然后过筛装袋备用，保存时避免受潮。❼ 所使用胶粘剂必须符合环保产品要求。❽ 进入施工现场的材料应按相关标准规定要求进行检验。

2.3 主要机具

❶ 机械：砂浆搅拌机、手压泵、喷雾器等。❷ 工具：筛子、软（硬）毛刷、托灰板、木抹子、铁抹子、刮杠、靠尺、分格条、小压子、喷

壶、大（小）水桶、筷子笔、小车、小灰桶、铁板、灰勺、接石渣筛、拍板、石渣托盘、扫帚等。❸ **计量检测用具：** 磅秤、钢尺、水平尺、方尺、托线板、线坠等。

2.4 作业条件

❶ 主体结构经检验合格，外墙雨水管箍、泄水管、阳台栏杆、电线绝缘的托架等安装齐全、牢固，各种预埋件安装的标高符合要求。❷ 抹灰前按施工要求搭好双排外架子或桥式架子，如果采用吊篮架子时必须满足安装要求，架子距墙面 20cm～25cm，以保证操作，墙面不应留有临时孔洞，架子必须经安全部门验收合格后方可开始抹灰。❸ 在抹灰时对预埋件、线槽、盒、通风箅子、预留孔洞应采取保护措施，防止施工时掉入灰浆造成堵塞。❹ 抹灰前应检查门窗框安装位置是否正确固定牢固，并用 1：3 水泥砂浆将门窗口缝堵塞严密，对抹灰墙面预留孔洞、预埋管等已处理完毕。❺ 将混凝土过梁、梁垫、圈梁、混凝土柱、梁等表面凸出部分剔平，将蜂窝、麻面、露筋、疏松部分剔到实处，然后用 1：3 的水泥砂浆分层抹平。❻ 抹灰基层表面的油渍、灰尘、污垢等应清除干净，墙面提前浇水均匀湿透。

3 / 质量要点

3.1 材料关键要求

❶ **水泥：** 不同品种、不同强度等级的水泥不得混合使用。当使用前或出厂日期超过三个月必须复验，合格后方可使用。严禁使用受潮水泥。❷ **砂子：** 含泥量不得大于 3%，不得含有草根、树叶、碱质和其他有机物等杂质，使用前应按要求过筛子。❸ **石渣、小豆石：** 不得含有黏土及其他有机物等杂质。石渣、小豆石的规格、级配应符合设计要求。使用前过筛，用水冲洗干净，按品种、规格、颜色分别晾干、存放，用苫布盖好待用。❹ **石灰膏：** 保证熟化的时间，使用时石膏灰内不应含有

建筑装饰装修施工手册（第2版）

214

未熟化的颗粒和其他杂质。❺ **磨细生石膏**：保证熟化的时间，使用时不得含有未熟化的颗粒。❻ **颜料**：要符合设计要求，宜选用耐碱、耐光性较强的矿物质颜料。

3.2 **技术关键要求**

❶ 抹灰前要对基体进行处理检查，并做好隐蔽工程验收记录。❷ 分格要符合设计要求，粘条时要按顺序粘在分格线的同一侧。❸ 配制砂浆时，材料配比应用计量器具，不得采用估量法。❹ 各层间抹灰不宜跟得太紧，底层灰七八成干时再抹上一层，注意抹面层灰前应将底层均匀润湿。❺ 甩石子时注意甩板与墙面保持垂直，甩时用力均匀。❻ 同一墙面或按设计要求为同一装饰组成范围内的砂浆（色浆）应使用同一产地、品种、批号，并采用同一配合比、同一搅拌设备及专人操作制备，保证色泽一致、性能稳定。所用水泥和颜料应经过精确计算后干拌均匀，过筛后装袋备用。

3.3 **质量关键要求**

❶ 注意防止干粘石面层不平，表面出现坑洼，颜色不一致。① 施工前石渣必须过筛，去掉杂质，保证石粒均匀，并用清水冲洗干净。② 底灰不要抹的太厚，避免出现坑洼现象。③ 甩石渣时要掌握好力度，不可硬砸、硬甩，应用力均匀。④ 面层石渣灰厚度控制在 8mm～10mm 为宜，并保证石渣浆的稠度合适。⑤ 甩完石渣后，待灰浆内的水分洇到石渣表面用抹子轻轻将石渣压入灰层，不可用力过猛，造成局部返浆，形成面层颜色不一致。

❷ 注意防止粘石面层出现石渣不均匀和部分露灰层，造成表面花感。① 操作时将石渣均匀用力甩在灰层上，然后用抹子轻拍使石渣进入灰层 1/2，外留 1/2，使其牢固，表面美观。② 合理采用石渣浆配合比，最好选择掺入既能增加强度，又能延缓初凝时间的外加剂，以便于操作。③ 注意天气变化，遇有大风或雨天应采取保护措施或停止施工。❸ 两种不同材料的基层，抹灰前应加钢丝网，以增加基体的整体性（图 2.8.3-1）。

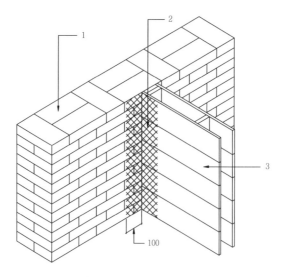

图 2.8.3-1 砖木交接处基体做法
1—砖墙；2—钢丝网；3—板条

❹ 注意防止干粘石出现开裂、空鼓。① 根据不同的基体采取不同的处理方法，基层处理必须到位。② 抹灰前基层表面应刷一道胶凝性素水泥浆，每层厚度控制 5mm ~ 7mm 为宜。③ 每层抹灰前应将基层均匀浇水润湿。④ 冬期施工应采取防冻保温措施。

❺ 注意防止干粘石面层接槎明显、有滑坠。① 面层灰抹后应立即甩粘石渣。② 遇有大块分格，事先计划好，最好一次做完一块分格块，中间避免留槎。③ 施工脚手架搭设要考虑分格块操作因素，应满足格块粘石操作合适而分步搭设架子。④ 施工前熟悉图纸，确定施工方案，避免分格不合理，造成操作困难。

❻ 注意防止干粘石面出现棱角不通顺和黑边现象。① 抹灰前应严格按工艺标准，根据建筑物情况整体吊垂直、套方、找规矩、做灰饼、充筋，不得采用一楼层或一步架分段施工的方法。② 分格条要充分浸水泡透，抹面层灰时应先抹中间，再抹分格条四周，并及时甩粘石渣，确保分格条侧面灰层未干时甩粘渣，使其饱满、均匀、粘结牢固、分格清晰美观。③ 阳角粘石起尺时动作要轻缓，抹大面边角粘结层时要特别细心的操作，防止操作不当碰损棱角。当拍好小面石渣后应当立即起卡，在灰缝处撒些小石渣，用钢抹子轻轻拍压平直。如果灰缝处稍干，可淋少许水，随后粘小石渣，即可防止出现黑边。

❼ 注意防止干粘石面出现抹痕。① 根据不同基体掌握好浇水量。② 面层灰浆稠度配合比要合理，使其干稀适合。③ 甩粘面层石渣时要掌握好时间，随粘随拍平。

⑧ 注意防止分格条、滴水线（槽）不清晰、起条后不勾缝。① 施工操作前要认真做好技术交底，签发作业指导书。② 坚持施工过程管理制度，加强过程检查、验收。

3.4 职业健康安全关键要求

❶ 抹灰时参加高空作业的人员要检查身体，凡患有高血压、心脏病、贫血病、癫痫病及不适宜高空作业的严禁从事高空作业。❷ 抹灰参加高空作业人员衣着要轻便，禁止穿硬底和带钉的易滑鞋。❸ 施工操作人员要熟知抹灰工安全技术操作规程，严禁酒后操作。❹ 机械操作人员应经过专业培训合格，持证上岗，女同志操作机械时不得外露长发，学员不得独立操作。

3.5 环境关键要求

❶ 施工现场应设置围挡式垃圾集中堆放场所，并有明显标识。❷ 施工垃圾不得随意消纳，垃圾消纳必须符合国家、地方环境保护及相关的规定。❸ 施工产生的废水不得直接排放，需要排放时必须经过防污处理合格，经环保部门同意方可排放。❹ 施工机械不得有滴漏油现象，维修机械时要采取接油漏措施，防止油污直接滴漏在地表，造成大地土污染。❺ 大风天不得从事筛砂、筛灰工作，现场存放的灰、砂等散装材料要进行苫盖。

4 / 施工工艺

4.1 工艺流程

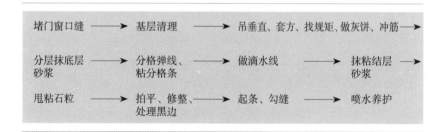

图 2.8.4-1 干粘石抹灰施工工艺流程

4.2 操作工艺

1. 堵门窗口缝

抹灰前检查门窗口位置是否符合设计要求，安装牢固。门窗与立墙交接处，应用1∶3水泥砂浆或水泥混合砂浆（掺少量麻刀）分层填塞密实。

2. 基层清理

❶ **基体处理**：墙上的脚手眼、各种管道穿越过的墙洞和楼板洞、剔槽等，均应进行填堵砌筑并用1∶3水泥砂浆填嵌密实；各种设备和密集管道等背后的墙面抹灰，应在这些设备与管线安装前进行，抹灰的接槎应顺平；在木结构与砖石结构、木结构与混凝土结构相接处的基体表面抹灰，应先铺设金属网，并需牢固绷紧，金属网与各基体的搭接宽度从缝边起每边不小于100mm。❷ **混凝土墙基层处理**：凿毛处理：将混凝土墙面上凸起物剔平，凹处用1∶3水泥砂浆分层补平，酥松部分剔除干净，用钢钻子将混凝土墙面均匀凿出麻面，用钢丝刷将粉尘刷掉，用清水冲洗干净，然后浇水湿润。清洗处理：用清洗剂将混凝土表面油污及污垢清刷除净，然后用清水冲洗晾干，采用涂刷素水泥浆或混凝土界面剂等处理方法均可。如采用混凝土界面剂施工时，应按所使用产品要求使用。❸ **砖墙基层处理**：抹灰前将基层上的尘土、污垢、灰尘、残留砂浆、舌头灰等清除干净，填堵脚手眼及其他孔洞。❹ **浇水湿润**：基层处理完后，要认真浇水湿润，浇透、浇均匀。浇水的渗水深

建筑装饰装修施工手册（第2版）

度，一般需达到 8mm～10mm 为宜。120mm 的砖砌体抹灰前一天浇水
1 遍，240mm 的砖砌体需浇水 2 遍。加气混凝土基体吸水速度慢，则应
在施工时提前两天浇水，每天 2 遍以上。浇水的方法是将水管对着墙体
上部缓缓左右移动，水沿墙面流下，使墙面全部润湿即为 1 遍，小面积
基体可使用喷壶喷水。对于厚度不大的砖砌体，浇水时注意不可使其成
为饱和状态。各种基体的浇水程度，还与施工季节、天气状况及室内外
操作环境有关，应根据实际情况适度掌握。

3. 吊垂直、套方、找规矩、做灰饼、冲筋（图 2.8.4-2）

根据建筑高度确定放线方法，高层建筑可利用墙大角、门窗口两边，用
经纬仪打直线找垂直。多层建筑时，可从顶层用大线坠吊垂直，绷钢丝
找规矩，横向水平线可依据楼层标高或施工 +50cm 线为水平基准线交
圈控制，然后按抹灰操作层抹灰饼，做灰饼时应注意横竖交圈，以便操
作。每层抹灰时则以灰饼做基准冲筋，使其保证横平竖直。

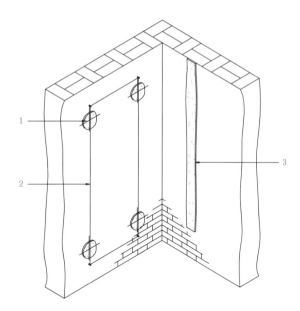

图 2.8.4-2　做灰饼和设计标筋示意图
1—灰饼；2—引线；3—标筋

4. 分层抹底层砂浆（图 2.8.4-3）

混凝土墙：先刷一道胶粘性素水泥浆，然后用 1：3 水泥砂浆分层装档
抹与筋平，然后用木杠刮平，木抹子搓毛或花纹。两遍成活，每层厚度
控制在 5mm～7mm 为宜。
砖墙：抹 1：3 水泥砂浆，在常温时可用 1：0.5：4 混合砂浆打底，抹灰

时以充筋为准，控制抹灰层厚度，分层分遍装档与冲筋抹平，用木杠刮平，然后木抹子搓毛或花纹。两遍成活，每层厚度控制在 5mm～7mm 为宜。底层灰完成 24h 后应浇水养护。抹头遍灰时，应用力将砂浆挤入砖缝内使其粘结牢固。

抹头遍灰时，应用力将砂浆挤入砖缝内使其粘结牢固。每层抹灰不宜跟得太紧，以防收缩影响质量。水泥砂浆抹灰层应在 24h 后进行养护，养护时间一般不小于 7d。抹灰层在凝结前，应防止快干、水冲、撞击和振动。

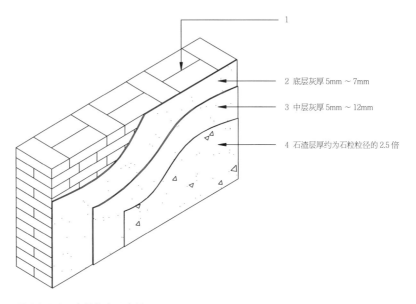

图 2.8.4-3　分层抹灰示意图
1—基层；2—底层灰；3—中层灰；4—面层干粘石

5. 分格弹线、粘分格条

根据图纸要求弹线分格、粘分格条，分格条宜采用红松制作，粘前应用水充分浸透，粘时在条两侧用素水泥浆抹成 45° 八字坡形，粘分格条时注意竖条应粘在所弹立线的同一侧，防止左右乱粘，出现分格不均匀，条粘好后待底层灰呈七八成干后可抹面层灰。

6. 做滴水线

在抹檐口、窗台、窗眉、阳台、雨篷、压顶和突出墙面的腰线以及装饰凸线等时，应将其上面做成向外的流水坡度，严禁出现倒坡。下面做滴水线（槽）。窗台上面的抹灰层应深入窗框下坎裁口内，堵密实。流水坡度及滴水线（槽）距外表面不小于 40mm，滴水线深度和宽度一般不小于 10mm，应保证其坡度方向正确。

抹滴水线（槽）应先抹立面，后抹顶面，再抹底面。分格条在其面层灰抹好后即可拆除。

采用"隔夜"拆条法时须待面层砂浆达到适当强度后方可拆除。

滴水线做法同水泥砂浆抹灰做法。

7. 抹粘结层砂浆

先根据中层砂浆的干湿程度洒水湿润，然后刷素水泥一道，接着抹粘结层砂浆。粘结层砂浆配合比可用水泥、砂、107 胶 100∶150∶10~15 调制，稠度不大于 8cm，厚度根据石粒的粒径决定，一般为 4mm~6mm。要求涂抹平整，不显抹纹，按分格大小一次抹一格，不可格内留槎。抹粘结层宜采用两遍抹成，第一道用同强度等级水泥素浆薄刮一遍，保证结合层粘牢，第二遍抹聚合物水泥砂浆。然后，用靠尺测试，严格按照高刮低添的原则操作；否则，易使面层出现大小波浪造成表面不平整，影响美观。在抹粘结层时宜使上下灰层厚度不同，并不宜高于分格条，最好是在下部约 1/3 高度范围内比上面薄些。整个分格块面层比分格条低 1mm 左右，石子撒上压实后，不但可保证平整度，且条边整齐，而且可避免下部出现鼓包、皱皮现象。

8. 撒石粒（甩粘石粒）

在粘结层干湿适宜时即可用手甩石粒，一手持盛料盘，内盛经洗干净晾干的石粒（多采用小八厘石渣过 4mm 筛去掉粉末杂质），一手拿木拍板，用拍板铲起石粒反手甩向粘结层。甩射面要大，平稳有力。先甩四周易干部位，后甩中部。要使石粒均匀地嵌入粘结层砂浆中，如果发现有不匀或过于稀疏的现象，应用抹子或手直接补粘。

在粘结砂浆表面均匀地粘上一层石粒后，用抹子或橡胶滚轻压一遍，使石粒石嵌入砂浆的深度应不小于 1/2 粒径，拍压后石粒应平整、坚实。等候 10min~20min，待灰浆稍干时，再做第二次压平，用力稍强，但以不挤出灰浆为宜。如有石粒坠落、不均匀、外露尖角过多或面层不平等不合格之处，应再一次补粘和拍压，但时间不要超过 45min，即在水泥开始凝结前结束操作。

阳角甩石粒，可将薄靠尺粘在阳角一边，选做邻面干粘石，然后取下薄靠尺抹上水泥腻子，一手持短靠尺在已做好的邻面上一手甩石子并用钢抹子轻轻拍平、拍直，使棱角挺直。门窗镟脸、阳台、雨罩等部位应留置滴水槽，其宽度深度应满足设计要求。粘石时应先做好小面，后做大面。

9. 拍平、修整、处理黑边

拍平、修整要在水泥初凝前进行，先拍压边缘，而后中间，拍压要轻重结合、均匀一致。如果仍发现有石粒不饱满的局部，要立即刷108胶水溶液再补齐石粒。拍压完成后，应对已粘石面层进行检查，发现阴阳角不顺挺直，表面不平整、黑边等问题，及时处理。

10. 起条、勾缝

前工序全部完成，检查无误后，随即将分格条、滴水线条取出，取分格条时要认真小心，防止将边棱碰损，分格条起出后用抹子轻轻地按一下粘石面层，以防拉起面层造成空鼓现象。然后待水泥达到初凝强度后，用素水泥膏勾缝。格缝要保持平顺挺直、颜色一致。

11. 喷水养护

粘石面层完成后常温24h后喷水养护，养护期不少于2d～3d。夏日阳光强烈，气温较高时，应适当遮阳，避免阳光直射，并适当增加喷水次数，以保证工程质量。

4.3　　**季节性施工**

❶ 室外干粘石抹灰工程施工不得在五级及以上大风或雨、雪天气下进行。❷ 冬期施工当室外日平均气温连续5d稳定低于5℃时，干粘石抹灰工程施工应采取冬期施工措施。❸ 冬期施工的干粘石抹灰工程施工工艺除应符合本章要求外，尚应符合现行行业标准《建筑工程冬期施工规程》（JGJ/T 104）的规定。

5 / 质量标准

5.1 主控项目

❶ 抹灰前基层表面的尘土、污垢、油渍等应清除干净，并洒水润湿。

检验要求：抹灰前应由质量部门对其基层处理质量进行检验，并填写隐蔽工程记录，达到要求后方可施工。

检验方法：检查施工记录。

❷ 装饰抹灰工程所用材料的品种和性能应符合设计要求。水泥的凝结时间和安定性复验应合格。砂浆的配合比应符合设计要求。

检验要求：送检样品取样应由相关单位"见证取样"，并由负责见证人员签字认可、记录。

检验方法：检查产品合格证书、进场验收记录、复验报告和施工记录。

❸ 抹灰工程应分层进行。当抹灰总厚度大于或等于 35mm 时，应采取加强措施。不同材料基体交接处表面的抹灰，应采取防止开裂的加强措施，当采用加强网时，加强网与各基体的搭接宽度不应小于 100mm。

检验要求：不同材料基体交接面抹灰，宜采用铺钉金属网加强措施，保证抹灰质量不出现开裂。

检验方法：检查隐蔽工程验收记录和施工记录。

❹ 各抹灰层之间及抹灰层与基体之间必须粘接牢固，层应无脱层、空鼓和裂缝、抹灰 。

检验要求：加强过程控制，严格工序检查验收，填写记录。

检验方法：观察；用小锤轻击检查；检查施工记录。

5.2 一般项目

❶ 干粘石表面应色泽一致，不露浆、不漏粘，石粒应粘结牢固、分布均匀，阳角处无明显黑边。

检验要求：施工时严格按施工工艺操作，并加强过程控制检查制度。

检验方法：观察；手摸检查。

❷ 装饰抹灰分格条（缝）的设置应符合设计要求，宽度和深度应均匀，表面应平整、光滑，棱角应整齐。

检验要求：分格条宜用红白松木制作。应做成上窄下宽，用前必须用水浸透，木条起出后立即将粘在条上的水泥浆刷净浸水，以备再用。

检验方法：观察。

❸ 有排水要求部位应做滴水线（槽），滴水线（槽）应整齐顺直，滴水应内高外低，滴水线（槽）的宽度和深度应不小于 10mm。

检验要求：分格条宜用红白松木制作。应做成上宽 7mm，下宽 10mm，厚（深）度 10mm，用前必须用水浸透，木条起出后立即将粘在条上的水泥浆刷净浸水，以备再用。

检验方法：观察；尺量检查。

❹ 干粘石抹灰工程质量的允许偏差和检验方法应符合表 2.8.5-1。

表 2.8.5-1　干粘石抹灰的允许偏差和检验方法

项次	项目	允许偏差（mm）	检 验 方 法
1	立面垂直度	5	用 2m 垂直检测尺检查
2	表面平整度	5	用 2m 垂直检测尺检查
3	阳角方正	4	用直角检测尺检测
4	分隔条（缝）直线度	3	拉 5m 线，不足 5m 拉通线，用钢直尺检查
5	墙裙、勒脚上口直线	—	拉 5m 线，不足 5m 拉通线，用钢直尺检查

---

6 ╱ 成品保护

❶ 根据现场和施工情况，应制定成品保护措施，成品保护可采取看护、隔离、封闭等形式。❷ 施工过程中翻脚手板及施工完成后拆除架子时要对操作人员进行交底，要轻拆轻放，严禁乱拆和抛扔架杆、架板等，避免碰撞干粘石墙面，粘石做好后的棱角处应采取隔离保护，以防碰撞。❸ 抹灰前对门、窗口应采取保护措施，铝门、窗口应贴膜保护抹灰完成后应将门窗口及架子上的灰浆及时清理干净，散落在架子上的石渣及时回收。❹ 其他工种作业时严禁蹬踩已完成的干粘石墙面，油

漆工作业时严防碰倒油桶或滴甩刷子油漆，以防污染墙面。❺ 不同的抹灰面交叉施工时，应将先做好的抹灰面层采取保护措施后方可施工。

7 / 安全、环境及职业健康措施

7.1 安全措施

❶ 外墙抹灰采用高大架子时，施工前架子整体必须经安全部门验收合格后，方可进行施工。❷ 拆翻架子及脚手板，必须由专业人员持证上岗，非专人员严禁拆搭施工架子。❸ 使用桥式或吊篮架子施工时，安装时必须由专业人员执证上岗操作，架子安装必须满足安全规范要求，并由安全部门检查验收合格后方可使用。吊篮升降操作人员必须经培训合格由专人负责，非负责人员严禁随意操作。❹ 支搭、拆除高大架子要制定方案，方案必须经上级主管安全部门审核批准。❺ 施工操作人员严禁在架子上打闹、嬉戏或在非通道上下。

7.2 环保措施

❶ 采用机械集中搅拌灰料时，所使用机械必须是完好的，不得有漏油现象，维修机械时应采取接油滴漏措施，以防止机油滴落在大地上造成土污染。对清擦机械使用的棉丝（布）及清除的油污要装袋集中回收，并交合格消纳方消纳，严禁随意丢弃或燃烧消纳。❷ 施工现场搅拌站应制定施工污水处理措施，施工污水必须经过处理达到排放标准后再进行有组织的排放或回收再利用施工。施工污水不得直接排放，以防造成污染。❸ 抹灰施工过程中所产生的所有施工垃圾必须及时清理、集中消纳，做到活完底清。❹ 高处作业清理施工垃圾时不可抛撒，以防造成粉尘污染。

7.3 职业健康安全措施

❶ 抹灰时参加高空作业的人员要检查身体，凡患有高血压、心脏

病、贫血病、癫痫病及不适宜高空作业的人员严禁从事高空作业。❷ 抹灰参加高空作业人员衣着要轻便，禁止穿硬底鞋或带钉的易滑鞋上下班。❸ 施工操作人员要熟知抹灰工安全技术操作规程，严禁酒后操作。❹ 机械操作人员应经过专业培训合格，持证上岗，女同志操作机械时不得外露长发，学员不得独立操作。

8 / 工程验收

❶ 装饰抹灰工程所用材料的品种和性能应符合设计要求。水泥的凝结时间和安定性复验应合格。砂浆的配合比应符合设计要求。❷ 各抹灰层之间及抹灰层与基体之间必须粘接牢固，抹灰层应无脱层、空鼓和裂缝。❸ 验收时应检查下列文件和记录：① 抹灰工程的施工图、设计说明及其他设计文件；② 材料的产品合格证书、性能检测报告、进场验收记录和复验报告；③ 隐蔽工程验收记录。

9 / 质量记录

干粘石抹灰施工质量记录包括：❶ 抹灰工程设计施工图、设计说明及其他设计文件；❷ 材料的产品合格证书、性能检测报告、进场验收记录、进场材料复验记录；❸ 工序交接检验记录；❹ 隐蔽工程验收记录；❺ 工程检验批检验记录；❻ 分项工程检验记录；❼ 单位工程检验记录；❽ 质量检验评定记录；❾ 施工记录；❿ 施工现场管理检查记录。

第9节　假面石抹灰施工工艺

1 / 总则

1.1 适用范围
本施工工艺适用于商业、住宅、办公、娱乐、医疗及服务等房屋建筑的假面石墙面抹灰工程。

1.2 编制参考标准及规范
1.《建筑装饰装修工程质量验收标准》
（GB 50210-2018）

2.《建筑工程施工质量验收统一标准》
（GB 50300-2013）

3.《住宅装饰装修工程施工规范》
（GB 50327-2001）

4.《民用建筑工程室内环境污染控制标准》
（GB 50325-2020）

5.《通用硅酸盐水泥》
（GB 175-2007）

6.《水泥胶砂强度检验方法（ISO法）》
（GB/T 17671-1999）

2 / 施工准备

2.1 技术准备

❶ 审查设计图纸是否完整、齐全，设计图纸和资料是否符合国家有关工程建设的设计、施工方面的规范和要求。❷ 熟悉设计图纸、设计说明及其他文件，充分了解设计意图、工程特点和技术要求。发现设计图纸中存在的问题和错误，对疑难点、有疑义的问题及时提出质疑，在施工开始前予以修改和改正。❸ 编制施工技术方案，对施工人员进行安全、技术交底和技术培训。❹ 确定配合比和施工工艺，责成专人统一配料，并把好配合比关。在大面积施工前，要按要求做好施工样板，经检验合格后，方可大面积进行施工。

2.2 材料准备

❶ 水泥：宜采用 42.5 级以上普通硅酸盐水泥、矿渣水泥或白色、彩色水泥，要求颜色一致，同一强度等级、同一品种、同一厂家生产、同一批进场的水泥。水泥进厂需对产品名称、代号、净含量、强度等级、生产许可证编号、生产地址、出厂编号、执行标准、日期等进行外观检查，同时验收合格证。❷ 砂子：宜采用平均粒径为 0.35mm～0.5mm 的颗粒坚硬、洁净的中砂。使用前应过 5mm 孔径筛筛净，除去杂质和泥块等，筛好备用。❸ 石灰膏：用块状生石灰淋制，淋制时用孔径不大于 3mm 的筛网过滤，贮存在沉淀池中。熟化时间常温一般不少于 15d。❹ 磨细生石膏：细度应通过 4900 目 /cm^2 的筛子。使用前应用水浸泡使其充分熟化，其熟化时间宜为 7d 以上。❺ 颜料：应采用耐碱性和耐光性较好的矿物质颜料，使用前与水泥干拌均匀，配合比计算准确，然后过筛装袋备用，保存时避免受潮。❻ 所使用胶粘剂必须符合环保产品要求。❼ 进入施工现场的材料应按相关标准规定要求进行检验。

2.3 主要机具

❶ 机械：砂浆搅拌机、手压泵、喷雾器等。❷ 工具：筛子、软（硬）毛刷、托灰板、木抹子、铁抹子、刮杠、靠尺、分格条、小压子、喷壶、大（小）水桶、筷子笔、小车、小灰桶、铁板、灰勺、铁钩子、铁

梳子、铁刨、铁辊外扫帚等。❸ **计量检测用具：**磅秤、钢尺、水平尺、方尺、托线板、线坠等。

2.4 作业条件

❶ 主体结构经检验合格，外墙雨水管箍、泄水管、阳台栏杆、电线绝缘的托架等安装齐全牢固，各种预埋件安装的标高符合要求。❷ 抹灰前按施工要求搭好双排外架子或桥式架子，如果采用吊篮架子时必须满足安装要求，架子距墙面20cm～25cm，以保证操作，墙面不应留有临时孔洞，架子必须经安全部门验收合格后方可开始抹灰。❸ 在抹灰时对预埋件、线槽、盒、通风箅子、预留孔洞应采取保护措施，防止施工时掉入灰浆造成堵塞。❹ 抹灰前应检查门窗框安装位置是否正确固定牢固，并用1∶3水泥砂浆将门窗口缝堵塞严密，对抹灰墙面预留孔洞、预埋管等已处理完毕。❺ 将混凝土过梁、梁垫、圈梁、混凝土柱、梁等表面凸出部分剔平，将蜂窝、麻面、露筋、疏松部分剔到实处，然后用1∶3的水泥砂浆分层抹平。❻ 抹灰基层表面的油渍、灰尘、污垢等应清除干净，墙面提前浇水均匀湿透。

3 / 施工工艺

3.1 工艺流程

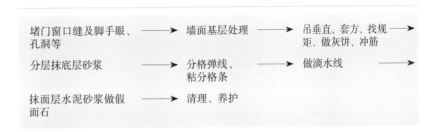

图 2.9.3-1　假面石抹灰施工工艺流程

3.2　操作工艺

1. 堵门窗口缝及脚手眼、孔洞等

抹灰前检查门窗口位置是否符合设计要求，安装牢固。门窗与立墙交接处，应用1:3水泥砂浆或水泥混合砂浆（掺少量麻刀）分层填塞密实。

2. 墙面基层处理

❶ **基体处理**：墙上的脚手眼、各种管道穿越过的墙洞和楼板洞、剔槽等，均应进行填堵砌筑并用1:3水泥砂浆填嵌密实；各种设备和密集管道等背后的墙面抹灰，应在这些设备与管线安装前进行，抹灰的接槎应顺平；在木结构与砖石结构、木结构与混凝土结构相接处的基体表面抹灰，应先铺设金属网，并需牢固绷紧，金属网与各基体的搭接宽度从缝边起每边不小于100mm。❷ **混凝土墙基层处理**：凿毛处理：将混凝土墙面上凸起物剔平，凹处用1:3水泥砂浆分层补平，酥松部分剔除干净，用钢钻子将混凝土墙面均匀凿出麻面，用钢丝刷将粉尘刷掉，用清水冲洗干净，然后浇水湿润。清洗处理：用清洗剂将混凝土表面油污及污垢清刷除净，然后用清水冲洗晾干，采用涂刷素水泥浆或混凝土界面剂等处理方法均可。如采用混凝土界面剂施工时，应按所使用产品要求使用。❸ **砖墙基层处理**：抹灰前将基层上的尘土、污垢、灰尘、残留砂浆、舌头灰等清除干净，填堵脚手眼及其他孔洞。❹ **浇水湿润**：基层处理完后，要认真浇水湿润，浇透浇均匀。浇水的渗水深度，一般需达到8mm～10mm为宜。120mm的砖砌体抹灰前一天浇水1遍，240mm的砖砌体需浇水2遍。加气混凝土基体吸水速度慢，则应在施工时提前两天浇水，每天2遍以上。浇水的方法是将水管对着墙体上部缓缓左右移动，水沿墙面流下，使墙面全部润湿即为1遍，小面积基体可使用喷壶喷水。对于厚度不大的砖砌体，浇水时注意不可使其成为饱和状态。各种基体的浇水程度，还与施工季节、天气状况及室内外操作环境有关，应根据实际情况适度掌握。

3. 吊垂直、套方、找规矩、做灰饼、冲筋（图2.9.3-2）

根据建筑高度确定放线方法，高层建筑可利用墙大角、门窗口两边，用经纬仪打直线找垂直。多层建筑时，可从顶层用大线坠吊垂直，绷钢丝找规矩，横向水平线可依据楼层标高或施工+50cm线为水平基准线交圈控制，然后按抹灰操作层抹灰饼，做灰饼时应注意横竖交圈，以便操作。每层抹灰时则以灰饼做基准冲筋，使其保证横平竖直。

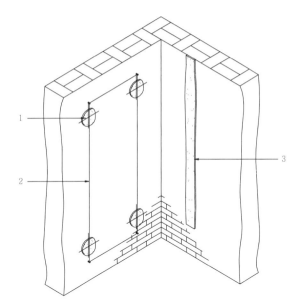

图 2.9.3-2　做灰饼和设计标筋示意图
1—灰饼；2—引线；3—标筋

4. 分层抹底层砂浆（图 2.9.3-3）

混凝土墙：先刷一道胶粘性素水泥浆，然后用 1∶3 水泥砂浆分层装档抹与筋平，然后用木杠刮平，木抹子搓毛或花纹。两遍成活，每层厚度控制在 5mm～7mm 为宜。

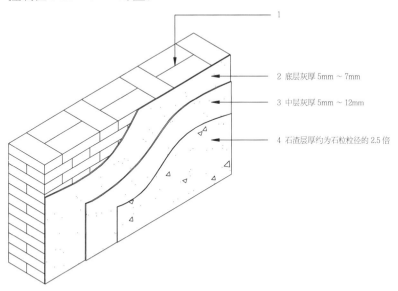

图 2.9.3-3　分层抹灰示意图
1—基层；2—底层灰；3—中层灰；4—面层假面石

砖墙：抹1:3水泥砂浆，在常温时可用1:0.5:4混合砂浆打底，抹灰时以充筋为准，控制抹灰层厚度，分层分遍装档与冲筋抹平，用木杠刮平，然后木抹子搓毛或花纹。两遍成活，每层厚度控制在5mm～7mm为宜。

抹头遍灰时，应用力将砂浆挤入砖缝内，使其粘结牢固。每层抹灰不宜跟得太紧，以防收缩影响质量。水泥砂浆抹灰层应在24h后进行养护，养护时间一般不小于7d。抹灰层在凝结前，应防止快干、水冲、撞击和振动。

5. 弹线分格、粘分格条

根据图纸要求弹线分格、粘分格条，分格条宜采用红松制作，粘前应用水充分浸透，粘时在条两侧用素水泥浆抹成45°八字坡形，粘分格条时注意竖条应粘在所弹立线的同一侧，防止左右乱粘，出现分格不均匀，条粘好后待底层灰呈七八成干后可抹面层灰。

6. 做滴水线

在抹檐口、窗台、窗眉、阳台、雨篷、压顶和突出墙面的腰线以及装饰凸线等时，应将其上面做成向外的流水坡度，严禁出现倒坡。下面做滴水线（槽）。窗台上面的抹灰层 应深入窗框下坎裁口内，堵密实。流水坡度及滴水线（槽）距外表面不小于40mm，滴水线深度和宽度一般不小于10mm，应保证其坡度方向正确。

抹滴水线（槽）应先抹立面，后抹顶面，再抹底面。分格条在其面层灰抹好后即可拆除。

采用"隔夜"拆条法时须待面层砂浆达到适当强度后方可拆除。

滴水线做法同水泥砂浆抹灰做法。

7. 抹面层水泥砂浆、做假面石

涂抹面层水泥砂浆、做假面石前应先将中层灰浇水均匀湿润，弹水平线，按每步架子为一个水平作业段，然后上中下弹三条水平通线，以便控制面层划沟平直度，随后抹1:1水泥砂浆垫层，厚度为3mm，接着抹面层色浆，厚度为3mm～4mm。

待面层水泥砂浆稍收水后，先用铁梳子沿木靠尺由上向下划纹，纹深控制在1mm～2mm为宜，然后再根据设计面砖的宽度用铁钩沿靠尺板横向划沟，深度为3mm～4mm，以露出层底灰为准。随手扫净横沟内的飞边砂粒。

如采用铁辊滚压刻纹，通常在气温为15℃～20℃的情况下，抹面彩色砂浆20min～30min后即可操作，操作者要站立直，双手握铁辊木柄由上而下滚压，用力要适中，铁辊凸刃切入面层1mm为宜。

8. 清理、养护

面砖面完成后，及时将飞边砂粒清扫干净，不得留有飞棱卷边现象。待面层达到一定强度后，可喷水养护防止脱水、收缩造成空鼓、开裂。

3.3 质量关键要求

❶ **注意防止假面石面层出现空鼓、裂缝：**① 待底层灰至六七成干时，再开始抹面层水泥砂浆、做假面石，抹前如底层灰干燥，应浇水均匀润湿。② 抹面层水泥砂浆、做假面石前应满刮一道胶粘剂素水泥浆，注意不要有漏刮处。

❷ 两种不同材料的基层，抹灰前应加钢丝网，以增加基体的整体性（图2.9.3-4）。

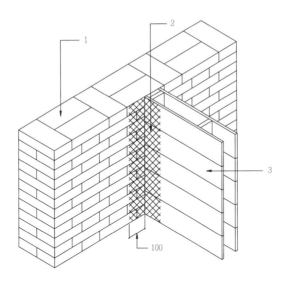

图 2.9.3-4 砖木交接处基体做法
1—砖墙；2—钢丝网；3—板条

❸ **注意假面石的质感与逼真：**① 分格线应横平竖直，划沟间距、深浅一致，墙面干净整齐，质感逼真。② 施工时关键是应按面砖尺寸分格划线，随后再划沟。③ 假面石颜色应符合设计要求，施工前先做样板，经确定按样板大面积施工。④ 施工放线时应准确控制上、中、下

所弹的水平通线，以确保水平接线平直，无错槎现象。

❹ **注意防止阴阳角不垂直，出现黑边**：① 阳角抹灰时，要使水泥浆接茬正交在阳角的尖角处，稍干后用阳角抹子把阳角倒棱。② 阳角卡靠尺时，要比上段已抹完的阳角高出 1mm～2mm。③ 抹阳角时先弹好垂直线，然后根据弹线确定的厚度为依据抹阳角石渣灰。同时，掌握喷洗时间和喷水角度，特别注意喷刷。

❺ **注意防止假面石与散水、腰线等接触部位出现烂根**：① 应将接触的平面基层表面浮灰及杂物清理干净。② 抹根部水泥砂浆时注意认真抹压密实。

❻ **注意防止假面石墙面留槎混乱，影响整体效果**：① 假面石槎子应留在分格条缝或水落管后边或独立装饰部分的边缘。② 不得将槎子留在分格块中间部位。

3.4 季节性施工

❶ 室外假面石墙面抹灰工程施工不得在五级及以上大风或雨、雪天气下进行。❷ 冬期施工当室外日平均气温连续 5d 稳定低于 5℃时，假面石墙面抹灰工程施工应采取冬期施工措施。❸ 冬期施工的假面石墙面抹灰工程施工工艺除应符合本章要求外，尚应符合现行行业标准《建筑工程冬期施工规程》（JGJ/T 104）的规定。

4 质量要求

4.1 主控项目

❶ 抹灰前基层表面的尘土、污垢、油渍等应清除干净，洒水润湿。

检验要求：抹灰前应由质量部门对其基层处理质量进行检验，并填写隐蔽工程记录，达到要求后方可施工。

检验方法：检查施工记录。

❷ 装饰抹灰工程所用材料的品种和性能应符合设计要求。水泥的凝结

时间和安定性复验应合格。砂浆的配合比应符合设计要求。

检验要求：送检取样应由相关单位进行见证取样，并由见证人员签字认可、记录。

检验方法：检查产品合格证书、进场验收记录、复验报告和施工记录。

❸ 抹灰工程应分层进行。当抹灰总厚度大于或等于35mm时，应采取加强措施。不同材料基体交接处表面的抹灰，应采取防止开裂的加强措施，当采用加强网时，加强网与各基体的搭接宽度不应小于100mm。

检验要求：不同材料基体交接面抹灰，宜采用铺钉金属网加强措施，保证抹灰质量不出现开裂。金属网铺钉同一般抹灰工程做法。

检验方法：检查隐蔽工程验收记录和施工记录。

❹ 各抹灰层之间及抹灰层与基体之间必须粘接牢固，抹灰层应无脱层、空鼓和裂缝。

检验要求：严格过程控制，每道工序完成后应进行工序检查验收并填写记录。

检验方法：观察；用小锤轻击检查；检查施工记录。

4.2　一般项目

❶ 假面石表面应平整、沟纹清晰、留缝整齐、色泽一致，无掉角、脱皮、起砂等缺陷。

检验要求：施工严格按施工工艺操作。

检验方法：观察；手摸检查。

❷ 装饰抹灰分格条（缝）的设置应符合设计要求，宽度和深度应均匀，表面平整、光滑，棱角整齐。

检验要求：分格应符合设计要求。

检验方法：观察。

❸ 有排水要求部位应做滴水（槽）。滴水线（槽）应整齐顺直，滴水线应内高外低，滴水槽的宽度和深度均不应小于10mm。做法与水泥砂浆同。

检验要求：分格条宜用红、白松木制作，应做成上窄下宽，使用前应用水浸透，木条起出后应立即将粘在条上的水泥浆刷净浸水，以备再用。

检验方法：观察；尺量检查。

❹ 假面石工程质量允许偏差和检验方法应符合表 2.9.4-1。

表 2.9.4-1　假面石允许偏差和检验方法

项次	项目	允许偏差（mm）	检验方法
1	立面垂直度	4	用 2m 垂直检测尺检查
2	表面平整度	3	用 2m 靠尺和塞尺检查
3	阳角方正	3	用直角检测尺检测
4	分隔条（缝）直线度	2	拉 5m 线，不足 5m 拉通线，用钢直尺检查
5	墙裙、勒脚上口直线度	—	拉 5m 线，不足 5m 拉通线，用钢直尺检查

5 / 成品保护

❶ 根据现场和施工情况，按要求应制订成品保护措施，成品保护可采用看护、隔离、封闭等形式。❷ 施工过程中翻脚手板及施工完成后拆除架子时要对操作人员进行施工交底，要轻拆轻放，严禁乱拆和抛扔架杆、架板等，以免造成碰损假面石墙面，棱角处应采取隔离保护措施，以防撞损。❸ 抹灰前应对木门窗口用薄钢板或木板进行保护。铝门窗口应贴膜保护，假面石完成后应将门窗口及架子上的灰浆及时清理干净。❹ 其他工种作业时严禁蹬踩已完成假面石墙面，油漆工作业时严防碰倒油桶或滴甩刷子油漆，以防污染墙面。❺ 不同面层材料交叉作业时，应将先做好的面层采取保护措施后再施工。

6 安全、环境及职业健康措施

6.1 安全措施

❶ 搭设抹灰用高大架子必须有设计和施工方案，参加搭架子的人员，必须经培训合格，持证上岗。❷ 遇有恶劣气候（如风力在四级以上），影响安全施工时，禁止高空作业。❸ 高空作业衣着要轻便，禁止穿硬底鞋和带钉易滑鞋上班。❹ 施工现场的脚手架、防护设施、安全标志和警告牌，不得擅自拆动，需拆动应经施工负责人同意，并由专业人员加固后拆动。❺ 乘人的外用电梯、吊笼应有可靠的安全装置，禁止人员随同运料吊篮、吊盘上下。❻ 对安全帽、完全网、安全带要定期检查，不符合要求的严禁使用。❼ 高大架子必须经相关安全部门检验合格后方可开始使用。

6.2 环保措施

❶ 使用现场搅拌站时，应设置施工污水处理设施。施工污水未经处理不得随意排放，需要向施工区外排放时必须经相关部门批准方可外排。❷ 施工垃圾要集中堆放，严禁将垃圾随意堆放或抛撒。施工垃圾应由合格消纳单位组织消纳，严禁随意消纳。❸ 大风天严禁筛制砂料、石灰等材料。❹ 砂子、石灰、散装水泥要封闭或苫盖集中存放，不得露天存放。❺ 清理现场时，严禁将垃圾杂物从窗口、洞口、阳台等处采取抛撒运输方式，以防造成粉尘污染。❻ 施工现场应设立合格的卫生环保设施，严禁随处大小便。❼ 施工现场使用或维修机械时，应有防滴漏油措施，严禁将机油滴漏于地表，造成土污染。清修机械时，废弃的棉丝（布）等应集中回收，严禁随意丢弃或燃烧处理。

6.3 职业健康安全措施

❶ 抹灰时参加高空作业的人员要检查身体，凡患有高血压、心脏病、贫血病、癫痫病及不适宜高空作业的严禁从事高空作业。❷ 抹灰参加高空作业人员衣着要轻便，禁止穿硬底和带钉的易滑鞋。❸ 施工操作人员要熟知抹灰工安全技术操作规程，严禁酒后操作。❹ 机械操作人员应经过专业培训合格，持证上岗，女同志操作机械时不得外露长发，学员不得独立操作。

7 / 工程验收

❶ 装饰抹灰工程所用材料的品种和性能应符合设计要求。水泥的凝结时间和安定性复验应合格。砂浆的配合比应符合设计要求。

❷ 各抹灰层之间及抹灰层与基体之间必须粘接牢固,抹灰层应无脱层、空鼓和裂缝。

❸ 验收时应检查下列文件和记录:① 抹灰工程的施工图、设计说明及其他设计文件;② 材料的产品合格证书、性能检测报告、进场验收记录和复验报告;③ 隐蔽工程验收记录。

8 / 质量记录

假面石抹灰施工质量记录包括:❶ 抹灰工程设计施工图、设计说明及其他设计文件;❷ 材料的产品合格证书、性能检测报告,进场验收记录,进场材料复验记录;❸ 工序交接检验记录;❹ 隐蔽工程验收记录;❺ 工程检验批检验记录;❻ 分项工程检验记录;❼ 单位工程检验记录;❽ 质量检验评定记录;❾ 施工现场管理检查记录;❿ 施工记录。

第 10 节

清水砌体勾缝施工工艺

---

1 / 总则

1.1 适用范围

本施工工艺适用于工业与民用建筑的清水砌体勾缝工程的施工。

1.2 编制参考标准及规范

1. 《建筑装饰装修工程质量验收标准》
（ GB 50210-2018 ）

2. 《建筑工程施工质量验收统一标准》
（ GB 50300-2013 ）

3. 《住宅装饰装修工程施工规范》
（ GB 50327-2001 ）

4. 《民用建筑工程室内环境污染控制标准》
（ GB 50325-2020 ）

5. 《通用硅酸盐水泥》
（ GB 175-2007 ）

6. 《水泥胶砂强度检验方法（ ISO 法 ）》
（ GB/T 17671-1999 ）

2.1 技术准备

❶ 审查设计图纸是否完整、齐全，设计图纸和资料是否符合国家有关工程建设的设计、施工方面的规范和要求。❷ 熟悉设计图纸、设计说明及其他文件，充分了解设计意图、工程特点和技术要求。发现设计图纸中存在的问题和错误，对疑难点、有疑义的问题及时提出质疑，在施工开始前予以修改和改正。❸ 编制施工技术方案，对施工人员进行安全、技术交底和技术培训。❹ 确定配合比和施工工艺，责成专人统一配料，并把好配合比关。在大面积施工前，要按要求做好施工样板，经检验合格后，方可大面积进行施工。

2.2 材料要求

❶ 水泥：宜采用 32.5 级普通水泥或矿渣水泥，应选择同一品种、同一强度等级、同一厂家生产的水泥。水泥进厂需对产品名称、代号、净含量、强度等级、生产许可证编号、生产地 址、出厂编号、执行标准、日期等进行外观检查，同时验收合格证。❷ 砂子：宜采用细砂，使用前应过筛。❸ 磨细生石灰粉：不含杂质和颗粒，使用前 7d 用水将其闷透。❹ 石灰膏：使用时不得含有未熟化的颗粒和杂质，熟化时间不少于 30d。❺ 颜料：应采用矿物质颜料，使用时按设计要求和工程用量，与水泥一次性拌均匀，计量配比准确，应做好样板（块），过筛装袋，保存时避免潮湿。

2.3 主要机具

❶ 砂浆搅拌机：可根据现场使用情况选择强制式水泥砂浆搅拌机或利用小型鼓筒混凝土搅拌机等。❷ 手推车：根据现场情况可采用窄式卧斗、翻斗式或普通式手推车。手推车车轮宜采用胶胎轮或充气胶胎轮，不宜采用硬质轮手推车。❸ 操作工具：铁锹、铁板、灰槽、锤子、扁凿子（开口凿）、尖头钢钻子、瓦刀、托灰板、小铁桶、筛子、粉线袋、施工小线、长溜子、短溜子、喷壶、笤帚、毛刷等。

2.4 作业条件

❶ 主体结构已经过相关单位（建筑单位、施工单位、监理单位、设计

单位）检验合格，并已验收。❷ 施工用脚手架（或吊篮，或桥式架）已搭设完成，做好防护，已验收合格。❸ 所使用材料（如颜料等）已准备充分。❹ 施工方案、施工技术交底已完成。❺ 门窗口位置正确，安装牢固并已采取保护。预留孔洞、预埋件等位置尺寸符合设计要求，门窗口与墙间缝隙应用砂浆堵严。

3 施工工艺

3.1 工艺流程

图 2.10.3-1　清水砌体勾缝施工工艺流程

3.2 操作工艺

1. 塞堵门窗口缝及脚手眼等

勾缝前，将门窗台残缺的砖补砌好，然后用 1∶3 水泥砂浆将门窗框四周与墙之间的缝隙堵严塞实、抹平，应深浅一致。门窗框缝隙填塞材料应符合设计及规范要求。堵脚手眼时，需先将眼内残留砂浆及灰尘等清理干净，后洒水润湿，用同墙颜色一致的原砖补砌堵严。

2. 清理基层

勾缝前，必须将墙面缝隙内和表面的砂浆清理干净，注意不要损坏砖的表面。

3. 弹线、开缝

顺墙立缝自上而下吊垂线，并用粉线将垂直线弹在墙上，作为垂直的规矩。水平缝以同层砖的上下棱为基准拉线，作为水平缝控制的规矩。

对窄缝、瞎缝和划线时遗漏、过浅及与线不符的，用扁凿子开缝，达到勾缝要求的宽度和深度。对剔掉后偏差较大砖面，应用水泥砂浆顺线补齐，然后用原砖研粉与胶粘剂拌合成浆，刷在补好的灰层上，应使颜色与原砖墙一致。

4. 浇水湿润

勾缝前，对砌体进行浇水湿润，冲去表面的浮土，以保证勾缝砂浆与砌体粘结牢固。

5. 砂浆拌合

勾缝一般采用1:1（水泥∶砂）水泥砂浆，或掺入适量的黑色颜料，稠度以30mm～50mm为宜。搅拌好的砂浆应在2h内用完。若采用勾缝剂勾缝时，专用勾缝剂的拌合应严格按照产品说明书要求的加水量、稠度以及拌搅时间进行。

6. 勾缝

勾缝时，按设计要求的灰缝形状进行施工。设计无要求时，一般采用凹入表面3mm～5mm、宽8mm～10mm的凹缝。勾缝顺序应由上而下，先勾水平缝，再勾立缝。勾平缝时应使用长溜子，操作时左手托灰板，右手执溜子，托灰板顶对准要勾缝的下口边，用溜子将灰浆推入缝隙中，勾完一段，用溜子在灰缝中左右移动，推拉移动，将表面压实抹光，使灰缝深度均匀一致。勾立缝用短溜子，可用溜子将灰从托板上刮起，压入立缝内（叼缝），然后上下移动将灰缝压实。勾缝时严禁使用稀砂浆灌缝。必须保证灰缝的横平竖直，交接处必须通顺。每勾完一步架，用扫帚用力将表面的灰砂清理干净，清理顺序按先平缝后立缝，顺缝清扫。扫缝完成后，要认真检查一遍有无漏勾的墙缝，尤其检查易忽略、挡视线和不易操作的地方，发现漏勾的缝及时补勾。天气干燥时，对已勾好的缝洒水养护。

7. 清理墙面

勾缝工作全部完成后，应将墙面全面清扫，对施工中污染墙面的残留灰痕应用力扫净，如难以扫掉时用毛刷蘸水轻刷，然后仔细将灰痕擦洗掉，使墙面干净、整洁。

3.3　质量关键要求

❶ 砌体勾缝施工前，应对与砌体相接的建筑构件（如门窗、建筑装饰件等）、砌体的窄缝、瞎缝：勾缝前要认真检查，施工前要将窄缝、瞎缝进行开缝处理，不得遗漏。❷ 门窗口四周塞灰不严、表面开裂：施工时要认真将灰缝塞满压实。❸ 横竖缝接槎不齐：操作时认真将缝槎接好，并反复勾压，勾完后要认真将缝清理干净，然后认真检查，发现问题及时处理。❹ 缝子深浅不一致：施工时划缝是关键，要认真将缝划至深浅一致，切不可敷衍了事。❺ 窄缝、瞎缝：勾缝前要认真检查，施工前要将窄缝、瞎缝进行开缝处理，不得遗漏。❻ 缝子漏勾：一段作业面完成后，要认真检查有无漏勾，尤其注意门窗旁侧面，发现漏勾及时补勾。

3.4　季节性施工

❶ 室外清水砌体勾缝工程施工不得在五级及以上大风或雨、雪天气下进行。❷ 冬期施工当室外日平均气温连续 5d 稳定低于 5℃时，清水砌体勾缝工程施工应采取冬期施工措施。❸ 冬期施工的清水砌体勾缝工程施工工艺除应符合本章要求外，尚应符合现行行业标准《建筑工程冬期施工规程》（JGJ/T 104）的规定。

4　质量要求

4.1　主控项目

❶ 清水砌体勾缝所用水泥的凝结时间和安定性复验应合格。砂浆的配合比应符合设计要求。

检验要求：水泥复试取样时应由相关单位进行见证取样，并签字认可。拌制砂浆配合比计量时，应使用量具，不得采用经验估量法，计量配合比工作应设专人负责。

检验方法：检查复验报告和施工记录。

❷ 清水砌体勾缝应无漏勾，勾缝材料应粘结牢固，无开裂。

检验要求：施工中应加强过程控制，坚持工序检查制度，要做好施工记录。

检验方法：观察。

4.2　一般项目

❶ 清水砌体勾缝应横平竖直，交接处应平顺，宽度和深度应均匀，表面压实抹平。

检验要求：参加勾缝的操作人员必须是合格的熟练技工人员，非技工人员须经培训合格后方可进行操作。

检验方法：观察；尺量检查。

❷ 灰缝应颜色一致，砌体表面应洁净。

检验要求：勾缝使用的水泥、颜料应是同一品种、同一批量、同一颜色的产品。并一次备足，集中存放，并避免受潮。勾缝完成后，要认真清扫墙面。

检验方法：观察。

5　成品保护

❶ 施工时严禁自上步架或窗口处向灰槽内倒灰，以免溅脏墙面，勾缝时溅落到墙面的砂浆要及时清理干净。❷ 当采用高架提升机运料时，应将周围墙面围挡，防止砂浆、灰尘污染墙面。❸ 勾缝时应将木门窗框加以保护，门窗框的保护膜不得撕掉。❹ 拆架子时不得抛掷，以免碰损墙面，翻脚手板时应先将上面的灰浆和杂物清理干净。

6 / 安全、环境及职业健康措施

6.1 安全措施

❶ 进入施工现场，必须戴安全帽，禁止穿硬底鞋、拖鞋及易滑的钉鞋。
❷ 施工现场的脚手架、防护设施、安全标志和警告牌等，不可擅自拆动，确需拆动应经施工负责人同意由专人拆动。❸ 乘人的外用电梯、吊笼，必须安装可靠的安全装置，严禁任何人利用运料吊篮、吊盘上下。
❹ 高空作业所用材料要堆放平稳，操作工具应随手放入工具袋内，上下传递物件严禁抛掷。

6.2 环保措施

❶ 现场搅拌站应设污水沉淀池，污水经处理达标后继续利用。施工污水不得随意排放，防止造成土和自然水源污染。❷ 施工垃圾消纳应与地方环保部门办理消纳手续或委托合格（地方环保部门认可的）单位组织消纳。❸ 清理施工现场时严禁从高处向下抛撒运输，以防造成粉尘污染。❹ 现场应使用合格的卫生环保设施，严禁随地大小便。

6.3 职业健康安全措施

❶ 参加施工人员要坚守岗位，严禁酒后操作。❷ 机械操作人员必须身体健康，培训合格，持证上岗，非专业人员禁止操作机械。❸ 凡患有高血压、心脏病、贫血病、癫痫病及不适宜高空作业的人员，严禁从事高空作业。❹ 施工用外脚手架搭设必须满足设计及安全规范要求，并经验收合格方可使用。

7 / 工程验收

❶ 装饰抹灰工程所用材料的品种和性能应符合设计要求。水泥的凝结时间和安定性复验应合格。砂浆的配合比应符合设计要求。

❷ 各抹灰层之间及抹灰层与基体之间必须粘接牢固，抹灰层应无脱层、空鼓和裂缝。

❸ 验收时应检查下列文件和记录：① 抹灰工程的施工图、设计说明及其他设计文件；② 材料的产品合格证书、性能检测报告、进场验收记录和复验报告；③ 隐蔽工程验收记录。

8 / 质量记录

清水砌体勾缝施工质量记录包括：❶ 材料的产品合格证书、性能检测报告，进场验收记录和复验报告；❷ 隐蔽工程记录；❸ 检验批检验记录；❹ 分项和单位工程检验记录；❺ 施工质量检验评定记录；❻ 施工现场检查记录；❼ 施工日志。

第 3 章

防水工程

P247-288

第 1 节

外墙防水砂浆防水工程施工工艺

1 / 总则

1.1 适用范围

本工艺适用于：

❶ 饰面砖饰面：包括锦砖（如玻璃马赛克，面积少于 $4cm^2$ 的砖）、面砖（如陶瓷砖、陶瓷劈离砖等）。

❷ 石材块材饰面：包括大理石、花岗石、砂岩、石灰岩、火山岩、文化石、卵石等外墙。

❸ 幕墙饰面：包括玻璃、石材、铝合金板等外墙。

❹ 涂料饰面：包括各类外墙涂料饰面外墙。

1.2 编制参考标准及规范

1.《建筑装饰装修工程质量验收标准》
（GB 50210-2018）

2.《建筑工程施工质量验收统一标准》
（GB 50300-2013）

3.《建筑外墙防水工程技术规程》
（JGJ/T 235-2011）

4.《聚合物水泥防水涂料》
（GB/T 23445-2009）

5.《聚合物水泥防水砂浆》
（JC/T 984- 2011）

6.《砂浆、混凝土防水剂》
（JC 474-2008）

7.《预拌砂浆》
（GB/T 25181-2019）

2 施工准备

2.1 技术准备

❶ 适用于砌体结构或混凝土的基层上采用抹面的水泥防水砂浆层以及聚合物水泥砂浆防水层。不适用环境有侵蚀性、持续振动或温度高于80℃的外墙工程。❷ 施工前应进行技术交底和作业人员上岗培训，熟悉设计要求及验收规范，掌握外墙防水层的具体设计和构造要求。❸ 编制外墙防水工程分项施工方案、作业指导书。❹ 根据技术要求确定外加剂等材料品种、性能及需用计划。❺ 确定配合比及各种材料计量方法。

2.2 材料要求

❶ 水泥品种应按设计要求选用，宜采用普通硅酸盐水泥，其强度等级不得低于32.5级。❷ 禁止使用过期或受潮结块水泥；不得将不同品种或强度等级的水泥混用。❸ 砂采用过筛的洁净中砂，且粒径 ≤ 2mm（聚合物砂浆 ≤ 1mm），含泥量 ≤ 1%，硫化物和硫酸盐含量 ≤ 1%。❹ 水应采用不含有害物质的洁净水。❺ 聚合物的外观应无颗粒、异物、凝固物。❻ 外加剂的技术性能应符合国家或行业标准一等品及以上的质量要求。

2.3 主要机具

表 3.1.2-1　外墙防水砂浆主要机具表

机具名称	用途	机具名称	用途
砂浆拌合机	搅拌砂浆	台秤	称量外加剂
铁锤	剔凿基面	凿子	剔凿基面
钢丝刷	清理基面	软毛刷、扫把	清理基面
铁剪	裁剪钢网	钢尺	丈量尺寸
铁铲	拌合砂浆	灰桶	装载砂浆

2.4 作业条件

❶ 建筑外墙砌体结构验收合格，已办好验收手续。❷ 墙体在批抹找平层前应将外墙原有附设的脚手架残留件，废弃预留件、临时施工洞口等采用水泥防水砂浆或聚合物水泥防水砂浆嵌填密实，如洞口尺寸较大应重新砌筑完整。❸ 基层表面应平整、坚实、粗糙、清洁，并充分湿润。❹ 防水砂浆层不宜在雨天及5级以上大风中施工。冬期施工时，气温不宜低于5℃，且基层表面温度应保持0℃以上。夏季施工时，不宜在35℃以上或烈日照射下施工。❺ 旧工程维修防水层，应将渗漏水部位封堵密实，以保证防水层施工的顺利进行。

3 / 施工工艺

3.1 工艺流程

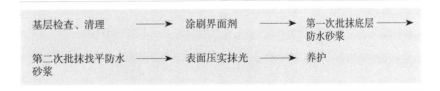

图3.1.3-1　外墙防水砂浆防水工程施工工艺流程

3.2 操作工艺

❶ 清理基层、剔除松散附着物，基层表面的孔洞、缝隙应用与防水层相同的砂浆堵塞压实抹平，混凝土基层应作凿毛处理，使基层表面平整、坚实、粗糙、清洁，并充分润湿，无积水。❷ 施工前应将预埋件、穿墙管预留凹槽内嵌填耐候合成高分子密封胶后，再施工防水砂浆。❸ 基层为砌体时，则抹灰前一天用水管把墙浇透，第二天洒水湿润即可进行底层砂浆施工。❹ 将水泥、水混合按配比1∶1.5～1∶2搅

拌，并外掺水泥用量 4% 的防水剂。搅拌 3min 至均匀，采用刷子把浆料均匀涂刷在砌体及混凝土构件（如梁、柱等）表面上，涂刷时需要全面涂刷施工基面。涂刷时不应过厚但不露底，厚度约 0.3mm～0.5mm 为宜。外墙界面处理剂要求涂刷均匀、厚薄一致、粘结牢固、无露底、脱空等现象，且基面处理剂应在施工后 3d 内批抹外墙防水砂浆施工。

❺ 防水砂浆配制：按配比将防水剂或聚合物乳液加入水泥及砂中（注：一般情况下防水粉剂为水泥用量 4%，防水液剂为水泥 10%，聚合物乳液以设计及产品要求为准且聚灰比宜为 12%～15%），搅拌 1min～2min 至均匀，然后加水拌合均匀，采用机械搅拌时不少于 2min 为宜。❻ 底层砂浆批抹，刮平后要用力抹压成一体，厚度为 10mm～15mm（聚合物防水砂浆 3mm～5mm），在砂浆终凝前用木抹子均匀搓成毛面，待 10h～12h 阴干后可抹面层砂浆。砂浆应随拌随用，拌合后使用时间不得超过 lh，严禁使用拌合后超过初凝时间的砂浆。❼ 批抹面层砂浆 5mm～10mm（聚合物防水砂浆 2mm～3mm），且与前遍批抹方向互相垂直。砂浆用刮尺刮平，并用铁抹子搓平、压实、收光。注意是自然收光而不是压光，表面致密而不光滑。❽ 防水砂浆每遍施工宜一次性连续进行，不留施工缝。若需留设施工缝，则应留成阶梯形槎，但离开墙体阴阳角处不少于 200mm。接槎处施工时，应先在老槎面上涂刷面上涂刷一道界面处理剂，再分层接缝。❾ 基层中的埋设件、管道节点等，应沿其周边剔出宽 5mm、深 10mm 的环形凹槽，并用耐候合成高分子密封胶填嵌密实。❿ 养护：在砂浆终凝后 8h～12h，表面呈反光灰白色时进行润湿、养护。养护初期应缓慢洒水进行，以免冲坏砂浆，养护时间不少于 7d。

3.3　质量关键要求

❶ **防水层的留槎**：要留阶梯形退槎，槎子层间退槎 50mm。❷ **防水层接槎**：首先应把槎口处理干净，然后在槎口均匀涂刷水泥浆一遍。层层搭接，层次分明，抹后压光。❸ **阴阳角处的防水层**：必须做成圆角。阳角直径 1cm，阴角直径 5cm 为宜。❹ 防水砂浆的喷水养护，是防水抹面工程保证质量的最后一道关键工序。这项工作如做的不及时不认真，就会使水泥浆水分被蒸发掉，而出现干缩裂纹现象。❺ 外墙每层砂浆抹完 8h～12h 后，用喷雾器少量喷水养护，夏天还可适当提前进行这项工作。24h 后即可大量浇水养护，保持经常处于潮湿状态。养护期一般在 14d 以上。

3.4 季节性施工

冬季施工现场温度最低不低于5℃。❶ 冬期施工时，每天早晚检测环境温度一次。当温度低于 −5℃时，应采取相应保护措施；当温度低于−10℃，应停止施工。❷ 严禁在雨雪以及5级风以上天气施工。❸ 夏季适当调整作息时间，尽量避开中午高温时间作业，必要时安排清晨和傍晚气温降低时施工，并备好防暑降温用品，防止中暑事故的发生。❹ 夏季多雨，施工现场准备足量塑料薄膜、彩条布，备齐防雨物资，并做好成品保护，防止防水成品被冲刷破坏。

4 / 质量要求

4.1 主控项目

❶ 砂浆防水层的原材料、配合比及性能指标，必须符合设计要求。

检验方法：检查出厂合格证、质量检验报告、计量措施和抽样试验报告。

❷ 防水砂浆层的平均厚度应符合设计要求，最小厚度不得小于设计值的80%。

检验方法：观察；尺量检查。

❸ 砂浆防水层不得有渗漏现象。

检验方法：持续淋水 6h 后观察检查。

❹ 砂浆防水层与基层之间及防水层各层之间应结合牢固，无空鼓。

检验方法：观察和用小锤轻击检查。

❺ 砂浆防水层在门窗洞口、穿墙管、预埋件、分格缝及收头等部位的节点做法应符合设计要求。

❻ 检验方法：观察和检查隐蔽工程验收记录。

4.2 一般项目

❶ 砂浆防水层表面应密实、平整，不得有裂纹、起砂、麻面等缺陷，阴阳角处应做成圆弧形。

检验方法：观察。

❷ 水泥砂浆防水层表面应密实、平整，不得有裂纹、起砂、麻面等缺陷。

检验方法：观察。

❸ 砂浆防水层施工缝留槎位置应正确，接槎应按层次顺序操作，层层搭接紧密。

检验方法：观察和检查隐蔽工程验收记录。

---

5 / 成品保护

❶ 抹灰架子要离开墙面 150mm，拆架时不得碰损口角及墙面。❷ 落地灰要及时清理使用，做到工完场清。❸ 墙面防水层施工应等待材料固化期后，进行下一工序的施工。

---

6 / 安全、环境及职业健康措施

6.1 安全措施

❶ 现场施工负责人和施工员必须重视安全生产，牢固树立安全促进生产、生产必须安全的思想，切实做好预防工作。❷ 施工人员在下达施工计划的同时，应下达具体的安全措施，每天出工前，施工员要针对当天的施工情况，布置施工安全工作，并讲明安全注意事项。❸ 落实安全施工责任制度、安全施工教育制度、安全施工交底制度、施工机具设备安全管理制度等。❹ 特殊工种必须持证上岗。❺ 遵章守纪，杜绝违章指挥和违章作业，现场设立安全措施及有针对性的安全宣传牌、标语和安全警示标志。❻ 进入施工现场必须佩戴安全帽，作业人员衣着灵活、紧

身，禁止穿硬底鞋、高跟鞋作业，超过 2m 高空作业人员应穿戴安全用具，并在安全、可靠的架子上操作，禁止酒后操作和吸烟。❼ 配制砂浆掺用防水剂及聚合物乳液时，操作人员应戴防护用品。

6.2　环保措施

❶ 严格按施工组织设计要求合理布置工地现场的临时设施，做到材料堆放整齐，标识清楚，办公环境文明，施工现场每日清扫，确保工地文明卫生。❷ 做好安全防火工作，严禁工地现场吸烟或其他不文明行为。❸ 定期会同监理、建设单位对工地卫生、材料堆放、作业环境进行检查，开展施工现场管理综合评定工作。❹ 做好施工现场保护工作。

7　工程验收

分项工程质量检验评定内容，见表 3.1.7-1。

表 3.1.7-1　分项工程质量检验评定内容

序号	项目	文件和记录
1	防水设计	设计图纸及会审记录，设计变更通知单
2	施工方案	施工方法、技术措施、质量保证措施
3	技术交底记录	施工操作要求及注意事项
4	材料质量证明文件	出厂合格证、质量检验报告和抽样试验报告
5	中间检查记录	分项工程质量验收记录、隐蔽工程验收记录、施工检验记录、雨后或淋水检验记录
6	施工日志	逐日施工情况
7	工程检验记录	抽样质量检验、现场检查

序号	项目	文件和记录
8	施工单位资质证明及施工人员上岗证件	资质证书及上岗证资料
9	其他技术资料	事故处理报告、技术总结等

8 质量记录

外墙防水砂浆防水工程施工质量记录包括如下两项。

❶ 原材料（水泥、砂、防水剂、聚合物乳液等）出厂合格证、试验报告，见表 3.1.8-1。

表 3.1.8-1　外墙防水材料检验表

序号	材料名称	现场抽样数量	外观质量检验	物理性能检验
1	现场配制防水砂浆	每 10m³ 为一批，不足 10m³ 按一批抽样	均匀，无凝结团状	（1）《砂浆、混凝土防水剂》JC 474；（2）《聚合物水泥防水砂浆》JC/T 984
2	预拌防水砂浆、无机防水材料	每 10t 为一批，不足 10t 按一批抽样	包装完好无损，标明产品名称、规格、生产日期、生产厂家、产品有效期；筒仓、储罐提供产品出厂合格证	（1）《预拌砂浆》GB/T 25181；（2）《聚合物水泥防水砂浆》JC/T 984
3	防水涂料	每 5t 为一批，不足 5t 按一批抽样	包装完好无损，标明产品名称、规格、生产日期、生产厂家、产品有效期	《聚合物水泥防水涂料》GB/T 23445

❷ 隐蔽工程验收记录：①防水层的基层；②密封防水处理部位；③门窗洞口、穿墙管、预埋件及收头等细部做法。

第 2 节　室内楼地面防水施工工艺

1 / 总则

1.1 适用范围

本施工工艺适用于：

（1）包括卫生间、浴室、厨房等室内涉水空间，包括地面防水及相关涉水房间等区域。

（2）阳台、外廊、架空层、管道井等室内或半室外涉水空间，以地面防水为主。

1.2 编制参考标准及规范

1.《建筑装饰装修工程质量验收标准》
（GB 50210-2018）

2.《建筑工程施工质量验收统一标准》
（GB 50300-2013）

3.《住宅室内防水工程技术规范》
（JGJ 298-2013）

4.《聚合物水泥防水涂料》
（GB/T 23445-2009）

5.《聚氨酯防水涂料》
（GB/T 19250-2013）

6.《聚合物水泥防水砂浆》
（JC/T 984-2011）

7.《砂浆、混凝土防水剂》
（JC 474-2008）

2 施工准备

2.1 技术准备

❶ 适用于涉水楼地面混凝土结构板面上水泥砂浆或聚合物水泥砂浆找平层为基层的，采用单组分聚氨酯涂料防水层。❷ 施工前应进行技术交底和作业人员上岗培训，熟悉设计图纸及验收规范，掌握楼地面中地面防水的具体设计和构造要求。❸ 编制地面防水工程分项施工方案、作业指导书。❹ 根据技术要求确定外加剂等材料品种、性能及需用计划。❺ 确定配合比及各种材料计量方法。

2.2 材料要求

❶ 禁止使用过期或受潮的防水涂料；不得将新旧材料混用。❷ 配比用水应采用不含有害物质的洁净水。❸ 找平层所需的水泥品种应按设计要求选用，宜采用普通硅酸盐水泥，其找平层强度等级不得低于M15级。

2.3 主要机具

表 3.2.2-1　楼地面防水涂料主要机具表

机具名称	用途	机具名称	用途
电动搅拌器	搅拌涂料	橡胶刮板	涂料施工
油漆刷	涂料施工（小面积）	滚刷	涂料施工（大面积）
大料桶	搅拌涂料	小胶桶	盛装涂料
剪刀	剪切无纺布或修复涂膜	小刀	修复涂膜
小平铲	清理基面	扫把	清扫基面
口罩	施工穿着	胶手套	施工穿着
专用软底橡胶钉鞋	施工穿着	灭火器	消防器具

2.4　作业条件

❶ 楼地面涉水房间地面及砌体结构验收合格，已办好验收手续。

❷ 墙体在批抹找平层前应将地面预埋管（槽）产生的坑槽采用聚合物水泥防水砂浆嵌填密实。

❸ 基层表面应平整、坚实、粗糙、清洁。

❹ 门槛部位防水层收头处混凝土或砂浆应施工完毕。

❺ 旧工程维修防水层，应将渗漏水部位封堵密实，以保证防水层施工顺利进行。

3　施工工艺

3.1　工艺流程

图 3.2.3-1　室内楼地面防水施工工艺流程

3.2　操作工艺

❶ 找平层施工要求采用 M15 级水泥砂浆或聚合物水泥砂浆进行找平，厚度最薄处不少于 10mm，并且抹压光面严禁积水，2m 铝合金压尺检查 ≤ 3mm 为宜，并向集水沟或低处水落口方向找设。

❷ 施工找平层时，在阴角位处应留设直径 ≥ 20mm 圆弧；在阳角位处应留设直径 ≥ 10mm 圆弧，平面找平层不得采用疏松性、半干湿或吸水率大的材料进行批抹或浇筑。

❸ 找平层养护期过后应静置 3d～4d 作候干处理，基面将尘土、砂泥、垃圾、积水等清理干净。如基面存在尖突、凹陷、砂眼及浮浆等缺陷，应将缺陷部位凿（铲）除，并采用聚合物水泥砂浆进行修复至平整、坚实、与原找平层粘结牢固。

❹ **防水细部增强层施工：** ① 阴阳角位部位：施工范围要求在所有的阴阳角位两边各展开 300mm 宽进行第一遍单组分水固化聚氨酯防水橡胶涂料施工，且要求厚度为 1mm。第一遍涂料固化后（间隔时间不少于 4h），在第二遍涂料施工时应注意与第一遍涂料涂刷的方向相互垂直，且在施工过程中加设聚酯无纺布作胎体增强层。加设时，要使聚酯无纺布平坦地粘结在涂膜上，特别在两边搭接处，其搭接长度不少于 100mm，且搭接部位两层聚酯无纺布要求平整，不得有混搭、空鼓、皱叠等现象存在。待增强层完成并固化后，方可进行余下防水涂料遍数的施工。② 穿过混凝土板管道或水落口防水节点增强层施工：在做砂浆找平层时预埋一条聚乙烯泡沫条，待砂浆干后取起表面泡沫条，嵌填密封胶。密封后对穿板管道或水落口部位直径 600mm 范围内涂刷第一遍单组分水固化聚氨酯防水橡胶涂料施工。第一遍涂料固化后（间隔时间不少于 4h），在第二遍涂料施工时应注意与第一遍涂料涂刷的方向相互垂直，且在施工过程中加设聚酯无纺布作胎体增强层，要求粘贴聚酯无纺布平整，无空鼓、皱叠等现象存在。防水增强层应反上穿板管道（或套管周边），其高度距离防水找平层高出不少于 150mm，反入水落口不少于 50mm。

❺ 现场要求开启防水涂料包装后并使用电动搅拌机进行搅拌 1min～2min，至均匀为止。

❻ 施工前应按适当比例添加约 20% 的洁净水，采用电动搅拌器均匀慢速搅拌 3min。注意在搅拌时，不得将用剩的固化料与新料重新搅拌使用。

❼ 涂料施工总厚度宜为 2mm 厚，平面部位一般分 2～3 遍完成，立面部位须适当增加遍数，其总用量约为 $2.2kg/m^2$。施工第一遍厚度要求较薄，厚度为 0.7mm 左右；其余各遍厚度为 0.8mm～1.0mm，每层间隔时间不少于 4d，且每层干固后方可进行下一遍施工。涂刷时可采用滚刷或橡胶刮板进行施工，要求每层涂刷均匀不露底，且施工方向互相垂直。每层干固的手感可通过手指触摸感到不粘手时为宜。

❽ 如遇多个施工段，每段涂料的边皮周边之间防水层搭接长度不少于 100mm，且不得堆积过厚，应平缓过渡。

3.3 质量关键要求

❶ 施工期间如因气温及水汽造成局部防水层起泡可在涂层固结成膜后采用小刀切去起泡部分，并涂刷防水涂料进行修复，修复周边应大于原周边 100mm。

❷ 涂料防水层表面要求铺设隔离层，如 PVC 薄膜、聚酯无纺布等，注意在铺设时须均匀平铺，不露底、不皱叠。

❸ 涂膜防水层要求设置 40mm 厚细石混凝土或 25mm 厚水泥砂浆保护层，以防止人为损坏及回填物料时造成冲击破坏。

3.4 季节性施工

冬期施工现场温度最低不低于 5℃。❶ 冬期施工时，每天早晚检测环境温度一次。当温度低于 -5℃时，应采取相应保护措施；当温度低于 -10℃时，应停止施工。❷ 基层含水率应小于 9%。❸ 加强职工的安全、消防教育，坚持用火申请审批制度，易燃品要及时清理，远离施工地点堆放，安排好监护人，坚持贯彻冬施中防火、防煤气中毒、防滑、防冻等措施。

4 质量要求

4.1 主控项目

❶ 防水层所用防水涂料及配套材料应符合设计要求。

检验方法：检查出厂合格证、质量检验报告和抽样试验报告。

❷ 涂料防水层不得有渗漏现象。

检验方法：持续蓄水 24h 后观察检查。

❸ 涂料防水层在阴阳角、穿出立管、水落口、预埋件、门槛（截水槛）、立墙收头等部位的节点做法，应符合设计要求。

检验方法：观察和检查隐蔽工程验收记录。

　　　　一般项目

❶ 涂膜防水层的平均厚度应符合设计要求，最小厚度不应小于设计厚度的 90%。

检验方法：涂层测厚仪法或割取 20mm × 20mm 实样用卡尺测量。

❷ 涂料防水层应与基层粘结牢固，表面平整，涂刷均匀，无流淌、皱折、鼓泡、露胎体和翘边等缺陷。

检验方法：观察。

5 　／　成品保护

❶ 地面防水涂料施工后及时进行隔离层和保护层施工，涂料未固化设置防护标志并严禁在施工区域行走活动。❷ 地面防水涂料施工过程中应穿戴手套及专用软底橡胶钉鞋，防水层完成后严禁在上面堆放任何杂物、各类材料。❸ 墙面防水层施工应等待材料固化期后，进行下一工序施工。❹ 墙面防水层施工时抹灰架子要离开墙面 150mm，拆架时不得碰损口角及墙面防水层。❺ 落地灰要及时清理使用，做到工完场清。

6 　／　安全、环境及职业健康措施

6.1 　　安全措施

❶ 现场施工负责人和施工员必须十分重视安全生产，牢固树立安全促进生产、生产必须安全的思想，切实做好预防工作。❷ 施工人员在下

达施工计划的同时，应下达具体的安全措施，每天出工前，施工员要针对当天的施工情况，布置施工安全工作，并讲明安全注意事项。❸ 落实安全施工责任制度、安全施工教育制度、安全施工交底制度、施工机具设备安全管理制度等。❹ 特殊工种必须持证上岗。❺ 遵章守纪，杜绝违章指挥和违章作业，现场设立安全措施及有针对性的安全宣传牌、标语和安全警示标志。

6.2　环保措施

❶ 严格按施工组织设计要求合理布置工地现场的临时设施，做到材料堆放整齐，标识清楚，办公环境文明，施工现场每日清扫，严禁在施工现场及其周围随地大小便，确保工地文明卫生。❷ 做好安全防火工作，严禁工地现场吸烟或其他不文明行为。❸ 定期会同监理、建设单位对工地卫生、材料堆放、作业环境进行检查，开展施工现场管理综合评定工作。❹ 做好施工现场保卫工作。

6.3　职业健康安全措施

❶ 进入施工现场必须佩戴安全帽，作业人员衣着灵活紧身，禁止穿硬底鞋、高跟鞋作业，超过 2m 高空作业人员应穿戴安全用具，并在安全可靠的架子上操作，禁止酒后操作。❷ 为避免施工现场配制防水材料时（如聚氨酯、聚合物水泥产品等）可能引起施工人员不适，要求施工人员戴口罩及防护用品，如有需要现场应配备通风措施。❸ 现场严禁吸烟、烧焊等或其他明火作业，并不得使用碘钨灯等作照明，应用防爆类型的、不会产生高温或触电的安全灯具作照明。

❶ 防水层的基层。❷ 密封防水处理部位。❸ 阴阳角、穿出立管、水落口、预埋件、门槛（截水槛）、立墙收头等细部做法。

室内楼地面防水施工质量记录内容见表 3.2.8-1。

表 3.2.8-1 质量检验记录内容

序号	项目	文件和记录
1	防水设计	设计图纸及会审记录，设计变更通知单
2	施工方案	施工方法、技术措施、质量保证措施
3	技术交底记录	施工操作要求及注意事项
4	材料质量证明文件	出厂合格证、质量检验报告和抽样试验报告
5	中间检查记录	分项工程质量验收记录、隐蔽工程验收记录、施工检验记录、雨后或淋水检验记录
6	施工日志	逐日施工情况
7	工程检验记录	抽样质量检验、现场检查
8	施工单位资质证明及施工人员上岗证件	资质证书及上岗证资料
9	其他技术资料	事故处理报告、技术总结等

第3节 外墙聚合物水泥防水涂料施工工艺

1 / 总则

1.1 适用范围

本施工工艺适用于:

❶ 饰面砖饰面:包括锦砖(如玻璃马赛克,面积少于 $4cm^2$ 的砖)、面砖(如陶瓷砖、陶瓷劈离砖等)。

❷ 石材块材饰面:包括大理石、花岗岩、砂岩、石灰岩、火山岩、文化石、卵石等外墙。

❸ 幕墙饰面:包括玻璃、石材、铝合板等外墙。

❹ 涂料饰面:包括各类外墙涂料饰面外墙。

1.2 编制参考标准及规范

1.《建筑装饰装修工程质量验收标准》
   (GB 50210-2018)

2.《建筑工程施工质量验收统一标准》
   (GB 50300-2013)

3.《建筑外墙防水工程技术规程》
   (JGJ/T 235-2011)

4.《聚合物水泥防水涂料》
   (GB/T 23445-2009)

5.《聚合物水泥防水砂浆》
   (JC/T 984-2011)

6.《砂浆、混凝土防水剂》
   (JC 474-2008)

7.《预拌砂浆》
   (GB/T 25181-2019)

2 施工准备

2.1 技术准备

❶ 适用于已经找平处理的砌体结构或混凝土的基层上采用涂抹的聚合物水泥防水涂料层。不适用环境有侵蚀性、较大持续振动或温度高于80℃的外墙工程。❷ 施工前应进行技术交底和作业人员上岗培训，熟悉设计要求及验收规范，掌握外墙防水层的具体设计和构造要求。❸ 编制外墙防水工程分项施工方案、作业指导书。❹ 根据技术要求确定外加剂等材料品种、性能及需用计划。❺ 确定配合比及各种材料计量方法。

2.2 材料要求

❶ 防水涂料层所用的材料必须配套使用，所有材料均应有产品合格证书，性能检测报告，材料的品种、规格、性能等应符合现行国家标准和设计要求。❷ 防水涂料配料应按配合比的规定进行准确计量、搅拌均匀，每次配料量必须保证在规定的可操作时间内涂刷完毕，以免固化失效。❸ 禁止将不同品种的乳液或水泥掺入防水涂料中混用。❹ 除防水层界面剂外，不应对防水涂料层加水稀释使用。❺ 聚合物的外观应无颗粒、异物、凝固物。❻ 外加剂的技术性能应符合国家或行业标准一等品及以上的质量要求。

2.3 主要机具

表 3.3.2-1　外墙防水砂浆主要机具表

机具名称	用途	机具名称	用途
涂料搅拌机	搅拌涂料	台秤	称量材料
铁锤	剔凿基面	凿子	剔凿基面
钢丝刷	清理基面	软毛刷、扫把	清理基面
灰桶	装载涂料	拌料桶	拌合材料
细筛网	过滤涂料	滚刷	滚涂施工

机具名称	用途	机具名称	用途
毛刷	涂刷施工	刮板	刮抹施工
铁抹子、木抹子	砂浆抹光	刮尺	找平、压实

2.4　作业条件

❶ 建筑外墙砌体找平层验收合格，已办好验收手续。❷ 墙体在批抹找平层前应将外墙原有附设的脚手架残留件、废弃预留件、临时施工洞口等进行水泥防水砂浆或聚合物水泥防水砂浆嵌填密实，如洞口尺寸较大，应重新砌筑完整。❸ 基层表面应平整、坚实、粗糙、清洁，无空鼓、掉灰等缺陷。❹ 防水涂料层不应在雨天及5级以上大风中施工。冬期施工时，气温不应低于5℃；夏季施工时，不宜在35℃以上或烈日照射下施工。❺ 旧工程维修防水层，应将渗漏水部位封堵密实，以保证防水层施工的顺利进行。❻ 施工前基层表面应洁净，并洒水湿润风干后施工。

3　施工工艺

3.1　工艺流程

图 3.3.3-1　外墙聚合物水泥防水涂料施工工艺流程

3.2　操作工艺

❶ 清理基层、剔除松散附着物，基层表面的孔洞、缝隙应用聚合物水

泥防水砂浆堵塞压实抹平，基层表面平整、坚实、粗糙、清洁，并充分润湿，无积水。❷ 基层中的埋设件、管道节点等，应沿其周边剔出宽度 5mm、深度 10mm 的环形凹槽，并用耐候合成高分子密封胶填嵌密实。❸ 涂刷防水涂料洒水湿润并稍微风干即可进行涂料界面剂施工。❹ 将防水涂料混合搅拌，并外掺水量宜为 12%～15%，搅拌 3min 至均匀成为防水涂料界面剂，采用刷子把浆料均匀涂刷在外墙找平层表面上，涂刷时需要全面涂刷施工基面，并应用刷子用力薄涂，使涂料尽量刷进基层表面毛细孔中，同时扫除基层可能留下的少量尘土及杂质，涂刷时不应过厚但不露底，厚度 0.2mm～0.3mm 为宜。外墙界面处理剂要求涂刷均匀、厚薄一致、粘结牢固，无露底、脱空等现象，且基面处理剂在施工后应 1d 内涂刷外墙防水涂料施工。❺ 防水涂料配制：涂料在涂刷前必须先搅匀，配料应根据产品要求的配合比进行现场配制，严禁任意改变配合比。配料时要求计量准确，液料和粉料的混合偏差不得大于 5%。配制时先将液料放入搅拌容器进行稍稍搅拌，然后放入粉料，并立即开始搅拌。搅拌桶应选用圆桶，以便搅拌均匀。要注意将材料上下、前后、左右及各个角落都充分搅匀，搅拌时间一般在 3min～4min。搅拌的混合料以颜色均匀一致为标准。❻ 涂层厚度控制试验：防水涂料施工前，必须根据设计要求的涂层厚度及涂料的含固量确定（计算）每平方米涂料用量、每道涂刷的用量以及需要涂刷的遍数。❼ 大面积施工前应对外墙预埋件、管道、窗户周边、阴阳角位等细部构造进行加强防水处理，并对细部构造部位铺贴聚酯无纺布增强层。细部构造处涂料应达 1mm 厚方可铺设增强层，其搭接不少于 50mm 宽。增强层铺设后，应严格检查表面是否有缺陷或搭接不足等现象，要求铺设增强层粘结平整、平顺、无空鼓、翘边等现象。如发现上述缺陷情况，应及时修补完整。❽ 防水涂料应分多遍施工直至符合设计厚度，施工倒料时宜采用钢筛网过滤涂料搅拌不均匀的残留颗粒、块料等。大面积涂刷应按"先高后低，先远后近，先细部、再大面"的原则涂刷。❾ 防水涂料每次涂刷不宜过厚，根据其表干和实干时间确定每遍涂刷的涂料用量和间隔时间，一般情况为 4h～6h 后方可进行下一遍涂刷。❿ 前一遍涂料固化后，应将涂层上的灰尘、杂质清理干净后，再进行后一遍涂层的涂刷，并在相邻两次涂刷的方向互相垂直，每层搭接应错开，宽度宜 100mm。每次涂布前，应严格检查前遍涂层的缺陷和问题，立即修补后方可涂刷后一遍涂料。⓫ 养护：在涂料固化后 48h 时进行适当润湿养护。养护期不得直接洒水，以免冲坏涂料层，养护时间不少于 7d。

3.3 质量关键要求

❶ 防水层的留茬：要留阶梯形退茬，茬子层间退茬 50mm。❷ 防水层接茬：首先应把茬口处理干净，然后在茬口均匀涂刷水泥浆一遍。层层搭接，层次分明，抹后压光。❸ 阴阳角处的防水层：必须做成圆角。阳角直径 1cm，阴角直径 5cm 为宜。❹ 防水砂浆的喷水养护，是保证防水抹面工程质量的最后一道关键工序。这项工作如做的不及时、不认真，就会使水泥浆水分被蒸发掉，而出现干缩开裂现象。❺ 外墙每层砂浆抹完 8h~12h 后，用喷雾器少量喷水养护，夏天还可适当提前进行这项工作。24h 后，即可大量浇水养护，保持经常处于潮湿状态。养护期一般在 14d 以上。

3.4 季节性施工

❶ 冬期施工时，每天早晚检测环境温度一次。当温度低于 -5℃时，应采取相应保护措施；当温度低于 -10℃，应停止施工。❷ 严禁在雨雪以及 5 级风以上天气施工。❸ 夏季适当调整作息时间，尽量避开中午高温时间作业，必要时安排清晨和傍晚气温降低时施工，并备好防暑降温用品，防止中暑事故的发生。❹ 夏季多雨，施工现场准备足量塑料薄膜、彩条布，备齐防雨物资，并做好成品保护，防止防水成品被冲刷破坏。

4 / 质量要求

4.1 主控项目

❶ 砂浆防水层的原材料、配合比及性能指标，必须符合设计要求。
检验方法：检查出厂合格证、质量检验报告、计量措施和抽样试验报告。
❷ 防水砂浆层的平均厚度应符合设计要求，最小厚度不得小于设计值的 80%。
检验方法：观察和尺量检查。

❸ 砂浆防水层不得有渗漏现象。

检验方法：持续淋水 6h 后观察检查。

❹ 砂浆防水层与基层之间及防水层各层之间应结合牢固，无空鼓。

检验方法：观察和用小锤轻击检查。

❺ 砂浆防水层在门窗洞口、穿墙管、预埋件、分格缝及收头等部位的节点做法应符合设计要求。

❻ 检验方法：观察和检查隐蔽工程验收记录。

4.2　一般项目

❶ 砂浆防水层表面应密实、平整，不得有裂纹、起砂、麻面等缺陷，阴阳角处应做成圆弧形。

检验方法：观察。

❷ 水泥砂浆防水层表面应密实、平整，不得有裂纹、起砂、麻面等缺陷。

检验方法：观察。

❸ 砂浆防水层施工缝留槎位置应正确，接槎应按层次顺序操作，层层搭接紧密。

检验方法：观察和检查隐蔽工程验收记录。

5　成品保护

❶ 抹灰架子要离开墙面 150mm，拆架时不得碰损口角及墙面。❷ 落地灰要及时清理使用，做到工完场清。❸ 墙面防水层施工应等待材料固化期后，进行下一工序的施工。

6 / 安全、环境及职业健康措施

6.1　安全措施

❶ 现场施工负责人和施工员必须重视安全生产，牢固树立安全促进生产、生产必须安全的思想，切实做好预防工作。❷ 施工人员在下达施工计划的同时，应下达具体的安全措施，每天出工前，施工员要针对当天的施工情况，布置施工安全工作，并讲明安全注意事项。❸ 落实安全施工责任制度、安全施工教育制度、安全施工交底制度、施工机具设备安全管理制度等。❹ 特殊工种必须持证上岗。❺ 遵章守纪，杜绝违章指挥和违章作业，现场设立安全措施及有针对性的安全宣传牌、标语和安全警示标志。❻ 进入施工现场必须佩戴安全帽，作业人员衣着灵活紧身，禁止穿硬底鞋、高跟鞋作业，超过2m高空作业人员应穿戴安全用具，并在安全、可靠的架子上操作，禁止酒后操作和吸烟。❼ 配制砂浆掺用防水及聚合物乳液时，操作人员应戴防护用品。

6.2　环保措施

❶ 严格按施工组织设计要求合理布置工地现场的临时设施，做到材料堆放整齐，标识清楚，办公环境文明，施工现场每日清扫，严禁在施工现场及其周围随地大小便，确保工地文明卫生。❷ 做好安全防火工作，严禁工地现场吸烟或其他不文明行为。❸ 定期会同监理、建设单位对工地卫生、材料堆放、作业环境进行检查，开展施工现场管理综合评定工作。❹ 做好施工现场保护工作。

7 / 工程验收

分项工程质量检验评定内容，见表 3.3.7-1

表 3.3.7-1　分项工程质量检验评定内容

序号	项目	文件和记录
1	防水设计	设计图纸及会审记录，设计变更通知单
2	施工方案	施工方法、技术措施、质量保证措施
3	技术交底记录	施工操作要求及注意事项
4	材料质量证明文件	出厂合格证、质量检验报告和抽样试验报告
5	中间检查记录	分项工程质量验收记录、隐蔽工程验收记录、施工检验记录、雨后或淋水检验记录
6	施工日志	逐日施工情况
7	工程检验记录	抽样质量检验、现场检查
8	施工单位资质证明及施工人员上岗证件	资质证书及上岗证资料
9	其他技术资料	事故处理报告、技术总结等

8 / 质量记录

外墙聚合物水泥防水涂料施工质量记录包括：

❶ 原材料（水泥、砂、防水剂、聚合物乳液等）出厂合格证、试验报告，见表 3.3.8-1。

表 3.3.8-1　外墙防水材料检验表

序号	材料名称	现场抽样数量	外观质量检验	物理性能检验
1	现场配制防水砂浆	每 10m³ 为一批，不足 10m³ 按一批抽样	均匀，无凝结团状	（1）《砂浆、混凝土防水剂》JC 474；（2）《聚合物水泥防水砂浆》JC/T 984
2	预拌防水砂浆、无机防水材料	每 10t 为一批，不足 10t 按一批抽样	包装完好无损，标明产品名称、规格、生产日期、生产厂家、产品有效期；筒仓、储罐提供产品出厂合格证	（1）《预拌砂浆》GB/T 25181；（2）《聚合物水泥防水砂浆》JC/T 984
3	防水涂料	每 5t 为一批，不足 5t 按一批抽样	包装完好无损，标明产品名称、规格、生产日期、生产厂家、产品有效期	《聚合物水泥防水涂料》GB/T 23445

❷ 隐蔽工程验收记录：① 防水层的基层。② 密封防水处理部位。③ 门窗洞口、穿墙管、预埋件及收头等细部做法。

第4节

室内楼地面聚合物水泥防水砂浆施工工艺

---

1 / 总则

1.1 适用范围

本施工工艺适用于：

❶ 包括卫生间、浴室、厨房等室内涉水空间，包括地面防水及相关涉水房间等区域。

❷ 阳台、外廊、架空层、管道井等室内或半室外涉水空间，以地面防水为主。

1.2 编制参考标准及规范

1.《建筑装饰装修工程质量验收标准》
（GB 50210-2018）

2.《建筑工程施工质量验收统一标准》
（GB 50300-2013）

3.《住宅室内防水工程技术规范》
（JGJ 298-2013）

4.《聚合物水泥防水涂料》
（GB/T 23445-2009）

5.《聚氨酯防水涂料》
（GB/T 19250-2013）

6.《聚合物水泥防水砂浆》
（JC/T 984-2011）

7.《砂浆、混凝土防水剂》
（JC 474-2008）

2 施工准备

2.1 技术准备

❶ 适用于楼地面涉水空间的混凝土平面基层及相应房间墙立面上采用聚合物水泥砂浆防水层。❷ 施工前应进行技术交底和作业人员上岗培训，熟悉设计图纸及验收规范，掌握外墙防水的具体设计和构造要求。❸ 编制防水工程分项施工方案、作业指导书。❹ 根据技术要求确定材料品种、性能及需用计划。❺ 确定配合比及各种材料计量方法。

2.2 材料要求

❶ 水泥品种应按设计要求选用，宜采用普通硅酸盐水泥，其强度等级不得低于 32.5 级。❷ 禁止使用过期或受潮结块水泥；不得将不同品种或强度等级的水泥混用。❸ 砂采用过筛的洁净中砂，且粒径 ≤ 1mm，含泥量 ≤ 1%，硫化物和硫酸盐含量 ≤ 1%。❹ 应采用不含有害物质的洁净水。❺ 聚合物的外观应无颗粒、异物、凝固物。

2.3 主要机具

表 3.4.2-1 聚合物水泥防水砂浆主要机具表

机具名称	用途	机具名称	用途
砂浆拌合机	搅拌砂浆	台秤	称量外加剂
铁锤	剔凿基面	凿子	剔凿基面
软毛刷、扫把	清理基面	钢尺	丈量尺寸
铁铲	拌合砂浆	灰桶	装载砂浆
铁抹子、木抹子	砂浆抹光	刮尺	找平、压实
阴阳角抹子	规整边角	粉线	基面弹线

2.4 作业条件

❶ 建筑涉水楼地面及相应房间墙面砌体结构验收合格，已办好验收手续。❷ 墙、地面预埋管（槽）产生的坑槽采用聚合物水泥防水砂浆嵌

填密实。❸ 基层表面应平整、坚实、粗糙、清洁并充分湿润。❹ 旧工程维修防水层，应将渗漏水部位封堵密实，以保证防水层施工顺利进行。

3 / 施工工艺

3.1 工艺流程

图 3.4.3-1 室内楼地面聚合物水泥防水砂浆施工工艺流程

3.2 操作工艺

❶ 清理基层、剔除松散附着物，基层表面的孔洞、缝隙应用聚合物水泥砂浆堵塞压实抹平，混凝土基层应作凿毛处理，使基层表面平整、坚实、粗糙、清洁，并充分润湿，无积水。❷ 施工前应将预埋件、穿墙管预留凹槽内嵌填耐候合成高分子密封胶后，再施工聚合物水泥防水砂浆。❸ 基层为砌体时，则抹灰前一天用水将施工基面洒水湿润，方可进行聚合物水泥防水砂浆施工。❹ 防水砂浆界面剂配制：将聚合物乳液、水泥、水按参考配比 1 : 1.5 ~ 2 : 1 搅拌 3min 至均匀，采用刷子把浆料均匀涂刷施工基面。涂刷时不应过厚但不露底，厚度 0.3mm ~ 0.5mm 为宜。要求涂刷均匀、厚薄一致、粘结牢固，无露底、脱空等现象，且基面处理剂应在施工后 3d 内批抹聚合物水泥防水砂浆施工。❺ 聚合物水泥防水砂浆配制：按配比将聚合物乳液加入水泥及砂中，聚合物乳液以设计及产品要求为准，且聚灰比宜为 12% ~ 15%，搅拌 1min ~ 2min 至均匀，然后加水拌合均匀，采用机

建筑装饰装修施工手册（第2版）

械搅拌时不少于 2min~3min 为宜。❻ 砂浆批抹，刮平后要用力抹压成一体，厚度为 8mm~10mm，在砂浆终凝前用木抹子均匀搓成平整坚实面。砂浆应随拌随用，拌合后使用时间不得超过 1h，严禁使用拌合后超过初凝时间的砂浆。❼ 砂浆初凝后，用铁抹子对砂浆表面进行搓平、压实、收光处理，且与之前批抹方向互相垂直。注意是自然收光而不是压光，表面致密而不光滑。❽ 防水砂浆每遍施工宜一次性连续进行，不留施工缝。如施工面积较大一次不能完成时需留设施工缝，则应留成阶梯形槎，但离开墙体阴阳角处不少于 200mm。接槎处施工时，应先在老槎面上涂刷面上涂刷一道界面处理剂，再分层接缝。❾ 基层中的埋设件、管道节点等，应沿其周边剔出宽 5mm、深 10mm 的环形凹槽，并在养护期后用耐候合成高分子密封胶填嵌密实。❿ 养护：在砂浆终凝后 8h~12h，表面呈反光灰白色时进行润湿、养护。养护初期应缓慢洒水进行，以免冲坏砂浆，养护时间不少于 3d。

3.3　质量关键要求

❶ 施工期间如因气温及水汽造成局部防水层起泡，可在涂层固结成膜后采用小刀切去起泡部分，并涂刷防水涂料进行修复，修复周边应大于原周边 100mm。❷ 涂料防水层表面要求铺设隔离层，如 PVC 薄膜、聚酯无纺布等，注意在铺设时须均匀平铺，不露底、不皱叠。❸ 涂膜防水层要求设置 40mm 厚细石混凝土或 25mm 厚水泥砂浆保护层，以防止人为损坏及回填物料时造成冲击破坏。

3.4　季节性施工

❶ 冬期施工时，每天早晚检测环境温度一次。当温度低于 -5℃时，应采取相应保护措施；当温度低于 -10℃时，应停止施工。❷ 加强职工的安全、消防教育，坚持用火申请审批制度，易燃品要及时清理，远离施工地点堆放，安排好监护人，坚持贯彻冬期施工中防火、防煤气中毒、防滑、防冻等措施。

4 / 质量要求

4.1 主控项目

❶ 防水层所用防水涂料及配套材料应符合设计要求。

检验方法：检查出厂合格证、质量检验报告和抽样试验报告。

❷ 涂料防水层不得有渗漏现象。

检验方法：持续蓄水 24h 后观察检查。

❸ 涂料防水层在阴阳角、穿出立管、水落口、预埋件、门槛（截水槛）、立墙收头等部位的节点做法，应符合设计要求。

检验方法：观察和检查隐蔽工程验收记录。

4.2 一般项目

❶ 涂膜防水层的平均厚度应符合设计要求，最小厚度不应小于设计厚度的 90%。

检验方法：涂层测厚仪法或割取 20mm×20mm 实样用卡尺测量。

❷ 涂料防水层应与基层粘结牢固，表面平整，涂刷均匀，无流淌、皱折、鼓泡、露胎体和翘边等缺陷。

检验方法：观察。

5 / 成品保护

❶ 地面防水涂料施工后，及时进行隔离层和保护层施工，涂料未固化设置防护标志并严禁在施工区域行走活动。❷ 地面防水涂料施工过程中应穿戴手套及专用软底橡胶钉鞋，防水层完成后严禁在上面堆放任何杂物、各类材料。❸ 墙面防水层施工应等待材料固化期后，进行下一工序的施工。❹ 墙面防水层施工时抹灰架子要离开墙面 150mm，拆架时不得碰损口角及墙面防水层。❺ 落地灰要及时清理使用，做到工完场清。

6 安全、环境及职业健康措施

6.1 安全措施

❶ 现场施工负责人和施工员必须十分重视安全生产，牢固树立安全促进生产、生产必须安全的思想，切实做好预防工作。❷ 施工人员在下达施工计划的同时，应下达具体的安全措施，每天出工前，施工员要针对当天的施工情况，布置施工安全工作，并讲明安全注意事项。❸ 落实安全施工责任制度、安全施工教育制度、安全施工交底制度、施工机具设备安全管理制度等。❹ 特殊工种必须持证上岗。❺ 遵章守纪，杜绝违章指挥和违章作业，现场设立安全措施及有针对性的安全宣传牌、标语和安全警示标志。

6.2 环保措施

❶ 严格按施工组织设计要求合理布置工地现场的临时设施，做到材料堆放整齐，标识清楚，办公环境文明，施工现场每日清扫，严禁在施工现场及其周围随地大小便，确保工地文明卫生。❷ 做好安全防火工作，严禁工地现场吸烟或其他不文明行为。❸ 定期会同监理、建设单位对工地卫生、材料堆放、作业环境进行检查，开展施工现场管理综合评定工作。❹ 做好施工现场保卫工作。

6.3 职业健康安全措施

❶ 进入施工现场必须佩戴安全帽，作业人员衣着灵活、紧身，禁止穿硬底鞋、高跟鞋作业，超过 2m 高空作业人员应穿戴安全用具，并在安全可靠的架子上操作，禁止酒后操作。❷ 为避免施工现场配置防水材料时（如聚氨酯、聚合物水泥产品等）可能引起施工人员不适，要求施工人员戴口罩及防护用品，如有需要现场应配备通风措施。❸ 现场严禁吸烟、烧焊等或其他明火作业，并不得使用碘钨灯等类型的、容易产生高温或触电而涉及施工安全的灯具作照明，应用防爆类型的、不会产生高温或触电的安全灯具作照明。

7 / 工程验收

❶ 防水层的基层。❷ 密封防水处理部位。❸ 阴阳角、穿出立管、水落口、预埋件、门槛（截水槛）、立墙收头等细部做法。

8 / 质量记录

室内楼内地面聚合物水泥防水砂浆施工质量记录内容见表 3.4.8-1。

表 3.4.8-1　质量检验记录内容

序号	项目	文件和记录
1	防水设计	设计图纸及会审记录，设计变更通知单
2	施工方案	施工方法、技术措施、质量保证措施
3	技术交底记录	施工操作要求及注意事项
4	材料质量证明文件	出厂合格证、质量检验报告和抽样试验报告
5	中间检查记录	分项工程质量验收记录、隐蔽工程验收记录、施工检验记录、雨后或淋水检验记录
6	施工日志	逐日施工情况
7	工程检验记录	抽样质量检验、现场检查
8	施工单位资质证明及施工人员上岗证件	资质证书及上岗证资料
9	其他技术资料	事故处理报告、技术总结等

第5节　游泳池高分子涂膜防水施工工艺

1 / 总则

1.1 适用范围
本施工工艺适用于室内外各种游泳池、跳水池等施工区域。

1.2 编制参考标准及规范
1.《建筑装饰装修工程质量验收标准》
（GB 50210-2018）
2.《建筑工程施工质量验收统一标准》
（GB 50300-2013）
3.《建筑防水工程现场检测技术规范》
（JGJ/T 299-2013）
4.《聚合物水泥防水涂料》
（GB/T 23445-2009）
5.《聚氨酯防水涂料》
（GB/T 19250-2013）
6.《聚合物水泥防水砂浆》
（JC/T 984-2011）
7.《砂浆、混凝土防水剂》
（JC 474-2008）

2 　施工准备

2.1 　技术准备

❶ 施工前应进行技术交底和作业人员上岗培训，熟悉设计图纸及验收规范，掌握外墙防水的具体设计和构造要求。❷ 编制防水工程分项施工方案、作业指导书。❸ 根据技术要求确定材料品种、性能及需用计划。❹ 确定配合比及各种材料计量方法。

2.2 　材料要求

❶ 水泥品种应按设计要求选用，宜采用普通硅酸盐水泥，其强度等级不得低于 32.5 级。❷ 禁止使用过期或受潮结块水泥；不得将不同品种或强度等级的水泥混用。❸ 砂采用过筛的洁净中砂，且粒径 ≤ 1mm，含泥量 ≤ 1%，硫化物和硫酸盐含量 ≤ 1%。❹ 应采用不含有害物质的洁净水。❺ 高分子聚合物的外观应无颗粒、异物、凝固物。

2.3 　主要机具

表 3.5.2-1 　高分子聚合物水泥防水砂浆主要机具表

机具名称	用途	机具名称	用途
砂浆拌合机	搅拌砂浆	台秤	称量外加剂
铁锤	剔凿基面	凿子	剔凿基面
软毛刷、扫把	清理基面	钢尺	丈量尺寸
铁铲	拌合砂浆	灰桶	装载砂浆
铁抹子、木抹子	砂浆抹光	刮尺	找平、压实
阴阳角抹子	规整边角	粉线	基面弹线

2.4 　作业条件

❶ 涉水游泳池结构验收合格，已办好验收手续。❷ 墙、地面预埋管

（槽）产生的坑槽采用高分子聚合物水泥防水砂浆嵌填密实。❸ 基层表面应平整、坚实、粗糙、清洁并充分湿润。

3 施工工艺

3.1 工艺流程

图 3.5.3-1　游泳池高分子涂膜防水施工工艺流程

3.2 操作工艺

❶ 清理基层、剔除松散附着物，基层表面的孔洞、缝隙应用聚合物水泥砂浆堵塞压实抹平，混凝土基层应作凿毛处理，使基层表面平整、坚实、粗糙、清洁，并充分润湿，无积水。❷ 施工前应将预埋件、穿墙管预留凹槽内嵌填耐候合成高分子密封胶后，再施工聚合物水泥防水砂浆。❸ 基层为砌体时，则抹灰前一天用水将施工基面洒水湿润，方可进行聚合物水泥防水砂浆施工。❹ 防水砂浆界面剂配制：将聚合物乳液、水泥、水按参考配比 1∶1.5～2∶1 搅拌 3min 至均匀，采用刷子把浆料均匀涂刷施工基面。涂刷时不应过厚但不露底，厚度约 0.3mm～0.5mm 为宜。要求涂刷均匀、厚薄一致、粘结牢固，无露底、脱空等现象，且基面处理剂应在施工后 3d 内批抹聚合物水泥防水砂浆施工。❺ 聚合物水泥防水砂浆配制：按配比将聚合物乳液加入水泥及砂中，聚合物乳液以设计及产品要求为准，且聚灰比宜为 12%～15%，搅拌 1min～2min 至均匀，然后加水拌合均匀，采用机械搅拌时不少于 2min～3min 为宜。❻ 砂浆批抹，刮平后要用力抹压成

一体，厚度为 8mm～10mm，在砂浆终凝前用木抹子均匀搓成平整坚实面。砂浆应随拌随用，拌合后使用时间不得超过1h，严禁使用拌合后超过初凝时间的砂浆。❼ 浆初凝后，用铁抹子对砂浆表面进行搓平、压实、收光处理，且与之前批抹方向互相垂直。注意是自然收光而不是压光，表面致密而不光滑。❽ 防水砂浆每遍施工宜一次性连续进行，不留施工缝。如施工面积较大一次不能完成时需留设施工缝，则应留成阶梯形槎，但离开墙体阴阳角处不少于200mm。接槎处施工时，应先在老槎面上涂刷面上涂刷一道界面处理剂，再分层接缝。❾ 基层中的埋设件、管道节点等，应沿其周边剔出宽5mm、深10mm的环形凹槽，并在养护期后用耐候合成高分子密封胶填嵌密实。❿ 养护：在砂浆终凝后 8h～12h，表面呈反光灰白色时进行润湿、养护。养护初期应缓慢洒水进行，以免冲坏砂浆，养护时间不少于 3d。

3.3　质量关键要求

❶ 施工期间如因气温及水汽造成局部防水层起泡可在涂层固结成膜后采用小刀切去起泡部分，并涂刷防水涂料进行修复，修复周边应大于原周边 100mm。❷ 涂料防水层表面要求铺设隔离层，如 PVC 薄膜、聚酯无纺布等，注意在铺设时须均匀平铺不露底、不皱叠。❸ 涂膜防水层要求设置 40mm 厚细石混凝土或 25mm 厚水泥砂浆保护层，以防止人为损坏及回填物料时造成冲击破坏。

3.4　季节性施工

❶ 冬期施工时，每天早晚检测环境温度一次。当温度低于 −5℃时，应采取相应保护措施；当温度低于 −10℃，应停止施工。❷ 基层含水率应小于 9%，严禁在雨雪以及 5 级风以上天气施工。❸ 加强职工的安全、消防教育，坚持用火申请审批制度，易燃品要及时清理，远离施工地点堆放，安排好监护人，坚持贯彻冬期施工中防火、防煤气中毒、防滑、防冻等措施。❹ 夏季适当调整作息时间，尽量避开中午高温时间作业，必要时安排清晨和傍晚气温降低时施工，并备好防暑降温用品，防止中暑事故的发生。❺ 夏季多雨，施工现场准备足量塑料薄膜、彩条布，备齐防雨、防洪物资，并做好成品保护，防止防水成品被冲刷破坏。

4 质量要求

4.1 主控项目

❶ 防水层所用防水涂料及配套材料应符合设计要求。

检验方法：检查出厂合格证、质量检验报告和抽样试验报告。

❷ 涂料防水层不得有渗漏现象。

检验方法：持续蓄水 24h 后观察检查。

❸ 涂料防水层在阴阳角、穿出立管、水落口、预埋件、门槛（截水槛）、立墙收头等部位的节点做法，应符合设计要求。

检验方法：观察和检查隐蔽工程验收记录。

4.2 一般项目

❶ 涂膜防水层的平均厚度应符合设计要求，最小厚度不应小于设计厚度的 90％。

检验方法：涂层测厚仪法或割取 20mm×20mm 实样用卡尺测量。

❷ 涂料防水层应与基层粘结牢固，表面平整，涂刷均匀，无流淌、皱折、鼓泡、露胎体和翘边等缺陷。

检验方法：观察。

5 成品保护

❶ 防水涂料施工后及时进行隔离层和保护层施工，涂料未固化设置防护标志并严禁在施工区域行走活动。❷ 防水涂料施工过程中应穿戴手套及专用软底橡胶钉鞋，防水层完成后严禁在上面堆放任何杂物、各类材料。

6 安全、环境及职业健康措施

6.1　安全措施

❶ 现场施工负责人和施工员必须十分重视安全生产，牢固树立安全促进生产、生产必须安全的思想，切实做好预防工作。❷ 施工人员在下达施工计划的同时，应下达具体的安全措施，每天出工前，施工员要针对当天的施工情况，布置施工安全工作，并讲明安全注意事项。❸ 落实安全施工责任制度、安全施工教育制度、安全施工交底制度、施工机具设备安全管理制度等。❹ 特殊工种必须持证上岗。❺ 遵章守纪，杜绝违章指挥和违章作业，现场设立安全措施及有针对性的安全宣传牌、标语和安全警示标志。

6.2　环保措施

❶ 严格按施工组织设计要求合理布置工地现场的临时设施，做到材料堆放整齐，标识清楚，办公环境文明，施工现场每日清扫，严禁在施工现场及其周围随地大小便，确保工地文明卫生。❷ 做好安全防火工作，严禁工地现场吸烟或其他不文明行为。❸ 定期会同监理、建设单位对工地卫生、材料堆放、作业环境进行检查，开展施工现场管理综合评定工作。❹ 做好施工现场保卫工作。

6.3　职业健康安全措施

❶ 进入施工现场必须佩戴安全帽，作业人员衣着灵活、紧身，禁止穿硬底鞋、高跟鞋作业，超过 2m 高空作业人员应穿戴安全用具，并在安全可靠的架子上操作，禁止酒后操作。❷ 为避免施工现场配制防水材料时（如聚氨酯、聚合物水泥产品等）可能引起施工人员不适，要求施工人员戴口罩及防护用品，如有需要现场应配备通风措施。❸ 现场严禁吸烟、烧焊等或其他明火作业，并不得使用碘钨灯等类型的、容易产生高温或触电而涉及施工安全的灯具作照明，应用防爆类型的、不会产生高温或触电的安全灯具作照明。

7 / 工程验收

❶ 防水层的基层。

❷ 密封防水处理部位。

❸ 阴阳角、穿出立管、水落口、预埋件、门槛（截水槛）等细部做法。

8 / 质量记录

游泳池高分子涂膜防水施工记录内容见表 3.5.8-1。

表 3.5.8-1　质量检验记录内容

序号	项目	文件和记录
1	防水设计	设计图纸及会审记录，设计变更通知单
2	施工方案	施工方法、技术措施、质量保证措施
3	技术交底记录	施工操作要求及注意事项
4	材料质量证明文件	出厂合格证、质量检验报告和抽样试验报告
5	中间检查记录	分项工程质量验收记录、隐蔽工程验收记录、施工检验记录、雨后或淋水检验记录
6	施工日志	逐日施工情况
7	工程检验记录	抽样质量检验、现场检查
8	施工单位资质证明及施工人员上岗证件	资质证书及上岗证资料
9	其他技术资料	事故处理报告、技术总结等

第 4 章

门窗工程

➡

木门窗施工工艺

1 / 总则

1.1 适用范围

本施工工艺适用于装饰装修工程中木制门窗的安装施工。

1.2 编制参考标准及规范

1.《建筑装饰装修工程质量验收标准》

（GB 50210-2018）

2.《建筑工程施工质量验收统一标准》

（GB 50300-2013）

3.《室内装饰装修材料　人造板及其制品中甲醛释放限量》

（GB 18580-2017）

4.《木器涂料中有害物质限量》

（GB 18581-2020）

5.《民用建筑工程室内环境污染控制标准》

（GB 50325-2020）

6.《建筑内部装修设计防火规范》

（GB 50222-2017）

7.《建筑门窗术语》

（GB/T 5823-2008）

2 施工准备

2.1 技术准备

❶ 图纸通过自审与会审，解决存在的问题。木门窗的尺寸、形式应符合设计要求，并按施工图纸要求做好技术交底。

❷ 木门窗生产应以专业化、工厂化为原则，产品应有出厂合格证、检验报告。不提倡现场制作，现场只允许修饰性制作。

2.2 材料准备

❶ 经干燥处理的木方、木板，其含水率应不大于12%。阻燃夹板（规格1220mm×2440mm，厚度3、5、9、12、15、18mm）表面应印有阻燃标识，而且甲醛含量应符合国家标准要求，有产品检测报告及出厂合格证。❷ 在成品或半成品木门窗，木材质量在选择上应考虑用同一树种、色泽、纹理、新旧，一致性好。对结构的均匀性、表面上漆性，色泽一致。高级实木门窗框体不允许端拼，夹板不允许有脱胶、鼓泡、锤痕、留有胶纸。6mm以上的夹板其翘曲度，一、二等合格品板不得超过板长的1%；三等品板不得超过板长的2%。制作高级实木门窗所用木材应符合表4.1.2-1的规定。 ❸ 木门窗的防火、防腐、防虫处理应符合环保设计要求。

表 4.1.2-1　制作高级实木门窗所用木材表

木材缺陷		门窗扇立挺、上下横	门窗立框、亮子、压条（通风百叶）中横	门心板材	门窗靠墙框体
活节	不计个数、直径（mm）	<10.0	<5.0	<10.0	<10.0
	计个数直径（mm）	≤材宽	≤材宽	≤20.0	≤材宽
	任一延长米个数	≤0	0	≤2	≤3
死节		允许计入活节总数	不允许	允许计入活节总数	允许计入活节总数
髓心		不露出表面的允许	不允许	不露出表面的允许	不露出表面的允许
裂缝		深度及长度<厚度及材长	不允许	允许可见裂缝	深度及长度≤厚度及材长

木材缺陷	门窗扇立挺、上下横	门窗立框、亮子、压条（通风百叶）中横	门心板材	门窗靠墙框体
斜纹的斜率（%）	≤ 6	≤ 4	≤ 15	≤ 10
油眼，虫眼	非装饰面允许			
其他	非装饰面允许浪形纹理、圆形纹理、偏心及化学变色			

2.3 主要机具

表 4.1.2-2　主要机具表

序号	名称	序号	名称
1	激光水平仪	7	钉枪
2	手电钻	8	水平尺
3	电刨	9	羊角锤
4	电锯	10	木工三角尺
5	空压机	11	砂光机
6	喷枪		

2.4 作业条件

❶ 门窗框体、扇体进场时应及时组织对其进行检查验收。油漆工应将合格的框体靠墙、靠地的一面涂防腐涂料，然后分类水平放置，底层应垫木方。在仓库内垫木方离地应不少于 200mm。临时敞棚式仓库要注意防水浸，相对要垫高些，摆放位置要选择好，门窗平放每层都要垫木板，高度一致、整齐，使其自然通风。木门窗严禁露天堆放。❷ 安装前检查门窗框和扇有无翘起，弯曲、窜角、劈裂，推槽间结合处有否松动，如有应及时通知有关部门或有关人员进行修复，质量经检查合格才可以上墙安装。❸ 洞口木砖预埋数量及位置应符合设计要求数量，不允许缺少，连接螺钉长短要严格按设计要求。❹ 门窗扇及玻璃应在墙体饰面完成后进行安装，门窗框塞嵌灰浆时应做好保护以免受到污染。

3 / 施工工艺

3.1 工艺流程

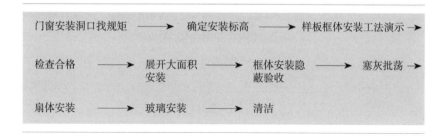

图 4.1.3-1 木门窗施工工艺流程

3.2 操作工艺

❶ 门窗安装洞口交接检查合格后，洞口框边弹线确定门窗框安装边线，对不符合要求的洞口需作处理。根据室内50cm平线定门窗安装标高尺寸，为确保安装牢固，检查预埋木砖数量、牢固情况是否满足要求。❷ 门窗大量安装前需作样板引路，检查安装质量合格后才开展以点带面，大规模展开安装。框体安装应在抹灰前进行，需做防污染保护。❸ 框体安装预埋木砖按设计要求，连框木螺钉长度、直径必须符合设计要求，个别框与墙缝隙过大应采用加长螺栓，定位固定木楔在塞砂浆固定后可移除，不应影响安装牢固度。❹ 塞灰批荡前应作隐蔽验收，验收合格方可进行塞灰批荡，抹灰处理。❺ 在抹灰工序完成后进行扇体安装，五金配件、执手、锁等安装未交付使用前应符合相关规范。门窗表面要清洁，擦抹布表面不得有砂粒，以免损门窗表面。

3.3 质量关键要求

❶ 安装合页或门铰。合页槽应里平外卧，木螺钉严禁一次打入，钉入深度不能超过螺栓长度的2/3。拧时不能倾斜，若遇木节，可在木节上钻孔，重新塞入木塞后再拧紧木螺钉，为保证铰链平整，木螺钉拧紧卧平。遇较硬木材可预先钻孔且直径小于木螺钉直径1.5mm，高档硬木门框钻孔木牙螺栓拧入木框5mm～10mm，用同等木塞补孔、擦漆装饰。❷ 立框时掌握好抹灰层厚度，确保有贴面饰的门窗框安装后与抹灰面平齐，扇开启不受阻，顶端需考虑滴水线位置，下端要有排水坡度，两侧有足够的余量，不影响开窗角度要求。

4 / 质量标准

4.1 主控项目

木门窗规格、类型、尺寸、安装方法、填塞材料、五金配件，必须符合设计要求。

4.2 一般项目

❶ 门窗框体与墙体间缝隙填塞材料应填塞饱满、均匀、平整、顺滑。❷ 扇体安装裁口顺直，刨面平整、光滑，开关灵活、稳定，无回弹和翘曲，无噪声。❸ 五金件安装位置正确，槽边口整齐，规格及品牌符合设计要求，螺栓拧紧。插销、锁、执手开启灵活顺畅，所有螺栓拧紧，螺头无损坏。❹ 门窗披水、盖口条、压缝条、密封条、注胶封口，应尺寸一致，平直、光滑，结合严密，无缝隙。❺ 玻璃无划痕、砂眼、电焊溅伤痕迹，表面干净，无污染。

5 / 成品保护

❶ 门窗安装完成后验收前应作保护，适当采用木夹板或薄钢板遮挡，防止损坏。走道门框，下轨需用夹板做木盒作下框保护，竖框需用薄钢板做成槽型包裹门框，以防出入手推车轴划伤。❷ 玻璃贴保护膜，并作醒目标志，防止碰撞损坏。

6 安全、环境及职业健康措施

6.1 安全措施

❶ 门窗安装梯子必须牢固，靠墙体角度不宜过陡，排栅脚手架应符合安装要求。安装工人爬高超 2m 都必须扣挂安全带，进入施工现场需戴安全帽。❷ 开木方，夹板时须戴防尘口罩，防粉尘危害。油漆喷涂要带活性炭型防毒口罩。

6.2 环保及职业健康安全措施

❶ 施工过程产生的废物垃圾应及时处理，装袋运送指定堆放点。木门窗应在加工场加工完成后运至现场，尽量减少现场制作。开界木材、夹板噪声应控制在规定范围内，现场防火工作应严格监管。❷ 现场用电安全按施工现场用电安全规定执行，电源线不允许拖地，勤检查，防漏电，用电必须有漏电保护措施，使用合格电缆。

7 工程验收

❶ 木门窗框式或门套式产品质量应符合设计要求，外观检查材质门扇与框体，门套，树种相同一致性，色泽相差要少，不应选用有破残修补填充产品，门窗扇要方正，不能翘曲变形，与框体缝隙控制适当，安装合页后开闭顺畅，不受季节性而影响开启。❷ 所用五金配件、螺钉应符合设计要求，并有质量合格证书，安装位置及方法严格按说明书。❸ 卫生间木质与墙体接触部位应做防腐、防白蚁处理。所用油漆、涂料应选用环保材料并提供检测报告。❹ 木门窗安装施工过程应按相关木门窗质量验收条款自检为相关验收资料，有防火要求的提供相关防火资料。

8 质量记录

木门窗施工记录包括：❶ 木门窗成品或半成品进场的数量、规格、质量检查及验收记录；❷ 木门窗安装固定后应进行隐蔽验收记录；❸ 木门窗的防火、防腐、防虫，现场处理是否符合设计要求，应组织相关部门进行质量验收并具有验收报告及有关质量记录；❹ 木门窗应严格限制甲醛释放量，现场检测数据应符合有关规范、标准。

钢门窗施工工艺

1 / 总则

1.1 适用范围

本施工工艺适用于装饰装修工程中钢质门窗（不锈钢门窗、彩钢板型材门窗、模压钢板门窗等）的安装施工。

1.2 编制参考标准及规范

1.《建筑装饰装修工程质量验收标准》

（GB 50210-2018）

2.《建筑工程施工质量验收统一标准》

（GB 50300-2013）

3.《钢门窗》

（GB/T 20909-2017）

4.《建筑门窗力学性能检测方法》

（GB/T 9158-2015）

5.《建筑外门窗气密、水密、抗风压性能检测方法》

（GB/T 7106-2019）

6.《建筑门窗洞口尺寸系列》

（GB/T 5824-2008）

2 施工准备

2.1 技术准备

施工前应仔细熟悉施工图纸，根据图纸内容对门窗种类、规格、尺寸、安装重点难点多分析，安装班组人员数量要合理，并且掌握工地环境状况，作施工技术交底和安全交底，做好各方面的准备。

2.2 材料准备

❶ 钢门窗厂生产的门窗经出厂检验，型号、规格、质量要符合设计要求，有出厂合格证。❷ 水泥、砂：水泥 32.5 级以上，砂为中砂或粗砂。自拌砂浆或干拌砂浆（商品）都需添加防水剂。❸ 玻璃、油灰、密封胶、嵌缝条、连墙铁脚、防腐涂料、焊条等，要符合设计要求有出厂合格证，有检测报告。上述所有材料及半成品在进场时应现场抽检，不合格的不允许进场使用。门窗到现场后应分类堆放，不能参差挤压，以免变形。堆放地面应干燥，要有防雨水、排水措施，不得露天堆放。搬运时轻拿轻放，严禁扔摔。

2.3 主要机具

电钻、电焊机、手锤、活动扳手、水平尺、钢卷尺、激光经纬仪、螺钉批、钢锯、油刷、冲击钻。

2.4 作业条件

❶ 主体结构完成经有关质检部门验收合格，达到安装条件，工种之间已办理好移交手续。❷ 室内弹好 +50cm 水平线，并按建筑平面图中所示尺寸弹好窗中线。❸ 检查钢筋混凝土过梁上连接固定门窗的预埋件位置是否正确，对预埋件位置不正确的要按门窗安装要求补后置钢件，补装齐全。❹ 检查门窗洞口，安装位置的孔洞尺寸是否正确，不正确的作处理，凸出部分应剔凿，清理干净。❺ 门窗由于搬运过程中处理不当导致框扇体出现变形、脱焊、翘曲等，应进行校正和修整，对表面处理需要补焊的必须在补焊后打磨补防锈漆，面漆表面损害较严重现场无法修复的应退回厂家，不应上墙安装。❻ 对组合钢门窗应先在现场拼装。经检定合格后再安装样板引路，待合格后再作大量安装。

3 / 施工工艺

3.1 工艺流程

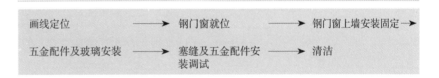

图 4.2.3-1　钢门窗施工工艺流程

3.2 操作工艺

❶ 按门窗中线为准向两边量出门窗边线，如果工程为多层或高层时，以顶层门窗安装位置线为准，用线坠或激光经纬仪将分层标出门窗安装边线，标画各层相应位置。❷ 根据各楼层室内 +50cm 水平线量出水平安装标高线。❸ 钢门窗就位，将需要安装的门窗搬至安装洞口附近摆放，并用垫靠稳当，防止碰撞、倒塌。❹ 钢门窗上墙安装，如果规格过大，需要多人协同上墙，用木楔临时固定，将框体铁脚插入预留孔中，然后根据门窗边线、水平线及两侧距离作适当调整，进行支垫，用吊线靠尺打垂直、水平尺打水平，然后固定，拼窗需通线平面检测。❺ 钢门窗安装固定时，门窗上框距过梁要有 20mm 缝隙，框左右缝隙调整至符合图纸要求，门窗进出距外墙需要按设计规定要求。❻ 门窗安装固定后，校正水平和正侧面水平、垂直，经检查合格后，将铁脚与预埋件焊牢，然后水润湿，用水泥砂浆或 C20 细石混凝土将其填实抹平，填塞水泥砂浆时应将木楔取出。❼ 水泥、砂浆对框体作填缝前做好隐蔽工程验收。❽ 若为钢大门安装时，应将合页或门铰轴焊到墙中的预埋件上，对每侧预埋件必须在同一垂直线上，两侧对应的预埋件必须在同一水平面位置上，连框合页或门铰轴两侧对称、出入一致。❾ 五金配件及玻璃安装必须在墙饰面工程完成后进行，玻璃安装后检查门窗扇是否灵活，关闭是否严密，否则应进行调整或重新安装扇体，直至符合要求。五金配件、执手、开关、螺栓等需紧固。当螺栓拧不进去时需检查孔内是否有多余物，若有应剔除，再拧紧螺栓。螺孔位置不吻合时，可微调位置，重新攻丝后再安装。❿ 在门窗锁、执手、滑撑、拉手等安装过程中要按配件安装说明书要求进行安装，安装后应开关灵活，无噪声，无松动。

4 / 质量标准

4.1　主控项目

❶ 钢门窗的品种、类型、规格、性能、开启方向、连接方式及钢门窗的材料壁厚应符合设计要求，门窗的防腐及表面处理、配件要求、塞缝、密封处理都有严格要求，除满足合同要求外必须符合有关规范、标准。❷ 钢门窗必须安装牢固，并应开关灵活，关闭严密，无倒翘，推拉门窗必须有防脱落措施，并安装防碰撞减振、减噪声密封胶条及碰撞胶粒。❸ 门窗安装配件、规格、数量应符合设计要求，位置正确，功能满足设计需要，门窗整体性能满足"三性"试验要求，符合国家标准规定。

4.2　一般项目

❶ 钢门窗表面应洁净、平整、光滑、色泽一致、无锈蚀、无大面划伤、撞伤痕，漆膜保护层完好无损。❷ 推拉式门窗推拉力应不大于100N。❸ 门窗框体与墙体之间的缝隙应填嵌饱满，密封胶密封表面无砂粒痕、表面光滑、顺直、无裂纹、起泡，接口交叠平滑。❹ 玻璃安装所用的胶条、胶垫、胶粒、毛毡条，不得脱槽、短缺、重叠，接触压缩量应符合设计要求。❺ 有排水孔要求的门窗，排水孔应畅通、无阻塞，位置数量符合设计要求。❻ 玻璃安装，当玻璃面积大于 $1.5m^2$ 时，应采用安全玻璃；玻璃安装槽底应垫胶块，防与硬物碰撞。❼ 清洁采用清水，不得使用有腐蚀的液体，抹布不得含有沙粒。

4.3　钢门窗安装质量允许偏差

表 4.2.4-1　钢门窗安装质量允许偏差

序号	项目		允许偏差（mm）	检测方法
1	门窗槽口宽度、高度	≤ 1500mm	2	用3m钢卷尺检查
		> 1500mm	3	
2	门窗槽口对角线尺寸之差	≤ 2000mm	3	用3m钢卷尺检查
		> 2000mm	4	

序号	项目		允许偏差（mm）	检测方法
3	门窗框扇配合间隙限值	合页面	≤ 2	用 2×50 塞片检查量合页面
		执手面	≤ 1.5	用 2×50 塞片检查量框大面
4	门窗框扇搭接量限值	实腹门窗	≥ 6	用钢针划线和深度尺检查
		空腹门窗	≥ 4	
5	门窗框（含拼樘）的垂直度		≤ 3	用 1m 托线板检查
6	门窗框（含拼樘）的水平度		≤ 3	用 1m 水平尺和楔形塞尺检查
7	门无下门槛时内门扇与地面间隙留缝限值		4～8	用楔形塞尺检查
8	双层门窗内外框（含拼樘）的中心距		≤ 5	用钢板尺检查
9	门窗框标高		≤ 5	用钢板尺检查
10	门窗框竖向偏离中心		≤ 4	用线坠、钢板尺检查

5 / 成品保护

❶ 安装完毕的门窗位置严禁安放脚手架，或悬吊重物和作材料进出口通道，如有特殊需要作进出口，必须对扇体、框体做保护措施，防碰刮伤。❷ 在批荡、抹灰、贴瓷砖过程中对门窗要做好保护，溅上砂浆、灰浆应及时清理干净，小量未及时清除的硬结后不易清除，可采用塑料片刮除，力度要控制适当，注意不应损坏表面膜层。❸ 拆排栅脚手架时，适当用夹板对门窗做保护，电焊、气割连墙杆件时，为防止飞溅的焊渣损坏，应采用薄铁皮遮挡做保护，外墙清洗为避免腐蚀性液体伤害门窗应预先用塑料薄膜纸贴好门窗表面各位置，以免腐蚀性液体损坏门窗。

6　安全、环境及职业健康措施

6.1　安全措施

❶ 安装时使用脚手架、门字架、人字梯、必须检查落实是否牢固，梯子是否缺挡，松动，梯子摆放不应过陡，梯子与地面夹角 $60° \sim 70°$，严禁两人同时使用一个梯子，高凳不能作为安装登高设施，在 2m 以上高度施工人员必须扣系好安全带，高挂低用。❷ 在焊接与墙体连接的铁脚件时，应配备灭火器及其他消防器材水枪等。作业现场不得堆放或留有易燃物品，焊接前需要办理好动火申请，审批合格领证后设专人监护。

6.2　环保措施

❶ 门窗安装过程中产生的包装、胶筒、胶纸、碎玻璃等垃圾应及时装袋，分可回收垃圾及不可回收垃圾分类堆放在指定的垃圾池。❷ 门窗安装施工过程中，应控制噪声、粉尘产生，以免影响周围环境。在安装门窗下方为人行通道应考虑加设人行通道防高空坠落物遮挡棚，以免高空落物伤及路人。

6.3　职业健康安全措施

在施工中应注意在高处施工时排栅的设置及做好个人安全防护。

7　工程验收

钢门窗工程验收时应提供下列文件和记录：❶ 钢门窗工程施工图、竣工图、设计说明书、设计计算书及其他设计文件。❷ 钢门窗材料样板、现场见证抽检证，检测报告。❸ 材料质量检验评定记录，验收报告。❹ 门窗"三性"检测报告。

8 / 质量记录

钢门窗施工质量记录包括：❶ 钢门窗出厂合格证、产品现场验收资料，检测报告；❷ 钢门窗与主体结构连接固定需做安装隐蔽验收记录；❸ 五金配件、玻璃等的出厂合格证，检测报告；❹ 质量检验评定记录，验收报告。

铝合金门窗施工工艺

1 / 总则

1.1 适用范围

本施工工艺适用于装饰装修工程中铝合金门窗的安装施工。

1.2 编制参考标准及规范

1.《建筑装饰装修工程质量验收标准》

（GB 50210-2018）

2.《建筑外门窗气密、水密、抗风压性能检测方法》

（GB/T 7106-2019）

3.《铝合金门窗》

（GB/T 8478-2020）

4.《建筑门窗洞口尺寸系列》

（GB/T 5824-2008）

2 / 施工准备

2.1 技术准备

❶ 确认施工现场门窗安装区域顺序，工程进度计划图、材料运输通道，临时仓库的设置与业主、土建三方协调，并明确垂直运输的配合。在施工平面图中标示出位置，并且要符合安全、防火、防盗要求，不至于影响周边群众生活，经过充分现场考察评估，做出相应的施工方案，经审批符合施工要求方可。铝合金门窗安装使用脚手架应符合施工要求，不符合要求需重新调整，安装前要与土建方或业主协调签订门窗安装施工配合协议，包括使用脚手架、水电等协调项目。❷ 现场实测检查门窗安装洞口，根据设计的门窗品种规格和不同饰面要求，与实测的洞口尺寸是否存在较大差异，一般要求洞口尺寸见表 4.3.2-1，洞口尺寸偏差控制见表 4.3.2-2，现场配备质量控制工具见表 4.3.2-3。

表 4.3.2-1　一般要求洞口尺寸表

饰面材料种类	要求洞口尺寸（mm）		
	洞口宽	洞口高度	门洞口高度
水泥防水砂浆填塞抹面	门窗框左右 +25	窗框高度上下 +25	门框高度上下 +30
贴瓷砖、马赛克	门窗框左右 +35	窗框高度上下 +35	门窗高度上下 +35
大理石，花岗石，镶贴艺术石	门窗框左右 +80	窗框高度上下 +80	门窗高度上下 +50

表 4.3.2-2　洞口尺寸偏差控制表

项目	允许偏差（mm）
洞口高度，宽度	±5.0
洞口对角线长度差	≤ 10.0
洞口侧边垂直度	≤ 1.5/1000，且不大于 2.0
洞口中心线与基准轴线偏差	≤ 5.0
洞口平面标高	±5.0

表 4.3.2-3　现场配备质量控制工具表

名称	使用检测项目
小型激光垂直水平仪	门窗安装水平，垂直误差，测量放线核准
游标卡尺	型材，安装镀锌薄钢片，螺栓
膜厚检测仪	型材膜厚
硬度检测钳	型材硬度
电子拉力秤	推拉门窗，推拉力
角度检测靠尺	门窗框，角度测量
检测记录资料，安装质量标准	监理检测台账，专职检查安装工艺、质量

2.2　材料准备

❶ 铝合金门窗进场卸货应放置指定位置，检查包装完好程度、规格、型号、数量，并抽样拆包装按规定及有关标准检查，型材表面有无刮花、碰撞损坏、框体拼接牢固、螺栓是否松动、拼接口封胶防漏处理是否完善，检查项目逐项检查登记造册。部分螺栓松动，封胶不符合要求，可以通知现场补救。严重质量问题的不合格品退回生产单位。在现场搬动门窗框体要轻拿轻放，不得高位放手、扔摔，以免损坏。❷ 防腐油漆、硅酮密封胶，高分子聚合物硅性防水涂料、保护胶纸、胶条、防漏油膏等易燃物品，摆放在有技术防火措施的库房存放，每种材料要有出厂合格证、检验报告。水泥砂、细石堆摆放位置要清洁干净，不与其他物品混放。劳保用品、五金配件、安装铁件、斗车、施工工具、电缆、电箱另行仓库完整摆放，日常班组工具要合理设置，摆放工具箱一目了然，定期对电动工具检测，确保施工安全，仓管人员必须做到应知应会。

2.3　主要机具

❶ 铝合金门窗安装工具见表 4.3.2-4。

表 4.3.2-4　铝合金门窗安装工具表

序号	名称	序号	名称
1	手电钻	3	激光水平仪
2	冲击钻	4	活动扳手

序号	名称	序号	名称
5	固定梅花扳手	12	一字螺钉批
6	钢凿子	13	钢卷尺
7	射钉枪	14	钢角尺
8	水平靠尺	15	吊线坠
9	锤子	16	墙纸刀
10	钳子	17	放线盘轮
11	十字螺钉批	18	大力钳

❷ 塞灰批荡班组工具见表 4.3.2-5。

表 4.3.2-5　塞灰批荡班组工具表

序号	名称	序号	名称
1	电动气泵，灰浆斗	5	手提灰斗
2	灰池刀（大，小）	6	锯弓
3	锤子	7	铝合金方管挡板
4	批灰托板，刮板		

2.4　门窗安装检测方法

❶ 将铝合金门窗设计图纸中涉及安装强度拼装要点等做技术交底。
❷ 安装的允许偏差和检测方法见表 4.3.2-6，安装前须作施工技术交底。❸ 做好安全措施检查，对施工人员作三级安全教育，办理好各种上岗证。

表 4.3.2-6　铝合金门窗安装的允许偏差和检测方法表

序号	项目		允许偏差（mm）	检测方法
1	门窗槽口宽度、高度	≤ 2000mm	2	用钢卷尺检查
		> 2000mm	3	
2	门窗槽口对角线长度差	≤ 2500mm	4	用钢卷尺检查
		> 2500mm	5	

序号	项目		允许偏差（mm）	检测方法
3	门窗的正、侧面的垂直度		2	用1m垂直检测尺检查
4	门窗横框的水平度		2	用1m水平尺和塞尺检查
5	门窗横框标高		5	用钢卷尺检查
6	门窗竖向偏离中心		5	用钢卷尺检查
7	双层门窗外框间隙		4	用钢卷尺检查
8	推拉门窗扇与框搭接宽度	门	2	用钢卷尺检查
		窗	1	

2.5　作业条件

❶ 主体结构安装铝合金门窗工作面经有关质量部门验收合格，工种之间已办理好交接手续，并且对安装工法确认，办理好施工手续。❷ 门窗安装需弹好中线，根据设计要求控制进出尺寸。❸ 门窗在搬动时发现变形松动、损坏、色差较大，需及时处理，不合格不上墙安装。

3　施工工艺

3.1　工艺流程

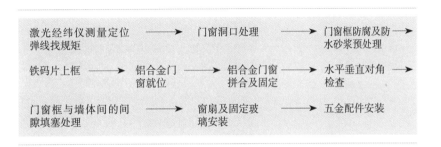

图 4.3.3-1　铝合金门窗施工工艺流程

操作工艺

❶ 激光找水平垂直点标记，再用重锤粉包或墨线弹出安装位置，量出尺寸、位置、标高，依据门窗中线向窗两边量出门窗边线，若多层或高层建筑，以顶层门窗边线为准，用线坠或经纬仪将门窗边线下引，在各层分别标记。❷ 门窗的水平位置应于楼层室内 +50cm 的水平线为准向上反量出窗下边框标高，弹线找直，每层窗下边框标高一致。❸ 门窗洞口偏差，结构边缘平面误差 ±10mm，垂直偏差控制 ±15mm，超出部分要修整。❹ 防腐处理，门窗框靠墙体与水泥砂浆接触部位在预批砂浆前须用防腐沥青防腐油漆，涂刷防止电化学腐蚀，安装铁码片采用热镀锌件，铁件与铝窗连接处需作防腐处理。❺ 铝合金门窗体框搬至安装位置，螺栓松动需拧紧，检查贴保护胶纸，脱落需补贴，门窗上墙扶正调水平、垂直，控制与中心线距离，用木楔固定。❻ 组合窗框，分段拼装组合安装，门窗面积较小可在上墙前拼接好，上墙安装逐一固定调整水平垂直，拼窗需要通线检查平整，当设计门窗预埋铁件安装时，可直接将铁码件连在框体再与墙体固定，有预埋件用框体码件直接电焊焊牢固，除渣，上防锈漆处理，砖墙采用钻孔塑料膨胀螺栓将铁码件固定，混凝土结构采用射钉固定铁码，或钻孔膨胀螺栓固定。❼ **水平、垂直、对角检查：**门窗框安装完成后作水平、垂直、对角线检查，有偏差作调整，直至符合要求。❽ **门窗框与墙体间的缝隙填塞处理：**在门窗框体安装完毕，先经过隐蔽工程验收，合格后及时按设计要求进行填塞缝隙，填塞材料应按设计要求，非台风地区和干旱地区如设计未提出要求时，可采用弹性保温材料（即发泡填缝剂）或纱棉毡条分层填塞缝隙，外表面留 5mm~8mm 深槽口填嵌缝油膏或防渗漏密封胶，如采用防水水泥砂浆填塞，水泥、砂、防水剂按 10：30：1 调配，外侧窗边框预留 5×6 槽口填防水密封胶，对小于 50mm 的缝隙要求先洒水湿润，再行填塞。填塞完成后，待水泥砂浆终凝后去掉木楔作修补砂浆刮平，涂防水涂料边框贴保护纸防污染。❾ **门窗扇及固定玻璃安装：**门窗扇及固定玻璃在洞口及墙体表面装饰工程项目完工验收后安装，窗扇安装前撕去保护胶纸，清理干净框体，去掉孔位木塞条，进行扇体安装，固定玻璃槽位垫厚不少于 3mm 垫胶，玻璃安装，控制玻璃两侧尺寸要符合《铝合金门窗》（GB/T 8478）标准要求，擦干净打胶部位嵌入密封胶条，控制注入胶深度，用打胶枪封注平整，光滑，连续无气泡。❿ 五金配件安装后，开启闭灵活，无噪声，密封性良好，双扇高低一致，间隙缝均匀，对称，如地弹王面板与完成饰面一致，门需加贴防撞警示标识。五金配件及门窗连接要采用不锈钢螺钉，安装应结

实牢固，螺钉头要完整，不得损坏，可拆卸更换，不允许外露的需隐藏或安装装饰套。

4 质量标准

4.1 主控项目

质量主控项目见表 4.3.4-1。

表 4.3.4-1 质量主控项目

项目	质量要求	检测方法
铝合金门窗表面	洁净，水平垂直平整，大面无划痕、碰伤，型材拼装无裂开、松动	观察
五金配件	齐全，位置正确，安装牢固，使用灵活，开启自如，达到各自使用的目的	观察，量尺
玻璃密封条	密封条与玻璃槽口的接触平整，不得卷边、脱落，尺寸规格符合设计	观察，量尺
密封质量	门窗关闭时，扇与框间无明显缝隙，密封面上的密封条应处于压缩状态	观察
玻璃（单玻）	玻璃安装不得直接接触铝型材等硬物要垫块，安装玻璃调整好间隙，安装牢固不应有松动，镀膜玻璃膜面应向室内	观察
玻璃（双玻）	玻璃夹层不得有灰尘和水汽，双玻隔条不得翘起，膜面向室内，玻璃表面划痕不明显	观察
压条	带密封条的压条必须与玻璃全部贴紧，压条的型材接触缝处应无明显缝隙，接头缝应少于 1mm	观察
拼樘料	应与窗框拼接紧密，不得松动，采用不锈钢螺钉，间距应不少于 500mm，拼樘缝应用硅硐密封胶平滑密封	观察
平开门窗扇开关部位	关闭严密，搭接量均匀，开关灵活，密封条不得脱落脱槽，平铰链开关力应不大于 50N，滑撑铰链开关力应不大于 50N 且不小于 30N	观察，弹簧秤

项目	质量要求	检测方法
框与墙体的连接	门窗框安装应横平竖直，高低一致，固定码件安装位置应正确，边头距离≤180mm，中间延伸距离≤600mm，特别要求加强的部位严格按设计强度要求加固，框与墙体应连接牢固，未填缝前不应松动	观察，隐蔽前需接受检查，验应合格
防水处理	现场派施工员跟踪，按防水处理设计要求，严格检查	观察
排水孔	按设计要求，有排水孔位置，淋水检查是否排水畅通	观察

4.2 一般项目

表 4.3.4-2 现场框扇组装质量控制表

名称	项目	质量控制				检查方法	责任人
框扇组装	框槽口宽度高度允许偏差	尺寸	优等品	一等品	合格品	用钢卷尺量	
		≤1500	±1.0	±1.5	±2.0		
		>1500	±1.5	±2.0	±2.5		
	槽口对边尺寸之差	$\Delta d = d - d1(d2)$ $\quad$ $\Delta e = e - e1(e2)$				用钢卷尺量	
	槽口对角线尺寸之差	≤2000	≤1.5	≤2.0	≤2.5	用钢卷尺量	
		>2000	≤2.5	≤3.0	≤3.5		
	中竖框位置	尺寸允许误差：1.0				用钢卷尺量	
	中横框位置	尺寸允许误差：1.0				用钢卷尺量	
	扇组角错位	尺寸允许误差：≤0.3				用宽尺、直尺量	
	同一平面高低差		≤0.3	≤0.4	≤0.5	用游标卡尺、长尺量	
	装配间隙		≤0.3	≤0.4	≤0.5	用宽尺量	
	框与扇搭接宽度	框与扇搭接宽度允许偏差 ±1.0mm 以内，框与扇平齐，无明显歪斜，配合严密，间隙均匀				用游标卡尺量	
	附件安装	按设计图纸要求，位置正确，齐合，牢固，偏差控制在 ±1.0mm，定位孔为 ±0.5mm				用游标卡尺量	

5 / 产品保护

❶ 铝合金门窗完成安装，未移交给业主前的全过程成品保护应与总承包方协调加强成品保护管理，应按施工合同条款中有明确规定，并且做好相应的保护措施。例如，出入通道口的门框要用夹板包裹，推拉门下轨及边框都应用木盒或铁盒式盖板保护，同时加强对有关现场施工工人教育，重视对产品的保护，加强巡查，防止受到损坏，有电焊作业时特别注意焊渣飞溅，应使用薄钢板遮挡。❷ 排栅脚手架不得在窗扇部位进出，施工人员严禁踩踏门窗下轨及边框外露执手等五金配件应用塑料纸包裹，竣工验收交付前不得拆掉。清除保护胶纸时，不得采用硬物剥离，注意不得划伤、刮花门窗表面，对铝合金表面清洗不得使用具有腐蚀性的清洁剂。

6 / 安全、环境及职业健康措施

6.1 安全措施

❶ 在安装门窗过程中，必须做足安全措施，检查脚手架，临时搭建门式脚架，连墙拉结是否牢固，在高处作业，高度超 2m，都应系安全带，木台、凳架上安装只准站一人，双凳搭跳板，两凳间距不超过 2m，只准最多 2 人。如用人字梯安装，梯子不得垫高，梯子底部绑防滑垫，人字梯，两梯夹角 60° 为宜，两梯间要拉牢固。❷ 安装照明应避免使用碘钨灯，照明宜采用 LED 灯具，施工现场注意防火安全，需要采用电焊部分要按规范做防火措施，并配备干粉式灭火器。电焊作业时应使用面罩，防止电弧光灼伤眼睛。❸ 施工现场用电应符合现行行业标准《施工现场临时用电安全技术规范》(JGJ 46) 的规定。雨期施工所使用电动工具及电缆日常多检查，并做好防潮防漏电工作。❹ 使用冲击

钻钻孔时应戴防尘口罩及护目镜，射钉枪作业时必须戴护目眼罩及防护披肩。

6.2 环保措施

❶ 严格遵守《建设工程施工现场环境与卫生标准》（JGJ 146），执行项目所在地行政主管部门和相关行业文件及要求。❷ 现场施工废弃物应采用袋装好，投放在指定堆放位置，排栅脚手架上不允许留有废弃物。对碎玻璃、废油漆等有害垃圾分类装袋，不能与可回收物混放。❸ 在门窗安装过程中应尽可能减少噪声，对落在楼层地面或排栅上的废纸、木块、胶筒、胶纸等可用手捡的尽可能不用扫，以减少扬尘。每个班组带备收集废弃物的袋，随时收集不得随意丢弃。

7 / 工程验收

7.1 竣工验收

应具备下列文件：❶ 施工图、设计变更通知、变更图纸、竣工图。❷ 主要材料、配件、安装附件的检验合格证和出厂合格证。❸ 中间验收记录。❹ 施工单位对安装完成外窗进行防渗漏淋水检验资料并建立自检资料。❺ 工程质量验收评定记录。❻ 有高标准要求的中空玻璃节能门窗需做"四性"检测试验报告。❼ 使用硅硐密封胶作相溶性检测，由供应商提供。❽ 竣工验收标准。❾ 竣工验收资料应符合档案管理要求及有关规定。

7.2 现场验收

❶ 门窗与墙体间密封胶应无裂缝、中断和起皮脱落，应平滑、美观。❷ 门窗四周无渗漏点，固定牢固，连接码件不外露，门窗扇开关灵活，关闭严密，无明显摩擦噪声，施工质量验收合格资料。

8 / 质量记录

铝合金门窗施工质量记录包括：❶ 铝合金门窗性能检测报告，材料现场抽样送样检测报告，配附件产品检测资料、合格证、质保书；❷ 铝合金门窗进场需抽检记录，安装设计资料，班组安装记录，隐蔽工程验收记录，安装班组进场安装记录日志，自检资料，材料、配件、附件领用记录，安全施工执行情况记录登记等需建立台账，备查。

塑料门窗施工工艺

1 / 总则

1.1 适用范围

本施工工艺适用于工业与民用建筑中塑料门窗（塑料门窗、塑钢门窗等）的安装施工。

1.2 编制参考标准及规范

1.《建筑装饰装修工程质量验收标准》
（GB 50210-2018）

2.《建筑工程施工质量验收统一标准》
（GB 50300-2013）

3.《塑料门窗工程技术规程》
（JGJ 103-2008）

2 施工准备

2.1 技术准备

❶ 门窗安装前应熟悉图纸，核准门窗洞口尺寸，检查门窗型号、规格、质量，是否符合设计要求，如遇图纸中无明确规定时，应及时联系技术负责人作统一技术交底。❷ 安装前要弹线定好中线，多层门窗安装应从顶层吊垂线找出门窗框安装边线，逐层下引，在同层按 +50cm 线定下框标高线，标高应符合设计要求。❸ 制定分项安装工程的质量目标，检查验收制度等保证工程质量措施。

2.2 材料准备

❶ 门窗进场，其规格、型号、尺寸、颜色、数量、开启方向应符合设计要求，有出厂合格证、检测报告，同批次颜色一致，表面应光滑，无碰伤痕。❷ 五金配件按门窗规格、型号、数量配套齐全，有出厂合格证、检测报告、数量清单。❸ 门窗安装塞缝的密封材料、安装连墙件、玻璃、胶条、毛条等，需经质检确认，符合设计要求。

2.3 主要机具

激光经纬仪、线坠、粉线包、水平尺、2m 垂直靠尺、手锤、扁凿、钢卷尺、螺钉旋具、手电钻、冲击钻、射钉枪、打胶枪、钢锯、小型电焊机、铁铲、小水桶、墙纸刀、扳手、切锯机。

2.4 作业条件

❶ 门窗安装工程应在主体结构分部分项工程验收合格后，办移交手续后，方可进行施工。❷ 结构工程完工，经验收达到合格，已办好工种之间的交接手续。❸ 用弹好门窗中线量出框边线，检查安装尺寸及标高，有问题及时修正。❹ 检查门窗表面、无裂纹、麻点、划花、碰伤、翘曲、不够平整等，有明显擦伤都属质量问题需及时处理。❺ 检查门窗安装连接件位置尺寸是否符合设计要求。❻ 检查已有排栅脚手架是否符合安装要求，不符合的要整改，并做好安全防护措施。

3 施工工艺

3.1 工艺流程

图 4.4.3-1　塑料门窗施工工艺流程

3.2 操作工艺

❶ 按设计图纸要求放线弹出门窗安装边线，室内 +50cm 水平线定门窗安装标高。❷ 弹线发现洞口尺寸偏差应及时调整，有超出部分凿除，直至符合门窗安装要求。❸ 门窗上墙安装应调整两侧缝隙、上下进出尺寸一致，标高定位准确。框体用木楔临时定位、铁码件连墙固定，检查水平、垂直、对角线符合要求后固定牢固。❹ 门窗固定牢固后塞缝前应进行隐蔽验收，合格后方可塞缝。塞缝材料需按设计要求，南方多采用防水砂浆。外窗框周边墙体需涂 200mm 宽水性防水涂料，以防框体渗漏。如果采用聚氨酯泡沫剂塞缝，应对安装铁件作深度防腐处理。外框边应打 5mm×6mm 硅酮胶密封。❺ 五金配件及玻璃安装必须在墙体饰面工程完成后进行，玻璃安装后检查门窗扇开启是否灵活，关闭是否严密。如有问题及时调整，重新安装扇体，五金配件开关执手螺钉拧紧，门窗锁、执手、滑撑、拉手等在安装过程中要按配件的安装说明书进行安装，安装后开关灵活，无噪声、无松动。窗扇无下垂，所选用的活页或滑撑必须符合设计要求，并加窗扇提升块，推拉窗要安装防撞、防脱落装置。❻ 下轨滑槽注意清洁灰尘、砂等杂物，防止排水孔堵塞。清洁外窗不得使用腐蚀性清洁剂。

4 / 质量标准

4.1 主控项目

❶ 门窗品种、类型、规格、性能、开启方向、拼樘方式及门窗型材壁厚，内钢的厚度应符合设计要求。❷ 塑料门窗框和副框安装必须牢固，窗框安装连墙铁码件或膨胀螺栓的数量、设置应正确，连接方式、固定点应距窗角、中横框、中竖框 150mm～200mm，固定点间距应 ≤ 600mm。❸ 塑料门窗拼樘料内衬增强型钢的规格、壁厚必须符合设计要求，型钢应于型材内腔紧密吻合，其两端必须用铁码件与洞口固定牢固，窗框必须与拼樘料连接紧密。连接采用不锈钢螺钉，间距应按设计要求。❹ 门窗扇体应开关灵活、关闭严密、无倒翘。推拉门窗扇必须有防脱落措施。❺ 塑料门窗框与墙体间缝应采用防水砂浆填塞饱满，不留空腔，抹平再涂水性防水涂料。表面应采用 5mm×6mm 硅酮密封胶密封。密封胶要粘结牢固、表面光滑、顺直、无裂纹、无气泡。

4.2 一般项目

❶ 塑料门窗表面应洁净、平整、光滑、大面应无划伤、碰撞痕，熔接拼缝顺滑、无明显痕迹。框与扇搭接应符合规范和标准。

❷ 门窗密封条不得脱槽。两侧窗扇高度一致，开启窗扇与框间隙应均匀。

❸ **塑料门窗的开关力应符合**：① 平开窗扇平铰、滑撑铰链应 ≤ 80N，但不少于 30N。② 推拉门窗扇应 ≤ 100N。

❹ 玻璃密封条与玻璃槽口的接缝应平整，不得卷边、脱槽。中空玻璃应无水汽。

❺ 排水孔应畅通，位置和数量应符合设计要求。

❻ 塑料门窗安装的允许偏差和检验方法应符合表 4.4.4-1。

表 4.4.4-1 塑料门窗安装的允许偏差和检验方法

序号	项目		允许偏差（mm）	检验方法
1	门、窗框外形（高、宽）尺寸长度差	≤ 1500mm	2	用钢尺检查
		> 1500mm	3	

序号	项目		允许偏差（mm）	检验方法
2	门、窗框两对角线长度差	≤ 2000mm	3	用钢卷尺检查
		> 2000mm	5	
3	门、窗框的正、侧面垂直度		3	用1m垂直检测尺检查
4	门、窗框的水平度		3	用1m水平检测尺和塞尺检查
5	门、窗下横框的标高		5	用钢卷尺检查，与基准线比较
6	门、窗竖向偏离中心		5	用钢卷尺检查
7	双层门、窗内外框间距		4	用钢卷尺检查
8	同樘平开门、窗相邻扇水平高度差		2	用靠尺和钢直尺检查
9	推拉门窗扇与框搭接量宽度		2	用深度尺或钢直尺检查
10	推拉门窗扇与框或相邻扇立边平行度		2	用钢直尺检查

5 成品保护

❶ 安装完成的门窗要及时通知质检部门验收，在交付使用前保护胶纸不应该撕掉，只有在完成安装工程验收合格并交付后才允许撕掉保护胶纸，进行清洁。未完成交接手续时严禁在门窗位置安放脚手架，或悬吊重物和材料进出口通道，如有特殊情况应做好保护措施。❷ 在外墙抹灰、贴瓷片过程中对门窗要做好保护，溅上砂浆、灰浆应及时清理干净。小量未及时清除的硬结垢不易清除，先用水润湿后再用塑料片刮除，力度要控制好，不应损坏表面。❸ 拆排栅脚手架时，适当采用夹板对门窗作保护。电焊、气割连墙杆件时，应防止焊渣气溅对门窗表面影响，部分需要用薄钢板遮挡作保护，外墙清洗时避免腐蚀性液体伤害门窗配件，应预先用塑料保护胶纸贴好做完善的保护。

6 安全、环境及职业健康措施

6.1 安全措施

❶ 安装门窗要首先对排栅脚手架做仔细检查，符合安全规范才允许施工人员上架安装，对人字梯必须检查是否牢固，不允许缺挡、松动，梯子摆放位置要与地面夹角60°～70°，不能太陡，严禁两人同时用一侧梯子，高凳子施工是不允许的，2m以上高度施工人员必须扣系好安全带。❷ 在焊接铁件时应办理好动火申请，符合动火条件时才允许动火，在安装作业现场配备灭火器、接渣斗，焊工持证上岗，并有专人作巡视监护。

6.2 环保措施

❶ 门窗安装所产生的废物垃圾，应用塑料袋分可回收、不可回收分袋装，按指定位置堆放，施工现场保持整洁。❷ 在门窗安装过程中应控制噪声、粉尘对周边环境的影响，在安装门窗下方作安全标志警示，人行通道应设防高空坠物遮挡棚，以免高空落物伤及路人。❸ 施工用电应按建筑施工用电安全规范执行。

7 工程验收

塑料门窗工程验收时应提供下列文件和记录：❶ 塑料门窗工程施工图、竣工图、设计说明书、设计计算书及其他设计文件；❷ 材料现场见证抽检检测报告及门窗性能试验检测报告；❸ 塑料门窗安装过程中隐蔽工程验收记录；❹ 塑料门窗产品进场安装规格、数量，有节能要求的应提供相关资料。

塑料门窗施工质量记录包括：❶ 塑料门窗出厂合格证，进场产品检验记录，产品检测报告；❷ 塑料门窗安装固定后进行隐蔽验收记录，应有验收合格文件；❸ 五金配件、安装附件、玻璃、密封胶、胶条、塞缝材料等出厂合格证，检测报告；❹ 质量自检，现场验收报告，整改通知，整改合格报告。

第5节　全玻璃门安装施工工艺

1 / 总则

1.1 适用范围

本施工工艺适用于有装饰框体中的全玻璃门，或全玻璃作固定框中的全玻璃门安装施工。

1.2 编制参考标准及规范

1.《建筑装饰装修工程质量验收标准》

（GB 50210—2018）

2.《建筑工程施工质量验收统一标准》

（GB 50300—2013）

3.《建筑玻璃应用技术规程》

（JGJ 113—2015）

2 / 施工准备

2.1　技术准备

施工前应熟悉施工图纸，其内容应包括不锈钢框架、铝板饰面框架、不锈钢门套中的全玻璃门，以及固定玻璃框中的全玻璃门，门扇的大小尺寸、安装位置、固定玻璃槽做法、木板的封边托口处理、饰面板扣嵌形式或石材收口方式要分析明确，并且对施工人员做好技术和安全交底。

2.2　材料准备

❶ 角钢、夹板、木方、环保型胶水、橡胶垫块、玻璃、地弹簧、门上下夹（曲夹）、门锁夹（或门中锁）、门拉手、硅硐耐候胶、大玻璃胶、泡沫条、美纹纸、焊条等材料应用质量符合设计要求品牌。❷ 饰面材、不锈钢成型饰板、铝板饰面板、石材饰面板或其他饰面板，均适用门套式全玻璃门。

2.3　主要机具

电焊机、氩弧焊机、氩气、砂轮片切割机、角磨机、冲击钻、电钻、木工锣机、木板开板界机、铁皮剪、锤子、凿子、锉刀、划线铁笔、水平尺、手提激光经纬仪、打胶枪、墙纸刀、螺钉批、扳手、线坠、垂直托线靠尺、钢直尺、钢卷尺、铁抹刀、气动钉枪。

2.4　作业条件

❶ 施工现场场地已完成混凝土及相关砌体项目，经验收办理交接手续确认符合施工要求。❷ 弹线找规矩、确定安装位置，靠墙体吊垂直线，找水平标高确定完成面高度。❸ 根据设计所采用作嵌固定玻璃材料框尺寸、下料准备，办好现场用电焊的动火手续。❹ 对应设计图纸复核现场尺寸，如有较大尺寸出入应及时报告技术负责，修改图纸，出变更通知，对于管线是否有阻挡应及时了解管道线走向，如有变化及早修改设计。❺ 遇玻璃板块尺寸较大，运输到安装位置要预先考察好路线，如有问题应经多方研究，确实不能解决应及时反馈设计方，修改设计方案并编写安全施工技术方案。

3 / 技术要点

❶ 有横头亮子玻璃的全玻璃门、亮子玻璃分格尺寸宽度应与开启扇宽度一致。纵向顺直，固定亮子与门扇侧垂直固定玻璃采用曲夹或爪夹固定，便于活扇上轴安装定位。固定玻璃嵌入槽宽度应大于玻璃厚度0.8～1倍，槽深15mm～20mm，以便安装玻璃时顺利插入，玻璃入槽前应垫橡胶块，根据玻璃宽度垫胶块数，一般最少垫两块。❷ 在钢槽两侧把木板作饰面结构时，确定应留槽口宽度而加预扣饰面板两侧厚度，钢槽与地面应与预埋件焊接牢固，未预埋的铁件采用后置膨胀螺栓固定槽形式，间距不大于600mm，非混凝土地面应设置混凝土预埋件构件，应符合设计要求。❸ 活扇开闭是由地弹簧与定位销铰接，高低搭接要调整好，水平垂直要在同一轴线上，以便开关门扇自如。❹ 玻璃应在厂内加工磨边，开缺口、钻孔，门扇玻璃必须采用安全玻璃，在订货时一定要复核准尺寸，钢化玻璃不允许现场再加工处理。

4 / 施工工艺

4.1 工艺流程

❶ 固定玻璃安装

图 4.5.4-1　固定玻璃安装施工工艺流程

❷ 活动玻璃扇安装

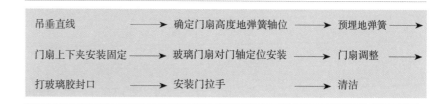

图 4.5.4-2　活动玻璃扇安装施工工艺流程

4.2　操作工艺

❶ 固定部分安装： ① 现场安装位置定位放线完成玻璃槽框安装，饰面板底托制作，槽底放置橡胶垫块，检查玻璃嵌入槽位尺寸，左右最小应留 6mm～8mm，上下留 10mm～15mm（以槽内胶垫面计算）槽口玻璃两侧面各留 4mm 间隙，防止玻璃尺寸过大，影响玻璃入槽安装。② 饰面板折边加工成品在玻璃安装后，木托架上涂万能胶水后直接扣入槽口固定。③ 安装玻璃板块时应采用玻璃吸盘施工，较大面积板块应多人两手抬玻璃吸盘，并且同时操作，移动玻璃时应先检查吸盘吸附力是否满足要求，超大规格玻璃需用机械辅助安装。④ 玻璃板块安装入槽后玻璃两面注胶缝隙要一致，垫好泡沫条后注胶，注胶前贴好美纹纸保护饰面，并使胶缝宽窄均匀一致，注胶需找熟练操作手要一次完成，胶要平滑、顺直、不起泡，最后用修胶刮修整好，去多余胶、去保护纸。

❷ 活动门扇安装： ① 全玻璃门活动扇的启闭活动由地弹簧与门上下夹铰接，吊门轴垂直，玻璃门缝隙按设计要求作上下调整，开启、关闭，不允许擦玻璃或刮地面，间隙按设计要求。② 安装地弹簧过程中避免伤及侧边玻璃，应采用夹板横向放置，以保护玻璃。在使用扳手等工具时特别注意，以免碰到玻璃。

5 / 质量标准

❶ 全玻璃门、五金配件及其他附件必须符合设计和有关标准规定。
❷ 玻璃门安装位置应符合设计要求，安装必须牢固、安全。❸ 玻璃门
扇地弹簧开关要顺畅，自动定位准确，开启度 90°±3°，关闭时间应控
制在 6s～10s 范围内，门扇上下缝隙、左右缝隙应符合设计要求。❹ 玻
璃门安装配附件应齐全，安装位置正确、牢固，所用配件表面无划伤、
碰伤。❺ 所有胶缝宽窄一致，顺直、平整、光滑，无裂纹、起泡、砂
眼粒，表面洁净。

6 / 成品保护

❶ 全玻璃门安装完成后及时组织验收，玻璃在适当位置贴上防止碰撞
标志。❷ 未交付使用时应将门扇上锁，并在适当位置设置拦阻进入
牌，以免损坏并做好安保，防盗拆贵重五金配件。❸ 在通道口的门扇
工地未全面交付使用时，应将门扇卸下，放置适当位置，应在室内横向
竖直靠墙排放，并摆放稳当，使用前再安装。

7 / 安全、环境及职业健康措施

7.1　安全措施

❶ 施工人员进场安装必须遵守工地安全规章制度，并进行员工的三级安全教育，安全技术交底。❷ 安装过程使用脚手架、门字架、人字梯、单梯子时应检查是否牢固可靠，符合安全才允许使用，在施工中使用单梯，放置不宜过陡，其与地面夹角以 60°~70° 为宜。❸ 玻璃板块应放在专用玻璃架上，堆放平稳，工具要随手放入工具袋，上下传递工具严禁抛掷。❹ 使用的机电器具应常检测有无漏电现象，一经发现立即停止使用，决不允许勉强使用。所有施工用电都应严格执行有关用电安全规定。❺ 搬动大玻璃时应采用玻璃吸盘，多人搬移，在玻璃施工安全中应有应急预案。

7.2　环保措施

❶ 施工过程中产生的废弃物应按可回收与不可回收分别装包，运至指定地方堆放。❷ 施工现场应控制噪声、粉尘，减少对周边环境的影响。

8 / 工程验收

全玻璃门工程验收应提供的验收文件和记录：❶ 全玻璃门施工图、竣工图、设计说明书、设计计算书及其他有关施工文件；❷ 安装过程隐蔽验收记录、材料检测报告，超大规格玻璃固定窗或幕墙应提供幕墙性能检测报告。

9 / 质量记录

全玻璃门施工质量记录包括：❶ 全玻璃门、玻璃规格、厚度、品种应符合设计要求，并提交玻璃出厂合格证、产品测量报告文件；❷ 五金配件、附件、辅材应提供出厂合格证，检测报告及使用说明书作验收资料；❸ 安装过程中应做好质量自检记录及隐蔽工程验收资料；❹ 全玻璃门安装完成后要及时组织验收，不合格应及时整改至合格后再行验收，整改过程应做资料记录。

第6节

无机布防火卷帘门施工工艺

1 / 总则

1.1 适用范围

本施工工艺适用于工业与民用建筑物中，涉及防火分区较大洞口，需阻隔窜火、拦烟，抑制火灾蔓延，保护人员疏散的防火卷帘门的安装施工。

1.2 编制参考标准及规范

1.《建筑装饰装修工程质量验收标准》
  （GB 50210-2018）

2.《门和卷帘的耐火试验方法》
  （GB/T 7633-2008）

3.《建筑构件耐火试验方法》
  （GB/T 9978）

4.《防火卷帘》
  （GB 14102-2005）

5.《建筑设计防火规范》
  （GB 50016-2014，2018 年版）

2 / 施工准备

2.1 技术准备

施工前应熟悉施工图，落实该无机布防火卷帘门所安装位置与所在现场所需的产品种类，规格，尺寸应符合设计要求，并分析安装重点难点，对施工人员进行技术交底和安全交底，做好安装技术与相关设计部门的沟通，为实施安装做好各方面准备。

2.2 材料要求

❶ 无机布防火卷帘门主要零部件所使用的各种原材料应符合国家标准或行业标准规定。❷ 帘布钢夹板厚度 ≥ 3.0mm，座板厚度 ≥ 3.0mm 掩埋型导轨厚度 ≥ 1.5mm。❸ 无机纤维复合防火卷帘面其基布应能在 −20℃ 条件下不发生脆裂并应保持一定的弹性，在 +50℃条件下不应粘连，无机纤维复合帘面净重 ≥ 5kg/m^2，帘面布厚 ≥ 1.5mm～2.0mm。❹ 无机纤维复合防火卷帘帘面的燃烧性能不应低于 GB 8621—B$_1$ 级（纺织物）的要求，基布的燃烧性能不应低于 GB 8624—A 级要求。❺ 无机纤维复合防火卷帘面所用的各类纺织物常温下的断裂强度径向不应低于600N/5cm，纬向不应低于 300N/5cm。帘面漏烟量 ≤ 0.2m^3/m^2·min。❻ 卷帘门侧导轨为厚 1.5mm 镀锌钢板槽或不锈钢板槽，末尾板采用厚度 ≥ 1.5mm 的不锈钢拉丝板或铝合金型材。❼ 电机、控制箱、传动装置、烟感、温感等零配件产品，应有符合国家标准检测合格产品证书及检测报告。

2.3 技术要求

❶ 双轨特级无机纤维复合防火卷帘中空为空气作为隔热层，具有隔热性，并要求达到一定的耐火极限值，技术参数见表 4.6.2−1。

表 4.6.2−1　卷帘耐火极限表

耐火极限	双轨间距	夹板间距
大于 4h	不少于 280mm	200mm～800mm

试验方法：按《建筑构件耐火试验方法》（GB/T 9978）。

❷ 卷帘起闭运行的平均噪声应不大于表 4.6.2-2 的规定。

表 4.6.2-2　卷帘运行平均噪声表

序号	卷门机功率 W（kW）	平均噪声（dB）
1	$W \leqslant 0.4$	$\leqslant 50$
2	$0.4 < W \leqslant 1.5$	$\leqslant 60$
3	$W > 1.5$	< 70

❸ 帘板嵌入导轨的深度应符合表 4.6.2-3 的规定。

表 4.6.2-3　帘板嵌入导轨深度表

序号	洞口深度 B（mm）	每段嵌入最小深度（mm）
1	$B \leqslant 3000$	45
2	$3000 < B \leqslant 5000$	50
3	$5000 < B \leqslant 9000$	60
4	$9000 < B \leqslant 12000$	80
5	$12000 < B \leqslant 18000$	100

注：导轨必须有防烟设置，使用材料应为不燃材料，隔烟装置与卷帘面紧密贴合。

贴合面不得少于 80mm，导轨滑面应光滑、平直，全长直线度不得超过 0.12%，不允许有扭曲、凹凸、毛刺。

❹ 应设置防风钩，并且要符合设计抗风压要求，具体安装设置在设计时考虑使用方便、合理，与多方沟通确定。

2.4 主要安装机具

表 4.6.2-4　主要安装机具

序号	名称	规格	序号	名称	规格
1	砂轮切割机		13	刮刀	
2	电焊机	BX-200	14	墨线盒	
3	手电钻	牧田 6410	15	游标卡尺	
4	冲击钻	BoseH 博世	16	$\phi 10$ 钢丝绳	
5	套筒扳手	卷帘专用	17	手提氩弧焊机	
6	凿子，锤子		18	自控检测工具	
7	手提激光标线仪	LS639 4V1H1D	19	钢丝钳	
8	手拉葫芦	HS25	20	尖嘴钳	
9	角磨机	WSS14-125	21	十字螺钉批	
10	钢直尺	1m	22	一字螺钉批	
11	钢卷尺	5m	23	线钳	
12	电动扳手		24	电工刀	

2.5 作业条件

❶ 在主体工程完工，场地位置验收合格移交后，防火卷帘门安装现场位置，洞口尺寸复核，与运至施工现场的防火卷帘门要求种类、规格、型号尺寸是否符合设计要求。❷ 检查洞口横梁安装位置预埋铁件，电源专线位置，控制机箱预留位置，双导轨间距等是否符合设计要求。

3 施工工艺

3.1 工艺流程

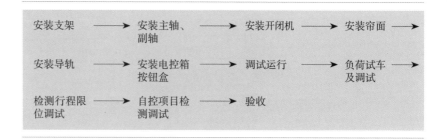

图 4.6.3-1 无机布防火卷帘门施工工艺流程

3.2 操作工艺

❶ **安装支架**：首先由激光标线仪定位，确定左右支架安装位置和中心筒中心轴位及其标高，标定支架安装基准面，对有预埋件的安装位置，支架焊接要求上、中、下三段变换角焊，控制焊接变形，焊接缝高 6mm 左右对称双面角焊，焊缝长度应为 60mm，分三段（即上、中、下）焊接过程应注意分层除渣，保证焊接质量。对没有预埋件的支架安装部位，采取符合设计要求的化学锚栓（ϕ12mm ～ 16mm），最少八颗，固定钢底板，经检验合格，锚栓总抗剪安全系数不少于卷帘总重量的 5 倍，支架焊在底板上（考虑到耐火要求，1/2 锚栓采用膨胀式，锚深应增加 10mm ～ 20mm），安装梁柱面混凝土强度等级 ≥ C25。❷ **安装主轴、副轴**：在轴安装前检查轴头焊接，除锈处理。然后使用相应的起重工具进行吊装，支架内承轴座台脚螺栓要安装牢固，然后进行激光标线仪进行平轴，轴水平度误差每米不超过1.5mm。❸ **安装开闭机**：用 4 支 M14 螺栓将其固定在大支架上，并安装上传动链条，空载试运行，后通电运行，符合要求后将帘布安装在卷筒上，负载试运行。调试两帘面使其同步进行。❹ **安装帘面**：运行过程帘布表面应平整，前板与布的直线度每米不得大于 1.5mm。❺ **安装导轨**：为保证两导轨的中心距并注意导轨凹槽方向一致（与防风钩的方向一致）导轨的滑动面光滑平直，直线度每米不得大于 1.5mm，全长垂直不超过 0.12%，帘面嵌入导轨的深度应符合《防火卷帘》（GB

14102）规定，侧导轨的焊接应牢固，连接件间距＜600mm。分两段对称双面焊，安装后的不垂直度每米不超过5mm，全长垂直度不得超过20mm。❻ **安装电控箱按钮盒**：根据设计预留安装位置，明确明装或暗装，明装时需在墙体上，预留穿线孔洞眼，并进行走线槽布置，要有防火功能走线槽。安装完毕作通电检测，可通电测试。❼ **调试运行**：首先用手动试运行，再用电动试运行，并对行程开关做相应的调整下限离地面15mm～20mm。❽ **负荷试车及调试**：首先使用手动试运行，再用电动机启动数次，并对行程开关作对应的调整，直至无卡死，停滞，限位不准及异常噪声现象为止。❾ **检测行程限位，自控项目检测**：手动控制卷帘提升定位准确性连续检测不同高度定位准确性符合要求后，自控项目，接收烟感，温感信号自动控制单樘卷帘门一、二次。下滑落闸，接收消防中心控制信号。控制单樘式区域卷帘，一、二次下滑落帘能实现联动，并可向中心控制室反馈门位（上位、中位、下位）信号，在火警状态下卷帘下落到位后，按任意控制键体可返升至中位，控制系统要求达到烟感温感报警一次下滑，温感报警二次下滑延时120s。❿ **验收**：防火卷帘门安装调试完毕后，质检员按有关验收标准对安装中各项目质量要求，进行全面质量检查，保证质量符合国家验收标准，再由总承包召集有关部门人员进行验收，并履行验收移交手续。

4　质量标准

4.1　主控项目

❶ 防火卷帘门必须安装牢固，预埋件或后置锚板件规格、数量、尺寸及防腐处理应符合设计要求。❷ 支架座安装焊接后卷筒轴承座安装轴水平度控制，帘面入轨后平整均匀。入导轨滑动顺畅，帘面上下移动无阻滞。❸ 电控部分安装端正运行顺畅，低噪声，链传动咬齿准确，传动力均匀。控制定位准确，自控项目检测合格，防烟封堵符合设计要求。❹ 电源应采用专用消防电源，电源线应穿金属管暗敷，明装控制箱及线管应采用防火保护措施，应符合设计要求。

4.2 一般项目

❶ 安装过程中注意帘面洁净，无划痕、碰伤，帘面整理顺畅，卷筒轴箱体牢固应符合防火要求。❷ 手动速放装置操作时，臂力≤50N，防火包轴箱材料为 0.8mm～1.0mm 厚钢板，角钢要求热镀锌处理并进行防火处理，焊口除渣，涂防锈漆。❸ 抗风钩挂搭便利，当帘面自重超大而需要采用加固形式，保证支架承重不变形，安全、可靠，运行稳定，支架焊接应无虚焊、夹渣，焊后除渣做防锈处理。

5 / 成品保护

❶ 安装完成将卷帘提升至一定高度不妨碍进出，双侧导轨外不得堆放杂物，导轨内不应留有阻碍卷帘门升降的物品，保持顺畅，导轨外侧要防止碰撞，未做修口饰面前须作保护。❷ 卷筒箱体、电控箱体、按钮等需作保护，防止其他分项工程施工损坏。❸ 投入使用前需定期检查导轨，定期升降检查，投入使用后按说明书作定期保养检查维修测试。

6 / 安全、环境及职业健康措施

❶ 在该产品安装工程中应控制噪声，需动火进行焊接支架，应办理好动火申请报告，做好防火措施，登高作业应架设好脚手架，高挂低用扣好安全带。❷ 在使用电动工具前应做好防漏电检测，对电源线做检查，设三级带漏电保护开关，接电箱应竖挂设，对电源线不允许拖地使用，电源接线应是专业电工。❸ 在施工过程中应尽量减少扬尘及噪

声，对废弃物应及时清理装好，运至指定位置堆放。❹ 施工人员必须佩戴好个人安全劳动保护用品，做到遵守工地规章制度，文明施工。

7 / 工程验收

❶ 施工方须提供防火卷帘门设计安装位置，采用形式，材质，耐火相关技术资料。❷ 防火卷帘门应选用符合消防检测认证产品，相关检测技术性能应符合防火设计要求。❸ 产品在安装前选用的材料需送检，提交检测报告应注意有效期，规格与检测报告一致。❹ 工程验收对帘板，导轨的变形，升降平滑性，关闭与楼面缝隙的大小，电机操控机构防火保护，消防控制联动，手动电机控制，铁链手动拉动力，自重下落装置，烟感探测装置，列表逐项检测逐项记录，存在不足及时整改后再验收。❺ 地下室防火卷帘门要求周边环境要做好通风、防水，以免损坏该防火设施。

8 / 质量记录

无机布防火卷帘门施工质量记录包括：❶ 无机布防火卷帘门产品均经消防，公安严格检测产品，应有生产许可证，产品出厂合格证，性能检测报告，质保书，使用说明书等应齐全；❷ 安装前对产品进行表面质量检查，对帘面的洁净、缝口质量、划痕、碰撞、零配附件等质量及数量核对清单，各项工作应做好记录，严格把关；❸ 安装过程做好隐蔽验收记录，技术交底记录，所用材料质量检测，资料应齐全。

卷帘门施工工艺

1 / 总则

1.1 适用范围

本施工工艺适用于工业与民用建筑中的金属卷帘门安装施工。

1.2 编制参考标准及规范

1. 《建筑装饰装修工程质量验收标准》
   （GB 50210-2018）
2. 《防火卷帘》
   （GB 14102-2005）
3. 《卷帘门窗》
   （JG/T 302-2011）
4. 《家用和类似用途电自动控制器 电动门锁的特殊要求》
   （GB 14536.13-2008）

2 施工准备

2.1 技术准备

❶ 卷帘门应根据使用设计抗风压强度值选其产品，产品由帘板、卷筒体、导轨、传动部分组成，帘板由订购者选定。❷ 卷帘门按设计要求可选用驱动方式为手动和电动两类。❸ 卷帘门按其导轨规格不同，分别为不同的型号，常见有 8 型、14 型、16 型。

2.2 材料准备

❶ 卷帘门的材质、型材规格、组合连接方式及加工制作标准必须符合设计要求。❷ 卷帘门均由工厂制作成成品运至现场安装，卷帘片在运输过程应做好包装保护避免变形影响质量。

2.3 主要机具

表 4.7.2-1　主要机具表

序号	主要工机具名称	规格	序号	主要工机具名称	规格
1	电焊机	BX-200	7	锤子	
2	冲击钻	ZTC-22	8	墨线盒、线坠	
3	砂轮切割机		9	螺钉旋具	
4	电钻		10	铝合金垂直靠尺	2m
5	水平尺	1m	11	活动扳手、套筒扳手	
6	直尺		12	钢卷尺	

2.4 作业条件

❶ 结构工程施工完成，粗装修后、精装修前，在墙体完成底灰处理后，面层未施工前。❷ 洞口尺寸复核对预埋件位置、数量都应符合设计要求，不符的应修整以满足施工要求。❸ 卷帘门成品拆包装验收合格，各部分相互匹配，配件齐全，有产品合格证、检测报告。

2.5　作业人员

❶ 由专业安装人员安装，主要的作业人员有三人或三人以上的施工现场卷帘门安装经验。❷ 作业人员经安全、质量、技能培训，能满足施工作业的要求，电气调试要有证施工人员操作。

3 / 施工工艺

3.1　工艺流程

图 4.7.3-1　卷帘门施工工艺流程

3.2　操作工艺

❶ 确定安装洞口位置找水平垂直，复核洞口尺寸，对照到货产品规格尺寸是否符合，对预埋件位置、数量、规格、清理安装位置的不平整舌头灰，铲除预埋件上的浮灰浆渣土，保证弹墨线畅通，弹出清晰线，找平吊线弹出两导轨边垂线及卷帘筒体安装中心线。❷ 安装固定卷筒，先将卷筒支架的垫片电焊在预埋铁件上，按墙上所弹卷筒安装中心线，连接固定卷筒的左右支架，安装卷筒，确保卷筒水平转动灵活，卷片轴安装要控制好水平。❸ 安装传动装置及其传动部件应安装牢固，检查链条张紧度（链条下垂 6mm～10mm）超出部分作调整及调整棘爪单向调节器和限位器，确保使用安全。❹ 空载试运转对于电动卷帘门，通电试运转，检查电机，卷筒的转动情况及其传动系统部件的工作状况，转动部件周围的安全空隙和配合间隙是否满足要求具体要详细熟悉安装及操作说明书。❺ 装帘板，在拼装帘板时应检查帘板平整

建筑装饰装修施工手册（第2版）

度、对角线、两侧边垂直度，符合要求后再安装上卷筒上，帘片组装后，试运行不允许有倾斜，帘片不直度＜洞口高度的 1/300。❻ 安装导轨，将两侧导轨按弹好墨线，焊牢于墙体预埋件上，施焊前注意吊垂直线控制其安装垂直度，达不到垂直度要求时必须加垫铁，调整好垂直后再焊牢固。❼ 调试。首先观察卷筒体、帘板、导轨和传动部分相互之间的吻合接触状况及活动间隙的均匀性，然后用手缓慢向下拉动关闭，再缓慢匀速上拉提升到位，反复几次，发现有阻滞、顿卡或异常噪声时仔细检查原因，进行调整，直到提起顺畅，用手力调试为主，对电控卷帘门，亦需手动调试后再由电驱动启闭数次，顺畅细听应无异常声音。

---

4 / 质量标准

❶ 两侧滑轨开口相对应，在同一垂直面上，滑道与水平面垂直偏差 ≤ 10mm。❷ 卷轴水平安装，与水平面平行度偏差 ≤ 3.0mm，端板键槽插入支架输出轴 50mm~80mm。❸ 宽大门体需要在中间位置加装中柱，两边有滑道，中柱安装必须与地面垂直，安装牢固，但要拆装方便。❹ 门体叶片插入滑轨内不得少于 30mm，最好 40mm~50mm，门体宽度极限偏差 ±3mm。❺ 卷帘门各项性能应符合设计要求，要有出厂合格证，产品检测报告，产品安装使用说明书及保修卡，所有装箱配附件齐全，安装位置正确匹配，安装牢固。❻ 卷帘门的表面饰面板颜色、型号、规格、功能符合设计要求。

5 / 成品保护

❶ 卷帘门在完成安装后及时组织质量验收，并且办理交接手续。❷ 在未交付使用前卷帘门周边精装修过程中，卷帘门需做好保护，在抹灰时用薄纸板或夹板遮挡，溅上灰浆应及时清理干净，防止污染腐蚀表面。❸ 防止脚手架钢管硬物碰撞，做好对施工班组成品保护意识教育，加强巡查，发现损坏的应及时处理。❹ 在常出入通道的卷帘门应提升至固定位置，应减少施工过程对卷帘门的碰撞，并定期作功能性检查维护直至交付使用。

6 / 安全、环境及职业健康措施

6.1 安全措施

❶ 施工人员进场安装必须遵守工地安全规章制度，并进行对员工的三级安全教育和安全技术交底。❷ 施工过程使用脚手架、门字架、人字梯、单梯子时应检查是否牢固可靠，必须符合施工安全才允许使用，在使用单梯时，摆放不宜过陡，应于地面夹角以 60°～70° 为宜，在高 2m 以上的施工必须佩戴好安全带，作业时扣系好，高挂低用。❸ 如在高空施工，使用的工具及螺丝配件等应做好防止高空坠物的保护工作，工具用毕随手放入工具袋，不应随便摆放，上下传递工具时严禁抛掷。❹ 应注意用电安全，勤检查电缆、电动工具、防止漏电，用电必须有漏电保护措施。❺ 动火焊接应办理好动火申请报告，动焊位置周围不允许易燃物存在，现场应配备灭火器，有专人监督检查。

6.2 环保措施

❶ 施工过程中产生的废弃物，应按可回收与不可回收分别装袋，堆放

指定位置。❷ 在施工中应严格控制噪声、粉尘和不使用对环境造成毒害的物质。

7 / 工程验收

❶ 安装工程完成后，应会同有关部门进行分项工程质量验收，不合格或存在不达标的部分需要整改合格后，再进行验收。❷ 验收需要提供工程竣工图及有关安装隐蔽验收资料，产品及材料的合格证及检测报告。

8 / 质量记录

卷帘门施工质量记录包括：❶ 卷帘门规格、尺寸应符合设计要求，应有出厂合格证、性能检测报告、安装说明书、进场验收记录和复验报告；❷ 五金配件、传动装置及安装附件，应具有产品合格证、检测报告；❸ 安装过程应做好质量检查，并有自检记录、隐蔽工程验收记录。

第8节

自动门施工工艺

1 / 总则

1.1 适用范围
本施工工艺适用于电动式感应自动门的安装施工。

1.2 编制参考标准及规范
1.《建筑装饰装修工程质量验收标准》

　（GB 50210-2018）
2.《自动门》

　（JG/T 177-2005）
3.《人行自动门安全要求》

　（JG 305-2011）

2 施工准备

2.1 技术准备

选用专业安装队伍安装，施工方应对预埋件和预埋线路进行检查确认，依据施工现场情况熟悉施工图纸，进行施工技术交底和安全交底。

2.2 材料准备

❶ 门体材料如铝合金、钢材须经饰面处理。❷ 玻璃厚度按设计要求。❸ 目前常用微波中分式感应门，其技术指标见表 4.8.2-1。

表 4.8.2-1　感应门技术指标表

项目	指标	项目	指标
电源	AC220V/50Hz	感应灵敏度	现场调节至用户需要
功耗	150W	报警延时时间	10s ~ 15s
门速调节范围	0 ~ 350mm/s	使用环境温度	−20℃ ~ +40℃
微波感应范围	门前 1.5m ~ 4.0m	断电时手推力	< 40N

2.3 主机安装机具

表 4.8.2-2　主机安装机具

序号	名称	规格	序号	名称	规格
1	砂轮切割机		6	专用安装夹具	
2	电焊机	BX-200	7	水平尺	1m
3	手电钻	牧田 6410	8	水准仪	
4	冲击电钻	博士	9	刮刀	
5	铝合金垂直靠尺		10	墨线盒、线坠	

2.4　作业条件

❶ 在门框周边工程完工，安装位置验收合格移交后，安装自动门时应对现场洞口尺寸复核，应符合设计要求。❷ 检查横梁安装位置预埋铁件，电源专线位置，控制机箱预留位，专线是否到位。❸ 开启门两侧位置的尺寸与门扇开启后预留尺寸及使用自动门的规格尺寸是否相符。

3　　施工工艺

3.1　工艺流程

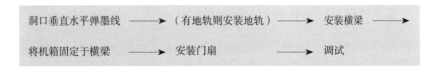

图 4.8.3-1　自动门施工工艺流程

3.2　操作工艺

❶ 洞口测量放线有铝合金自动门和全玻自动门，地面上如有导向性轨道应先撬出预埋木方才可埋设下轨道，下轨长度为开启门宽的 2 倍，埋轨道时应注意与地面饰面平，标高一致，无导轨式，安装门扇横摆限位。❷ 安装横梁。将 18 号槽钢放置在已预埋铁件的门槽横向柱端、校平、吊直、水平安装。注意与下轨的位置关系，然后用电焊将横向钢槽焊牢固，自动门上部机箱入槽内主梁要包饰处理，主梁安装是重要环节，按设计图纸，根据门宽对横梁的架设及结构运行稳定性，要求在安装过程中解决好结构内安装机械及电气控制部分连接点要安装牢固，参照安装说明书的尺寸规定。❸ 固定机箱后连接电器部分，检查行走情况符合要求后安装门扇，门扇移动平滑顺畅，间隙均匀。❹ 调试接通电源，调整微波传感器和控制箱使其达到最佳工作状态，一旦调整正常后，不得任意变动各种旋转位置，以免出现故障。

4　质量标准

4.1　主控项目

❶ 感应式自助门的质量和各项性能指标应符合设计要求。❷ 自动门的品种、类型、尺寸、规格、开启方向、安装位置及钢结构防腐处理应符合设计要求。❸ 机械装置、自动装置或智能化装置的自动门系统其使用功能应符合设计要求及相关技术标准规定，不允许使用非标准产品，确保使用安全性。

4.2　一般项目

❶ 自动门的表面及横梁装饰应符合设计要求，安装完毕交付使用时应洁净无污染、无划痕、无碰伤。❷ 推拉自动门安装质量检验项目及方法见表 4.8.4-1。

表 4.8.4-1　推拉自动门安装质量检验项目及方法

序号	检验项目	项目质量要求	检验方法
1	表面质量	门相邻构件表面色泽应一致，不得有毛刺，接驳口平滑	目测、手感
2	材料及外购件质量	材料要符合国家或行业标准，有生产合格证，感应器、传感器、传感装置等外购件应有生产合格证	审查产品的合格证
3	装置质量	（1）型材门框的壁厚材质应符合设计要求	分别用钢卷尺，塞尺，卡尺，水平仪等仪器及目测，手感检测
		（2）门横梁及机箱等结构件应有足够强度和刚性以承受自动门运行过程的震动及吊挂玻璃重力，行走过程的传动力影响	
		（3）门横梁及机箱导轨的水平度＜1mm/m，门边垂直度＜1mm/m	
		（4）门梁、导轨与下导轨所在垂直面应平行，平行度＜1mm/m	
		（5）门框、门扇配合间隙均匀，门全闭时，活动扇与边立框或与固定扇立边间隙允差＜±1.5mm；门扇间的间隙允许＜±1.5mm	
		（6）门运行中，不得有碰、卡、刮、擦，门体运行灵活	

序号	检验项目	项目质量要求	检验方法
4	门的性能质量	（1）探测器安装应保证其盲区边缘与门距离＜200mm	
		（2）门启闭灵活，当人以0.3m/s速度通过探测区门正常启闭	调压器及万用表检测
		（3）门启闭快速运行速度为0.2m/s～0.4m/s	身高1.5m以上的人以0.3m/s进入检测区
		（4）开启相应时间≤0.5s；堵门保持延时＜18s，门扇全开后，保持＜1.5s	观察门的状态用计时器测试
		（5）正常运行状态，门运行噪声＜65dB	用A级声级测量器
		（6）手动力推拉力＜50N，当门体质量大于100kg时，推拉力为门体质量的5%当量	用测力计检测
		（7）在湿热条件下，绝缘体电阻应＞2 MΩ	用绝缘表测量
		（8）门在环境温度为 –10℃～50℃的条件下正常工作	检测机构检测
		（9）门在正常工作条件下，工作寿命＞50万次	产品检测报告
		（10）门在风速0～10m/s条件下，正常工作	

5　成品保护

❶ 安装完成应及时进行验收，在交付使用前保护胶纸不应该撤掉，在投入使用时才允许撕掉保护胶纸，严禁在自动门两侧堆放物品。❷ 自动门动作频率高易出故障，对机械润滑、线路松动、电气部分等要经常检查、调整、更换、加油，以延长使用寿命。❸ 脚手架管材或其他建筑材料进出通道时应停止使用自动门，使门体处于常开状态，并关掉电源，出了故障应找感应式自动门专业维护人员进行处理，一般不主张自行处理。

6 / 安全、环境及职业健康措施

6.1 安全措施

❶ 在安装自动门时应对脚手架作检查，应符合施工安全规范要求，施工人员上架安装横梁时两端应同时架设使用辅助吊具移动钢槽定位焊牢固，高处作业须佩戴安全带，作业时高挂低用扣系好。❷ 使用风、电焊前需办理好动火申请，动火位置上下周围不允许有易燃物品存在，施工现场应配备灭火器，有专人监护。

6.2 环保措施

施工过程不应影响周边群众生活，噪声严加控制，施工过程所产生的废物应及时清理装袋，搬至指定堆放地点。

7 / 工程验收

❶ 安装完成后会同有关质量部门及时进行验收，不合格项（存在不达标的部分）需要整改，已达到合格验收标准申请工程验收；❷ 工程验收需提供施工图、竣工图及有关设计资料、质量证明文件。

8 / 质量记录

自动门施工质量记录包括：❶ 自动门的产品合格证、检测报告、现场检查登记资料应齐全；❷ 安装过程应做好分项工程质量验收记录及隐蔽工程验收合格资料。

第9节　防火、防盗门安装施工工艺

1 / 总则

1.1 适用范围

本施工工艺适用于工业和民用建筑中防火门、防盗门的安装施工。栅栏式、折叠式、推拉式防盗门安装可参考使用。

1.2 编制参考标准及规范

1.《建筑装饰装修工程质量验收标准》
　（GB 50210-2018）

2.《建筑工程施工质量验收统一标准》
　（GB 50300-2013）

3.《防火窗》
　（GB 16809-2008）

4.《防火门》
　（GB 12955-2008）

5.《防盗安全门通用技术条件》
　（GB 17565-2007)

2 / 施工准备

2.1 技术准备

❶ 防火、防盗门应选购经消防部门、安全部门鉴定和批准的符合防火，防盗等级要求产品，并具有符合产品技术性能设计验收标准要求合格品。❷ 熟悉施工图纸，对施工人员进行技术和安全交底。

2.2 材料准备

❶ 防火、防盗门应根据不同的设防等级选择相应的种类、规格、型号。而所选用的安装原材料、连接件、水泥砂浆、密封材料，应符合设计要求。❷ 熟悉防火、防盗门的设防要求，采用相适应的安装方法，确保安装质量。

2.3 主要机具

表 4.9.2-1　主要机具

序号	机具名称	规格	序号	机具名称	规格
1	电焊机	BX-200	7	钢锯	
2	电动冲击钻	ZTC-22	8	螺钉批	
3	手电钻		9	铝合金垂直度靠尺	2m
4	水平尺		10	手锤	
5	线坠、墨盒		11	钢卷尺、钢直尺	
6	活动扳手、套筒扳手		12	凿子	

2.4 作业条件

❶ 主体结构工程施工完成且验收合格，工种之间已办理好分项工程移交手续。❷ 对安装洞口尺寸检查，不符合要求应修整，对预埋件的位置、规格、数量，应符合设计要求。❸ 对进场产品种类、规格、尺寸、

数量，进行清点，并组织验收，合格产品放置适当位置。❹ 对施工作业人员进行三级安全教育，技术交底。对机要部门施工，需办理好相关施工手续。

---

3 / 施工工艺

3.1　工艺流程

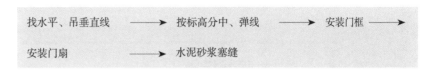

图 4.9.3-1　防火、防盗门安装施工工艺流程

3.2　操作工艺

❶ 按图纸尺寸，找水平垂直，确定标高位置，吊垂直线弹出门框安装控制墨线，检查开启方向位置是否符合设计要求。❷ 防盗门的门框安装牢固程度要求高于防火门，对于有较高要求防盗门应建在有钢筋的混凝土结构门墙体，通过预埋件牢固地与门框焊接连接，对于一般住宅防盗门安装可采用膨胀螺栓与同侧墙体固定，也可在砌筑墙体时连接点位置预埋铁件，安装时与门框连接焊牢固。❸ 防火、防盗门框下部应埋入楼层地面以下 20mm，安装过程注意保证门框不变形，框上下尺寸均匀一致，对角线不超过 2mm，门框与墙体不论采用何种方式连接，每边均不少于 3 个连接点，头尾 180mm，间隔少于 600mm，且应牢固连接。❹ 对于空腔填料式门框安装时先将门框用木楔临时固定在门洞口，找垂直，水平后用木楔固定好，门框铁脚与预埋铁件焊牢，或膨胀螺栓连接固定牢固后，在框两上角墙上开洞向空腔内灌高强度或防火水泥砂浆，并插捣密实，待砂浆凝固后具有一定强度后拆木楔块再用砂浆

将缝隙批平整后，再安装门扇。❺ 安装门扇前要先尺寸组装检查扇与框的匹配情况，再将门扇处于直立状态对门缝是否均匀顺直，试装开启和关闭时松紧情况，如发现开关过紧、过松或有反弹时应先从铰链上作适当调整，至适宜状态。❻ 防火防盗门上的拉手、门锁、观察孔等五金配件必须齐全，多功能防盗门上的密码保护锁，电子报警系统等装置必须有效，完善，符合设计要求。❼ 塞缝，门框周边缝隙，需用水泥砂浆填塞密实。防盗门门框如有压边灰线，抹灰应压过门框至灰线。塞缝水泥砂浆终凝后应洒水保持湿润养护 5d～7d，钢质门框空腔在灌水泥砂浆前对空腔应作防腐处理，对防火门框塞缝按防火门塞缝材料要求进行塞缝处理。

4 / 质量标准

4.1　主控项目

❶ 防火、防盗门质量和各项性能应符合设计要求。❷ 防火、防盗门的品种、类型、规格、尺寸、开启方向、安装位置及框体内腔的防腐处理应符合设计要求。❸ 带有自动报警装置或智能化装置的防火门、防盗门，其功能装置应按设计要求和有关标准进行检测调试直至符合要求。❹ 防火、防盗门的安装必须牢固，预埋件数量、规格、埋设方式、位置与框的连接方式应符合设计要求。❺ 防火、防盗门的配件应齐全，安装位置应正确，安装牢固、功能应满足使用要求，有特殊要求的防火、防盗门应通过相应的检测要求。

4.2　一般项目

❶ 防火、防盗门的表面装饰应符合设计要求。❷ 防火、防盗门的表面应洁净、无划痕、碰伤。❸ 门扇开启 90° 时，门扇合页轴线不应产生大于 1mm 的位移，门扇下垂度不超过 1.5mm。❹ 防火、防盗门安装形位公差控制见表 4.9.4-1。

表 4.9.4-1　防火、防盗门安装形位公差控制表

名称	测量项目	公差（mm）
门框	槽口两对角线长度差	≤ 3
门扇	两对角线长度差	≤ 3
	扭曲度	≤ 5
	高度方向弯曲度	≤ 2
门框、门扇	门框与门扇组合（前表面）高低差	≤ 3
门框、扇搭接量	在闭合状态下，门扇应与门框贴合，其搭接量	> 10
门框与门扇之间缝隙	上侧缝隙，双扇门中间缝隙	≤ 4

5 ╱ 成品保护

❶ 防火、防盗门在出厂时应有保护贴膜，安装前应检查其表面的完好性，发现损坏及时补上，直至保持到洞口周边墙体装饰施工完成后，再行撕去保护膜。❷ 在施工过程中，注意避免工具及电焊损坏表面漆膜。❸ 安装完成，交工前应锁闭，必须开启进行其他项目作业时，应建立交接责任制。

6 / 安全、环境及职业健康措施

6.1　安全措施

❶ 在安装防火、防盗门时，应符合施工安全规范，施工人员进入施工现场应戴安全帽，登高超过2m都应佩戴安全带，作业时高挂扣系好安全带。❷ 在使用风、电焊前需办理好动火申请，动火位置上下周围不允许有易燃及可燃物存在，施工现场应配备灭火器，有专人监护。

6.2　环保措施

❶ 在防火、防盗门安装过程中不应影响周边群众生活，尽可能采用先预埋铁件，现场直接焊接，不使用冲击钻。❷ 现场施工应减少扬尘，施工过程所产生的废弃物应及时清理装袋，搬至指定位置堆放。❸ 防火门、扇体内填充物应对人体及环境无害，燃烧无毒气产生。

7 / 工程验收

❶ 施工方须提供经消防部门认证的防火门检测报告。❷ 防火、防盗门窗要符合设计的防火等级要求及相关标准，防盗门要达到防撬等级要求，门框体钢板厚度 ≥ 1.5mm，门扇正反面钢板厚度 ≥ 0.8mm，≤ 0.8mm 为丙级产品。❸ 锁具，铰链防盗性应符合相关安防要求，具有防火性能的须有快速开启功能，以旋钮式为最佳，不允许装天地锁。附有猫眼式的应具有相应的检测报告，不能内开。❹ 安装质量要全程监督，做好安装记录，严格质量跟踪，防止偷工减料。

8 / 质量记录

防火、防盗门安装施工质量记录包括：❶ 防火、防盗门产品均经消防公安严格检测产品，应有生产许可证、产品合格证、性能检测报告；❷ 进场产品验收记录和复检报告、安装隐蔽验收记录、技术交底记录、焊条合格证；❸ 检验批质量验收记录、安装工程验收记录。

门窗玻璃施工工艺

1 / 总则

1.1 适用范围

本施工工艺适用于工业与民用建筑中的门窗玻璃安装施工。

1.2 编制参考标准及规范

1.《建筑装饰装修工程质量验收标准》

（GB 50210-2018）

2.《平板玻璃》

（GB 11614-2009）

3.《中空玻璃》

（GB/T 11944-2012）

4.《镀膜玻璃　第 1 部分　阳光控制镀膜玻璃》

（GB/T 18915.1-2013）

5.《镀膜玻璃　第 2 部分　低辐射镀膜玻璃》

（GB/T 18915.2-2013）

6.《建筑窗用弹性密封胶》

（JC/T 485-2007）

2 施工准备

2.1 技术准备

门窗玻璃的品种、规格、尺寸、加工要求应符合设计要求，所选用的平板玻璃、浮法玻璃、中空玻璃、钢化玻璃、镀膜玻璃、夹层玻璃或防火玻璃等必须符合现行国家标准。

2.2 材料准备

❶ 玻璃下料尺寸应实量，玻璃安装尺寸应不小于最小安装尺寸。

① 单片玻璃、夹层玻璃的最小安装尺寸见表 4.10.2-1。

表 4.10.2-1　单片玻璃、夹层玻璃的最小安装尺寸表（单位：mm）

玻璃厚度	前部余隙或后部余隙 a			嵌入深度 b	边缘余隙 c
	（1）	（2）	（3）		
3	2.0	2.5	2.5	8	3
4	2.0	2.5	2.5	8	3
5	2.0	2.5	2.5	8	4
6	2.0	2.5	2.5	8	4
8	—	3.0	3.0	10	5
10	—	3.0	3.0	10	5
12	—	3.0	3.0	12	5
15	—	5.0	4.0	12	8
19	—	5.0	4.0	15	10
25	—	5.0	4.0	18	10

注：1. 表中（1）适用于建筑钢、木门窗油灰的安装，但不适用于安装夹层玻璃。
　　2. 表中（2）适用于塑性填料、密封剂或前封条材料的安装。
　　3. 表中（3）适用于已成型的弹性材料（如聚氯乙烯或氯丁橡胶制成的密封垫）的安装，油灰适用于玻璃厚度不大于6mm，面积不大于2.0m² 玻璃，需用卡码或压条固定玻璃。
　　4. 夹层玻璃最小安装尺寸，按原片玻璃加工成夹层的综合厚度，表中选取。

② 中空玻璃的最小安装尺寸见表 4.10.2-2。

表 4.10.2-2　中空玻璃的最小安装尺寸表（单位：mm）

中空玻璃（常用）	固定部分				
	前后部余隙 a	嵌入深度 b	边缘余隙 c		
			下边	上边	两侧
3+A+3	5	12	7	6	8
4+A+4	5	13	7	6	8
5+A+5	5	14	7	6	8
6+A+6	5	15	7	6	8
8+A+8	5	16	7	6	8

注：A 为空气层的厚度，其数值可取 6mm、9mm、12mm。

❷ 玻璃常用厚度、规格

玻璃常用厚度：3mm、4mm、5mm、6mm、8mm、10mm、12mm、15mm、19mm 等（单片厚度）。

玻璃规格：1372mm×2200mm；1370mm×2440mm；2438mm×2134mm；1650mm×2200mm；1650mm×2440mm；3300mm×2440mm。

根据其玻璃常用规格采用优化下料，减少浪费，节约成本及环保。

玻璃嵌缝材料：硅酮建筑密封胶（GB/T 14683）、建筑窗用弹性密封胶（JC/T 485）、丙烯酸酯建筑密封胶，近年来普遍采用的是硅酮密封胶（耐候胶）、硅酮结构胶（用在直贴隐蔽窗扇）。木门窗、钢门窗逐步改用高分子聚合物材料作为密封胶或硅酮胶，其产品对玻璃密封需作相溶性检测，符合要求才允许使用。上述材料需有检测报告及出厂合格证。

2.3 主要机具

表 4.10.2-3　主要机具

序号	名称	序号	名称
1	工作台	6	木柄羊角锤
2	玻璃刀	7	玻璃吸（双头、三头）
3	木质靠尺（铝合金）	8	大力钳
4	钢卷尺	9	撬杆
5	钢丝钳			

2.4 作业条件

❶ 门窗五金配件安装完成检查合格（木门窗在涂刷最后一道漆前）玻璃及其辅材准备完成，核对施工图纸，确定玻璃规格、品种等参数无误。❷ 玻璃安装前槽口检查对变形、扭曲、翘起、压条松紧不符合要求的要逐一修整或更换，玻璃安装槽应清干净、裁好垫块并粘贴好。❸ 对于仿古木门窗或旧式钢窗的玻璃安装，使用由市场直接购买的油灰，或使用熟桐油等天然干性油自己调配的油灰可直接使用，如用其他油料配制的油灰，必须经检验合格方可使用。宜改用耐候性好硅酮类密封胶，即建筑窗用弹性密封胶（JC/T 485）等。

2.5 材料要求

❶ 玻璃是依据设计要求选用其品种、厚度、色彩，节能玻璃的遮阳系数，对于夏热冬暖地区应选择遮阳系数小的玻璃。❷ 安装玻璃辅材、油灰、红丹底漆、面漆，目前除部分仿古木门窗外已多选用高分子聚合物材料所取代传统木门窗及钢窗的油灰。铝合金、不锈钢、塑钢等门窗直接采用硅酮类密封胶，防火窗须采用专用防火密封材料，隐框式门窗采用硅酮结构胶，所选用的密封胶应有相溶性检测报告，并符合设计要求。

3　施工工艺

3.1　工艺流程

清理玻璃安装槽框 ──→ 量尺寸 ──→ 裁割 ──→ 安装玻璃 ──→

注胶 ──→ 清理

图 4.10.3-1　门窗玻璃施工工艺流程

3.2　操作工艺

❶ 门窗玻璃安装一般先从外往内安装，安装玻璃前对门窗槽框清理，检查损坏的及时更换，对变形、曲翘的修复。❷ 对非钢化玻璃，现场操作应按设计数据出尺寸，裁割好的玻璃统一作磨边处理，将玻璃分门别类摆放在指定的位置。对钢化玻璃，应提供实际尺寸给工厂加工好后再运至现场。❸ 玻璃安装按编号、玻璃品种，如有镀膜的玻璃，膜面应向室内，有标识、标志。特殊玻璃，玻璃标识、标志应在室内左下角或右下角。❹ 玻璃入框槽内应按玻璃面前后间隙要求加定位胶垫，由注胶技术好的注胶员注胶，需平滑顺畅、美观，余胶应刮除清理干净，注胶时缝隙较宽时应采用合适的注胶嘴。❺ 注胶后，静置24d，不得开闭窗扇，清理干净受污染的位置。

4　质量标准

4.1　主控项目

❶ 选用安装的玻璃应符合《建筑玻璃应用技术规程》（JGJ 113）及设计要求，玻璃安装后不得有松动、裂纹，粘污面应及时清洁干净。❷ 玻

璃应与槽口接触紧密、平整，槽口边缘粘接牢固，接缝平齐、顺滑、不起泡、无砂眼。❸ 带密封胶条的玻璃压条应与玻璃全面贴紧，压条与型材之间无明显缝隙、压条接缝应少于 0.5mm。

4.2　一般项目

❶ 玻璃及框体表面洁净，不得有腻子、密封胶、涂料等污渍，中空玻璃内外表面应洁净，中空玻璃空气层内不得有灰尘和水蒸气。❷ 玻璃不应直接与型材硬性接触，单面镀膜玻璃、漆膜玻璃、磨砂玻璃、膜面及砂面应向室内。❸ 木门窗、钢门窗的腻子填抹应饱满、粘结牢固，腻子边缘与裁口应平齐，如有固定玻璃的卡码子不应在腻子灰面显露。

5　成品保护

❶ 门窗玻璃安装完成后应关闭，防止刮风损坏玻璃，填封密封胶的框、扇，应等胶固化后才可开启。❷ 外墙清洗应注意不采用强酸洗涤剂以免伤害玻璃，如遇溅上强酸液时应及时用清水清洗干净，热反射镀膜玻璃膜面不得溅上碱性灰浆和腐蚀性溶剂，否则应及时清水清理。❸ 焊接火花、切割火花极易伤害玻璃，应当采取遮挡。❹ 玻璃安装后应贴警示标志并加强巡查，提醒现场施工人员注意保护。

6 / 安全、环境及职业健康措施

6.1 安全措施

❶ 搬运玻璃时工人应戴好专用手套，或采用专用橡皮块握夹玻璃，以免玻璃边锐伤手。玻璃应放置在钢制或木制玻璃架上，立放紧靠，角度应控制好。支架要放置在结实的地面上，防止地基下沉。❷ 外墙玻璃安装不得上下两层在同一垂直面上下作业，防止玻璃和工具脱落伤人。❸ 在使用玻璃吸盘搬运较大面积玻璃时，必须专人操作，玻璃面应擦抹干净，不允许粘泥土、污物，否则会使吸盘漏气造成安全事故。❹ 玻璃安装下方，人员来往通道应设置警示牌禁止通行，或架设安全预防棚顶防止坠落物伤人。❺ 在排栅、脚手架上施工，遇大风时不应进行大玻璃安装或搬运。玻璃安装中途停止或休息时，必须确保玻璃安全，以免造成安全事故。

6.2 环保措施

❶ 玻璃损坏碎片、胶纸、废弃胶筒等垃圾应及时清理，分类装袋堆放指定堆放点。❷ 玻璃安装过程应减少噪声，尽量不使用有毒溶剂擦抹玻璃。

7 / 工程验收

❶ 施工方应提供设计文件，有修改的须提交相关文件以及材料证明文件，应符合设计及施工质量要求。❷ 提供玻璃加工出厂合格证，以及安装自检相关资料；玻璃正常使用年限质保书。❸ 玻璃外观、安装相应垫块、填料、封胶，应符合设计要求，以结构胶粘贴、硅酮胶密封，应提交相溶性检测报告，安全玻璃须提供安全检测报告。❹ 玻璃安装工程以抽样检查为主，提样率为5%。最少不得少于3樘。

8 / 质量记录

门窗玻璃施工质量记录包括：❶ 玻璃进场规格、品种、尺寸、数量、记录清单、产品出厂合格证、检测报告；❷ 玻璃安装辅材、出厂合格证、检测报告，密封胶应有相溶性检测试验报告；❸ 玻璃安装分项工程质量验收记录。

旋转门安装施工工艺

1 / 总则

1.1 适用范围

本施工工艺适用于装饰装修工程中使用旋转方式开启门的安装施工。

1.2 编制参考标准及规范

1.《建筑装饰装修工程质量验收标准》

（GB 50210-2018）

2.《自动门》

（JG/T 177-2005）

3.《人行自动门安全要求》

（JG 305-2011）

4.《平板玻璃》

（GB 11614-2009）

2 / 施工准备

2.1 技术准备

考察施工现场门机安装位置、顶部预埋件位置及数量、门结构形式是否满足设计要求。

2.2 材料要求

❶ 自动旋转门应购置于专业生产厂家定型产品，有生产许可证、出厂合格证及性能检测报告。❷ 框架饰面材料、不锈钢板、铝合金型材、铝合金板、彩色钢板、木饰框和弧型安全玻璃等应符合设计要求。❸ 门轴、传动机构、自控系统、传感器、电机、控制箱等配置符合设计要求。❹ 辅材、密封材料、安装配附件应为同一配置认可的产品并符合设计和使用要求。❺ 铝合金型材门框，其型材厚度 ≥ 2.0mm，不锈钢成型框体厚度 ≥ 1.5mm，彩钢板、包饰板厚度 ≥ 0.8mm，外饰不锈钢板厚度 ≥ 1.0mm。不同金属材料组合需做防腐处理，防电位差产生的电化学腐蚀。❻ 门受力构件包括固定框架及运动部件，紧固件必须符合设计要求。❼ 玻璃需采用钢化安全玻璃，门扇面积大小、玻璃厚度符合设计和使用要求。

2.3 技术要求

❶ 金属旋转门的门扇和护帮应采用铝合金型材或者不锈钢型材弯弧制作，旋柱用不锈钢管制成，顶架用型钢焊成。❷ 根据装饰效果要求选用不同材质的装饰外包饰板，亦可采用喷涂成彩色涂层。❸ 转门四周边角，均应装上橡胶密封条和特制毛刷，将门边框与转壁，门扇上冒头与吊顶，和门扇下冒头与地坪表面之间的空隙封堵严密以提高其防尘、隔音、节能效果。❹ 设置防夹系统，当行人或者物体通过转门不慎受到夹挤时，防夹系统便会立即动作，将转门停止转动，待消除夹挤状态后，再次令转门以 0.3r/min 的转速重新启动旋转。❺ 防冲撞装置：当门扇在回转过程中触及行人的腿足或者遇到某种障碍，受到大小相当于 60N～100N 的反力时，转门便会进入紧急停车状态，停止转动 4s 以消除故障。❻ 监控暂停系统，在转门进出口处门楣上装设有电子传感器系统，在感觉有人在离门扇 20cm～30cm 处停止不前时，便会自动停

止门扇的转动并发出呼唤催促人们迅速前进勿停留的信号。❼ 在转门出入口处带有残疾人轮椅标志的电钮开关，残疾人只要按下电钮，转门就会自动降低转速，由原来的 4r/min～5r/min 降为 2r/min～3r/min，待轮椅全部通过后，便自动恢复到正常速度。❽ 旋转门应具有火警，安全疏散功能，入门控制部分可与建筑消防系统相连，当有火警时，门会自动处于疏散位置，形成一条通向旋转门的无阻碍通道，当火警信号消除后，转门恢复正常运转。❾ 自动旋转门应设置有制动器和不间断消防电源，可保证转门在紧急情况下立即停转，并在电源发生故障时，仍能继续运转工作。

2.4　　主要安装机具

表 4.11.2-1　　主要安装机具

序号	名称	序号	名称
1	砂轮切割机	9	活动扳手
2	铝合金切割机	10	手拉葫芦
3	电焊机	11	角磨机
4	冲击钻	12	手提氩弧焊机
5	电钻	13	射钉枪
6	激光水平仪	14	锤子、凿子
7	钢卷尺	15	螺钉批
8	塞尺	16	自控检测工具

2.5　　作业条件

❶ 在主体工程完工，场地位置验收合格移交后，检查预留洞口尺寸，符合旋转门的安装尺寸和旋转位置要求。❷ 预埋件的位置和数量应符合旋转门的安装设计要求。❸ 金属旋转门的各种零配件，应符合现行国家自动门的标准及行业标准规定并按设计要求选用，不合格的产品，不符设计要求的产品不采用，运至工地的产品应是合格产品，手续齐全。

3 　施工工艺

3.1 　工艺流程

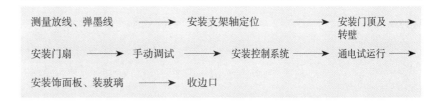

图 4.11.3-1 　旋转门安装施工工艺流程

3.2 　操作工艺

❶ 根据设计施工图纸结合旋转门安装位置的实际尺寸,以建筑轴线为准找出门的中心位置并在中心位置弹出十字控制线,以楼层标高控制线为基准定门安装高度。❷ 安装支架的装轴定位,根据门的左右,前后位置尺寸,将支架与顶板的预埋件固定,并使其水平,装轴定位,先安装转轴,固定底座,底座下面应垫实,防止下沉影响门扇转动,转轴安装垂直,临时将转轴轴承座点焊,底座与上部轴承中心必须在同一垂直线上,检查符合安装要求后,先将上部轴承座焊牢固,再用 C250 混凝土固定底座。❸ 门顶及转壁安装,先安装圆门顶,再安装转壁,转壁做临时固定,以便于调整其与门扇的间隙,适当调整转壁缝隙均匀装尼龙毛刷或毛条密封。❹ 安装门扇,四扇门应保持 90°,三扇门应保持夹角 120°,且上下留出一定的宽度间隙,安装门扇时,按组装说明顺序组装,并吊直找正,组装时所有可调整的部件螺钉均拧紧至 80%,其他螺钉紧固牢固,以便调试,门扇安装后利用调整螺钉适当调整转壁与门扇之间的间隙,并用尼龙毛刷或毛条密封。❺ 手动调试,门体全部安装完毕后,进行手动旋转,调整各部件,使门达到旋转平稳,力度均匀,缝隙一致,无卡阻,无噪声,将所有螺钉逐个拧紧固,紧固完成后,在进行调试,满足要求后,手动调试完成。❻ 安装控制系统,应按组装图要求位置将控制器安装到主控制箱内,把动作感应器装在旋转门进出口的门框上槛或吊顶内,在门的入口立框上装防挤压感应器,在门扇顶部装红外线防碰撞感应器,各种感应器按要求安装就位后,固

定牢固检查无误。❼ 通电调试，应控制系统完成安装后，按图纸线路编号逐个检查接线端口，确认接线准确无误后，进行通电试运行，一般调试分三步进行，第一，调整旋转速度，使正常速度和慢速符合要求；第二步调整系统紧急疏散，伤残人士用慢速开关、急停开关、照明灯等，使各部分动作工作正常，功能满足要求；第三，调试感应系统使行人接近入口范围门扇旋转，离开出口后延迟一定时间后停止（延时符合产品设定）。调防挤压感应器使门扇与入口门柱间有人时，门立即停止转动，防止夹伤人，调整门扇顶部红外线防碰撞感应器，使门扇在距人体到达一定距离时（一般不大于 100mm），立即停止转动，感应器系统调试应严格按设计或成品说明书要求进行设定。❽ 安装饰面板，旋转门配合饰面板按说明书安装，部分需根据现场情况另装饰板需放样加工后再安装敷贴或包饰，严格按设计要求，未交检验使用前，保留保护膜。❾ 收边口根据不同饰面封边收口，密封处理。

4 / 质量标准

4.1　主控项目

❶ 金属旋转门，木质旋转门及其附体和玻璃质量应符合设计要求及有关标准规定，使用功能必须符合设计和使用要求。❷ 金属旋转门的品种、类型、规格、尺寸、开启方向、装饰效果、安装位置及防腐处理应符合设计要求。❸ 对机械、自动装置、智能化系统的旋转门，其机械装置、自动装置及智能化系统的所有功能均应逐项检查并符合设计要求和有关质量标准的规定。❹ 旋转门安装必须牢固，预埋件的数量、位置、预埋方式、后置锚固方式及与框的连接方式必须符合设计要求。❺ 旋转门配件应齐全，安装位置正确，安装应牢固，功能满足其使用要求，如果是金属门，应符合金属门的各项性能要求，如有防火要求的应出示防火性能检测报告。

4.2 一般项目

❶ 旋转门表面装饰应符合设计要求，但不应影响使用功能及安全性。
❷ 旋转门表面应洁净，无划痕、碰伤。❸ 旋转门安装允许偏差与检验方法见表 4.11.4-1。

表 4.11.4-1　旋转门安装允许偏差与检验方法表

序号	项目	允许偏差（mm）		检验方法
		金属框架玻璃旋转门	木质框旋转门	
1	门扇正、侧面垂直度	1.5	1.5	用1m垂直尺检查
2	门扇对角线长度差	1.5	1.5	用钢尺检查
3	相邻扇高度差	1.0	1.0	用钢尺检查
4	扇与圆弧边留缝	1.5	2.0	用塞尺检查
5	扇与上顶间留缝	2.0	2.5	用塞尺检查
6	扇与地面间留缝	2.0	2.5	用塞尺检查

5　成品保护

❶ 旋转门安装完成后，未交付使用前应做好保护，玻璃需贴上警示标志以免碰撞。❷ 所有操作控制箱，要做到防水、防尘、防污染保护，并且上锁。❸ 应设专人管理，以免被损坏，部分可包裹的部分应采取包裹保护。❹ 所有外露面应加贴保护膜，交付使用时才允许撕保护膜。

6 / 安全、环境及职业健康措施

6.1   安全措施
❶ 施工人员进场安装必须遵守工地安全规章制度，并对施工人员进行三级安全教育和安全技术交底。**❷** 安装过程使用脚手架、门字架、人字梯、单梯子时应检查是否牢固可靠，必须符合施工安全才允许使用，在使用单梯时，摆放不宜过陡，应与地面夹角 60°～70° 为宜。**❸** 工地动火焊接时，应预先办理好动火申请报告，动焊位置周围不允许易燃物存在，现场配备灭火器，并有专人监督检查。

6.2   环保措施
❶ 施工过程中产生的废弃物分可回收与不可回收分别装袋，运至指定位置堆放，不污染环境。**❷** 施工时应控制噪声强度，减少粉尘，督促施工人员做好个人安全保护。

7 / 工程验收

❶ 旋转门及其附件和玻璃质量应符合设计要求及相关标准，应提供产品合格证及检测证书。**❷** 旋转门安装的位置和旋转性应符合设计和使用要求，探测器的探测范围要求严格按设计要求调试须符合设计及相应国家标准规定。**❸** 整体表面色泽一致，无损伤，无翘曲，上下缝均匀，旋转顺畅无噪声。自停灵活，不夹物。**❹** 旋转门轴安装须在同一垂直中心线上，安装过程自检记录，资料完整提交包括电器，电源部分。

8 / 质量记录

❶ 旋转门进场应对其产品进行质量检查记录，应符合设计要求，具有出厂合格证，包装完善无破损，随行应有检验证、检测报告、安装说明书、质保卡、零配件数量装箱记录；❷ 所有安装五金配附件、旋转门零配件应具有合格证、检测报告、送货清单，备检查资料；❸ 安装过程中做好安装记录、调试、运行记录，隐蔽验收资料及检验批质量验收记录表；❹ 安装完成后应会同有关部门进行质量验收，不合格的必须及时整改再审报验收。

第 5 章

吊顶工程

P375-436

➡

第1节

暗龙骨吊顶施工工艺

1 / 总则

1.1 适用范围

本施工工艺适用于工业与民用建筑中吊顶采用轻钢龙骨、铝合金龙骨、型钢龙骨为骨架，以纸面石膏板、纤维水泥加压板、矿棉板、金属板、塑料板、胶合板、复合板和格栅等为罩面材料的吊顶工程施工。

1.2 编制参考标准及规范

1.《建筑装饰装修工程质量验收标准》
   （GB 50210-2018）
2.《建筑工程施工质量验收统一标准》
   （GB 50300-2013）
3.《民用建筑工程室内环境污染控制标准》
   （GB 50325-2020）
4.《建筑材料放射性核素限量》
   （GB 6566-2010）
5.《纸面石膏板》
   （GB/T 9775-2008）
6.《建筑材料及制品燃烧性能分级》
   （GB 8624-2012）
7.《纸面石膏板护面纸板》
   （GB/T 26204-2010）
8.《建筑内部装修设计防火规范》
   （GB 50222-2017）
9.《建筑用轻钢龙骨》
   （GB/T 11981-2008）
10.《维纶纤维增强水泥平板》
   （JC/T 671-2008）
11.《建材及装饰材料安全使用技术导则》
   （SB/T 10972-2013）

2 / 施工准备

2.1 技术准备

❶ 熟悉施工图纸及设计说明，各种材料必须符合现行国家标准的有关规定。❷ 做好施工现场结构基底勘察、水准点的复测及办理场地交接手续，放线定位，结合实际情况调整暗龙骨吊顶施工方案。❸ 并对施工人员进行现场及书面的安全、质量、技术、文明施工交底和三级安全教育。

2.2 材料要求

❶ 按设计图纸及建设方相关要求选用龙骨、配件及各种面板，材料质量、规格、品种应符合国家现行相关规范要求。应有出厂生产许可证、质量合格证、性能及环保检测报告等质量证明文件。人造板材应有甲醛含量检测（或复试）报告，使用面积超过 500m^2 时，应对其游离甲醛含量或释放量进行复检并应符合现行国家标准《室内装饰装修材料　人造板及其制品中甲醛释放限量》（GB 18580）的规定。

❷ 轻钢龙骨：选用的轻钢龙骨表面必须采用热镀锌处理，经过冷弯工艺轧制而成的吊顶支承材料，由主龙骨、副龙骨、边龙骨及吊挂配件等组装成的整体支承吊顶轻钢骨架系统。常用的轻钢龙骨系列主要有：不上人 UC38、UC50 系列和上人 UC60 系列。

❸ 铝合金龙骨：选用的铝合金龙骨其主、次龙骨的质量、规格、型号应符合设计图纸要求和现行国家标准的有关规定，应无变形、弯曲现象。

❹ 型钢龙骨：选用的型钢龙骨（含角钢、槽钢、工字钢、钢方通等）质量、规格、型号应符合设计图纸要求和现行国家标准的有关规定，应无变形、弯曲现象，表面应进行防锈处理。

❺ 金属吊杆：吊杆应采用全牙热镀锌钢吊杆，常用规格：M6、M8，M6用于不上人吊顶轻钢龙骨架系统，M8 用于上人吊顶轻钢龙骨架系统。

❻ 罩面板：① 纸面石膏板。纸面石膏板包含：普通纸面石膏板、耐水纸面石膏板、耐火纸面石膏板、耐水耐火纸面石膏板、装饰纸面石膏板。普通纸面石膏板表面为象牙白色面纸、灰色背纸，适宜于北方干燥地区。防潮纸面石膏板：为绿色面纸、绿色背纸，其板芯和护面纸均经过了防水处理，适用于湿度较高的潮湿场所和地区，使用场所连续相对

湿度不超过 95%，适用于厨房、卫生间以及空气相对湿度大于 70%的潮湿环境中。耐火纸面石膏板：为红色面纸、灰色背纸，遇火稳定时间不小于 30min，纸面石膏板表面应平整光滑，无气孔、污痕、裂纹、缺角、色彩不均和图案不完整现象，上下两层护面纸需结实，纸面石膏板常用规格有：长 2440× 宽 1220× 厚 9.5/12 mm。

② 纤维水泥加压板。纤维水泥加压板具有防火、防水、耐酸碱、防虫蛀等性能，低密度 0.9g/cm³～1.2g/cm³，中密度 1.2g/cm³～1.5g/cm³，高密度 1.5g/cm³～2.0g/cm³，表面应平整光滑，无气孔、污痕、裂纹、缺角、色彩不均和图案不完整现象，适用于浴室、厨房及南方、沿海地区高湿度的环境，常用规格有长 1800/2440mm× 宽 900/1220mm，厚度 2.5mm、3mm、3.5mm、4mm、5mm、6mm、8mm、9mm、10mm。

③ 金属板。选用的金属板质量、规格、型号应符合设计图纸要求和现行国家标准的有关规定，表面不得有划痕、变形、弯曲现象，应按设计要求进行表面防锈处理。常用有直接卡口式和嵌槽压口式金属饰面板、粘贴式金属薄板等。

④ 塑料板。选用的塑料板质量、规格、型号应符合设计图纸要求和现行国家标准的有关规定，表面不得有破损、划痕、变形、弯曲现象，必须要符合国家防火性能要求。

⑤ 胶合板。选用的胶合板质量、规格、型号应符合设计图纸要求和现行国家标准的有关规定，表面不得有破损、脱层、变形现象，必须要符合国家防火性能要求。

⑥ 复合板。选用的复合板必须符合设计要求及现行国家标准的有关规定，基层材料应为阻燃夹板或纤维水泥加压板。

⑦ 辅材。选用的龙骨专用吊挂件、连接件、插接件等附件，护角带、贴缝带、膨胀螺栓、钉子、自攻螺钉、墙板钉、角码等应符合设计要求并进行防腐处理。

⑧ 吊顶材料进场时，厂商必须提供产品生产许可证、合格证及性能检测报告、材料复检报告。工程管理人员组织材料进场验收并经复验合格后，方可用于工程施工，不合格的材料严禁使用。

2.3　主要机具

表 5.1.2-1　主要工机具一览表

序号	工机具名称	规格	序号	工机具名称	规格
施工测量仪器					
1	手持式激光测距仪	DLE150	4	钢卷尺	3m ~ 5m
2	16 线 4D 天地墙三用激光水平仪	QD/CL	5	水平尺	
3	检测尺	XFS9-2m			
施工工具与机具					
1	拉铆枪	RIV998	9	电钻	$\phi4 \sim \phi13$
2	射钉枪	SDT-A301	10	电锯床	M1Y-2W-185
3	角磨机	GT-404	11	电锤钻	ZIC-22
4	板材弯曲机	W24S-140	12	电焊机	BX5
5	空气压缩机	EAS-20	13	电动螺钉枪	XF55
6	型材切割机	J₃GS-300 型	14	钳子	
7	电动螺钉旋具	SK-6220L	15	扳手	
8	手提式电动圆锯	9 英寸劳动保护用品			

2.4　作业条件

❶ 结构基底已完成检验合格并办理场地交接手续；❷ 协同各专业施工单位，通过图纸会审程序对吊顶工程内的风口、消防排烟口、消防喷淋头、烟感器、检修口、大型灯具口等设备的标高、起拱高度、开孔位置及尺寸要求等进行确认并做好施工记录；❸ 各种吊顶材料，尤其是各种及零配件经过进场验收并合格，各种材料机具、人员配套齐全；❹ 室内墙体施工作业、天花各种管线铺设与湿作业已基本完成，室内环境应干燥，通风良好并经检验合格；❺ 施工所需的脚手架已搭设好，并经检验合格；❻ 施工现场所需的临时用水、用电、各种工机具准备就绪，现场安全施工条件已具备。

3 / 施工工艺

3.1 工艺流程

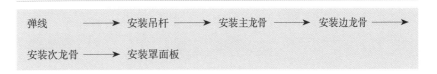

图 5.1.3-1 暗龙骨吊顶施工工艺流程

3.2 操作工艺

❶ 弹线：弹线包括：吊顶水平标高线、顶棚造型位置十字定位线、吊挂点布置定位线、大中型灯位线等。

用激光水平仪在房间内每个墙（柱）角上根据原结构水平线抄出水平点，如墙体较长，中间应适当多抄几个点，弹出水准线、天花十字线。主龙骨应从十字线吊顶中心向两边分，最大间距为1000mm，并标出吊杆的十字分格固定点，吊杆的固定点间距900mm~1000mm。

❷ 安装吊杆：吊杆规格按设计要求配置，一般宜采用≥M8全牙热镀锌丝杆，上人天花应采用M10吊杆，吊杆上端与内膨胀螺栓（顶爆）连接固定在结构楼板上，冲击钻头宜比吊杆直径大2mm，吊杆下端与主龙骨J型挂件连接，套垫片并通过螺帽固定。如吊杆长度超出1500mm，须设置反向支撑进行加固或通过增加钢结构转换层作过渡。吊杆与吊杆之间必须平直，如遇管道设备等阻隔物，导致吊杆间距大于设计和规程要求，应采用型钢过渡转换。

❸ 安装主龙骨：一般情况下，主龙骨宜平行于房间的短向安装，把主龙骨依序穿进各J型吊挂件中，并在挂件开口处用螺栓固定。主龙骨的悬臂（端部）段不应大于300mm，否则应增加吊杆。主龙骨的接长应采用对接，并用连接件锚固。相邻主龙骨的对接头要相互错开。主龙骨安装后应全面校正其标高及平整度，并校正吊杆、挂件使其能够垂直吊挂主龙骨。同时，应校正主龙骨的起拱高度，一般为房间跨度的1‰~3‰，全面校正后把各部位的螺母拧紧。

如有较大造型的吊顶，造型部分应用角钢或扁钢焊接成框架，采用膨胀螺栓与楼板连接固定。吊顶如设置检修走道，应用型钢另设置吊挂系统，可直接吊挂在结构顶板或梁上与吊顶工程分开。一般允许集中荷载为 80kg，宽度不宜小于 500mm，走道一侧宜设有栏杆，吊挂系统需经相应结构专业计算并进行检测后确定。

❹ **安装边龙骨**：边龙骨的安装应按设计要求进行弹线，用自攻螺钉及膨胀管把边龙骨固定在墙上。边龙骨固定点间距应不大于吊顶次龙骨的间距，一般为 300mm～400mm。

❺ **安装次龙骨**：在次龙骨与承载主龙骨的交叉布置点，使用其配套的龙骨挂件（或称吊挂件、挂搭）将二者上下连接固定，龙骨挂件的下部勾挂住次龙骨，上端搭在承载主龙骨上。吊挂次龙骨：按设计规定的次龙骨间距，设计无要求时，一般间距为 300mm～400mm。当次龙骨长度需多根延续接长时，用次龙骨连接件，在吊挂次龙骨的同时相接，调直固定。

❻ **安装罩面板**：① 安装纸面石膏板：纸面石膏板密布微小气孔，容易吸收湿气，对于长时间或连续受潮的（湿度为 70%以上）石膏板，其强度会降低，出现弯曲下沉现象，但在空气干燥状态下，石膏板的伸缩率只有 0.015%，不易引起接缝开裂。较为适宜于雨水小，湿度低的北方地区使用。

纸面石膏板在吊顶面的平面排布，板与板之间的接缝缝隙，其宽度一般为 3mm～5mm。罩面板应在自由状态下固定，防止出现弯棱、凸鼓的现象；还应在顶棚四周封闭的情况下安装固定，防止板面受潮变形。

自攻螺钉与纸面石膏板边的距离，有面纸包封的板边以 10mm～15mm 为宜，切割的板边以 15mm～20mm 为宜。钉距以 150mm～170mm 为宜，螺钉头宜略埋入板面 0.5mm 左右，但不得损坏纸面，钉头应做防锈处理并用石膏腻子抹平。板材与龙骨固定时，应从一块板的中间向板的四边循序固定，不得采用在多点上同时作业的做法。

纸面石膏板的拼接缝处，必须是安装在宽度不小于 50mm 的 C 型龙骨上，其短边必须采用错缝安装，错开距离应不小于 300mm，一般是以一个次龙骨的间距为基数，逐块铺排，余量置于最后。安装双层石膏板时，面层板与基层板的接缝也应错开，并不得在同一根龙骨上接缝。

② 安装纤维水泥加压板：纤维水泥加压板是以优质高标号水泥为基体材料，配以天然纤维增强，经高温蒸压养护而成，具有良好的防潮能力，在半露天或长期潮湿的环境仍能保持稳定，较为适宜于雨水多，湿度高的南方或沿海地区使用。

建筑装饰装修施工手册（第 2 版）

骨架同样为金属轻钢龙骨，一般用墙板钉固定纤维水泥加压板。或按产品说明书的规定安装。若纤维水泥加压板采用复合粘贴法安装时，胶粘剂必须符合环保要求，在未完全固化前，不得受到强烈振动。

用墙板钉安装纤维水泥加压板时，应先根据次龙骨间距在板上弹线钻孔，然后再安装，纤维水泥加压板接缝处的龙骨宽度应不小于50mm。若设计要求有吸音填充物，在安装前，应先安装吸音材料，并按设计要求进行固定，设计无要求时，可用金属或尼龙网固定，其固定点间距宜不大于次龙骨间距。罩面板上的各种灯具、烟感探头、喷淋头、风口等的布置应合理、美观，与纤维水泥加压板交接处应吻合、严密。

③ 安装复合板：承载复合板骨架，同样是 UC 型轻钢龙骨骨架，安装复合板应先安装基层后安装饰面层。基层板安装必须在无应力状态下进行，禁止强制就位。安装用木支撑临时支承，使板与骨架紧贴，待螺钉固定后可撤出木支撑，安装固定时应从板中间向四周固定，不得多点同时作业，防止出现弯棱、凸鼓的现象。

面层板安装：先检查面层板的规格、图案、色泽应符合设计图纸要求，然后清除基层板的浮尘，弹出十字控制线，备好环保专用胶，从中间开始将面层板逐一依序进行粘贴，并用水平尺校正。

复合板安装前必须做好设备管线及吊顶龙骨的隐检，并检查顶板的品种规格是否符合设计要求及完好无缺损。吊顶板安装顺序先中间后四边，先大面后收边。吊顶板应边安装边调平，板缝调直，接缝宽度调均匀。

④ 安装金属板：异型或大面积的金属饰面板安装前应预排编号以防止连接安装时造成不必要的返工或累积误差。

直接卡口式是在两片金属饰面板的对口处，事先安装一个不锈钢卡口槽，用螺钉固定于墙（柱）体龙骨架的凹部安装金属饰面板时，只需将板边弯曲部分勾入卡口槽内；再用力推板的另一边，利用金属饰面板自身的弹性，使其卡入另一个卡口槽内。嵌槽压口式是先将金属饰面板在对口处的凹部用钉件固定，再把一条宽度小于凹槽的木条固定在凹槽中间，两边各空出 1mm 左右的间隙；在木条上涂刷胶粘剂，涂刷后胶面不粘手时，即向木条上嵌入不锈钢槽条。不锈钢槽条在嵌入前，需用酒精或汽油擦拭洁净并预涂一层胶液。应注意木条的高度一般大于金属饰面板对口缝深度 0.5mm。

金属薄板常用做法为镶贴于装饰造型体胶合板基面上。粘贴用的胶粘剂，一般为环氧树脂多用途建筑胶粘剂，如建筑结构胶粘剂，耐高温建筑结构胶粘剂，室温快速固化环氧胶粘剂等，均有优良的粘结性能，这些粘结料多为双组分，施工时根据使用说明在现场进行调配，有的按需要加入适量填料，如石英砂、铸石粉、细黄砂或水泥等。在室内小型的金属饰面板镶贴或薄板包柱工程中，与木质基层的粘贴也可采用成品万能胶。

3.3　质量关键要求

表 5.1.3-1　质量控制点表

序号	关键控制点	主要控制方法
1	龙骨、配件、罩面板的购置与进场验收	（1）广泛进行市场调查；（2）实地考察分供方生产规模、生产设备或生产线的先进程度；（3）定购前与业主协商一致，明确具体品种、规格、等级、性能等要求
2	吊杆安装	（1）控制吊杆与结构的紧固方式；（2）控制吊杆间距、下部丝杆端头标高一致性；（3）吊杆防锈处理
3	龙骨安装	（1）拉线复核吊杆调平程度；（2）检查各吊点的紧挂程度；（3）注意检查节点构造是否合理；（4）核查在检修孔、灯具口、通风口处附加龙骨的设置；（5）骨架的整体稳固程度
4	罩面板安装	（1）安装前必须对龙骨安装质量进行验收；（2）使用前应对罩面板进行筛选，剔除规格、厚度尺寸超差和棱角缺损及色泽不一致的板块
5	外观	（1）吊顶完成面洁净、色泽一致；（2）压条平直、通顺严实；（3）与灯具、风口交接部位吻合、严实

4 ╱ 质量要求

4.1　主控项目

❶ 吊顶标高、尺寸、起拱和造型应符合设计要求。❷ 各种罩面板材质、品种、规格、图案和颜色应符合设计及相关规范标准要求。❸ 吊杆、龙骨和罩面板的安装必须牢固。❹ 吊杆、龙骨的材质、规格、安装间距及连接方式应符合设计要求，金属吊杆、龙骨应经过表面防锈处

理。❺ 罩面板的接缝应按其施工工艺进行板缝防裂处理。安装双层板时，面层板与基层的接缝应错开，不得在同一根龙骨上接缝。❻ 重量超过 3kg 的灯具、吊扇及有震颤的设施，应直接吊挂在原建筑楼板或横梁上。

4.2 一般项目

❶ 各种罩面板表面应洁净、色泽一致，不得有裂缝和缺损。❷ 罩面板上的灯具、烟感器喷淋头、风口等设备的位置应合理、美观，与罩面板的交接应吻合、严密。❸ 金属吊杆、龙骨的接缝应均匀一致，角缝应吻合，表面应平整，无翘曲、锤印。❹ 各种罩面板安装的允许偏差应符合表 5.1.4-1 规定。

表 5.1.4-1　罩面板安装的允许偏差（单位：mm）

项次	项类	项目	纸面石膏板	纤维水泥加压板	复合板	检验方法
1	龙骨	龙骨间距	2	2	2	尺量检查
2		龙骨平整	3	3	3	拉线、尺量检查
3		起拱高度	±6	±6	±6	拉线尺量
4		龙骨四周水平	±5	±5	±5	以水平线为准，尺量检查
5	罩面板	表面平整	2	2	2	用2m靠尺检查
6		接缝直线度	3	3	3	拉5m线检查
7		接缝高低	1	1	1	用直尺或塞尺检查

5 　成品保护

❶ 骨架、罩面板及其他吊顶材料在进场、存放、使用过程中应严格管理，保证不变形、不生锈、无破损。❷ 施工部位已安装的门窗、地砖、墙面、窗台等应注意保护，防止损坏。❸ 已装好的轻钢龙骨架上不得

上人踩踏，其他工种的吊挂件不得吊于轻钢骨架上。❹ 吊顶施工过程中注意保护顶棚内各种管线。禁止将吊杆、龙骨等临时固定在各种管道上。❺ 罩面板安装后，应采取措施、防止损坏、污染。

6 / 安全、环境及职业健康措施

6.1 安全措施

❶ 专用龙骨等硬质材料要放置妥当，防止碰撞受伤。❷ 高空作业要做好安全措施，配备足够的高空作业装备。❸ 应由受到正式训练的人员操作各种施工机械并采取必要的安全措施。❹ 施工现场临时用电均应符合现行行业标准《施工现场临时用电安全技术规范》(JGJ 46)。❺ 脚手架上堆料量不得超过规定荷载，跳板应用铁丝绑扎固定，不得有探头板。顶棚高度超过 3m 应设满堂红脚手架，跳板下应安装安全网。

6.2 环保措施

表 5.1.6-1 环保措施

序号	作业活动	环境因素	主要控制措施
1		噪声	(1)隔离、减弱、分散；(2)有噪音的电动工具应在规定的作业时间内施工，防止噪声污染、扰民
2	轻钢龙骨吊顶	有害物质挥发	(1)防腐剂、胶粘剂在配制和使用过程中采取减少挥发的措施；(2)组织学习、贯彻、执行《民用建筑工程室内环境污染控制标准》(GB 50325)，对环保超标的原材料拒绝进场
3		固体废物排放	(1)加强培训、提高认识；(2)建立各种回收管理制度；(3)废余料、包装袋、油漆桶、胶瓶、电焊条头等及时清理、分类回收，集中处理。现场严禁燃烧废料

注：表中内容仅供参考，现场应根据实际情况重新辨识。

6.3　职业健康安全措施

❶ 工人入场施工前，必须接受安全生产三级教育。❷ 进入施工现场人员佩戴好安全帽。必须正确使用个人劳保用品，如安全带等。❸ 在施工中应注意高处施工时的安全防护。❹ 危险源辨识及控制措施。

表 5.1.6-2　主要危险源辨识及控制措施

序号	作业活动	危险源	主要控制措施
1	轻钢龙骨吊顶	高处坠落	作业前检查操作平台的架子、跳板、围栏的稳固性，跳板用铁丝绑扎固定，不得有探头板。液压升降台使用安全认证厂家的产品，使用前进行堆载试验
2		物体打击	（1）上方操作时，下方禁止站人、通行；（2）龙骨安装时，下部使用托具支托；（3）工人操作应戴安全帽；（4）上下传递材料或工具时不得抛掷
3		漏电	（1）不使用破损电线，加强线路检查；（2）用电设备金属外壳可靠接地，按"一机一闸一漏"接用电器具，漏电保护器灵敏有效，每天有专人检测；（3）接电、布线由专业电工完成
4		机械伤害	制定操作规程，操作人应熟知各种机具的性能及可能产生的各种危害。高危机具由经过培训的专人操作

注：表中内容仅供参考，现场应根据实际情况重新辨识。

7　工程验收

❶ 吊顶工程验收时应检查下列文件和记录：材料的生产许可证、产品合格证书、性能检测报告、进场验收记录和复验报告；隐蔽工程验收记录；施工记录；吊顶工程的施工图、设计说明及其他设计文件。❷ 吊顶工程应对下列隐蔽工程项目进行验收：吊顶内管道设备的安装及水管试压；预埋件或拉结筋；吊杆安装；龙骨安装。❸ 各分项工程的检验

批应按下列规定划分：同一品种的吊顶工程每 50 间（大面积房间和走廊按吊顶面积 30m² 为一间）应划分为一个检验批，不足 50 间也应划分为一个检验批。❹ **检查数量应符合下列规定**：每个检验批应至少抽查 10% 并不得少于 3 间，不足 3 间时应全数检查。❺ 安装龙骨前应按设计要求对房间净高、洞口标高和吊顶内管道设备及其支架的标高进行交接检验。❻ 吊顶工程中的金属预埋件、吊杆应进行防锈处理。❼ 安装罩面板前应完成吊顶内管道和设备的调试及验收。❽ 吊杆距主龙骨端部距离不得大于 300mm，当大于 300mm 时应增加吊杆，当吊杆长度大于 1.5m 时应设置反支撑，当吊杆与设备相遇时应调整并增设吊杆。❾ 重型灯具、电扇及其他重型设备严禁安装在吊顶工程的龙骨上。

8 / 质量记录

暗龙骨吊顶施工质量记录包括：❶ 各产品合格证和环保、消防性能检测报告以及进场检验记录；❷ 隐蔽工程验收记录；❸ 检验批质量验收记录；❹ 分项工程质量验收记录。

明龙骨吊顶施工工艺

1 / 总则

1.1 适用范围

本施工工艺适用于工业与民用建筑中吊顶采用轻钢龙骨、铝合金龙骨、型钢龙骨为骨架，以金属装饰板、矿棉吸音板、石膏装饰板、塑料板、复合板等为罩面材料的吊顶工程施工。

1.2 编制参考标准及规范

1.《建筑装饰装修工程质量验收标准》
   （GB 50210-2018）

2.《建筑工程施工质量验收统一标准》
   （GB 50300-2013）

3.《木器涂料中有害物质限量》
   （GB 18581-2020）

4.《硅酮和改性硅酮建筑密封胶》
   （GB/T 14683-2017）

5.《民用建筑工程室内环境污染控制标准》
   （GB 50325-2020）

6.《声学　混响室吸声测量》
   （GB/T 20247-2006）

7.《建材及装饰材料安全使用技术导则》
   （SB/T 10972-2013）

8.《建筑玻璃应用技术规程》
   （JGJ 113-2015）

9.《纤维增强硅酸钙板　第 1 部分：无石棉硅酸钙板》
   （JC/T 564.1-2018）

2 / 施工准备

2.1 技术准备

熟悉施工图纸及设计说明，勘察施工现场、放线定位，结合实际情况编制轻钢骨架活动罩面板吊顶工程施工方案，并对施工人员进行现场及书面的安全、质量技术交底，全方位交底。

2.2 材料要求

❶ 按设计图纸及建设方相关要求选用龙骨、配件及各种面板，材料质量、规格、品种应符合国家现行相关规范要求。应有出厂生产许可证、质量合格证、性能及环保检测报告等质量证明文件。人造板材应有甲醛含量检测（或复试）报告，使用面积超过 $500m^2$ 时，应对其游离甲醛含量或释放量进行复检并应符合现行国家标准《室内装饰装修材料 人造板及其制品中甲醛释放限量》（GB 18580）的规定。

❷ 选用的轻钢龙骨是应以热镀锌钢板带作为原始材料，经过冷弯工艺轧制而成的吊顶支承材料，由主龙骨、次龙骨、边龙骨及吊挂配件等组装成整体支承吊顶罩面板的轻钢骨架系统。

轻钢龙骨通常分为：UC 型主龙骨（承载龙骨）：规格有不上人 UC38 系列、不上人 UC50 系列；T 型主龙骨：规格有 T38、T50；T 型次龙骨：规格有 T26、T32；L 型边龙骨：规格有 22mm×22mm。

❸ 吊杆宜采用全牙热镀锌钢吊杆，常用规格：M6、M8，M6 用于不上人吊顶轻钢龙骨架系统，M8 用于上人吊顶轻钢龙骨架系统。

❹ 轻钢骨架活动罩面板吊顶材料常用的有：矿棉吸音板、装饰硅钙板、金属板、复合板、塑料板。

① 矿棉吸音板

选用的矿棉吸音板的质量、规格、型号应符合设计图纸要求和现行国家标准的有关规定，表面不得有污点、划痕、变形现象。

② 金属板

选用的金属板质量、规格、型号应符合设计图纸要求和现行国家标准的有关规定，表面不得有划痕、变形、弯曲现象，应按设计要求进行表面防锈处理。

③ 塑料板

建筑装饰装修施工手册（第2版）

选用的塑料板质量、规格、型号应符合设计图纸要求和现行国家标准的有关规定，表面不得有破损、划痕、变形、弯曲现象，必须要符合国家防火性能要求。

④ 胶合板

选用的胶合板质量、规格、型号应符合设计图纸要求和现行国家标准的有关规定，表面不得有破损、脱层、变形现象，必须要符合国家防火性能要求。

⑤ 复合板

选用的复合板必须符合设计要求及现行国家标准的有关规定，基层材料应为阻燃夹板或纤维水泥加压板。

⑥ 格栅

选用的格栅质量、规格、型号应符合设计图纸要求和现行国家标准的有关规定，表面不得有扭曲、变形现象，如果是木质、塑料格栅，必须要符合国家防火性能要求。

⑦ 辅材

选用的龙骨专用吊挂件、连接件、插接件等附件、膨胀螺栓、钉子、自攻螺钉、墙板钉、角码等应符合设计要求并进行防腐处理。

⑧ 吊顶材料进场时，厂商必须提供产品生产许可证、合格证及性能检测报告、材料复检报告。工程管理人员组织材料进场验收并经复验合格后，方可用于工程施工，不合格的材料严禁使用。

❺ 吊顶所选用龙骨，罩面板及配件等的品种、规格、图案、颜色应符合设计及国家现行相关规范要求及优先选用绿色环保材料和通过 ISO14001 环保体系认证的产品，应检查材料的生产许可证、产品合格证、性能检测报告、进场验收记录和复试报告。

2.3 主要机具

表 5.2.2-1　主要施工机具一览表

序号	工机具名称	规格	序号	工机具名称	规格
施工测量仪器					
1	16 线 4D 天地墙三用激光水平仪	QD/CL	4	钢卷尺	3m ~ 5m
2	手持式激光测距仪	DLE150	5	水平尺	
3	检测尺	XFS9-2m			

序号	工机具名称	规格	序号	工机具名称	规格
施工工具与机具					
1	射钉枪	SDT-A301	9	电锯床	M1Y-2W-185
2	拉铆枪	RIV998	10	电钻	$\phi4 \sim \phi13$
3	角磨机	GT-404	11	电锤钻	ZIC-22
4	电动螺钉旋具	SK-6220L	12	电焊机	BX5
5	电动螺钉枪	1200r/min	13	活动扳手	GB4440-84
6	型材切割机	J3GS-300型	14	线锤	0.5kg
7	空气压缩机	EAS-20	15	钳子	
8	手提式电动圆锯	9英寸(英制)			

2.4 作业条件

❶ 施工前先熟悉图纸及设计说明，踏勘施工现场并进行放线，核查图纸与现场存在的错漏问题，尽早与相关单位协调解决。❷ 在龙骨安装阶段，确保施工范围内无明显障碍物，其目的是保证标高控制的完整性，墙面、地面湿作业已基本完成。❸ 设备安装完成；罩面板安装前，吊顶内的设备应检验、试压验收合格。❹ 协同各专业施工单位，通过图纸会审程序对吊顶工程内的风口、消防排烟口、消防喷淋头、烟感器、检修口、大型灯具口等设备的标高、起拱高度、开孔位置及尺寸要求等进行确认并做好施工记录。❺ 施工所需的脚手架已搭设好，并经检验合格。❻ 施工现场所需的临时用水、用电、各种工、机具准备就绪。

3 施工工艺

3.1 工艺流程

图 5.2.3-1 明龙骨吊顶施工工艺流程

3.2 操作工艺

1. 弹线

用激光水平仪在房间内每个墙（柱）角上抄出水平点，如墙体较长，中间应适当增抄几个点，弹出水准线，水准线标高偏差应控制在 ±5mm以内。主龙骨应从吊顶中心向两边分，最大间距为 1000mm，并标出吊杆的固定点，吊杆的固定点间距 900mm～1000mm。

2. 安装吊杆

吊杆规格按设计要求配置，一般宜采用 ≥ M8 全牙热镀锌丝杆，吊杆上端与内膨胀螺栓连接固定在楼板上，吊杆下端与主龙骨 J 型挂件连接，用螺帽固定。吊杆长度超出 1500mm，应设置反支撑加固或以钢结构转换层作过渡处理。吊杆与吊杆之间必须平直，如遇管道设备等阻隔导致吊杆间距大于设计和规程要求，应采用型钢过渡转换。

3. 安装 UC 主龙骨（承载龙骨）

一般情况下，主龙骨宜平行于房间的长向安装，把主龙骨依序穿进各 J 型吊挂件中，并在挂件开口处用螺栓固定。主龙骨的悬臂段（端部）不应大于 300mm，否则应增加吊杆。主龙骨的接长应采用对接，并用连接件锚固。相邻主龙骨的对接头要相互错开。主龙骨安装后应全面校正其标高及平整度，并校正吊杆、挂件使其能够基本垂直吊挂主龙骨。同时，应校正主龙骨的起拱高度，一般为房间跨度的 1‰～3‰，全面校正后把各部位的螺母拧紧。

如有大的造型吊顶，造型部分应用角钢或扁钢焊接成框架，采用膨胀螺栓与楼板连接固定。吊顶如设置检修走道，应用型钢另设置吊挂系统，可直接吊挂在结构顶板或梁上与吊顶工程分开。一般允许集中荷载为80kg，宽度不宜小于500mm，走道一侧宜设有栏杆，吊挂系统需经结构专业计算确定。

4. 安装边龙骨

边龙骨的安装应按设计要求弹线，用自攻螺钉固定在已预埋墙上的膨胀管。边龙骨固定点间距应不大于吊顶次龙骨的间距，一般为300mm～400mm。

5. 安装 T 型主龙骨及次龙骨

根据活动罩面板的规格，排列 T 型主龙骨的间距，然后用铁丝钩挂或专用连接件将 T 型主龙骨与 UC 主龙骨（承载龙骨）连接固定。T 型次龙骨两端穿进两 T 型主龙骨之间的预留孔卡紧或用拉铆钉固定，吊装成规格一致的龙骨框架。

在通风、水电等洞口周围应设附加龙骨，附加龙骨的连接用拉铆钉铆固。全面校正次龙骨的位置及平整度。

6. 安装罩面板

❶ 矿棉吸音板规格一般为 600mm×600mm 和 600mm×1200mm 两种。将面板直接搁于龙骨的水平翼缘上。安装时，应注意板背面的箭头方向一致，以保证花样、图案的整体性；罩面板上的灯具、烟感器、喷淋头、风口等设备的位置应合理、美观及交接应吻合、严密。❷ 安装装饰硅钙板、塑料板、复合板：规格一般为 600mm×600mm 和 600mm×1200mm。一般采用铝合金 T 型明装龙骨，面板直接搁于龙骨上：安装时，应注意板背面的箭头方向一致，以保证花样、图案的整体性。吊顶板上的灯具、烟感、喷淋头、风口等设备的位置应合理、美观、与罩面的交接应吻合、严密。❸ 安装格栅：金属格栅一般用 0.5～0.8 铝质薄片弯折成方条，格栅分上、下层组条，分别按设计要求的方格尺寸加工成对应的凹槽，然后各上、下层组条在凹槽处相互组成十字形交叉嵌入预装而成为一部分单元组块，并采用钢丝挂钩与主龙骨（承载龙骨）连接固定。各部分单元组块与主龙骨连接后，须整体通线调整至水平。❹ 安装金属扣板：金属扣板安装时在装配面积的中间位置垂直次龙骨

方向拉一条基准线，对齐基准线向两边安装。安装时，轻拿轻放，必须顺着翻边部位顺序将方板两边轻压，卡进龙骨后再推紧。

3.3　质量关键要求

表 5.2.3-1　质量关键控制点及主要控制方法

序号	关键控制点	主要控制方法
1	龙骨、配件、罩面板的购置与进场验收	（1）广泛进行市场调查；（2）实地考察分供方生产规模、生产设备或生产线的先进程度；（3）定购前与业主协商一致，明确具体品种、规格、等级、性能等要求
2	吊杆安装	（1）控制吊杆与结构的紧固方式；（2）控制吊杆间距、下部丝杆端头标高一致性；（3）吊杆防锈处理
3	龙骨安装	（1）拉线复核吊杆调平程度；（2）检查各吊点的紧挂程度；（3）注意检查节点构造是否合理；（4）核查在检修孔、灯具口、通风口处附加龙骨的设置；（5）骨架的整体稳固程度
4	罩面板安装	（1）安装前必须对龙骨安装质量进行验收；（2）使用前应对罩面板进行筛选，剔除规格、厚度尺寸超差和棱角缺损及色泽不一致的板块
5	外观	（1）吊顶完成面洁净，色泽一致；（2）压条平直、通顺严实；（3）与灯具、风口交接部位吻合、严实

3.4　季节性施工

❶ 雨期期间，如进行罩面板施工时（特别是容易受潮的矿棉吸声板），作业环境湿度应控制在70%以下，湿度超出作业条件时，除开启门窗通风外，还应增加排风设施控制湿度，持续高湿度天气应停止施工，各种吊顶材料的运输、搬运、存放，均应采取防雨、防潮措施，尤其是对罩面板要采取封闭措施，以防止发生霉变、变形等现象。❷ 在冬期进行罩面板面层施工，应在具备采暖的条件下进行，室温应保持均衡，一般室温不低于10℃，相对湿度不大于70%。

4 / 质量要求

4.1 主控项目

❶ 吊顶标高、尺寸、起拱和造型应符合设计要求。

检验方法：观察；尺量检查。

❷ 罩面材料的材质、品种、规格、图案和颜色应符合设计要求。

检验方法：观察。

❸ 重量超过 3kg 的灯具、吊扇及有震颤的设施，应直接吊挂在原建筑楼板或横梁上。

❹ 吊杆、龙骨的材质、规格、安装间距及连接方式应符合设计及国家现行相关规范要求。金属吊杆、龙骨表面应作防锈处理。

检验方法：观察；尺量检查；检查产品生产许可证、合格证书、性能检测报告、进厂验收记录和复验报告。

❺ 龙骨吊顶工程的吊杆和龙骨安装必须牢固。

检验方法：检查隐蔽工程验收记录和施工记录。

4.2 一般项目

❶ 板材料表面应洁净、色泽一致，不得有翘曲、裂缝及坏损。

检验方法：观察；尺量检查 。

❷ 板上的灯具、烟感器、喷淋头、风口等设备的位置应合理、美观，与面板的交接应吻合，严密。

检验方法：观察。

❸ 吊杆、龙骨的接缝应均匀一致，角缝应吻合，表面应平整，无翘曲、锤印。吊杆、龙骨应顺直，无变形。

检验方法：检查隐蔽工程验收记录和施工记录 。

❹ 吊顶内填充吸音材料的品种和铺设厚度应符合设计要求，并有防散落措施。

检验方法：检查隐蔽工程验收记录和施工记录。

❺ 罩面板吊顶工程安装的允许偏差和检验方法应符合表 5.2.4-1 规定。

表 5.2.4-1　罩面板吊顶工程安装的允许偏差和检验方法

项次	项类	项目	允许偏差（mm）				检验方法
			矿棉板	玻璃板	硅钙板	金属板	
1	龙骨	龙骨间距	2	2	2	2	尺量检查
2		龙骨平整	3	3	3	3	尺量检查
3		起拱高度	±6	±6	±6	±6	拉线尺量
4		龙骨四周水平	±5	±5	±5	±5	红外线水平仪检查
5	罩面板	表面平整	3	2	3	2	用2m靠尺检查
6		接缝平直	3	3	3	2	拉5m线检查
7		接缝高低	2	1	1	1	用直尺或塞尺检查
8		顶棚四周水平	±5	±5	±5	±5	红外线水平仪检查

5 / 成品保护

❶ 轻钢龙骨、罩面板及其他吊顶材料在进场、存放、使用过程中应严格管理保证板材不变形、不受潮。❷ 施工部位已安装的门窗、地砖、墙面、窗台等应注意保护，防止损坏。❸ 已装好的轻钢骨架上不得上人踩踏，其他工种的吊挂件不得吊于轻钢龙骨上。❹ 轻钢骨架及罩面板安装应注意保护顶棚内各种管线，轻钢骨架的吊杆、龙骨不准固定在通风管道及其他设备上。

6 / 安全、环境及职业健康措施

6.1　安全措施

❶ 罩面板专用龙骨等硬质材料定要放置妥当，防止碰撞受伤。❷ 高空作业要做好安全措施，配备足够的高空作业装备。❸ 应由受到正式训练的人员操作各种施工机械并采取必要的安全措施。❹ 施工现场临时用电均应符合现行行业标准《施工现场临时用电安全技术规范》（JGJ 46）。❺ 脚手架上堆料量不得超过规定荷载，跳板应用铁丝绑扎固定，不得有探头板。顶棚高度超过 3m 应设满堂红脚手架，跳板下应安装安全网。

6.2　环保措施

表 5.2.6-1　环保措施

序号	作业活动	环境因素	主要控制措施
1	轻钢龙骨吊顶	噪声	（1）隔离、减弱、分散；（2）有噪音的电动工具应在规定的作业时间内施工，防止噪声污染、扰民
2		有害物质挥发	（1）防腐剂、胶粘剂在配制和使用过程中采取减少挥发的措施；（2）严格按现行国家标准《民用建筑工程室内环境污染控制标准》（GB 50325）进行室内环境污染控制。对环保超标的原材料拒绝进场
3		固体废物排放	（1）加强培训、提高认识；（2）建立各种回收管理制度；（3）废余料、包装袋、油漆桶、胶瓶、电焊条头等及时清理、分类回收，集中处理；现场严禁燃烧废料

6.3　职业健康安全措施

❶ 工人入场施工前，必须接受"安全生产三级教育"。❷ 进入施工现场人员佩戴好安全帽。必须正确使用个人劳保用品，如安全带等。❸ 安装罩面板时，施工人员应戴防护手套，以防污染板面及保护皮肤。❹ 危险源辨识及控制措施见表 5.2.6-2。

表 5.2.6-2　主要危险源辨识及控制措施

序号	作业活动	危险源	主要控制措施
1	轻钢龙骨吊顶	高处坠落	作业前检查操作平台的架子、跳板、围栏的稳固性，跳板用铁丝绑扎固定，不得有探头板。液压升降台使用安全认证厂家的产品，使用前进行承载试验
2		物体打击	（1）上方操作时，下方禁止站人、通行；（2）龙骨安装时，下部使用托具支托；（3）工人操作应戴安全帽；（4）上下传递材料或工具时不得抛掷
3		漏电	（1）不使用破损电线，加强线路检查；（2）用电设备金属外壳可靠接地，按"一机一闸一漏"接用电器具，漏电保护器灵敏有效，每天有专人检测；（3）接电、布线由专业电工完成
4		机械伤害	制定操作规程，操作人应熟知各种机具的性能及可能产生的各种危害。高危机具由经过培训的专人操作

7 工程验收

❶ 罩面板吊顶工程验收时应检查下列文件和记录：罩面板吊顶工程的施工图，设计说明和其他设计文件；材料的产品合格证书、性能检测报告、进场验收记录和复验报告；隐蔽工程验收记录；施工记录。

❷ 应对下列隐蔽工程项目进行验收：吊顶内管道、设备的安装及水管试压；吊杆安装；龙骨安装；填充材料的设置。

❸ 分项工程的检验批应按下列规定划分：罩面板吊顶工程每50间（大面积房间和走廊按吊顶面积30m² 为一间）应划分为一个检验批，不足50间也应划分为一个检验批。

❹ 检验数量应符合下列规定：每个检验批应至少抽查10%，并不得少于3间；不足3间应全面检查。

❺ 质量验收：① 检验批合格质量应符合下列规定：抽查样本主控项目均合格；一般项目80%以上合格；其余样本不得有影响使用功能或明

显影响装饰效果的缺陷，其中有允许偏差的检验项目，其最大偏差不得超过规定允许偏差的 1.5 倍；具有完整的施工操作依据，质量检验记录。② 质量验收合格应符合下列规定：所含的检验批均应符合合格质量的规定；所含的检验批的质量验收记录应完整。

8 / 质量记录

明龙骨吊顶施工质量记录包括：❶ 各类罩面板等产品合格证和环保、消防性能检测报告以及进场检验记录；❷ 隐蔽工程验收记录；❸ 检验批质量验收记录；❹ 分项工程质量验收记录。

第3节 GRG 罩面板吊顶施工工艺

1 / 总则

1.1 适用范围

本施工工艺适用于剧场、艺术中心、展览厅、报告厅等有较高声光、装饰、力学等性能要求和造型复杂的大型公共建筑吊顶施工。

1.2 编制参考标准及规范

1. 《建筑装饰装修工程质量验收标准》
   （GB 50210-2018）
2. 《建筑工程施工质量验收统一标准》
   （GB 50300-2013）
3. 《建筑材料及制品燃烧性能分级》
   （GB 8624-2012）
4. 《建筑材料放射性核素限量》
   （GB 6566-2010）
5. 《玻璃纤维增强水泥性能试验方法》
   （GB/T 15231-2008）
6. 《增强塑料巴柯尔硬度试验方法》
   （GB/T 3854-2017）
7. 《民用建筑工程室内环境污染控制标准》
   （GB 50325-2020）
8. 《建材及装饰材料安全使用技术导则》
   （SB/T 10972-2013）
9. 《声学　混响室吸声测量》
   （GB/T 20247-2006）

2 / 施工准备

2.1　技术准备

熟悉施工图纸及设计说明，勘察施工现场、结合实际情况编制钢结构转换层 GRG 罩面板吊顶工程施工方案，并对施工人员进行现场和书面安全技术交底。

2.2　材料要求

❶ 钢材：钢构架材质型号一般为 Q235，常用规格分别为 $80 \times 80 \times 4$ 方钢管、$80 \times 40 \times 4$ 方钢管、$100 \times 50 \times 4$ 方钢管、$50 \times 50 \times 4$ 角钢、M10 全牙热镀锌吊杆，所有钢材表面应作热镀锌防锈处理。❷ GRG 采用高密度石膏粉、特殊玻璃纤维、环保添加剂。全部由工厂经过特殊工艺层压预铸而成，并应具有 A 级防火性能、良好的声学效果及抗弯、抗剪及冲击性能的绿色环保材料。❸ 吊顶所选用的钢材，GRG 板及配件等的品种、规格、图案、颜色应符合设计及国家现行相关规范要求，应检查材料的生产许可证、产品合格证、性能检测报告、进场验收记录和复试报告。

表 5.3.2-1　GRG 材料的有关技术指标参数表

序号	设计技术指标内容	产品指标参数	备注
1	抗弯强度（MPa）：≥ 24	25.3MPa	
2	抗拉强度（MPa）：≥ 7	7.7MPa	
3	抗冲击强度（kJ/m²）：≥ 19	22.8kJ/m²	
4	抗压强度（MPa）：≥ 15	16.8 MPa	
5	吸水率（%）：≤ 20	19.8%	
6	巴氏硬度：≥ 10	10	
7	体积密度（g/cm³）：≥ 1.35	1.43	
8	断裂荷载：平均值（N）≥ 1000；最小值（N）≥ 750	平均值 1227N 最小值 846N	

序号	设计技术指标内容	产品指标参数	备注
9	吊挂件与 G.R.G. 构件的粘附力（N）≥ 4000	4033N	
10	标准厚度（mm）：6/10	6mm/10mm	
11	核素含量：A 级	符合《建筑材料放射性核素限量》（GB 6566）中规定的 A 级要求	
12	阻燃性能：A1 级	符合《建筑材料及制品燃烧性能分级》（GB 8624）中 4.1 条规定的 A 级要求	
13	进口玻璃纤维含量	≥ 5%	

2.3　主要机具

表 5.3.2-2　主要工机具一览表

序号	工机具名称	规格	序号	工机具名称	规格
施工测量仪器					
1	手持式激光测距仪	DLE150	5	全站仪	TS16（莱卡）
2	16 线 4D 天地墙三用激光水平仪	QD/CL	6	钢卷尺	3m ~ 5m
3	检测尺	XFS9-2m	7	水平尺	
4	3D 扫描仪	3DSHandy-CSN			
施工工具与机具					
1	修边机	M1R-DB01-6	9	电钻	$\phi 4 \sim \phi 13$
2	射钉枪	SDT-A301	10	电锤钻	ZIC-22
3	拉铆枪	RIV998	11	电焊机	BX5
4	角磨机	GT-404	12	电动起子	LB-902L
5	电动螺钉旋具	SK-6220L	13	无齿电锯	M1Y-2W-185
6	电动螺钉枪	XF55	14	活动扳手	GB4440-84
7	空气压缩机	EAS-20	15	钳子	
8	型材切割机	J_3GS-300 型			

作业条件

❶ 施工前应熟悉施工图及设计说明，现场相关施工人员已接受安全技术交底。❷ 协同各专业施工单位，通过图纸会审程序就吊顶工程内的起拱高度、风口、消防排烟口、检修口、大型灯具口等设备的标高、开孔位置等得以确认并有施工记录。❸ 吊顶罩面板安装前墙体、地面湿作业工程项目等应基本完成。❹ 按相关标准规范搭好顶棚施工操作平台架子。❺ 顶棚内各种管线及通风管道，均应安装完毕、打压、冲洗后并办理验收手续。❻ 检查材料进场记录和复检报告、安全技术交底记录及相关隐蔽验收记录。❼ 施工现场所需的临时用水、用电、各种工机具准备就绪。

3 / 施工工艺

3.1 工艺流程

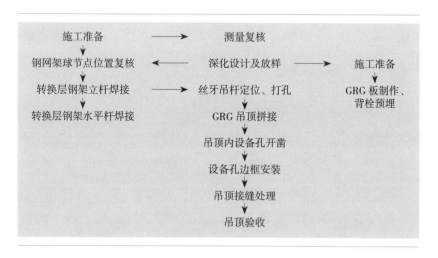

图 5.3.3-1 GRG 罩面板吊顶施工工艺流程

3.2 操作工艺

1. 深化设计及放样

深化图纸及施工复核测量：技术人员到施工现场复核图纸，项目部安排技术负责人及专业工程师会同厂家技术人员一起进行图纸会审，了解本项目各区域应用 GRG 的施工要求及图纸细节的事项。❶ 在施工现场具备测量条件下，测量人员联合项目部测量专员运用 3D 扫描仪扫描现场建筑构造、输入电脑、利用全站仪测各造型定点尺寸，在电脑应用 BIM 软件绘制总装图及部件加工图，根据相关设计图纸及国家行业标准规范，在施工现场进行严谨的放线，测量，收集有效、准确的数据，将可能存在问题的构造点加以分析、细化、调整。继而进行图纸深化绘制及相关技术资料编制，例如：GRG 吊顶转换层钢结构架布置图、结构荷载计算书、GRG 吊顶造型分块布置图及相关技术资料等，并呈交甲方相关部门审核认可。❷ 经相关部门审核同意实施后，项目部技术人员将关键的 GRG 施工部位进行复测、并全面进行分类整理。继而制定"材料加工图纸"、"材料加工清单"、"质量检查和验收标准"及"材料生产和现场安装计划"等安全技术指导资料，促使 GRG 成品从生产到安装、验收等作业全程，能有序进行。

2. 钢构架安装

钢架转换层，焊接流程：球体→钢吊柱→水平主钢架→水平副钢梁。❶ 球体是原建筑钢网架受力钢球体，钢吊柱规格为方管 80×4，垂直焊接在球体的预埋钢板上。❷ 水平主钢架规格为 80×4 及矩形管 100×50×4，水平焊接在吊柱上，中间部分起拱跨度为 1/500。❸ 水平副钢梁规格为角钢 50×4 焊接在主钢梁面上相互成直角。❹ GRG 吊顶主钢架根据图纸要求，并在大型风管底下骨架必须进行型钢加固，应与墙面有牢固连接。

3. 安装 GRG 吊顶

❶ 为保证吊顶及墙面大面积的平整度，安装人员必须根据设计图纸要求进行定位放线，确定标高及其准确性，注意 GRG 板位置与管道之间关系，要上下相对应，防止吊顶及墙面位置与各种管道设备的标高相重叠。根据施工图进行现场安装，并在平面图内记录每一材料的编号和检验状态标识。❷ 弹线确定 GRG 板的位置使吊顶钢架吊点准确、吊杆垂直，各吊杆受力均衡，避免吊顶产生大面积不平整。采用红外线水平

仪在吊顶板下设置控制点控制线。❸ 根据现场定位，在转换层钢架上定位、打孔、安装全牙热镀锌吊杆，按照吊顶两侧剪力墙上轴线、标高控制线及与该排吊顶板相对应的地面上的控制点，利用红外线水平仪将该点引至吊顶板安装位置，首先安装最低位置处中轴线上的 GRG 吊顶板，调平、校正后固定吊杆螺母。然后根据第一块吊顶板高度、位置安装下一块 GRG 板，安装完成后使用红外线水平仪调平，依次安装同排吊顶板，并由最低位置向最高位置依次安装。❹ 要保证 GRG 吊顶的整体刚度，防止以后吊顶变形，应先安装造型 GRG 吊顶，有利于吊顶造型的定位，与其他吊顶相互固定。吊顶造型均采用型钢材料做骨架，以保证造型有足够的刚度。❺ 在安装大面积 GRG 板前，必须待到吊顶上面管道设备完毕并试压完毕后，经有关部门确认，方可进行封吊顶罩面板。吊顶灯具、风口、喷淋、烟感等，必须横平竖直，在开孔前应先放线，等整体协调后，再开孔安装。❻ GRG 板拼缝调整处理：为保证吊顶的面层批嵌开裂，拼缝应根据刚性连接的原则设置，内置木块螺钉连接并分层批嵌处理。批嵌材料采取掺入抗裂纤维的材质与 GRG 吊顶板一致的专用填缝材料。❼ 拼缝处理完成后满刮 GRG 吊顶板专用腻子，打磨处理完成后进行涂料施工，施工完成后检查吊顶板的平整度。❽ 施工过程中按图纸和相关工艺标准分段、分项逐一全面进行质量检查及报验。当每道工序完成后项目专职质检员在班组自检、互检合格的基础上在进行核检。合格后及时填写相关的《隐蔽工程检验记录》、《分部分项工程报验单》报该工程监理进行复验确认。

---

4 / 质量关键要求

1. 材料保证的关键要求

GRG 成型品、钢结构、各种连接材料、油漆等类别材料的选用等级，防火等级，声学效果，环保指标及制作质量均符合设计及国家现行相关标准规范要求，并且具有出厂合格证、检验报告、第三方检测报告书。

2. 质量技术要求

❶ 在安装工序事前对相关人员进行三级质量、安全、技术应用交底，并且经培训、考核合格后方可上岗操作。❷ 项目建立质量检查制度，专业质量检查员及工程师实行日检查，项目部实行周检查，进行联合月度，季度检查对过程检查发现的问题及时整改，并记录。❸ 委派专员驻厂进行生产过程质量控制，对厂家所用材料质量和产品的质量进行严格把控，并收集相关合格证、检验报告等质量证明资料，绝不允许不合格产品进入施工现场。❹ 现场严格实行"三检"制度，工序自检、互检、交接检要形成文件，每道工序完成必须经过质量检查员、专业工程师、项目经理、甲方、监理等检查验收确认，并形成文件。

5 / 质量要求

5.1   主控项目

❶ 吊顶标高、尺寸、起拱和造型应符合设计要求。

检验方法：观察；尺量检查。

❷ 钢材、GRG 的材质、品种、规格、图案和颜色应符合设计及相关规范要求。

检验方法：观察；检查产品生产许可证、合格证书、性能检测报告、进场验收记录和复验报告。

❸ 钢构架的焊接及膨胀螺栓连接必须牢固，符合设计及相关标准规范要求。

检验方法：观察；手扳检查；检查隐蔽工程验收记录和施工记录及现场抽样检测报告。

❹ 吊杆、龙骨的材质、规格、安装间距及连接方式应符合设计要求。金属吊杆、龙骨应经过热镀锌防锈处理。

检验方法：观察；尺量检查；检查产品合格证书、性能检测报告、进场验收记录和隐蔽工程验收记录。

检验方法：观察。

5.2　一般项目

❶ GRG 表面应洁净、色泽一致，不得有翘曲、麻面、裂缝及缺损。

检验方法：观察；尺量检查。

❷ GRG 板上的灯具、烟感器、喷淋头、风口等设备的位置应合理、美观，与 GRG 板的交接应吻合、严密。

检验方法：观察。

❸ 金属吊杆、龙骨的接缝应均匀一致，角缝应吻合，表面应平整，无翘曲、锤印。

检验方法：检查隐蔽工程验收记录和施工记录。

6　成品保护

GRG 产品在竣工交付使用后，一般情况下不需要进行保养，但在使用过程中还需注意以下几点：❶ 保持室内的通风，尽可能保持室内的温度、湿度与环境温度、湿度的一致。❷ 避免重物撞击，轻度冲击会在 GRG 产品留下痕迹、麻点；当撞击力超过 GRG 产品最大断裂荷载时，会导致 GRG 产品开裂，重者可能导致 GRG 产品脱落。❸ 在清理墙体时，尽量少用湿物清理。湿物接触有可能导致 GRG 产品表面涂料发生化学反应，产生变色；尽可能地用柔软、干燥的物品进行清理。❹ 如因外力原因造成 GRG 产品损害后，可对损害部位进行裁减、维修，当修补完毕后，可不留一点痕迹，恢复 GRG 产品原有的整体效果。

7 / 安全、环境及职业健康措施

7.1   安全措施

1. 机械适用安全措施

❶ 所有的机械设备均不得带病作业，上班前应经试运转，各装置需灵敏可靠。❷ 所有电动机械设备必须通过单一开关控制，手持电动工具必须装有漏电保护器。❸ 所有电动工具旋转部分的护罩应完整可靠。❹ 电焊机等设施露天放置时应有防止太阳暴晒和防止雨淋的措施。❺ 对施工机械和电动工具经常性进行检查和维修。

2. 吊装作业安全措施

施工前检查所有的工机具、索吊具处于完好工作状态，有缺陷或状态不明者禁止使用。吊装作业时须有专人负责。

3. 高空作业安全措施

❶ 高空作业必须系好安全带、戴好安全帽。❷ 施工前检查脚手架的可靠程度，由专职安全检查员验收后挂牌使用。

4. 吊装作业安全措施

施工前检查所有的工机具、索吊具处于完好工作状态，有缺陷或状态不明者禁止使用。吊装作业时须有专人负责。

5. 高空作业安全措施

❶ 高空作业必须系好安全带、戴好安全帽。❷ 施工前检查脚手架的可靠程度，由专职安全检查员验收后挂牌使用。按规范张挂安全网。❸ 小件物品加扳手、螺栓等必须放在工具袋内防止坠落。❹ 禁止上、下抛物件。

7.2   环保措施

❶ 建立文明施工管理小组，加强对员工的环保教育，提高环保自觉性。❷ 在施工现场，主要的污染源包括噪声、扬尘、污水和其他建筑垃圾。从保护周边环境的角度来说，应尽量减少这些污染的产生。❸ 噪声控制。除了从机具和施工方法上考虑外，可以使用隔声屏障、使用机械隔

声罩等确保外界噪声等效声级达到环保相关要求；所有施工机械、车辆必须定期保养维修，并于闲置时关机以免发出噪声。❹ 施工扬尘控制。可以在现场采用设置围挡，覆盖易生尘埃物料，洒水降尘，场内道路硬化，垃圾封闭；施工车辆出入施工现场必须采取措施防止泥土带出现场。同时，施工过程堆放的渣土必须有防尘措施并及时清运，工程竣工后要及时清理和平整场地。❺ 污水控制。施工现场产生的污水主要包括雨水、污水（又分为生活和施工污水）两类。在施工过程中产生的大量污水，如没有经过适当处理就排放，便会污染周边环境，直接、间接危害水中生物，严重还会造成大面积中毒。因此，应设置污水处理装置，减小施工过程对周边水体的污染。❻ 对于建筑垃圾的处理，尽可能防止和减少垃圾的产生；对产生的垃圾应尽可能通过回收和资源化利用，减少垃圾处理处置；对垃圾的流向进行有效控制，严禁垃圾无序倾倒，防止二次污染。这样，才能实现建筑垃圾的减量化、资源化和无害化目标。❼ 最后，在施工方法的选择上，应要合理安排进度，尽量排除深夜连续施工；将产生噪声的设备和活动远离人群，避免干扰他人正常工作、学习、生活。

7.3　职业健康安全措施

❶ 工人入场施工前，必须接受"安全生产三级教育"。❷ 进入施工现场人员佩戴好安全帽。必须正确使用个人劳保用品，如安全带防护面罩、手套、防噪声耳塞、焊工专用鞋等。❸ 在施工中应注意高处施工时的安全防护。❹ 危险源辨识及控制措施见表 5.3.7-1。

表 5.3.7-1　危险源辨识及控制措施

序号	作业活动	危险源	主要控制措施
1	轻钢龙骨吊顶	高处坠落	作业前检查操作平台的架子、跳板、围栏的稳固性，跳板用铁丝绑扎固定，不得有探头板。液压升降台使用安全认证厂家的产品，使用前进行堆载试验
2		物体打击	（1）上方操作时，下方禁止站人、通行；（2）龙骨安装时，下部使用托具支托；（3）工人操作应戴安全帽；（4）上下传递材料或工具时不得抛掷
3		漏电	（1）不使用破损电线，加强线路检查；（2）用电设备金属外壳可靠接地，按"一机一闸一漏"接用电器具，漏电保护器灵敏有效，每天有专人检测；（3）接电、布线由专业电工完成
4		机械伤害	制定操作规程，操作人应熟知各种机具的性能及可能产生的各种危害。高危机具由经过培训的专人操作

注：表中内容仅供参考，现场应根据实际情况重新辨识。

自检完成后，确认工程项目符合验收标准，并具备交付使用的条件后即开始正式竣工验收工作。

❶ 工程档案资料；

❷ 设计图纸、文件、设计修改和材料代用文件；

❸ 材料出厂质量证明书、GRG 板试验报告、GRG 制品质量保证书；

❹ 隐蔽工程验收记录；

❺ 施工安装自检记录；

❻ 工程质量检查记录；

❼ 分项工程质量评定验收记录；

❽ 检验通知书、检验报告、验收证明书；

❾ 验收标准。

① 验收标准：主钢架安装牢固，尺寸位置均应符合要求，焊接符合设计及施工验收规范。GRG 吊顶板表面平整，无凹陷、翘边、蜂窝麻面现象。GRG 板接缝平整光滑。GRG 背衬加强肋吊顶系统连接安装正确，螺栓连接应设有防退牙弹簧垫圈，焊接符合设计及施工验收规范。

表 5.3.8-1　允许偏差表

项目	允许偏差（mm）
主钢架水平标高（用红外线水平仪检查）	±5
主钢架水平位置（用红外线水平仪检查）	±5
GRG 板表面平整（用 2m 靠尺检查）	2
GRG 板接缝高低（用塞尺规检查）	1

② 隐蔽工程（钢结构）验收：工程的隐蔽工程至关重要，工地现场的项目管理人员必须认真熟悉施工图纸，严格检查节点的安装，做好质检记录。工地管理人员一旦发现现场与施工图不一致的情况，必须及时报告设计人员作必要的修改。凡隐蔽节点在工地管理人员自检时发现不符合设计图纸要求，除已出具设计变更的，必须及时同业主、监理进行洽商。

③ GRG 吊顶板验收：当每道工序完成后，班组检验员必须进行自检、互检，填写《自检、互检记录表》，专业质检员在班组自检、互检

合格的基础上，再进行核验，核验合格填写有关质量评定记录、隐蔽工程检验记录，并及时填写《分部分项工程质量认可书》。工程自检应分段、分层、分项地逐一全面进行。

9　质量记录

GRG 罩面板吊顶施工质量记录包括：❶ 材料的产品质量合格证、性能检测报告。清洗剂、胶粘剂、嵌缝胶的环保检测和相容性试验报告；❷ 各种材料的进场检验记录和进场报验记录；❸ 吊顶骨架的安装隐检记录；❹ 检验批质量验收记录；❺ 分项工程质量验收记录。

第4节　软膜吊顶施工工艺

1 / 总则

1.1 适用范围
本施工工艺适用于会所、体育场馆、办公室、医院、学校、大型卖场、家居、音乐厅和会堂等公用及民用建筑室内的吊顶工程。

1.2 编制参考标准及规范
1.《建筑装饰装修工程质量验收标准》
（GB 50210-2018）
2.《建筑工程施工质量验收统一标准》
（GB 50300-2013）
3.《民用建筑工程室内环境污染控制标准》
（GB 50325-2020）
4.《建材及装饰材料安全使用技术导则》
（SB/T 10972-2013）

2 / 施工准备

2.1 技术准备

熟悉施工图纸及设计说明，勘察施工现场、结合实际情况编制铝型材骨架软膜吊顶工程施工方案，并对施工人员进行现场和书面安全技术交底。

2.2 材料要求

❶ 定尺加工：根据设计图纸的不同位置及平面尺寸分别进行编号，绘制加工单，要求加工尺寸为吊顶的水平投影尺寸，固定边在安装时利用材料的拉伸性固定在特制的龙骨内。❷ 软膜：采用特殊聚氯乙烯材料制成柔性软膜吊顶，厚度为 0.15mm ~ 0.50mm，其燃烧性能为 B1 级。❸ 吊顶所选用的钢材，软膜及配件等的品种、规格、图案、颜色应符合设计及国家现行相关规范要求，应检查材料的生产许可证、产品合格证、性能检测报告、进场验收记录和复试报告。

2.3 主要机具

表 5.4.2-1　主要工机具一览表

序号	工机具名称	规格	序号	工机具名称	规格
施工测量仪器					
1	手持式激光测距仪	DLE150	4	钢卷尺	3m ~ 5m
2	16 线 4D 天地墙三用激光水平仪	QD/CL	5	水平尺	
3	检测尺	XFS9-2m			
施工工具与机具					
1	修边机	M1R-DB01-6	5	电动起子	LB-902L
2	射钉枪	SDT-A301	6	空气压缩机	EAS-20
3	拉铆枪	RIV998	7	型材切割机	J₃GS-300 型
4	角磨机	GT-404	8	电吹风	Q1B-DB01-2.8

序号	工机具名称	规格	序号	工机具名称	规格
施工工具与机具					
9	电热风炮	LXC30	14	电动螺钉旋具	SK-6220L
10	电钻	$\phi4 \sim \phi13$	15	无齿电锯	M1Y-2W-185
11	电锤钻	ZIC-22	16	活动扳手	GB4440-84
12	电焊机	BX5	17	钳子	
13	电动螺钉枪	XF55			

2.4　作业条件

❶ 软膜天花施工前应保证场地通电测试合格，场地无建筑垃圾。❷ 软膜天花底部处理符合天花安装条件，如龙骨骨架的安装，做到清洁干净。❸ 所有灯光、灯具的安装必须按设计要求做好灯架尺寸，布置好线路，保证全部灯具线路通电明亮，安装软膜前如发现有灯具不亮通知后要及时调整更换。暗藏灯内部应涂白，以达到更好的效果。❹ 空调、消防管道等必须预先布置安装，调试好。风口、喷淋头、烟感器等安装完毕，应符合施工要求。❺ 施工所需的脚手架已搭设好，并经检验合格。❻ 施工现场所需的临时用水、用电、各种工、机具准备就绪。

3　施工工艺

3.1　工艺流程

弹线 ⟶ 安装吊杆 ⟶ 造型底架的制作与安装 ⟶ 安装龙骨 ⟶

功能口底架制作与安装 ⟶ 安装软膜 ⟶ 清洁表面

图 5.4.3-1　软膜罩面板吊顶施工工艺流程

操作工艺

1. 弹线、安装吊杆

❶ 施工人员要根据现场的水平线标准龙骨安装线。位置准确。❷ 利用激光水平仪在天棚上显示出吊杆安装线，行距按龙骨排列图纸确定；间距一般在 900mm～1000mm 内。吊杆长度按天花平面标高在现场确定，一般吊杆长度可在 ±50mm 内调解，按射线的位置固定吊杆。造型底架吊杆位置的确定，要按造型底架来确定在天棚的位置，大型底架不方便在天棚弹线，可把造型底架按图纸放在地面，再用红外线水平仪把固定点反射到天棚上。

2. 造型底架的制作与安装

❶ 根据图纸要求制作造型底架，一般有两种，复合板底架与金属底架。制作时要考虑底架的强度是否符合软膜安装拉力，安装软膜后以底架不会变形为原则。❷ 安装底架时要注意天花上的其他设备是否有足够的安装位置，如灯具、风口、投影仪等。与相关工种的人员协商确定安装高度。❸ 安装底架时还要注意，吊件是否会对软膜造成阴影，如果有应设法消除，尤其是透光膜，绝不能有阴影。在施工中为减少软膜上的阴影，必要时支撑材料可采用有机玻璃条。透光膜天花施工时，如有一些管道或其他设施，距透光膜太近，也会产生阴影，此时应用反光纸将其包裹，避免透光膜有阴影。

3. 龙骨安装

❶ 龙骨切割好拼接角度后，一般用自攻螺钉或拉铆钉等固定在底架上，以完成龙骨的安装。龙骨安装的分工一般分为地面操作与固定操作，地面操作包括切割、打磨、钻孔要符合操作和技术要求，固定操作要注意龙骨与龙骨连接处的平顺、紧密，最大缝隙不能大于 1.0mm，与底架结合紧密牢固，最大缝隙不能大于 1.5mm。用龙骨安装透光膜时，为确保龙骨没有透光现象，可在龙骨上与墙体连接缝处用黑色玻璃胶密封。❷ 金属底架一般用拉铆钉来固定，在拉铆连接时注意钻头规格与拉铆钉的规格要匹配，以达到最佳连接效果。

4. 功能口底架的制作与安装

功能口底架的制作要根据不同的功能需要制作相应的底架。根据造型的变化在软膜平面 ±50mm 的范围内安装。功能口底架安装时底架的平面要与软膜平面平行。

5. 安装软膜

❶ 软膜安装前要与软膜天花上其他设施的安装人员沟通，如电工、空调工、消防管道工等以保证其相关设施，如照明电源、风口管道、消防设备等正常工作后才能安装软膜。软膜安装施工时，如果喷淋头已安装，要把喷淋头用珍珠棉包起来。以免热风炮烘烤软膜时温度过高，烤爆喷淋头。

❷ 用吸尘器、电吹风对龙骨、底架、灯具上的灰尘、杂物进行打扫清理。以保证软膜安装后不会有灰尘、杂物落在软膜上，尤其是安装透光膜。

❸ 软膜安装施工时，温度如果在5℃以下，在打开软膜前要用热风炮对软膜进行预热1min～3min，然后缓慢打开，再进行安装。在使用热风炮安装软膜时，热风炮烘烤软膜的距离一般在400mm～1000mm。使用电吹风对软膜局部小面积加热时，电吹风要不断摆动加热，以使软膜受热均匀。摆动加热时，电吹风出口到软膜的距离不能小于120mm，以保证软膜不会被吹花。

❹ 软膜安装时要先安装角位，然后对角安装。最后拉点全部安装。

① 角位安装，先检查角位龙骨安装是否正确，对软膜角位充分烘烤预热达到柔软后，用长铲安装角位，软膜挂起以后，再用角铲安装角位顶部。

② 对软膜大面积充分烘烤后安装对角。

③ 拉点安装时要对软膜大面积充分烘烤，用安装铲把软膜扣边安装在龙骨上。以中间拉点安装等分后，再中间拉点安装以此类推。

④ 一般拉点安装间距300mm后可全部安装。全部安装时要注意检查不要有漏刀、反边、破损等现象，要做到一次安装到位，达到安装要求。软膜安装结束后要对安装工具、施工场地进行清理打扫。

6. 清洁表面

清洁软膜。软膜全部安装完工后要对软膜上的手印、灰尘、污物等进行清洁。手印、灰尘可用清水毛巾擦去；油性污物用白电油（化学名称：环乙烷）、松节油或一般家用洗涤剂等，用纸巾沾少许擦去。清洁软膜时不能采用腐蚀性强的溶剂。

3.3　**质量关键要求**

❶ 软膜型号、软膜尺寸、底架形状、外观及软膜天花整体效果必须满足设计要求。❷ 吊杆、龙骨、底架安装必须牢固。❸ 灯管与软膜的距离要保证在 250mm～600mm 之间，以免影响效果。❹ 对容易出现瑕疵的地方进行重点检查，例如：对焊缝是否开裂、墙角处是否平整。❺ 为保证软膜施工质量，如下坠，安装时应采用专用的加热风炮充分加热均匀，先对称安装角部然后以中间拉点安装等分后再中间拉点安装以此类推。❻ 以保证软膜不会被吹花，加热风炮温度和距离应严格控制。❼ 一般拉点安装间距 300mm 后可全部安装。全部安装时要注意检查不要有漏刀、反边、破损等现象。

---

4 / 质量要求

❶ 吊杆及龙骨施工质量执行《建筑装饰装修工程质量验收标准》（GB 50210）。❷ 软膜天花施工质量按表 5.4.4-1 进行控制。

表 5.4.4-1　软膜天花质量验收记录表

项目名称	分项工程	验收要求
主控项目	底架形状	符合设计要求
	龙骨安装	（1）龙骨连接紧密，缝隙不能大于 1mm，弧形龙骨接头流畅、牢固； （2）固定龙骨的螺丝符合设计要求； （3）固定龙骨的螺丝在龙骨顶端 10mm～30mm 处； （4）龙骨与基层紧密结合，缝隙不大于 1.5mm； （5）角度安装。角度切割不能大于理论角度，但不能小于理论角度 2°； （6）双扣码安装吊杆间距一般在 600mm～1200mm 内； （7）双扣码安装纵向及横向偏倚不能超过 10mm

项目名称	分项工程	验收要求
主控项目	底架安装	（1）软膜天花与底架基层的平面关系符合设计要求； （2）灯距要相等，横竖要成直线； （3）灯管与软膜的距离要在250mm～600mm之间； （4）功能底口底面与软膜平面平行，安装牢固； （5）特殊灯具处理要特殊处理，比如温度过高，重量过大灯情况
	焊缝焊接	焊接缝要平直，左右偏移不能大于5mm
	软膜灯光	灯光均匀，不能看到灯管
	软膜外观	表面污染、杂物、破损、皱褶及明显划伤，安装要整齐美观，不能有漏装、漏刀、反边现象
一般项目	软膜型号	符合设计要求
	软膜尺寸	符合底架造型尺寸
	底架外观	无杂物、灰尘
	软膜天花整体效果	符合设计要求

5 / 成品保护

❶ 骨架、软膜及其他吊顶材料在进场、存放、使用过程中应严格管理保证不变形、无损坏。❷ 施工部位已安装的门窗、地砖、墙面、窗台等应注意保护，防止损坏。❸ 已装好的轻钢骨架上不得上人踩踏，其他工种的吊挂件不得吊于轻钢骨上。❹ 原建筑结构未经设计审核，不得乱凿、乱拆。❺ 软膜安装后，应采取措施、防止损坏、污染。

6 安全、环境及职业健康措施

6.1 安全措施

❶ 专用龙骨等硬质材料定要放置妥当，防止碰撞受伤。❷ 高空作业要做好安全措施，配备足够的高空作业装备。❸ 应由受到正式训练的人员操作各种施工机械并采取必要的安全措施。❹ 施工现场临时用电均应符合现行行业标准《施工现场临时用电安全技术规范》（JGJ 46）。

6.2 环保措施

表 5.4.6-1　环保措施

序号	作业活动	环境因素	主要控制措施
1	轻钢龙骨吊顶	噪声	（1）隔离、减弱、分散；（2）有噪声的电动工具应在规定的作业时间内施工，防止噪声污染、扰民
2		有害物质挥发	（1）防腐剂、胶粘剂在配制和使用过程中采取减少挥发的措施；（2）组织学习、贯彻、执行《民用建筑工程室内环境污染控制标准》（GB 50325），对环保超标的原材料拒绝进场
3		固体废物排放	（1）加强培训、提高认识；（2）建立各种回收管理制度；（3）废余料、包装袋、油漆桶、胶瓶、电焊条头等及时清理、分类回收，集中处理。现场严禁燃烧废料

6.3 职业健康安全措施

❶ 工人入场施工前，必须接受安全生产三级教育。❷ 进入施工现场人员佩戴好安全帽。必须正确使用个人劳保用品。如安全带等。❸ 在施工中应注意高处施工时的安全防护。❹ 危险源辨识及控制措施见表 5.4.6-2。

表 5.4.6-2 危险源辨识及控制措施

序号	作业活动	危险源	主要控制措施
1	轻钢龙骨吊顶	高处坠落	作业前检查操作平台的架子、跳板、围栏的稳固性，跳板用铁丝绑扎固定，不得有探头板。液压升降台使用安全认证厂家的产品，使用前进行堆载试验
2		物体打击	（1）上方操作时，下方禁止站人、通行；（2）龙骨安装时，下部使用托具支托；（3）工人操作应戴安全帽；（4）上下传递材料或工具时不得抛掷
3		漏电	（1）不使用破损电线，加强线路检查；（2）用电设备金属外壳可靠接地，按"一机一闸一漏"接用电器具，漏电保护器灵敏有效，每天有专人检测；（3）接电、布线由专业电工完成
4		机械伤害	制定操作规程，操作人应熟知各种机具的性能及可能产生的各种危害。高危机具由经过培训的专人操作

注：表中内容仅供参考，现场应根据实际情况重新辨识。

7 / 工程验收

❶ 软膜吊顶工程验收时应检查下列文件和记录：软膜吊顶工程的施工图，设计说明和其他设计文件；材料的产品合格证书、性能检测报告、进场验收记录和复验报告；隐蔽工程验收记录；施工记录。

❷ 应对下列隐蔽工程项目进行验收：吊顶内管道、设备的安装及水管试压；吊顶安装；龙骨安装；填充材料的设置。

❸ 分项工程的检验批应按下列规定划分：软膜吊顶工程每50间（大面积房间和走廊按吊顶面积30m² 为一间）应划分为一个检验批，不足50间也应划分为一个检验批。

❹ 检验数量应符合下列规定：每个检验批应至少抽查10%，并不得少于3间；不足3间时，应全面检查。

❺ **质量验收**：① 检验批合格质量应符合下列规定：抽查样本主控项目均合格；一般项目 80% 以上合格；其余样本不得有影响使用功能或明显影响装饰效果的缺陷，其中有允许偏差的检验项目，其最大偏差不得超过规定允许偏差的 1.5 倍。具有完整的施工操作依据，质量检验记录。② 质量验收合格应符合下列规定：所含的检验批均应符合合格质量的规定。所含的检验批的质量验收记录应完整。

8 / 质量记录

软膜罩面板吊顶施工质量记录包括：❶ 软膜天花等产品合格证和环保、消防性能检测报告以及进场检验记录；❷ 隐蔽工程验收记录；❸ 检验批质量验收记录；❹ 分项工程质量验收记录。

第5节　玻璃吊顶施工工艺

1 / 总则

1.1 适用范围

本施工工艺适用于建筑工程中室内轻钢骨架玻璃吊顶工程。

1.2 编制参考标准及规范

1. 《建筑装饰装修工程质量验收标准》
   （GB 50210-2018）
2. 《建筑工程施工质量验收统一标准》
   （GB 50300-2013）
3. 《木器涂料中有害物质限量》
   （GB 18581-2020）
4. 《平板玻璃单位产品能源消耗限额》
   （GB 21340-2013）
5. 《民用建筑工程室内环境污染控制标准》
   （GB 50325-2020）
6. 《滤光玻璃》
   （GB/T 15488-2010）
7. 《建材及装饰材料安全使用技术导则》
   （SB/T 10972-2013）
8. 《建筑玻璃应用技术规程》
   （JGJ 113-2015）

2 / 施工准备

2.1 技术准备

熟悉施工图纸及设计说明，勘察施工现场、结合实际情况编制玻璃吊顶工程施工方案，并对施工人员进行现场和书面安全技术交底。

2.2 材料要求

各种材料应符合现行国家标准的有关规定。应有出厂质量合格证、性能及环保检测报告等质量证明文件。❶ **轻钢龙骨**：选用的轻钢龙骨表面必须采用热镀锌处理，经过冷弯工艺轧制而成的吊顶支承材料，由主龙骨、副龙骨、边龙骨及吊挂配件等组装成的整体支承吊顶轻钢骨架系统。常用的轻钢龙骨系列主要有：不上人 UC50 系列和上人 UC60 系列。
❷ **型钢龙骨**：选用的型钢龙骨（含角钢、槽钢、工字钢、钢方通等）质量、规格、型号应符合设计图纸要求和现行国家标准的有关规定，应无变形、弯曲现象，表面应进行防锈处理。❸ **金属吊杆**：吊杆应采用全牙热镀锌钢吊杆，常用规格：M6、M8，M6 用于不上人吊顶轻钢龙骨架系统，M8 用于上人吊顶轻钢龙骨架系统。❹ **饰面板**：轻钢骨架胶合板基层玻璃吊顶必须采用安全玻璃：如夹胶玻璃、钢化夹胶玻璃，规格由设计确定。基层胶合板按设计要求选用，通常为 7mm 厚夹胶玻璃不得低于 3mm+3mm 厚度，材料的品种、规格、质量应符合设计要求。
❺ **辅材**：主、次龙骨吊挂件、连接件、插接件，吊杆、膨胀螺栓、$\phi 8$螺栓、收边收口条、插挂件、自攻螺钉、角码、固定玻璃板的半圆头（带胶垫）不锈钢螺钉等，质量应符合要求。❻ **其他材料**：胶粘剂、防火剂、防腐剂等。胶粘剂一般按主材的性能选用玻璃结构胶，并应做相容性试验，质量符合要求后方可使用。防火涂料一般按建筑物的防火等级选用防火涂料。胶粘剂、防火剂、防腐剂应有环保检测报告。

2.3 机具设备

表 5.5.2-1　主要工机具一览表

序号	工机具名称	规格	序号	工机具名称	规格
施工测量仪器					
1	手持式激光测距仪	DLE150	4	钢卷尺	3m～5m
2	16 线 4D 天地墙三用激光水平仪	QD/CL	5	水平尺	
3	检测尺	XFS9–2m			
施工工具与机具					
1	射钉枪	SDT–A301	8	电焊机	BX5
2	拉铆枪	RIV998	9	电钻	$\phi 4 \sim \phi 13$
3	角磨机	GT–404	10	电锤钻	ZIC–22
4	电动螺钉旋具	SK–6220L	11	电动起子	LB–902L
5	电动螺钉枪	XF55	12	无齿电锯	M1Y–2W–185
6	空气压缩机	EAS–20	13	活动扳手	GB4440–84
7	型材切割机	J₃GS–300 型	14	钳子	

2.4 作业条件

❶ 施工前应按设计要求对房间的层高、门窗洞口尺寸和吊顶内的管道、设备及其支架的标高进行测量检查，并办理交接检记录。❷ 各种材料配套齐全已进场，并已进行了检验或复试。❸ 室内墙面施工作业已基本完成，只剩最后一道涂料，地面湿作业已完，并经检验合格。❹ 吊顶内的管道和设备安装已调试完成，并经检验合格，办理完交接手续。❺ 木龙骨已做防火处理，与结构直接接触部分已做好防腐处理。❻ 室内环境应干燥，湿度不大于 60%，通风良好。吊顶内四周墙面的各种孔洞已封堵处理完毕。抹灰已干燥。❼ 施工所需的脚手架已搭设

好，并经检验合格。❽ 施工现场所需的临时用水、电、各种机具准备就绪。

3 / 施工工艺

3.1   工艺流程

轻钢骨架胶合板基层镜面钢化玻璃吊顶工艺流程：

图 5.5.3-1   玻璃吊顶施工工艺流程

本工艺流程适用于不上人吊顶。用于上人吊顶或吊顶内有其他较大设备时，龙骨截面及布置应进行结构计算，并绘制详细施工图。

3.2   操作工艺

1. 轻钢骨架胶合板基层镜面钢化玻璃吊顶

❶ **放线**：依据室内标高控制线，在房间内施工区域设置通顶升降杆，利用升降杆固定激光水平仪、校核天花各部位定位线、用激光绿色射线安装部件的检验基准。按吊顶龙骨排列图，在顶板上射显主龙骨的位置线和嵌入式设备外形尺寸线。主龙骨间距一般为 900mm～1000mm 均匀布置，排列时应尽量避开嵌入式设备，且主龙骨的位置线上用十字线标出固定吊杆的位置。吊杆间距应为 900mm～1000mm，距主龙骨端头应不大于 300mm，均匀布置。若遇较大设备或通风管道，吊杆间距大于 1200mm 时，宜采用型钢扁担来满足吊杆间距。❷ **吊杆安装**：吊杆规格按设计要求配置，一般宜采用 ≥ M6 全牙热镀锌丝杆，上人天花应采用 M8 吊杆，吊杆上端与内膨胀螺栓顶爆连接固定在结构

楼板上，冲击钻头宜比吊杆直径大2mm，吊杆下端与主龙骨J型挂件连接，套垫片并通过螺帽固定。如吊杆长度超出1500mm，须设置反向支撑进行加固或通过增加钢结构转换层作过渡。吊杆与吊杆之间必须平直，如遇管道设备等阻隔物，导致吊杆间距大于设计和规程要求，应采用型钢过渡转换。❸ **主龙骨安装**：一般情况下，主龙骨宜平行于房间的短向安装，把主龙骨依序穿进各J型吊挂件中，并在挂件开口处用螺栓固定。主龙骨的悬臂（端部）段不应大于300mm，否则应增加吊杆。主龙骨的接长应采用对接，并用连接件锚固。相邻主龙骨的对接头要相互错开。主龙骨安装后应全面校正其标高及平整度，并校正吊杆、挂件使其能够垂直吊挂主龙骨。同时，应校正主龙骨的起拱高度，一般为房间跨度的1‰~3‰，全面校正后把各部位的螺母拧紧。如有较大造型的吊顶，造型部分应用角钢或扁钢焊接成框架，采用膨胀螺栓与楼板连接固定。吊顶如设置检修走道，应用型钢另设吊挂系统，可直接吊挂在结构顶板或梁上与吊顶工程分开。一般允许集中荷载为80kg，宽度不宜小于500mm，走道一侧宜设有栏杆，吊挂系统需经相应结构专业计算并进行检测后确定。❹ **次龙骨安装**：应按设计规定选择次龙骨，设计无要求时，不上人吊顶次龙骨与主龙骨应配套。次龙骨用专用连接件与主龙骨固定。次龙骨必须对接，不得有搭接。次龙骨间距应根据设计要求或面板规格确定，一般次龙骨中心距不大于600mm。次龙骨的靠墙一端应放在边龙骨的翼缘上。次龙骨需接长时，应使用专用连接件进行连接固定。每段次龙骨与主龙骨的固定点不得少于2处，相邻两根次龙骨的接头要相互错开，不得放在两根主龙骨的同一档内。各种洞口周围，应设附加龙骨，附加龙骨用拉娜钉连接固定到主、次龙骨上。❺ **撑挡龙骨安装**：应按设计规定选用撑挡龙骨，设计无要求时，上人吊顶龙骨、不上人吊顶应配套选用。间距按设计要求或面板规格确定，通常撑挡龙骨中心间距不大于600mm。撑挡龙骨应使用专用挂件固定到次龙骨上，固定应牢固可靠。撑挡龙骨安装完后，应拉通线进行一次整体调整，使各龙骨间距均匀、平整一致，并按设计要求调好起拱度，设计无要求时一般起拱度为房间跨度的3‰~5‰。❻ **补刷防锈漆**：骨架安装完成后，所有焊接处和防锈层破坏的部位，应补刷防锈漆进行防腐。❼ **基层板安装**：轻钢骨架安装完成并经验收合格后，按基层板的规格、拼缝间隙弹出分块线，然后从顶棚中间沿次龙骨的安装方向先装一行基层板，作为基准，再向两侧展开安装。基层板应按设计要求选用，设计无要求时，宜选用7mm厚胶合板。基层板按设计要求的品种、规格和固定方式进行安装。采用胶合板时，应在胶合板朝向吊顶内侧面满涂防火涂料，用自攻螺钉与龙骨固定，自攻螺钉中心距不大于250mm。❽ **面层玻璃安装**：面层玻璃应按设计要求的规格和型号选用。应选用厚镜面夹胶玻璃或钢化镀膜玻璃。先按玻璃板的规格在基层板上弹出分块线，线必须准确无误，不得歪斜、错位。先用玻璃胶或双面玻璃胶纸将玻璃临时粘贴，再用半圆头不锈钢装饰螺钉在玻璃四周固定。螺钉的间距、数量由设计确定，但每块玻璃上不得少于4个螺钉。玻璃上的螺钉孔应委托厂家加工，孔距玻璃边缘应大于20mm，以防玻璃破裂。玻璃安装应逐块进行，不锈钢螺钉应对角安装。❾ **收口、收边**：吊顶与四周墙（柱）面的交界部位和各种孔洞的边缘，应按设计要求或采用与饰面材质相适应的收边条、收口条或阴角线进行收边。收边用石膏线时，必须在四周墙（柱）上预埋木砖，再用螺钉固定，固定螺钉间距宜不大于600mm。其他轻质收边、收口条，可用胶粘贴，但应保证安装牢固可靠、平整顺直。

2. 夹胶钢化玻璃明龙骨吊顶

需采用加强型不锈钢或铝合金T型龙骨，确保龙骨架的强度和持久的稳固性。面层玻璃应按设计要求的型号和规格选用，一般选用4+0.76（PVB胶片厚度）+4钢化夹胶安全玻璃，且每块面积不宜大于$1m^2$，安装时先用玻璃胶或双面胶将玻璃固定于金属框架内，然后放置带胶垫的压块或压条用螺钉固定，也可采用点式螺栓机械连接安装。

3.3　**质量关键要求**

❶ 吊顶龙骨必须牢固、平整：利用吊杆螺栓调整拱度。安装龙骨时应严格按放线的水平标准线组装周边骨架。受力节点应装订严密、牢固、保证龙骨的整体刚度。龙骨的尺寸应符合设计要求，纵横拱度均匀，互相适应。吊顶龙骨严禁有硬弯，如有必须调直再进行固定。❷ 吊顶面层必须平整：施工前应弹线，中间按平线起拱。长龙骨的接长应采用对接，相邻龙骨接头要错开，避免主龙骨向边倾斜。龙骨安装完毕，应经检查合格后再安装玻璃块。吊件必须安装牢固，严禁松动变形。龙骨分格的几何尺寸必须符合设计要求和玻璃块的模数。玻璃的品种、规格符合设计要求，外观质量必须符合材料技术标准的规格。旋紧玻璃板的螺丝时，避免板的两端紧中间松，表面出现凹形，玻璃块调平规方后方可组装，不妥处应经调整再进行固定。边角处的固定点要准确，安装要

密合。❸ 接缝应平直：玻璃块装饰前应严格控制其角度和周边的规整性，尺寸要一致。安装时应拉通线找直，并按拼缝中心线，排放玻璃块，排列必须保持整齐。安装时应沿中心线和边线进行，并保持接缝均匀一致。压条应沿装订线钉装，并应平顺光滑，线条整齐，接缝密合。

3.4　季节性施工

❶ 雨期各种吊顶材料的运输、搬运、存放，均应采取防雨、防潮措施，以防止发生霉变、生锈、变形等现象。❷ 冬期玻璃吊顶施工前，应完成外门窗安装工程。否则应对门、窗洞口进行临时封挡保温。❸ 冬期玻璃安装施工时，宜在有采暖条件的房间进行施工，室内作业环境温度应在0℃以上。打胶作业的环境温度不得低于5℃。玻璃从过冷或过热的环境中运入操作地点后，应待玻璃温度与操作场所温度相近后再行安装。

4　质量要求

4.1　主控项目

❶ 吊顶标高、尺寸、起拱和造型应符合设计要求。

检验方法：观察；尺量检查。

❷ 饰面板的材质、品种、规格、图案和颜色应符合设计要求。

检验方法：观察；检查产品合格证书、性能检测报告、进场验收记录和复验报告。

❸ 吊杆、龙骨和饰面材料的安装必须稳固、严密、无松动。饰面材料与龙骨、压条的搭接宽度应大于龙骨、压条受力面宽度。

检验方法：观察；手扳检查；尺量检查。

❹ 吊杆、龙骨的材质、规格、安装间距及连接方式应符合设计及规范要求。金属吊杆、龙骨应经过防锈或防腐处理；木吊杆、龙骨应进行防火、防腐处理。

检验方法：观察；尺量检查；检查产品合格证书、性能检测报告、进场验收记录和隐蔽工程验收记录。

一般项目

❶ 饰面材料表面应洁净、色泽一致，不得有翘曲、裂缝及缺损。压条应平直、宽窄一致。

检验方法：观察；尺量检查。

❷ 饰面板上的灯具、烟感器、喷淋头、风口箅子等设备的位置应合理、美观，与饰面板的交接应吻合、严密。

检验方法：观察。

❸ 金属吊杆、龙骨的接缝应均匀一致，角缝应吻合，表面应平整，无翘曲、锤印。木质吊杆、龙骨应顺直、无劈裂、变形。

检验方法：检查隐蔽工程验收记录和施工记录。

❹ 吊顶内填充吸声材料的品种和铺设厚度应符合设计要求，并应有防散落措施。

检验方法：检查隐蔽工程验收记录和施工记录。

❺ 玻璃板吊顶工程安装的允许偏差和检查方法见表5.5.4-1。

表 5.5.4-1　玻璃板吊顶工程安装的允许偏差和检验方法

项目		允许偏差（mm）	检验方法
龙骨	龙骨间距	2.0	尺量检查
	龙骨平直	2.0	用2m靠尺检查
玻璃板	表面平整	2.0	用2m靠尺检查
	接缝平直	3.0	拉5m线检查
	接缝高低	1.0	用直尺或塞尺检查
	顶四周水平	2.0	拉线或用水平仪检查

5 　成品保护

❶ 骨架、基层板、玻璃板等材料入场后，应存入库房码放整齐，上面不得压重物。露天存放必须进行覆盖，保证各种材料不受潮、不霉变、不变形。玻璃存放处应有醒目标志，并注意做好保护。❷ 骨架及玻璃板安装时，应注意保护顶棚内各种管线及设备。吊杆、龙骨及饰面板不准固定在其他设备及管道上。❸ 吊顶施工时，对已施工完毕的地、墙面和门、窗、窗台等应进行保护，防止污染、损坏。❹ 不上人吊顶的骨架安装好后，不得上人踩踏。其他吊挂件或重物严禁安装在吊顶骨架上。❺ 安装玻璃板时，作业人员宜戴干净线手套，以防污染板面，并保护手臂不被划伤。❻ 玻璃饰面板安装完成后，应在吊顶玻璃上粘贴提示标签，防止损坏。

6 　安全、环境及职业健康措施

6.1 　安全措施

❶ 施工现场临时用电均应符合现行行业标准《施工现场临时用电安全技术规范》（JGJ 46）。❷ 脚手架上堆料量不得超过规定荷载，跳板应用铁丝绑扎固定，不得有探头板。顶棚高度超过 3m 应设满堂红脚手架，跳板下应安装安全网。❸ 施工中使用的各种工具（高梯、条凳等）、机具应符合相关规定要求，利于操作，确保安全。在高处作业时，上面的材料码放必须平稳可靠，工具不得乱放，应放入工具袋内。❹ 裁割玻璃应在房间内进行。边角余料要集中堆放，并及时处理。❺ 人工搬运玻璃时应戴手套或垫上布、纸，散装玻璃运输必须采用专门夹具（架）。玻璃运抵现场后应直立堆放，不得水平摆放。❻ 进入施工现场应戴安全帽，高空作业时应系安全带，严禁一手拿材料，另一手操作或

攀扶上下。电、气焊工应持证上岗并配备防护用具。❼ 施工时高处作业所用工具应放入工具袋内，地面作业工具应随时放入工具箱，严禁将铁钉含在口内。❽ 使用电、气焊等明火作业时，应清除周围及焊渣溅落区的可燃物，并设专人监护。

6.2 环保措施

表 5.5.6-1　环保措施

序号	作业活动	环境因素	主要控制措施
1	轻钢龙骨吊顶	噪声	（1）隔离、减弱、分散；（2）有噪声的电动工具应在规定的作业时间内施工，防止噪声污染、扰民
2		有害物质挥发	（1）防腐剂、胶粘剂在配制和使用过程中采取减少挥发的措施；（2）组织学习、贯彻、执行《民用建筑工程室内环境污染控制标准》（GB 50325），对环保超标的原材料拒绝进场
3		固体废物排放	（1）加强培训、提高认识；（2）建立各种回收管理制度；（3）废余料、包装袋、油漆桶、胶瓶、电焊条头等及时清理、分类回收，集中处理。现场严禁燃烧废料

注：表中内容仅供参考，现场应根据实际情况重新辨识。

6.3 职业健康安全措施

❶ 工人入场施工前，必须接受"安全生产三级教育"。❷ 进入施工现场人员佩戴好安全帽。必须正确使用个人劳保用品，如安全带防护面罩、手套、防噪声耳塞、焊工专用鞋等。❸ 在施工中应注意高处施工时的安全防护。❹ 危险源辨识及控制措施见表 5.5.6-2。

表 5.5.6-2　危险源辨识及控制措施

序号	作业活动	危险源	主要控制措施
1	轻钢龙骨/木龙骨玻璃吊顶	高处坠落	作业前检查操作平台的架子、跳板、围栏的稳固性，跳板用铁丝绑扎固定，不得有探头板。液压升降台使用安全认证厂家的产品，使用前进行堆载试验
2		物体打击	（1）上方操作时，下方禁止站人、通行；（2）龙骨安装时，下部使用托具支托；（3）工人操作应戴安全帽；（4）上下传递材料或工具时不得抛掷

序号	作业活动	危险源	主要控制措施
3	轻钢龙骨/木龙骨玻璃吊顶	漏电	（1）不使用破损电线，加强线路检查；（2）用电设备金属外壳可靠接地，按"一机一闸一漏"接用电器具，漏电保护器灵敏有效，每天有专人检测；（3）接电、布线由专业电工完成
4		机械伤害	制定操作规程，操作人应熟知各种机具的性能及可能产生的各种危害。高危机具由经过培训的专人操作

注：表中内容仅供参考，现场应根据实际情况重新辨识。

7　工程验收

自检完成后，确认工程项目符合验收标准，并具备交付使用的条件后即开始正式竣工验收工作。

1. 工程档案资料

设计图纸、文件、设计修改和材料代用文件；材料出厂质量证明书、板材试验报告、玻璃制品质量保证书；隐蔽工程验收记录；施工安装自检记录；工程质量检查记录；分项工程质量评定验收记录；检验通知书、检验报告、验收证明书。

2. 验收标准

适用于玻璃吊顶。检查数量：观感普察，允许偏差项目随机抽查总数的20%。

龙骨、框架的品种、规格、色彩、造型、固定方法、安装位置必须符合设计和有关规定和要求，确保牢固安全可靠。龙骨、框架必须按有关规定做防火、防腐、防锈等处理，玻璃密封条、挤压严密，密封膏的耐候性、粘结性必须符合国家现行的有关标准规定，保证使用要求，排列顺直均匀有序。玻璃的品种、规格、色彩、图案、固定方法必须符合设计要求和国家现行有关标准的规定。玻璃安装应做软连接，安装必须牢固，玻璃与槽口搭接尺寸合理，满足安全要求，槽口处的嵌条和玻璃及框粘接牢固，填充密实。

检验方法：观察；手扳、尺量检查；检查产品合格证书和施工验收记录。

3. 基本项目

❶ 玻璃吊顶表面质量应符合以下规定：

合格：玻璃色彩、花纹符合设计要求，镀膜面朝向正确。表面花纹整齐，图案排列有序，洁净。镀膜完整，无划伤，无污染。

优良：玻璃色彩、花纹符合设计要求，镀膜面朝向正确。表面花纹整齐，图案排列美观，洁净光亮，镀膜完整，无划痕，无污染，周边无损伤。

❷ 玻璃安装的嵌口、压条、垫层质量应符合以下规定：

合格：玻璃嵌缝缝隙均匀，填充密实。槽口的压条、垫层、嵌条与玻璃结合严密，宽窄均匀，裁口割向正确，边缘齐平。金属压条镀膜完整，木压条漆膜平滑洁净。

优良：玻璃嵌缝缝隙均匀一致，填充密实饱满，无外溢污染。槽口的压条、垫层、嵌条与玻璃结合严密，宽窄一致。裁口割向准确，边缘齐平，接口吻合严密平整。金属压条镀膜完整无划痕，木压条漆膜平滑、洁净、美观。

❸ 压花玻璃、图案玻璃的花形图案拼装应符合以下规定：

合格：颜色均匀协调，图案拼接吻合，接缝严密。

优良：颜色均匀一致，图案拼接通顺、吻合、美观，接缝严密。

检验方法：观察；尺量检查。

4. 隐蔽工程验收

工程的隐蔽工程至关重要，工地现场的项目管理人员必须认真熟悉施工图纸，严格检查节点的安装，做好质检记录。

工地管理人员一旦发现现场与施工图不一致的情况，必须及时报告设计人员作必要的修改。

凡隐蔽节点在工地管理人员自检时发现不符合设计图纸要求，除已出具设计变更的，必须及时同业主、监理进行洽商。

5. 玻璃吊顶板验收

当每道工序完成后，班组检验员必须进行自检、互检，填写《自检、互检记录表》，专业质检员在班组自检、互检合格的基础上，再进行核验，核验合格填写有关质量评定记录、隐蔽工程检验记录，并及时填写《分部分项工程质量认可书》。工程自检应分段、分层、分项地逐一全面进行。

8 / 质量记录

玻璃罩面板吊顶施工质量记录包括：❶ 各种材料的产品质量合格证、性能检测报告，木材的等级质量证明和烘干试验资料，人造板材的甲醛含量检测（或复试）报告，胶粘剂的相容性试验报告和环保检测报告；❷ 各种材料的进场检验记录和进场报验记录；❸ 吊顶骨架的施工隐检记录；❹ 检验批质量验收记录；❺ 分项工程质量验收记录。

第6章

轻质隔墙工程

P437-492

第1节

轻质实心隔墙板施工工艺

1 / 总则

1.1 适用范围

本施工工艺适用于轻质实心隔墙板工程。

1.2 编制参考标准及规范

1.《建筑装饰装修工程质量验收标准》
（GB 50210-2018）

2.《建筑工程施工质量验收统一标准》
（GB 50300-2013）

3.《住宅装饰装修工程施工规范》
（GB 50327-2001）

4.《民用建筑工程室内环境污染控制标准》
（GB 50325-2020）

5.《通用硅酸盐水泥》
（GB 175-2007）

6.《普通混凝土用砂、石质量及检验方法标准》
（JGJ 52-2006）

2 / 施工准备

2.1 技术准备

编制轻质实心隔墙板隔断墙工程施工方案，并对工人进行书面技术及安全交底。❶ 技术人员应熟悉图纸、图纸会审，准确复核墙体的位置、尺寸，结合装修、机电等图纸进行深化定位，正式施工前由甲方对业态图签字认可后进行。❷ 编制轻质隔墙板施工方案，并报监理单位审批。❸ 将技术交底落实到作业班组。❹ 按图纸组织工程技术人员进行现场放线。放线人员要严格按施工图纸进行放线，随放随复核。放线完毕，请监理单位进行验收合格后施工。

2.2 材料要求

❶ 轻质实心隔墙板常用规格：厚度为 50mm、75mm、100mm、125mm，宽度为 610mm，长度为 2440mm、2680mm、2880mm。❷ 轻质实心隔墙板规格、质量、强度等级应符合有关设计要求以及国家标准和行业标准的规定。❸ 使用的相关辅助材料必须与主材相配套。❹ 轻质实心隔墙板性能指标见表 6.1.2-2。

表 6.1.2-1 轻质隔墙板轻质墙板外观和尺寸允许偏差

项目		指标
面角平直度（mm/m）		3
板面平整度（mm/m）		2
外形缺损（mm）		角不大于 50×30，边＜150
埋件板色标		清晰、准确
尺寸允许偏差（mm）	长度	0、−15
	宽度	0、−5
	厚度	0、−3

表 6.1.2-2　轻质实心隔墙板性能指标

项目	单位	125mm 厚	100mm 厚	75mm 厚	50mm 厚
密度	kg/m³	750 ~ 800			
抗弯破坏荷载	板自重倍数	≥ 5.0	≥ 5.0	≥ 3.0	≥ 3.0
抗压强度	MPa	≥ 3.5			
抗冲击	标准砂袋 / 次	≥ 5			
软化系数	—	≥ 0.8			
含水率	%	≤ 8		≤ 10	
干缩率	mm/m	≤ 0.5			
吊挂力	N	≥ 1000			
导热系数	W/（m·K）	0.2			
燃烧性能	级	A 级不燃			
耐火极限	h	≥ 4.5	≥ 4.0	≥ 2.5	≥ 1.0
空气隔声量	dB	≥ 50	≥ 45	≥ 40	≥ 35
放射性	A 类材料，产销和使用不受限制				
环保性	100% 不含石棉，不含甲醛、苯等对人体有害物质				

2.3　主要机具

❶ 测量仪器：16 线 4D 天地墙三用激光水平仪（QD/CL）、激光测距尺（DLE150）、2m 垂直检测尺、2m 靠尺和塞尺等。❷ 机械：切割机、冲击钻、手电钻、电动式台锯、锋钢锯、射钉枪、空气压缩机等。❸ 工具：吸尘器、钢丝刷、小布槽、开刀、2m 托线板、专用撬棍、橡皮锤、木楔、扁铲、固定式摩擦夹具、转动式摩擦夹具、镂槽器、铺浆器、灌浆机等。

2.4　作业条件

❶ 楼面防水层及结构分别施工和验收完毕，墙面弹出 +1.000m 标高线，安装激光水平仪。❷ 操作地点环境温度不低于 5℃。❸ 正式安装以前，先试安装样板墙一道，经鉴定合格后再正式安装。

3 施工工艺

3.1 工艺流程

图 6.1.3-1 轻质实心隔墙板施工工艺流程

3.2 操作工艺

❶ 弹隔墙定位线：根据双方已经确认的图纸及现场实际情况，通过激光水平仪绿光射线先在地面放出中隔墙轴线，然后根据墙中线向两边每边移出墙体厚度弹线作为安装轻质隔墙板隔墙板的边线。校核 4D 射线显示从地到顶墙面的定位线。❷ 锯板：墙板的整板规格为宽度 610mm，长度 2440mm。当墙板端宽度或高度不足一块整板时，应使用补板，根据要求用手提机任意切割、调整墙板的宽度和长度，使墙板损耗率降低。❸ 安装钢结构：当墙板总高度大于 6m、超 8m 跨度或特殊要求时，墙板的安装需加钢结构，一般以角钢、槽钢、方钢、工字钢为立柱与横梁，板材通过角码与加固铁件与钢结构连接。❹ 上浆：用水泥加中砂（1：2）再加建筑胶调成浆状，然后先用清水刷一刷墙板的凹凸槽，再将聚合物砂浆抹在墙板的凹槽内和地板基线内。❺ 装板：将上好砂浆的墙板搬到装拼位置，立起上下对好基线，用铁锹将墙板从底部撬起用力使板与板之间靠紧，使砂浆聚合物从接缝挤出，然后刮去凸出墙板面接缝的砂浆（低于板面 4mm～5mm）并保证砂浆饱满，最后用木楔将其临时固定。❻ 固定：用木楔临时固定墙板，与楼板（底部和顶部）、相邻两块墙板、墙板上下连接等除用聚合物水泥砂浆粘结外，板脚每隔 1200mm～1800mm 单边打入 ϕ 8 钢筋锚固。板材与板材间需用 ϕ 8 钢筋斜向 45° 打入进行连接，打入长度约为 200mm，125mm 厚以上的板必须打入两根钢筋。❼ 校正：墙板初步拼装好后，要用专业铁锹进行调校正，用 2m 直靠尺检查平整、垂直度。❽ 灌浆：安装校正好的墙板待一天后，用水泥砂浆（1：2）再加建筑胶调成聚合物浆状填

充上、下缝和板与板之间的接缝，并将其木楔拔出用砂浆填平。⑨ **开槽埋线管**：墙板内埋设线管、开关插座盒时，由水电安装班组根据设计要求一次性在墙板上画出全部强、弱电和给排水的各类线管槽、箱、盒的位置，不得在同一位置两面同时开槽开洞，且应在墙体养护至少三天后进行。如遇有墙体两侧同一位置同时布线管、箱体、开关盒时，应在水平方向或高度方向错开 100mm 以上，以免降低墙体隔声性能。开槽时，应先弹好要开槽的尺寸宽度，并用（小型）手提切割机割出框线，再用人工轻凿槽，严禁暴力开槽开洞，一般凿槽深度不宜大于墙板厚的 2/3，宽度不宜大于 400mm。线管的埋设方式和规范请按相关要求进行，线管水平走向不应大于 350mm，线管埋设好后用聚合物水泥砂浆按板缝处理方式分层回填处理。⑩ **贴防裂布、抹灰、涂料**：灌浆完毕后，待 3d～5d 接合缝砂浆聚合物干缩定型后，用乳胶将 50mm 的玻纤网格布贴在板的接缝处。⑪ **装门框**：门框可用夹板直接在墙板上包门套，用铁钉与墙锚固，用装饰板封面。

3.3 质量关键要求

❶ 轻质实心隔墙板必须牢固、平整。受力节点应安装严密、牢固、保证轻质实心隔墙板的整体刚度。❷ 隔断面层必须平整：施工前应弹线。轻质实心隔墙板安装完毕，应经检查合格后再安装饰面板。配件必须安装牢固，严禁松动变形。饰面板的品种、规格符合设计要求，外观质量必须符合材料技术标准的规格。❸ 轻质实心隔墙板在施工前必须进行图纸审核，经检查完全正确后照图施工。墙板的构造和固定方法应符合设计要求。❹ 墙板在材料运输、装卸、保管和安装的过程中，均应做到轻拿轻放、精心管理，不得损伤材料的表面和边角。❺ 墙板板面及板的两侧企口、板上下端头上的灰尘和杂物一定要清理干净，消除影响黏结的不利因素。❻ 墙板与顶板或梁连接时要每隔三件板打入 $\phi 6(8)$ 钢筋与角码锚固。板脚每隔 1200mm～1800mm 单边打入 $\phi 6(8)$ 钢筋锚固。❼ 为减少墙板损耗，部分短板可拼接使用。在拼接的第一块墙板和最后一块墙板时不能用短板来拼接。❽ 当窗洞或门洞跨度超过 2600mm 以上时要加角铁作横梁支撑上面的墙板。❾ 在轻质墙板和墙体、顶棚等的交接处，由于材料品种和性能不同，其伸缩量也不相同，所以在交接处应采取相应的防止开裂措施。❿ 伸缩缝分明缝和平缝，施工时分别用弹性耐候填缝胶勾明缝和平缝。凡用填缝胶处理的必须处理在腻子的表面，不能用刚性的腻子将其覆盖在弹性耐候密封填缝

胶上。收缩缝的位置一般设于跨中板与板间拼缝或墙体的阴角处。

3.4 季节性施工

❶ 雨期各种吊顶材料的运输、搬运、存放，均应采取防雨、防潮措施，以防止发生霉变、生锈、变形等现象。❷ 冬期施工前，应完成外门窗安装工程。否则应对门、窗洞口进行临时封挡保温。❸ 冬期安装施工时，宜在有采暖条件的房间进行施工，室内作业环境温度应在0℃以上。

4 / 质量要求

4.1 主控项目

❶ 隔墙板材的品种、规格、性能、颜色应符合设计要求。有隔声、隔热、阻燃、防潮等特殊要求的工程，板材应有相应性能等级的检测报告。

检验方法：观察；检查产品合格证书、进场验收记录、性能检测报告和复验报告。

❷ 安装隔墙板材所需预埋件、连接件的位置、数量及连接方法应符合设计要求。

检验方法：观察；尺量检查；检查隐蔽工程验收记录。

❸ 隔墙板材安装必须牢固。现制钢丝网水泥隔墙与周边墙体的连接方法应符合设计要求。

检验方法：观察；手扳检查。

❹ 隔墙板材所用接缝材料的品种及接缝方法应符合设计要求。

检验方法：观察；检查产品合格证书、施工记录。

4.2 一般项目

❶ 隔墙板材安装应垂直、平整、位置正确，板材不应有裂缝或缺损。

检验方法：观察；尺量检查。

❷ 板材隔墙表面应平整光滑、色泽一致、洁净，接缝应均匀、顺直。

检验方法：观察；手扳检查。

❸ 隔墙上的孔洞、槽、盒应位置正确、套割方正、边缘整齐。

检验方法：观察。

❹ 板材隔墙安装的允许偏差和检验方法应符合表 6.1.4-1 的规定。

表 6.1.4-1　板材隔墙安装的允许偏差和检验方法

项次	项目	允许偏差（mm）		检验方法
		复合轻质墙板		
		金属夹芯板	其他复合板	
1	立面垂直度	2	3	用 2m 垂直检测尺检查
2	表面平整度	2	3	用 2m 靠尺和塞尺检查
3	阴阳角方正	3	3	用 200mm 直角检测尺检查
4	接缝高低差	1	2	用钢直尺和塞尺检查

5 / 成品保护

❶ 施工中各专业工种应紧密配合，合理安排工序，严禁颠倒工序作业。隔墙板粘结后 12h 内不得碰撞敲打，不得进行下道工序施工。❷ 安装埋件时，宜用电钻钻孔扩孔，用扁铲扩方孔，不得对隔墙用力敲击。对刮完腻子的隔墙，不应进行任何剔凿。❸ 在施工楼地面时，应防止砂浆溅污隔墙板。❹ 严防运输小车等碰撞隔墙板及门口。

6 / 安全、环境及职业健康措施

6.1 安全措施

❶ 轻质实心隔墙板等硬质材料定要放置妥当，防止碰撞受伤。❷ 高空作业要做好安全措施，配备足够的高空作业装备。❸ 脚手架上搭设跳板应用铁丝绑扎固定，不得有探头板。❹ 施工现场临时用电均应符合现行行业标准《施工现场临时用电安全技术规范》（JGJ 46）。❺ 工人操作应戴安全帽，注意防火。❻ 应由受到正式训练的人员操作各种施工机械并采取必要的安全措施。❼ 机电器具必须安装触电保安器，发现问题立即修理。❽ 遵守操作规程，非操作人员决不准乱动机具，以防伤人。

6.2 环保措施

❶ 严格按现行国家标准《民用建筑工程室内环境污染控制标准》（GB 50325）进行室内环境污染控制。对环保超标的原材料拒绝进场。❷ 施工现场应做到活完脚下清，保持施工现场清洁、整齐、有序。❸ 边角余料应装袋后集中回收，按固体废物进行处理。现场严禁燃烧废料。❹ 作业区域采取降低噪声措施，减少噪声污染。❺ 垃圾应装袋及时清理。清理木屑等废弃物时应洒水，以减少扬尘污染。❻ 板材隔墙工程环境因素控制见表 6.1.6-1，应从其环境因素及排放去向控制环境影响。

表 6.1.6-1 板材隔墙工程环境因素控制

序号	环境因素	排放去向	环境影响
1	水、电的消耗	周围空间	资源消耗、污染土地
2	电锯、切割机等施工机具产生的噪声排放	周围空间	影响人体健康
3	切割粉尘的排放	周围空间	污染大气
4	金属屑等施工垃圾的排放	垃圾场	污染土地
5	加工现场火灾的发生	大气	污染土地、影响安全
6	防火、防腐涂料的废弃	周围空间	污染土地

对于在施工过程中可能出现的影响的环境因素，在施工中应采取相应的措施减少对周围环境的污染。

6.3 职业健康安全措施

❶ 切割板时应适当控制锯末粉尘对施工人员的危害，应佩戴防护口罩。

❷ 在使用架子、人字梯时，注意在作业前检查是否牢固，必要时佩戴安全带。

7 / 工程验收

❶ 轻质实心隔墙工程验收时应检查下列文件和记录：① 轻质实心隔墙工程的施工图、设计说明及其他设计文件；② 材料的产品合格证书、性能检测报告、进场验收记录和复验报告；③ 隐蔽工程验收记录；④ 施工记录。

❷ 各分项工程的检验批应按下列规定划分：同一品种的轻质隔墙工程每 50 间（大面积房间和走廊按轻质隔墙的墙面 30m² 为一间）应划分为一个检验批，不足 50 间也应划分为一个检验批。

❸ 检查数量应符合下列规定：每个检验批应至少抽查 10%，并不得少于 3 间；不足 3 间时应全数检查。

❹ 检验批合格质量和分项工程质量验收合格应符合下列规定：① 抽查样本主控项目均合格；一般项目 80% 以上合格，其余样本不得影响使用功能或明显影响装饰效果的缺陷。均须具有完整的施工操作依据、质量检查记录。② 分项工程所含的检验批均应符合合格质量规定，所含的检验批的质量验收记录应完整。

❺ 分部（子分部）工程质量验收合格应符合下列规定：① 分部（子分部）工程所含分项工程的质量均应验收合格；② 质量控制资料应完整；③ 观感质量验收应符合要求。

8 / 质量记录

轻质实心隔墙板施工质量记录包括：❶ 产品合格证书、性能检测报告；❷ 进场验收记录和复验报告；❸ 隐蔽工程验收记录；❹ 技术交底记录；❺ 检验批质量验收记录；❻ 分项工程质量验收记录。

第2节　加气混凝土条板隔墙施工工艺

1 / 总则

1.1 适用范围
本施工工艺适用于一般工业与民用建筑室内加气混凝土条板隔墙施工。

加气混凝土条板隔墙既可做室内隔墙，也可做非承重的外墙板。它具有自重轻、保温性能好、吸水缓慢、易于加工，具有一定承载力、节省水泥、运输方便、施工操作简单等优点。但干燥收缩偏大，为其缺点。

1.2 编制参考标准及规范
1.《建筑装饰装修工程质量验收标准》
（GB 50210-2018）

2.《建筑工程施工质量验收统一标准》
（GB 50300-2013）

3.《住宅装饰装修工程施工规范》
（GB 50327-2001）

4.《民用建筑工程室内环境污染控制标准》
（GB 50325-2020）

5.《通用硅酸盐水泥》
（GB 175-2007）

6.《普通混凝土用砂、石质量及检验方法标准》
（JGJ 52-2006）

2 / 施工准备

2.1 技术准备

编制加气混凝土条板隔墙工程施工方案，并对工人进行书面技术及安全交底。❶ 技术人员应熟悉图纸、图纸会审，准确复核墙体的位置、尺寸，结合装修、机电等图纸进行深化定位，正式施工前由甲方对业态图签字认可后进行。❷ 编制加气混凝土条板隔墙工程施工方案，并报监理单位审批。❸ 将技术交底落实到作业班组。❹ 按图纸组织工程技术人员进行现场放线。放线人员要严格按施工图纸进行放线，随放随复核。放线完毕，请监理单位进行验收合格后施工。

2.2 材料要求

❶ 加气混凝土按其原材料构成的不同，分为水泥—矿渣—砂加气混凝土、水泥—石灰—砂加气混凝土和水泥—石灰—粉煤灰加气混凝土；按密度（干）分，一般有 $500kg/m^3$、$600kg/m^3$ 和 $700kg/m^3$。

❷ 产品规格：

用于隔断墙的加气混凝土条板材的规格见表 6.2.2-1。

表 6.2.2-1　隔断墙的加气混凝土条板材的规格

品种	代号	产品标志尺寸（mm）		
		长度 L	宽度 B	厚度 D
加气混凝土条板	JGB	按设计要求	500 600	75 100 120 125

加气混凝土墙板性能见表 6.2.2-2。

表 6.2.2-2　加气混凝土墙板性能

项目	指标
蒸压加气混凝土性能	应符合《蒸压加气混凝土砌块》（GB 11968）规定
钢筋	应符合《钢筋混凝土用钢　第 2 部分：热轧带肋钢筋》（GB/T 1499.2）Ⅰ级钢筋的规定

项目	指标	
钢筋网或焊接骨架的焊点强度	应符合《混凝土结构工程质量验收规范》（GB 50204）的规定	
钢筋涂层防腐能力	≥8级	
板内钢筋粘着力（MPa）	500级	≥0.8
	700级	≥1.0
单筋粘着力（MPa）	500级	不得小于0.5
	700级	不得小于0.5

加气混凝土墙板的外观规定和尺寸允许偏差见表6.2.2-3。

表6.2.2-3 加气混凝土墙板的外观规定和尺寸允许偏差

项目		指标	
		一等品	二等品
露筋、掉角、侧面损伤、大面损伤、端部掉头		不得有	不得有
裂缝	横向（mm）	不得有	不得有长度≥300，宽度≥0.05
	纵向（mm）	不得有	不得有长度≥600，宽度≥0.2
	条数（条）	不得有	不得多于3
允许偏差	侧向弯曲（mm）	$L_1/1000$	$L_1/750$
	对角线差（mm）	$L_1/600$	$L_1/500$
	表面平整（mm）	5	5
尺寸允许偏差（按制作尺寸）	长度（mm）	±5	±7
	宽度（mm）	+2、-5	+2、-6
	厚度（mm）	±3	±4
	槽（mm）	-0、+5	-0、+5
钢筋保护层允许偏差	主筋（基本尺寸20）（mm）	+5、-10	+5、-10
	端部（基本尺寸0~15）（mm）		

加气混凝土墙板施工时的含水率一般宜小于 15%，对于粉煤灰加气混凝土墙板，可不大于 20%。

主要配套材料：塑料胀管、尼龙胀管、钢胀管；铝合金钉、铁销、螺栓夹板。

粘结砂浆参考配合比见表 6.2.2-4 。

表 6.2.2-4　粘结砂浆配合比

名称和用途	配比
隔墙粘结砂浆	1. 水泥：细砂：108 胶：水 =1：1：0.2：0.3 2. 水泥：砂 =1：3，加适量 108 胶水溶液 3. 磨细矿渣粉：中砂 =1：2 或 1：3，加适量水玻璃 （水玻璃波美度 51° 左右，密度 1.4g/cm³～1.5g/cm³） 4. 水泥：108 胶：珍珠岩粉：水 =1：0.15：0.03：0.35 5. 水玻璃：磨细矿渣粉：细砂 =1：1：2
墙面修补剂	1. 水泥：石膏：加气混凝土粉末 =1：1：3，加适量 108 胶水溶液 2. 水泥：灰膏：砂 =1：3：9 或 1：1：6，加适量水 3. 水泥：砂 =1：3，加适量 108 胶水溶液

2.3　主要机具

❶ 机械：空气压缩机、切割机、冲击钻、手电钻、电动式台锯、锋钢锯、木工手锯、射钉枪等。❷ 工具：笤帚、钢丝刷、小布槽、开刀、2m 托线板、专用撬棍、橡皮锤、木楔、扁铲、固定式摩擦夹具、转动式摩擦夹具、撬棍、镂槽器、铺浆器、灌浆斗等。❸ 计量检测用具：水准仪、2m 靠尺、方角尺、水平尺、钢尺等。

2.4　作业条件

❶ 楼面防水层及结构分别施工和验收完毕，墙面弹出 +50cm 标高线。❷ 操作地点环境温度不低于 5℃。❸ 正式安装以前，先试安装样板墙一道，经鉴定合格后再正式安装。

3 施工工艺

3.1 工艺流程

图 6.2.3-1　加气混凝土条板隔墙施工工艺

3.2 操作工艺

❶ 弹隔墙定位线：在地面、墙面及顶面根据根据双方已经确认的图纸及现场实际情况，弹好隔墙边线及门窗洞边线，并按板宽分档。❷ 配板：板的长度应按楼面结构层净高尺寸减 20mm~30mm。计算并测量门窗洞口上部及窗口下部的隔板尺寸，并按此尺寸配板。当板的宽度与隔墙的长度不相适应时，应将部分隔墙板预先拼接加宽（或锯窄）成合适的宽度，并放置在阴角处。有缺陷的板应修补。❸ 安装钢结构：当墙板总高度大于 6m、超 8m 跨度或特殊要求时，墙板的安装需加钢结构，一般以角钢、槽钢、方钢、工字钢为立柱与横梁，板材通过角码与加固铁件与钢结构连接。❹ 上浆：用专业安装填缝浆料按比例加水调成浆状，然后先用清水刷一刷墙板的凹凸槽，再将专业填缝聚合物砂浆抹在条板的两侧面的凹槽和板顶端。❺ 安装隔墙板：从隔断墙的一端开始安装条板，有门者则从通天框开始分别向两侧顺序立板，将上好砂浆的墙板搬到装拼位置，立起上下对好基线。❻ 固定：用铁锹按就位尺寸线从底部撬起用力将侧面与相粘结面推紧，再顶牢上端面。注意使条板垂直向上拼压严密，然后用木楔在板下端两侧各 1/3 处分 2 组楔入垫实。安装时拼缝间的粘结砂浆，应以挤出砂浆为宜，缝宽不得大于 5mm。板底木楔应经防腐处理，顺板宽方向楔紧。与楼板顶部、相邻两块墙板、墙板上下连接等除用聚合物水泥砂浆粘结外，板材与板材间沿板缝上下各 1/3 处、在转角墙和丁字墙交接处，在板高上下 1/3 处，应斜向钉入长度不小于 200mm ϕ8 的钢筋，125mm 厚以上的板必须打入两根钢筋。❼ 校正：墙板初步拼装好后，要用专业铁锹进行调

校正，用 2m 的直靠尺检查平整、垂直度。❽ **灌浆**：校正垂直平整无误后，用 C20 豆石混凝土填塞条板下端与楼地面的间隙，应填塞密实，再用水泥砂浆（1∶2）再加建筑胶调成聚合物浆状填充上、下缝和板与板之间的接缝。❾ **贴防裂布、抹灰、涂料**：灌浆完毕后，待 3d～5d 天接合缝砂浆聚合物干缩定型后，用乳胶将 50mm 的玻纤网格布贴在板的接缝处。❿ **开槽埋线管**：如要埋设暗管线，开关盒等，可用冲击钻或手提电锯切割线槽安装，待安装好后再用砂浆聚合物补平。⓫ **装门框**：门框可用夹板直接在墙板上包门套，用铁钉与墙锚固，用装饰板封面。

3.3　质量关键要求

❶ 加气混凝土隔墙板必须牢固、平整。受力节点应安装严密、牢固、保证加气混凝土隔墙板的整体刚度。❷ 隔断面层必须平整：施工前应弹线。加气混凝土隔墙板安装完毕，应经检查合格后再安装饰面板。配件必须安装牢固，严禁松动变形。饰面板的品种、规格符合设计要求，外观质量必须符合材料技术标准的规格。❸ 装卸加气混凝土条板材应使用专用工具，运输时应采用良好的绑扎措施。板材于现场的堆放地点应靠近安装场地，地势应坚实、平坦、干燥，不得使板材直接接触地面。墙板的堆放宜侧立放置。在雨季应采取覆盖措施。❹ 加气混凝土条板材安装前，应进行合理选配，将厚度误差大或因受潮变形的石膏条板挑出，以保证隔断（墙）的质量。❺ 墙位放线应弹线清楚、位置准确。清理隔墙板与顶面、地面、墙面的结合部，凡凸出墙面的砂浆、混凝土块等必须剔除并扫净，结合部找平。❻ 加气混凝土条板内隔墙安装顺序应从门洞处向两端依次进行，门洞两侧宜用整块板。无门洞的墙体，应从一侧向另一端顺序安装。❼ 加气混凝土条板隔墙安装，要求墙面垂直，表面平整，用 2m 靠尺检查其垂直和平整度，对设计的偏差最大不应超过 4mm。隔墙板的最小厚度，不得小于 75mm；墙板的厚度小于 125mm 时，其最大长度不应超过 3.5m。对双层墙板的分户墙，要求两层墙板的缝隙相互错开。❽ 在加气混凝土隔墙板和墙体、顶棚等的交接处，因为材料品种和性能不同，其伸缩量也不相同，所以在交接处应采取相应防止开裂措施。

3.4　季节性施工

❶ 雨期各种吊顶材料的运输、搬运、存放，均应采取防雨、防潮措施，以防止发生霉变、生锈、变形等现象。❷ 冬期施工前，应完成外门窗安

装工程。否则应对门、窗洞口进行临时封挡保温。❸ 冬期安装施工时，宜在有采暖条件的房间进行施工，室内作业环境温度应在 0℃以上。

---

4 / 质量要求

4.1 主控项目

❶ 隔墙板材的品种、规格、性能、颜色应符合设计要求。有隔声、隔热、阻燃、防潮等特殊要求的工程，板材应有相应性能等级的检测报告。

检验方法：观察；检查产品合格证书、进场验收记录、性能检测报告和复验报告。

❷ 安装隔墙板材所需预埋件、连接件的位置、数量及连接方法应符合设计要求。

检验方法：观察；尺量检查；检查隐蔽工程验收记录。

❸ 隔墙板材安装必须牢固。现制钢丝网水泥隔墙与周边墙体的连接方法应符合设计要求。

检验方法：观察；手扳检查。

❹ 隔墙板材所用接缝材料的品种及接缝方法应符合设计要求。

检验方法：观察；检查产品合格证书、施工记录。

4.2 一般项目

❶ 隔墙板材安装应垂直、平整、位置正确，板材不应有裂缝或缺损。

检验方法：观察；尺量检查。

❷ 板材隔墙表面应平整光滑、色泽一致、洁净，接缝应均匀、顺直。

检验方法：观察；手扳检查。

❸ 隔墙上的孔洞、槽、盒应位置正确、套割方正、边缘整齐。

检验方法：观察。

❹ 板材隔墙安装的允许偏差和检验方法应符合表 6.2.4-1 的规定。

表 6.2.4-1　板材隔墙安装的允许偏差和检验方法

项次	项目	允许偏差（mm）	检验方法
		加气混凝土条板	
1	立面垂直度	3	用 2m 垂直检测尺检查
2	表面平整度	3	用 2m 靠尺和塞尺检查
3	阴阳角方正	4	用 200mm 直角检测尺检查
4	接缝高低差	3	用钢直尺和塞尺检查

5 / 成品保护

❶ 施工中各专业工种应紧密配合，合理安排工序，严禁颠倒工序作业。隔墙板粘结后 12h 内不得碰撞敲打，不得进行下道工序施工。❷ 安装埋件时，宜用电钻钻孔扩孔，用扁铲扩方孔，不得对隔墙用力敲击。对刮完腻子的隔墙，不应进行任何剔凿。❸ 在施工楼地面时，应防止砂浆溅污隔墙板。❹ 严防运输小车等碰撞隔墙板及门口。

6 / 安全、环境及职业健康措施

6.1　安全措施

❶ 加气混凝土条板等硬质材料定要放置妥当，防止碰撞受伤。❷ 高空作业要做好安全措施，配备足够的高空作业装备。❸ 脚手架上搭设跳板应用铁丝绑扎固定，不得有探头板。❹ 施工现场临时用电均应符合现行行业标准《施工现场临时用电安全技术规范》(JGJ 46)。❺ 工人操作应戴安全帽，注意防火。❻ 应由受到正式训练的人员操作各种施工机械并采取必要的安全措施。❼ 机电器具必须安装触电保安器，发现问题立即修理。❽ 遵守操作规程，非操作人员决不准乱动机具，以防伤人。

6.2　环保措施

❶ 严格按现行国家标准《民用建筑工程室内环境污染控制标准》(GB 50325)进行室内环境污染控制。对环保超标的原材料拒绝进场。❷ 施工现场应做到活完脚下清，保持施工现场清洁、整齐、有序。❸ 边角余料应装袋后集中回收，按固体废物进行处理。现场严禁燃烧废料。❹ 作业区域采取降低噪声措施，减少噪声污染。❺ 垃圾应装袋及时清理。清理木屑等废弃物时应洒水，以减少扬尘污染。❻ 板材隔墙工程环境因素控制见表 6.2.6-1，应从其环境因素及排放去向控制环境影响。

表 6.2.6-1　板材隔墙工程环境因素控制

序号	环境因素	排放去向	环境影响
1	水、电的消耗	周围空间	资源消耗、污染土地
2	电锯、切割机等施工机具产生的噪声排放	周围空间	影响人体健康
3	切割粉尘的排放	周围空间	污染大气
4	金属屑等施工垃圾的排放	垃圾场	污染土地
5	加工现场火灾的发生	大气	污染土地、影响安全
6	防火、防腐涂料的废弃	周围空间	污染土地

对于在施工过程中可能出现的影响的环境因素，在施工中应采取相应的措施减少对周围环境的污染。

6.3　职业健康安全措施

❶ 切割板时应适当控制锯末粉尘对施工人员的危害，应佩戴防护口罩。

❷ 在使用架子、人字梯时，注意在作业前检查是否牢固，必要时佩戴安全带。

7　工程验收

❶ 加气混凝土条板隔墙工程验收时应检查下列文件和记录：① 加气混凝土条板隔墙工程的施工图、设计说明及其他设计文件；② 材料的产品合格证书、性能检测报告、进场验收记录和复验报告；③ 隐蔽工程验收记录；④ 施工记录。

❷ 各分项工程的检验批应按下列规定划分：同一品种的轻质隔墙工程每 50 间（大面积房间和走廊按轻质隔墙的墙面 $30m^2$ 为一间）应划分为一个检验批，不足 50 间也应划分为一个检验批。

❸ 检查数量应符合下列规定：每个检验批应至少抽查 10%，并不得少于 3 间；不足 3 间时应全数检查。

❹ 检验批合格质量和分项工程质量验收合格应符合下列规定：① 抽查样本主控项目均合格；一般项目 80% 以上合格，其余样本不得影响使用功能或明显影响装饰效果的缺陷。均须具有完整的施工操作依据、质量检查记录。② 分项工程所含的检验批均应符合合格质量规定，所含的检验批的质量验收记录应完整。

❺ 分部（子分部）工程质量验收合格应符合下列规定：① 分部（子分部）工程所含分项工程的质量均应验收合格；② 质量控制资料应完整；③ 观感质量验收应符合要求。

8 / 质量记录

加气混凝土条板隔墙施工质量记录包括：❶ 产品合格证书、性能检测报告；❷ 进场验收记录和复验报告；❸ 隐蔽工程验收记录；❹ 技术交底记录；❺ 检验批质量验收记录；❻ 分项工程质量验收记录。

轻钢龙骨隔断墙施工工艺

1 / 总则

1.1 适用范围

本施工工艺适用于民用公共建筑中轻钢龙骨罩面板隔墙工程。

轻钢龙骨面板隔墙的构造和施工特点是：自重轻，能减轻楼板的荷载；厚度薄，能增大房间的有效面积；刚度大，防火性能好，装配化程度高，干作业，施工简单、方便，美观大方，装饰性强。

1.2 编制参考标准及规范

1.《建筑装饰装修工程质量验收标准》
（GB 50210-2018）

2.《建筑工程施工质量验收统一标准》
（GB 50300-2013）

3.《住宅装饰装修工程施工规范》
（GB 50327-2001）

4.《民用建筑工程室内环境污染控制标准》
（GB 50325-2020）

2 施工准备

2.1 技术准备

编制轻钢骨架人造板隔墙工程施工方案，并对工人进行书面技术及安全交底。❶ 技术人员应熟悉图纸、图纸会审，准确复核墙体的位置、尺寸，结合装修、机电等图纸进行深化定位，正式施工前由甲方对业态图签字认可后进行。❷ 编制轻钢骨架人造板隔墙工程施工方案，并报监理单位审批。❸ 将技术交底落实到作业班组。❹ 按图纸组织工程技术人员进行现场放线。放线人员要严格按施工图纸进行放线，随放随复核。放线完毕，请监理单位进行验收合格后施工。

2.2 材料要求

❶ 各类龙骨、配件和罩面板材料以及胶粘剂的材质均应符合现行国家标准和行业标准的规定。当装饰材料进场检验，发现不符合设计要求及室内环保污染控制规范的有关规定时，严禁使用。人造板必须有游离甲醛含量或游离甲醛释放量检测报告。如人造板面积大于 $500m^2$ 时（民用建筑工程室内）应对不同产品分别进行复检。如使用水性胶粘剂必须有 TVOC 和甲醛检测报告。

① 轻钢龙骨主件：沿顶龙骨、沿地龙骨、加强龙骨、竖向龙骨、横撑龙骨应符合设计要求和有关规定的标准。

② 轻钢骨架配件：支撑卡、卡托、角托、连接件、固定件、护墙龙骨和压条等附件应符合设计要求。

③ 紧固材料：拉锚钉、膨胀螺栓、镀锌自攻螺丝、木螺丝和粘贴嵌缝材，应符合设计要求。

④ 罩面板应表面平整，边缘整齐，不应有污垢、裂纹、缺角、翘曲、起皮、色差、图案不完整等缺陷。胶合板、木质纤维板不应脱胶、变色和腐朽。

❷ 填充隔声材料：玻璃棉、岩棉等应符合设计要求选用。

❸ 通常隔墙使用的轻钢龙骨为 C 型隔墙龙骨，其中分为三个系列，经与轻质板材组合即可组成隔断墙体。C 型装配式龙骨系列：

① C50 系列可用于层高 3.5m 以下的隔墙；

② C75 系列可用于层高 3.5m～6m 的隔墙；

③ C100 系列可用于层高 6m 以上的隔墙。

2.3 主要机具

❶ 机械：空气压缩机、电圆锯、角磨机、电锤、直流电焊机、切割机、冲击钻、手电钻等。❷ 工具：拉铆枪、胶钳、线锤、螺钉旋具、扳手、线坠、托线板等。❸ 计量检测用具：水准仪、2m靠尺、水平尺、钢尺等。

2.4 作业条件

❶ 轻钢骨架隔断工程施工前，应先安排外装，安装罩面板应待屋面、顶棚和墙体抹灰批荡完成后进行，并经有关单位、部门验收合格，办理完工种交接手续。如设计有地枕时，钢筋混凝土地枕应达到设计强度后方可在上面进行隔墙龙骨安装。❷ 安装各种系统的管、线盒弹线及其他准备工作已到位，特别是线槽的绝缘处理。❸ 房间内达到一定干燥程度，湿度 ≤ 60%。❹ 已落实电、通信、空调、采暖各专业协调配合问题。

3 / 施工工艺

3.1 工艺流程

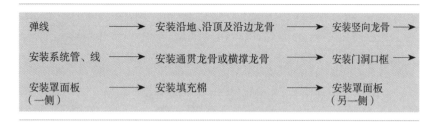

图6.3.3-1 轻钢龙骨隔断墙施工工艺流程

3.2 操作工艺

❶ 弹线：根据根据双方已经确认的图纸及现场实际情况确定的隔断墙位，在楼地面弹线，并将线引测至顶棚和侧墙。

❷ 踢脚台施工：如果设计要求设置踢脚台时，应先对楼地面基层进行清理，然后浇筑 C20 素混凝土踢脚台，上表面应平整，两侧面应垂直。踢脚台内是否配置构造钢筋，根据设计要求确定。

❸ 安装沿地、沿顶及沿边龙骨：沿弹线位置用射钉或膨胀螺栓固定，龙骨对接应平直，固定点的间距通常按 900mm 布置，最大不应超过 1000mm，龙骨的端部必须固定牢固。轻钢龙骨与建筑基体表面接触处，一般要求在龙骨接触面的两边各粘贴 1 根通长的橡胶密封条，以起防水和隔声作用。龙骨与墙用射钉或膨胀螺栓固定，射钉或膨胀螺栓入墙长度：砖墙为 30mm～50mm，混凝土墙为 22mm～32mm。

❹ 中间竖龙骨安装：竖龙骨按设计确定的间距就位，通常是根据罩面板的宽度尺寸而定。对于罩面板材较宽时，在中间加设 1 根竖龙骨，竖龙骨中距最大不应超过 600mm。竖龙骨上设有方孔，是为了适应于墙内暗穿管线，所以首先要确定龙骨上、下两端的方向，尽量将方孔对齐。竖龙骨的长度应该比沿顶、沿地龙骨内侧的距离短一些，以便于竖龙骨在沿顶、沿地龙骨中滑动，竖龙骨的间距为 450mm 或 600mm，但第一档的间距应减 1/2 竖龙骨宽度。龙骨的上、下端如果为刚柱连接，均用自攻螺钉或抽心铆钉与横龙骨固定。应注意当采用有冲孔的竖龙骨时，其上下方向不能颠倒，竖龙骨现场截断时一律从其上端切割，并应保证各条龙骨的贯通孔高度必须在同一水平面上。

❺ 安装通贯龙骨：通贯龙骨的设置，高度低于 3m 的隔墙安装一道；3m～5m 时安装两道；5m 以上时安装三道。门窗或特殊节点处，应使用附加龙骨，加强其安装应符合设计要求。通贯龙骨横穿各条竖龙骨上的贯通冲孔，需要接长时使用其配套的连接件。在竖龙骨开口面安装卡托或支撑卡与通贯龙骨固定。采用支撑卡系列的龙骨时，应先将支撑卡安装于竖龙骨开口面，卡距为 400mm～600mm，距龙骨两端的距离为 20mm～25mm。

❻ 安装横撑龙骨：隔断墙轻钢骨架的横向支撑，除采用通贯龙骨外，有的需设其他横撑龙骨。一般是在隔墙骨架超过 3m 高度时，或是罩面板的水平方向板端（接缝）并非落在沿顶沿地龙骨上时，应设横向龙骨使其对骨架加强，或予固定板缝。具体做法是，可选用 U 型横龙骨或 C 型竖龙骨作横向布置，利用卡托，支撑卡及角托与竖向龙骨连接固定。

❼ 骨架安装的允许偏差，应符合表 6.3.3-1 规定。

表 6.3.3-1　骨架安装的允许偏差

项次	项目	允许偏差（mm）	检验方法
1	立面垂直	2	用 2m 托线板检查
2	表面平整	2	用 2m 直尺和楔形塞尺检查

❽ **安装罩面板**：安装石膏板前，应对预埋隔断中的管道连接与石膏板隔墙处进行防火密封处理，且管道的持力点不能位于隔墙处。附于墙内的设备采取局部加强措施；罩面板长边接缝应落在竖龙骨上，唯有曲面墙罩面板宜横向铺设。

龙骨两侧的罩面板及两层罩面板应错缝排列，接缝不得排在同一根龙骨上。

安装石膏板时，石膏板应采用自攻螺钉固定。周边螺钉的间距不应大于150mm，中间部分螺钉的间距不应大于 200mm，螺钉与板边缘的距离应为 8mm～10mm，应从板的中部开始向板的四边固定。钉头略埋入板内，但不得损坏纸面，钉头应做防锈处理，钉眼应用石膏腻子抹平。

石膏板宜使用整板，如需对接时，应紧靠，但不得强压就位。石膏板的接缝，一般应为 3mm～6mm 缝，必须坡口与坡口相接。

隔墙端部的石膏板与周围的墙或柱应留有 3mm 的槽口。施工时，应先在槽口处加注嵌缝膏，然后铺板，挤压嵌缝膏使其和邻近表层接触紧密；在丁字型或十字型相接处，如为阴角安装 PVC 护角条再用腻子嵌满，如为阳角也可使用 PVC 护角条做护角；隔断的下端如用木踢脚板覆盖，隔断的罩面板下端应离地面 20mm～30mm；如用大理石、水磨石踢脚时，罩面板下端应与踢脚板上口齐平，接缝要严密。

❾ **安装填充棉**：当竖向龙骨已经卡入沿顶、沿地龙骨间，且有一侧石膏板已经安装好后，需要隔声、保温、防火的应根据设计要求，进行隔声、保温、防火等材料的填充，一般采用防火棉或 30mm～100mm 岩棉板进行隔声、防火处理；采用 50mm～100mm 聚苯板进行保温处理。填充棉应垂直安装在竖向龙骨之间，并确保在填充棉接头处及填充棉卷之间没有空隙。

❿ **安装骨架另一侧的罩面板**：装板的板缝不得与对面的板缝落在同一根龙骨上，必须错开。板材的铺钉操作及自攻螺钉钉距等要求和第一面罩面板一样。如果设计要求双层板罩面，内、外层板的钉距，应采用不同的疏密，错开铺钉。

3.3　质量关键要求

❶ 上下槛与主体结构连接牢固，上下槛不允许断开，保证隔断的整体性。严禁隔断墙上连接件采用射钉固定在砖墙上。应采用预埋件或膨胀螺栓进行连接。❷ 罩面板应经严格选材，表面应平整光洁。安装罩面板前应严格检查搁栅的垂直度和平整度。❸ 厨、卫等有防水要求的隔墙，地面建议增加钢筋混凝土地枕带。高度150mm，宽度根据踢脚做法而定，踢脚做法有凸踢脚做法和凹踢脚做法，见图6.3.3-2。❹ 潮湿环境，罩面石膏板不应落地，增设地面300mm高水泥纤维等防潮效果的罩面板。其他部位的罩面板通常不直接落地，离完成面留5mm高空隙等防潮、防漏水效果。❺ 板缝开裂是轻钢龙骨石膏罩面板隔墙的质量通病。克服板缝开裂，不能单独着眼于板缝处理，必须综合考虑。首先，轻钢龙骨结构构造要合理，应具备一定刚度；二是罩面板不能受潮变形，与轻钢龙骨的钉固要牢固；三是接缝腻子要符合要求，保证墙体伸缩变形时接缝不被拉开；四是接缝处理要认真仔细，严格按操作工艺施工。只有综合处理，才能克服板缝开裂的质量通病。❻ 超过12m长的墙体应按设计要求做控制变形缝，以防止温度和湿度的影响产生墙体变形和裂缝。❼ 轻钢骨架连接不牢固，其原因是局部节点不符合构造要求，安装时局部节点应严格按图上的规定处理，钉固间距、位置、连接方法应符合设计要求。❽ 防止明凹缝不匀：纸面石膏板拉缝应掌握尺寸，施工时注意板块分档尺寸，保证板间拉缝一致。

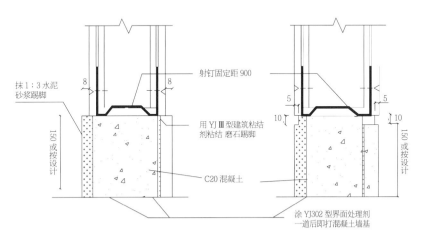

图 6.3.3-2　踢脚做法

　　　　季节性施工

❶ 雨期各种吊顶材料的运输、搬运、存放，均应采取防雨、防潮措施，以防止发生霉变、生锈、变形等现象。❷ 冬期施工前，应完成外门窗安装工程。否则应对门、窗洞口进行临时封挡保温。❸ 冬期安装施工时，宜在有采暖条件的房间进行施工，室内作业环境温度应在0℃以上。

4 　／　质量要求

4.1　　　　主控项目

❶ 骨架隔墙所用龙骨、配件、墙面板、填充材料及嵌缝材料的品种、规格、性能和木材的含水率应符合设计要求。有隔声、隔热、阻燃、防潮等特殊要求的工程，材料应有相应性能等级的检测报告。

检验方法：观察；检查产品合格证书、进场验收记录、性能检测报告和复验报告。

❷ 骨架隔墙工程边框龙骨必须与基体结构连接牢固，并应平整、垂直、位置正确。

检验方法：手扳检查；尺量检查；检查隐蔽工程验收记录。

❸ 骨架隔墙中龙骨间距和构造连接方法应符合设计要求。骨架内设备管线的安装、门窗洞口等部位加强龙骨应安装牢固、位置正确，填充材料的设置应符合设计要求。

检验方法：检查隐蔽工程验收记录。

❹ 木墙面板的防火和防腐处理必须符合设计要求。

检验方法：检查隐蔽工程验收记录。

❺ 骨架隔墙的墙面板应安装牢固，无脱层、翘曲、折裂及缺损。

检验方法：观察；手扳检查。

❻ 墙面板所用接缝材料的接缝方法应符合设计要求。

检验方法：观察。

4.2 一般项目

❶ 骨架隔墙表面应平整光滑、色泽一致、洁净、无裂缝，接缝应均匀、顺直。

检验方法：观察；手摸检查。

❷ 骨架隔墙上的孔洞、槽、盒应位置正确、套割吻合、边缘整齐。

检验方法：观察。

❸ 骨架隔墙内的填充材料应干燥，填充应密实、均匀、无下坠。

检验方法：轻敲检查；检查隐蔽工程验收记录。

❹ 骨架隔墙安装的允许偏差见表 6.3.4-1。

表 6.3.4-1　骨架隔墙安装的允许偏差和检查方法

项次	项目	允许偏差（mm）		检验方法
		纸面石膏板	纤维水泥板、人造木板	
1	立面垂直度	3	4	用 2m 垂直检测尺检查
2	表面平整度	3	3	用 2m 靠尺和塞尺检查
3	阴阳角方正	3	3	用 200mm 直角检测尺检查
4	接缝直线度	—	3	拉 5m 线，不足 5m 拉通线，用钢尺检查
5	压条直线度	—	3	拉 5m 线，不足 5m 拉通线，用钢尺检查
6	接缝高低差	1	1	用钢直尺和塞尺检查

5 / 成品保护

❶ 隔墙轻钢骨架及罩面板安装时，应注意保护隔墙内装好的各种管线。
❷ 施工部位已安装的门窗，已施工完的地面、墙面、窗台等应注意保护、防止损坏。❸ 轻钢骨架材料，特别是罩面板材料，在进场、存放、使用过程中应妥善管理，使其不变形、不受潮、不损坏、不污染。

6 / 安全、环境及职业健康措施

6.1 安全措施

❶ 罩面板专用龙骨等硬质材料定要放置妥当，防止碰撞受伤。❷ 施工现场临时用电均应符合现行行业标准《施工现场临时用电安全技术规范》(JGJ 46)。❸ 施工作业面，必须设置足够的照明。配备足够、有效的灭火器具，并设有防火标志及消防器具。❹ 工人操作应戴安全帽，严禁穿拖鞋、带钉易滑鞋或光脚进入现场。❺ 机电器具必须安装触电保安器，发现问题立即修理。❻ 遵守操作规程，非操作人员决不准乱动机具，以防伤人。

6.2 环保措施

❶ 严格按现行国家标准《民用建筑工程室内环境污染控制标准》(GB 50325)进行室内环境污染控制。对环保超标的原材料拒绝进场。
❷ 施工现场应做到活完脚下清，保持施工现场清洁、整齐、有序。
❸ 边角余料应装袋后集中回收，按固体废物进行处理。现场严禁燃烧废料。❹ 有噪声的电动工具应在规定的作业时间内施工，防止噪声污染、扰民。❺ 垃圾应装袋及时清理。清理木屑等废弃物时应洒水，以减少扬尘污染。❻ 现场保护良好通风。❼ 骨架隔墙工程环境因素控制见表 6.3.6-1，应从其环境因素及排放去向控制环境影响。

表 6.3.6-1　骨架隔墙工程环境因素控制

序号	环境因素	排放去向	环境影响
1	水、电的消耗	周围空间	资源消耗、污染土地
2	电锯、切割机等施工机具产生的噪声排放	周围空间	影响人体健康
3	切割粉尘的排放	周围空间	污染大气
4	金属屑等施工垃圾的排放	垃圾场	污染土地
5	加工现场火灾的发生	大气	污染土地、影响安全

对于在施工过程中可能出现的影响的环境因素，在施工中应采取相应的措施减少对周围环境的污染。

6.3　职业健康安全措施

❶ 安装罩面板时，施工人员应戴防护手套，以防污染板面及保护皮肤。

❷ 进入施工现场人员佩戴好安全帽。必须正确使用个人劳保用品，如安全带等。

7　工程验收

❶ 轻钢龙骨隔断墙工程验收时应检查下列文件和记录：① 轻钢龙骨隔断墙工程的施工图、设计说明及其他设计文件；② 材料的产品合格证书、性能检测报告、进场验收记录和复验报告；③ 隐蔽工程验收记录；④ 施工记录。

❷ 各分项工程的检验批应按下列规定划分：同一品种的轻质隔墙工程每 50 间（大面积房间和走廊按轻质隔墙的墙面 $30m^2$ 为一间）应划分为一个检验批，不足 50 间也应划分为一个检验批。

❸ 检查数量应符合下列规定：每个检验批应至少抽查 10%，并不得少

于3间；不足3间时应全数检查。

❹ 检验批合格质量和分项工程质量验收合格应符合下列规定：① 抽查样本主控项目均合格；一般项目80%以上合格，其余样本不得影响使用功能或明显影响装饰效果的缺陷。均须具有完整的施工操作依据、质量检查记录。② 分项工程所含的检验批均应符合合格质量规定，所含的检验批的质量验收记录应完整。

❺ 分部（子分部）工程质量验收合格应符合下列规定：① 分部（子分部）工程所含分项工程的质量均应验收合格；② 质量控制资料应完整；③ 观感质量验收应符合要求。

8 / 质量记录

轻钢龙骨隔断墙施工质量记录包括：❶ 产品合格证书、性能检测报告；❷ 进场验收记录和复验报告；❸ 隐蔽工程验收记录；❹ 技术交底记录；❺ 检验批质量验收记录；❻ 分项工程质量验收记录。

第4节　活动隔墙施工工艺

1 / 总则

1.1 适用范围

本施工工艺适用于工业与民用建筑中采用活动隔墙安装工程。活动式隔墙的特点是可以随意闭合或打开，使相邻的空间随之分割或形成独立的一个大空间。

1.2 编制参考标准及规范

1.《建筑装饰装修工程质量验收标准》
（GB 50210-2018）

2.《建筑工程施工质量验收统一标准》
（GB 50300-2013）

3.《住宅装饰装修工程施工规范》
（GB 50327-2001）

4.《民用建筑工程室内环境污染控制标准》
（GB 50325-2020）

2 / 施工准备

2.1　技术准备

编制活动隔墙工程施工方案，并对工人进行书面技术及安全交底。

❶ 技术人员应熟悉图纸、图纸会审，准确复核墙体的位置、尺寸，结合装修、机电等图纸进行深化定位，正式施工前由甲方对业态图签字认可后进行。❷ 编制活动隔墙工程施工方案，并报监理单位审批。❸ 将技术交底落实到作业班组。❹ 按图纸组织工程技术人员进行现场放线。放线人员要严格按施工图纸进行放线，随放随复核。放线完毕，请监理单位进行验收合格后施工。

2.2　材料要求

❶ 钢材：目前使用 Q235 钢材，钢材应有产品质量合格，进行防锈处理。外观应表面平整，棱角挺直，过渡角及切边不允许有裂口。❷ 铝制路轨标准材质应为 6063-T6、7050-T6、7075-T6，符合现行国家标准《铝及铝合金挤压型材尺寸偏差》（GB/T 14846）之精密型材规定。❸ 紧固材料：射钉、膨胀螺栓、镀锌自攻螺钉（12mm 厚石膏板用 25mm 长螺钉，两层 12mm 厚石膏板用 35mm 长螺钉）、木螺钉等，应符合设计要求。❹ 隔间材料在运输和安装时，不得抛摔碰撞，铝料需分类包装，防止变形和划伤。面板在运输和安装时，不得损坏、擦伤和碰撞，运输时应注意采取措施防止受潮变形。❺ 产品须将全部材料送至工地现场，经由监理公司抽样签认后方可施工。

2.3　主要机具

❶ 机械：电焊机、电动切割锯、切割机、手枪机、手提磨机、电钻、电锤、直立型线锯等。❷ 工具：扳手、螺钉旋具、锤子、线坠、墨斗、铅笔、工作台等。❸ 计量检测用具：水准仪、2m 靠尺、水平尺、钢尺等。

2.4　作业条件

❶ 室内墙顶地的做法已确定，并已完成相应的工序，经验收合格。使活动隔断的安装与其他装饰工序相互不影响。❷ 室内已弹好水平控制

线，地面及顶棚标高已确定。❸ 活动隔断安装所需的预埋件已安装完成，并经检查符合要求。

3 / 施工工艺

3.1 工艺流程

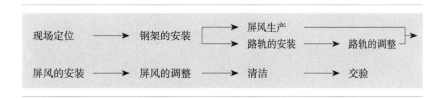

图 6.4.3-1 活动隔墙施工工艺流程

3.2 施工方法

1. 现场定位

根据双方已经确认的图纸及现场实际情况，按照屏风走向、摆放的形式在相应的位置放线，以确认钢结构的做法。

2. 钢结构的安装

❶ 钢结构高度的确定及安装：道轨下表面应比天花下表面低 5mm；道轨丝杆距道轨上表面的经验数据应在 150mm～250mm 范围；减除道轨的高度和道轨丝杆长度的尺寸后，剩下的留空尺寸就是钢结构的安装尺寸，钢结构应按现场实际进行安装。

❷ 普通钢结构的做法见图 6.4.3-2。

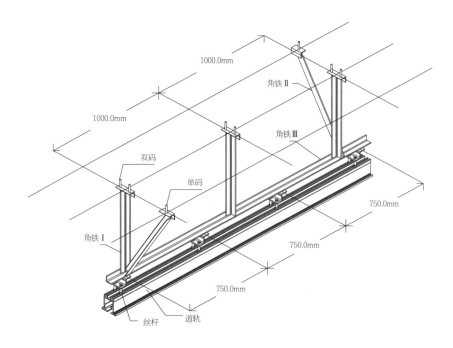

图 6.4.3-2　普通钢结构的做法

先将双码、单码按 1000mm 码距沿道轨走向，用膨胀螺栓固定在天花底，角铁Ⅰ按尺寸裁好垂直焊接在双码上，然后将角铁Ⅱ的两端用大力钳固定在角铁Ⅰ的下端，作适应的调整后依次序将角铁Ⅰ与角铁Ⅱ分别焊牢。

把角铁Ⅱ按图焊接在单码上然后用大力钳分别固定角铁Ⅰ、角铁Ⅲ，调整角铁Ⅱ到适当的位置后，焊接角铁Ⅰ、角铁Ⅲ。

钢结构焊接安装过程中，一定要使用拉绳，水平尺等方法对钢结构的水平进行大致的调正。特殊的钢结构要视现场的实际情况而定。

3. 路轨的安装

利用上部钢结构，安装调节丝杆，直径 14 mm，长度 ≤ 200mm，每根丝杆上安装直径 14 mm 螺母 4 个，标准短角铁上面使用平垫和弹垫，路轨上部同样添加平垫和弹垫，如果使用的螺母底部有螺纹，可防止松动，则不需要添加平垫和弹垫。

安装路轨至要求高度，调节水平后进行紧固，每个接口处使用驳针和四方铁板进行加强，连接每个转弯驳口处要求至少有 2 处有调节丝杆。

4. 路轨的调整

道轨装好后，调节道轨走向水平和横向水平。通过不断调节六角螺母使道轨达到水平，然后把六角螺母往上旋紧丝杆双码。用水平尺在每段道轨上测三点（两端、中间），水平误差不超过1mm/m。

5. 屏风的安装

把吊轮旋进屏风的轮座，锁紧螺母要处在松动位置。拆下"生口"，从预留的位置把屏风（吊轮）装到直轨上，先装波胶板，再装普通板（包括门中门），最后装伸缩板。为确保屏风的使用顺畅，在路轨上适量的添加润滑油。

6. 屏风的调整

调整屏风位置、垂直度。重新把"生口"装好，把所有屏风拉出并排好，调节吊轮的螺栓，使屏风的上铝框面到轨道下表面达到规定尺寸，并且使屏风达到垂直度的检测的方法：用细绳吊重锤固定在适当处（如细绳贴着边框），调节垂直度。确定调节好后，将锁紧螺母往下旋，迫紧轮座。

7. 清洁

将表板上保护胶膜撕下，清扫垃圾，收回所有废料运离工地现场，擦拭有手纹或灰尘的表板，施工完成。

3.3 质量关键要求

❶ 导轨安装应水平、顺直，不应倾斜不平、扭曲变形。❷ 构造做法、固定方法应符合设计规定。❸ 与结构连接的金属连接件应做防锈处理，使用的防锈剂应符合相关规定的要求。❹ 运输过程中必须对成品做好保护，以免成品表面受损。❺ 活动屏风在使用过程中应该按照屏风顺序打开或收回。❻ 在打开或收回顶底隔声密封装置时，操作手柄需按顺时针或逆时针方向正确操作。❼ 移动屏风前，应确保已收回顶底部的隔声伸缩密封装置。❽ 避免在移动屏风通过交叉驳口处出现中途停止，滑轮可能会停在某个驳口处卡住。若发生此类情况，将屏风沿原方向推回后再重试一次。❾ 为达到最好的隔声密封效果并正确地对齐排列屏风，在设置屏风密封装置时对屏风边缘施以持续的压力。❿ 为达到最好的隔声效果，所有的屏风应垂直对齐悬挂，以使屏风与屏风间达到最佳的密合状态。⓫ 当有双开门中门时，因为双开门中门是有两片L形的屏风组成，每片L形屏风均有一个隔声密封装置。将第一片L形屏风移动到指定位置时，不同时打开隔声伸缩密封装置。要

待第二片 L 形屏风也称到指定位置后，再依照操作基本屏风同样的方法将手柄插入操作孔转动打开顶底伸缩密封装置。⓬ 如果是单向式屏风，请勿将所有屏风一起移动至路轨中部，因为单向式路轨可能不足以局部随所有屏风的重量。如果从藏板间内移出屏风，请将屏风打开或沿路轨展开屏风。

3.4 季节性施工

❶ 雨期各种吊顶材料的运输、搬运、存放，均应采取防雨、防潮措施，以防止发生霉变、生锈、变形等现象。❷ 冬期施工前，应完成外门窗安装工程。否则应对门、窗洞口进行临时封挡保温。❸ 冬期安装施工时，宜在有采暖条件的房间进行施工，室内作业环境温度应在 0℃以上。

4 / 质量要求

4.1 主控项目

❶ 活动隔墙所用墙板、配件等材料的品种、规格、性能和木材的含水率应符合设计要求。有阻燃、防潮等特性要求的工程，材料应有相应性能等级的检测报告。

检验方法：观察；检查产品合格证书、进场验收记录、性能检测报告和复验报告。

❷ 活动隔墙轨道必须与基体结构连接牢固，并应位置正确。

检验方法：尺量检查；手扳检查。

❸ 活动隔墙用于组装、推拉和制作的构配件必须安装牢固、位置正确，推拉必须安全、平稳、灵活。

检验方法：尺量检查；手扳检查；推拉检查。

❹ 活动隔墙制作方法、组合方式应符合设计要求。

检验方法：观察。

4.2 一般项目

❶ 活动隔墙表面应色泽一致、平整光滑、洁净，线条应顺直、清晰。

检验方法：观察；手摸检查。

❷ 活动隔墙上的孔洞、槽、盒应位置正确、套割吻合、边缘整齐。

检验方法：观察；尺量检查。

❸ 活动隔墙推拉应无噪声。

检验方法：推拉检查。

❹ 活动隔墙安装的允许偏差和检验方法符合表 6.4.4-1。

表 6.4.4-1　活动隔墙安装的允许偏差和检验方法

项次	项目	允许偏差（mm）	检验方法
1	立面垂直度	3	用 2m 垂直检测尺检查
2	表面平整度	2	用 2m 靠尺和塞尺检查
3	接缝直线度	3	接 5m 线，不足 5m 拉通线，用钢直尺检查
4	接缝高低差	2	用钢直尺和塞尺检查
5	接缝宽度	2	用钢直尺检查

5 / 成品保护

❶ 成品活动屏风，在进场、存放、使用过程中应妥善管理，使其不变形、不受潮、不损坏、不污染。❷ 现场对成品也必须采用保护措施，避免淋雨等，必须垂直堆放。❸ 安装过程中必须先吊挂好隔断再撕掉保护膜，以避免隔断表面受到损坏。

6 安全、环境及职业健康措施

6.1 安全措施

❶ 施工操作和管理人员，施工前必须进行安全技术教育，制订安全操作规程。❷ 施工现场临时用电均应符合现行行业标准《施工现场临时用电安全技术规范》（JGJ 46）。❸ 施工作业面，必须设置足够的照明。配备足够、有效的灭火器具，并设有防火标志及消防器具。❹ 工人操作应戴安全帽，严禁穿拖鞋、带钉易滑鞋或光脚进入现场。❺ 机电器具必须安装触电保安器，发现问题立即修理。❻ 遵守操作规程，非操作人员决不准乱动机具，以防伤人。

6.2 环保措施

❶ 严格按现行国家标准《民用建筑工程室内环境污染控制标准》（GB 50325）进行室内环境污染控制。对环保超标的原材料拒绝进场。❷ 施工现场应做到活完脚下清，保持施工现场清洁、整齐、有序。❸ 边角余料应装袋后集中回收，按固体废物进行处理。现场严禁燃烧废料。❹ 有噪声的电动工具应在规定的作业时间内施工，防止噪声污染、扰民。❺ 垃圾应装袋及时清理。清理木屑等废弃物时应洒水，以减少扬尘污染。❻ 现场保护良好通风。❼ 活动隔墙工程环境因素控制见表 6.4.6-1，应从其环境因素及排放去向控制环境影响。

表 6.4.6-1　活动隔墙工程环境因素控制

序号	环境因素	排放去向	环境影响
1	水、电的消耗	周围空间	资源消耗、污染土地
2	电锯、切割机等施工机具产生的噪声排放	周围空间	影响人体健康
3	切割粉尘的排放	周围空间	污染大气
4	金属屑等施工垃圾的排放	垃圾场	污染土地
5	加工现场火灾的发生	大气	污染土地、影响安全
6	防火、防腐涂料的废弃	周围空间	污染土地

6.3　职业健康安全措施

❶ 进入施工现场人员佩戴好安全帽。必须正确使用个人劳保用品。如安全带等。❷ 在使用架子、人字梯时，注意在作业前检查是否牢固，在施工中应注意在高处作业时的安全防护。

7 ／ 工程验收

❶ 活动隔墙工程验收时应检查下列文件和记录：① 活动隔墙工程的施工图、设计说明及其他设计文件；② 材料的产品合格证书、性能检测报告、进场验收记录和复验报告；③ 隐蔽工程验收记录；④ 施工记录。

❷ 各分项工程的检验批应按下列规定划分：同一品种的轻质隔墙工程每 50 间（大面积房间和走廊按轻质隔墙的墙面 $30m^2$ 为一间）应划分为一个检验批，不足 50 间也应划分为一个检验批。

❸ 检查数量应符合下列规定：每个检验批应至少抽查 20%，并不得少于 6 间；不足 6 间时应全数检查。

❹ 检验批合格质量和分项工程质量验收合格应符合下列规定：① 抽查样本主控项目均合格；一般项目 80% 以上合格，其余样本不得影响使用功能或明显影响装饰效果的缺陷。均须具有完整的施工操作依据、质量检查记录。② 分项工程所含的检验批均应符合合格质量规定，所含的检验批的质量验收记录应完整。

❺ 分部（子分部）工程质量验收合格应符合下列规定：① 分部（子分部）工程所含分项工程的质量均应验收合格；② 质量控制资料应完整；③ 观感质量验收应符合要求。

活动隔墙施工质量记录包括：❶ 产品合格证书、性能检测报告；❷ 进场验收记录和复验报告；❸ 隐蔽工程验收记录；❹ 技术交底记录；❺ 检验批质量验收记录。

第 5 节　玻璃隔断墙施工工艺

1 ／ 总则

1.1 适用范围

本施工工艺适用于工业与民用建筑中玻璃隔断墙安装工程。

玻璃抗压强度高、耐酸性能好；但抗拉强度低，脆性大，急冷急热时易破裂。由于其良好透光性能和不透气性能，故较多的利用作围护结构，如窗、屏风、隔墙及玻璃幕墙。

1.2 编制参考标准及规范

1.《建筑装饰装修工程质量验收标准》
　（GB 50210-2018）

2.《建筑工程施工质量验收统一标准》
　（GB 50300-2013）

3.《住宅装饰装修工程施工规范》
　（GB 50327-2001）

4.《民用建筑工程室内环境污染控制标准》
　（GB 50325-2020）

5.《建筑玻璃应用技术规程》
　（JGJ 113-2015）

6.《建筑用安全玻璃　第 2 部分：钢化玻璃》
　（GB 15763.2-2005）

2 / 施工准备

2.1 技术准备

编制玻璃隔断墙工程施工方案，并对工人进行书面技术及安全交底。

❶ 技术人员应熟悉图纸、图纸会审，准确复核墙体的位置、尺寸，结合装修、机电等图纸进行深化定位，正式施工前由甲方对业态图签字认可后进行。❷ 编制玻璃隔断墙工程施工方案，并报监理单位审批。❸ 将技术交底落实到作业班组。❹ 按图纸组织工程技术人员进行现场放线。放线人员要严格按施工图纸进行放线，随放随复核。放线完毕，请监理单位进行验收合格后施工。

2.2 材料要求

❶ 根据设计要求的各种玻璃、按照需要而配置的骨架（如：木龙骨、角钢、角铁、铝合金、不锈钢等）、玻璃胶、橡胶垫和各种压条，以及骨架的饰面材料。❷ 紧固材料：膨胀螺栓、射钉、自攻螺钉、各种螺钉和粘贴嵌缝料，应符合设计要求。❸ 玻璃规格：厚度有8mm、10mm、12mm、15mm、19mm等，长宽根据工程设计要求确定。❹ 质量要求：见表6.5.2-1～表6.5.2-4。钢化玻璃规格尺寸允许偏差见表6.5.2-1。

表 6.5.2-1　钢化玻璃规格尺寸允许偏差（单位：mm）

厚度	边长（L）			
	$L \leqslant 1000$	$1000 < L \leqslant 2000$	$2000 < L \leqslant 3000$	$L > 3000$
3、4、5、6	+1 −2	±3	±4	±5
8、10、12	+2 −3	±3	±4	±5
15	±4	±4		
19	±5	±5	±6	±7
> 19	供需双方商定			

钢化玻璃的厚度及其允许偏差见表6.5.2-2。

表 6.5.2-2 钢化玻璃的厚度及其允许偏差 （单位：mm）

公称厚度	厚度允许偏差
3、4、5、6	± 0.2
8、10	± 0.3
12	± 0.4
15	± 0.6
19	± 1.0
＞ 19	供需双方商定

钢化玻璃的孔径允许偏差见表 6.5.2-3。

表 6.5.2-3 钢化玻璃的孔径允许偏差 （单位：mm）

公称孔径（D）	允许偏差
$4 \leqslant D \leqslant 50$	± 1.0
$50 < D \leqslant 100$	± 2.0
$D > 100$	供需双方商定

钢化玻璃的外观质量应满足表 6.5.2-4 的要求。

表 6.5.2-4 钢化玻璃的外观质量允许偏差

缺陷名称	说明	允许缺陷数
爆边	每片玻璃每米边长上允许有长度不超过 10mm，自玻璃边部向玻璃板表面延伸深度不超过 2mm，自板面向玻璃厚度延伸深度不超过厚度 1/3 的爆边个数	1 处
划伤	宽度在 0.1mm 以下的轻微划伤，每平方米面积内允许存在条数	长度 ≤ 100mm 时 4 条
	宽度大于 0.1mm 的划伤，每平方米面积内允许存在条数	宽度 0.1mm ～ 1mm，长度 ≤ 100mm 时 4 条
夹钳印	夹钳印与玻璃边缘的距离 ≤ 20mm，边部变形量 ≤ 2mm	
裂纹、缺角	不允许存在	

2.3 主要机具

❶ 机械：空气压缩机、直流电焊机、冲击钻、手电钻等。**❷ 工具：**扫槽刨、锤、螺钉旋具、直钉枪、玻璃吸盘、胶枪等。**❸ 计量检测用具：**水准仪、2m 靠尺、水平尺、钢卷尺等。

2.4 作业条件

❶ 主体结构完成及交接验收，并清理现场。**❷** 根据设计要求进行龙骨的架设，如采用木龙骨，则必须进行防火处理，并应符合有关防火规范的规定。直接接触结构的木龙骨应预先刷防腐漆。**❸** 做隔断房间需在地面的湿作业工程前将直接接触结构的木龙骨安装完毕，并做好防腐处理。**❹** 采用金属框架时，框架断料已完成。

3 / 施工工艺

3.1 工艺流程

图 6.5.3-1 玻璃隔断墙施工工艺流程

3.2 操作工艺

1. 弹线

根据双方已经确认的图纸及现场实际情况，按楼层设计标高水平线，顺墙高量至顶棚设计标高，沿墙弹隔断垂直标高线及天地龙骨的水平线，并在天地龙骨的水平线上划好龙骨的分档位置线。

2. 安装大龙骨

❶ 天地骨安装：根据设计要求固定天地龙骨，如无设计要求时，可以用 $\phi8\sim\phi12$ 膨胀螺栓或3寸~5寸钉子固定，膨胀螺栓固定点间距600mm~800mm。安装前作好防腐处理。❷ 沿墙边龙骨安装：根据设计要求固定边龙骨，边龙骨应启抹灰收口槽，如无设计要求时，$\phi8\sim\phi12$ 膨胀螺栓或3寸~5寸钉子固定，膨胀螺栓固定点间距800mm~1000mm。安装前做好防腐处理。

3. 主龙骨安装

根据设计要求按分档线位置固定主龙骨，用4寸的铁钉固定，龙骨每端固定应不少于3颗钉子。必须安装牢固。

4. 次龙骨安装

根据设计要求按分档线位置固定次龙骨，用扣榫或钉子固定。必须安装牢。安装次龙骨前，也可以根据安装玻璃的规格在次龙骨上安装玻璃槽。

5. 安装玻璃

根据设计要求按玻璃的规格安装在次龙骨上；如用压条安装时先固定玻璃一侧的压条，并用橡胶垫垫在玻璃下方，再用压条将玻璃固定；如用玻璃胶直接固定玻璃，应将玻璃先安装在次龙骨的预留槽内，然后用玻璃胶封闭固定。

6. 打玻璃胶

首先在玻璃上沿四周粘上纸胶带，根据设计要求将各种玻璃胶均匀地打在玻璃与次龙骨之间。待玻璃胶完全干后撕掉纸胶带。

7. 安装压条

根据设计要求将各种规格材质的压条，将压条用直钉或玻璃胶固定次龙骨上。如设计无要求，可以根据需要选用10mm×12mm木压条、10mm×10mm铝压条或10mm×20mm不锈钢压条。

3.3　质量关键要求

❶ 隔断龙骨必须牢固、平整、垂直。❷ 压条应平顺光滑，线条整齐，接缝密合。❸ 安装有框玻璃隔断或无竖框玻璃隔断前，应根据设计图纸，核算施工预留洞口标高、尺寸，施放隔断墙地面线、垂直位置线以及固定点、预埋铁件位置等。❹ 订制玻璃时，尺寸一定要准确，为保证玻璃与框架的弹性连接，在以每边应预留适当的缝隙。最好与玻璃厂家一同量度，确认尺寸后，编号加工。❺ 玻璃隔断型框架必须与结构地面、墙面、顶棚安装固定牢固可靠。一般采用膨胀螺栓固定。❻ 无竖框玻璃隔断隔墙的安装宜采用预埋铁杆固定，无埋件时，设置金属膨胀螺栓。型钢（角钢或槽钢）必须与预埋铁件或金属膨胀螺栓焊牢，型钢材料在安装前必须涂刷涂防腐涂料，焊好后应在焊接处再进行补刷。❼ 安装较大面积的玻璃，宜采用吊挂式，承重点必须设在结构板或结构梁上。❽ 玻璃与构件不得直接接触。玻璃四周与构件凹槽应保持一定空隙，每块玻璃下部应设置不少于两块弹性定位垫块；垫块的宽度与槽口宽度应相同，长度不应小于100mm；玻璃两边嵌入量及空隙应符合设计要求。❾ 安装玻璃应根据设计调整玻璃间缝隙，一般应留2mm～3mm缝隙或留出与玻璃稳定器厚度相同的缝隙。❿ 嵌缝打胶前，应用聚乙烯泡沫条嵌入玻璃与金属槽接合处，注胶要求平滑、均匀。

3.4　季节性施工

❶ 雨期各种吊顶材料的运输、搬运、存放，均应采取防雨、防潮措施，以防止发生霉变、生锈、变形等现象。❷ 冬期玻璃施工前，应完成外门窗安装工程，否则应对门、窗洞口进行临时封挡保温。❸ 冬期玻璃安装施工时，宜在有采暖条件的房间进行施工，室内作业环境温度应在0℃以上。打胶作业的环境温度不得低于5℃。玻璃从过冷或过热的环境中运入操作地点后，应待玻璃温度与操作场所温度相近后再行安装。

4 / 质量要求

4.1 主控项目

❶ 玻璃隔墙工程所用材料的品种、规格、性能、图案和颜色应符合设计要求。玻璃板隔墙应使用安全玻璃。

检验方法：观察；检查产品合格证书、进场验收记录和性能检测报告。

❷ 玻璃砖隔墙的砌筑或玻璃板隔墙的安装方法应符合设计要求。

检验方法：观察。

❸ 玻璃砖隔墙砌筑中埋设的拉结筋必须与基体结构连接牢固，并应位置正确。

检验方法：手扳检查；尺量检查；检查隐蔽工程验收记录。

❹ 玻璃板隔墙的安装必须牢固。玻璃板隔墙胶垫的安装应正确。

检验方法：观察；手推检查；检查施工记录。

4.2 一般项目

❶ 玻璃隔墙表面应色泽一致、平整洁净、清晰美观。

检验方法：观察。

❷ 玻璃隔墙接缝应横平竖直，玻璃应无裂痕、缺损和划痕。

检验方法：观察。

❸ 玻璃板隔墙嵌缝及玻璃砖隔墙勾缝应密实平整、均匀顺直、深浅一致。

检验方法：观察。

❹ 玻璃隔墙安装的允许偏差和检验方法应符合表 6.5.4-1 的规定。

表 6.5.4-1 玻璃隔墙安装的允许偏差和检验方法

项次	项目	允许偏差（mm）		检验方法
		玻璃板	玻璃砖	
1	立面垂直度	2	3	用 2m 垂直检测尺检查
2	表面平整度	—	3	用 2m 靠尺和塞尺检查
3	阴阳角方正	2	—	用 200mm 直角检测尺检查
4	接缝直线度	2	—	拉 5 线，不足 5m 拉通线，用钢直尺检查

项次	项目	允许偏差（mm）		检验方法
		玻璃板	玻璃砖	
5	接缝高低差	2	3	用钢尺和塞尺检查
6	接缝宽度	1	—	用钢直尺检查

5 / 成品保护

❶ 木龙骨架及玻璃安装时，应注意保护顶棚、墙内装好的各种管线；木龙骨架的天龙骨不准固定通风管道及其他设备上。❷ 施工部位已安装的门窗，已施工完的地面、墙面、窗台等应注意保护、防止损坏。❸ 木骨架材料，特别是玻璃材料，在进场、存放、使用过程中应妥善管理，使其不变形、不受潮、不损坏、不污染。❹ 其他专业的材料不得置于已安装好的木龙骨架和玻璃上。❺ 玻璃板隔墙的安装必须牢固，玻璃板隔墙胶垫的安装必须正确。

6 安全、环境及职业健康措施

6.1 安全措施

❶ 因为玻璃薄而脆，容易破碎伤人，所以在搬运、安装等作业过程中，要注意安全，保证职工身体健康，防止事故发生。① 搬运玻璃时应戴手套，特别小心，防止伤手伤身。② 裁割玻璃时，应在指定地

点，随时清理边角废料，集中堆放；玻璃裁割后，移动时，手应抓稳玻璃，防止掉下伤脚。③ 安装玻璃时，不得穿短裤和凉鞋；应将工具、钉子放在工具袋内，不得口含钉子进行操作；安装上、下玻璃不得同时操作，并应与其他作业错开；玻璃未安装牢固前，不得中途停工，垂直下方禁止通行。

❷ 确保高空作业的安全。① 隔断工程的脚手架搭设应符合建筑施工安全标准。② 脚手架上搭设跳板应用铁丝绑扎固定，不得有探头板。③ 高空作业安装玻璃时，必须戴安全帽，系安全带，必须把安全带拴在牢固的地方，穿防滑鞋。④ 使用高凳、靠梯时，下脚应绑麻布或垫胶皮，并加拉绳，以防滑溜。不得将梯子靠在门窗扇上。

❸ 施工现场临时用电均应符合现行行业标准《施工现场临时用电安全技术规范》（JGJ 46）。

❹ 施工作业面，必须设置足够的照明。配备足够、有效的灭火器具，并设有防火标志及消防器具。

❺ 工人操作应戴安全帽，严禁穿拖鞋、带钉易滑鞋或光脚进入现场。

6.2 环保措施

❶ 严格按现行国家标准《民用建筑工程室内环境污染控制标准》（GB 50325）进行室内环境污染控制。对环保超标的原材料拒绝进场。

❷ 施工现场应做到活完脚下清，保持施工现场清洁、整齐、有序。

❸ 边角余料应装袋后集中回收，按固体废物进行处理。现场严禁燃烧废料。❹ 有噪声的电动工具应在规定的作业时间内施工，防止噪声污染、扰民。❺ 垃圾应装袋及时清理。清理玻璃等废弃物时应洒水，以减少扬尘污染。❻ 现场保护良好通风。❼ 玻璃隔墙工程环境因素控制见表 6.5.6-1，应从其环境因素及排放去向控制环境影响。

表 6.5.6-1 玻璃隔墙工程环境因素控制

序号	环境因素	排放去向	环境影响
1	水、电的消耗	周围空间	资源消耗、污染土地
2	骨架切割机等施工机具产生的噪声排放	周围空间	影响人体健康
3	切割粉尘的排放	周围空间	污染大气
4	玻璃屑等施工垃圾的排放	垃圾场	污染土地

序号	环境因素	排放去向	环境影响
5	加工现场火灾的发生	大气	污染土地、影响安全
6	防火、防腐涂料的废弃	周围空间	污染土地

对于在施工过程中可能出现的影响的环境因素，在施工中应采取相应的措施减少对周围环境的污染。

6.3 职业健康安全措施

❶ 进入施工现场人员佩戴好安全帽。必须正确使用个人劳保用品。如操作人员应防护手套、工作服、安全带等。❷ 在使用架子、人字梯时，注意在作业前检查是否牢固。

7 / 工程验收

❶ 玻璃隔断墙工程验收时应检查下列文件和记录：① 玻璃隔断墙工程的施工图、设计说明及其他设计文件；② 材料的产品合格证书、性能检测报告、进场验收记录和复验报告；③ 隐蔽工程验收记录；④ 施工记录。

❷ 各分项工程的检验批应按下列规定划分：同一品种的轻质隔墙工程每 50 间（大面积房间和走廊按轻质隔墙的墙面 $30m^2$ 为一间）应划分为一个检验批，不足 50 间也应划分为一个检验批。

❸ 检查数量应符合下列规定：每个检验批应至少抽查 20%，并不得少于 6 间；不足 6 间时应全数检查。

❹ 检验批合格质量和分项工程质量验收合格应符合下列规定：① 抽查样本主控项目均合格；一般项目 80%以上合格，其余样本不得影响使

用功能或明显影响装饰效果的缺陷。均须具有完整的施工操作依据、质量检查记录。② 分项工程所含的检验批均应符合合格质量规定，所含的检验批的质量验收记录应完整。

❺ 分部（子分部）工程质量验收合格应符合下列规定：① 分部（子分部）工程所含分项工程的质量均应验收合格；② 质量控制资料应完整；③ 观感质量验收应符合要求。

8 / 质量记录

玻璃隔断墙施工质量记录包括：❶ 产品合格证书、性能检测报告；❷ 进场验收记录和复验报告；❸ 隐蔽工程验收记录；❹ 技术交底记录；❺ 检验批质量验收记录；❻ 分项工程质量验收记录。

第7章

饰面板工程

P493-534

石材饰面板工程施工工艺

1 / 总则

1.1 适用范围

本施工工艺适用于基体为钢筋混凝土浇筑、砖砌体或钢结构的墙柱面，饰面板为石材（花岗石、大理石、石灰石、石英砂岩及其他石材等）的施工。

1.2 编制参考标准及规范

1. 《建筑装饰装修工程质量验收标准》
   （GB 50210-2018）

2. 《建筑工程施工质量验收统一标准》
   （GB 50300-2013）

3. 《民用建筑工程室内环境污染控制标准》
   （GB 50325-2020）

4. 《建筑材料放射性核素限量》
   （GB 6566-2010）

5. 《建设工程项目管理规范》
   （GB/T 50326-2017）

6. 《钢结构工程施工质量验收标准》
   （GB 50205-2020）

7. 《金属与石材幕墙工程技术规范》
   （JGJ 133-2001）

8. 《干挂饰面石材及其金属挂件》
   （JC 830-2005）

2 / 施工准备

2.1 技术准备

熟悉施工图纸，编制石材饰面板工程施工方案，并对工人进行书面技术及安全交底，依据技术交底和安全交底做好施工准备。

2.2 材料要求

1. 金属基层材料

❶ 钢龙骨一般采用碳素结构钢或低合金结构钢，种类、牌号、质量等级应符合设计要求，其规格尺寸应按设计图纸加工，并做好防腐处理，锌膜或涂膜厚度应符合国家相关规范的技术标准。❷ 铝合金龙骨一般采用 6061、6063、6063A 等铝合金热挤压型材，合金牌号、供应状态应符合设计要求，型材尺寸允许偏差应达到国家标准高精级，型材质量、表面处理层厚度应符合国家相关规范的技术标准。

2. 石材面层材料

❶ 花岗石、大理石、石灰石、石英砂岩及其他石材面料，其材质、品种、色泽、花纹必须符合设计要求，最小厚度 $\geq 20mm$（粗面板材时增加 3mm），最大单块面积 $\leq 1.5m^2$，抗冻系数 $\geq 80\%$（严寒和寒冷地区）。天然放射性核素镭 -226、钍 -232、钾 -40 的放射性比活度应同时满足 Ira ≤ 1.0 和 Ir ≤ 1.3 的要求（Ⅰ 类民用建筑）或同时满足 Ira ≤ 1.3 和 Ir ≤ 1.9 的要求（Ⅱ 类民用建筑）。❷ 花岗石面料物理性能应符合：弯曲强度（干燥水饱和）$\geq 8.0MPa$，吸水率 $\leq 0.6\%$，剪切强度 $\geq 4.0MPa$。❸ 大理石面料物理性能应符合：弯曲强度（干燥水饱和）$\geq 7.0MPa$，吸水率 $\leq 0.5\%$，剪切强度 $\geq 3.5MPa$。❹ 石灰石面料物理性能应符合：弯曲强度（干燥水饱和）$\geq 3.4MPa$，吸水率 $\leq 3.0\%$，剪切强度 $\geq 1.7MPa$。❺ 石英砂岩面料物理性能应符合：弯曲强度（干燥水饱和）$\geq 6.9MPa$，吸水率 $\leq 3.0\%$，剪切强度 $\geq 3.5MPa$。

3. 其他材料

不锈钢或铝合金等金属转接件，背栓、背卡等金属挂装件，化学锚栓、膨胀螺栓、螺栓、螺母等五金配件，其材质、机械性能、品种、规格、质量必须符合设计要求，石材防护剂、双组分环氧型胶粘剂、石材用建筑密封胶或中性硅酮耐候密封胶、嵌缝胶或嵌缝胶条，应有出厂合格证并满足环保要求。密封胶宜做相容性试验。

2.3　主要机具

❶ 机械：台式石材切割机、云石机、磨光机、角磨机、手提切割机、曲线锯、直线锯、台式电钻、电焊机、冲击钻、手电钻、电动螺钉枪、气泵等。❷ 工具：各种扳手、注胶枪、螺钉旋具、多用刀、锤子、钳子等。❸ 计量检测用具：经纬仪、水准仪、激光投线仪、钢卷尺、钢板尺、靠尺、方角尺、水平尺、塞尺等。

2.4　作业条件

❶ 施工现场的水源、电源已满足施工的需要。作业面上的基层的外形尺寸已经复核，其误差保证在本工艺能调节的范围之内，作业面上已弹好平水线、轴线、出入线、标高等控制线，作业面的环境已清理完毕。❷ 基体为混凝土浇筑、砖砌体或钢结构的墙柱面上的水、电、暖通、消防、智能化专业预留、预埋已经全部完成，且电气穿线、测试完成并合格，各种管路打压、试水完成并合格。❸ 作业面操作位置的临边设施（棚架、临时操作平台、脚手架等）已满足操作要求和符合安全的规定。作业面相接位置的其他专业进度已满足饰面板施工的需要，如外墙门窗、幕墙工程已完成骨架安装；并经验收合格；消火栓箱已完成埋设定位，机电设备门等出入口已完成门扇安装。❹ 各种机具设备已齐备和完好，各种专项方案已获得审批准，作业面焊接动火申请已获得批准。❺ 大面积装修前已按设计要求先做样板间，经检查鉴定合格后，可大面积施工。❻ 在操作前已进行技术交底，强调技术措施和质量标准要求。

3 施工工艺

3.1 工艺流程

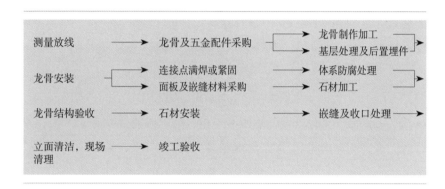

图 7.1.3-1 石材饰面板工程施工工艺流程

3.2 操作工艺

❶ **定位放线**：从所安装饰面部位的两端，由上至下吊出垂直线，投点在地面上或固定点上。找垂直时，一般按板背与基层面的空隙（即架空）为 50mm～70mm 为宜。按吊出的垂线，连接两点作为起始层挂装板材的基准，根据设计图纸在基层面上按板材的大小和缝隙的宽度，弹出横平竖直的分格墨线。❷ **安装后置埋件**：根据设计要求选用膨胀螺栓或化学锚栓，按位置在基层面上安装后置埋件，后置埋件应经过防腐处理。❸ **安装骨架**：根据骨架设计图纸安装骨架，用连接件与金属骨架进行连接，骨架立面整体安装、校正后，连接点要焊接或用螺钉紧固，焊接时焊缝、焊接点要饱满，用螺钉紧固时螺钉旋紧力度要达到要求，整个体系须进行防腐处理。❹ **石材加工**：按照排版设计图在车间内进行切割，注意控制板块边角的垂直度和对角线偏差，边角要打磨光滑，特殊倒边、倒角、别致造型的需采用机械倒角并水磨抛光。根据设计要求及锚固挂件安装方法选择合适的开槽或钻孔方案，加工好通槽、月牙槽、背栓孔等安装槽口。在板材六个表面涂刷防水涂料，以增强石材的防水性能。❺ **转接件安装（背栓挂装专用）**：按放出的墨线和设计的规格、数量的要求安装转接件，校正后必须以测力扳手检测螺栓和螺母的旋紧力度，使之达到设计质量的要求。❻ **石材安装**：安装板块的顺序一般是自下而上进行，在墙面最低一层板材安装位置的上下

口拉两条水平控制线，板材以中间主要观赏面或墙面阳角开始就位安装。先安装好第一块作为基准，其平整度以事先设置的点为依据，用线垂吊直，经校准后固定金属挂装件并灌入适量的胶粘剂；一层板材安装完毕，再进行上一层安装和固定；尽量避免交叉作业以减少偏差，并注意石材色泽的一致性，板材安装要求四角平整，纵横对缝；每层安装完成，应作一次外形误差的调校，并以测力扳手对挂装件螺栓旋紧力进行抽检复验。**❼ 接缝处理**：每一施工段安装后经检查无误，可清扫拼接缝，按设计要求填入橡胶条或者用打胶机进行涂封，一般只封平接缝表面或比板面稍凹少许即可。**❽ 清场**：每次操作结束要清理操作现场，安装完工不允许留下杂物，以防硬物跌落损坏饰面板。

3.3　质量关键要求

1. 现象

局部块料干挂后，块料与块料之间的接缝不平直，色泽深浅不匀，影响装饰效果。

2. 原因

❶ 基层处理不好；超出了挂件可调节的范围；旋紧螺栓时，角码与连结板滑动位移。❷ 块料端面开槽位置不准确，插入挂装件时引起两块料平面的错位。❸ 安装前后未对块材严格挑选分色。

3. 预防措施

❶ 安装前应对基层作外形尺寸的复核，偏差较大的事先要剔凿或修补。❷ 旋紧挂装件时力度要适合，注意避免角码与连结板在旋紧时产生滑动，或因旋紧力不够引起松动。❸ 块料端面开槽要严格要求，当块料厚薄有差异时，应以块料的外装饰面作为开槽的基准面。❹ 每完成一层干挂工作，应作几何尺寸和外观的复核，及时调校后方可继续上一层的作业。❺ 块料安装前应挑选分色，差异太大的不宜采用。

3.4　季节性施工

❶ 雨期施工时，应采取措施，确保各种石材的含水率不超标。石材必须在干燥清洁状况下涂刷石材防护剂才能起到防护作用。雨天或板材受潮时不宜进行涂胶嵌缝。❷ 冬期施工用胶粘剂进行粘接作业时，现场最低环境温度不得低于5℃。

4 / 质量要求

4.1 主控项目

❶ 饰面板的品种、规格、颜色和性能应符合设计要求。

检验方法：观察；检查产品合格证书、进场验收记录和性能检测报告。

❷ 饰面板孔、槽的数量、位置和尺寸应符合设计要求。

检验方法：检查进场验收记录和施工记录。

❸ 饰面板安装工程的后置埋件、连接件的数量、规格、位置、连接方法和防腐处理必须符合设计要求。后置埋件的现场拉拔强度必须符合设计要求。饰面板安装必须牢固。

检验方法：手扳检查；检查进场验收记录、现场拉拔检测报告。

4.2 一般项目

❶ 饰面板表面应平整、洁净、色样一致，无裂纹和缺损。石材表面应无泛碱等污染。

检验方法：观察。

❷ 饰面板嵌缝应密实、平直、宽度和深度应符合设计要求，嵌填材料色泽应一致。

检验方法：观察；尺量检查。

❸ 采用平挂安装的饰面板工程，石材应进行防开裂坠落处理。

检验方法：检查施工记录。

❹ 饰面板上的孔洞应套割吻合，边缘应整齐、方正。

检验方法：观察。

❺ 饰面板安装的允许偏差符合表 7.1.4-1 的规定。

表 7.1.4-1　饰面板安装的允许偏差

序号	项目	允许偏差（mm）			检验方法
		光面	剁斧石	蘑菇石	
1	立面垂直度	2	3	3	用 2m 垂直检测尺检查
2	表面平整度	2	3	—	用 2m 靠尺和塞尺检查
3	阴阳角方正	2	4	4	用 200mm 直角检测尺检查

序号	项目	允许偏差（mm）			检验方法
		光面	剁斧石	蘑菇石	
4	接缝直线度	2	4	4	拉 5m 线，不足 5m 拉通线，用钢直尺检查
5	墙裙、勒脚上口直线度	2	3	3	
6	接缝高低差	1	3	—	用钢直尺和塞尺检查
7	接缝宽度	1	2	2	用钢直尺检查

5 　成品保护

❶ 石材进场后，应按照板块的品种、规格、颜色，用木档将板块底部垫高 100mm，分别放置在干燥、通风的专用场地。严禁和具有腐蚀性的材料或酸、碱、油等污染性物质混合一起堆放，防止饰面被污染和损伤。如果材料堆放在室外时，应考虑采用防雨布遮盖，严禁叠层堆积，注意不得碰撞。❷ 饰面板施工后的区域应及时清理干净，尽量封闭通行，防止损坏和保障人员安全。如不能封闭区域，应放置警示标志进行提醒。❸ 电气和其他设备在进行终端安装时，应注意保护已经包好的饰面，以防止污染或损坏。❹ 严禁在已经包好的饰面板上随意剔眼打洞。如因设计变更，应采取相应的措施，施工时要小心保护，施工完成要及时认真修复，以保证饰面完整美观。

6 / 安全、环境及职业健康措施

6.1　安全措施

❶ 施工作业面必须设置足够的照明。配备足够、有效的灭火器具，并设有防火标志及消防器具。❷ 石材所采用的构造方式、数量要同块材外形规格的大小及其重量相适应。❸ 饰面块材要注意排除有开裂、隐伤的块材。所有块材、挂件及其零件均应按常规方法进行材质定量检验。❹ 应配备专职检测人员及专用测力扳手，随时检测挂件安装的操作质量，务必排除结构基层上有松动的螺栓和紧固螺母的旋紧力未达到设计要求的情况，其抽检数量按1/3进行。❺ 施工现场临时用电均应符合现行行业标准《施工现场临时用电安全技术规范》（JGJ 46）的规定。❻ 现场棚架、平台或脚手架，必须安全牢固，棚架上下不许堆放与干挂施工无关的物品，棚面上只准堆放单层石材；当需要上下交叉作业时，应相互错开，禁止上下同一工作面操作，并应戴好安全帽。高度超过2m高处作业时，应系安全带。❼ 室内外运输道路应平整，石材放在手推车上运输时应垫以松软材料，两侧宜有人扶持，以免碰花碰损和砸脚伤人。❽ 块材钻孔、切割应在固定的机架上，并应用经专业岗位培训人员操作，操作时应戴防护眼镜。❾ 安装工人进场前，应进行岗位培训并对其作安全、技术交底方能上岗操作。

6.2　环保措施

❶ 严格按现行国家标准《民用建筑工程室内环境污染控制标准》（GB 50325）、《建筑材料放射性核素限量》（GB 6566）、《室内装饰装修材料　胶粘剂中有害物质限量》（GB/T 18583）进行室内环境污染控制。对环保超标的原材料拒绝进场。❷ 边角余料应装袋后集中回收，按固体废物进行处理。现场严禁燃烧废料。❸ 剩余的油漆、涂料和油漆桶不得乱扔乱倒，必须按有害废弃物进行集中回收、处理。❹ 作业区域采取降低噪声措施，减少噪声污染。❺ 饰面板工程环境因素控制见表7.1.6-1，应从其环境因素及排放去向控制环境影响。

表 7.1.6-1　饰面板工程环境因素控制

序号	环境因素	排放去向	环境影响
1	水、电的消耗	周围空间	资源消耗、污染土地
2	电锯、切割机等施工机具产生的噪声排放	周围空间	影响人体健康
3	切割粉尘的排放	周围空间	污染大气
4	二甲苯等有害气体的排放	大气	污染大气
5	防火、防腐涂料的气味的排放	大气	污染大气
6	涂料刷子、涂料滚筒的废弃	垃圾场	污染土地
7	涂料桶的废弃	垃圾场	污染土地
8	防火、防腐涂料的泄漏	土地	污染土地
9	防火、防腐涂料的运送遗洒	土地	污染土地
10	防火、防腐涂料的废弃	周围空间	污染土地
11	金属屑等施工垃圾的排放	垃圾场	污染土地
12	加工现场火灾的发生	大气	污染土地、影响安全

6.3　职业健康安全措施

❶ 在施工中应注意在高处作业时的安全防护。

❷ 作业时佩戴好安全帽、护目镜、口罩、耳塞、电焊面罩、防护手套等。

7 ╱ 工程验收

❶ 饰面板工程验收时应检查下列文件和记录：① 饰面板工程的施工图、设计说明及其他设计文件；② 饰面材料的样板及确认文件；③ 材

料的产品合格证书、性能检测报告、进场验收记录和复验报告；④ 施工记录。

❷ 各分项工程的检验批应按下列规定划分：同一品种、相同工艺和施工条件的饰面板工程，每1500m²应划分为一个检验批，不足1500m²也应划分为一个检验批。

❸ 检查数量应符合下列规定：饰面板工程每个检验批应至少抽查20%，并不得少于300m²，不足300m²时应全数检查。

❹ 检验批合格质量和分项工程质量验收合格应符合下列规定：① 抽查样本主控项目均合格；一般项目80%以上合格，其余样本不得影响使用功能或明显影响装饰效果的缺陷，其中有允许偏差和检验项目，其最大偏差不得超过规定允许偏差的1.5倍。均须具有完整的施工操作依据、质量检查记录。② 分项工程所含的检验批均应符合合格质量规定，所含的检验批的质量验收记录应完整。

❺ 分部（子分部）工程质量验收合格应符合下列规定：① 分部（子分部）工程所含分项工程的质量均应验收合格；② 质量控制资料应完整；③ 观感质量验收应符合要求。

---

8 / 质量记录

石材饰面板工程施工质量记录包括：❶ 石材（花岗石、大理石、石灰石、石英砂岩及其他石材等）的产品合格证、放射性检测报告以及进场检验记录，金属骨架等材料的产品合格证、性能检测报告、材料进场复试报告；❷ 隐蔽工程验收记录；❸ 检验批质量验收记录；❹ 分项工程质量验收记录。

第 2 节

人造饰面板工程施工工艺

---

1 / 总则

1.1 适用范围

本施工工艺适用于基体为钢筋混凝土浇筑、砖砌体或钢结构的墙柱面，饰面为人造板（陶板、瓷板、微晶玻璃等）的施工。

1.2 编制参考标准及规范

1. 《建筑装饰装修工程质量验收标准》
   （GB 50210-2018）

2. 《建筑工程施工质量验收统一标准》
   （GB 50300-2013）

3. 《民用建筑工程室内环境污染控制标准》
   （GB 50325-2020）

4. 《建设工程项目管理规范》
   （GB/T 50326-2017）

5. 《钢结构工程施工质量验收标准》
   （GB 50205-2020）

6. 《建筑瓷板装饰工程技术规程》
   （CECS 101 ：98 ）

2 / 施工准备

2.1 技术准备

熟悉施工图纸，编制人造饰面板工程施工方案，并对工人进行书面技术及安全交底，依据技术交底和安全交底作好施工准备。

2.2 材料要求

1. 金属基层材料

❶ 钢龙骨一般用碳素结构钢或低合金结构钢，种类、牌号、质量等级应符合设计要求，其规格尺寸应按设计图纸加工，并做好防腐处理，锌膜或涂膜厚度应符合国家相关规范的技术标准。❷ 铝合金龙骨一般采用 6061、6063、6063A 等铝合金热挤压型材，合金牌号、供应状态应符合设计要求，型材尺寸允许偏差应达到国家标准高精级，型材质量、表面处理层厚度应符合国家相关规范的技术标准。

2. 人造板面层材料

❶ 陶板、瓷板、微晶玻璃等人造板，天然放射性核素镭-226、钍-232、钾-40 的放射性比活度应同时满足 $I_{ra} \leqslant 1.0$ 和 $I_r \leqslant 1.3$ 的要求（Ⅰ类民用建筑）或同时满足 $I_{ra} \leqslant 1.3$ 和 $I_r \leqslant 1.9$ 的要求（Ⅱ类民用建筑）。❷ 陶板面料的材质、品种、颜色、规格尺寸、表面处理必须符合设计要求，其物理性能应符合：吸水率 $3\% < E \leqslant 6\%$（AⅡ类）或 $6\% < E \leqslant 10\%$（AⅢ类），弯曲强度 $\geqslant 13$ MPa（AⅡ类）或 $\geqslant 9$ MPa（AⅢ类），断裂模数 $\geqslant 20$MPa（AⅡ类）或 $\geqslant 17.5$MPa（AⅢ类），弹性模量 $\geqslant 20$GPa，湿膨胀系数 $\leqslant 1.6\%$，厚度 $\geqslant 15$mm，抗冻性能（严寒地区）和抗热震性应无破坏。❸ 瓷板面料的材质、品种、色泽必须符合设计要求，其物理性能应符合：弯曲强度 $\geqslant 35$ MPa，表面莫氏硬度 $\geqslant 6$，吸水率 $\leqslant 0.5\%$，厚度 $\geqslant 12$mm（背栓式）或 $\geqslant 13$mm（其他连接方式），单块面积 $\leqslant 1.2$m^2，耐腐蚀性 A 级，断裂模数 $\geqslant 30$MPa，湿膨胀系数 $\leqslant 1.6\%$，抗冻性能（严寒地区）应无破坏。❹ 微晶玻璃面料的材质、品种、颜色、色泽、耐酸碱性必须符合设计要求，其物理性能应符合：弯曲强度 $\geqslant 30$ MPa，表面莫氏硬度 $\geqslant 5$，吸水率 $\leqslant 0.1\%$，厚度 $\geqslant 20$mm，单块面积 $\leqslant 1.5$m^2，镜面板材的光泽度 $\geqslant 75$ 光泽单位，抗冻性能（严寒地区）应无破坏。

建筑装饰装修施工手册（第2版）

3. 其他材料

不锈钢或铝合金等金属转接件，背栓、背卡等金属挂装件，化学锚栓、膨胀螺栓、螺栓、螺母等五金配件，其材质、机械性能、品种、规格、质量必须符合设计要求，双组分环氧型胶粘剂、中性硅酮耐候密封胶、嵌缝胶或嵌缝胶条，应有出厂合格证并满足环保要求。

2.3 主要机具

❶ 机械：磨光机、角磨机、手提切割机、曲线锯、直线锯、台式电钻、电焊机、冲击钻、手电钻、电动螺钉枪、气泵等。❷ 工具：各种扳手、注胶枪、射钉枪、螺钉旋具等。❸ 计量检测用具：经纬仪、水准仪、激光投线仪、钢卷尺、钢板尺、靠尺、方角尺、水平尺、塞尺等。

2.4 作业条件

❶ 施工现场的水源、电源已满足施工的需要。作业面上的基层的外形尺寸已经复核，其误差保证在本工艺能调节的范围之内，作业面上已弹好平水线、轴线、出入线、标高等控制线，作业面的环境已清理完毕。❷ 基体为混凝土浇筑、砖砌体或钢结构的墙柱面上的水、电、暖通、消防、智能化专业预留、预埋已经全部完成，且电气穿线、测试完成并合格，各种管路打压、试水完成并合格。❸ 作业面操作位置的临边设施（棚架、临时操作平台、脚手架等）已满足操作要求和符合安全的规定。作业面相接位置的其他专业进度已满足饰面板施工的需要，如外墙门窗、幕墙工程已完成骨架安装；并经验收合格；消火栓箱已完成埋设定位，机电设备门等出入口已完成门扇安装。❹ 各种机具设备已齐备和完好，各种专项方案已获得审批准，作业面焊接动火申请已获得批准。❺ 大面积装修前已按设计要求先做样板间，经检查鉴定合格后，可大面积施工。❻ 在操作前已进行技术交底，强调技术措施和质量标准要求。

3 / 施工工艺

3.1   工艺流程

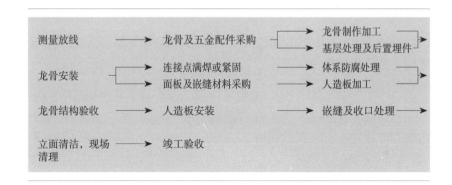

图 7.2.3-1　人造饰面板工程施工工艺流程

3.2   操作工艺

❶ **定位放线**：从所安装饰面部位的两端，由上至下吊出垂直线，投点在地面上或固定点上。找垂直时，一般按板背与基层面的空隙（即架空）为 50mm～70mm 为宜。按吊出的垂线，连结两点作为起始层挂装板材的基准，根据设计图纸在基层面上按板材的大小和缝隙的宽度，弹出横平竖直的分格墨线。❷ **安装后置埋件**：根据设计要求选用膨胀螺栓或化学锚栓，按位置在基层面上安装后置埋件，后置埋件应经过防腐处理。❸ **安装骨架**：根据骨架设计图纸安装骨架，用连接件与金属骨架进行连接，骨架立面整体安装、校正后，连接点要焊接或用螺丝紧固，焊接时焊缝、焊接点要饱满，用螺丝紧固时螺丝旋紧力度要达到要求，整个体系须进行防腐处理。❹ **人造板加工**：按照排版设计图选择板块，非标准规格板块须在车间内进行切割，注意控制板块尺寸和形状偏差；根据设计要求及锚固挂件安装方法选择合适的开槽或钻孔方案，加工好通槽、月牙槽、背栓孔等安装槽口。❺ **转接件安装（背栓挂装专用）**：按放出的墨线和设计的规格、数量的要求安装转接件，校正后必须以测力扳手检测螺栓和螺母的旋紧力度，使之达到设计质量的要求。❻ **人造板安装**：安装板块的顺序一般是自下而上进行，在墙面最低一层板材安装位置的上下口拉两条水平控制线，板材以中间主要观赏面或墙面阳角开始就位安装。先安装好第一块作为基准，其平整度以

事先设置的点为依据，用线垂吊直，经校准后固定金属挂装件并灌入适量的胶粘剂；一层板材安装完毕，再进行上一层安装和固定；尽量避免交叉作业以减少偏差，并注意板材色泽的一致性，板材安装要求四角平整，纵横对缝；每层安装完成，应作一次外形误差的调校，并以测力扳手对挂件螺栓旋紧力进行抽检复验。**⑦ 接缝处理**：每一施工段安装后经检查无误，可清扫拼接缝，设计要求封缝处理的填入橡胶条或者用打胶机进行涂封，一般只封平接缝表面或比板面稍凹少许即可。**⑧ 清场**：每次操作结束要清理操作现场，安装完工不允许留下杂物，以防硬物跌落损坏饰面板。

3.3　质量关键要求

1. 现象

局部块料干挂后，块料与块料之间的接缝不平直，色泽深浅不匀，影响装饰效果。

2. 原因

❶ 基层处理不好；超出了挂件可调节的范围；旋紧螺栓时，角码与连结板滑动位移。❷ 块料端面开槽位置不准确，插入挂装件时引起两块料平面的错位。❸ 安装前后未对块材严格挑选分色。

3. 预防措施

❶ 安装前应对基层作外形尺寸的复核，偏差较大的事先要剔凿或修补。❷ 旋紧挂装件时力度要适合，注意避免角码与连结板在旋紧时产生滑动，或因旋紧力不够引起松动。❸ 块料端面开槽要严格要求，当块料厚薄有差异时，应以块料的外装饰面作为开槽的基准面。❹ 每完成一层干挂工作，应作几何尺寸和外观的复核，及时调校后方可继续上一层的作业。❺ 块料安装前应挑选分色，差异太大的不宜采用。

3.4　季节性施工

❶ 雨期施工时，应采取措施，确保各种人造板的含水率不超标，雨天或板材受潮时不宜进行涂胶嵌缝。❷ 冬期施工用胶粘剂进行粘接作业时，现场最低环境温度不得低于5℃。

4 / 质量要求

4.1 主控项目

❶ 饰面板的品种、规格、颜色和性能应符合设计要求。

检验方法：观察；检查产品合格证书、进场验收记录和性能检测报告。

❷ 饰面板孔、槽的数量、位置和尺寸应符合设计要求。

检验方法：检查进场验收记录和施工记录。

❸ 饰面板安装工程的后置埋件、连接件的数量、规格、位置、连接方法和防腐处理必须符合设计要求。后置埋件的现场拉拔强度必须符合设计要求。饰面板安装必须牢固。

检验方法：手扳检查；检查进场验收记录、现场拉拔检测报告。

4.2 一般项目

❶ 饰面板表面应平整、洁净、色样一致，无裂纹、缺损和其他污染，釉面板无釉面龟裂或缺釉现象。

检验方法：观察。

❷ 饰面板嵌缝应密实、平直、宽度和深度应符合设计要求，嵌填材料色泽应一致。

检验方法：观察；尺量检查。

❸ 采用平挂安装的饰面板工程，饰面板应进行防开裂坠落处理。

检验方法：检查施工记录。

❹ 饰面板上的孔洞应套割吻合，边缘应整齐、方正。

检验方法：观察。

❺ 饰面板安装的允许偏差符合表 7.2.4-1 的规定。

表 7.2.4-1 饰面板安装的允许偏差

序号	项目	允许偏差（mm）	检验方法
1	立面垂直度	2	用 2m 垂直检测尺检查
2	表面平整度	2	用 2m 靠尺和塞尺检查
3	阴阳角方正	2	用 200mm 直角检测尺检查
4	接缝直线度	2	拉 5m 线，不足 5m 拉通线，用钢直尺检查

序号	项目	允许偏差（mm）	检验方法
5	墙裙、勒脚上口直线度	2	拉 5m 线，不足 5m 拉通线，用钢直尺检查
6	接缝高低差	1	用钢直尺和塞尺检查
7	接缝宽度	1	用钢直尺检查

5 / 成品保护

❶ 人造板进场后，应按照板块的品种、规格、颜色，用木档将板块底部垫高 100mm，分别放置在干燥、通风的专用场地。严禁和具有腐蚀性的材料或酸、碱、油等污染性物质混合一起堆放，防止饰面被污染和损伤。如果材料堆放在室外时，应考虑采用防雨布遮盖，严禁叠层堆积，注意不得碰撞。❷ 饰面板施工后的区域应及时清理干净，尽量封闭通行，防止损坏和保障人员安全。如不能封闭区域，应放置警示标志进行提醒。❸ 电气和其他设备在进行终端安装时，应注意保护已经包好的饰面，以防止污染或损坏。❹ 严禁在已经包好的饰面板上随意剔眼打洞。如因设计变更，应采取相应的措施，施工时要小心保护，施工完成要及时认真修复，以保证饰面完整美观。

6 / 安全、环境及职业健康措施

6.1 安全措施

❶ 施工作业面必须设置足够的照明。配备足够、有效的灭火器具，并设有防火标志及消防器具。❷ 人造板所采用的构造方式、数量要同块材外形规格的大小及其重量相适应。❸ 饰面块材要注意排除有开裂、隐伤的块材。所有块材，挂件及其零件均应按常规方法进行材质定量检验。❹ 应配备专职检测人员及专用测力扳手，随时检测挂件安装的操作质量，务必排除结构基层上有松动的螺栓和紧固螺母的旋紧力未达到设计要求的情况，其抽检数量按 1/3 进行。❺ 施工现场临时用电均应符合现行行业标准《施工现场临时用电安全技术规范》（JGJ 46）的规定。❻ 现场棚架、平台或脚手架，必须安全牢固，棚架上下不许堆放与干挂施工无关的物品，棚面上只准堆放单层块材；当需要上下交叉作业时，应相互错开，禁止上下同一工作面操作，并应戴好安全帽。高度超过 2m 高处作业时，应系安全带。❼ 室内外运输道路应平整，块材放在手推车上运输时应垫以松软材料，两侧宜有人扶持，以免碰花碰损和砸脚伤人。❽ 块材钻孔、切割应在固定的机架上，并应用经专业岗位培训人员操作，操作时应戴防护眼镜。❾ 安装工人进场前，应进行岗位培训并对其作安全、技术交底方能上岗操作。

6.2 环保措施

❶ 严格按现行国家标准《民用建筑工程室内环境污染控制标准》（GB 50325）、《建筑材料放射性核素限量》（GB 6566）、《室内装饰装修材料　胶粘剂中有害物质限量》（GB/T 18583）进行室内环境污染控制。对环保超标的原材料拒绝进场。❷ 边角余料应装袋后集中回收，按固体废物进行处理。现场严禁燃烧废料。❸ 剩余的油漆、涂料和油漆桶不得乱扔乱倒，必须按有害废弃物进行集中回收、处理。❹ 作业区域采取降低噪声措施，减少噪声污染。❺ 饰面板工程环境因素控制见表 7.2.6-1，应从其环境因素及排放去向控制环境影响。

表 7.2.6-1　饰面板工程环境因素控制表

序号	环境因素	排放去向	环境影响
1	水、电的消耗	周围空间	资源消耗、污染土地
2	电锯、切割机等施工机具产生的噪声排放	周围空间	影响人体健康
3	切割粉尘的排放	周围空间	污染大气
4	二甲苯等有害气体的排放	大气	污染大气
5	防火、防腐涂料的气味的排放	大气	污染大气
6	涂料刷子、涂料滚筒的废弃	垃圾场	污染土地
7	涂料桶的废弃	垃圾场	污染土地
8	防火、防腐涂料的泄漏	土地	污染土地
9	防火、防腐涂料的运送遗洒	土地	污染土地
10	防火、防腐涂料的废弃	周围空间	污染土地
11	金属屑等施工垃圾的排放	垃圾场	污染土地
12	加工现场火灾的发生	大气	污染土地、影响安全

6.3　职业健康安全措施

在施工中应注意在高处作业时的安全防护。

7 ／ 工程验收

❶ 饰面板工程验收时应检查下列文件和记录：① 饰面板工程的施工图、设计说明及其他设计文件；② 饰面材料的样板及确认文件；③ 材

料的产品合格证书、性能检测报告、进场验收记录和复验报告；④ 施工记录。

❷ 各分项工程的检验批应按下列规定划分：同一品种、相同工艺和施工条件的饰面板工程每 1500m² 应划分为一个检验批，不足 1500m² 也应划分为一个检验批。

❸ 检查数量应符合下列规定：饰面板工程每个检验批应至少抽查 20%，并不得少于 300m²，不足 300m² 时应全数检查。

❹ 检验批合格质量和分项工程质量验收合格应符合下列规定：① 抽查样本主控项目均合格；一般项目 80% 以上合格，其余样本不得影响使用功能或明显影响装饰效果的缺陷，其中有允许偏差和检验项目，其最大偏差不得超过规定允许偏差的 1.5 倍。均须具有完整的施工操作依据、质量检查记录。② 分项工程所含的检验批均应符合合格质量规定，所含的检验批的质量验收记录应完整。

❺ 分部（子分部）工程质量验收合格应符合下列规定：① 分部（子分部）工程所含分项工程的质量均应验收合格；② 质量控制资料应完整；③ 观感质量验收应符合要求。

---

8 / 质量记录

人造饰面板工程施工质量记录包括：❶ 人造板（陶板、瓷板、微晶玻璃等）的产品合格证和放射性检测报告以及进场检验记录；金属骨架等材料的产品合格证、性能检测报告、材料进场复试报告；❷ 隐蔽工程验收记录；❸ 检验批质量验收记录；❹ 分项工程质量验收记录。

第3节

金属饰面板工程施工工艺

1 / 总则

1.1 适用范围

本施工工艺适用于基体为钢筋混凝土浇筑、砖砌体或钢结构的墙柱面，饰面为金属板（单层铝板、铝塑复合板、蜂窝铝板、彩色涂层钢板、搪瓷涂层钢板、不锈钢板、锌合金板、钛合金板、铜合金板等）的施工。

1.2 编制参考标准及规范

1.《建筑装饰装修工程质量验收标准》
（GB 50210-2018）

2.《建筑工程施工质量验收统一标准》
（GB 50300-2013）

3.《民用建筑工程室内环境污染控制标准》
（GB 50325-2020）

4.《建设工程项目管理规范》
（GB/T 50326-2017）

5.《钢结构工程施工质量验收标准》
（GB 50205-2020）

6.《金属与石材幕墙工程技术规范》
（JGJ 133-2001）

2 / 施工准备

2.1 技术准备

熟悉施工图纸，编制金属饰面板工程施工方案，并对工人进行书面技术及安全交底，依据技术交底和安全交底做好施工准备。

2.2 材料要求

1. 基层材料

❶ 钢龙骨一般用碳素结构钢或低合金结构钢，种类、牌号、质量等级应符合设计要求，其规格尺寸应按设计图纸加工，并做好防腐处理，锌膜或涂膜厚度应符合国家相关规范的技术标准。❷ 铝合金龙骨一般采用 6061、6063、6063A 等铝合金热挤压型材，合金牌号、供应状态应符合设计要求，型材尺寸允许偏差应达到国家标准高精级，型材质量、表面处理层厚度应符合国家相关规范的技术标准。

2. 面层材料

❶ 单层铝板、铝塑复合板、蜂窝铝板、彩色涂层钢板、搪瓷涂层钢板、不锈钢板、锌合金板、钛合金板、铜合金板等面料，其材质、主要化学成分、力学性能、板厚度、色泽、规格必须符合设计图纸要求，其表面处理层的厚度及材质必须符合国家相关标准规范的要求。❷ 铝塑复合板厚度应为 4mm，铝板（正背面板）厚度 ≥ 0.5mm，物理性能应符合：弯曲强度 ≥ 100MPa，剪切强度 ≥ 22MPa，剥离强度 ≥ 130N/mm，弯曲弹性模量 ≥ 20000MPa。开槽和折边应采用机械刻槽，开槽和折边部位的塑料芯板应保留的厚度 ≥ 0.3mm。❸ 蜂窝铝板，厚度为 10mm 的蜂窝铝板应由 1mm 厚正面铝合金板、0.5mm ~ 0.8mm 厚背面铝合金板及铝蜂窝黏结而成；厚度在 10mm 以上的蜂窝铝板其正背面铝合金板厚度均应为 1mm。物理性能应符合：抗拉强度 ≥ 10.5MPa，抗剪强度 ≥ 1.4MPa。开槽和折边应采用机械刻槽。❹ 搪瓷涂层钢板的内外表层应上底釉，搪瓷涂层应保持完好，面板不应在施工现场进行切割或钻孔。❺ 彩色涂层钢板的涂层应保持完好，面板不应在施工现场进行切割或钻孔。

3. 其他材料

铝合金等金属连接件，不锈钢或铝合金挂件、插件，化学锚栓、膨胀螺栓、金属背栓、螺栓螺母等五金配件，其材质、品种、规格、质量必须符合设计要求，建筑密封胶或嵌缝胶条，应有出厂合格证并满足环保要求。

2.3　主要机具

❶ 机械：折板工作台、剪板机、台式切割机、手提切割机、折板机、台式电刨、手提电刨、曲线锯、直线锯、电焊机、冲击钻、手电钻、电动螺钉枪、气泵等。❷ 工具：各种扳手、拉铆枪、注胶枪、射钉枪、螺钉旋具、多用刀、锤子、钳子等。❸ 计量检测用具：经纬仪、水准仪、激光投线仪、钢卷尺、钢板尺、靠尺、方角尺、水平尺、塞尺等。

2.4　作业条件

❶ 施工现场的水源、电源已满足施工的需要。作业面上的基层的外形尺寸已经复核，其误差保证在本工艺能调节的范围之内，作业面上已弹好平水线、轴线、出入线、标高等控制线，作业面的环境已清理完毕。❷ 基体为混凝土浇筑、砖砌体或钢结构的墙柱面上的水、电、暖通、消防、智能化专业预留、预埋已经全部完成，且电气穿线、测试完成并合格，各种管路打压、试水完成并合格。❸ 作业面操作位置的临边设施（棚架、临时操作平台、脚手架等）已满足操作要求和符合安全的规定。作业面相接位置的其他专业进度已满足饰面板施工的需要，如外墙门窗、幕墙工程已完成骨架安装；并经验收合格；消火栓箱已完成埋设定位，机电设备门等出入口已完成门扇安装。❹ 各种机具设备已齐备和完好，各种专项方案已获得审批准，作业面焊接动火申请已获得批准。❺ 大面积装修前已按设计要求先做样板间，经检查鉴定合格后，可大面积施工。❻ 在操作前已进行技术交底，强调技术措施和质量标准要求。

3 / 施工工艺

3.1   工艺流程

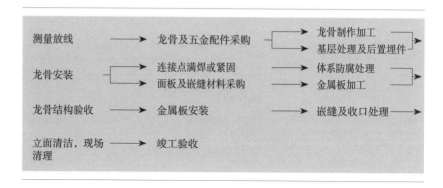

图 7.3.3-1   金属饰面板工程施工工艺流程

3.2   操作工艺

❶ **定位放线**：从所安装饰面部位的两端，由上至下吊出垂直线，投点在地面上或固定点上。找垂直时，一般按板背与基层面的空隙（即架空）为 50mm～70mm 为宜。按吊出的垂线，连结两点作为起始层挂装板材的基准，根据设计图纸在基层面上按板材的大小和缝隙的宽度，弹出横平竖直的分格墨线。❷ **安装后置埋件**：根据设计要求选用膨胀螺栓或化学锚栓，按位置在基层面上安装后置埋件，后置埋件应经过防腐处理。❸ **安装骨架**：根据骨架设计图纸安装骨架，用连接件与金属骨架进行连接，骨架立面整体安装、校正后，连接点要焊接或用螺丝紧固，焊接时焊缝、焊接点要饱满，用螺丝紧固时螺丝旋紧力度要达到要求，整个体系须进行防腐处理。❹ **金属板加工**：按照排版设计图选择板块，非标准规格板块须在车间内进行切割，注意控制板块尺寸和对角线偏差，切割边缘要打磨光滑。根据设计要求选择合适的锚固挂件安装方法。❺ **金属板安装**：安装板块的顺序一般是自下而上进行，在墙面最低一层板材安装位置的上下口拉两条水平控制线，板材以中间主要观赏面或墙面阳角开始就位安装。先安装好第一块作为基准，其平整度以事先设置的点为依据，用线垂吊直，经校准后固定金属挂件；一层板材安装完毕，再进行上一层安装和固定；尽量避免交叉作业以减少偏差，并注意板材色泽的一致性，板材安装要求四角平整，纵横对缝；每

层安装完成，应作一次外形误差的调校，并对金属板的挂装固定进行抽检复验。❻ *接缝处理*：每一施工段安装后经检查无误，可清扫拼接缝，设计要求封缝处理的填入橡胶条或者用打胶机进行涂封，一般只封平接缝表面或比板面稍凹少许即可。❼ *清场*：每次操作结束要清理操作现场，安装完工不允许留下杂物，以防硬物跌落破损饰面板。

3.3　质量关键要求

1. 现象

局部板块挂装后，板块与板块之间的接缝不平直，色泽深浅不匀，影响装饰效果。

2. 原因

❶ 基层处理不好；超出了挂码可调节的范围；旋紧安装螺钉时，挂码或连接板滑动位移。❷ 板块端面挂码位置不准确，安装板块时引起两板块平面的错位。❸ 安装前后未对板块严格挑选分色。

3. 预防措施

❶ 安装前应对基层作外形尺寸的复核，偏差较大的事先要剔凿或修补。❷ 旋紧安装螺钉时力度要适合，注意避免挂码或连接板在旋紧时产生滑动，或因旋紧力不够引起松动。❸ 板块端面挂码位置要严格要求，当板块厚薄有差异时，应以板块的外装饰面作为挂码的基准面。❹ 每完成一层挂装工作，应作几何尺寸和外观的复核，及时调校后方可继续上一层的作业。❺ 板块安装前应挑选分色，差异太大的不宜采用。

3.4　季节性施工

❶ 雨期施工时，雨天或板材受潮时不宜进行涂胶嵌缝。❷ 冬期施工用胶粘剂进行粘接作业时，现场最低环境温度不得低于5℃。

4 / 质量要求

4.1　主控项目

❶ 饰面板的品种、规格、颜色和性能应符合设计要求。

检验方法：观察；检查产品合格证书、进场验收记录和性能检测报告。

❷ 饰面板孔、槽的数量、位置和尺寸应符合设计要求。

检验方法：检查进场验收记录和施工记录。

❸ 饰面板安装工程的后置埋件、连接件的数量、规格、位置、连接方法和防腐处理必须符合设计要求。后置埋件的现场拉拔强度必须符合设计要求。饰面板安装必须牢固。

检验方法：手扳检查；检查进场验收记录、现场拉拔检测报告。

4.2　一般项目

❶ 饰面板表面应平整、洁净、色样一致，无裂纹和缺损。金属板表面应无锈蚀等污染。

检验方法：观察。

❷ 饰面板嵌缝应密实、平直、宽度和深度应符合设计要求，嵌填材料色泽应一致。

检验方法：观察；尺量检查。

❸ 采用平挂安装的饰面板工程，金属板应进行防坠落加固处理。

检验方法：检查施工记录。

❹ 饰面板上的孔洞应套割吻合，边缘应整齐、方正。

检验方法：观察。

❺ 饰面板安装的允许偏差符合表 7.3.4-1 的规定。

表 7.3.4-1　饰面板安装的允许偏差

序号	项目	允许偏差（mm）	检验方法
1	立面垂直度	2	用 2m 垂直检测尺检查
2	表面平整度	3	用 2m 靠尺和塞尺检查
3	阴阳角方正	3	用 200mm 直角检测尺检查

序号	项目	允许偏差（mm）	检验方法
4	接缝直线度	2	拉 5m 线，不足 5m 拉通线，用钢直尺检查
5	墙裙、勒脚上口直线度	2	
6	接缝高低差	1	用钢直尺和塞尺检查
7	接缝宽度	1	用钢直尺检查

5 成品保护

❶ 金属板进场后，应按照板块的品种、规格、颜色，用木档将板块底部垫高 100mm，分别放置在干燥、通风的专用场地。严禁和具有腐蚀性的材料或酸、碱、油等污染性物质混合一起堆放，防止饰面被污染和损伤。如果材料堆放在室外时，应考虑采用防雨布遮盖，严禁叠层堆积，注意不得碰撞。❷ 饰面板施工后的区域应及时清理干净，尽量封闭通行，防止损坏和保障人员安全。如不能封闭区域，应放置警示标志进行提醒。❸ 电气和其他设备在进行终端安装时，应注意保护已经包好的饰面，以防止污染或损坏。❹ 严禁在已经包好的饰面板上随意剔眼打洞。如因设计变更，应采取相应的措施，施工时要小心保护，施工完成要及时认真修复，以保证饰面完整美观。

6 / 安全、环境及职业健康措施

6.1 安全措施

❶ 施工作业面必须设置足够的照明。配备足够、有效的灭火器具，并设有防火标志及消防器具。❷ 金属板所采用的构造方式、数量要同块材外形规格的大小及其重量相适应。❸ 饰面块材要注意排除有开裂、隐伤的块材。所有块材，挂件及其零件均应按常规方法进行材质定量检验。❹ 应配备专职检测人员及专用测力扳手，随时检测挂件安装的操作质量，务必排除结构基层上有松动的螺栓和紧固螺母的旋紧力未达到设计要求的情况，其抽检数量按1/3进行。❺ 施工现场临时用电均应符合现行行业标准《施工现场临时用电安全技术规范》(JGJ 46)的规定。❻ 现场棚架、平台或脚手架，必须安全牢固，棚架上下不许堆放与施工无关的物品，棚面上只准堆放单层块材；当需要上下交叉作业时，应相互错开，禁止上下同一工作面操作，并应戴好安全帽。高度超过2m高处作业时，应系安全带。❼ 室内外运输道路应平整，块材放在手推车上运输时应垫以松软材料，两侧宜有人扶持，以免碰花、碰损和砸脚伤人。❽ 块材钻孔、切割应在固定的机架上，并应用经专业岗位培训人员操作，操作时应戴防护眼镜。❾ 安装工人进场前，应进行岗位培训并对其作安全、技术交底方能上岗操作。

6.2 环保措施

❶ 严格按现行国家标准《民用建筑工程室内环境污染控制标准》(GB 50325)、《室内装饰装修材料 胶粘剂中有害物质限量》(GB/T 18583)进行室内环境污染控制。对环保超标的原材料拒绝进场。❷ 边角余料应装袋后集中回收，按固体废物进行处理。现场严禁燃烧废料。❸ 剩余的油漆、涂料和油漆桶不得乱扔乱倒，必须按有害废弃物进行集中回收、处理。❹ 作业区域采取降低噪声措施，减少噪声污染。❺ 饰面板工程环境因素控制见表7.3.6-1，应从其环境因素及排放去向控制环境影响。

表 7.3.6-1　饰面板工程环境因素控制

序号	环境因素	排放去向	环境影响
1	水、电的消耗	周围空间	资源消耗、污染土地
2	电锯、切割机等施工机具产生的噪声排放	周围空间	影响人体健康
3	切割粉尘的排放	周围空间	污染大气
4	二甲苯等有害气体的排放	大气	污染大气
5	防火、防腐涂料的气味的排放	大气	污染大气
6	涂料刷子、涂料滚筒的废弃	垃圾场	污染土地
7	涂料桶的废弃	垃圾场	污染土地
8	防火、防腐涂料的泄漏	土地	污染土地
9	防火、防腐涂料的运送遗洒	土地	污染土地
10	防火、防腐涂料的废弃	周围空间	污染土地
11	金属屑等施工垃圾的排放	垃圾场	污染土地
12	加工现场火灾的发生	大气	污染土地、影响安全

6.3　职业健康安全措施

在施工中应注意在高处作业时的安全防护。

7　工程验收

❶ 饰面板工程验收时应检查下列文件和记录：① 饰面板工程的施工图、设计说明及其他设计文件；② 饰面材料的样板及确认文件；③ 材

料的产品合格证书、性能检测报告、进场验收记录和复验报告；④ 施工记录。

❷ 各分项工程的检验批应按下列规定划分：同一品种、相同工艺和施工条件的饰面板工程每 1500m² 应划分为一个检验批，不足 1500m² 也应划分为一个检验批。

❸ 检查数量应符合下列规定：饰面板工程每个检验批应至少抽查 20%，并不得少于 300m²，不足 300m² 时应全数检查。

❹ 检验批合格质量和分项工程质量验收合格应符合下列规定：① 抽查样本主控项目均合格；一般项目 80% 以上合格，其余样本不得影响使用功能或明显影响装饰效果的缺陷，其中有允许偏差和检验项目，其最大偏差不得超过规定允许偏差的 1.5 倍。均须具有完整的施工操作依据、质量检查记录。② 分项工程所含的检验批均应符合合格质量规定，所含的检验批的质量验收记录应完整。

❺ 分部（子分部）工程质量验收合格应符合下列规定：① 分部（子分部）工程所含分项工程的质量均应验收合格；② 质量控制资料应完整；③ 观感质量验收应符合要求。

8 / 质量记录

金属饰面板工程施工质量记录包括：❶ 金属板（单层铝板、铝塑复合板、蜂窝铝板、彩色涂层钢板、搪瓷涂层钢板、不锈钢板、锌合金板、钛合金板、铜合金板等）的产品合格证以及进场检验记录，金属骨架等材料的产品合格证、性能检测报告、材料进场复试报告；❷ 隐蔽工程验收记录；❸ 检验批质量验收记录；❹ 分项工程质量验收记录。

第4节 | 木饰面板工程施工工艺

---

1 / 总则

1.1 适用范围
本施工工艺适用于基体为钢筋混凝土浇筑、砖砌体或钢结构的墙柱面，饰面为木饰面板的施工。

1.2 编制参考标准及规范
1.《建筑装饰装修工程质量验收标准》
  （GB 50210-2018）

2.《建筑工程施工质量验收统一标准》
  （GB 50300-2013）

3.《民用建筑工程室内环境污染控制标准》
  （GB 50325-2020）

4.《室内装饰装修材料　人造板及其制品中甲醛释放限量》
  （GB 18580-2017）

5.《木器涂料中有害物质限量》
  （GB 18581-2020）

6.《建设工程项目管理规范》
  （GB/T 50326-2017）

2 施工准备

2.1 技术准备

熟悉施工图纸，编制木饰面板工程施工方案，并对工人进行书面技术及安全交底，依据技术交底和安全交底做好施工准备。

2.2 材料要求

1.木基层材料

❶ 木龙骨、木基层板、木条等木材的树种、规格、等级、防潮、防蛀、腐蚀等处理，均应符合设计图纸要求和国家有关规范的技术标准。❷ 木龙骨料一般用红、白松烘干料，含水率≤12%，不得有腐朽、节疤、劈裂、扭曲等疵病。其规格应按设计要求加工，并预先经过防腐、防火、防蛀处理。❸ 木基层板一般采用胶合板（七合板或九合板），颜色、花纹要尽量相似或对称，含水率≤12%，厚度≤20mm。要求纹理顺直、颜色均匀、花纹近似，不得有节疤、扭曲、裂缝、变色等疵病。胶合板进场后必须抽样复验，其游离甲醛释放量≤1.5mg/L（干燥器法）。

2.面层材料

❶ 饰面板的防火性能必须符合设计要求及建筑内装修设计防火的有关规定。❷ 饰面用的木压条、压角木线、木贴脸（或木线）等。采用工厂加工的成品，含水率≤12%，厚度及质量应符合设计要求。

3.其他材料

螺钉、钉子、木螺钉等五金配件，其材质、品种、规格、质量必须符合设计要求，胶粘剂、防火涂料、防腐剂应有出厂合格证并满足环保要求。

2.3 主要机具

❶ 机械：气泵、气钉枪、蚊钉枪、马钉枪、电锯、曲线锯、台式电刨、手提电刨、冲击钻、手枪钻等。❷ 工具：开刀、砂纸、锤子、多用刀等。❸ 计量检测用具：经纬仪、水准仪、激光投线仪、钢卷尺、钢板尺、靠尺、方角尺、水平尺、塞尺等。

建筑装饰装修施工手册（第2版）

2.4 作业条件

❶ 施工现场的水源、电源已满足施工的需要。作业面上的基层的外形尺寸已经复核，其误差保证在本工艺能调节的范围之内，作业面上已弹好平水线、轴线、出入线、标高等控制线，作业面的环境已清理完毕。❷ 基体为混凝土浇筑、砖砌体或钢结构的墙柱面上的水、电、暖通、消防、智能化专业预留、预埋已经全部完成，且电气穿线、测试完成并合格，各种管路打压、试水完成并合格。❸ 作业面操作位置的临边设施（棚架、临时操作平台、脚手架等）已满足操作要求和符合安全的规定。作业面相接位置的其他专业进度已满足饰面板施工的需要，如外墙门窗、幕墙工程已完成骨架安装；并经验收合格；消火栓箱已完成埋设定位，机电设备门等出入口已完成门扇安装。❹ 各种机具设备已齐备和完好，各种专项方案已获得审批准，作业面焊接动火申请已获得批准。❺ 大面积装修前已按设计要求先做样板间，经检查鉴定合格后，可大面积施工。❻ 在操作前已进行技术交底，强调技术措施和质量标准要求。

3 / 施工工艺

3.1 工艺流程

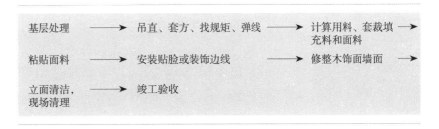

图 7.4.3-1 木饰面板工程施工工艺流程

操作工艺

1. 基层处理

❶ 在需做木饰面的墙面上，按设计要求的纵横龙骨间距进行弹线，固定防腐木楔。设计无要求时，龙骨间距控制在 400mm～600mm，防腐木楔间距一般为 200mm～300mm。❷ 墙面为抹灰基层或临近房间较潮湿时，做完木砖后应对墙面进行防潮处理。❸ 木饰面门扇的基层表面涂刷不少于两道的底油。门锁和其他五金件的安装孔全部开好，并经试安装无误。明插销、拉手及门锁等拆下。表面不得有毛刺、钉子或其他尖锐突出物。

2. 龙骨、底板施工

❶ 在已经设置好的防腐木楔上安装木龙骨，一般固定螺钉长度大于龙骨高度 +40mm。木龙骨贴墙面应先做防腐处理，其他几个面做防火处理。安装龙骨时，一边安装一边用不小于 2m 的靠尺进行调平，龙骨与墙面的间隙，用经过防腐处理的方型木楔塞实，木楔间隔应不大于200mm，龙骨表面平整。❷ 在木龙骨上铺钉底板，底板宜采用细木工板。钉的长度大于等于底板厚 +20mm。墙体为轻钢龙骨时，可直接将底板用自攻螺钉固定到墙体的轻钢龙骨上，自攻螺钉长度大于等于底板厚 +墙体面层板 +10mm。❸ 门扇木饰面板不需做底板，直接进行下道工序。

3. 定位、弹线

根据设计要求的装饰分格、造型、图案等尺寸，在墙、柱面的底板或门扇上弹出定位线。

4. 面层施工

❶ 施工前，应确定面板的正、反面和纹理方向。同一场所应使用同一批面板，并保证纹理方向一致。❷ 直接铺贴和门扇木饰面面层施工：按已弹好的分格线、图案和设计造型，确定出面板分缝定位点，把面板按定位尺寸进行切割，切割时要注意相邻两块面板的花纹和图案应吻合。将切割好的面板铺到门扇或墙面上，把下端和两侧位置调整合适后，用压条先将上端固定好，然后固定下部和两侧。压条分为木压条、铜压条、铝合金压条和不锈钢压条几种，按设计要求选用。四周固定好之后，若中间有压条或装饰钉，按设计要求钉好压条或装饰钉，采用木压条时，应先将压条进行打磨、油漆，达到成活要求后，再将木压

条上墙安装。

5. 理边、修整

清理接缝、边沿露出的面板碎料，调整、修理接缝不顺直处。开设、修整各设备安装孔，安装镶边条，安装表面贴脸及装饰物，修补各压条上的钉眼的油漆，最后擦拭、清扫浮灰。

6. 完成其他涂饰

木饰面施工完成后，修刷压条、镶边条应对木质边框、墙面及门的其他面做最后一道涂饰。

3.3 质量关键要求

❶ 施工中在铺贴第一块面板时，应认真进行吊垂直和对花、拼花。避免相邻两面板的接缝不垂直、不水平，或虽接缝垂直但花纹不吻合，或花纹不垂直、不水平等。❷ 面板下料应遵照样板进行裁剪，保证面板宽窄一致，纹路方向一致，避免花纹图案的面板铺贴后，门窗两边或室内与柱子对称的两块面板的花纹图案不对称。❸ 木饰面板施工前，应认真核对尺寸，加工中要仔细操作，防止面板下料尺寸偏小、下料不方或裁切、切割不细，面板上口与挂镜线，下口与踢脚线上口接缝不严密，露底造成亏料，使相邻面板间的接缝不严密，露底造成离缝。❹ 施工时对面板要认真进行挑选和核对，在同一场所应使用同一批面板，避免造成面层颜色、花形、深浅不一致。❺ 在施工过程中应加强检查和验收，防止在制作、安装过程中，施工人员不仔细，裁割时边缘不直、不方正等，造成周边缝隙宽窄不一致。❻ 在制作和安装压条、贴脸及收边条时选料要精细，木条含水率要符合要求，制作、切割要细致认真，钉子间距要符合要求，避免安装后出现压条、贴脸及镶边条宽窄不一、接槎不平、扒缝等。❼ 施工时，室内相对湿度不能过高，一般应低于85%，同时，温度也不能有剧烈变化。❽ 阳角处不允许留拼接缝，应包角压实；阴角拼缝宜在暗面处。

3.4 季节性施工

❶ 雨期施工时，应采取措施，确保水泥基层面含水率不超过8%，木材的含水率不超过12%，板材表面可刷一道底漆，以防受潮。❷ 冬期施工用胶粘剂进行粘接作业时，现场最低环境温度不得低于5℃。

4 质量要求

4.1 主控项目

❶ 面板材料及边框的材质、颜色、图案、燃烧性能等级和木材的含水率应符合设计要求及现行国家标准的有关规定。

检验方法：观察；检查产品合格证书、进场验收记录和性能检测报告。

❷ 木饰面板工程的安装位置及构造做法应符合设计要求。

检验方法：观察；尺量检查；检查施工记录。

❸ 木饰面板工程的龙骨、衬板、边框应安装牢固，无翘曲，拼缝应平直。

检验方法：观察；手扳检查。

❹ 单块面板不应有接缝，四周应绷压严密。

检验方法：观察；手摸检查。

4.2 一般项目

❶ 木饰面板工程表面应平整、洁净，无凹凸不平及皱折；图案应清晰、无色差，整体应协调美观。

检验方法：观察。

❷ 木饰面板拼接应位置准确、接缝严密、拐角方正、光滑顺直。

检验方法：观察；手摸检查。

❸ 木饰面板表面涂饰质量应符合现行国家标准的要求，颜色一致、纹理通畅、拼花正确。

检验方法：观察。

❹ 木面板上的孔洞应套割吻合，边缘应整齐、方正。

检验方法：观察。

❺ 木饰面板工程安装的允许偏差和检验方法应符合表 7.4.4-1 的规定。

表 7.4.4-1　木饰面板工程安装的允许偏差和检验方法

序号	项目	允许偏差（mm）	检验方法
1	立面垂直度	2	用 2m 垂直检测尺检查
2	表面平整度	1	用 2m 靠尺和塞尺检查
3	阴阳角方正	2	用 200mm 直角检测尺检查

序号	项目	允许偏差（mm）	检验方法
4	接缝直线度	2	拉 5m 线，不足 5m 拉通线，用钢直尺检查
5	墙裙、勒脚上口直线度	2	
6	接缝高低差	1	用钢直尺和塞尺检查
7	接缝宽度	1	用钢直尺检查

5　成品保护

❶ 木饰面板施工后的房间应及时清理干净，尽量封闭通行，避免污染或损坏。❷ 木饰面板施工过程中，严禁非操作人员随意触摸木饰面板饰面。❸ 电气和其他设备在进行安装时，应注意保护已经包好的饰面，以防止污染或损坏。❹ 严禁在已经包好的饰面上剔眼打洞。如因设计变更，应采取相应的措施，施工时要小心保护，施工完要及时认真修复，以保证饰面完整美观。❺ 在修补油漆、涂刷浆时，要注意做好饰面保护，防止污染，碰撞与损坏。

6　安全、环境及职业健康措施

6.1　安全措施

❶ 对木饰面板的阻燃性能严格把关，达不到防火要求的，不予使用。❷ 在较高处进行作业时，应使用高凳或架子，并应采取安全防护措施，高度超过 2m 时，应系安全带。凳上操作时，单凳只准站一人、双

凳搭跳板，两凳间距不超过 2m，准站二人。❸ 梯子不得缺档，不得垫高，横档间距以 30cm 为宜，梯子底部绑防滑垫；人字梯两梯夹角 60° 为宜，两梯间要拉牢。❹ 施工现场临时用电均应符合现行行业标准《施工现场临时用电安全技术规范》(JGJ 46) 的规定。❺ 使用电锯应有防护罩。❻ 施工作业面，必须设置足够的照明。配备足够、有效的灭火器具，并设有防火标志及消防器具。

6.2　环保措施

❶ 严格按现行国家标准《民用建筑工程室内环境污染控制标准》(GB 50325) 进行室内环境污染控制。对环保超标的原材料拒绝进场。❷ 边角余料应装袋后集中回收，按固体废物进行处理。现场严禁燃烧废料。❸ 剩余的油漆、涂料和油漆桶不得乱扔乱倒，必须按有害废弃物进行集中回收、处理。❹ 木工作业棚应封闭，采取降低噪声措施，减少噪声污染。❺ 木饰面板施工环境因素控制见表 7.4.6-1，应从其环境因素及排放去向控制环境影响。

表 7.4.6-1　木饰面板施工环境因素控制

序号	环境因素	排放去向	环境影响
1	水、电的消耗	周围空间	资源消耗、污染土地
2	电锯、切割机等施工机具产生的噪声排放	周围空间	影响人体健康
3	锯末粉尘的排放	周围空间	污染大气
4	甲醛等有害气体的排放	大气	污染大气
5	油漆、稀料、胶、涂料的气味的排放	大气	污染大气
6	油漆刷、涂料滚筒的废弃	垃圾场	污染土地
7	油漆桶、涂料桶的废弃	垃圾场	污染土地
8	油漆、稀料、胶、涂料的泄漏	土地	污染土地
9	油漆、稀料、胶、涂料的运送遗洒	土地	污染土地
10	防火、防腐涂料的废弃	周围空间	污染土地
11	废夹板等施工垃圾的排放	垃圾场	污染土地
12	木制作、加工现场火灾的发生	大气	污染土地、影响安全

6.3　职业健康安全措施

在施工中应注意在高处施工时的安全防护。

7　工程验收

❶ **木饰面板工程验收时应检查下列文件和记录**：① 木饰面板工程的施工图、设计说明及其他设计文件；② 饰面材料的样板及确认文件；③ 材料的产品合格证书、性能检测报告、进场验收记录和复验报告；④ 施工记录。

❷ **各分项工程的检验批应按下列规定划分**：同一品种、相同工艺和施工条件的木饰面板工程每 50 间（大面积房间和走廊按施工面积 30m² 为一间），应划分为一个检验批，不足 50 间也应划分为一个检验批。

❸ **检查数量应符合下列规定**：木饰面板工程每个检验批应至少抽查 20％，并不得少于 6 间，不足 6 间时应全数检查。

❹ **检验批合格质量和分项工程质量验收合格应符合下列规定**：① 抽查样本主控项目均合格；一般项目 80％以上合格，其余样本不得影响使用功能或明显影响装饰效果的缺陷，其中有允许偏差和检验项目，其最大偏差不得超过规定允许偏差的 1.5 倍。均须具有完整的施工操作依据、质量检查记录。② 分项工程所含的检验批均应符合合格质量规定，所含的检验批的质量验收记录应完整。

❺ **分部（子分部）工程质量验收合格应符合下列规定**：① 分部（子分部）工程所含分项工程的质量均应验收合格；② 质量控制资料应完整。③ 观感质量验收应符合要求。

8 / 质量记录

木饰面板工程施工质量记录包括：❶ 木饰面板等材料的产品合格证和环保、消防性能检测报告以及进场检验记录，有防火、吸声、隔热等特殊要求的饰面板应有相关资质检测单位提供的证明；❷ 隐蔽工程验收记录；❸ 检验批质量验收记录；❹ 分项工程质量验收记录。

第 8 章

饰面砖工程

P535-564

→

第1节

墙、柱面贴陶瓷砖施工工艺

1 / 总则

1.1 适用范围

本施工工艺适用于工业与民用建筑中室内外基体为砖砌体或混凝土浇筑的墙柱面和门窗套的施工。

1.2 编制参考标准及规范

1.《建筑装饰装修工程质量验收标准》
（GB 50210-2018）

2.《建筑工程施工质量验收统一标准》
（GB 50300-2013）

3.《民用建筑工程室内环境污染控制标准》
（GB 50325-2020）

4.《建筑材料放射性核素限量》
（GB 6566-2010）

5.《建设工程项目管理规范》
（GB/T 50326-2017）

2 / 施工准备

2.1 技术准备

编制室内为砖砌体或混凝土浇筑的墙柱面贴面砖工程施工方案，并对施工作业人员进行书面技术及安全交底。

2.2 材料要求

❶ **水泥**：普通硅酸盐水泥或矿渣硅酸盐水泥、白水泥（擦缝用）。
❷ **矿物颜料**：与釉面砖色泽协调，与白水泥拌合擦缝用。❸ **砂子**：中砂。❹ **石灰膏**：使用时灰膏内不应含有未熟化的颗粒及杂质，必须用孔径 3mm×3mm 的筛网过滤，并储存在沉淀池中，熟化时间，常温下不小于 15d。如使用石灰粉时要提前 3h 浸泡。❺ **面砖**：品种、规格、花色按设计规定，并应有产品合格证。釉面砖的吸水率不得大于 10%。砖表面平整方正，厚度一致，不得有缺棱、掉角和断裂等缺陷。如遇规格复杂，色差悬殊时，应逐块量度挑选，分类存放使用。❻ 民用建筑工程所使用的无机非金属装修材料包括石材、建筑卫生陶瓷、石膏板、吊顶材料等，进行分类时其放射性指标限量应符合表 8.1.2-1 的规定。

表 8.1.2-1　放射性指标限量

测定项目	限量	
	A	B
内照射指数（I_{ra}）	≤ 1.0	≤ 1.3
外照射指数（I_r）	≤ 1.3	≤ 1.9

2.3 主要施工工具

表 8.1.2-2　主要机具配置一览表

序号	机械设备名称	序号	机械设备名称
1	砂浆搅拌机	4	手电钻
2	手提切割机	5	砂轮机
3	角磨机		

表 8.1.2-3　主要工具配置一览

序号	工具名称	序号	工具名称
1	橡皮锤	5	铁抹子
2	筛子	6	木抹子
3	钢丝刷	7	硬木拍板
4	毛刷	8	手推车

表 8.1.2-4　主要计量检测工具配置一览

序号	名称	规格型号	序号	名称	规格型号
1	光学水准仪		5	铝合金靠尺	2m
2	水平尺	600mm	6	方尺	
3	钢尺	5m	7	线锤	
4	塞尺		8	墨斗	

2.4　作业条件

❶ 主体结构施工完成，通过验收。❷ 顶棚、墙柱面粉刷抹灰施工完毕。❸ 墙柱面暗装管线、电掣盒及门、窗框安装完毕，并经检验合格。❹ 墙柱面必须坚实、清洁（无油污、浮浆、残灰等），影响面砖铺贴凸出墙柱面部分应凿平，过于凹陷的墙柱面应用1∶3水泥砂浆分层抹压找平（先浇水湿润后再抹灰）。❺ 安装好的窗台板及门窗框与墙柱之间缝隙，用1∶3水泥砂浆堵灌密实；铝门窗框边隙之嵌塞材料应由设计确定，铺贴面砖前应先粘贴好保护膜。❻ 在柱、墙上统一弹出墙面上 +50cm 水平线，大面积施工前，应先做样板墙和样板间，并经质量及有关部门检查符合要求。

3 / 普通粘贴施工工艺

3.1　工艺流程

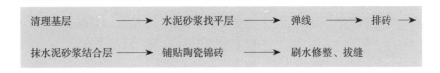

图 8.1.3-1　普通粘贴施工工艺流程

3.2　操作工艺

1. 选砖

面砖一般按 1mm 差距分类选出若干个规格，选好后根据墙柱面积、房间大小分批类计划用料。选砖要求方正、平整，棱角完好，同一规格的面砖，力求颜色均匀。

2. 基层处理和抹底子灰

❶ 光滑表面基层，应先打毛，并用钢丝刷满刷一遍，再浇水湿润。对表面很光滑的基层应进行"毛化处理"，即将表面尘土、污垢清理干净（油污可用 10% 火碱水清刷后，再用清水将碱液冲洗干净）。浇水湿润，用 1:1 水泥细砂浆，喷洒或用毛刷（横扫）将砂浆甩到光滑基面上，甩点要均匀，终凝后再浇水养护，直至水泥砂浆疙瘩有较高的强度，用手掰不动为止。❷ 砖墙面基层：提前一天浇水湿透。❸ **抹底子灰**：① 吊垂直，找规矩，贴灰饼（打墩），冲筋（打栏）。吊垂直、找规矩时，应与墙面的窗台、腰线、阳角立边等部位面砖贴面排列方法对称以及室内地台块料铺贴方正综合考虑，力求整体完美。② 将基层浇水湿润（混凝土基层面尚应用水灰比为 0.5 内掺 108 胶的素水泥均匀涂刷），分层分遍用 1:2.5 水泥砂浆底灰（亦可用 1:0.5:4 水泥石灰砂浆），第一层宜为 5mm 厚用铁抹子（铁灰匙）均匀抹压密实；待第一层干至七至八成后即可抹第二层，厚度约为 8 mm ~ 10mm，直至与冲筋大致相平，用木杠（压尺）刮平，再用木抹子（磨板）搓毛压实，划成麻面。

3. 预排砖块、弹线

❶ 预排砖块应按照设计色样要求，一个房间、一整幅墙柱面贴同一分类规格面砖；在同一墙面，最后只能留一行（排）非整块面砖，非整块面砖应排在靠近地面或不显眼的阴角位置；砖块排列一般自阳角开始，至阴角停止（收口）和自顶棚开始至楼地面停止（收口）；如果是水池、门窗框及凸出柱面时，必须以其中心往两边对称排列；墙裙、浴缸、水池等上口和阴阳角处应使用相应配件砖块；女儿墙顶、窗顶、窗台及各种腰线部位，顶面砖应压盖立面砖，以免渗水，引起空鼓；如遇设计有滴水线的外墙各种腰线部位，顶面砖应压盖立面砖，正面砖最下一排宜下突，线底部面砖应往内翘起以利滴水（鸡嘴线）。❷ 弹好花色变异分界线及垂直与水平控制线。垂直控制线一般以1m设一度为宜，水平控制线一般按5～10排砖间距设一度为宜；砖块从顶棚顶往下排列至最后一排整砖度，应弹置一度控制线；墙裙、踢脚线顶亦应弹置高度控制线。

4. 贴面砖

❶ 预先将面砖泡水浸透晾干（一般宜提前隔天泡水晾干备用）。❷ 在每一分段或分块内的面砖，均应自下而上铺贴。从最下一排砖的下皮位置用钉子装好靠尺板（室内靠尺板装在地面向上第一排整砖的下皮位置上；室外靠尺板装在当天计划完成的分段或分块内最下一排砖的下皮位置控制线上），以此承托第一排面砖。❸ 浇水将底子灰面湿润，先贴好第一排（最下一排）砖块下皮要紧靠装好的靠尺板，砖面要求垂直平正，并应用木杠（压尺）校平砖面及砖上皮。❹ 以第一排贴好的砖面为基准，贴上基准点（可使用碎块面砖），并用垂球（线称）校正，以控制砖面出墙面尺寸和垂直度。❺ 铺贴应从最低一皮开始，并按基准点挂线，逐排由下向上铺贴。面砖背面应满涂水泥膏（厚度一般控制在2mm～3mm内），贴上墙面后用铁抹子（灰匙）木把手着力敲击，使面砖粘牢，同时用木杠（压尺）校平砖面及上皮。每铺完一排应重新检查每块面砖，发现空鼓，应及时掀起加浆重新贴好。❻ 铺贴完毕，待粘贴水泥初凝后，用清水将砖面洗干净，用白水泥浆（彩色面应按设计要求用矿物颜料调色）将缝填平，完工后用棉纱、布片将表面拭擦干净至不留残灰迹为止。

4　专用粘结剂施工工艺

4.1　工艺流程

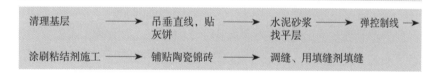

图 8.1.4-1　专用粘结剂施工工艺流程

4.2　操作工艺

❶ 施工前应认真清理基层，基层应无明水，无油渍、浮浆层等残留物。❷ 将石材平放在地面，用毛刷涂刷石材防水背胶，厚度控制在 0.8mm 内，用量约 0.8kg/m²，在常温下的表干时间在 0.5h～1h。自然养护 24h 后即可进行粘贴施工。❸ 石材四周溢出的浆料，在表干期间用铲刀清理干净。再次用干布或毛刷对石材粘结面清理，对石材粘结面涂刷专用粘结剂，厚度约 5mm，每平方米粘结剂用量约 8kg。❹ 按照放线和水平线位置进行铺贴，将涂刷粘结剂的石材按压在基层面上，用橡皮锤轻轻敲击，调整水平，摆正压实。用铲刀或美工刀铲除石材或砖面四周挤压出的粘结剂，及时清理干净。❺ 根据设计要求或陶瓷锦品种、规格大小合理设置接缝：石材长度小于等于 60cm，应设置不小于 1mm 的接缝；石材长度大于等于 60cm 且小于等于 120cm 应设置不小于 2mm 的接缝。❻ 填缝施工应在粘贴完成至少 48h 后才可进行，填缝前应清理干净缝内的油脂、浮尘、疏松物等各种不利于填缝、影响粘结的杂质。❼ 选用设计确定的配色专用柔性填缝剂，将填缝剂用铲刀或木抹子将胶浆嵌入缝隙中，将缝隙填满压实、抹平。❽ 填缝剂胶浆要求在 2h 内用完，填缝后自然养护 1h 后，用干净布清水将粘在石材或饰面砖表面的填缝剂胶浆清理干净。必要时也可用酒精或丙酮擦干净。

5 / 质量要求

5.1 主控项目

❶ 饰面砖的品种、规格、图案、颜色和性能应符合设计要求。

检验方法：观察；检查产品合格证书、进场验收记录、性能检测报告和复检报告。

❷ 饰面砖粘贴工程的找平、防水、粘结和勾缝材料及施工方法应符合设计要求和国家现行产品标准和工程技术标准的规定。

检验方法：检查产品合格证书、复检报告和隐蔽工程验收记录。

❸ 饰面砖粘贴必须牢固。

内墙饰面砖检验方法：手拍检查，检查施工记录。

外墙饰面砖检验方法：检查外墙饰面砖粘结强度检验报告和施工记录。

❹ 满粘法施工的饰面砖工程应无空鼓、裂缝。

检验方法：观察；用小锤轻击检查。

5.2 一般项目

❶ 饰面砖表面应平整、洁净、色泽一致，无裂纹和缺损。

检验方法：观察。

❷ 阴阳角处搭接方式、非整砖使用部位应符合设计要求。

检验方法：观察。

❸ 墙面凸出物周围的饰面砖应整砖套割吻合，边缘应整齐。墙裙、贴脸突出墙面的厚度应一致。

检验方法：观察；尺量检查。

❹ 饰面砖接缝应平直、光滑，填嵌应连续、密实；宽度和深度应符合设计要求。

检验方法：观察；尺量检查。

❺ 有排水要求的部位应做滴水线（槽）。滴水线（槽）应顺直，流水坡向应正确，坡度应符合设计要求。

检验方法：观察；用水平尺检查。

❻ 饰面砖粘贴的允许偏差符合表 8.1.5-1 的规定。

表 8.1.5-1　饰面砖粘贴的允许偏差

项次	项目	允许偏差（mm）		检验方法
		外墙面砖	内墙面砖	
1	立面垂直度	3	2	用 2m 垂直检测尺检查
2	表面平整度	4	3	用 2m 靠尺和塞尺检查
3	阴阳角方正	3	3	用 200mm 直角检测尺检查
4	接缝直线度	3	2	拉 5m 线，不足 5m 拉通线，用钢尺检查
5	接缝高低差	1	1	用钢直尺和塞尺检查
6	接缝宽度	1	1	用钢直尺检查

6 　成品保护

❶ 门窗框上沾着的砂浆要及时清理干净。特别是铝合金等门窗宜粘贴保护膜，预防污染、金属表面生锈，施工时应加以保护，不得碰坏。❷ 拆架子时不要碰撞墙柱面的饰面砖。❸ 对沾污的墙柱面要及时清理干净。❹ 搭铺平桥板不得直接压在门窗框上，应在适当位置垫放木枋（板）将平桥板架离门窗框。❺ 搬运料具时要注意不要碰撞已完成的设备、管线、埋件及门窗框和已完成的粉刷饰面的墙柱面。❻ 油漆粉刷不得将油漆喷滴在已完成的饰面砖上，如果饰面砖上部有油漆粉刷施工，应采取贴纸或塑料薄膜等措施，防止污染。

7　安全、环境及职业健康措施

❶ 使用脚手架，应先检查是否牢靠。护身栏、挡脚板、平桥板是否齐全可靠，发现问题应及时修整好，才能在上面操作，脚手架上放置料具要注意分散并放平稳。不准超过规定荷载；严禁随意从高空向下抛掷杂物。❷ 在两层脚手架上操作时，应尽量避免在同一垂直线上工作，必须同时施工时，下层作业人员应戴安全帽并设置防护措施。禁止搭设飞跳板，严禁从高处往下乱投东西。脚手架严禁搭设在门窗、水管、电线桥架上。❸ 使用手提电动介机，应接好地线及防漏电保护开关，使用前应先试运转，检查合格后才能操作。❹ 在黑暗处作业及夜班施工时，应使用 36V 低压型灯照明。机械电工操作人员必须持证上岗，非持证专业人员一律禁止操作。❺ 使用井架作垂直运输时，应联系好上落信号，吊笼平层停稳后，才能进行装卸作业。

8　工程验收

❶ 饰面砖工程验收时应检查下列文件和记录：① 施工记录；② 材料的产品合格证书、性能检测报告、进场验收记录和复验报告；③ 饰面砖材料的样板及确认文件；④ 饰面砖工程的施工图、设计说明及其他设计文件。

❷ 检查数量应符合下列规定：饰面砖工程每个检验批应至少抽查 20％，并不得少于 300m²，不足 300m² 时应全数检查。

❸ 各分项工程的检验批应按下列规定划分：同一品种的饰面砖工程每 1500m² 应划分为一个检验批，不足 1500m² 也应划分为一个检验批。

❹ 分部（子分部）工程质量验收合格应符合下列规定：① 分部（子分部）工程所含分项工程的质量均应验收合格；② 质量控制资料应完整；③ 观感质量验收应符合要求。

❺ 检验批合格质量和分项工程质量验收合格应符合下列规定：① 抽查样本主控项目均合格；一般项目80%以上合格，其余样本不得影响使用功能或明显影响装饰效果的缺陷，其中有允许偏差和检验项目，其最大偏差不得超过规定允许偏差的1.5倍，均须具有完整的施工操作依据、质量检查记录。② 分项工程所含的检验批均应符合合格质量规定，所含的检验批的质量验收记录应完整。

9 / 质量记录

墙、柱面贴陶瓷砖施工质量记录包括：❶ 陶瓷锦砖等出厂合格证及其复验报告；❷ 水泥的凝结时间、安定性和抗压强度复验；❸ 本分项工程质量验收记录；❹ 陶瓷锦砖的抗拉拔试验报告单；❺ 找平、粘结、勾缝材料的产品合格证和说明书、出厂验收报告、进场复验报告、配合比文件；❻ 专用粘结剂出厂合格证及复检报告。

第2节

墙、柱面贴锦砖（马赛克）施工工艺

1 / 总则

1.1 适用范围

本施工工艺适用于工业与民用建筑中室内外基体为砖砌体或混凝土浇筑的墙柱面和门窗套的施工。

1.2 编制参考标准及规范

1.《建筑装饰装修工程质量验收标准》

（GB 50210-2018）

2.《建筑工程施工质量验收统一标准》

（GB 50300-2013）

3.《民用建筑工程室内环境污染控制标准》

（GB 50325-2020）

4.《建筑工程项目管理规范》

（GB/T 50326-2017）

2 / 施工准备

2.1 技术准备

编制室内为砖砌体或混凝土浇筑的墙、柱面、门窗套贴面砖工程施工方案，并对施工作业人员进行书面技术及安全交底。

2.2 材料要求

❶ 水泥：强度等级为 32.5 以上的普通硅酸盐水泥或矿渣硅酸盐水泥。❷ 白水泥：强度等级为 32.5 的白水泥（擦缝用）。❸ 砂子：中砂。❹ 石灰膏：使用时灰膏内不应含有未熟化的颗粒及杂质（如使用石灰粉时要提前一周浸水泡透）。❺ 砖（马赛克）：品种、规格、花色按设计规定，并应有产品合格证。❻ 民用建筑工程所使用的无机非金属装修材料，包括石材、建筑卫生陶瓷、石膏板、吊顶材料等，进行分类时，其放性指标限量应符合规定。

2.3 主要施工工具

表 8.2.2-1　主要机具配置一览表

序号	机械设备名称	序号	机械设备名称
1	砂浆搅拌机	4	手电钻
2	手提切割机	5	砂轮机
3	角磨机		

表 8.2.2-2　主要工具配置一览

序号	工具名称	规格型号	序号	工具名称	规格型号
1	橡皮锤	锤长 300mm	6	木抹子	
2	筛子	孔网 0.3mm	7	硬木拍板	
3	钢丝刷		8	手推车	
4	毛刷		9	开刀	
5	铁抹子				

表 8.2.2-3　主要计量检测工具配置一览

序号	名称	规格型号	序号	名称	规格型号
1	光学水准仪		4	塞尺	
2	水平尺	600mm	5	铝合金靠尺	2m
3	钢尺	5m	6	方尺	

2.4　作业条件

❶ 顶棚（天花）墙柱面粉刷抹灰施工完毕。❷ 墙柱面暗装管线、电掣盒及门窗安装完毕，并经检验合格。❸ 安装好的窗台板、门窗框与墙柱之间缝隙用 1∶2.5 水泥砂浆堵灌密实（铝门窗边缝隙嵌塞材料应由设计确定）；铝门窗框应粘贴好保护膜。❹ 墙柱面必须坚实、清洁（无油污、浮浆、残灰等），影响锦砖（马赛克）铺贴凸出的墙柱面应凿平，过度凹陷的墙柱面应用 1∶2.5 水泥砂浆分层抹压找平（先浇水湿润后再抹灰）。

3　施工工艺

3.1　工艺流程

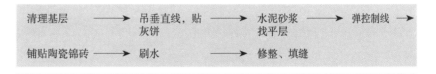

图 8.2.3-1　墙、柱面贴锦砖（马赛克）施工工艺流程

3.2　操作工艺

❶ 基层为混凝土墙柱面时：① 对光滑表面基层，应先打毛，并用钢丝

刷满刷一遍，再浇水湿润。② 对表面很光滑的基层应进行"毛化处理"。即将表面尘土污垢清理干净（油污可用 10% 火碱水清刷后，再用清水将碱液冲洗干净），浇水湿润，用 1∶1 水泥细砂浆，喷洒或用毛刷（横扫）将砂浆甩到光滑基面上。甩点要均匀，终凝后再浇水养护，直到水泥砂浆疙瘩有较高的强度，用手掰不动为止。

❷ 砖墙面基层：提前一天浇水湿润。

❸ 抹底子灰：① 吊垂直、找规矩、贴灰饼（打墩）、冲筋（打栏）。吊垂直、找规矩时，应与墙面的窗台、腰线、阳角立边等部位砖块贴面排列方法对称以及室内地面块料铺贴方正等综合考虑，力求整体完美。② 将基层浇水湿润（混凝土基层尚应用水灰比为 0.5 内掺 108 胶素水泥浆均匀涂刷），分层分遍用 1∶2.5 水泥砂浆抹底子灰（亦可用 1∶0.5∶4 水泥石灰砂浆），第一层宜为 5mm 厚，用铁抹子（铁灰匙）均匀抹压密实；待第一层干至七八成后即可抹第二层，厚度约为 10mm，直至与冲筋大至相平，用木杠（压尺）刮平，再用木抹子（磨板）搓毛压实，划成麻面。底子灰抹完后，根据气温情况，终凝后淋水养护。

❹ 预排锦砖（马赛克），弹线：① 按照设计图纸色样要求，一个房间、一整幅墙柱面贴同一分类规格的砖块，砖块排列应自阳角开始，至阴角停止（收口）；自顶棚（天花）开始，至地面停止；女儿墙、窗顶、窗台及各种腰线部位，顶面砖块应压盖立面砖块，以防渗水，引起空鼓；如设计没有滴水线时，外墙各种腰线正面砖块宜下突，线底砖块应向内翘起，以利滴水（鸡嘴线）。② 排好花色变异分界线及垂直与水平控制线。垂直控制线间距一般以 5 块砖宽度设一度为宜，水平控制线一般以 3 块砖宽度设一度为宜。墙裙及踢脚线顶应弹置高度控制线。

❺ 贴面

1）硬底铺贴法：

① 待底子灰终凝后（一般隔天），重新浇水湿润，将水泥膏满涂要贴砖部位，用木抹子（磨板）将水泥膏打至厚度均匀一致（厚度以 1mm～2mm 为宜）。② 用毛刷蘸水，将砖块表面灰尘擦干净，把白水泥膏用铁抹子（灰匙）将锦砖（马赛克）的缝填满（亦可把适量细砂与白水泥拌合成浆使用），然后贴上墙面。粘贴时要注意图案间花规律，不要搞错。砖块贴上后，应用铁抹子（灰匙）着力压实使其粘牢，并校正。③ 锦砖（马赛克）粘贴牢固后（约 30min）用毛刷（横扫）蘸水，把纸面擦湿，将纸皮揭去。④ 检查缝子大小是否均匀，通顺，及时将歪斜、宽度不一的缝子调正并拍实。调缝顺序宜先横后竖进行。

2）软底铺贴法：

① 抹底子灰时留下约 8mm～10mm 厚作湿灰层。② 将底灰面浇水湿润，按冲筋（栏）抹平底子灰（以当班次所能铺贴面积为准），用木杠（压尺）刮平，用木抹子（磨板）搓毛压实。③ 待底子灰面干至八成左右，按硬底铺贴法进行铺贴。软底铺贴法一般适用于外墙较大面积施工，其特点是对平整度控制有利。

❻ 擦缝

① 清干净揭纸后残留纸毛及粘贴时被挤出缝子的水泥，可用毛刷（横扫）蘸清水适当擦洗。② 用白水泥将缝子填满，再用棉纱或布片将砖面擦干净至不留残浆为止。

4 / 质量要求

4.1　主控项目

❶ 锦砖的品种、规格、图案、颜色和性能应符合设计要求。

检验方法：观察；检查产品合格证书、进场验收记录、性能检测报告和复验报告。

❷ 锦砖粘贴工程的找平、防水、粘结和勾缝材料及施工方法应符合设计要求和国家现行产品标准和工程技术标准的规定。

检验方法：检查产品合格证书、复验报告。

❸ 锦砖粘贴必须牢固。

检验方法：检查样板件粘贴强度检测报告。

❹ 满粘法施工的锦砖工程应无空鼓、裂缝。

检验方法：观察；用小锤子轻击检查。

4.2　一般项目

❶ 锦砖表面应平整、洁净、色泽一致，无裂纹和缺损。

检验方法：观察。

❷ 阴阳角处搭接方式、非整砖使用部位应符合设计要求。

检验方法：观察。

❸ 墙面凸出物周围的锦砖应整砖套割吻合，边缘应整齐。墙裙、贴脸突出墙面的厚度应一致。

检验方法：观察；尺量检查。

❹ 锦砖接缝应平直、光滑，填嵌应连续、密实；宽度和深度应符合设计要求。

检验方法：观察；尺量检查。

❺ 有排水要求的部位应做滴水线（槽）。滴水线（槽）应顺直，流水坡向应正确，坡度应符合设计要求。

检验方法：观察；用水平尺检查。

❻ 锦砖粘贴的允许偏差符合表 8.2.4-1 的规定。

表 8.2.4-1　锦砖粘贴的允许偏差

项次	项目	允许偏差（mm）		检验方法
		外墙面砖	内墙面砖	
1	立面垂直度	3	2	用 2m 垂直检测尺检查
2	表面平整度	4	3	用 2m 靠尺和塞尺检查
3	阴阳角方正	3	3	用 200mm 直角检测尺
4	接缝直线度	3	2	拉 5m 线，不足 5m 拉通线，用钢直尺检查
5	接缝高低差	1	1	用钢直尺和塞尺检查
6	接缝宽度	1	1	用钢直尺检查

5　成品保护

❶ 门窗框上沾着的砂浆要及时清理干净。❷ 拆架子时不要碰撞墙柱面的粉饰。❸ 对沾污的墙柱面要及时清理干净。❹ 搭铺平桥板不得直接压在门窗框上，应在适当位置垫放木枋（板）将平桥板架离门窗框。❺ 搬运料具时要注意不要碰撞已完成的设备、管线、埋件及门窗框和已完成的粉刷饰面的墙柱面。

6 / 安全、环境及职业健康措施

❶ 使用脚手架，应先检查是否牢靠。护身栏、挡脚板、平桥板是否齐全可靠，发现问题应及时修整好，才能在上面操作，脚手架上放置料具要注意分散并放平稳。不准超过规定荷载；严禁随意在高空向下抛掷杂物。❷ 使用手提电动介机，应接好地线及防漏电保护开关，使用前应先试运转，检查合格后才能操作。切割操作人员应戴好护目镜等安全防护用品。❸ 在黑暗处作业及夜班施工时，应使用36V低压型灯照明。❹ 使用井架作垂直运输时，应联系好上落信号，吊笼平层停稳后，才能进行装卸作业。❺ 施工垃圾、渣土要集中归堆，并使用有封盖的渣土运输车清运到指定地点消纳处理。❻ 注意控制和管理施工作业现场的噪声、粉尘。夜间施工作业应杜绝敲打，材料运输车进出现场严禁鸣笛。

7 / 工程验收

❶ 锦砖（马赛克）工程验收时应检查下列文件和记录：① 施工记录；② 材料的产品合格证书、性能检测报告、进场验收记录和复验报告；③ 饰面砖材料的样板及确认文件；④ 锦砖工程的施工图、设计说明及其他设计文件。

❷ 检查数量应符合下列规定：锦砖（马赛克）工程每个检验批应至少抽查20%，并不得少于300m²，不足300 m²时应全数检查。

❸ 各分项工程的检验批应按下列规定划分：同一品种的锦砖（马赛克）工程每1500m²应划分为一个检验批，不足1500m²也应划分为一个检验批。

❹ 分部（子分部）工程质量验收合格应符合下列规定：① 分部（子分部）工程所含分项工程的质量均应验收合格；② 质量控制资料应完整；

③ 观感质量验收应符合要求。

❺ 检验批合格质量和分项工程质量验收合格应符合下列规定：① 抽查样本主控项目均合格；一般项目 80% 以上合格，其余样本不得影响使用功能或明显影响装饰效果的缺陷，其中有允许偏差和检验项目，其最大偏差不得超过规定允许偏差的 1.5 倍。均须具有完整的施工操作依据、质量检查记录。② 分项工程所含的检验批均应符合合格质量规定，所含的检验批的质量验收记录应完整。

---

8 / 质量记录

墙、柱面贴锦砖（马赛克）施工质量记录包括：❶ 锦砖（马赛克）出厂合格证及其复试报告；❷ 水泥的凝结时间、安定性和抗压强度复检；❸ 锦砖（马赛克）粘结、勾缝材料的产品的出厂检验报告、产品合格证明、进场复验报告、配合比文件；❹ 锦砖（马赛克）的拉拔试验报告和本分项工程质量检验记录；❺ 专用粘结剂出厂合格证及复检报告。

第 3 节

墙、柱面贴饰面板施工工艺

---

1 / 总则

1.1 适用范围

本施工工艺适用于工业与民用建筑中室内基体为砖砌体或混凝土浇筑的墙柱面和门窗套的大理石、磨光花岗石饰面板装饰施工。

1.2 编制参考标准及规范

1.《建筑装饰装修工程质量验收标准》
   （GB 50210-2018）

2.《建筑工程施工质量验收统一标准》
   （GB 50300-2013）

3.《民用建筑工程室内环境污染控制标准》
   （GB 50325-2020）

4.《建筑工程项目管理规范》
   （GB/T 50326-2017）

5.《金属与石材幕墙工程技术规范》
   （JGJ 133-2001）

2 施工准备

2.1 技术准备

编制室内为砖砌体或混凝土浇筑的墙、柱面、门窗套的大理石和磨光花岗石饰面板装饰工程施工方案，并对施工作业人员进行书面技术及安全交底。

2.2 材料要求

❶ 水泥：强度等级为 32.5 或以上的普通硅酸盐水泥或矿渣硅酸盐水泥。❷ 矿物颜料：颜色与饰面板协调（与白水泥配合拌合擦缝用）。❸ 砂子：中砂、粗砂。❹ 石板块：规格、品种、颜色、花样按设计规定。❺ 民用建筑工程所使用的无机非金属装修材料，包括人造石材、天然石材、建筑卫生陶瓷、石膏板等，进行分类时，其放射性指标限量应符合下表的规定。

表 8.3.2-1 放射性指标限量

测定项目	限量	
	A	B
内照射指数（I_{Ra}）	≤ 1.0	≤ 1.3
外照射指数（I_r）	≤ 1.3	≤ 1.9

2.3 主要施工工具

表 8.3.2-2 主要机具配置表

序号	机械设备名称	性能	数量	备注
1	砂浆搅拌机	良好	1	按 8 人 / 班组计算
2	手提石材切割机	良好	1	按 8 人 / 班组计算
3	角磨机	良好	1	按 8 人 / 班组计算
4	手电钻	良好	1	按 8 人 / 班组计算
5	砂轮机	良好	1	按 8 人 / 班组计算

表 8.3.2-3　主要工具配置表

序号	工具名称	规格型号	性能	数量	备注
1	橡皮锤	锤长 300mm	良好	2	按 8 人／班组计算
2	筛子	孔网 0.3mm	良好	2	按 8 人／班组计算
3	钢丝刷		良好	2	按 8 人／班组计算
4	毛刷		良好	2	按 8 人／班组计算
5	铁抹子		良好	2	按 8 人／班组计算
6	木抹子		良好	2	按 8 人／班组计算
7	硬木拍板		良好	2	按 8 人／班组计算
8	手推车		良好	1	按 8 人／班组计算

表 8.3.2-4　主要计量检测工具配置表

序号	名称	规格型号	性能	数量	备注
1	激光水准仪		检测有效期内	1	按 8 人／班组计算
2	水平尺	600mm	检测有效期内	2	按 8 人／班组计算
3	钢尺	5m	检测有效期内	2	按 8 人／班组计算
4	塞尺		检测有效期内	2	按 8 人／班组计算
5	铝合金靠尺	2m	检测有效期内	2	按 8 人／班组计算
6	方尺		检测有效期内	2	按 8 人／班组计算

2.4　作业条件

❶ 顶棚（天花）墙柱面粉刷抹灰施工完毕。❷ 墙柱面暗装管线、电制盒及门窗框安装完毕，并经检验合格。❸ 墙柱面必须坚实、清洁（无油污、浮浆、残灰等），影响贴面板镶贴凸出墙柱面部位应剔平。并在墙面、柱面弹好 50cm 水平线。❹ 安装好的窗台板及门窗与墙柱面之间缝隙，用 1：2.5 水泥砂浆堵灌密实（铝门窗边嵌缝材料应由设计确定），铝门窗应事先粘贴好保护膜。❺ 大理石、磨光花岗石等进场应堆放室内，下垫枋木，核对数量、规格，并预配花、配色、编号等，以备

正式铺贴安装时按号取用。❻ 对新进场的天然石材应进行验收，颜色不均匀时应进行挑选，必要时要进行试拼编号。❼ 脚手架宜选用双排架子，应提前支搭好并验收后才能使用，其横杆和拉杆等要离开窗口角 150mm ～ 200mm。架子步高要符合施工规程要求。

3 / 天然石、人造石普通粘贴施工工艺

3.1 工艺流程

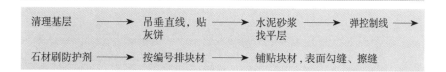

图 8.3.3-1 普通粘贴施工工艺流程

3.2 操作工艺

❶ 边长小于 400mm 的薄型小规格石板块镶贴，可参照第 8 章第 2 节墙、柱面贴锦砖（马赛克）施工工艺的方法施工。

❷ 边长大于 400mm 石板块挂贴

① 按照水平控制线安装长拉结钢筋，具体做法：在每隔 400mm 左右在基层上打进一支直径为 6mm 的钢钉或膨胀螺丝（伸入基层不少于 50mm，并要牢靠），用直径不少于 4mm 的水平直钢筋与钢钉头（膨胀螺丝）焊接牢固。② 在镶贴石板块的上、下、左、右皮口，沿厚度中央钻孔，孔距不大于 500mm，并且每边钻不少于 2 个，孔口离开左、右板边约 50mm ～ 80mm，孔径不可小于 3mm，孔深应大于 30mm，并向板的镶贴面边上开一通槽，槽深以能埋设锚固销为准。插入锚固销，锚固销应用不锈钢丝、铜丝制作，钢丝或不锈钢丝直径宜 1mm ～ 2mm，并用水泥膏或胶粘剂将锚固销嵌固于孔内，水泥膏凝固后，浇水养护 2d ～ 3d 备用。③ 装好最下一排石板块下口的靠尺板以作承托第一排石

建筑装饰装修施工手册（第2版）

板块的依托。④ 将石板块背面的尘土，用毛刷（横扫）蘸水擦干净按照预排编号，挂线，吊线安装好第一排石板块（石板块应由下往上逐排安装）；石板块上、下、左、右口的锚固销应与基层上钢筋勾牢固，石板块就位核对后，应用木楔、卡具支撑稳定；每层石板块校核后应立即灌浆，待灌浆终凝后，才能进行第二层石板安装，依照上面顺序逐排安装完成。阳角接口宜作 45° 角接缝或作海棠角接缝。⑤ 灌浆：灌浆用 1：2 水泥砂浆稠度为（80mm～120mm）。灌浆前先浇水湿润石板块及基层。灌浆应比板块上口低 50mm，并应将上口残留浆液清干净，以利上排板块接缝。对于浅色石板块（如白色大理石等）灌浆应用白水泥石屑浆灌缝隙，以防透底。灌浆终凝后应浇水保养。

❸ 填缝：石板块安装灌浆完成后（灌浆凝结后），及时将残余浆痕清除干净用白水泥调制色浆（根据石板颜色调制）将缝填满并用棉纱或布片将石板面试擦干净。

❹ 打蜡：当水泥砂浆结合层（含灌缝）达到强度后（抗压强度达到 1.2MPa），才可以进行打蜡，效果要达到观感光滑、洁净、可照出物体，并对产品进行保护。

4 / 天然石、人造石专用粘结剂施工工艺

4.1　工艺流程

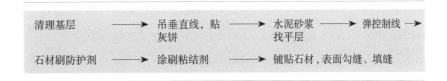

图 8.3.4-1　专用粘结剂施工工艺流程

操作工艺

❶ 施工前应认真清理基层，基层应无明水，无油渍、浮浆层等残留物。
❷ 将石材平放在地面，用毛刷涂刷石材防水背胶，厚度控制在 0.8mm 内，用量约 0.8kg/m²，在常温下的表干时间在 0.5h～1h。自然养护 24h 后即可进行粘贴施工。❸ 石材四周溢出的浆料，在表干期间用铲刀清理干净。再次用干布或毛刷对石材粘结面清理，对石材粘结面涂刷专用粘结剂，厚度约 5mm 左右，每平方粘结剂用量约 8kg。❹ 按照放线和水平线位置进行铺贴，将涂刷粘结剂的石材按压在基层面上，用橡皮锤轻轻敲击，调整水平，摆正压实。用铲刀或美工刀铲除石材或砖面四周挤压出的粘结剂，及时清理干净。❺ 根据设计要求或石材品种、规格大小合理设置接缝：花岗石长度小于等于 60cm、石英石长度小于等于 30cm，应设置不小于 2mm 的接缝；花岗石长度为 61cm～120cm、石英石长度为 31cm～60cm，应设置不小于 3mm 的接缝；花岗石长度大于 120cm，石英石大于 60cm，应设置不小于 4mm 的接缝。❻ 填缝施工应在粘贴完成至少 48h 后才可进行，填缝前应清理干净缝内的油脂、浮尘、疏松物等各种不利于填缝、影响粘结的杂质。❼ 选用设计确定的配色专用柔性填缝剂，将填缝剂用铲刀或木抹子将胶浆嵌入缝隙中，将缝隙填满压实、抹平。❽ 填缝剂胶浆要求在 2h 内用完，填缝后自然养护 1h 后，用干净布清水将粘在石材或饰面砖表面的填缝剂胶浆清理干净。必要时也可用酒精或丙酮擦干净。

5 / 质量要求

5.1 主控项目

❶ 天然石材板和人造石材板的品种、规格、颜色和性能应符合设计要求，龙骨、饰面板和塑料饰面板的燃烧性能等级应符合设计要求。
检验方法：观察；检查产品合格证书、进场验收记录和性能检测报告。
❷ 天然石材板和人造石材板孔、槽的数量、位置和尺寸应符合设计要求。
检验方法：检查进场验收记录和施工记录。

❸ 天然石材板和人造石材板安装工程的预埋件（或后置埋件）、连接件的数量、规格、位置、连接方法和防腐处理必须符合设计要求。后置埋件的现场拉拔强度必须符合设计要求。饰面板安装必须牢固。

5.2 一般项目

❶ 饰面石板表面应平整、洁净、色样一致，无裂纹和缺损。石材表面应无泛碱等污染。

检验方法：观察。

❷ 饰面板嵌缝应密实、平直、宽度和深度应符合设计要求，嵌填材料色泽应一致。

检验方法：观察；尺量检查。

❸ 采用湿作业法施工的饰面板工程，石材应进行防碱背涂处理。饰面板与基体之间的灌注材料应饱满、密实。

检验方法：用小锤轻击检查；检查施工记录。

❹ 饰面板上的孔洞应套割吻合，边缘应整齐。

检验方法：观察。

❺ 饰面板安装的允许偏差符合表 8.3.5-1 的规定。

表 8.3.5-1　饰面板安装的允许偏差表

| 序号 | 项目 | 允许偏差（mm） | | | | 检验方法 |
| | | 石材 | | | 瓷板 | |
		光面	剁斧石	蘑菇石		
1	立面垂直度	2	3	3	2	用 2m 垂直检测尺检查
2	表面平整度	2	3	—	1.5	用 2m 靠尺和塞尺检查
3	阴阳角方正	2	4	4	2	用 20mm 直角检测尺检查
4	接缝直线度	2	4	4	2	拉 5m 线，不足 5m 拉通线，用钢直尺检查
5	墙裙、勒脚上口直线度	2	3	3	2	
6	接缝高低差	0.5	3	—	干挂法 0.5	用钢直尺和塞尺检查
					挂贴法 0.3	
7	接缝宽度	1	2	2	干挂法 1	用钢直尺检查

成品保护

❶ 门窗框上沾着的砂浆要及时清理干净。❷ 拆架子时不要碰撞墙柱面的粉刷饰面。❸ 对粘污的墙柱面要及时清理干净。❹ 搭铺平桥严禁直接压在门窗框上，应在适当位置垫木枋（板），将平桥架离门窗框。❺ 搬运料具时要注意不要碰撞已完成的设备、管线、埋件及门窗框和已完成粉饰面的墙柱面。❻ 容易被碰撞的阳角、立边要用木板护角（护2m 高）。

6 / 安全、环境及职业健康措施

❶ 石板块挂上校核后应及时用卡具支撑稳牢，并应及时灌浆，以免卡具被人碰撞松脱使石板掉下伤人。❷ 使用脚手架，应先检查是否牢靠。护身栏、挡脚板、平桥板是否齐全可靠，发现问题应及时修整好，才能在上面操作；脚手架上放置料具要注意分散放平稳，不许超过荷载，严禁随意从高空向下抛杂物。❸ 搬运石板块要轻拿稳放，以防挤手（夹手）砸脚。❹ 使用钢井架当垂直运输时，要联系好上落信号，吊笼（上落笼）平层稳定后，才能进行装卸作业。❺ 使用电动介机时，要接好地线及防漏电保护开关，经试运转合格才能使用。❻ 在黑暗处作业和夜班施工时，应使用 36V 型灯照明。❼ 上下传递石板块要配合协调，拿稳，以免坠落伤人。❽ 石材切割操作人员应戴口罩和护目镜。石材切割应带水作业，加工区应采取封闭措施，以控制粉尘污染和减小噪声。❾ 施工采用的石材应符合现行国家标准《民用建筑工程室内环境污染控制标准》（GB 50325）的规定。

❶ 天然石材板和人造石材板工程验收时应检查下列文件和记录：① 施工记录；② 材料的产品合格证书、性能检测报告、进场验收记录和复验报告；③ 饰面砖材料的样板及确认文件；④ 石材板工程的施工图、设计说明及其他设计文件。

❷ 检查数量应符合下列规定：石材板工程每个检验批应至少抽查 20%，并不得少于 $300m^2$，不足 $300m^2$ 时应全数检查。

❸ 各分项工程的检验批应按下列规定划分：天然石材板和人造石材板工程每 $1500m^2$ 应划分为一个检验批，不足 $1500m^2$ 也应划分为一个检验批。

❹ 分部（子分部）工程质量验收合格应符合下列规定：① 分部（子分部）工程所含分项工程的质量均应验收合格；② 质量控制资料应完整；③ 观感质量验收应符合要求。

❺ 检验批合格质量和分项工程质量验收合格应符合下列规定：① 抽查样本主控项目均合格；一般项目 80% 以上合格，其余样本不得有影响使用功能或明显影响装饰效果的缺陷，其中有允许偏差和检验项目，其最大偏差不得超过规定允许偏差的 1.5 倍。均须具有完整的施工操作依据、质量检查记录。② 分项工程所含的检验批均应符合合格质量规定，所含的检验批的质量验收记录应完整。

❻ 分部（子分部）工程质量验收合格应符合下列规定：① 分部（子分部）工程所含分项工程的质量均应验收合格；② 质量控制资料应完整；③ 观感质量验收应符合要求。

8 / 质量记录

墙、柱面贴饰面板（天然石和人造石板）施工质量记录包括：❶ 大理石、磨光花岗石饰面板块出厂合格证、检验报告及其环保检测报告；❷ 专用粘结剂或水泥出厂合格证及复检报告；❸ 检验批质量验收记录；❹ 分项工程质量验收记录。

第 9 章

建筑幕墙工程

P565-672

➡

玻璃幕墙工程施工工艺

1 / 总则

1.1 适用范围

本施工工艺适用于非抗震设计或 6~8 度抗震设计的玻璃幕墙工程的安装施工。

1.2 编制参考标准及规范

1. 《建筑装饰装修工程质量验收标准》
   （GB 50210-2018）
2. 《建筑工程施工质量验收统一标准》
   （GB 50300-2013）
3. 《建筑幕墙》
   （GB/T 21086-2007）
4. 《玻璃幕墙工程技术规范》
   （JGJ 102-2003）
5. 《玻璃幕墙工程质量检验标准》
   （JGJ/T 139-2020）
6. 《建筑遮阳通用技术要求》
   （JG/T 274-2018）
7. 《建筑遮阳工程技术规范》
   （JGJ 237-2011）
8. 《点支式玻璃幕墙工程技术规程》
   （CECS 127：2001）
9. 《建筑幕墙工程技术规范》
   （DGJ 08-56-2012）

2 / 施工准备

2.1 技术准备

❶ 熟悉施工图纸，确认建筑物主体结构施工质量、尺寸、标高是否满足施工的要求。❷ 掌握当地自然条件、材料供应、交通运输、劳动力状况以及地方性法律法规要求。❸ 编制施工组织设计和施工预算。❹ 组织设计单位（或幕墙专业顾问单位）对幕墙施工单位进行技术交底，超出现行国家、行业或地方标准适用范围的玻璃幕墙工程，其设计、施工方案须经专家论证或审查。

2.2 材料要求

1. 一般规定

玻璃幕墙所选用的材料应符合现行国家标准、行业标准、产品标准以及有关地方标准的规定，同时应有出厂合格证、质保书及必要的检验报告。进口材料应符合国家商检规定。尚无标准的材料应符合设计要求，并经专项技术论证。

与玻璃幕墙配套使用的铝合金门窗应符合《铝合金门窗》（GB/T 8478）的规定。

2. 铝合金材料

铝合金材料的化学成分应符合《变形铝及铝合金化学成分》（GB/T 3190）的规定；铝合金型材的质量要求应符合《铝合金建筑型材》（GB/T 5237.1~5237.6）的规定，型材尺寸允许偏差应达到高精级或超高精级。

采用穿条工艺生产的隔热铝型材，以及采用浇注工艺生产的隔热铝型材，其隔热材料应符合现行国家和行业标准、规范的相关要求。

铝合金结构焊接应符合《铝合金结构设计规范》（GB 50429）和《铝及铝合金焊丝》（GB/T 10858）的规定，焊丝宜选用 SAlMG-3 焊丝（Eur 5356）或 SAlSi-1 焊丝（Eur 4043）。

3. 钢材

碳素结构钢和低合金结构钢的技术要求应符合《玻璃幕墙工程技术规

范》（JGJ 102）的要求。钢材、钢制品的表面不得有裂纹、气泡、结疤、泛锈、夹渣等，其牌号、规格、化学成分、力学性能、质量等级应符合现行国家标准的规定。

建筑幕墙使用的钢材应采用 Q235 钢或 Q345 钢，并具有抗拉强度、伸长率、屈服强度和碳、锰、硅、硫、磷含量的合格保证。焊接结构应具有碳含量的合格保证，焊接承重结构以及重要的非焊接承重结构所采用的钢材还应具有冷弯或冲击试验的合格保证。

对耐腐蚀性有特殊要求或腐蚀性环境中的幕墙结构钢材、钢制品宜采用不锈钢材质。如采用耐候钢，其质量指标应符合《耐候结构钢》（GB/T 4171）的规定。

冷弯薄壁型钢构件应符合《冷弯薄壁型钢结构技术规范》（GB 50018）有关规定，其壁厚不得小于 4.0mm，表面处理应符合《钢结构工程施工质量验收标准》（GB 50205）的有关规定。

钢型材表面除锈等级不宜低于 Sa2.5 级，表面防腐处理应符合下列要求：

❶ 采用热浸镀锌时，锌膜厚度应符合《金属覆盖层钢铁制件热浸镀锌层技术要求及试验方法》（GB/T 13912）的规定；

❷ 采用氟碳喷涂或聚氨酯漆喷涂时，涂膜厚度不宜小于 $35\mu m$，在空气污染及海滨地区，涂膜厚度不宜小于 $45\mu m$；

❸ 采用防腐涂料进行表面处理时，除密闭的闭口型材内表面外，涂层应完全覆盖钢材表面。

不锈钢材料宜采用奥氏体不锈钢，镍铬总含量宜不小于 25%，且镍含量应不小于 8%；暴露于室外或处于高湿度环境的不锈钢构件镍铬总含量宜不小于 29%，且镍含量应不小于 12%。

不锈钢绞线在使用前必须提供预张拉试验报告、破断力试验报告。其质量和性能应符合《玻璃幕墙工程技术规范》（JGJ 102）的要求。不锈钢绞线护层材料宜选用高密度聚乙烯。

点支承玻璃幕墙采用的锚具、夹具、连接器、支承装置以及全玻璃幕墙的支承装置，其成分、外观、技术要求及性能指标应符合现行国家及行业标准、规范的相关要求。不锈钢支承、吊挂装置的牌号不宜低于 SS316；位于海滨和酸雨等严重腐蚀地区时不应低于 SS316。

钢材焊接用焊条成分和性能指标应符合《非合金钢及细晶粒钢焊条》（GB/T 5117）、《热强金钢焊条》（GB/T 5118）、《钢结构焊接规范》（GB 50661）的规定。

4. 玻璃

玻璃的外观质量和性能应符合现行国家标准及规范的规定。

中空玻璃应符合《中空玻璃》（GB 11944）的规定，单片玻璃厚度应不小于 6mm，两片玻璃厚度差应不大于 3mm。钻孔时应采用大、小孔相对的方式，合片时孔位应采取多道密封措施；用于光伏幕墙组件的外片玻璃应为超白玻璃、自洁净玻璃或低反射玻璃，厚度应不小于 4mm。夹层玻璃应符合《建筑用安全玻璃　第 3 部分：夹层玻璃》（GB 15763.3）的规定，单片玻璃厚度宜 ≥ 5mm；应采用 PVB（聚乙烯醇缩丁醛）胶片或离子性中间层胶片干法加工合成技术，PVB 胶片厚度不小于 0.76mm。钻孔时应采用大、小孔相对的方式，外露的 PVB 边缘宜进行封边处理。

阳光控制镀膜玻璃应符合《镀膜玻璃　第 1 部分：阳光控制镀膜玻璃》（GB/T 18915.1）的规定，低辐射镀膜玻璃应符合《镀膜玻璃　第 2 部分：低辐射镀膜玻璃》（GB/T 18915.2）的规定。采用单片或夹层低辐射镀膜玻璃时，应使用在线热喷涂低辐射玻璃，离线镀膜低辐射玻璃宜加工成中空玻璃，镀膜面应朝向气体层。

防火玻璃应符合《建筑用安全玻璃　第 1 部分：防火玻璃》（GB 15763.1）的规定。应根据设计要求和防火等级采用单片防火玻璃或中空、夹层防火玻璃。

5. 硅酮结构胶及密封、衬垫材料

硅酮结构密封胶的性能应符合《建筑用硅酮结构密封胶》（GB 16776）和《中空玻璃用硅酮结构密封胶》（GB 24266）的规定。

硅酮结构密封胶使用前，应经国家认可的检测机构进行与其相接触材料的相容性和剥离粘结性试验，并应对邵氏硬度、标准状态拉伸粘结性能进行复验。硅酮结构密封胶不应与聚硫密封胶接触使用。

同一幕墙工程应采用同一品牌的硅酮结构密封胶和硅酮建筑密封胶，硅酮结构密封胶和硅酮建筑密封胶必须在有效期内使用。用于石材幕墙的硅酮结构密封胶应有专项试验报告。隐框和半隐框玻璃幕墙，其幕墙组件严禁在施工现场打注硅酮结构密封胶。

硅酮建筑密封胶应符合《硅酮和改性硅酮建筑密封胶》（GB/T 14683）的规定，密封胶的位移能力应符合设计要求，且不小于 20%，宜采用中性硅酮建筑密封胶。聚氨酯建筑密封胶的物理力学性能应符合《聚氨酯建筑密封胶》（JC/T 482）的规定。

橡胶材料应符合《建筑门窗、幕墙用密封胶条》（GB/T 24498）、《工业用橡胶板》（GB/T 5574）的规定，宜采用三元乙丙橡胶、硅橡胶、氯丁橡胶。

玻璃支承垫块宜采用邵氏硬度为 80～90 的氯丁橡胶等材料，不得使用硫化再生橡胶、木片或其他吸水性材料。

不同金属材料接触面设置的绝缘隔离垫片，宜采用尼龙、聚氯乙烯（PVC）等制品。

6. 保温隔热材料

幕墙宜采用岩棉、矿棉、玻璃棉等符合防火设计要求的材料作为隔热保温材料，并符合《绝热用岩棉、矿渣棉及其制品》（GB/T 11835）、《绝热用玻璃棉及其制品》（GB/T 13350）的规定。

7. 金属连接件及五金件

紧固件螺栓、螺钉、螺柱等的机械性能、化学成分应符合《紧固件机械性能》（GB/T 3098.1～3098.21）的规定。

锚栓应符合《混凝土用机械锚栓》（JG/T 160）、《混凝土结构后锚固技术规程》（JGJ 145）的规定，可采用碳素钢、不锈钢或合金钢材料。化学螺栓和锚固胶的化学成分、力学性能应符合设计要求，药剂必须在有效期内使用。

背栓的材料性质和力学性能应满足设计要求，并由有相应资质的检测机构出具检测报告。

幕墙采用的非标准五金件、金属连接件应符合设计要求，并应有出厂合格证，同时其各项性能应符合现行国家标准的规定。

与幕墙配套的门窗用五金件、附件、连接件、紧固件应符合现行国家标准、行业的规定，并具备产品合格证、质量保证书及相关性能的检测报告。

8. 防火材料

防火材料应符合设计要求，具备产品合格证和耐火测试报告。

幕墙的隔热、保温材料其性能分级应符合《建筑材料及制品燃烧性能分级》（GB 8624）的规定。

幕墙的层间防火、防烟封堵材料应符合《防火封堵材料》（GB 23864）的要求。

防火铝塑板的燃烧性能应符合《建筑材料及制品燃烧性能分级》（GB 8624）的规定。防火铝塑板不得作为防火分隔材料使用。

防火密封胶应符合《建筑用阻燃密封胶》（GB/T 24267）的规定。

幕墙钢结构用防火涂料的技术性能应符合《钢结构防火涂料》（GB 14907）的规定。

9. 其他材料

幕墙宜采用聚乙烯泡沫棒作为填充材料，其密度应不大于 $37kg/m^3$。

玻璃幕墙采用的低发泡间隔双面胶带，其质量要求如下：❶ 当玻璃幕墙风荷载小于或等于 $1.8kN/m^2$ 时，宜选用聚乙烯树脂低发泡双面胶带。❷ 当玻璃幕墙风荷载大于 $1.8kN/m^2$ 时，宜选用中等硬度的聚氨基甲酸乙酯低发泡间隔双面胶带。❸ 中等硬度的聚氨基甲酸乙酯低发泡间隔双面胶带或聚乙烯树脂低发泡双面胶带，其厚度宜比结构胶厚度大 1mm。与单组分硅酮结构密封胶配合使用的低发泡间隔双面胶带，宜具有透气性。中空玻璃用干燥剂质量和性能指标应符合《3A 分子筛》（GB/T 10504）的规定。

2.3 主要机具

❶ 安装机具：吊篮、卷扬机、砂轮切割机、电焊机、手电钻、冲击电钻、注胶枪、玻璃吸盘等。❷ 计量检测器具：钢尺、游标卡尺、塞尺、靠尺、水准仪、经纬仪、激光全站仪等。

2.4 作业条件

❶ 施工现场清理干净，有足够的材料、部件、设备的放置场地，有库房保管零部件。可能对幕墙施工环境造成严重污染的分项工程应安排在幕墙施工前进行。❷ 有土建施工单位移交的施工控制线及基准线。❸ 主体结构上预埋件已按设计要求埋设完毕，无漏埋、过大位置偏差情况，后置埋件已完成拉拔试验，其拉拔强度合格。❹ 幕墙安装施工前完成幕墙各项性能检测试验并合格，如合同要求有样板间的应在大面积施工前完成。❺ 脚手架等操作平台搭设到位。吊篮等垂直运输设备安设到位。❻ 施工操作前已进行技术交底。

3 / 施工工艺

3.1 工艺流程

1. 加工制作

❶ **幕墙埋件加工制作**：预埋件的锚板及锚筋的材质应符合设计要求，锚筋与锚板焊缝应符合现行国家规范和设计要求。平板型预埋件的加工制作，锚筋长度不允许负偏差。槽式预埋件表面及槽内应进行防腐蚀处理，其加工制作时，预埋件长度、宽度、厚度和锚筋长度不允许负偏差。❷ **连接件、支承件加工制作**：连接件、支承件的材料应满足设计要求，外观应平整，孔（槽）距、孔（槽）宽度、孔边距及壁厚、弯曲角度等尺寸偏差应符合现行相关国家标准及行业规范的要求，不得有裂纹、毛刺、凹凸、翘曲、变形等缺陷。❸ **幕墙型材的加工制作**：型材截料前应校直调整，加工时应保护型材表面。❹ **注胶工艺**：施工环境的温度、湿度、空气中粉尘浓度及通风条件应符合相应的工艺要求。采用硅酮结构密封胶与玻璃或构件粘结前必须取得合格的剥离强度和相容性检验报告，必要时应加涂底漆。采用硅酮结构密封胶粘结固定的幕墙单元组件必须静置养护，固化未达到足够承载力之前，不应搬动。镀膜玻璃应根据其镀膜材料的粘结性能和技术要求，确定加工制作工艺。当镀膜与硅酮结构密封胶不相容时，应除去镀膜层。

2. 安装施工工艺流程

❶ **构件式玻璃幕墙工艺流程**

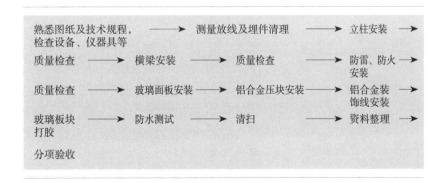

图 9.1.3-1　构件式玻璃幕墙工艺流程

❷ 点支承式玻璃幕墙工艺流程

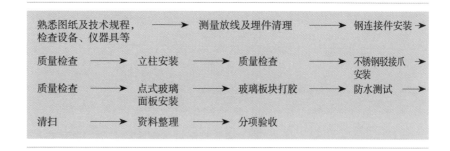

图 9.1.3-2 点支承式玻璃幕墙工艺流程

❸ 全玻璃幕墙工艺流程

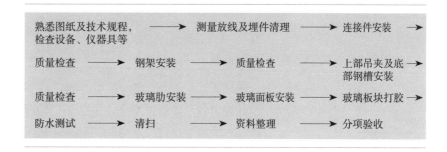

图 9.1.3-3 全玻璃幕墙工艺流程

❹ 单元式玻璃幕墙工艺流程

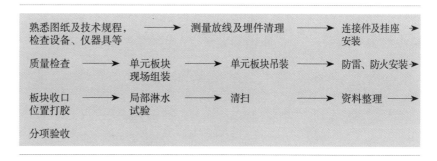

图 9.1.3-4 单元式玻璃幕墙工艺流程

3.2 操作工艺

1. 预埋件安装

按照幕墙的设计分格尺寸用测量仪器定位安装预埋件，应采取措施防止浇筑混凝土时埋件发生移位。预埋件的标高偏差 ≤ ±10mm，水平偏差≤±10mm，表面进出偏差≤10mm。偏差过大，不满足设计要求的预埋件应废弃，原设计位置补做后置埋件，后置埋件的安装螺栓应有防松脱措施。

2. 施工测量放线

测量放线前，应先复查由土建方移交的主体结构的水平基准线和标高基准线。测量放线应结合主体结构的偏差及时调整幕墙分格，防止积累误差。风力大于4级时，不宜测量放线。

3. 构件式玻璃幕墙的安装工艺

❶ 幕墙立柱安装要求：构件式玻璃幕墙框料宜由下往上进行安装。框料与连接件连接后，应对整幅幕墙进行检查和纠偏，然后将连接件与主体结构的预埋件焊牢。

明框构件式幕墙立柱安装典型施工安装节点如图9.1.3-5、图9.1.3-6所示。

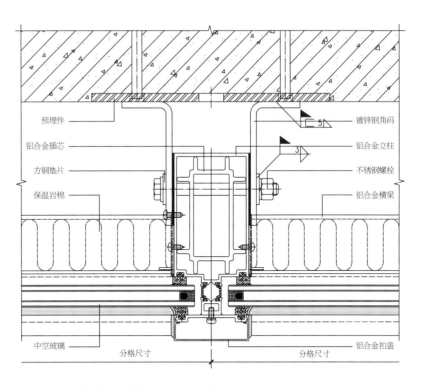

图 9.1.3-5　明框构件式幕墙横剖节点示意图

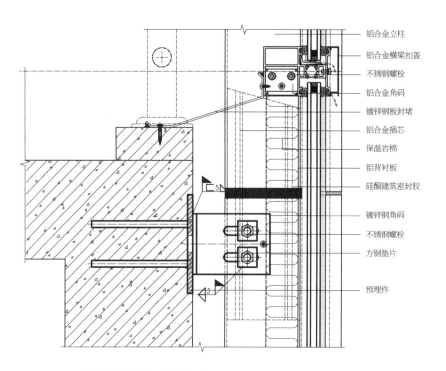

图 9.1.3-6　明框构件式幕墙竖剖节点示意图

隐框构件式幕墙立柱安装典型施工安装节点如图 9.1.3-7、图 9.1.3-8 所示。

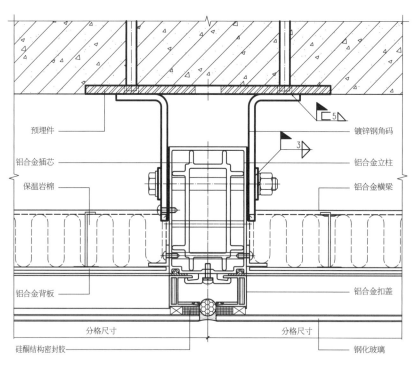

图 9.1.3-7　隐框构件式幕墙横剖节点示意图

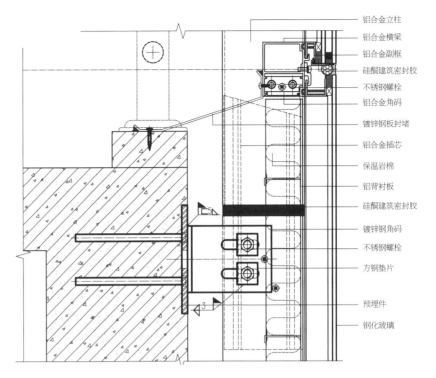

图 9.1.3-8　隐框构件式幕墙竖剖节点示意图

幕墙顶部女儿墙压顶坡度应符合设计要求，罩板或压顶型材应安装牢固，与女儿墙之间的缝隙使用密封胶密封。女儿墙内侧罩板或型材构件深度不宜小于 150mm。

构件式幕墙立柱顶部典型安装节点如图 9.1.3-9 所示。

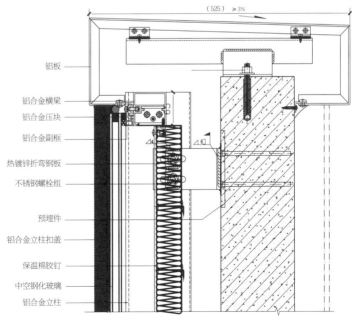

图 9.1.3-9　构件式幕墙立柱顶部安装节点示意图

构件式幕墙立柱、横梁底部及幕墙面板，与主体结构之间伸缩空隙不应小于 15mm；并用弹性密封材料镶嵌，不得采用水泥砂浆或其他硬质材料嵌填。

构件式幕墙立柱底部典型安装节点如图 9.1.3-10 所示。

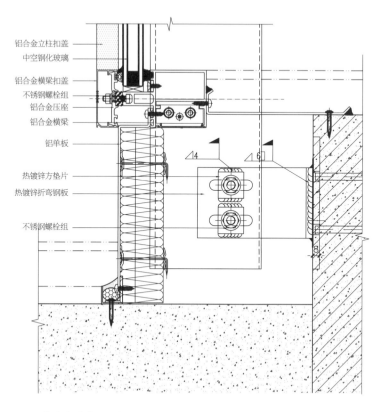

图 9.1.3-10　构件式幕墙立柱底部安装节点示意图

构件式玻璃幕墙变形缝典型安装节点如图 9.1.3-11 所示。

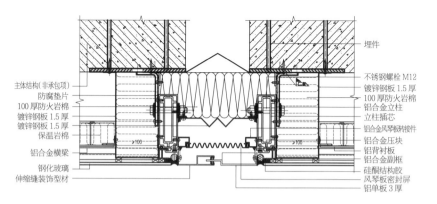

图 9.1.3-11　构件式玻璃幕墙变形缝典型安装节点示意图

❷ **幕墙横梁安装要求**：铝合金横梁两端至少有一端与立柱之间留有伸

缩间隙，其宽度、连接件安装位置应符合设计要求，间隙应用垫片或密封胶封堵。钢横梁安装应符合设计要求。

明框构件式幕墙横梁典型安装节点如图9.1.3-12所示，隐框构件式幕墙横梁典型安装节点如图9.1.3-13所示。

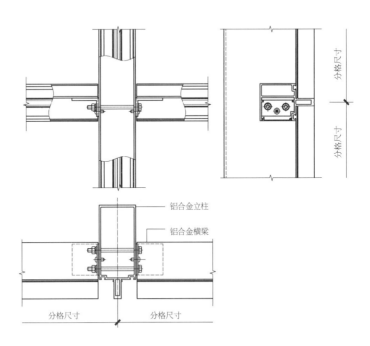

图 9.1.3-12　明框构件式幕墙横梁与立柱连接构造示意图

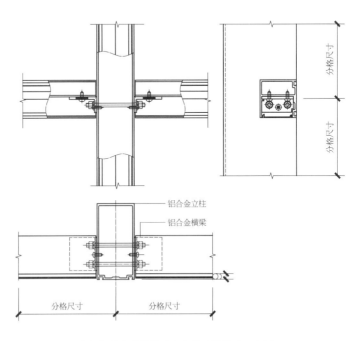

图 9.1.3-13　隐框构件式幕墙横梁与立柱连接构造示意图

❸ **幕墙开启窗安装要求**：幕墙开启窗与型材搭接处应密封处理，窗扇与窗框的连接件（铰链或合页）采用螺钉直接固定时，外露螺钉头与型材的结合处应有密封措施。

上悬窗、内倒下悬窗的开启角度≤15°，开启距离≤300mm。采用悬挂式连接时，应有防窗扇脱落措施。

❹ **主体结构变形缝对应的幕墙位置安装要求**：幕墙对应主体结构变形缝，其节点连接构造、施工处理应符合设计要求，变形缝对应幕墙位置装饰面与两侧幕墙结合应有防渗漏措施。

❺ **幕墙其他主要附件安装要求**：防火、保温材料应密实、平整、牢固，拼接处应封堵。

现场焊接或高强螺栓紧固的构件，焊接或紧固后应及时防锈处理。镀锌连接件施焊后应去掉药皮，镀锌面受损处焊缝表面应刷两道防锈漆。所有与铝合金型材接触的材料（包括连接件）及构造措施，不得发生接触腐蚀，且不得直接与水泥砂浆等材料接触。

幕墙安装时用的临时衬垫、固定材料，应在构件紧固后拆除。

❻ **玻璃安装要求**：镀膜玻璃镀膜面的朝向应符合设计要求。

应按设计要求选用玻璃四周的橡胶条，其长度宜比边框内槽口长1.5%~2%；橡胶条斜面断开后宜拼成预定的角度，并宜采用专用粘接剂粘接牢固；镶嵌应平整。

❼ **硅酮建筑密封胶施工要求**：注胶时空气湿度应符合设计要求和产品要求，夜晚或雨天不宜注胶。

接缝内的硅酮建筑密封胶应与接缝两侧边缘粘结，不应与接缝底面粘结。密封胶厚度应大于3.5mm，宽度宜不小于厚度的2倍。槽口较深时，应先填塞聚乙烯发泡材料，材料规格尺寸应适当，防止发泡材料回弹或收缩。

浅色硅酮建筑密封胶与其他深色材料接触时，应避免发生色素转移现象。

❽ **其他注意事项**：幕墙安装过程中，应进行淋水试验。明框幕墙组件的导气孔和排水孔设置应符合设计要求，并保持通畅。

明框幕墙安装时，应控制面板与框料之间的间隙。面板的下边缘应衬垫2块压模成型的氯丁橡胶垫块，垫块宽度应与槽口宽度相同，厚度不小于5mm，每块长度不小于100mm。

4. 点支承式玻璃幕墙的安装工艺

❶ **点支承玻璃幕墙支承结构的安装要求**：支承结构安装过程中，组

装、焊接和涂装修补等，应符合相关标准的规定。大型支承结构构件应进行吊装设计，并应试吊。

❷ 拉杆、拉索施加预拉力的要求：拉杆、拉索应按设计要求施加预拉力，设置预拉力调节装置并测定预拉力。在张拉过程中，应分次、分批对称张拉，随时调整预拉力，并做好张拉记录。实际施加的预拉力值应计入施工温度对拉杆、拉索的影响。

❸ 幕墙索结构的安装应符合下列要求：拉索的安装工艺应满足整体结构对索的安装顺序和初始态索力的要求，并应计算出每根拉索的安装索力和伸长量。

安装顺序应为先安装承重索，后安装稳定索，并根据设计的初始几何形态曲面和预应力值进行调整。索夹安装时，应满足各施工阶段索夹拼装螺栓的拧紧力矩要求。

索结构安装时，应在相应工作面上设置安全网，作业人员必须系安全带。安装过程中应注意风速和风向，采取安全防护措施避免拉索发生过大摆动。拉索在安装过程中，应防止雨水进入索体及锚具内部。

❹ 点支式玻璃幕墙爪件的安装应符合下列要求：爪件安装完成后，爪件应能进行三维调节，爪件位置的检验结果应符合设计及相关国家标准及行业规范的要求。

❺ 点支式玻璃幕墙的附件安装宜符合下列要求：有热工要求的幕墙，保温部分宜从内向外安装。当采用内衬板时，四周应套弹性橡胶封条，内衬板与构件接缝应严密，内衬板就位后，应进行密封处理。

固定防火保温材料宜锚钉牢固，防火保温层平整，拼接处不应留缝隙。冷凝水排出管及附件与水平构件预留孔连接严密，与内衬板出水孔连接处设橡胶密封条。

现场焊接或高强度螺栓紧固的构件紧固后，应及时进行防锈处理。点支承幕墙玻璃与金属连接件不得直接接触，不同金属的接触面宜采用垫片作隔离处理。

❻ 点支式玻璃幕墙的玻璃安装宜符合下列要求：玻璃安装前应将表面尘土和污物擦拭干净，玻璃与构件不得直接接触。

玻璃幕墙四周与主体结构之间的缝隙，应采用防火保温材料填塞，内外表面用密封胶连续封闭，接缝应严密不漏水。

❼ 硅酮建筑密封胶的施工宜符合下列要求：硅酮建筑密封胶施工前，应充分清洁面板的缝隙，并保证玻璃面干燥。缝隙两侧贴保护胶带纸。硅酮建筑密封胶的施工厚度应大于3.5mm，施工宽度不应小于施工厚度

的两倍。硅酮建筑密封胶在接缝内应形成相对两面粘接，不得三面粘接。耐候硅酮密封胶施工完毕后应进行养护和保护。

❽ 点支承式玻璃幕墙典型连接节点如图 9.1.3-14 所示。

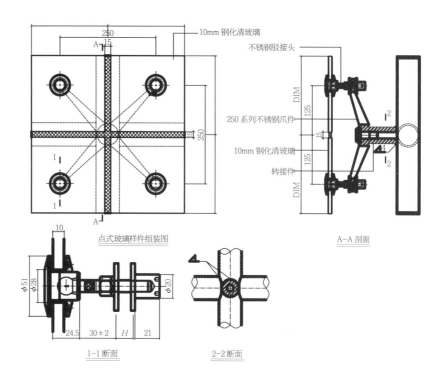

图 9.1.3-14　点支承式玻璃幕墙典型连接节点构造示意图

5. 全玻璃幕墙的安装工艺

每块玻璃的吊夹具应位于同一平面，受力均匀，与夹板配合紧密不松动。吊夹具不得与玻璃直接接触。

全玻璃幕墙安装前应清洁好镶嵌槽，中途暂停施工时槽口要采取保护措施。玻璃与底槽构件不准直接接触，每块玻璃下部应设不少于两块弹性定位垫块；垫块的宽与槽口宽度相同，长度 ≥ 100mm。

肋玻璃安装：将相应规格的肋玻璃搬入就位，同样对其水平及垂直位置进行调整，并校准与面玻璃之间的间距，定位校准后夹紧固定。

6. 单元式玻璃幕墙的安装工艺

❶ 单元式板块组装宜依照以下顺序进行：

集件 →单元框穿插接胶条工序 →单元框粘单面贴工序→单元横框端面涂密封胶工序→单元竖框端面涂密封胶工序→单元组框工序→单元框清理残胶工序→单元框检测工序→单元框钉头涂密封胶工序 →安装单元

背板工序→安装单元背板角片工序→切割岩棉工序→安装岩棉工序→安装岩棉加强筋工序→粘铝箔胶带工序 →单元背板涂密封胶工序→清洁玻璃工序→粘单面贴工序→置入玻璃并调整工序→检测工序→注结构胶工序→清理结构胶工序→固化工序→粘美纹纸工序→粘双面贴工序→穿横框胶条工序 →穿竖框胶条工序→涂密封胶工序→胶条角部涂密封胶工序 →清理密封胶工序 →固化工序→清洁工序。

❷ 单元式构件运输宜符合下列要求：

装卸及运输过程中，应采用有足够承载力和刚度的周转架、衬垫或弹性垫，使单元板块之间相互隔开并相对固定，防止划伤、相互挤压或窜动。楼层上设置的接料平台应进行专门设计，接料平台的周边应设置防护栏杆。

❸ 在场内堆放单元板块宜符合下列要求：

单元板块宜设置专用堆放场地，水平存放在周转架上，摆放平稳、牢固，减少板块或型材变形。

❹ 单元式幕墙的吊装机具准备宜符合下列要求：

板块吊装宜选用经检测机构检测合格的机具，吊装机具应与主体结构可靠连接，并有限位、防止板块坠落、防止机具脱轨和倾覆设施。

宜对吊装机具安装位置的主体结构承载能力进行校核。

❺ 单元板块吊装应符合下列要求：

起吊单元板块时，板块上的吊挂点位置、数量应根据板块的形心及重心设计，吊点不应少于2个，应保持单元板块平稳，保证装饰面不受磨损和挤压。

单元板块就位后，应先将其挂到主体结构的挂点上，再进行其他工序，板块未固定前，不得拆除吊具。

❻ 单元板块校正及固定应符合下列要求：

板块调整、校正后应及时安装防松脱、防双向滑移和防倾覆装置。

及时清洁单元板块上部型材槽口，按设计要求完成板块接口之间的防水密封处理。同层排水的单元式幕墙，单元板块安装固定后，应按规定进行蓄水试验，及时处理渗漏现象。

❼ 单元框架的构件连接和螺纹连接处应采取有效的防水和防松动措施，工艺孔应采取防水措施。单元部件间十字接口处应采取防渗漏措施。单元式幕墙的通气孔和排水孔处应采用透水材料封堵。

对接型单元部件四周的密封胶条应周圈形成闭合，且在四个角部连成一体；插接型单元部件的密封胶条在两端头应留有防水胶条回缩的适当余量。

❽ 单元幕墙典型支座连接安装节点如图 9.1.3-15、图 9.1.3-16 所示。

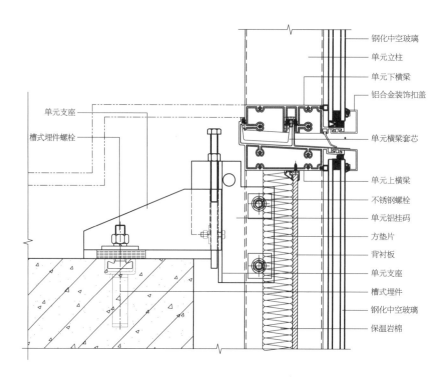

图 9.1.3-15　单元幕墙典型支座连接竖剖节点构造示意图

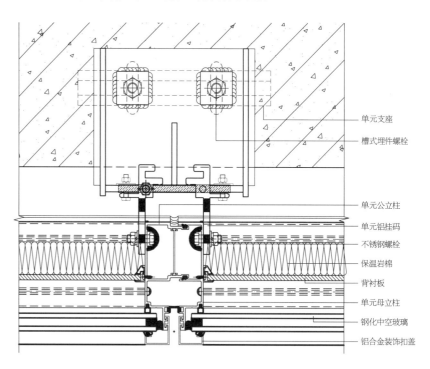

图 9.1.3-16　单元幕墙典型支座连接横剖节点构造示意图

7. 光伏玻璃幕墙的安装工艺

❶ 光伏组件可采用单晶硅、多晶硅及薄膜电池，立面宜采用薄膜电池

组件或间隔布置的晶硅组件，光伏组件安装的最佳倾角应严格按设计要求。❷ 光伏幕墙组件宜架空安装，架空高度不小于 300mm。用于实体墙或层间梁部位的光伏组件宜采用夹层光伏组件，玻璃内侧与实体墙或保温层的间距不宜小于 50mm。❸ 立柱和横梁宜有供电气系统管线布置的可拆卸的构造，光伏玻璃组件的接线盒宜隐蔽。❹ 施工安装人员应穿绝缘鞋，戴低压绝缘手套，使用绝缘工具。施工场所应有清晰、醒目、易懂的电气安全标识。

8. 幕墙防火工艺

❶ 无窗槛墙或窗槛墙高度小于 0.8m 的建筑幕墙，应在每层楼板外沿设置耐火极限不低于 1.0h、高度不低于 0.8m 的不燃烧实体裙墙或防火玻璃裙墙。墙内填充材料的燃烧性能应满足消防要求。❷ 建筑幕墙与各层楼板、防火分隔、实体墙面洞口边缘的间隙等，应设置防火封堵。防火封堵应采用厚度不小于 100mm 的岩棉、矿棉等耐高温、不燃烧的材料填充密实，并由厚度不小于 1.5mm 的镀锌钢板承托，不得采用铝板、铝塑板，其缝隙应以防火密封胶密封，竖向应双面封堵。❸ 层间典型防火节点如图 9.1.3-17、图 9.1.3-18 所示。

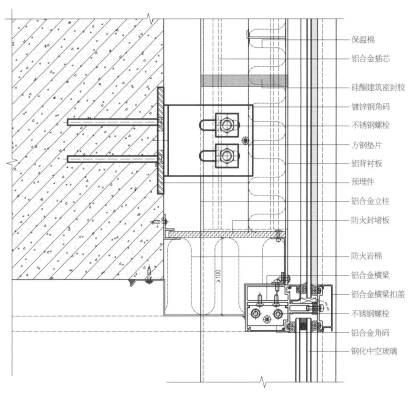

图 9.1.3-17　层间典型防火竖剖节点示意图

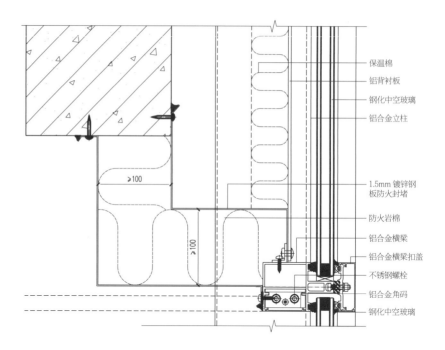

图 9.1.3-18　层间典型防火竖剖节点示意图

保温棉
铝背衬板
钢化中空玻璃
铝合金立柱

1.5mm 镀锌钢
板防火封堵
防火岩棉
铝合金横梁
铝合金横梁扣盖
不锈钢螺栓
铝合金角码
钢化中空玻璃

9. 幕墙防雷工艺

❶ 幕墙高度超过 200m 或幕墙构造复杂、有特殊要求时，宜在设计初期进行雷击风险评估。❷ 钢质连接件（包括钢质绞线）连接的焊缝处应做表面防腐蚀处理。不同材质金属之间的连接，应采取不影响电气通路的防电偶腐蚀措施。不等电位金属之间应防止接触性腐蚀。❸ 建筑幕墙在工程竣工验收前应通过防雷验收，交付使用后按有关规定进行防雷检测。

3.3　技术及质量关键要求

❶ 预埋件和锚固件施工安装位置的精度及固定状态符合设计要求，无变形、生锈现象，防锈涂料、表面处理完好，安装位置偏差在允许范围内。❷ 构件安装部位正确，横平竖直、大面平整；螺栓、铆钉安装固定符合要求；构件的外观情况（包括但不限于色调、色差、污染、划痕等）符合要求，雨水泄水通路、密封状态等功能完好。❸ 幕墙立柱与横梁安装应严格控制水平、垂直度以及对角线长度，玻璃安装时，应控制相邻玻璃面的水平度、垂直度及大面平整度。❹ 进行密封工作前应对密封面进行清扫，并在胶缝两侧的玻璃上粘贴保护胶带，防止注胶时污染周围的玻璃；注胶应均匀、密实、饱满，表面光滑。❺ 安装前幕墙应进行气密性、水密性、抗风压和层间变形性能的检测，达到设计及规范要求。

4 / 质量标准

4.1　主控项目

❶ 幕墙的品种、类型、规格、性能、安装位置、开启方式、连接方式应符合设计要求。❷ 铝合金型材的表面处理、膜厚，其他金属构件的防腐处理应符合设计要求。❸ 金属型材立柱、横梁等主要受力杆件的截面受力部位壁厚实测值应符合设计要求。❹ 金属构件孔位、槽口、豁口、榫头的数量、位置和尺寸应符合设计要求。❺ 硅酮结构密封胶必须到指定检测中心进行相容性测试和粘结拉伸试验。

4.2　一般项目

1. 外观质量检验

❶ **金属构件表面质量的检验**：铝型材表面质量的检验，应在自然散射光条件下目测检查，表面应清洁，色泽应均匀，不应有皱纹、裂纹、起皮、腐蚀斑点、气泡、划伤、擦伤、电灼伤、流痕、发黏以及膜（涂）层脱落、毛刺等缺陷存在。钢材表面质量的检验，应在自然散射光条件下，目测检查，钢材的表面不得有裂纹、气泡、结疤、泛锈、夹杂和折叠，截面不得有毛刺、卷边等现象。❷ **幕墙单元组件表面质量检验**：幕墙单元组件表面应无油污，端头毛刺不大于 0.2mm，表面擦伤、划伤程度不超过标准要求。❸ **幕墙结构构配件的表面质量检验**：转接件、连接件外观检查，采用目测方法，其外观应平整、无裂纹、毛刺、凹坑、变形等缺陷。当采用碳素钢材时，表面应做热镀锌处理或其他防腐处理。❹ **硅酮结构密封胶、硅酮建筑密封胶的表面质量检验**：密封胶缝横平竖直，深浅一致，宽度均匀，光滑顺直。密封材料表面应无裂纹及缺口。❺ **光伏组件外观质量检验**：光伏组件的外观质量检查宜在良好的自然光或散射光条件下，距离 600mm 处观察，胶合层不应发生脱胶现象，幕墙不应有直径大于 3mm 的斑点、明显的彩虹和色差。

2. 质量保证资料

❶ **幕墙铝合金型材、钢材的质量保证资料**：产品合格证，质量保证书，力学性能检验报告。❷ **玻璃的质量保证资料**：玻璃的产品合格证，中空玻璃的检验要求，热反射玻璃的光学性能检验报告。❸ **硅酮**

结构密封胶、硅酮建筑密封胶及密封材料的质量保证资料：质量保证书和产品合格证，结构硅酮胶剥离试验记录，相溶性检验报告和粘结拉伸试验报告，进口商品的商检证。❹ 幕墙紧固件、五金件的质量保证资料：连接件产品合格证，钢材产品合格证，镀锌工艺处理质量证书，螺栓、滑撑、限位器等产品合格证。

5 / 成品保护

5.1 成品的运输、装卸

运送制品时，应竖置固定运送，用聚乙烯苫布保护制品四角等露出部件。收货时依据货单对制品和部件（连接件、螺栓、螺母、螺钉等）的型号、数量、有无损伤等进行确认。卸货时使用塔吊等卸货机械应由专职技术人员操作，各安装楼层存放货物的面积应不小于 $300m^2$。

5.2 成品的保管

产品的保管场所应设在雨水淋不到并且通风良好的地方，根据各种材料的规格，分类堆放，并做好相应的产品标识。要定期检查仓库的防火设施和防潮情况。

6 / 安全、环境及职业健康措施

6.1 安全措施

❶ 幕墙安装施工应符合《建筑施工高处作业安全技术规范》（JGJ 80）、《建筑机械使用安全技术规程》（JGJ 33）、《施工现场临时用电安全技术规范》（JGJ 46）和其他相关规定。❷ 施工用电的线路、闸箱、接零接地、漏电保护装置符合有关规定，严格按照有关规定安装和使用电气设备。❸ 施工机具在使用前应严格检查，机械性能良好，安全装置齐全有效；电动工具应进行绝缘测试，手持玻璃吸盘及玻璃吸盘机应测试吸附重量和吸附持续时间。❹ 配备消防器材，防火工具和设施齐全，并有专人管理和定期检查；各种易燃易爆材料的堆放和保管应与明火区有一定的防火间距；电焊作业时，应有防火措施。❺ 安装工人进场前，应进行岗位培训并对其作安全、技术交底方能上岗操作，必须正确使用安全帽、安全带。❻ 外脚手架经验收合格后方可使用，脚手架上不得超载，应及时清理杂物，防止机具、材料的坠落，如需部分拆除脚手架与主体结构的连接时，应采取措施防止失稳。当幕墙安装与主体结构施工交叉作业时，在主体结构的施工层下方必须设置防护网；在距离地面高度约 3m 处，必须设置挑出宽度不小于 6m 的水平防护网。❼ 采用吊篮施工时，吊篮应进行安全检查并通过验收。吊篮上的施工人员必须按规定佩系安全带，安全带挂在安全绳的自锁器上，安全绳应固定在独立可靠的结构上。吊篮不得作为竖向运输工具，不得超载，吊篮暂停使用时，应落地停放。

6.2 环保措施

❶ 减少施工时机具噪声污染，减少夜间作业，避免影响施工现场附近居民的休息。❷ 完成每项工序后，应及时清理施工后滞留的垃圾，比如胶、胶瓶、胶带纸等，保证施工现场的清洁。❸ 对于密封材料及清洗溶剂等可能产生有害物质或气体的材料，应做好保管工作，并在挥发过期前使用完毕，以免对环境造成影响。

6.3 职业健康安全措施

在施工中应注意在高处作业时的安全防护。

7 / 工程验收

7.1 一般规定

❶ 建筑幕墙工程应进行材料进场验收、施工中间验收及竣工验收。施工过程中应及时建立技术档案。

❷ 工程验收前幕墙表面应清洗干净。

❸ 幕墙工程验收应进行技术资料复核、现场观感检查和实物抽样检验。现场检验时，应按下列规定划分检验批，每幅建筑幕墙均应检验。① 相同设计、材料、工艺和施工条件的幕墙工程，每500m² ~ 1000m² 应划分为一个检验批，不足500m² 也应为一个检验批。每个检验批每100m² 应至少抽查一处，每处不得小于10m²。② 同一单位工程的不连续的幕墙工程应分别划分检验批。③ 对于异型或有特殊要求的幕墙，检验批应根据幕墙的结构、工艺特点及幕墙工程的规模划分，宜由监理单位、建设单位和施工单位协商确定。

❹ 幕墙工程验收应符合《建筑装饰装修工程质量验收标准》（GB 50210）、《玻璃幕墙工程技术规范》（JGJ 102）的规定。

7.2 进场验收

❶ 建筑幕墙工程所用各种材料、五金配件、构件及组件的产品合格证书、性能检测报告和复验报告，复合板的剥离强度复验报告，硅酮胶的邵氏硬度复验报告等。❷ 建筑幕墙工程（包括隐框、半隐框中空玻璃合片）所用硅酮结构胶的认定证书和抽查合格证明，进口硅酮胶的商检证，国家指定检测机构出具的硅酮结构胶相容性和剥离粘结性试验报告，双组分硅酮结构胶的混匀性试验、拉断试验记录，注胶养护环境温度、湿度记录，槽式埋件、后置埋件和背栓的抗拉、抗剪承载力性能试验报告，金属板材表面氟碳树脂涂层的物理性能试验报告等。

7.3 中间验收

❶ 构件式幕墙工程应对每个节点按下列项目进行隐蔽工程验收：

表 9.1.7-1　构件式幕墙的隐蔽工程验收项目及部位

类型	验收项目及部位
构件式幕墙	（1）预埋件或后置埋件
	（2）幕墙构件与主体结构的连接、构件连接节点
	（3）幕墙四周的封堵、幕墙与主体结构间的封堵
	（4）幕墙变形缝及转角构造节点
	（5）隐框玻璃的板块托条及板块固定连接
	（6）明框隔热断桥处玻璃托块设置
	（7）幕墙防雷连接构造节点
	（8）幕墙的防水、保温隔热构造
	（9）幕墙防火构造节点
单元式幕墙	（1）预埋件或后置埋件
	（2）连接件与主体结构的连接
	（3）单元板挂件与连接件的安装
	（4）单元板块顶部的过桥连接板安装
	（5）幕墙的防火构造节点
	（6）幕墙的防雷连接构造节点
	（7）幕墙四周的封堵、幕墙与主体结构间的封堵
全玻璃幕墙点支承幕墙	（1）预埋件或后置埋件
	（2）全玻璃幕墙的吊夹具、索杆件与主体结构的连接
	（3）玻璃与镶嵌槽间的安装构造
	（4）幕墙支承钢结构等被隐蔽部位

❷ 光伏幕墙还应对电气管线敷设等进行隐蔽工程验收。

7.4 竣工验收

❶ **工程竣工验收时，除检查本标准规定的技术资料外，还应检查下列技术资料**：① 通过审查的施工图、结构计算书、设计变更和建筑设计单位对幕墙工程设计的确认意见及其他设计文件。② 幕墙构件和组件的加工制作记录、幕墙安装施工记录、隐蔽工程验收记录。③ 幕墙的抗风压性能、气密性能、水密性能、层间变形性能等检测报告，后置螺栓抗拉拔检测试验报告。④ 张拉杆索体系预拉力张拉记录、防雷装置测试记录、现场淋水试验记录。⑤ 光伏系统的检测报告，联合调试记录电流、电压检测记录。⑥ 其他质量保证资料。

❷ **幕墙工程观感检查要求**：① 幕墙外露型材、装饰条及遮阳装置的规格、造型符合设计要求，横平竖直，型材、面板表面处理无脱落现象，颜色均匀，无毛刺、伤痕和污垢。金属板材表面平整洁净，距幕墙面3m处观察无可觉察的变形、波纹、局部凹陷和明显色差等缺陷，无凹坑、缺角、裂纹、斑痕、损伤和污迹。② 幕墙的胶缝、接缝均匀，横平竖直；密封胶灌注连续、密实，表面光滑无污染；橡胶条镶嵌密实平整。幕墙无渗漏现象。③ 开启扇配件齐全，安装牢固，关闭严密，启闭灵活；开启形式、方向、角度、距离符合设计要求和规范规定；滴水线、流水坡度符合设计要求，滴水线宽窄均匀、光滑顺直。④ 光伏幕墙的带电警示标识应醒目。

❸ **抽样检验应满足下列要求**：明框幕墙安装应符合表9.1.7-2规定。

表 9.1.7-2　明框幕墙安装允许偏差表

序号	项目		允许偏差（mm）	检查方法
1	幕墙垂直度	$H \leq 30$m	≤ 10	激光仪或经纬仪
		30m $< H \leq 60$m	≤ 15	
		60m $< H \leq 90$m	≤ 20	
		90m $< H \leq 150$m	≤ 25	
		$H > 150$m	≤ 30	
2	构件直线度		≤ 2.5	2m靠尺，塞尺
3	横向构件水平度	长度≤ 2m	≤ 2	水平仪
		长度> 2m	≤ 3	

序号	项目		允许偏差（mm）	检查方法
4	同高度相邻两根横向构件高度、错位偏差		≤ 1.0	钢板尺，塞尺
5	幕墙横向构件水平度	幅宽 ≤ 35m	≤ 5.0	水平仪
		幅宽 > 35m	≤ 7.0	
6	分格框对角线差	对角线长度 ≤ 2m	≤ 3.0	对角线尺或钢卷尺
		对角线长度 > 2m	≤ 3.5	

注：1. 表中 1～5 项按根数抽样检查，第 6 项按分格数抽样检查；
　　2. 垂直于地面的幕墙，竖向构件垂直度包括幕墙平面内及平面外的检查；
　　3. 直线度包括幕墙平面内及平面外的检查。

隐框幕墙安装应符合表 9.1.7-3 规定。

表 9.1.7-3　隐框幕墙安装允许偏差表

序号	项目		允许偏差（mm）	检查方法
1	竖缝及墙面垂直度	$H \leq 30m$	≤ 10	激光仪或经纬仪
		$30m < H \leq 60m$	≤ 15	
		$60m < H \leq 90m$	≤ 20	
		$90m < H \leq 150m$	≤ 25	
		$H > 150m$	≤ 30	
2	幕墙的平面度		≤ 2.5	2m 靠尺，塞尺
3	横、竖缝直线度		≤ 2.5	2m 靠尺，塞尺，钢板尺
4	拼缝宽度（与设计值比）		± 2.0	卡尺
5	板块立面垂直度		± 2.0	垂直检测尺
6	板块上沿水平度		± 2.0	1m 水平尺，钢板尺
7	相邻板块板角错位		± 1.0	钢板尺
8	接缝高低差		± 1.0	塞尺，钢板尺

单元式幕墙安装应符合表 9.1.7-4 规定。

表 9.1.7-4　单元式幕墙安装允许偏差表

序号	项目		允许偏差（mm）	检查方法
1	竖缝及墙面垂直度	$H \leqslant 30m$	$\leqslant 10$	激光仪或经纬仪
		$30m < H \leqslant 60m$	$\leqslant 15$	
		$60m < H \leqslant 90m$	$\leqslant 20$	
		$90m < H \leqslant 150m$	$\leqslant 25$	
		$H > 150m$	$\leqslant 30$	
2	幕墙的平面度		$\leqslant 2.5$	2m靠尺，塞尺
3	横、竖缝直线度		$\leqslant 2.5$	2m靠尺，塞尺，钢板尺
4	拼缝宽度（与设计值比）		± 2.0	卡尺
5	两相邻面板之间接缝高低差		$\leqslant 1.0$	塞尺，钢板尺
6	同层单元板块标高	宽度 $\leqslant 35m$	$\leqslant 3.0$	激光仪或经纬仪
		宽度 $> 35m$	$\leqslant 5.0$	
7	板块对插件接缝搭接长度（与设计值比）		± 1.0	钢板尺
8	板块对插件距槽底距离（与设计值比）		± 1.0	塞尺

全玻璃幕墙安装应符合表 9.1.7-5 规定。

表 9.1.7-5　全玻璃幕墙安装允许偏差表

序号	项目		允许偏差（mm）	检查方法
1	幕墙平面的垂直度	$H \leqslant 30m$	$\leqslant 10$	激光仪或经纬仪
		$H > 30m$	$\leqslant 15$	
2	幕墙的平面度		$\leqslant 2.5$	2m靠尺，塞尺
3	横、竖缝的直线度		$\leqslant 2.5$	2m靠尺，塞尺，钢板尺
4	拼缝宽度（与设计值比）		± 2.0	卡尺
5	相邻面板间的高低差		± 1.0	塞尺，钢板尺
6	玻璃面板与肋板夹角与设计值偏差		$\leqslant 1°$	量角器

点支承玻璃幕墙安装应符合表 9.1.7-6 规定。

表 9.1.7-6　点支承玻璃幕墙安装允许偏差表

序号	项目		允许偏差（mm）	检查方法
1	竖缝及墙面垂直度	$H \leqslant 30$m	$\leqslant 10$	激光仪或经纬仪
		30m $< H \leqslant 50$m	$\leqslant 15$	
		$H > 50$m	$\leqslant 20$	
2	平面度		$\leqslant 2.5$	2m靠尺，塞尺
3	胶缝直线度		$\leqslant 2.5$	2m靠尺，塞尺，钢板尺
4	拼缝宽度		$\leqslant 2.0$	钢板尺
5	相邻玻璃平面高低差		$\leqslant 1.0$	塞尺，钢板尺

8 质量记录

8.1 幕墙各项性能检测试验

幕墙性能检测必须按照国家标准和设计要求进行。试验完毕后，试验报告提交业主及监理报批。

❶ 检测样品：① 样品应包括面板的不同类型，并包括不同类型面板交界部分的典型节点。样品应包括典型的垂直接缝、水平接缝和可开启部分。开启部位的五金件必须按照设计规定选用与安装，排水孔位应准确齐全。样品与箱体之间应密封处理。② 样品高度至少应包括一个层高，样品宽度至少应包括承受设计荷载的一组竖向构件，并在竖直方向上与承重结构至少有两处连接。样品组件及安装的受力状况应和实际工况相符。③ 单元式幕墙应至少包括与实际工程相符的一个典型十字缝，其中一个单元的四边接缝构造与实际工况相同。

❷ 检测方法：① 气密、水密、抗风压性能按《建筑幕墙气密、水密、

抗风压性能检测方法》（GB/T 15227）的规定检测。层间变形性能按《建筑幕墙层间变形性能分级及检测方法》（GB/T 18250）的规定检测。

② 热循环试验按建筑幕墙热循环试验方法检测，热工性能按建筑幕墙热工性能检测方法检测，耐撞击性能按《建筑幕墙》（GB/T 21086）附录 F 的规定检测。

❸ **检测报告**：建筑幕墙的气密、水密、抗风压性能的检测试验报告，建筑幕墙层间变形性能检测试验报告，建筑幕墙热工性能检测试验报告等。

8.2 　　幕墙各项验收记录

❶ 幕墙材料、产品合格证和环保、消防性能检测报告以及进场验收记录；❷ 复检报告、隐蔽工程验收记录；❸ 消防、防雷工程工程验收记录；❹ 检验批质量验收记录；❺ 分项工程质量验收记录。

金属幕墙工程施工工艺

1 / 总则

1.1 适用范围

本施工工艺适用于非抗震设计或 6~8 度抗震设计的金属幕墙工程的安装施工。

1.2 编制参考标准及规范

1.《建筑装饰装修工程质量验收标准》

（GB 50210-2018）

2.《建筑工程施工质量验收统一标准》

（GB 50300-2013）

3.《建筑幕墙》

（GB/T 21086-2007）

4.《金属与石材幕墙工程技术规范》

（JGJ 133-2001）

5.《建筑遮阳通用技术要求》

（JG/T 274-2018）

6.《建筑遮阳工程技术规范》

（JGJ 237-2011）

7.《建筑幕墙工程技术规范》

（DGJ 08-56-2012）

2 / 施工准备

2.1 技术准备

❶ 熟悉施工图纸，确认建筑物主体结构施工质量、尺寸、标高是否满足施工的要求。❷ 掌握当地自然条件、材料供应、交通运输、劳动力状况以及地方性法律法规要求。❸ 编制施工组织设计和施工预算。❹ 组织设计单位（或幕墙专业顾问单位）对幕墙施工单位进行技术交底，超出现行国家、行业或地方标准适用范围的金属幕墙工程，其设计、施工方案须经专家论证或审查。

2.2 材料要求

1. 一般规定

金属幕墙所选用的材料应符合现行国家标准、行业标准、产品标准以及有关地方标准的规定，同时应有出厂合格证、质保书及必要的检验报告。进口材料应符合国家商检规定。尚无标准的材料应符合设计要求，并经专项技术论证。

2. 铝合金材料

铝合金材料的化学成分应符合《变形铝及铝合金化学成分》（GB/T 3190）的规定；铝合金型材的质量要求应符合《铝合金建筑型材》（GB/T 5237.1~5237.6）的规定，型材尺寸允许偏差应达到高精级或超高精级。

采用穿条工艺生产的隔热铝型材，以及采用浇注工艺生产的隔热铝型材，其隔热材料应符合现行国家和行业标准、规范的相关要求。

铝合金结构焊接应符合《铝合金结构设计规范》（GB 50429）和《铝及铝合金焊丝》（GB/T 10858）的规定，焊丝宜选用 SAIMG-3 焊丝（Eur 5356）或 SAISi-1 焊丝（Eur 4043）。

3. 钢材

碳素结构钢和低合金结构钢的技术要求应符合《玻璃幕墙工程技术规范》（JGJ 102）的要求。钢材、钢制品的表面不得有裂纹、气泡、结疤、泛锈、夹渣等，其牌号、规格、化学成分、力学性能、质量等级应

符合现行国家标准的规定。

建筑幕墙使用的钢材应采用 Q235 钢或 Q345 钢，并具有抗拉强度、伸长率、屈服强度和碳、锰、硅、硫、磷含量的合格保证。焊接结构应具有碳含量的合格保证，焊接承重结构以及重要的非焊接承重结构所采用的钢材还应具有冷弯或冲击试验的合格保证。

对耐腐蚀性有特殊要求或腐蚀性环境中的幕墙结构钢材、钢制品宜采用不锈钢材质。如采用耐候钢，其质量指标应符合《耐候结构钢》（GB/T 4171）的规定。

冷弯薄壁型钢构件应符合《冷弯薄壁型钢结构技术规范》（GB 50018）有关规定，其壁厚不得小于 4.0mm，表面处理应符合《钢结构工程施工质量验收标准》（GB 50205）的有关规定。

钢型材表面除锈等级不宜低于 Sa2.5 级，表面防腐处理应符合下列要求：

❶ 采用热浸镀锌时，锌膜厚度应符合《金属覆盖层钢铁制件热浸镀锌层技术要求及试验方法》（GB/T 13912）的规定；

❷ 采用氟碳喷涂或聚氨酯漆喷涂时，涂膜厚度不宜小于 35μm，在空气污染及海滨地区，涂膜厚度不宜小于 45μm；

❸ 采用防腐涂料进行表面处理时，除密闭的闭口型材内表面外，涂层应完全覆盖钢材表面。

不锈钢材料宜采用奥氏体不锈钢，镍铬总含量宜不小于 25%，且镍含量应不小于 8%；暴露于室外或处于高湿度环境的不锈钢构件镍铬总含量宜不小于 29%，且镍含量应不小于 12%。

不锈钢绞线在使用前必须提供预张拉试验报告、破断力试验报告，其质量和性能应符合《玻璃幕墙工程技术规范》（JGJ 102）的要求。不锈钢绞线护层材料宜选用高密度聚乙烯。

点支承玻璃幕墙采用的锚具、夹具、连接器、支承装置以及全玻璃幕墙的支承装置，其成分、外观、技术要求及性能指标应符合现行国家及行业标准、规范的相关要求。不锈钢支承、吊挂装置的牌号不宜低于 SS316；位于海滨和酸雨等严重腐蚀地区时不应低于 SS316。

钢材焊接用焊条成分和性能指标应符合《非合金钢及细晶粒钢焊条》（GB/T 5117）、《热强金钢焊条》（GB/T 5118）、《钢结构焊接规范》（GB 50661）的规定。

4. 金属面板

单层铝板宜采用铝锰合金板、铝镁合金板，并应符合现行国家标准《一般工业用铝及铝合金板、带材　第1部分：一般要求》（GB/T 3880.1）、《一般工业用铝及铝合金板、带材　第2部分：力学性能》（GB/T 3880.2）、《一般工业用铝及铝合金板、带材　第3部分：尺寸偏差》（GB/T 3880.3）、《变形铝及铝合金牌号表示方法》（GB/T 16474）、《变形铝及铝合金状态代号》（GB/T 16475）、《铝幕墙板　第1部分：板基》（YS/T 429.1）、《铝幕墙板　第2部分：有机聚合物喷涂铝单板》（YS/T 429.2）的规定。铝板表面采用氟碳涂层时，氟碳树脂含量不应低于树脂总量的70%。

铝塑复合板应符合现行国家标准《建筑幕墙用铝塑复合板》（GB/T 17748）的要求。

蜂窝铝板应符合现行行业标准《建筑外墙用铝蜂窝复合板》（JG/T 334）的要求，面板厚度不宜小于1.0mm，蜂窝铝板的厚度为10mm时，其背板厚度不宜小于0.5mm；蜂窝铝板的厚度不小于12mm时，其背板厚度不宜小于1.0mm。不锈钢板作面板时，不锈钢面板为时，其截面厚度不宜小于2.5mm（平板）或1.0mm（波纹板）。海边或腐蚀严重地区，不锈钢板涂层厚度不宜小于35μm。

彩色涂层钢板应符合现行国家标准《彩色涂层钢板及钢带》（GB/T 12754）的规定。基材钢板宜镀锌，板厚不宜小于1.5mm，并应具有适合室外使用的氟碳涂层、聚酯涂层或丙烯酸涂层。

5. 硅酮结构胶及密封、衬垫材料

硅酮结构密封胶的性能应符合《建筑用硅酮结构密封胶》（GB 16776）和《中空玻璃用硅酮结构密封胶》（GB 24266）的规定。

硅酮结构密封胶使用前，应经国家认可的检测机构进行与其相接触材料的相容性和剥离粘结性试验，并应对邵氏硬度、标准状态拉伸粘结性能进行复验。硅酮结构密封胶不应与聚硫密封胶接触使用。

同一幕墙工程应采用同一品牌的硅酮结构密封胶和硅酮建筑密封胶，硅酮结构密封胶和硅酮建筑密封胶必须在有效期内使用。用于石材幕墙的硅酮结构密封胶应有专项试验报告。隐框和半隐框玻璃幕墙，其幕墙组件严禁在施工现场打注硅酮结构密封胶。

硅酮建筑密封胶应符合《硅酮和改性硅酮建筑密封胶》（GB/T 14683）的规定，密封胶的位移能力应符合设计要求，且不小于20%。宜采用中性硅酮建筑密封胶。聚氨酯建筑密封胶的物理力学性能应符合《聚氨酯建筑密封胶》（JC/T 482）的规定。

橡胶材料应符合《建筑门窗、幕墙用密封胶条》（GB/T 24498）、《工业

用橡胶板》（GB/T 5574）的规定，宜采用三元乙丙橡胶、硅橡胶、氯丁橡胶。

玻璃支承垫块宜采用邵氏硬度为80～90的氯丁橡胶等材料，不得使用硫化再生橡胶、木片或其他吸水性材料。

不同金属材料接触面设置的绝缘隔离垫片，宜采用尼龙、聚氯乙烯（PVC）等制品。

6. 保温隔热材料

幕墙宜采用岩棉、矿棉、玻璃棉等符合防火设计要求的材料作为隔热保温材料，并符合《绝热用岩棉、矿渣棉及其制品》（GB/T 11835）、《绝热用玻璃棉及其制品》（GB/T 13350）的规定。

7. 金属连接件及五金件

紧固件螺栓、螺钉、螺柱等的机械性能、化学成分应符合《紧固件机械性能》（GB/T 3098.1～3098.21）的规定。

锚栓应符合《混凝土用机械锚栓》（JG/T 160）、《混凝土结构后锚固技术规程》（JGJ 145）的规定，可采用碳素钢、不锈钢或合金钢材料。化学螺栓和锚固胶的化学成分、力学性能应符合设计要求，药剂必须在有效期内使用。

背栓的材料性质和力学性能应满足设计要求，并由有相应资质的检测机构出具检测报告。

幕墙采用的非标准五金件、金属连接件应符合设计要求，并应有出厂合格证，同时其各项性能应符合现行国家标准的规定。

与幕墙配套的门窗用五金件、附件、连接件、紧固件应符合现行国家标准、行业的规定，并具备产品合格证、质量保证书及相关性能的检测报告。

8. 防火材料

防火材料应符合设计要求，具备产品合格证和耐火测试报告。

幕墙的隔热、保温材料其性能分级应符合《建筑材料及制品燃烧性能分级》（GB 8624）的规定。

幕墙的层间防火、防烟封堵材料应符合《防火封堵材料》（GB 23864）的要求。

防火铝塑板的燃烧性能应符合《建筑材料及制品燃烧性能分级》

（GB 8624）的规定。防火铝塑板不得作为防火分隔材料使用。

防火密封胶应符合《建筑用阻燃密封胶》（GB/T 24267）的规定。

幕墙钢结构用防火涂料的技术性能应符合《钢结构防火涂料》（GB 14907）的规定。

2.3 主要机具

双头切割机、单头切割机、冲床、铣床、钻床、组角机、打胶机、空压机、吊篮、卷扬机、电焊机、水准仪、经纬仪、注胶枪等。

2.4 作业条件

❶ 施工现场清理干净，有足够的材料、部件、设备的放置场地，有库房保管零部件。可能对幕墙施工环境造成严重污染的分项工程应安排在幕墙施工前进行。❷ 有土建施工单位移交的施工控制线及基准线。❸ 主体结构上预埋件已按设计要求埋设完毕，无漏埋、过大位置偏差情况，后置埋件已完成拉拔试验，其拉拔强度合格。❹ 幕墙安装施工前完成幕墙各项性能检测试验并合格，如合同要求有样板间的应在大面积施工前完成。❺ 脚手架等操作平台搭设到位。吊篮、吊船等垂直运输设备安设到位。❻ 施工操作前已进行技术交底。

3 施工工艺

3.1 工艺流程

1. 加工制作

❶ 幕墙埋件加工制作：预埋件的锚板及锚筋的材质应符合设计要求，锚筋与锚板焊缝应符合现行国家规范和设计要求。

平板型预埋件的加工制作，锚筋长度不允许负偏差。槽式预埋件表面及槽内应进行防腐蚀处理，其加工制作时，预埋件长度、宽度、厚度和锚筋长度不允许负偏差。

❷ 幕墙型材的加工制作：型材截料前应校直调整，加工时应保护型材

表面。

❸ 单层金属板的加工制作

① 金属板加强肋的固定应牢固，可采用电栓钉、胶粘等方法。采用电栓钉时，金属板外表面不应变形、变色。② 金属板构件周边应采用折边或边框加强。加强边框可采用铆接、螺栓或胶粘与机械连接相结合的方式。③ 金属板的固定耳攀可采用焊接、铆接或直接在板上冲压而成，应位置准确，调整方便，固定牢固。铆接时可采用不锈钢抽芯铆钉或实心铝铆钉。④ 金属板折弯加工时，折弯外圆弧半径应不小于板厚的 1.5 倍。厚度不大于 2mm 的金属板，其内置加强边框、加强肋与面板的连接，不应采用焊钉连接。

❹ 铝塑复合板的加工制作

① 在切割铝塑复合板内层金属板和聚乙烯塑料时，应保留不小于 0.3mm 厚的聚乙烯塑料，不得划伤外层金属板面。② 钻孔、切口等外露的聚乙烯塑料及角缝，应采用中性硅酮建筑密封胶密封。③ 铝塑复合板折边后，金属折边应采取加强措施。

❺ 注胶工艺

施工环境的温度、湿度、空气中粉尘浓度及通风条件应符合相应的工艺要求。

采用硅酮结构密封胶与玻璃或构件粘结前必须取得合格的剥离强度和相容性检验报告，必要时应加涂底漆。采用硅酮结构密封胶粘结固定的幕墙单元组件必须静置养护，固化未达到足够承载力之前，不应搬动。

镀膜玻璃应根据其镀膜材料的粘结性能和技术要求，确定加工制作工艺。当镀膜与硅酮结构密封胶不相容时，应除去镀膜层。

2. 安装施工工艺流程

金属幕墙的工艺流程

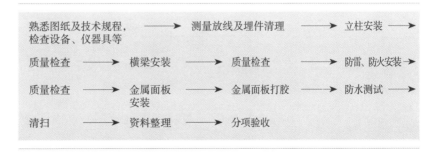

图 9.2.3-1　金属幕墙的工艺流程

操作工艺

1. 预埋件安装

按照幕墙的设计分格尺寸用测量仪器定位安装预埋件，应采取措施防止浇筑混凝土时埋件发生移位。

预埋件的标高偏差 ≤ ±10mm，水平偏差 ≤ ±10mm，表面进出偏差 ≤ 10mm。偏差过大不满足设计要求的预埋件应废弃，原设计位置补做后置埋件，后置埋件的安装螺栓应有防松脱措施。

2. 施工测量放线

测量放线前，应先复查由土建方移交的主体结构的水平基准线和标高基准线。测量放线应结合主体结构的偏差及时调整幕墙分格，防止积累误差。风力大于 4 级时，不宜测量放线。

3. 金属幕墙的安装工艺

❶ **幕墙金属龙骨安装**：立柱宜从上往下进行安装，与连接件连接后，应对整幅幕墙金属龙骨进行检查和纠偏，然后将连接件与主体结构的预埋件焊牢。

① 根据水平钢丝，将每根立柱的水平标高位置调整好，稍紧螺栓。

② 再调整进出、左右位置，经检查合格后，拧紧螺帽。

③ 当调整完毕，整体检查合格后，将垫片、螺帽与钢件电焊上。

④ 最后安装横龙骨，安装时水平方向应拉线，并保证竖龙骨与横龙骨接口处的平整，且不能有松动。

❷ **防火材料安装**：

① 龙骨安装完毕，可进行防火材料的安装。

② 将防火镀锌板固定（用螺钉或射钉），要求牢固可靠，并注意板的接口。

③ 然后铺防火棉，安装时注意防火棉的厚度和均匀度，保证与龙骨料接口处的饱满，且不能挤压，以免影响面材。

④ 最后进行顶部封口处理即安装封口板。

⑤ 安装过程中要注意对玻璃、铝板、铝材等成品的保护，以及内装饰的保护。

❸ **金属板安装**：

① 安装前应将钢件或钢架、立柱、避雷、保温、防锈全部检查一遍，合格后再将相应规格的面材搬入就位，然后自上而下进行安装。

② 安装过程中拉线相邻金属板面的平整度和板缝的水平、垂直度。

③ 安装时，应先就位，临时固定，然后拉线调整。

④ 安装过程中注意控制缝的宽度，缝宽误差应均分在每条胶缝中。

⑤ 金属幕墙典型安装节点做法如图9.2.3-2所示。

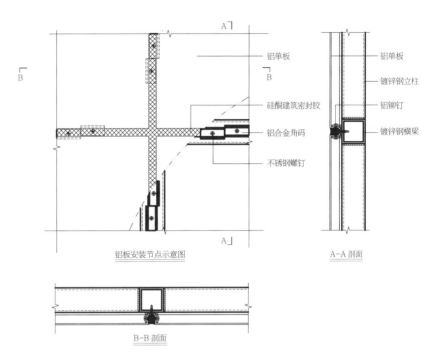

图 9.2.3-2　铝单板幕墙安装节点示意图

4. 建筑外遮阳构件安装工艺

❶ 外遮阳构件其连接构造应符合遮阳产品的安装说明要求，并通过锚固件、预埋件等固定于主体结构基体上，连接应采取防止产生噪声或消除噪声的有效措施。

❷ 电动外遮阳构件宜与室内控制环境控制系统联动，并满足室内环境调节的需求，所有可操控构件均应设置过载保护装置。

❸ 螺接部位应有良好的防滑防松动措施。

❹ 遮阳构件采用吊装机起吊安装时，起吊和就位应符合下列要求：

① 吊点和挂点应符合设计要求，起吊过程应保持遮阳组件的平稳，不撞击其他物体；② 吊装过程中应采取保证装饰面不受磨损和挤压的措施；③ 遮阳组件就位未固定前，吊具不得拆除。

5. 幕墙防火工艺

❶ 无窗槛墙或窗槛墙高度小于0.8m的建筑幕墙，应在每层楼板外沿设置耐火极限不低于1.0h、高度不低于0.8m的不燃烧实体裙墙或防火玻

璃裙墙。墙内填充材料的燃烧性能应满足消防要求。❷ 建筑幕墙与各层楼板、防火分隔、实体墙面洞口边缘的间隙等，应设置防火封堵。防火封堵应采用厚度不小于100mm的岩棉、矿棉等耐高温、不燃烧的材料填充密实，并由厚度不小于1.5mm的镀锌钢板承托，不得采用铝板、铝塑板，其缝隙应以防火密封胶密封，竖向应双面封堵。❸ 层间典型防火节点如图9.2.3-3、图9.2.3-4所示。

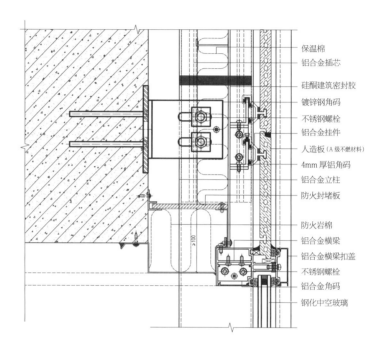

图 9.2.3-3　层间典型防火竖剖节点示意图

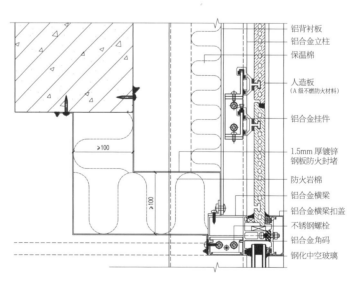

图 9.2.3-4　层间典型防火竖剖节点示意图

6. 幕墙防雷工艺

❶ 幕墙高度超过 200m 或幕墙构造复杂、有特殊要求时，宜在设计初期进行雷击风险评估。❷ 钢质连接件（包括钢质绞线）连接的焊缝处应做表面防腐蚀处理。不同材质金属之间的连接，应采取不影响电气通路的防电偶腐蚀措施。不等电位金属之间应防止接触性腐蚀。❸ 建筑幕墙在工程竣工验收前应通过防雷验收，交付使用后按有关规定进行防雷检测。

3.3 技术及质量关键要求

❶ 预埋件和锚固件施工安装位置精度及固定状态符合设计要求，无变形、生锈现象，防锈涂料、表面处理完好，安装位置偏差在允许范围内。❷ 构件安装部位正确，横平竖直、大面平整；螺栓、铆钉安装固定符合要求；构件的外观情况（包括但不限于色调、色差、污染、划痕等）符合要求，雨水泄水通路、密封状态等功能完好。❸ 幕墙立柱与横梁安装应严格控制水平、垂直度以及对角线长度；金属板安装时，应控制相邻面板的水平度、垂直度及大面平整度，控制缝隙宽度。❹ 进行密封工作前应对密封面进行清扫，并在胶缝两侧的金属板上粘贴保护胶带，防止注胶时污染周围的板面；注胶应均匀、密实、饱满，表面光滑。❺ 开缝式金属板幕墙面板背面空间的防水构造或主体结构上的防水层完好，金属板背部的防水衬板无破损，导排水系统使用正常。❻ 安装前幕墙应进行气密性、水密性、抗风压和层间位移性能的检测，达到设计及规范要求。

4 / 质量标准

4.1 主控项目

❶ 幕墙的品种、类型、规格、性能、安装位置、开启方式、连接方式应符合设计要求。❷ 铝合金型材的表面处理、膜厚，其他金属构件的

防腐处理、密封处理应符合设计要求。❸ 金属型材立柱、横梁等主要受力杆件的截面受力部位壁厚实测值应符合设计要求。❹ 金属构件孔位、槽口、豁口、榫头的数量、位置和尺寸应符合设计要求。❺ 硅酮结构密封胶必须到指定检测中心进行相容性测试和粘结拉伸试验。

4.2　一般项目

1. 外观质量检验

❶ **金属构件表面质量的检验**：铝型材表面质量的检验，应在自然散射光条件下目测检查，表面应清洁，色泽应均匀，不应有皱纹、裂纹、起皮、腐蚀斑点、气泡、划伤、擦伤、电灼伤、流痕、发黏以及膜（涂）层脱落、毛刺等缺陷存在。钢材表面质量的检验，应在自然散射光条件下，目测检查，钢材的表面不得有裂纹、气泡、结疤、泛锈、夹杂和折叠，截面不得有毛刺、卷边等现象。❷ **金属面板表面质量检验**：金属板材表面的涂层应无起泡、裂纹、剥落现象，表面平整度应保证在 ≤2/1000 范围内。❸ **幕墙结构构配件的表面质量检验**：转接件、连接件外观应平整、无裂纹、毛刺、凹坑、变形等缺陷，当采用碳素钢材时，表面应做热镀锌处理或其他防腐处理。❹ **硅酮结构密封胶、硅酮建筑密封胶及密封材料的表面质量检验**：密封胶缝应横平竖直，深浅一致，宽度均匀，光滑顺直。密封材料表面应无裂纹及缺口。

2. 质量保证资料

❶ **幕墙铝合金型材、钢材的质量保证资料**：产品合格证、质量保证书、力学性能检验报告。❷ **金属板的质量保证资料**：产品合格证、质量保证书、力学性能检验报告。❸ **硅酮结构密封胶、硅酮建筑密封胶及密封材料的质量保证资料**：质量保证书和产品合格证、结构硅酮胶剥离试验记录、相溶性检验报告和粘结拉伸试验报告、进口商品的商检证。❹ **幕墙紧固件、五金件的质量保证资料**：连接件产品合格证、钢材产品合格证、镀锌工艺处理质量证书以及螺栓、滑撑、限位器等产品合格证。

5 成品保护

5.1 成品的运输、装卸

运送制品时，应竖置固定运送，用聚乙烯苫布保护制品四角等露出部件。收货时依据货单对制品和部件（连接件、螺栓、螺母、螺钉等）的型号、数量、有无损伤等进行确认。卸货时使用塔吊等卸货机械应由专职技术人员操作，各安装楼层存放货物的面积应不小于300m^2。

5.2 成品的保管

产品的保管场所应设在雨水淋不到并且通风良好的地方，根据各种材料的规格，分类堆放，并做好相应的产品标识。要定期检查仓库的防火设施和防潮情况。

6 安全、环境及职业健康措施

6.1 安全措施

❶ 幕墙安装施工应符合《建筑施工高处作业安全技术规范》（JGJ 80）、《建筑机械使用安全技术规程》（JGJ 33）、《施工现场临时用电安全技术规范》（JGJ 46）和其他相关规定。❷ 施工用电的线路、闸箱、接零接地、漏电保护装置符合有关规定，严格按照有关规定安装和使用电气设备。❸ 施工机具在使用前应严格检查，机械性能良好，安全装置齐全有效；电动工具应进行绝缘测试，手持玻璃吸盘及玻璃吸盘机应测试吸附重量和吸附持续时间。❹ 配备消防器材，防火工具和设施齐全，并有专人管理和定期检查；各种易燃易爆材料的堆放和保管应与明火区有一定的防火间距；电焊作业时，应有防火措施。❺ 安装工人进场前，应进行岗位培训并对其作安全、技术交底方能上岗操作，必须正确

使用安全帽、安全带。❻ 外脚手架经验收合格后方可使用，脚手架上不得超载，应及时清理杂物，防止机具、材料的坠落。如需部分拆除脚手架与主体结构的连接时，应采取措施防止失稳。当幕墙安装与主体结构施工交叉作业时，在主体结构的施工层下方必须设置防护网；在距离地面高度约 3m 处，必须设置挑出宽度不小于 6m 的水平防护网。❼ 采用吊篮施工时，吊篮应进行安全检查并通过验收。吊篮上的施工人员必须按规定佩系安全带，安全带挂在安全绳的自锁器上，安全绳应固定在独立可靠的结构上。吊篮不得作为竖向运输工具，不得超载，吊篮暂停使用时，应落地停放。

6.2　环保措施

❶ 减少施工时机具噪声污染，减少夜间作业，避免影响施工现场附近居民的休息。❷ 完成每项工序后，应及时清理施工后滞留的垃圾，比如胶、胶瓶、胶带纸等，保证施工现场的清洁。❸ 对于密封材料及清洗溶剂等可能产生有害物质或气体的材料，应做好保管工作，并在挥发过期前使用完毕，以免对环境造成影响。

6.3　职业健康安全措施

在施工中应注意在高处作业时的安全防护。

7　工程验收

7.1　一般规定

❶ 建筑幕墙工程应进行材料进场验收、施工中间验收及竣工验收。施工过程中应及时建立技术档案。

❷ 工程验收前幕墙表面应清洗干净。

❸ 幕墙工程验收应进行技术资料复核、现场观感检查和实物抽样检验。现场检验时，应按下列规定划分检验批，每幅建筑幕墙均应检验。

① 相同设计、材料、工艺和施工条件的幕墙工程，每 $500m^2 \sim 1000m^2$ 应划分为一个检验批，不足 $500m^2$ 也应为一个检验批。每个检验批每 $100m^2$ 应至少抽查一处，每处不得小于 $10m^2$。② 同一单位工程的不连续的幕墙工程应分别划分检验批。③ 对于异型或有特殊要求的幕墙，检验批应根据幕墙的结构、工艺特点及幕墙工程的规模划分，宜由监理单位、建设单位和施工单位协商确定。

❹ 幕墙工程验收应符合《建筑装饰装修工程质量验收标准》(GB 50210)、《金属与石材幕墙工程技术规范》(JGJ 133)的规定。

7.2 进场验收

❶ 金属幕墙工程所用各种材料、五金配件、构件及组件的产品合格证书、性能检测报告和复验报告，复合板的剥离强度复验报告，硅酮胶的邵氏硬度复验报告等。❷ 幕墙工程的槽式埋件或后置埋件的抗拉、抗剪承载力性能试验报告，金属板材表面氟碳树脂涂层的物理性能试验报告等。❸ 金属幕墙工程如果使用了硅酮结构胶，所用硅酮结构胶的认定证书和抽查合格证明，进口硅酮胶的商检证，国家指定检测机构出具的硅酮结构相容性和剥离粘结性试验报告，双组分硅酮结构胶的混匀性试验、拉断试验记录，注胶养护环境温度、湿度记录，槽式埋件、后置埋件和背栓的抗拉、抗剪承载力性能试验报告，金属板材表面氟碳树脂涂层的物理性能试验报告等。

7.3 中间验收

金属幕墙工程应对每个节点按下列项目进行隐蔽工程验收：

表 9.2.7-1　金属幕墙隐蔽工程验收项目及部位

类型	验收项目及部位
金属幕墙	（1）预埋件或后置埋件
	（2）幕墙构件与主体结构的连接、构件连接节点
	（3）幕墙四周的封堵、幕墙与主体结构间的封堵
	（4）幕墙变形缝及转角构造节点
	（5）幕墙防雷连接构造节点

类型	验收项目及部位
金属幕墙	（6）幕墙的防水、保温隔热构造
	（7）幕墙防火构造节点

7.4 竣工验收

❶ 工程竣工验收时，除检查本标准规定的技术资料外，还应检查下列技术资料：① 通过审查的施工图、结构计算书、设计变更和建筑设计单位对幕墙工程设计的确认意见及其他设计文件。② 幕墙构件和组件的加工制作记录、幕墙安装施工记录、隐蔽工程验收记录。③ 幕墙的抗风压性能、气密性能、水密性能、层间变形性能等检测报告，后置螺栓抗拉拔检测试验报告。④ 张拉杆索体系预拉力张拉记录、防雷装置测试记录、现场淋水试验记录。⑤ 光伏系统的检测报告、联合调试记录电流、电压检测记录。⑥ 其他质量保证资料。

❷ 幕墙工程观感检查要求：① 幕墙外露型材、装饰条及遮阳装置的规格、造型符合设计要求，横平竖直，型材、面板表面处理无脱落现象，颜色均匀，无毛刺、伤痕和污垢。金属板材表面平整洁净，距幕墙面 3m 处观察无可觉察的变形、波纹、局部凹陷和明显色差等缺陷，无凹坑、缺角、裂纹、斑痕、损伤和污迹。② 幕墙的胶缝、接缝均匀，横平竖直；密封胶灌注连续、密实，表面光滑无污染；橡胶条镶嵌密实平整。幕墙无渗漏现象。③ 开启扇配件齐全，安装牢固，关闭严密，启闭灵活；开启形式、方向、角度、距离符合设计要求和规范规定；滴水线、流水坡度符合设计要求，滴水线宽窄均匀、光滑顺直。④ 光伏幕墙的带电警示标识应醒目。

❸ 金属幕墙安装应符合表 9.2.7-2 规定。

表 9.2.7-2　金属幕墙安装允许偏差表

序号	项目		允许偏差（mm）	检查方法
1	幕墙垂直度	$H \leqslant 30m$	$\leqslant 10$	经纬仪
		$30m < H \leqslant 60m$	$\leqslant 15$	
		$60m < H \leqslant 90m$	$\leqslant 20$	
		$90m < H \leqslant 150m$	$\leqslant 25$	

序号	项目		允许偏差（mm）	检查方法
1	幕墙垂直度	$H > 150m$	≤ 30	经纬仪
2	幕墙水平度	层高≤ 3m	≤ 3.0	水平仪
		层高> 3m	≤ 5.0	
3	幕墙表面平整度		≤ 2.0	2m 靠尺，塞尺
4	面板立面垂直度		≤ 3.0	垂直检测尺
5	面板上沿水平度		≤ 2.0	1m 水平尺，钢板尺
6	相邻板材板角错位		≤ 1.0	钢板尺
7	阴阳角方正		≤ 2.0	直角检测尺
8	接缝直线度		≤ 3.0	拉 5m 线，不足 5m 拉通线，用钢板尺检查
9	接缝高低差		≤ 1.0	钢板尺，塞尺
10	接缝宽度		≤ 1.0	卡尺

8 / 质量记录

8.1 幕墙各项性能检测试验

幕墙性能检测必须按照国家标准和设计要求进行。试验完毕后，试验报告提交业主及监理报批。

❶ 检测样品：① 样品应包括面板的不同类型，并包括不同类型面板交界部分的典型节点。样品应包括典型的垂直接缝、水平接缝和可开启部分。开启部位的五金件必须按照设计规定选用与安装，排水孔位应准确齐全。样品与箱体之间应密封处理。② 样品高度至少应包括一个层高，样品宽度至少应包括承受设计荷载的一组竖向构件，并在竖直方向

上与承重结构至少有两处连接。样品组件及安装的受力状况应和实际工况相符。

③ 单元式幕墙应至少包括与实际工程相符的一个典型十字缝，其中一个单元的四边接缝构造与实际工况相同。

❷ 检测方法：① 气密、水密、抗风压性能按《建筑幕墙气密、水密、抗风压性能检测方法》(GB/T 15227) 的规定检测。层间变形性能按《建筑幕墙层间变形性能分级及检测方法》(GB/T 18250) 的规定检测。

② 热循环试验按建筑幕墙热循环试验方法检测，热工性能按建筑幕墙热工性能检测方法检测，耐撞击性能按《建筑幕墙》(GB/T 21086) 附录 F 的规定检测。

❸ 检测报告：建筑幕墙的抗风压性能、空气渗透性能和雨水渗透性能的检测试验报告，建筑幕墙层间变形性能检测试验报告，建筑幕墙热工性能检测试验报告等。

8.2　　**幕墙各项验收记录**

❶ 幕墙材料、产品合格证和环保、消防性能检测报告以及进场验收记录；❷ 复检报告、隐蔽工程验收记录；❸ 消防、防雷工程工程验收记录；❹ 检验批质量验收记录；❺ 分项工程质量验收记录。

第3节　石材幕墙工程施工工艺

1　总则

1.1　适用范围

本施工工艺适用于非抗震设计或6~8度抗震设计的石材幕墙工程的安装施工。

1.2　编制参考标准及规范

1.《建筑装饰装修工程质量验收标准》

（GB 50210-2018）

2.《建筑工程施工质量验收统一标准》

（GB 50300-2013）

3.《建筑幕墙》

（GB/T 21086-2007）

4.《金属与石材幕墙工程技术规范》

（JGJ 133-2001）

5.《建筑遮阳通用技术要求》

（JG/T 274-2018）

6.《建筑遮阳工程技术规范》

（JGJ 237-2011）

7.《建筑幕墙工程技术规范》

（DGJ 08-56-2012）

2 施工准备

2.1 技术准备

❶ 熟悉施工图纸，确认建筑物主体结构施工质量、尺寸标高是否满足施工的要求。❷ 掌握当地自然条件、材料供应、交通运输、劳动力状况以及地方性法律法规要求。❸ 编制施工组织设计和施工预算。❹ 组织设计单位（或幕墙专业顾问单位）对幕墙施工单位进行技术交底，超出现行国家、行业或地方标准适用范围的石材幕墙工程，其设计、施工方案须经专家论证或审查。

2.2 材料要求

1. 一般规定

石材幕墙所选用的材料应符合现行国家标准、行业标准、产品标准以及有关地方标准的规定，同时应有出厂合格证、质保书及必要的检验报告。进口材料应符合国家商检规定。尚无标准的材料应符合设计要求，并经专项技术论证。

2. 铝合金材料

铝合金材料的化学成分应符合《变形铝及铝合金化学成分》（GB/T 3190）的规定；铝合金型材的质量要求应符合《铝合金建筑型材》（GB/T 5237.1～5237.6）的规定，型材尺寸允许偏差应达到高精级或超高精级。

采用穿条工艺生产的隔热铝型材，以及采用浇注工艺生产的隔热铝型材，其隔热材料应符合现行国家和行业标准、规范的相关要求。

铝合金结构焊接应符合《铝合金结构设计规范》（GB 50429）和《铝及铝合金焊丝》（GB/T 10858）的规定，焊丝宜选用 SAIMG-3 焊丝（Eur 5356）或 SAlSi-1 焊丝（Eur 4043）。

3. 钢材

碳素结构钢和低合金结构钢的技术要求应符合《玻璃幕墙工程技术规范》（JGJ 102）的要求。钢材、钢制品的表面不得有裂纹、气泡、结疤、泛锈、夹渣等，其牌号、规格、化学成分、力学性能、质量等级应

符合现行国家标准的规定。

建筑幕墙使用的钢材应采用 Q235 钢或 Q345 钢,并具有抗拉强度、伸长率、屈服强度和碳、锰、硅、硫、磷含量的合格保证。焊接结构应具有碳含量的合格保证,焊接承重结构以及重要的非焊接承重结构所采用的钢材还应具有冷弯或冲击试验的合格保证。

对耐腐蚀性有特殊要求或腐蚀性环境中的幕墙结构钢材、钢制品宜采用不锈钢材质,如采用耐候钢,其质量指标应符合《耐候结构钢》(GB/T 4171)的规定。

冷弯薄壁型钢构件应符合《冷弯薄壁型钢结构技术规范》(GB 50018)有关规定,其壁厚不得小于 4.0mm,表面处理应符合《钢结构工程施工质量验收标准》(GB 50205)的有关规定。

钢型材表面除锈等级不宜低于 Sa2.5 级,表面防腐处理应符合下列要求:

❶ 采用热浸镀锌时,锌膜厚度应符合《金属覆盖层钢铁制件热浸镀锌层技术要求及试验方法》(GB/T 13912)的规定;

❷ 采用氟碳喷涂或聚氨酯漆喷涂时,涂膜厚度不宜小于 35μm,在空气污染及海滨地区,涂膜厚度不宜小于 45μm;

❸ 采用防腐涂料进行表面处理时,除密闭的闭口型材内表面外,涂层应完全覆盖钢材表面。

不锈钢材料宜采用奥氏体不锈钢,镍铬总含量宜不小于 25%,且镍含量应不小于 8%;暴露于室外或处于高湿度环境的不锈钢构件镍铬总含量宜不小于 29%,且镍含量应不小于 12%。

不锈钢绞线在使用前必须提供预张拉试验报告、破断力试验报告,其质量和性能应符合《玻璃幕墙工程技术规范》(JGJ 102)的要求。不锈钢绞线护层材料宜选用高密度聚乙烯。

点支承玻璃幕墙采用的锚具、夹具、连接器、支承装置以及全玻璃幕墙的支承装置,其成分、外观、技术要求及性能指标应符合现行国家及行业标准、规范的相关要求。不锈钢支承、吊挂装置的牌号不宜低于 SS316;位于海滨和酸雨等严重腐蚀地区时不应低于 SS316。

钢材焊接用焊条成分和性能指标应符合《非合金钢及细晶粒钢焊条》(GB/T 5117)、《热强金钢焊条》(GB/T 5118)、《钢结构焊接规范》(GB 50661)的规定。

4. 天然石材

石材面板的质量要求应符合现行国家标准《天然花岗石建筑板材》

（GB/T 18601）、《天然大理石建筑板材》（GB/T 19766）、《天然砂岩建筑板材》（GB/T 23452）和《天然石灰石建筑板材》（GB/T 23453）的有关规定。尺寸偏差应达到一等品或优等品的要求。

用于严寒地区和寒冷地区的石材，其抗冻系数不宜小于 0.8。

石材的放射性核素应符合现行国家标准《建筑材料放射性核素限量》（GB 6566）的有关规定。

在干燥状态下，石材面板的弯曲强度应符合下列要求：

❶ 花岗石的试验平均值 f_{rm} 不应小于 10.0N/mm^2，标准值 f_{rk} 不应小于 8.0N/mm^2；其他类型石材的试验平均值 f_{rm} 不应小于 5.0N/mm^2，标准值 f_{rk} 不应小于 4.0N/mm^2。

❷ 当石材面板的两个方向具有不同力学性能时，对双向受力板，每个方向的强度指标均应符合本条第 1 款的规定；对单向受力板，其主受力方向的强度应符合本条第 1 款的规定。

石材面板弯曲强度试验应符合现行国家标准《天然饰面石材试验方法 第 2 部分：干燥、水饱和弯曲强度试验方法》（GB 9966.2）的有关规定。幕墙高度超过 100m 时，花岗石面板的弯曲强度试验平均值 f_{rm} 不应小于 12.0N/mm^2，其弯曲强度标准值 f_{rk} 不应小于 10.0N/mm^2，其厚度不应小于 30mm。

幕墙石材面板宜进行表面防护处理。石材面板吸水率测试应符合现行国家标准《天然饰面石材试验方法 第 3 部分：体积密度、真密度、真气孔率、吸水率试验方法》（GB 9966.3）的规定。

5. 硅酮结构胶及密封、衬垫材料

硅酮结构密封胶的性能应符合《建筑用硅酮结构密封胶》（GB 16776）和《中空玻璃用硅酮结构密封胶》（GB 24266）的规定。

硅酮结构密封胶使用前，应经国家认可的检测机构进行与其相接触材料的相容性和剥离粘结性试验，并应对邵氏硬度、标准状态拉伸粘结性能进行复验。硅酮结构密封胶不应与聚硫密封胶接触使用。

同一幕墙工程应采用同一品牌的硅酮结构密封胶和硅酮建筑密封胶，硅酮结构密封胶和硅酮建筑密封胶必须在有效期内使用。用于石材幕墙的硅酮结构密封胶应有专项试验报告。隐框和半隐框玻璃幕墙，其幕墙组件严禁在施工现场打注硅酮结构密封胶。

硅酮建筑密封胶应符合《硅酮和改性硅酮建筑密封胶》（GB/T 14683）的规定，密封胶的位移能力应符合设计要求，且不小于 20%。宜采用中性硅酮建筑密封胶。聚氨酯建筑密封胶的物理力学性能应符合《聚氨酯建筑密封胶》（JC/T 482）的规定。

橡胶材料应符合《建筑门窗、幕墙用密封胶条》（GB/T 24498）、《工业用橡胶板》（GB/T 5574）的规定。宜采用三元乙丙橡胶、硅橡胶、氯丁橡胶。

玻璃支承垫块宜采用邵氏硬度为 80～90 的氯丁橡胶等材料，不得使用硫化再生橡胶、木片或其他吸水性材料。

不同金属材料接触面设置的绝缘隔离垫片，宜采用尼龙、聚氯乙烯（PVC）等制品。

石材幕墙金属挂件与石材间粘接、固定和填缝的胶粘材料，应具有高机械性抵抗能力。选用干挂石材用环氧胶粘剂时，应符合《干挂石材幕墙用环氧胶粘剂》（JC 887）的相关规定，不得采用不饱和聚酯树脂胶。

6. 保温隔热材料

幕墙宜采用岩棉、矿棉、玻璃棉等符合防火设计要求的材料作为隔热保温材料，并符合《绝热用岩棉、矿渣棉及其制品》（GB/T 11835）、《绝热用玻璃棉及其制品》（GB/T 13350）的规定。

7. 金属连接件及五金件

紧固件螺栓、螺钉、螺柱等的机械性能、化学成分应符合《紧固件机械性能》（GB/T 3098.1～3098.21）的规定。

锚栓应符合《混凝土用机械锚栓》（JG/T 160）、《混凝土结构后锚固技术规程》（JGJ 145）的规定，可采用碳素钢、不锈钢或合金钢材料。化学螺栓和锚固胶的化学成分、力学性能应符合设计要求，药剂必须在有效期内使用。

背栓的材料性质和力学性能应满足设计要求，并由有相应资质的检测机构出具检测报告。

幕墙采用的非标准五金件、金属连接件应符合设计要求，并应有出厂合格证，同时其各项性能应符合现行国家标准的规定。

与幕墙配套的门窗用五金件、附件、连接件、紧固件应符合现行国家标准、行业的规定，并具备产品合格证、质量保证书及相关性能的检测报告。

8. 防火材料

防火材料应符合设计要求，具备产品合格证和耐火测试报告。

幕墙的隔热、保温材料其性能分级应符合《建筑材料及制品燃烧性能分级》（GB 8624）的规定。

幕墙的层间防火、防烟封堵材料应符合《防火封堵材料》（GB 23864）的要求。

防火铝塑板的燃烧性能应符合《建筑材料及制品燃烧性能分级》（GB 8624）的规定。防火铝塑板不得作为防火分隔材料使用。

防火密封胶应符合《建筑用阻燃密封胶》（GB/T 24267）的规定。

幕墙钢结构用防火涂料的技术性能应符合《钢结构防火涂料》（GB 14907）的规定。

2.3 主要机具

冲床、铣床、钻床、注胶机、无齿切割机、电锤、型材切割机、活扳手、力矩扳手、吊篮、卷扬机、电焊机、水准仪、经纬仪、注胶枪、靠尺、水平尺、铅垂仪等。

2.4 作业条件

❶ 施工现场清理干净，有足够的材料、部件、设备的放置场地，有库房保管零部件。可能对幕墙施工环境造成严重污染的分项工程应安排在幕墙施工前进行。❷ 有土建施工单位移交的施工控制线及基准线。❸ 主体结构上预埋件已按设计要求埋设完毕，无漏埋、过大位置偏差情况，后置埋件已完成拉拔试验，其拉拔强度合格。❹ 幕墙安装施工前完成幕墙各项性能检测试验并合格，如合同要求有样板间的应在大面积施工前完成。❺ 脚手架等操作平台搭设到位。吊篮、吊船等垂直运输设备安设到位。❻ 施工操作前已进行技术交底。

3 施工工艺

3.1 工艺流程

1. 加工制作

❶ **幕墙埋件加工制作**：预埋件的锚板及锚筋的材质应符合设计要求，锚筋与锚板焊缝应符合国家现行规范和设计要求。平板型预埋件的加工制作，锚筋长度不允许负偏差。槽式预埋件表面及槽内应进行防腐蚀处理，其加工制作时，预埋件长度、宽度、厚度和锚筋长度不允许负偏差。❷ **连接件、支承件加工制作**：连接件、支承件的材料应满足设计要求，外观应平整，孔（槽）距、孔（槽）宽度、孔边距及壁厚、弯曲角度等尺寸偏差应符合现行相关国家标准及行业规范的要求，不得有裂纹、毛刺、凹凸、翘曲、变形等缺陷。❸ **幕墙型材的加工制作**：型材截料前应校直调整，加工时应保护型材表面。❹ **天然石材的表面加工应符合下列规定**：幕墙正面宜采用倒角处理，石材的端面可视时，应进行定厚处理；开放式石材幕墙的石材应采用磨边处理；火烧板应按样板检查火烧后的均匀程度，不得有暗纹、崩裂情况。石材开槽、打孔后，不得有损坏或崩裂现象；石材连接部位应无缺棱、缺角、裂纹等缺陷；背栓孔宜采用专用钻孔机械成孔并宜采用测孔器检查。应根据石材的种类、污染源的类型合理选用石材防护剂。❺ **注胶工艺**：施工环境的温度、湿度、空气中粉尘浓度及通风条件应符合相应的工艺要求。采用硅酮结构密封胶与玻璃或构件粘结前必须取得合格的剥离强度和相容性检验报告，必要时应加涂底漆。采用硅酮结构密封胶粘结固定的幕墙单元组件必须静置养护，固化未达到足够承载力之前，不应搬动。镀膜玻璃应根据其镀膜材料的粘结性能和技术要求，确定加工制作工艺。当镀膜与硅酮结构密封胶不相容时，应除去镀膜层。

2. 安装施工工艺流程

石材幕墙工艺流程

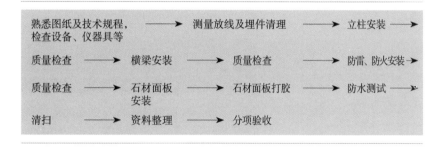

图 9.3.3-1　石材幕墙工艺流程

3.2　操作工艺

1. 预埋件安装

按照幕墙的设计分格尺寸用测量仪器定位安装预埋件，应采取措施防止浇筑混凝土时埋件发生移位。预埋件的标高偏差 ≤ ±10mm，水平偏差 ≤ ±10mm，表面进出偏差 ≤ ±10mm。偏差过大不满足设计要求的预埋件应废弃，原设计位置补做后置埋件，后置埋件的安装螺栓应有防松脱措施。

2. 施工测量放线

测量放线前，应先复查由土建方移交的主体结构的水平基准线和标高基准线。测量放线应结合主体结构的偏差及时调整幕墙分格，防止积累误差。风力大于 4 级时，不宜测量放线。

3. 石材幕墙的安装工艺

❶ **石材幕墙骨架的安装**：立柱宜从上往下进行安装，与连接件连接后，应对整幅幕墙金属龙骨进行检查和纠偏，然后将连接件与主体结构的预埋件焊牢。① 根据水平钢丝，将每根立柱的水平标高位置调整好，稍紧螺栓。② 再调整进出、左右位置，经检查合格后，拧紧螺帽。③ 当调整完毕，整体检查合格后，将垫片、螺帽与钢件电焊上。④ 最后安装横龙骨，安装时水平方向应拉线，并保证竖龙骨与横龙骨接口处的平整，且不能有松动。

❷ **防火材料安装**：① 龙骨安装完毕，用螺丝或射钉将防火镀锌板固定。② 防火棉安装时注意厚度和均匀度，保证与龙骨料接口处的饱满。③ 安装过程中要注意对玻璃、铝板、铝材等成品以及内装饰的保护。

❸ 石材板的安装：① 在板安装前，应根据结构轴线核定结构外表面与干挂石材外露面之间的尺寸后，在建筑物大角处做出上下生根的金属丝垂线，并以此为依据，根据建筑物宽度设置足以满足要求的垂线、水平线，确保钢骨架安装后处于同一平面上。② 安装过程中拉线检查相邻石材板面的平整度和板缝的水平、垂直度，注意控制缝的宽度，缝宽误差应均分在每条胶缝中。③ 石材幕墙挂接安装如图 9.3.3-2、图 9.3.3-3 所示。

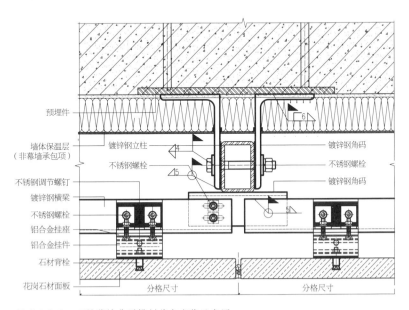

图 9.3.3-2　石材幕墙典型横剖节点安装示意图

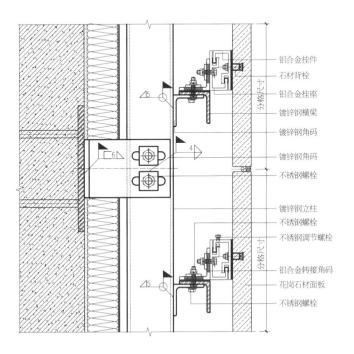

图 9.3.3-3　石材幕墙典型竖剖节点安装示意图

4. 幕墙防火工艺

❶ 无窗槛墙或窗槛墙高度小于 0.8m 的建筑幕墙 , 应在每层楼板外沿设置耐火极限不低于 1.0h、高度不低于 0.8m 的不燃烧实体裙墙或防火玻璃裙墙。墙内填充材料的燃烧性能应满足消防要求。❷ 建筑幕墙与各层楼板、防火分隔、实体墙面洞口边缘的间隙等 , 应设置防火封堵。防火封堵应采用厚度不小于 100mm 的岩棉、矿棉等耐高温、不燃烧的材料填充密实 , 并由厚度不小于 1.5mm 的镀锌钢板承托（不得采用铝板、铝塑板）其缝隙应以防火密封胶密封 , 竖向应双面封堵。❸ 层间典型防火节点如图 9.3.3-4、图 9.3.3-5 所示。

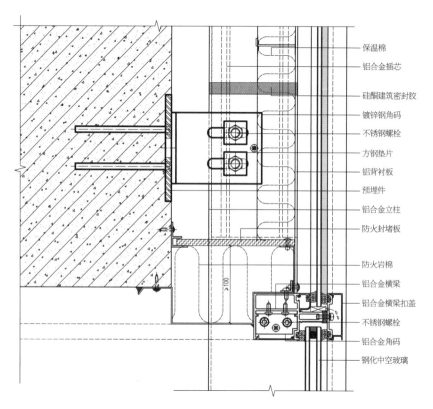

图 9.3.3-4　层间典型防火竖剖节点示意图一

保温棉
铝合金插芯
硅酮建筑密封胶
镀锌钢角码
不锈钢螺栓
方钢垫片
铝背衬板
预埋件
铝合金立柱
防火封堵板
防火岩棉
铝合金横梁
铝合金横梁扣盖
不锈钢螺栓
铝合金角码
钢化中空玻璃

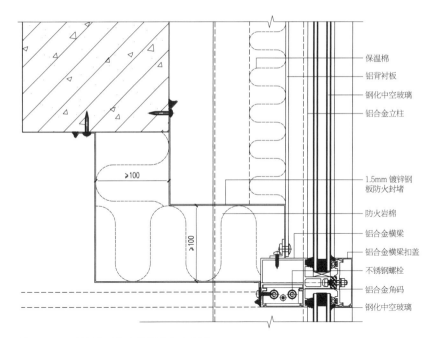

保温棉
铝背衬板
钢化中空玻璃
铝合金立柱

1.5mm 镀锌钢板防火封堵
防火岩棉
铝合金横梁
铝合金横梁扣盖
不锈钢螺栓
铝合金角码
钢化中空玻璃

图 9.3.3-5　层间典型防火竖剖节点示意图二

5. 幕墙防雷工艺

❶ 幕墙高度超过 200m 或幕墙构造复杂、有特殊要求时，宜在设计初期进行雷击风险评估。❷ 钢质连接件（包括钢质绞线）连接的焊缝处应做表面防腐蚀处理。不同材质金属之间的连接，应采取不影响电气通路的防电偶腐蚀措施。不等电位金属之间应防止接触性腐蚀。❸ 建筑幕墙在工程竣工验收前应通过防雷验收，交付使用后按有关规定进行防雷检测。

3.3　技术及质量关键要求

❶ 预埋件和锚固件施工安装位置精度及固定状态符合设计要求，无变形、生锈现象，防锈涂料、表面处理完好，安装位置偏差在允许范围内。❷ 构件安装部位正确，横平竖直、大面平整；螺栓、铆钉安装固定符合要求；构件的外观情况（包括但不限于色调、色差、污染、划痕等）符合要求，雨水泄水通路、密封状态等功能完好。❸ 幕墙立柱与横梁安装应严格控制水平、垂直度以及对角线长度；石材板安装时，应控制相邻面板的水平度、垂直度及大面平整度，控制缝隙宽度。❹ 进行密封工作前应对密封面进行清扫，并在胶缝两侧的石材板上粘贴保护胶带，防止注胶时污染周围的板面；注胶应均匀、密实、饱满，表面光滑。❺ 开缝式石材幕墙面板背面空间的防水构造或主体结构上的防水

层完好，石材背部的防水衬板无破损，导排水系统使用正常。❻ 安装前幕墙应进行气密性、水密性、抗风压和层间变形性能的检测，达到设计及规范要求。

4 / 质量标准

4.1 主控项目

❶ 幕墙的品种、类型、规格、性能、安装位置、开启方式、连接方式应符合设计要求。❷ 铝合金型材的表面处理、膜厚，其他金属构件的防腐处理、密封处理应符合设计要求。❸ 金属型材立柱、横梁等主要受力杆件的截面受力部位壁厚实测值应符合设计要求。❹ 金属构件孔位、槽口、豁口、榫头的数量、位置和尺寸应符合设计要求。❺ 硅酮结构密封胶必须到指定检测中心进行相容性测试和粘结拉伸试验。

4.2 一般项目

1. 外观质量检验

❶ **金属构件表面质量的检验**：铝型材表面质量的检验，应在自然散射光条件下目测检查，表面应清洁，色泽应均匀，不应有皱纹、裂纹、起皮、腐蚀斑点、气泡、划伤、擦伤、电灼伤、流痕、发黏以及膜（涂）层脱落、毛刺等缺陷存在。钢材表面质量的检验，应在自然散射光条件下，目测检查，钢材的表面不得有裂纹、气泡、结疤、泛锈、夹杂和折叠，截面不得有毛刺、卷边等现象。❷ **石材板面板表面质量检验**：板材的表面涂层应无起泡、裂纹、剥落现象，表面平整度应保证在 ≤2/1000 范围内。❸ **幕墙结构构配件的表面质量检验**：石材幕墙转接件、连接件外观应平整，无裂纹、毛刺、凹坑、变形等缺陷，当采用碳素钢材时，表面应做热镀锌处理或其他防腐处理。❹ **硅酮结构密封胶、硅酮建筑密封胶及密封材料的表面质量检验**：密封胶缝应横平竖

直，深浅一致，宽度均匀，光滑顺直。密封材料表面应无裂纹及缺口。

2. 质量保证资料

❶ **幕墙铝合金型材、钢材的质量保证资料**：产品合格证、质量保证书、力学性能检验报告。❷ **石材板的质量保证资料**：产品合格证、质量保证书、力学性能检验报告。❸ **硅酮结构密封胶、硅酮建筑密封胶及密封材料的质量保证资料**：质量保证书和产品合格证、结构硅酮胶剥离试验记录、相溶性检验报告和粘结拉伸试验报告、进口商品的商检证。❹ **幕墙紧固件、五金件的质量保证资料**：连接件产品合格证、钢材产品合格证、镀锌工艺处理质量证书与螺栓、滑撑、限位器等产品合格证。

5 / 成品保护

5.1 成品的运输、装卸

运送制品时，应竖置固定运送，用聚乙烯苫布保护制品四角等露出部件。收货时依据货单对制品和部件（连接件、螺栓、螺母、螺钉等）的型号、数量、有无损伤等进行确认。

卸货时使用塔吊等卸货机械应由专职技术人员操作，各安装楼层存放货物的面积应不小于 $300m^2$。

5.2 成品的保管

产品的保管场所应设在雨水淋不到并且通风良好的地方，根据各种材料的规格，分类堆放，并做好相应的产品标识。要定期检查仓库的防火设施和防潮情况。

6 / 安全、环境及职业健康措施

6.1 安全措施

❶ 幕墙安装施工应符合《建筑施工高处作业安全技术规范》（JGJ 80）、《建筑机械使用安全技术规程》（JGJ 33）、《施工现场临时用电安全技术规范》（JGJ 46）和其他相关规定。❷ 施工用电的线路、闸箱、接零接地、漏电保护装置符合有关规定，严格按照有关规定安装和使用电气设备。❸ 施工机具在使用前应严格检查，机械性能良好，安全装置齐全有效；电动工具应进行绝缘测试，手持玻璃吸盘及玻璃吸盘机应测试吸附重量和吸附持续时间。❹ 配备消防器材，防火工具和设施齐全，并有专人管理和定期检查；各种易燃易爆材料的堆放和保管应与明火区有一定的防火间距；电焊作业时，应有防火措施。❺ 安装工人进场前，应进行岗位培训并对其作安全、技术交底方能上岗操作，必须正确使用安全帽、安全带。❻ 外脚手架经验收合格后方可使用，脚手架上不得超载，应及时清理杂物，防止机具、材料的坠落。如需部分拆除脚手架与主体结构的连接时，应采取措施防止失稳。当幕墙安装与主体结构施工交叉作业时，在主体结构的施工层下方必须设置防护网；在距离地面高度约3m处，必须设置挑出宽度不小于6m的水平防护网。❼ 采用吊篮施工时，吊篮应进行安全检查并通过验收。吊篮上的施工人员必须按规定佩系安全带，安全带挂在安全绳的自锁器上，安全绳应固定在独立可靠的结构上。吊篮不得作为竖向运输工具，不得超载，吊篮暂停使用时，应落地停放。

6.2 环保措施

❶ 减少施工时机具噪声污染，减少夜间作业，避免影响施工现场附近居民的休息。❷ 完成每项工序后，应及时清理施工后滞留的垃圾，比如胶、胶瓶、胶带纸等，保证施工现场的清洁。❸ 对于密封材料及清洗溶剂等可能产生有害物质或气体的材料，应做好保管工作，并在挥发过期前使用完毕，以免对环境造成影响。

6.3 职业健康安全措施

在施工中应注意在高处作业时的安全防护。

7 / 工程验收

7.1 一般规定

❶ 建筑幕墙工程应进行材料进场验收、施工中间验收及竣工验收。施工过程中应及时建立技术档案。

❷ 工程验收前幕墙表面应清洗干净。

❸ 幕墙工程验收应进行技术资料复核、现场观感检查和实物抽样检验。现场检验时，应按下列规定划分检验批，每幅建筑幕墙均应检验。① 相同设计、材料、工艺和施工条件的幕墙工程，每 $500m^2$ ~ $1000m^2$ 应划分为一个检验批，不足 $500m^2$ 也应为一个检验批。每个检验批每 $100m^2$ 应至少抽查一处，每处不得小于 $10m^2$。② 同一单位工程的不连续的幕墙工程应分别划分检验批。③ 对于异型或有特殊要求的幕墙，检验批应根据幕墙的结构、工艺特点及幕墙工程的规模划分，宜由监理单位、建设单位和施工单位协商确定。

❹ 幕墙工程验收应符合《建筑装饰装修工程质量验收标准》（GB 50210）、《金属与石材幕墙工程技术规范》（JGJ 133）的规定。

7.2 进场验收

❶ 石材幕墙工程所用各种材料、五金配件、构件及组件的产品合格证书、性能检测报告和复验报告，硅酮胶的邵氏硬度等。❷ 幕墙工程的槽式埋件或后置埋件的抗拉、抗剪承载力性能试验报告，石材的弯曲强度复验报告，有设计要求时的耐冻融性复验报告等。❸ 石材幕墙工程如果使用了硅酮结构胶，所用硅酮结构胶的认定证书和抽查合格证明，进口硅酮胶的商检证，国家指定检测机构出具的硅酮结构胶相容性和剥离粘结性试验报告，双组分硅酮结构胶的混匀性试验、拉断试验记录，注胶养护环境温度、湿度记录，槽式埋件、后置埋件和背栓的抗拉、抗剪承载力性能试验报告，金属板材表面氟碳树脂涂层的物理性能试验报告等。

7.3 中间验收

石材幕墙工程应对每个节点按下列项目进行隐蔽工程验收。

表 9.3.7-1　石材幕墙隐蔽工程验收项目及部位

类型	验收项目及部位
石材幕墙	（1）预埋件或后置埋件
	（2）幕墙构件与主体结构的连接、构件连接节点
	（3）幕墙四周的封堵、幕墙与主体结构间的封堵
	（4）幕墙变形缝及转角构造节点
	（5）幕墙防雷连接构造节点
	（6）幕墙的防水、保温隔热构造
	（7）幕墙防火构造节点

7.4　竣工验收

❶ 工程竣工验收时，除检查本标准规定的技术资料外，还应检查下列技术资料：① 通过审查的施工图、结构计算书、设计变更和建筑设计单位对幕墙工程设计的确认意见及其他设计文件。② 幕墙构件和组件的加工制作记录、幕墙安装施工记录、隐蔽工程验收记录。③ 幕墙的抗风压性能、气密性能、水密性能、层间变形性能等检测报告，后置螺栓抗拉拔检测试验报告。④ 张拉杆索体系预拉力张拉记录、防雷装置测试记录、现场淋水试验记录。⑤ 光伏系统的检测报告与联合调试记录电流、电压检测记录。⑥ 其他质量保证资料。

❷ 幕墙工程观感检查要求：① 幕墙外露型材、装饰条及遮阳装置的规格、造型符合设计要求，横平竖直，型材、面板表面处理无脱落现象，颜色均匀，无毛刺、伤痕和污垢。② 幕墙的胶缝、接缝均匀，横平竖直；密封胶灌注连续、密实，表面光滑无污染；橡胶条镶嵌密实平整；幕墙无渗漏现象。③ 开启扇配件齐全，安装牢固，关闭严密，启闭灵活；开启形式、方向、角度、距离符合设计要求和规范规定；滴水线、流水坡度符合设计要求，滴水线宽窄均匀、光滑顺直。

❸ 石材幕墙安装应符合表 9.3.7-2 的规定。

表 9.3.7-2　石材幕墙安装允许偏差表

序号	项目		允许偏差（mm）		检查方法
			光面	麻面	
1	幕墙垂直度	$H \leqslant 30$m	$\leqslant 10$		经纬仪
		30m$< H \leqslant 60$m	$\leqslant 15$		
		60m$< H \leqslant 90$m	$\leqslant 20$		
		$H > 90$m	$\leqslant 25$		
2	幕墙水平度		$\leqslant 3.0$		水平仪
			$\leqslant 5.0$		
3	板块立面垂直度		$\leqslant 2.0$		水平仪
4	板块上沿水平度		$\leqslant 3.0$		1m 水平尺，钢板尺
5	相邻板块板角错位		$\leqslant 2.0$		钢板尺
6	幕墙表面平整度		$\leqslant 1.0$		垂直检测尺
7	阴阳角方正		$\leqslant 2.0$		直角检测尺
8	接缝直线度		$\leqslant 3.0$		拉 5m 线，不足 5m 拉通线，用钢板尺检查
9	接缝高低差		$\leqslant 1.0$		钢板尺，塞尺
10	接缝宽度		$\leqslant 1.0$		卡尺

8 / 质量记录

8.1 幕墙各项性能检测试验

幕墙性能检测必须按照国家标准和设计要求进行。试验完毕后，试验报告提交业主及监理报批。

❶ **检测样品**：① 样品应包括面板的不同类型，并包括不同类型面板交界部分的典型节点。样品应包括典型的垂直接缝、水平接缝和可开启部分。开启部位的五金件必须按照设计规定选用与安装，排水孔位应准确齐全。样品与箱体之间应密封处理。② 样品高度至少应包括一个层高，样品宽度至少应包括承受设计荷载的一组竖向构件，并在竖直方向上与承重结构至少有两处连接。样品组件及安装的受力状况应和实际工况相符。③ 单元式幕墙应至少包括与实际工程相符的一个典型十字缝，其中一个单元的四边接缝构造与实际工况相同。

❷ **检测方法**：① 气密、水密、抗风压性能按《建筑幕墙气密、水密、抗风压性能检测方法》（GB/T 15227）的规定检测。层间变形性能按《建筑幕墙层间变形性能分级及检测方法》（GB/T 18250）的规定检测。② 热循环试验按建筑幕墙热循环试验方法检测，热工性能按建筑幕墙热工性能检测方法检测，耐撞击性能按《建筑幕墙》（GB/T 21086）附录 F 的规定检测。

❸ **检测报告**：建筑幕墙的抗风压性能、空气渗透性能和雨水渗透性能的检测实验报告，建筑幕墙层间变形性能检测实验报告，建筑幕墙热工性能检测实验报告等。

8.2 幕墙各项验收记录

❶ 幕墙材料、产品合格证和环保、消防性能检测报告以及进场验收记录；❷ 复检报告、隐蔽工程验收记录；❸ 消防、防雷工程工程验收记录；❹ 检验批质量验收记录；❺ 分项工程质量验收记录。

第4节

人造板幕墙工程施工工艺

1 / 总则

1.1 适用范围

本施工工艺适用于非抗震设计或6~8度抗震设计的人造板（微晶玻璃、陶板、石材铝蜂窝板、木纤维板、纤维水泥板、玻璃纤维增强水泥板等）幕墙工程的安装施工。

1.2 编制参考标准及规范

1.《建筑装饰装修工程质量验收标准》

（GB 50210-2018）

2.《建筑工程施工质量验收统一标准》

（GB 50300-2013）

3.《建筑幕墙》

（GB/T 21086-2007）

4.《建筑遮阳通用技术要求》

（JG/T 274-2018）

5.《建筑遮阳工程技术规范》

（JGJ 237-2011）

6.《金属与石材幕墙工程技术规范》

（JGJ 133-2001）

7.《建筑幕墙工程技术规范》

（DGJ 08-56-2012）

8.《人造板材幕墙工程技术规范》

（JGJ 336-2016）

2 施工准备

2.1 技术准备

❶ 熟悉施工图纸，确认建筑物主体结构施工质量、尺寸、标高是否满足施工的要求。❷ 掌握当地自然条件、材料供应、交通运输、劳动力状况以及地方性法律法规要求。❸ 编制施工组织设计和施工预算。❹ 组织设计单位（或幕墙专业顾问单位）对幕墙施工单位进行技术交底，超出现行国家、行业或地方标准适用范围的人造板幕墙工程，其设计、施工方案须经专家论证或审查。

2.2 材料要求

1. 一般规定

人造板幕墙所选用的材料应符合现行国家标准、行业标准、产品标准以及有关地方标准的规定，同时应有出厂合格证、质保书及必要的检验报告。进口材料应符合国家商检规定。尚无标准的材料应符合设计要求，并经专项技术论证。

2. 铝合金材料

铝合金材料的化学成分应符合《变形铝及铝合金化学成分》（GB/T 3190）的规定；铝合金型材的质量要求应符合《铝合金建筑型材》（GB/T 5237.1~5237.6）的规定，型材尺寸允许偏差应达到高精级或超高精级。

采用穿条工艺生产的隔热铝型材，以及采用浇注工艺生产的隔热铝型材，其隔热材料应符合现行国家和行业标准、规范的相关要求。

铝合金结构焊接应符合《铝合金结构设计规范》（GB 50429）和《铝及铝合金焊丝》（GB/T 10858）的规定，焊丝宜选用SAIMG-3焊丝（Eur 5356）或SAISi-1焊丝（Eur 4043）。

3. 钢材

碳素结构钢和低合金结构钢的技术要求应符合《玻璃幕墙工程技术规范》（JGJ 102）的要求。钢材、钢制品的表面不得有裂纹、气泡、结疤、泛锈、夹渣等，其牌号、规格、化学成分、力学性能、质量等级应

符合现行国家标准的规定。

建筑幕墙使用的钢材应采用 Q235 钢或 Q345 钢，并具有抗拉强度、伸长率、屈服强度和碳、锰、硅、硫、磷含量的合格保证。焊接结构应具有碳含量的合格保证，焊接承重结构以及重要的非焊接承重结构所采用的钢材还应具有冷弯或冲击试验的合格保证。

对耐腐蚀有特殊要求或腐蚀性环境中的幕墙结构钢材、钢制品宜采用不锈钢材质。如采用耐候钢，其质量指标应符合《耐候结构钢》（GB/T 4171）的规定。

冷弯薄壁型钢构件应符合《冷弯薄壁型钢结构技术规范》（GB 50018）有关规定，其壁厚不得小于 4.0mm，表面处理应符合《钢结构工程施工质量验收标准》（GB 50205）的有关规定。

钢型材表面除锈等级不宜低于 Sa2.5 级，表面防腐处理应符合下列要求：

❶ 采用热浸镀锌时，锌膜厚度应符合《金属覆盖层钢铁制件热浸镀锌层技术要求及试验方法》（GB/T 13912）的规定；

❷ 采用氟碳喷涂或聚氨酯漆喷涂时，涂膜厚度不宜小于 $35\mu m$，在空气污染及海滨地区，涂膜厚度不宜小于 $45\mu m$；

❸ 采用防腐涂料进行表面处理时，除密闭的闭口型材内表面外，涂层应完全覆盖钢材表面。

不锈钢材料宜采用奥氏体不锈钢，镍铬总含量宜不小于 25%，且镍含量应不小于 8%；暴露于室外或处于高湿度环境的不锈钢构件镍铬总含量宜不小于 29%，且镍含量应不小于 12%。

不锈钢绞线在使用前必须提供预张拉试验报告、破断力试验报告。其质量和性能应符合《玻璃幕墙工程技术规范》（JGJ 102）的要求。不锈钢铰线护层材料宜选用高密度聚乙烯。

点支承玻璃幕墙采用的锚具、夹具、连接器、支承装置，以及全玻璃幕墙的支承装置，其成分、外观、技术要求及性能指标应符合现行国家及行业标准、规范的相关要求。不锈钢支承、吊挂装置的牌号不宜低于 SS316，位于海滨和酸雨等严重腐蚀地区时不应低于 SS316。

钢材焊接用焊条，成分和性能指标应符合《非合金钢及细晶粒钢焊条》（GB/T 5117）、《热强金钢焊条》（GB/T 5118）、《建筑钢结构焊接技术规程》（JGJ 81）的规定。

4. 人造板材

陶板应符合《建筑幕墙用陶板》（JG/T 324）的规定，石材铝蜂窝板应符合《建筑装饰用石材蜂窝复合板》（JC/T 328）的规定，木纤维板应符合《建筑幕墙用高压热固化木纤维板》（JG/T 260）的规定，纤维增强水泥板应符合《纤维水泥平板　第1部分：无石棉纤维水泥平板》（JC/T 412.1）的规定。

幕墙面板的放射性核素限量，应符合现行国家标准《建筑材料放射性核素限量》（GB 6566）的规定。

5. 硅酮结构胶及密封、衬垫材料

硅酮结构密封胶的性能应符合《建筑用硅酮结构密封胶》（GB 16776）和《中空玻璃用硅酮结构密封胶》（GB 24266）的规定。

硅酮结构密封胶使用前，应经国家认可的检测机构进行与其相接触材料的相容性和剥离粘结性试验，并应对邵氏硬度、标准状态拉伸粘结性能进行复验。硅酮结构密封胶不应与聚硫密封胶接触使用。

同一幕墙工程应采用同一品牌的硅酮结构密封胶和硅酮建筑密封胶，硅酮结构密封胶和硅酮建筑密封胶必须在有效期内使用。用于石材幕墙的硅酮结构密封胶应有专项试验报告。隐框和半隐框玻璃幕墙，其幕墙组件严禁在施工现场打注硅酮结构密封胶。

硅酮建筑密封胶应符合《硅硐和改性硅酮建筑密封胶》（GB/T 14683）的规定，密封胶的位移能力应符合设计要求，且不小于20%。宜采用中性硅酮建筑密封胶。聚氨酯建筑密封胶的物理力学性能应符合《聚氨酯建筑密封胶》（JC/T 482）的规定。

橡胶材料应符合《建筑门窗、幕墙用密封胶条》（GB/T 24498）、《工业用橡胶板》（GB/T 5574）的规定，宜采用三元乙丙橡胶、硅橡胶、氯丁橡胶。

玻璃支承垫块宜采用邵氏硬度为80~90的氯丁橡胶等材料，不得使用硫化再生橡胶、木片或其他吸水性材料。

不同金属材料接触面设置的绝缘隔离垫片，宜采用尼龙、聚氯乙烯（PVC）等制品。

6. 保温隔热材料

幕墙宜采用岩棉、矿棉、玻璃棉等符合防火设计要求的材料作为隔热保温材料，并符合《绝热用岩棉、矿渣棉及其制品》（GB/T 11835）、《绝热用玻璃棉及其制品》（GB/T 13350）的规定。

7. 金属连接件及五金件

紧固件螺栓、螺钉、螺柱等的机械性能、化学成分应符合《紧固件机械性能》（GB/T 3098.1~3098.21）的规定。

锚栓应符合《混凝土用机械锚栓》（JG/T 160）、《混凝土结构后锚固技术规程》（JGJ 145）的规定，可采用碳素钢、不锈钢或合金钢材料。化学螺栓和锚固胶的化学成分、力学性能应符合设计要求，药剂必须在有效期内使用。

背栓的材料性质和力学性能应满足设计要求，并由有相应资质的检测机构出具检测报告。

幕墙采用的非标准五金件、金属连接件应符合设计要求，并应有出厂合格证，同时其各项性能应符合现行国家标准的规定。

与幕墙配套的门窗用五金件、附件、连接件、紧固件应符合现行国家标准、行业的规定，并具备产品合格证、质量保证书及相关性能的检测报告。

8. 防火材料

防火材料应符合设计要求，具备产品合格证和耐火测试报告。

幕墙的隔热、保温材料其性能分级应符合《建筑材料及制品燃烧性能分级》（GB 8624）的规定。

幕墙的层间防火、防烟封堵材料应符合《防火封堵材料》（GB 23864）的要求。

防火铝塑板的燃烧性能应符合《建筑材料及制品燃烧性能分级》（GB 8624）的规定。防火铝塑板不得作为防火分隔材料使用。

防火密封胶应符合《建筑用阻燃密封胶》（GB/T 24267）的规定。

幕墙钢结构用防火涂料的技术性能应符合《钢结构防火涂料》（GB 14907）的规定。

2.3　主要机具

冲床、铣床、钻床、注胶机、无齿切割机、电锤、型材切割机、活扳手、力矩扳手、吊篮、卷扬机、电焊机、水准仪、经纬仪、注胶枪、靠尺、水平尺、铅垂仪等。

2.4　作业条件

❶ 施工现场清理干净，有足够的材料、部件、设备的放置场地，有库房保管零部件。可能对幕墙施工环境造成严重污染的分项工程应安排

在幕墙施工前进行。❷ 有土建施工单位移交的施工控制线及基准线。❸ 主体结构上预埋件已按设计要求埋设完毕，无漏埋、过大位置偏差情况，后置埋件已完成拉拔试验，其拉拔强度合格。❹ 幕墙安装施工前完成幕墙各项性能检测实验并合格，如合同要求有样板间的应在大面积施工前完成。❺ 脚手架等操作平台搭设到位。吊篮、吊船等垂直运输设备安设到位。❻ 施工操作前已进行技术交底。

---

3 / 施工工艺

3.1　工艺流程

1. 加工制作

❶ **幕墙埋件加工制作**：预埋件的锚板及锚筋的材质应符合设计要求，锚筋与锚板焊缝应符合国家现行规范和设计要求。平板型预埋件的加工制作，锚筋长度不允许负偏差。槽式预埋件表面及槽内应进行防腐蚀处理，其加工制作时，预埋件长度、宽度、厚度和锚筋长度不允许负偏差。❷ **连接件、支承件加工制作**：连接件、支承件的材料应满足设计要求，外观应平整，孔（槽）距、孔（槽）宽度、孔边距及壁厚、弯曲角度等尺寸偏差应符合现行相关国家标准及行业规范的要求，不得有裂纹、毛刺、凹凸、翘曲、变形等缺陷。❸ **幕墙型材的加工制作**：型材截料前应校直调整，加工时应保护型材表面。❹ **注胶工艺**：施工环境的温度、湿度、空气中粉尘浓度及通风条件应符合相应的工艺要求。采用硅酮结构密封胶与玻璃或构件粘结前必须取得合格的剥离强度和相容性检验报告，必要时应加涂底漆。采用硅酮结构密封胶粘结固定的幕墙单元组件必须静置养护，固化未达到足够承载力之前，不应搬动。

2. 安装施工工艺流程

人造板幕墙的工艺流程

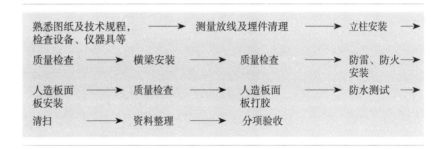

图 9.4.3-1 人造板幕墙的工艺流程

3.2 操作工艺

1. 预埋件安装

按照幕墙的设计分格尺寸用测量仪器定位安装预埋件，应采取措施防止浇筑混凝土时埋件发生移位。

预埋件的标高偏差 ≤ ±10mm，水平偏差 ≤ ±10mm，表面进出偏差 ≤10mm。偏差过大不满足设计要求的预埋件应废弃，原设计位置补做后置埋件，后置埋件的安装螺栓应有防松脱措施。

2. 施工测量放线

测量放线前，应先复查由土建方移交的主体结构的水平基准线和标高基准线。测量放线应结合主体结构的偏差及时调整幕墙分格，防止积累误差。

风力大于4级时，不宜测量放线。

3. 人造板幕墙的安装工艺

❶ 人造板幕墙骨架的安装：立柱宜从上往下进行安装，与连接件连接后，应对整幅幕墙金属龙骨进行检查和纠偏，然后将连接件与主体结构的预埋件焊牢。① 根据水平钢丝，将每根立柱的水平标高位置调整好，稍紧螺栓。② 再调整进出、左右位置，经检查合格后，拧紧螺帽。③ 当调整完毕，整体检查合格后，将垫片、螺帽与钢件电焊上。④ 最后安装横龙骨，安装时水平方向应拉线，并保证竖龙骨与横龙骨接口处的平整，且不能有松动。

❷ 防火材料安装：① 龙骨安装完毕，用螺丝或射钉将防火镀锌板固

定。② 防火棉安装时注意厚度和均匀度，保证与龙骨料接口处的饱满。③ 安装过程中要注意对玻璃、铝板、铝材等成品以及内装饰的保护。

❸ **人造板的安装**：① 在板安装前，应根据结构轴线核定结构外表面与人造板材外露面之间的尺寸后，在建筑物大角处做出上下生根的金属丝垂线，并以此为依据，根据建筑物宽度设置足以满足要求的垂线、水平线，确保钢骨架安装后处于同一平面上。② 安装过程中拉线相邻人造板面的平整度和板缝的水平、垂直度，注意控制缝的宽度，缝宽误差应均分在每条胶缝中。

带孔陶土板典型安装横剖节点如图 9.4.3-2 所示。

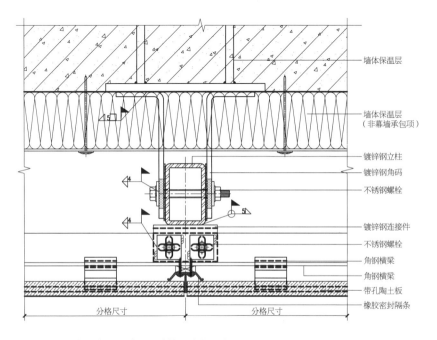

图 9.4.3-2　带孔陶土板典型安装横剖节点示意图

带孔陶土板典型安装竖剖节点如图9.4.3-3所示：

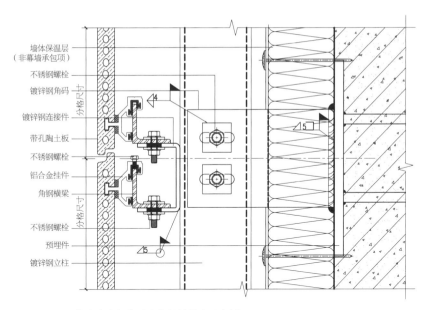

墙体保温层
（非幕墙承包项）
不锈钢螺栓
镀锌钢角码
镀锌钢连接件
带孔陶土板
不锈钢螺栓
铝合金挂件
角钢横梁
不锈钢螺栓
预埋件
镀锌钢立柱

图 9.4.3-3 带孔陶土板典型安装竖剖节点示意图

单层陶土板板安装横剖节点如图9.4.3-4所示：

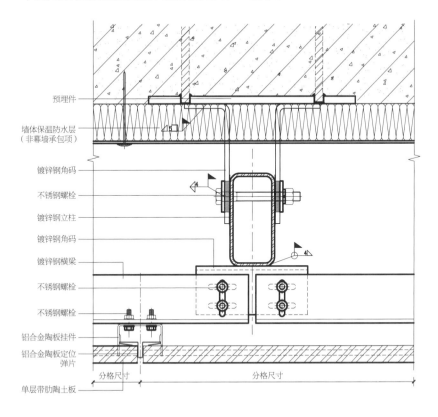

预埋件
墙体保温防水层
（非幕墙承包项）
镀锌钢角码
不锈钢螺栓
镀锌钢立柱
镀锌钢角码
镀锌钢横梁
不锈钢螺栓
不锈钢螺栓
铝合金陶板挂件
铝合金陶板定位
弹片
单层带肋陶土板
分格尺寸
分格尺寸

图 9.4.3-4 单层陶土板板安装横剖节点示意图

单层陶土板安装竖剖节点如图9.4.3-5所示：

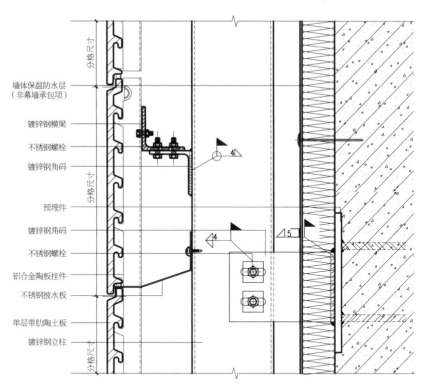

图9.4.3-5 单层陶土板安装竖剖节点示意图

图中标注（从上至下）：
墙体保温防水层（非幕墙承包项）
镀锌钢横梁
不锈钢螺栓
镀锌钢角码
预埋件
镀锌钢角码
不锈钢螺栓
铝合金陶板挂件
不锈钢披水板
单层带肋陶土板
镀锌钢立柱

4. 幕墙防火工艺

❶ 无窗槛墙或窗槛墙高度小于0.8m的建筑幕墙，应在每层楼板外沿设置耐火极限不低于1.0h、高度不低于0.8m的不燃烧实体裙墙或防火玻璃裙墙。墙内填充材料的燃烧性能应满足消防要求。

❷ 建筑幕墙与各层楼板、防火分隔、实体墙面洞口边缘的间隙等，应设置防火封堵。防火封堵应采用厚度不小于100mm的岩棉、矿棉等耐高温、不燃烧的材料填充密实，并由厚度不小于1.5mm的镀锌钢板承托，不得采用铝板、铝塑板，其缝隙应以防火密封胶密封，竖向应双面封堵。

❸ 层间典型防火节点如图9.4.3-6、图9.4.3-7所示：

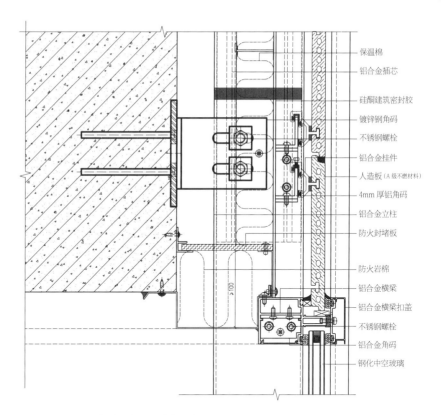

保温棉
铝合金插芯
硅酮建筑密封胶
镀锌钢角码
不锈钢螺栓
铝合金挂件
人造板（A级不燃材料）
4mm厚铝角码
铝合金立柱
防火封堵板
防火岩棉
铝合金横梁
铝合金横梁扣盖
不锈钢螺栓
铝合金角码
钢化中空玻璃

图 9.4.3-6　层间典型防火竖剖节点示意图一

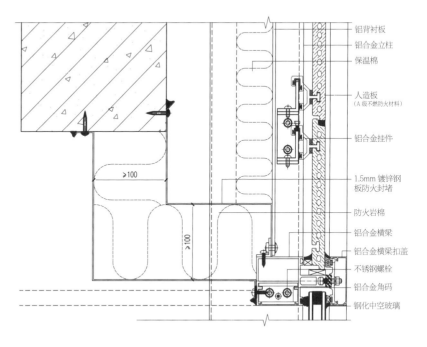

铝背衬板
铝合金立柱
保温棉
人造板
（A级不燃防火材料）
铝合金挂件
1.5mm 镀锌钢板防火封堵
防火岩棉
铝合金横梁
铝合金横梁扣盖
不锈钢螺栓
铝合金角码
钢化中空玻璃

图 9.4.3-7　层间典型防火竖剖节点示意图二

5. 幕墙防雷工艺

❶ 幕墙高度超过 200m 或幕墙构造复杂、有特殊要求时，宜在设计初期进行雷击风险评估。

❷ 钢质连接件（包括钢质绞线）连接的焊缝处应做表面防腐蚀处理。不同材质金属之间的连接，应采取不影响电气通路的防电偶腐蚀措施。不等电位金属之间应防止接触性腐蚀。

❸ 建筑幕墙在工程竣工验收前应通过防雷验收，交付使用后按有关规定进行防雷检测。

3.3 技术及质量关键要求

❶ 预埋件和锚固件施工安装位置精度及固定状态符合设计要求，无变形、生锈现象，防锈涂料、表面处理完好，安装位置偏差在允许范围内。❷ 构件安装部位正确，横平竖直、大面平整，螺栓、铆钉安装固定符合要求，构件的外观情况（包括但不限于色调、色差、污染、划痕等）符合要求，雨水泄水通路、密封状态等功能完好。❸ 幕墙立柱与横梁安装应严格控制水平、垂直度以及对角线长度，人造板安装时，应控制相邻面板的水平度、垂直度及大面平整度，控制缝隙宽度。❹ 进行密封工作前应对密封面进行清扫，并在胶缝两侧的人造板上粘贴保护胶带，防止注胶时污染周围的板面；注胶应均匀、密实、饱满，表面光滑。❺ 开缝式人造板幕墙面板背面空间的防水构造或主体结构上的防水层完好，人造板背部的防水衬板无破损，导排水系统使用正常。❻ 安装前幕墙应进行气密性、水密性、抗风压和层间变形性能的检测，达到设计及规范要求。

4 质量标准

4.1 主控项目

❶ 幕墙的品种、类型、规格、性能、安装位置、开启方式、连接方式

应符合设计要求。❷ 铝合金型材的表面处理、膜厚，其他金属构件的防腐处理、密封处理应符合设计要求。❸ 金属型材立柱、横梁等主要受力杆件的截面受力部位壁厚实测值应符合设计要求。❹ 金属构件孔位、槽口、豁口、榫头的数量、位置和尺寸应符合设计要求。❺ 硅酮结构密封胶必须到指定检测中心进行相容性测试和粘结拉伸试验。

4.2 一般项目

1. 外观质量检验

❶ **金属构件表面质量的检验：**铝型材表面质量的检验，应在自然散射光条件下目测检查，表面应清洁，色泽应均匀，不应有皱纹、裂纹、起皮、腐蚀斑点、气泡、划伤、擦伤、电灼伤、流痕、发黏以及膜（涂）层脱落、毛刺等缺陷存在。钢材表面质量的检验，应在自然散射光条件下，目测检查，钢材的表面不得有裂纹、气泡、结疤、泛锈、夹杂和折叠，截面不得有毛刺、卷边等现象。❷ **人造板面板表面质量检验：**板材的表面涂层应无起泡、裂纹、剥落现象，表面平整度应保证在 ≤ 2/1000 范围内。❸ **幕墙结构构配件的表面质量检验：**转接件、连接件外观检查，采用目测方法，其外观应平整、无裂纹、毛刺、凹坑、变形等缺陷，当采用碳素钢材时，表面应做热镀锌处理或其他防腐处理。❹ **硅酮结构密封胶、硅酮建筑密封胶及密封材料的表面质量检验：**人造板幕墙的密封胶缝应横平竖直，深浅一致，宽度均匀，光滑顺直。密封材料表面应无裂纹及缺口。

2. 质量保证资料

❶ **幕墙铝合金型材、钢材的质量保证资料：**产品合格证、质量保证书、力学性能检验报告。❷ **人造板的质量保证资料：**产品合格证、质量保证书、力学性能检验报告。❸ **硅酮结构密封胶、硅酮建筑密封胶及密封材料的质量保证资料：**质量保证书和产品合格证、结构硅酮胶剥离实验记录、相容性检验报告和粘结拉伸实验报告、进口商品的商检证。❹ **幕墙紧固件、五金件的质量保证资料：**连接件产品合格证、钢材产品合格证、镀锌工艺处理质量证书以及螺栓、滑撑、限位器等产品合格证。

5 / 成品保护

5.1 成品的运输、装卸

运送制品时，应竖置固定运送，用聚乙烯苫布保护制品四角等露出部件。收货时依据货单对制品和部件（连接件、螺栓、螺母、螺钉等）的型号、数量、有无损伤等进行确认。卸货时使用塔吊等卸货机械应由专职技术人员操作，各安装楼层存放货物的面积应不小于300m²。

5.2 成品的保管

产品的保管场所应设在雨水淋不到并且通风良好的地方，根据各种材料的规格，分类堆放，并做好相应的产品标识。要定期检查仓库的防火设施和防潮情况。

6 / 安全、环境及职业健康措施

6.1 安全措施

❶ 幕墙安装施工应符合《建筑施工高处作业安全技术规范》（JGJ 80）、《建筑机械使用安全技术规程》（JGJ 33）、《施工现场临时用电安全技术规范》（JGJ 46）和其他相关规定。❷ 施工用电的线路、闸箱、接零接地、漏电保护装置符合有关规定，严格按照有关规定安装和使用电气设备。❸ 施工机具在使用前应严格检查，机械性能良好，安全装置齐全有效；电动工具应进行绝缘测试，手持玻璃吸盘及玻璃吸盘机应测试吸附重量和吸附持续时间。❹ 配备消防器材，防火工具和设施齐全，并有专人管理和定期检查；各种易燃易爆材料的堆放和保管应与明火区有一定的防火间距；电焊作业时，应有防火措施。❺ 安装工人进场前，应进行岗位培训并对其作安全、技术交底方能上岗操作，必须正确使用安全帽、安全带。❻ 外脚手架经验收合格后方可使用，脚手架上不得超载，应及时清理杂物，防止机具、材料的坠落。如需部分拆除脚

手架与主体结构的连接时，应采取措施防止失稳。当幕墙安装与主体结构施工交叉作业时，在主体结构的施工层下方必须设置防护网；在距离地面高度约3m处，必须设置挑出宽度不小于6m的水平防护网。❼ 采用吊篮施工时，吊篮应进行安全检查并通过验收。吊篮上的施工人员必须按规定佩系安全带，安全带挂在安全绳的自锁器上，安全绳应固定在独立可靠的结构上。吊篮不得作为竖向运输工具，不得超载，吊篮暂停使用时，应落地停放。

6.2 环保措施

❶ 减少施工时机具噪声污染，减少夜间作业，避免影响施工现场附近居民的休息。❷ 完成每项工序后，应及时清理施工后滞留的垃圾，比如胶、胶瓶、胶带纸等，保证施工现场的清洁。❸ 对于密封材料及清洗溶剂等可能产生有害物质或气体的材料，应作好保管工作，并在挥发过期前使用完毕，以免对环境造成影响。

6.3 职业健康安全措施

在施工中应注意在高处作业时的安全防护。

7 / 工程验收

7.1 一般规定

❶ 建筑幕墙工程应进行材料进场验收、施工中间验收及竣工验收。施工过程中应及时建立技术档案。

❷ 工程验收前幕墙表面应清洗干净。

❸ 幕墙工程验收应进行技术资料复核、现场观感检查和实物抽样检验。现场检验时，应按下列规定划分检验批，每幅建筑幕墙均应检验。

① 相同设计、材料、工艺和施工条件的幕墙工程，每500m² ~ 1000m²应划分为一个检验批，不足500m²也应为一个检验批。每个检验批每

$100m^2$ 应至少抽查一处,每处不得小于 $10m^2$。② 同一单位工程的不连续的幕墙工程应分别划分检验批。③ 对于异型或有特殊要求的幕墙,检验批应根据幕墙的结构、工艺特点及幕墙工程的规模划分,宜由监理单位、建设单位和施工单位协商确定。

④ 幕墙工程验收应符合《建筑装饰装修工程质量验收标准》(GB 50210)、《人造板材幕墙工程技术规范》(JGJ 336)的规定。

7.2　进场验收

❶ 金属幕墙工程所用各种材料、五金配件、构件及组件的产品合格证书、性能检测报告和复验报告,硅酮胶的邵氏硬度等。❷ 幕墙工程的槽式埋件或后置埋件的抗拉、抗剪承载力性能试验报告,人造板的弯曲强度复验报告等。❸ 人造板幕墙工程如果使用了硅酮结构胶,所用硅酮结构胶的认定证书和抽查合格证明,进口硅酮胶的商检证,国家指定检测机构出具的硅酮结构胶相容性和剥离粘结性试验报告,双组分硅酮结构胶的混匀性试验、拉断试验记录,注胶养护环境温度、湿度记录,槽式埋件、后置埋件和背栓的抗拉、抗剪承载力性能试验报告,金属板材表面氟碳树脂涂层的物理性能试验报告等。

7.3　中间验收

人造板幕墙工程应对每个节点按下列项目进行隐蔽工程验收。

表 9.4.7-1　人造板幕墙隐蔽工程验收项目及部位

类型	验收项目及部位
人造板幕墙	(1)预埋件或后置埋件
	(2)幕墙构件与主体结构的连接、构件连接节点
	(3)幕墙四周的封堵、幕墙与主体结构间的封堵
	(4)幕墙变形缝及转角构造节点
	(5)幕墙防雷连接构造节点
	(6)幕墙的防水、保温隔热构造
	(7)幕墙防火构造节点

7.4 竣工验收

❶ 工程竣工验收时，除检查本标准规定的技术资料外，还应检查下列技术资料： ① 通过审查的施工图、结构计算书、设计变更和建筑设计单位对幕墙工程设计的确认意见及其他设计文件。② 幕墙构件和组件的加工制作记录、幕墙安装施工记录、隐蔽工程验收记录。③ 幕墙的抗风压性能、气密性能、水密性能、层间变形性能等检测报告，后置螺栓抗拉拔检测试验报告。④ 张拉杆索体系预拉力张拉记录、防雷装置测试记录、现场淋水试验记录。⑤ 光伏系统的检测报告，联合调试记录电流、电压检测记录。⑥ 其他质量保证资料。

❷ 幕墙工程观感检查要求： ① 幕墙外露型材、装饰条及遮阳装置的规格、造型符合设计要求，横平竖直，型材、面板表面处理无脱落现象，颜色均匀，无毛刺、伤痕和污垢。② 幕墙的胶缝、接缝均匀，横平竖直；密封胶灌注连续、密实，表面光滑无污染；橡胶条镶嵌密实平整。幕墙无渗漏现象。③ 开启扇配件齐全，安装牢固，关闭严密，启闭灵活；开启形式、方向、角度、距离符合设计要求和规范规定，滴水线、流水坡度符合设计要求，滴水线宽窄均匀、光滑顺直。

❸ 人造面板幕墙安装应符合表 9.4.7-2 规定。

表 9.4.7-2　人造面板幕墙安装允许偏差表

序号	项目		允许偏差（mm）	检查方法
1	幕墙垂直度	$H \leqslant 30m$	≤ 10	激光仪或经纬仪
		$30m < H \leqslant 60m$	≤ 15	
		$H > 60m$	≤ 20	
2	幕墙平面度		≤ 2.5	2m 靠尺，塞尺
3	竖缝直线度		≤ 2.5	2m 靠尺，塞尺，钢板尺
4	横缝直线度		≤ 2.5	2m 靠尺，塞尺，钢板尺
5	缝宽度（与设计值比较）		± 2.0	卡尺
6	相邻面板接缝高低差		≤ 1.0	塞尺，钢板尺

8 / 质量记录

8.1 幕墙各项性能检测试验

幕墙性能检测必须按照国家标准和设计要求进行。试验完毕后，试验报告提交业主及监理报批。

❶ **检测样品**：① 样品应包括面板的不同类型，并包括不同类型面板交界部分的典型节点。样品应包括典型的垂直接缝、水平接缝和可开启部分。开启部位的五金件必须按照设计规定选用与安装，排水孔位应准确齐全。样品与箱体之间应密封处理。② 样品高度至少应包括一个层高，样品宽度至少应包括承受设计荷载的一组竖向构件，并在竖直方向上与承重结构至少有两处连接。样品组件及安装的受力状况应和实际工况相符。③ 单元式幕墙应至少包括与实际工程相符的一个典型十字缝，其中一个单元的四边接缝构造与实际工况相同。

❷ **检测方法**：① 气密、水密、抗风压性能按《建筑幕墙气密、水密、抗风压性能检测方法》(GB/T 15227)的规定检测。层间变形性能按《建筑幕墙层间变形性能分级及检测方法》(GB/T 18250)的规定检测。② 热循环试验按建筑幕墙热循环试验方法检测，热工性能按建筑幕墙热工性能检测方法检测，耐撞击性能按《建筑幕墙》(GB/T 21086)附录F的规定检测。

❸ **检测报告**：建筑幕墙的抗风压性能、空气渗透性能和雨水渗透性能的检测实验报告，建筑幕墙层间变形性能检测实验报告；建筑幕墙热工性能检测实验报告等。

8.2 幕墙各项验收记录

❶ 幕墙材料、产品合格证和环保、消防性能检测报告以及进场验收记录；❷ 复检报告、隐蔽工程验收记录；❸ 消防、防雷工程工程验收记录；❹ 检验批质量验收记录；❺ 分项工程质量验收记录。

第 5 节　采光顶与金属屋面工程施工工艺

1 / 总则

1.1 适用范围

本施工工艺适用于非抗震设计或6~8度抗震设计的采光顶与金属屋面工程的安装施工。

1.2 编制参考标准及规范

1.《建筑装饰装修工程质量验收标准》
（GB 50210-2018）

2.《建筑工程施工质量验收统一标准》
（GB 50300-2013）

3.《建筑幕墙》
（GB/T 21086-2007）

4.《采光顶与金属屋面技术规程》
（JGJ 255-2012）

5.《玻璃幕墙工程技术规范》
（JGJ 102-2003）

6.《建筑遮阳通用技术要求》
（JG/T 274-2018）

7.《建筑遮阳工程技术规范》
（JGJ 237-2011）

8.《建筑幕墙工程技术规范》
（DGJ 08-56-2012）

2 / 施工准备

2.1 技术准备

❶ 熟悉施工图纸，确认建筑物主体结构施工质量、尺寸标高是否满足施工的要求。❷ 掌握当地自然条件、材料供应、交通运输、劳动力状况以及地方性法律法规要求。❸ 编制施工组织设计和施工预算。❹ 组织设计单位（或专业顾问单位）对施工单位进行技术交底，超出现行国家、行业或地方标准适用范围的采光顶与金属屋面工程，其设计、施工方案须经专家论证或审查。

2.2 材料要求

1. 一般规定

采光顶与金属屋面所选用的材料应符合现行国家标准、行业标准、产品标准以及有关地方标准的规定，同时应有出厂合格证、质保书及必要的检验报告。进口材料应符合国家商检规定。尚无标准的材料应符合设计要求，并经专项技术论证。

2. 铝合金材料

铝合金材料的化学成分应符合《变形铝及铝合金化学成分》（GB/T 3190）的规定；铝合金型材的质量要求应符合《铝合金建筑型材》（GB/T 5237.1~5237.6）的规定，型材尺寸允许偏差应达到高精级或超高精级。

采用穿条工艺生产的隔热铝型材，以及采用浇注工艺生产的隔热铝型材，其隔热材料应符合现行国家和行业标准、规范的相关要求。

铝合金结构焊接应符合《铝合金结构设计规范》（GB 50429）和《铝及铝合金焊丝》（GB/T 10858）的规定，焊丝宜选用 SAIMG-3 焊丝（Eur 5356）或 SAISi-1 焊丝（Eur 4043）。

3. 钢材

碳素结构钢和低合金结构钢的技术要求应符合《玻璃幕墙工程技术规范》（JGJ 102）的要求。钢材、钢制品的表面不得有裂纹、气泡、结疤、泛锈、夹渣等，其牌号、规格、化学成分、力学性能、质量等级应

符合现行国家标准的规定。

采光顶与金属屋面使用的钢材应采用 Q235 钢或 Q345 钢，并具有抗拉强度、伸长率、屈服强度和碳、锰、硅、硫、磷含量的合格保证。焊接结构应具有碳含量的合格保证，焊接承重结构以及重要的非焊接承重结构所采用的钢材还应具有冷弯或冲击试验的合格保证。

对耐腐蚀有特殊要求或腐蚀性环境中的幕墙结构钢材、钢制品宜采用不锈钢材质。如采用耐候钢，其质量指标应符合《耐候结构钢》（GB/T 4171）的规定。

冷弯薄壁型钢构件应符合《冷弯薄壁型钢结构技术规范》（GB 50018）有关规定，其壁厚不得小于 4.0mm，表面处理应符合《钢结构工程施工质量验收规范》（GB 50205）的有关规定。

钢型材表面除锈等级不宜低于 Sa2.5 级，表面防腐处理应符合下列要求：

❶ 采用热浸镀锌时，锌膜厚度应符合《金属覆盖层钢铁制件热浸镀锌层技术要求及试验方法》（GB/T 13912）的规定；

❷ 采用氟碳喷涂或聚氨酯漆喷涂时，涂膜厚度不宜小于 35μm，在空气污染及海滨地区，涂膜厚度不宜小于 45μm；

❸ 采用防腐涂料进行表面处理时，除密闭的闭口型材内表面外，涂层应完全覆盖钢材表面。

不锈钢材料宜采用奥氏体不锈钢，镍铬总含量宜不小于 25%，且镍含量应不小于 8%；暴露于室外或处于高湿度环境的不锈钢构件镍铬总含量宜不小于 29%，且镍含量应不小于 12%。

不锈钢绞线在使用前必须提供预张拉试验报告、破断力试验报告。其质量和性能应符合《玻璃幕墙工程技术规范》（JGJ 102）的要求。不锈钢铰线护层材料宜选用高密度聚乙烯。

点支承玻璃采光顶采用的锚具、夹具、连接器、支承装置，以及全玻璃采光顶的支承装置，其成分、外观、技术要求及性能指标应符合现行国家及行业标准、规范的相关要求。不锈钢支承、吊挂装置的牌号不宜低于 SS316；位于海滨和酸雨等严重腐蚀地区时不应低于 SS316。

钢材焊接用焊条，成分和性能指标应符合《非合金钢及细晶粒钢焊条》（GB/T 5117）、《热强金钢焊条》（GB/T 5118）、《建筑钢结构焊接技术规程》（JGJ 81）的规定。

4. 玻璃

玻璃的外观质量和性能应符合现行国家标准及规范的规定。

中空玻璃应符合《中空玻璃》（GB 11944）的规定，单片玻璃厚度应不小于6mm，两片玻璃厚度差应不大于3mm。钻孔时应采用大、小孔相对的方式，合片时孔位应采取多道密封措施；用于光伏组件的外片玻璃应为超白玻璃、自洁净玻璃或低反射玻璃，厚度应不小于4mm。

夹层玻璃应符合《建筑用安全玻璃 第3部分：夹层玻璃》（GB 15763.3）的规定，单片玻璃厚度宜≥5mm；应采用PVB（聚乙烯醇缩丁醛）胶片或离子性中间层胶片干法加工合成技术，PVB胶片厚度不小于0.76mm。钻孔时应采用大、小孔相对的方式，外露的PVB边缘宜进行封边处理。

阳光控制镀膜玻璃应符合《镀膜玻璃 第1部分：阳光控制镀膜玻璃》（GB/T 18915.1）的规定，低辐射镀膜玻璃应符合《镀膜玻璃 第2部分：低辐射镀膜玻璃》（GB/T 18915.2）的规定。采用单片或夹层低辐射镀膜玻璃时，应使用在线热喷涂低辐射玻璃，离线镀膜低辐射玻璃宜加工成中空玻璃，镀膜面应朝向气体层。

防火玻璃应符合《建筑用安全玻璃 第1部分：防火玻璃》（GB 15763.1）的规定。应根据设计要求和防火等级采用单片防火玻璃或中空、夹层防火玻璃。

5. 硅酮结构胶及密封、衬垫材料

硅酮结构密封胶的性能应符合《建筑用硅酮结构密封胶》（GB 16776）和《中空玻璃用硅酮结构密封胶》（GB 24266）的规定。

硅酮结构密封胶使用前，应经国家认可的检测机构进行与其相接触材料的相容性和剥离粘结性试验，并应对邵氏硬度、标准状态拉伸粘结性能进行复验。硅酮结构密封胶不应与聚硫密封胶接触使用。

同一采光顶与金属屋面工程应采用同一品牌的硅酮结构密封胶和硅酮建筑密封胶，硅酮结构密封胶和硅酮建筑密封胶必须在有效期内使用。用于石材的硅酮结构密封胶应有专项试验报告。隐框和半隐框玻璃组件严禁在施工现场打注硅酮结构密封胶。

硅酮建筑密封胶应符合《硅硐和改性硅酮建筑密封胶》（GB/T 14683）的规定，密封胶的位移能力应符合设计要求，且不小于20%。宜采用中性硅酮建筑密封胶。聚氨酯建筑密封胶的物理力学性能应符合《聚氨酯建筑密封胶》（JC/T 482）的规定。

橡胶材料应符合《建筑门窗、幕墙用密封胶条》（GB/T 24498）、《工业用橡胶板》（GB/T 5574）的规定，宜采用三元乙丙橡胶、硅橡胶、氯

丁橡胶。

玻璃支承垫块宜采用邵氏硬度为80~90的氯丁橡胶等材料，不得使用硫化再生橡胶、木片或其他吸水性材料。

不同金属材料接触面设置的绝缘隔离垫片，宜采用尼龙、聚氯乙烯（PVC）等制品。

6. 保温隔热材料

宜采用岩棉、矿棉、玻璃棉等符合防火设计要求的材料作为隔热保温材料，并符合《绝热用岩棉、矿渣棉及其制品》（GB/T 11835）、《绝热用玻璃棉及其制品》（GB/T 13350）的规定。

7. 金属连接件及五金件

紧固件螺栓、螺钉、螺柱等的机械性能、化学成分应符合《紧固件机械性能》（GB/T 3098.1~3098.21）的规定。

锚栓应符合《混凝土用机械锚栓》（JG/T 160）、《混凝土结构后锚固技术规程》（JGJ 145）的规定，可采用碳素钢、不锈钢或合金钢材料。化学螺栓和锚固胶的化学成分、力学性能应符合设计要求，药剂必须在有效期内使用。

背栓的材料性质和力学性能应满足设计要求，并由有相应资质的检测机构出具检测报告。

非标准五金件、金属连接件应符合设计要求，并应有出厂合格证，同时其各项性能应符合现行国家标准的规定。

与采光顶与金属屋面配套的门窗用五金件、附件、连接件、紧固件应符合现行国家标准、行业的规定，并具备产品合格证、质量保证书及相关性能的检测报告。

8. 防火材料

防火材料应符合设计要求，具备产品合格证和耐火测试报告。

采光顶与金属屋面的隔热、保温材料其性能分级应符合《建筑材料及制品燃烧性能分级》（GB 8624）的规定。

采光顶与金属屋面的层间防火、防烟封堵材料应符合《防火封堵材料》（GB 23864）的要求。

防火铝塑板的燃烧性能应符合《建筑材料及制品燃烧性能分级》（GB 8624）的规定。防火铝塑板不得作为防火分隔材料使用。

防火密封胶应符合《建筑用阻燃密封胶》(GB/T 24267)的规定。

钢结构用防火涂料的技术性能应符合《钢结构防火涂料》(GB 14907)的规定。

2.3 主要机具

双头切割机、单头切割机、冲床、铣床、钻床、打胶机、玻璃磨边机、空压机、剪板机、折弯机、面板压型机、咬边机、手动咬边机、砂轮切割机、吊篮、卷扬机、电焊机、水准仪、经纬仪、注胶枪、玻璃吸盘等。

2.4 作业条件

❶ 施工现场清理干净，有足够的材料、部件、设备的放置场地，有库房保管零部件。可能对施工环境造成严重污染的分项工程应安排在施工前进行。❷ 有土建施工单位移交的施工控制线及基准线。❸ 主体结构上预埋件已按设计要求埋设完毕，无漏埋、过大位置偏差情况，后置埋件已完成拉拔试验，其拉拔强度合格。❹ 采光顶与金属屋面安装施工前完成采光顶与金属屋面各项性能检测实验并合格，如合同要求有样板间的应在大面积施工前完成。❺ 脚手架等操作平台搭设到位。吊篮、吊船等垂直运输设备安设到位。❻ 施工操作前已进行技术交底。

3 / 施工工艺

3.1 工艺流程

1. 加工制作

❶ 埋件加工制作：预埋件的锚板及锚筋的材质应符合设计要求，锚筋与锚板焊缝应符合国家现行规范和设计要求。平板型预埋件的加工制作，锚筋长度不允许负偏差。槽式预埋件表面及槽内应进行防腐蚀处理，其加工制作时，预埋件长度、宽度、厚度和锚筋长度不允许负偏差。❷ 采光顶与金属屋面型材的加工制作：采光顶与金属屋面型材截

料前应校直调整，加工时应保护型材表面。❸ **金属屋面板加工制作**：屋面板可采用工厂加工或工地现场加工。对于板长超过10m的板件宜采用现场压型加工。对于有弧度的屋面板应根据板型和弯弧半径选择自然成弧或机械预弯成弧，外观应平整、顺滑。压型金属板材和泛水板加工成型后表面应清洁，涂层或镀层应无肉眼可见裂纹、剥落和擦痕等痕迹，不得出现基板开裂、大面积明显的凹凸和皱褶。❹ **连接件、支承件加工制作**：连接件、支承件的材料应满足设计要求，外观应平整，孔（槽）距、孔（槽）宽度、孔边距及壁厚、弯曲角度等尺寸偏差应符合现行相关国家标准及行业规范的要求。不得有裂纹、毛刺、凹凸、翘曲、变形等缺陷。❺ **光伏组件的加工制作**：光伏组件加工制作，电池板的正负极应与接线盒可靠连接，接线盒安装牢固无松动，用专用密封胶密封。汇流条、互联条应焊接牢固、平直，无突出、毛刺等缺陷。

❻ **注胶工艺**：施工环境的温度、湿度、空气中粉尘浓度及通风条件应符合相应的工艺要求。

采用硅酮结构密封胶与玻璃或构件粘结前必须取得合格的剥离强度和相容性检验报告，必要时应加涂底漆。采用硅酮结构密封胶粘结固定的幕墙单元组件必须静置养护，固化未达到足够承载力之前，不应搬动。镀膜玻璃应根据其镀膜材料的粘结性能和技术要求，确定加工制作工艺。当镀膜与硅酮结构密封胶不相容时，应除去镀膜层。

2. 施工工艺流程

❶（双层）金属屋面安装施工工艺流程

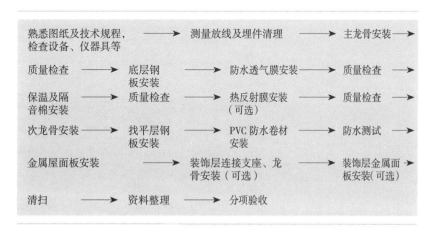

图 9.5.3-1 （双层）金属屋面安装施工工艺流程

❷ 框式玻璃采光顶安装施工工艺流程

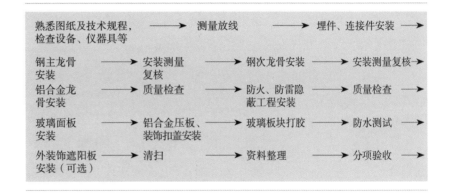

图 9.5.3-2　框式玻璃采光顶安装施工工艺流程

3.2　操作工艺

1. 预埋件、连接件安装

采光顶与金属屋面预埋件、连接件的安装应符合《采光顶与金属屋面技术规程》(JGJ 255)的规定。按照幕墙的设计分格尺寸用测量仪器定位安装预埋件，应采取措施防止浇筑混凝土时埋件发生移位。

预埋件的标高偏差 ≤ ±10mm，水平偏差 ≤ ±10mm，表面进出偏差 ≤ 10mm。偏差过大不满足设计要求的预埋件应废弃，原设计位置补做后置埋件，后置埋件的安装螺栓应有防松脱措施。

2. 施工测量放线

采光顶与金属屋面的施工测量放线应符合《采光顶与金属屋面技术规程》(JGJ 255)的规定，测量放线前，应先复查由土建方移交的主体结构的水平基准线和标高基准线。测量放线应结合主体结构的偏差及时调整幕墙分格，防止积累误差。风力大于 4 级时，不宜测量放线。

3. 施工安装工艺

❶ 支承结构: ① 采光顶、金属屋面支承结构安装过程中，制孔、组装、焊接、涂装等工序应符合现行国家标准《钢结构工程施工质量验收标准》(GB 50205)的有关规定。② 大型钢结构宜进行试吊装，钢结构安装就位、调整后应及时紧固，并应进行隐蔽工程验收。钢构件在运输、存放和安装过程中损坏的涂层及未涂装的安装连接部位，应进行补涂。

❷ 采光顶: ① 根据采光顶的形状确定放线的基点，找出定位基准线，以基准线位定位点确定采光顶各分格点的空间定位，支座安装应定位准

确。② 采光顶的周边封堵收口、屋脊处压边收口、支座处封口处理应符合设计要求；装饰压板应顺水流方向设置，表面应平整，接缝符合设计要求。③ 通气槽及雨水排水口等应严格按设计要求施工；天沟、排水槽及隐蔽节点施工应符合设计要求，金属天沟板搭接焊位置宜按放坡方向保持同向搭接，搭接长度应符合设计要求。④ 保温材料应铺设平整且可靠固定，拼接处不应留缝隙。⑤采用现场焊接或高强度螺栓紧固的构件，在安装就位后应及时进行防锈处理。

框支承采光顶典型安装节点如图9.5.3-3、图9.5.3-4、图9.5.3-5所示。

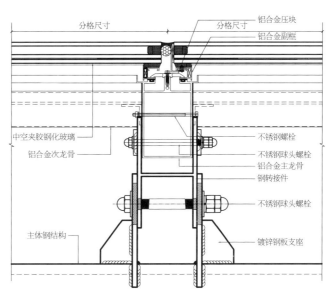

图 9.5.3-3 框支承采光顶典型安装节点示意图一

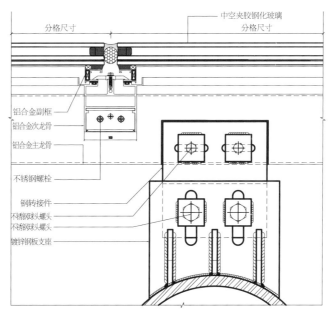

图 9.5.3-4 框支承采光顶典型安装节点示意图二

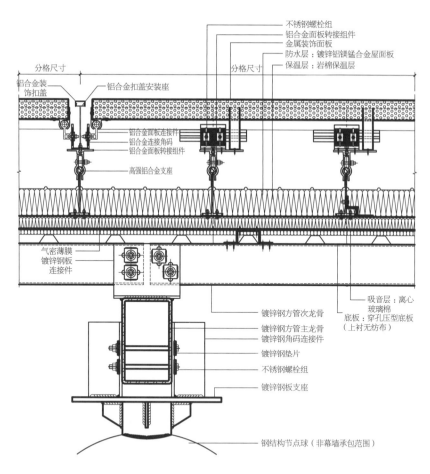

图 9.5.3-5　框支承采光顶典型三维安装节点示意图

其他类型采光顶施工安装应符合《采光顶与金属屋面技术规程》（JGJ 255）的规定，未尽事宜可参照本章第 1 节 3.2 的规定。

❸ **金属板屋面**：① 直立锁边板应根据板型及设计的配板图铺设。相邻直立锁边板宜顺年最大频率风向搭接，上下两排板的搭接长度应根据板型和屋面坡长确定，搭接部位应采用密封材料密封；对接拼缝与外露螺钉应作密封处理。② 直立锁边系统板缝咬口方向应符合设计要求，平行流水方向宜采用立咬口，咬口折边方向应按顺水流方向或主导风向设置。垂直流水方向的板缝可采用平咬口。直立锁边屋面板与立面墙体及突出屋面结构交接处应做泛水处理，固定就位后搭接口处应采用密封材料密封。③ 直立锁边板咬合应符合设计要求，平行咬口间距准确，立边高度一致，咬口顶部无裂纹，咬口连接处直径（或高度）应满足系统供应商技术要求，偏差不得超过 2mm。直立锁边屋面的檐口线，泛水段应顺直铺设，无起伏现象。④ 直立锁边板应顺水流方向设置，沿坡度方向宜为一整体，无接口，无螺钉连接；压型面板长度不宜大于

25m，且应设置相应的变形导向控制点。⑤ 底泛水与雨泛水安装位置及工艺应满足设计要求，接口应紧密；面泛水板与面板之间、收口板与面板之间应采用泡沫塑料封条密封，底泛水板与面板搭接处应采用硅酮密封胶粘结牢靠。

双层金属屋面板典型安装节点如图9.5.3-6、图9.5.3-7、图9.5.3-8所示。

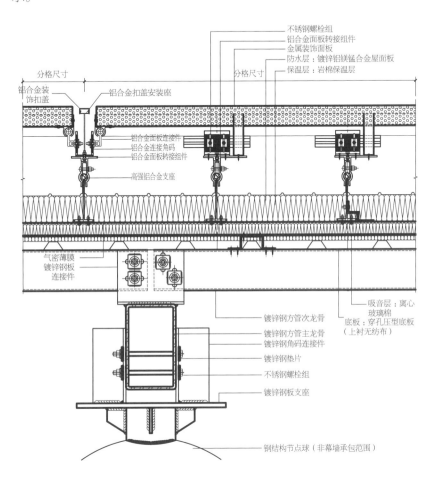

图 9.5.3-6　双层金属屋面典型安装节点图

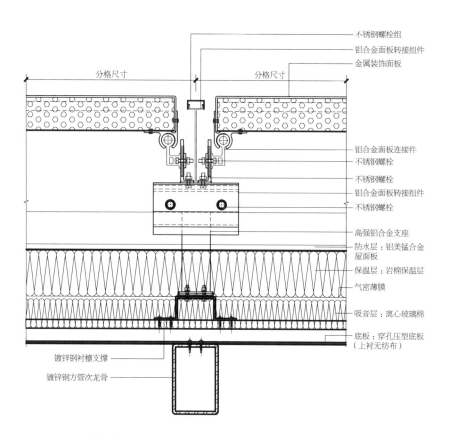

图 9.5.3-7 双层金属屋面典型安装节点图

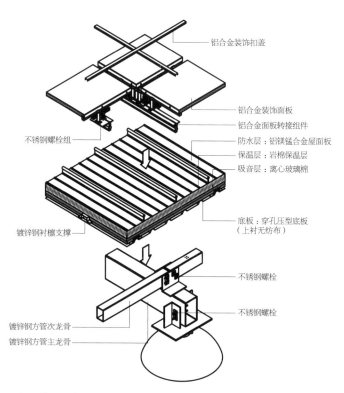

图 9.5.3-8 双层金属屋面典型三维安装节点图

其他类型金属屋面施工安装应符合《采光顶与金属屋面技术规程》（JGJ 255）的规定，未尽事宜可参照本章第1节2.2的规定。

❹ **屋面光伏系统**：屋面光伏系统施工安装应符合《采光顶与金属屋面技术规程》（JGJ 255）的规定，未尽事宜可参照本章第1节3.2的规定。

❺ 防雷、防火施工工艺应符合《采光顶与金属屋面技术规程》（JGJ 255）的规定，未尽事宜可参照本章第1节3.2的规定。

3.3 技术及质量关键要求

❶ 预埋件和锚固件施工安装位置精度及固定状态符合设计要求，无变形、生锈现象，防锈涂料、表面处理完好。安装位置偏差在允许范围内。❷ 构件安装部位正确，横平竖直、大面平整；螺栓、铆钉安装固定符合要求；构件的外观情况（包括但不限于色调、色差、污染、划痕等）符合要求，雨水泄水通路、密封状态等功能完好。❸ 采光顶或金属屋面的龙骨安装应严格控制水平、垂直度以及对角线长度，面板安装时，应拉线控制相邻面板的水平度、垂直度及大面平整度，控制面板缝隙宽度。❹ 进行密封工作前应对密封面进行清扫，并在胶缝两侧的金属屋面板或采光顶面板上粘贴保护胶带，防止注胶时污染周围的板面；注胶应均匀、密实、饱满，表面应光滑。❺ 采用扣合式或咬合式金属屋面板时，确保其相邻屋面板与固定支座之间可靠扣合或咬合连接。❻ 开缝式金属屋面板背面空间的防水构造的防水层完好，金属屋面板背部的防水衬板无破损，导排水系统使用正常。金属屋面板背部保持通风，其支承构件及金属连接件具备有效防腐措施。❼ 安装前应进行气密性、水密性、抗风压和层间变形性能的检测试验，金属屋面还应进行抗风揭试验，并达到设计及规范要求。

4 质量标准

4.1 主控项目

❶ 采光顶及金属屋面的品种、类型、规格、性能、安装位置、开启方

式、连接方式应符合设计要求。❷ 金属型材立柱、横梁等主要受力杆件的截面受力部位壁厚实测值应符合设计要求。铝合金型材的表面处理、膜厚，其他金属构件的防腐处理、密封处理应符合设计要求。❸ 金属面板、玻璃等面板，品种、规格、厚度、性能应符合设计要求。❹ 金属构件孔位、槽口、豁口、榫头的数量、位置和尺寸应符合设计要求。❺ 硅酮结构密封胶必须到指定检测中心进行相容性测试和粘结拉伸试验。

4.2　一般项目

1. 外观质量检验

❶ **金属构件表面质量的检验**：铝型材表面质量的检验，应在自然散射光条件下目测检查，表面应清洁，色泽应均匀，不应有皱纹、裂纹、起皮、腐蚀斑点、气泡、划伤、擦伤、电灼伤、流痕、发粘以及膜（涂）层脱落、毛刺等缺陷存在。钢材表面质量的检验，应在自然散射光条件下，目测检查，钢材的表面不得有裂纹、气泡、结疤、泛锈、夹杂和折叠，截面不得有毛刺、卷边等现象。❷ **金属面板表面质量检验**：金属板材表面的涂层应无起泡、裂纹、剥落现象，表面平整度应保证在 ≤ 2/1000 范围内。❸ **玻璃表面质量检验**：玻璃的外观质量和性能应符合现行国家标准及规范的规定。中空玻璃应符合《中空玻璃》（GB 11944）的规定，单片玻璃厚度应不小于 6mm，两片玻璃厚度差应不大于3mm。钻孔时应采用大、小孔相对的方式，合片时孔位应采取多道密封措施；用于光伏幕墙组件的外片玻璃应为超白玻璃、自洁净玻璃或低反射玻璃，厚度应不小于 4mm。夹层玻璃应符合《建筑用安全玻璃　第 3 部分：夹层玻璃》（GB 15763.3）的规定，单片玻璃厚度宜 ≥5mm；应采用 PVB（聚乙烯醇缩丁醛）胶片或离子性中间层胶片干法加工合成技术，PVB 胶片厚度不小于 0.76mm。钻孔时应采用大、小孔相对的方式，外露的 PVB 边缘宜进行封边处理。阳光控制镀膜玻璃应符合《镀膜玻璃　第 1 部分：阳光控制镀膜玻璃》（GB/T 18915.1）的规定，低辐射镀膜玻璃应符合《镀膜玻璃　第 2 部分：低辐射镀膜玻璃》（GB/T 18915.2）的规定。采用单片或夹层低辐射镀膜玻璃时，应使用在线热喷涂低辐射玻璃，离线镀膜低辐射玻璃宜加工成中空玻璃，镀膜面应朝向气体层。防火玻璃应符合《建筑用安全玻璃　第1部分：防火玻璃》（GB 15763.1）的规定。应根据设计要求和防火等级采用单片防火玻璃或中空、夹层防火玻璃。❹ **幕墙结构构配件的表面质量检验**：转接件、连接件外观应平整、无裂纹、毛刺、凹坑、变形等缺陷，当采用碳素钢材时，表面应做热镀锌处理，或其他防腐处理。❺ **硅酮结构密封**

胶、硅酮建筑密封胶及密封材料的表面质量检验：采光顶与金属屋面的硅酮结构密封胶、硅酮建筑密封胶缝应横平竖直，深浅一致，宽度均匀，光滑顺直。❻ 光伏组件外观质量检验：光伏组件的外观质量检查宜在良好的自然光或散射光条件下，距离600mm处观察，胶合层不应发生脱胶现象，幕墙不应有直径大于3mm的斑点、明显的彩虹和色差。

2. 质量保证资料

❶ 采光顶与金属屋面铝合金型材、钢材的质量保证资料：产品合格证，质量保证书，力学性能检验报告。❷ 金属板的质量保证资料：产品合格证，质量保证书，力学性能检验报告。❸ 玻璃的质量保证资料：产品合格证，中空玻璃的检验要求，热反射玻璃的光学性能检验报告。❹ 硅酮结构密封胶、硅酮建筑密封胶及密封材料的质量保证资料：质量保证书和产品合格证，结构硅酮胶剥离实验记录，相溶性检验报告和粘结拉伸实验报告，进口商品的商检证。❺ 紧固件、五金件的质量保证资料：连接件产品合格证，钢材产品合格证，镀锌工艺处理质量证书，螺栓、滑撑、限位器等产品合格证。

5 / 成品保护

5.1 成品的运输、装卸

运送制品时，应竖置固定运送，用聚乙烯苫布保护制品四角等露出部件。收货时依据货单对制品和部件（连接件、螺栓、螺母、螺钉等）的型号、数量、有无损伤等进行确认。卸货时使用塔吊等卸货机械应由专职技术人员操作，各安装楼层存放货物的面积应不小于300m²。

5.2 成品的保管

产品的保管场所应设在雨水淋不到并且通风良好的地方，根据各种材料的规格，分类堆放，并做好相应的产品标识。要定期检查仓库的防火设施和防潮情况。

6 / 安全、环境及职业健康措施

6.1   安全措施

❶ 安装施工应符合《建筑施工高处作业安全技术规范》(JGJ 80)、《建筑机械使用安全技术规程》(JGJ 33)、《施工现场临时用电安全技术规范》(JGJ 46)和其他相关规定。❷ 施工用电的线路、闸箱、接零接地、漏电保护装置符合有关规定,严格按照有关规定安装和使用电气设备。❸ 施工机具在使用前应严格检查,机械性能良好,安全装置齐全有效;电动工具应进行绝缘测试,手持玻璃吸盘及玻璃吸盘机应测试吸附重量和吸附持续时间。❹ 配备消防器材,防火工具和设施齐全,并有专人管理和定期检查;各种易燃易爆材料的堆放和保管应与明火区有一定的防火间距;电焊作业时,应有防火措施。❺ 安装工人进场前,应进行岗位培训并对其作安全、技术交底方能上岗操作,必须正确使用安全帽、安全带。❻ 外脚手架经验收合格后方可使用,脚手架上不得超载,应及时清理杂物,防止机具、材料的坠落。如需部分拆除脚手架与主体结构的连接时,应采取措施防止失稳。当安装与主体结构施工交叉作业时,在主体结构的施工层下方必须设置防护网;在距离地面高度约 3m 处,必须设置挑出宽度不小于 6m 的水平防护网。❼ 采用吊篮施工时,吊篮应进行安全检查并通过验收。吊篮上的施工人员必须按规定佩系安全带,安全带挂在安全绳的自锁器上,安全绳应固定在独立可靠的结构上。吊篮不得作为竖向运输工具,不得超载,吊篮暂停使用时,应落地停放。

6.2   环保措施

❶ 减少施工时机具噪声污染,减少夜间作业,避免影响施工现场附近居民的休息。❷ 完成每项工序后,应及时清理施工后滞留的垃圾,比如胶、胶瓶、胶带纸等,保证施工现场的清洁。❸ 对于密封材料及清洗溶剂等可能产生有害物质或气体的材料,应做好保管工作,并在挥发过期前使用完毕,以免对环境造成影响。

6.3   职业健康安全措施

在施工中应注意在高处作业时的安全防护。

7 工程验收

7.1 一般规定

❶ 采光顶与金属屋面工程应进行材料进场验收、施工中间验收及竣工验收。施工过程中应及时建立技术档案。

❷ 工程验收前采光顶与金属屋面表面应清洗干净。

❸ 采光顶与金属屋面工程验收应进行技术资料复核、现场观感检查和实物抽样检验。现场检验时，应按下列规定划分检验批。

① 相同设计、材料、工艺和施工条件的工程，每 $500m^2 \sim 1000m^2$ 应划分为一个检验批，不足 $500m^2$ 也应为一个检验批。每个检验批每 $100m^2$ 应至少抽查一处，每处不得小于 $10m^2$。② 同一单位工程的不连续的采光顶与金属屋面工程应分别划分检验批。③ 对于异型或有特殊要求的，检验批应根据采光顶与金属屋面的结构、工艺特点及工程的规模划分，宜由监理单位、建设单位和施工单位协商确定。

❹ 采光顶与金属屋面工程验收应符合《建筑装饰装修工程质量验收标准》（GB 50210）、《采光顶与金属屋面技术规程》（JGJ 255）的规定。

7.2 进场验收

❶ 采光顶与金属屋面工程所用各种材料、五金配件、构件及组件的产品合格证书、性能检测报告和复验报告等，复合板的剥离强度复验报告，硅酮胶的邵氏硬度复验报告等。❷ 采光顶与金属屋面工程（包括隐框、半隐框中空玻璃合片）所用硅酮结构胶的认定证书和抽查合格证明，进口硅酮胶的商检证，国家指定检测机构出具的硅酮结构胶相容性和剥离粘结性试验报告，双组分硅酮结构胶的混匀性试验、拉断试验记录，注胶养护环境温度、湿度记录，槽式埋件、后置埋件的抗拉、抗剪承载力性能试验报告，金属板材表面氟碳树脂涂层的物理性能试验报告等。❸ 采光顶与金属屋面工程的各类材料、产品、构件及组件进场时应按质量要求验收，并做验收记录。

7.3 中间验收

❶ 采光顶与金属屋面工程应对每个节点按下列项目进行隐蔽工程验收。❷ 光伏屋面工程还应对电气管线敷设等进行隐蔽工程验收。

表 9.5.7-1　采光顶与金属屋面隐蔽工程验收项目及部位

类型	验收项目及部位
采光顶与金属屋面	（1）预埋件或后置埋件
	（2）幕墙构件与主体结构的连接、构件连接节点
	（3）幕墙四周的封堵、幕墙与主体结构间的封堵
	（4）幕墙防雷连接构造节点
	（5）幕墙的防水、保温隔热构造

7.4　竣工验收

❶ **工程竣工验收时，除检查本标准规定的技术资料外，还应检查下列技术资料：** ① 通过审查的施工图、结构计算书、设计变更和建筑设计单位对采光顶与金属屋面工程设计的确认意见及其他设计文件。② 采光顶与金属屋面构件和组件的加工制作记录、采光顶与金属屋面安装施工记录、隐蔽工程验收记录。③ 采光顶与金属屋面的抗风压性能、气密性能、水密性能、层间变形性能等检测报告，后置螺栓抗拉拔检测试验报告。④ 张拉杆索体系预拉力张拉记录、防雷装置测试记录、现场淋水试验记录。⑤ 光伏系统的检测报告，联合调试记录电流、电压检测记录。⑥ 其他质量保证资料。

❷ **采光顶与金属屋面工程观感检查要求：** ① 采光顶与金属屋面外露型材、装饰条及遮阳装置的规格、造型符合设计要求，横平竖直，型材、面板表面处理无脱落现象，颜色均匀，无毛刺、伤痕和污垢。金属板材表面平整洁净，距采光顶与金属屋面 3m 处观察无可觉察的变形、波纹、局部凹陷和明显色差等缺陷，无凹坑、缺角、裂纹、斑痕、损伤和污迹。② 采光顶与金属屋面的胶缝、接缝均匀，横平竖直；密封胶灌注连续、密实，表面光滑无污染；橡胶条镶嵌密实平整。幕墙无渗漏现象。③ 开启扇配件齐全，安装牢固，关闭严密，启闭灵活。开启形式、方向、角度、距离符合设计要求和规范规定。滴水线、流水坡度符合设计要求，滴水线宽窄均匀、光滑顺直。④ 光伏采光顶与金属屋面的带电警示标识应醒目。

❸ 框支承采光顶安装应符合表 9.5.7-2 和表 9.5.7-3 规定。

表 9.5.7-2　框支承采光顶安装允许偏差表

序号	项目		允许偏差 （mm）	检查方法
1	采光顶平面度	采光顶长度 $L \leqslant 30m$	$\leqslant 10$	水准仪或全站仪
		$30m < L \leqslant 60m$	$\leqslant 15$	
		$60m < L \leqslant 90m$	$\leqslant 20$	
		$90m < L \leqslant 150m$	$\leqslant 25$	
		$L > 150m$	$\leqslant 30$	
2	采光顶坡度		$\pm 10\%$	坡度尺
3	单一构件直线度	长度 $L \leqslant 2m$	$\leqslant 2.0$	2m 靠尺，塞尺钢板尺
		$L > 2m$	$\leqslant 3.0$	
4	采光顶横向、纵向构件直线度	采光顶长度或宽度 $\leqslant 35m$	$\leqslant 5.0$	2m 靠尺，塞尺水准仪
		采光顶长度或宽度 $> 35m$	$\leqslant 7.0$	
5	相邻构件的位置偏差		$\leqslant 1.0$	钢卷尺
6	分格框对角线差	对角线长度 $\leqslant 2m$	$\leqslant 3.0$	对角线尺或钢卷尺
		对角线长度 $> 2m$	$\leqslant 3.5$	

表 9.5.7-3　隐框采光顶安装允许偏差表

序号	项目		允许偏差 （mm）	检查方法
1	檐口位置	相邻两组件	$\leqslant 2.0$	钢卷尺
		长度 $\leqslant 15m$	$\leqslant 3.0$	
		长度 $> 10m$	$\leqslant 6.0$	
		全长方向	$\leqslant 10.0$	
2	组件上缘接缝的位置	相邻两组件	$\leqslant 2.0$	钢卷尺
		长度 $\leqslant 15m$	$\leqslant 3.0$	
		长度 $> 30m$	$\leqslant 6.0$	

序号	项目		允许偏差 （mm）	检查方法
2	组件上缘接缝的位置	全长方向	≤ 10.0	钢卷尺
3	屋脊位置	相邻两组件	≤ 3.0	钢卷尺
		长度 ≤ 10m	≤ 4.0	
		长度 > 10m	≤ 8.0	
		全长方向	≤ 12.0	
4	采光顶水平缝及玻璃面的平面度	采光顶长度 ≤ 30m	≤ 10	水平仪
		30m < 长度 ≤ 60m	≤ 15	
		60m < 长度 ≤ 90m	≤ 20	
		90m < 长度 ≤ 150m	≤ 25	
		长度 > 150m	≤ 30	
5	缝隙宽度差（与设计值相比）		≤ 2.0	钢板尺
6	采光顶坡度		± 10%	坡度尺
7	纵、横缝直线度		≤ 2.5	2m靠尺，塞尺，钢板尺

❹ 点支承采光顶安装应符合表9.5.7-4规定。

表9.5.7-4 点支承采光顶安装允许偏差

序号	项目		允许偏差 （mm）	检查方法
1	脊（顶）水平高差		± 3.0	水平仪
2	脊（顶）水平错位		± 2.0	2m靠尺，塞尺钢板尺
3	檐口水平高差		± 3.0	塞尺，钢板尺
4	檐口水平错位		± 2.0	钢板尺
5	跨度（对角线或角到对边垂高）差	跨度 ≤ 3m	± 3.0	对角线尺或钢卷尺
		3m < 跨度 ≤ 4m	± 4.0	
		4m < 跨度 ≤ 5m	± 5.0	
		跨度 > 5m	± 6.0	

序号	项目		允许偏差 （mm）	检查方法
6	上表面平整	边长 ≤ 2m	± 2.0	水平仪
		2m ＜边长 ≤ 3m	± 3.0	
		边长 ＞ 3m	± 4.0	
7	胶缝宽度（与设计值相比）		0，+2.0	钢板尺
8	采光顶接缝及大面玻璃平整度	采光顶长度 ≤ 30m	± 10.0	水平仪
		30m ＜采光顶长度 ≤ 60m	± 15.0	
9	采光顶接缝直线度	采光顶长度或宽度 ≤ 35m	± 5.0	拉 5m 线，不足 5m 拉通线，用钢直尺检查
		采光顶长度或宽度 ＞ 35m	± 7.0	
10	相邻板块竖、横向接缝直线度		± 2.5	2m 靠尺、钢板尺
11	相邻板块平面高低差		± 1.0	塞尺，钢板尺

❺ 金属屋面板构件安装宜符合表 9.5.7-5 规定。

表 9.5.7-5　金属屋面板构件安装允许偏差表

序号	项目	允许偏差	检查方法
1	屋面板纵向构件水平度	$± L/200$	水平仪
2	屋面板构件坡度	± 1°	坡度尺
3	屋面横向相邻构件直线度	± 5.0mm	拉 5m 线，不足 5m 拉通线用钢直尺检查

8 / 质量记录

8.1 采光顶与金属屋面各项性能检测试验

采光顶与金属屋面样品检测必须按照国家标准和设计要求进行。试验完毕后，试验报告提交业主及监理报批。采光顶与金属屋面样品在测试箱体的安装，应使样品倾角与实际工程一致。

❶ **检测样品**：①样品应包括面板的不同类型，并包括不同类型面板交界部分的典型节点。样品应包括典型的垂直接缝、水平接缝和可开启部分。开启部位的五金件必须按照设计规定选用与安装，排水孔位应准确齐全。样品与箱体之间应密封处理。② 样品高度至少应包括一个层高，样品宽度至少应包括承受设计荷载的一组竖向构件，并在竖直方向上与承重结构至少有两处连接。样品组件及安装的受力状况应和实际工况相符。③ 单元式采光顶与金属屋面应至少包括与实际工程相符的一个典型十字缝，其中一个单元的四边接缝构造与实际工况相同。

❷ **检测方法**：① 气密、水密、抗风压性能按《建筑幕墙气密、水密、抗风压性能检测方法》（GB/T 15227）的规定检测。层间变形性能按《建筑幕墙层间变形性能分级及检测方法》（GB/T 18250）的规定检测。②热循环试验按建筑幕墙热循环试验方法检测，热工性能按建筑幕墙热工性能检测方法检测，耐撞击性能按《建筑幕墙》（GB/T 21086）附录 F 的规定检测。

❸ **检测报告**：采光顶与金属屋面的抗风压性能、空气渗透性能和雨水渗透性能的检测实验报告，采光顶与金属屋面层间变形性能检测实验报告，采光顶与金属屋面热工性能检测实验报告等。

8.2 采光顶与金属屋面各项验收记录

❶ 采光顶与金属屋面材料、产品合格证和环保、消防性能检测报告以及进场验收记录；❷ 复检报告、隐蔽工程验收记录；❸ 消防、防雷工程工程验收记录；❹ 检验批质量验收记录；❺ 分项工程质量验收记录。

第 10 章

涂饰工程

P 6 7 3 - 7 3 4

➡

第 1 节 水性涂料涂饰施工工艺

1 / 总则

1.1 适用范围

本施工工艺适用于工业与民用建筑中室内混凝土表面及水泥砂浆、混合砂浆表面施涂的涂料工程。

1.2 编制参考标准及规范

1. 《建筑装饰装修工程质量验收标准》
   （GB 50210-2018）
2. 《建筑工程施工质量验收统一标准》
   （GB 50300-2013）
3. 《民用建筑工程室内环境污染控制标准》
   （GB 50325-2020）
4. 《建筑内部装修防火施工及验收规范》
   （GB 50354-2005）
5. 《住宅室内装饰装修工程质量验收规范》
   （JGJ/T 304-2013）
6. 《建筑涂饰工程施工及验收规程》
   （JGJ/T 29-2015）

2 施工准备

2.1 技术准备

了解设计要求，熟悉现场实际情况。施工前对施工班组进行书面技术和安全交底。技术与安全的交底、特殊部位的细节处理。

2.2 材料要求

❶ 水性涂料的品种、型号、性能符合设计要求；进场时具有产品出厂合格证、性能检测报告。

水性涂料：化合物（TVOC）≤ 200g/L

游离甲醛：≤ 0.1g/kg

溶剂性涂料：化合物（TVOC）≤ 600g/L

苯：≤ 3g/kg

❷ 用于室内的涂料还应具有环保检测报告。

❸ 腻子：具有良好的塑性、易涂性和粘结性；进场时具备产品合格证和检测报告。

2.3 主要机具

一般应具备空压机或电动喷浆机，大小浆桶、人造毛筒、刷子、排笔、批刀、胶皮刮板、360号砂纸、大小水桶、胶皮管等工器具、腻子板、干净擦拭布、作业操作用的手套、胶鞋等。

2.4 作业条件

❶ 水泥砂浆、抗裂砂浆基层：施工完成，并验收合格，墙面基底基本干燥，基层含水率不得大于10%。❷ 轻质板隔墙：板与板接缝处，用石膏腻子填塞满；干燥后再用聚醋酸乙烯胶粘液（白乳胶）贴一层耐碱玻纤网格布或布条；干燥后将接缝处用腻子刮平。❸ 轻质隔墙板及陶粒混凝土砌体隔墙与结构混凝土墙体交接处，用聚醋酸乙烯胶粘液（白乳胶）贴一层低碱玻纤网格布或布条，每边宽度不小于50mm。❹ 地下室墙面、顶棚，厨房、卫生间顶棚，全部使用耐水腻子。采用防潮石膏板及外墙腻子批荡效果较好。❺ 水性涂料施工时的环境温度在5℃～35℃之间，过高、过低的温度停止涂刷施工。❻ 室内抹灰或清

水墙上腻子的作业已全部完成。❼ 室内水暖卫管道、电气设备等预埋件均已安装完成，且完成管洞处抹灰的修理。

---

3 / 施工工艺

3.1　工艺流程

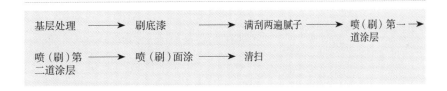

图 10.1.3-1　水性涂料涂饰施工工艺流程

3.2　操作工艺

1. 基层处理

涂料基层必须符合坚固、平整、干燥、中性、清洁等基本要求。在涂料工程施工前应首先检查基层状况，对不符合要求的基层要进行处理，处理后仍达不到上述基本要求的，应要求上道工序施工人员采取补救措施，否则严禁施工。

基层处理的内容包括：清除基层表面上的灰尘、油污、疏松物；减轻或消除表面缺陷；改善基层表面的物理和化学性能。不同类型的基层有不同的处理方法。

❶ **砂浆、混凝土基层**：用铲刀或钢丝刷除去浮浆和附着的杂物。起壳部位铲除后重新抹面。急需在碱性较大的基层上施工时，可用 15%～20% 的硫酸锌或氯化锌溶液涂刷基层表面数次，待干燥后除去析出的粉末和浮粒，再检查 pH 值。基层上的孔洞、蜂窝、麻面、微裂等可采用聚合物水泥砂浆（水泥∶砂∶乳白胶 =1∶2～3∶0.1～0.2，再

加适量水调成）进行嵌补。较大的裂缝可用手提砂轮切割成 V 形再行修补。基层表面的突起部分应用锤子敲掉。油污用洗涤剂溶液洗，再用清水洗净。❷ **石膏板基层**：用铲刀除去附着杂物。裂缝、孔洞、破损处用石膏粉和胶水调成腻子嵌补，随配随用。❸ **水泥墙板和硅钙板、埃特板**：除去附着的杂物，用柔性腻子处理板缝，用聚合物水泥填补孔洞。表面抹灰层如出现细微开裂，应用弹性腻子满刮。❹ **胶合板、纤维板、刨花板基层**：用铲刀除去附着杂物，长霉处用漂白粉溶液刷洗。将外露的钉子敲入基层内，用砂纸磨平木毛。板间接缝部位用弹性腻子嵌缝，然后再粘贴防裂带。金属部位涂防锈漆，然后用醇酸清漆（加 30% 左右的醇酸稀释剂调匀）将基层面涂一遍，干燥 24h 以上。❺ **旧油漆涂层**：用铲刀除去起壳、剥离部分。洗净油污，如漆膜附着牢固无法除去，可用 2 号或 3 号金刚砂布将其砂毛。❻ **水性涂料涂层**：疏松的涂层应予清除，可用水润湿软化后铲除；附着牢固的涂层可用少量水将局部润湿，数分钟后观察，如果涂层很快起泡，也应将其铲掉（可用滚筒刷蘸水边润湿边铲），露出原来的基层；涂层润湿后不起泡，用砂纸打磨平整即可。❼ **金属板**：首先除油、除锈，然后涂刷醇酸防锈底漆，干燥 24h 以上。

2. 刷底漆

墙面批灰基层完成后先刷一道与内墙涂料相配套的抗碱封闭底漆，防止墙面析碱破坏涂层。刷底漆一般刷醇酸清漆二遍，批灰的腻子里需加10%的清漆。

3. 满刮两遍腻子

底漆干燥后，再在墙面上满刮腻子，用以找平墙面，增加涂料与基层的结合力。第一遍应用不锈钢刮板满刮，要求横向刮抹平整、均匀、光滑、密实，线角及边棱整齐。尽量刮薄，不得漏刮，接头不得留槎，注意不要沾污门窗框及其他部位，否则应及时清理。待第一遍腻子干透后，用粗砂纸打磨平整。注意操作要平衡，保护棱角，磨后清扫干净。第二遍满刮腻子方法同第一遍，但刮抹方向与前腻子相垂直。然后用粗砂纸打磨平整，必要时进行第三遍、第四遍，用灯侧照墙面或顶棚面用粗砂纸打磨平整，最后用细砂纸打磨平整光滑为准。

4. 喷（刷）第一道涂层

喷（刷）前，先将房间内的门、窗框边、木装饰、五金件、开关插座等封闭保护，防止污染。喷（刷）时以每个房间为单位，用专用喷枪或滚刷进行喷（刷），第一道涂层用料可稍稀一些，涂刷不可太厚。

涂料在使用前应用手提电动搅拌枪充分搅拌均匀，如稠度较大，可适当加清水稀释，但每次加水量需一致，不得稀稠不一。滚涂顺序一般为从上到下、从左到右、先远后近、先边角棱角、先小面后大面。要求厚薄均匀，防止涂料过多流坠。滚筒涂不到的阴角处，需用毛刷补充，不得漏涂。要随时剔除沾在墙上的滚子毛。一面墙要一气呵成。避免接槎刷迹重叠现象，沾污到其他部位的涂料要及时用清水擦净。

第一道涂料施工后，一般需干燥 4h 以上，才能进行下道磨光工序。如遇天气潮湿，应适当延长间隔时间。然后，用细砂纸进行打磨，打磨时用力要轻而匀，并不得磨穿涂层，磨完将表面清扫干净。

5. 找补腻子

第一道涂层可明显暴露出墙面的局部凹陷或砂眼，仔细检查后，用配好的石膏腻子，将墙面、窗口、阳角等磕碰破损处及麻面、裂缝、接缝等分别找平补好，干燥后用砂纸将凸出处打磨平整。在墙面管线槽部位、砌体开裂部位，先采用专用修补砂浆修补，再用专用界面剂处理，贴网格布或贴纸带。

6. 喷（刷）第二道涂层

第二道涂层与第一道相同，但不再磨光。

7. 喷（刷）面层涂料

涂料在使用前要充分摇动容器，使其充分混合均匀，然后打开容器，用木棍充分搅拌；喷涂时，嘴应始终保持与装饰表面垂直（尤其在阴角处），距离约 0.3m～0.5m（根据装修面大小调整），喷枪呈 Z 字形向前推进，横纵交叉进行。喷枪移动要平衡，涂布量要一致，不得时停时移，跳跃前进，以免发生堆料、流挂或漏喷现象。

8. 清扫

清扫飞溅乳胶漆，清除施工准备时预先覆盖在踢脚板、水、暖、电、卫设备及门窗等部位的遮挡物。

质量关键要求

❶ 在基层修补时，需先修补土建墙面存在的不足，如不平整位置、线槽位置。不平整位置用石膏粉补平。线槽位置用胶带补平防止开裂，应先将线槽湿润抹灰找平，然后用石膏腻子找平，再用布满贴（盖过线槽），然后满刮腻子刷乳胶漆。这样的处理办法是防止在刷完乳胶漆后，线槽处不会开裂的有效措施。❷ 对于基层为石膏板时，石膏板的螺钉帽必须进行防锈点漆处理（冒出的钉子必须钉入板内），待防锈漆干透后再批嵌一道防锈腻子进行加强处理；嵌缝分两次成活，确保板缝内腻子密实，表面平整；待嵌缝石膏板完全干透后再用纤维网格带或专用纸绷带封住接缝，纸绷带粘贴前先浸水湿润，但不能时间过长，绷带用白胶粘贴，要求绷带在板缝两侧均匀一致，表面平整，并与基层粘贴牢固，确保其无起泡空鼓现象。❸ 刮腻子时增加熟胶粉，提高腻子黏性。施工过程中采用铝合金直尺将腻子刮平后再打磨。❹ 特殊部位的处理：天花转角采用 L 型加固细木工板做底板，面板采用石膏板，可有效防止腻子开裂、防霉、发黄。❺ 采用铝合金直尺、木工板通角线控制垂直度。阴角的制作应分两次弹线，先用墨线弹好阴角的一面。弹墨线时，施工人员各位于阴角的一端，把墨线扯直后找出最高点再弹墨线，用腻子刮板将石膏腻子沿墨线把角修直。待干后，再弹另一边墨线，弹完后按上述方法把另一边修直。阳角采用铝合金直尺控制垂直度。阴阳角采用石膏粉打底，增强阴阳角部位的强度。❻ 机械、灯光打磨：天花、墙身腻子打磨，第一遍机械打磨（打磨机使用 360 目砂纸）；第二遍人工打磨（采用灯光，使用 600 目砂纸）。人工打磨时，对平整度进行有效控制。❼ 机械喷涂油漆时，墙身油漆施工，底漆及第一遍面漆采用喷涂，第二遍面漆人工使用滚筒滚涂。灯具、开关面板先安装，后进行面漆施工，可有效控制灯具及开关面板四周缝隙的修补及防止安装工程中有油垢而污染油漆。对灯具、开关面板进行保护。

4 / 质量标准

4.1　主控项目

❶ 水性涂料涂饰工程所用涂料的品种、型号和性能应符合设计要求。

检验方法：检查产品合格证书、性能检测报告和进场验收记录。

❷ 水性涂料涂饰工程的颜色、图案应符合设计要求。

检查方法：观察。

❸ 水性涂料涂饰工程应涂饰均匀、粘结牢固，不得漏涂、透底、起皮和掉粉。

检验方法：观察；手摸检查。

❹ 水性涂料涂饰工程的基层处理应符合《建筑装饰装修工程质量验收标准》（ GB 50210 ）第 12.1.5 条的要求。

检验方法：观察；手摸检查；检查施工记录。

4.2　一般项目

表 10.1.4-1　薄涂料的涂饰质量和检验方法

项次	项目	普通涂饰	高级涂饰	检验方法
1	颜色	均匀一致	均匀一致	观察
2	光泽、光滑	光泽基本均匀，光滑无挡手感	光泽基本均匀，光滑	
3	泛碱、咬色	允许少量轻微，但不超过 1 处	不允许	
4	流坠、疙瘩	允许少量轻微，但不超过 3 处	不允许	
5	砂眼、刷纹	允许少量轻微砂眼，刷纹通顺	无砂眼、无刷纹	

表 10.1.4-2　厚涂料的涂饰质量和检验方法

项次	项目	普通涂饰	高级涂饰	检验方法
1	颜色	均匀一致	均匀一致	观察
2	光泽	光泽基本均匀	光泽均匀一致	
3	泛碱、咬色	允许少量轻微	不允许	
4	点状分布	—	疏密均匀	

表 10.1.4-3　复层涂料的涂饰质量和检验方法

项次	项目	质量要求	检验方法
1	颜色	均匀一致	观察
2	光泽	光泽基本均匀	
3	泛碱、咬色	不允许	
4	喷点疏密程度	均匀，不允许连片	

5 / 成品保护

❶ 涂刷前应清理好周围环境，防止尘土飞扬，影响涂饰质量。❷ 在涂刷墙面层涂料时，不得污染地面、踢脚线、窗台、阳台、门窗及玻璃等已完成的分部分项工程，必要时采取遮挡措施。❸ 最后一遍涂料涂刷完后，设专人负责开关门窗使室内空气流通，以预防漆膜干燥后表面无光或光泽不足。❹ 涂料未干透前，禁止打扫室内地面，严防灰尘等沾污墙面层涂料。❺ 涂刷完的墙面要妥善保护，不得磕碰墙面，不得在墙面上乱写乱画而造成污染。

6 / 安全、环境及职业健康措施

❶ 对施工操作人员进行安全教育，并进行书面交底，使之对所使用的涂料的性能及安全措施有基本了解，并在操作中严格执行劳动保护制度。❷ 涂料施涂前，检查马凳和跳板是否搭设牢固，高度是否满足操作者的要求，经鉴定合格后才能上架操作，凡不符合安全之处应及时修整。❸ 施工现场严禁设油漆材料仓库。涂料仓库应有足够的消防设施。❹ 施工现场应有严禁烟火安全标语，现场应设专职安全员监督保证施工现场无明火。❺ 每天收工后应尽量不剩涂料材料，剩余涂料不准乱倒，应收集后集中处理。涂料使用后，应及时封闭存放。废料应及时从室内清出并处理。❻ 施工现场周边应根据噪声敏感区域的不同，选择低噪声设备或其他措施，同时应按国家有关规定控制施工作业时间。❼ 施工时室内应保持良好通风，但不宜有过堂风。涂刷作业时操作工人应佩戴相应的劳动保护设施，如防毒面具、口罩、手套等以免危害工人的肺、皮肤等。❽ 严禁在民用建筑工程室内用有机溶剂清洗施工用具。

7 / 质量记录

水性涂料涂饰施工质量记录包括：❶ 产品的出厂合格证及试验报告、材料进场检查记录；❷ 隐蔽工程验收记录、质量检验评定记录。

溶剂性涂料涂饰施工工艺

1 / 总则

1.1 适用范围

本施工工艺适用于室内装饰装修和工厂化涂装用聚氨酯类、硝基类和醇酸类溶剂型木器涂料（包括底漆和面漆）及木器用溶剂型腻子。

1.2 编制参考标准及规范

1.《建筑装饰装修工程质量验收标准》
（GB 50210-2018）

2.《建筑工程施工质量验收统一标准》
（GB 50300-2013）

3.《民用建筑工程室内环境污染控制标准》
（GB 50325-2020）

4.《建筑内部装修防火施工及验收规范》
（GB 50354-2005）

5.《住宅室内装饰装修工程质量验收规范》
（JGJ/T 304-2013）

6.《建筑涂饰工程施工及验收规程》
（JGJ/T 29-2015）

7.《木器涂料中有害物质限量》
（GB 18581-2020）

2 / 施工准备

2.1 技术准备

❶ 检查木工的制成品是否严密，是否会给油工带来不便。❷ 油漆施工前，必须做好现场清理工作，创造一个良好的施工环境。❸ 由工长对班长和职工进行施工技术和安全等方面的施工交底。❹ 对施工机具和工具进行认真检查。

2.2 材料要求

❶ **涂料**：光油、清油。脂胶清漆、酚醛清漆、铅油、调合漆、漆片等。❷ **填充料**：着色剂（着色油、色精、色油），透明腻子、大白粉等。所用腻子应按油漆的性能配套选用。❸ **稀释剂**：硝基稀料、醇酸稀料等配套稀释剂、酒精等。❹ **催干剂**："液体钴干剂"等。❺ 涂料中有害物质限量的限量值应符合现行国家标准《木器涂料中有害物质限量》GB 18581-2020 的规定。

2.3 主要机具

应备有小型机械搅拌桶，空压机 1~2 台（排气量 0.6m³/min，工作压力 6kg/cm²~8kg/cm²）、耐压胶管（可用 3/8″ 氧气管）、接头、喷斗等，还有压浆罐、3mm 振动筛、输浆胶管、胶管接头、喷枪、油刷、排笔、铲刀、牛角刮刀、调料刀、砂纸、擦布、腻子板、小油桶、麻丝、安全带、小锤子、作业操作用的手套、胶鞋等。

2.4 作业条件

❶ 施工温度保持均衡，不得突然有较大的变化，且通风良好、湿作业已完并具备一定的强度，环境比较干燥。一般油漆工程施工时的环境温度不宜低于10℃，相对湿度不宜大于60%。❷ 施工前应对木门窗材质及木饰面板外形进行检查，不合格者，应拆换。木材制品含水率小于8%。❸ 操作前应认真进行交接检查工作，并对遗留问题进行妥善处理。操作前应认真进行工序交接检验工作，不符合规范要求的，不准进行油漆施工。❹ 大面积施工前应事先做样板间，经设计和建设单位确认后，方可组织班组进行大面积施工。

3　施工工艺

3.1　工艺流程

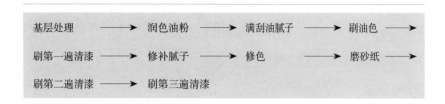

图 10.2.3-1　溶剂性涂料涂饰施工工艺流程

3.2　操作工艺

❶ 基层处理： ① 木质表面的处理，用刮刀除去木质表面的灰尘、油污胶迹、木毛刺等，木门基层有小块活翘皮时，可用小刀割掉。重皮的地方应用小钉子钉牢固，如重皮较大或有烤煳印疤，应由木工修补。对其他缺陷部位进行填补、磨光、脱色处理。② 金属表面的处理，除油脂、污垢、锈蚀外，还要对表面氧化皮进行清除、满刷防锈漆两道。③ 新建筑物的混凝土或抹灰基层在涂饰涂料前应涂刷抗碱封闭底漆。④ 旧墙面在涂饰涂料前应清除疏松的旧装修层，并涂刷界面剂。⑤ 混凝土或抹灰基层涂刷溶剂型涂料时，含水率不得大于 8%；涂刷乳液型涂料时，含水率不得大于 10%。木材基层的含水率不得大于 12%。⑥ 基层腻子应平整、坚实、牢固、无粉化、起皮和裂缝。内墙腻子的粘结强度应符合《建筑室内用腻子》（JG/T 298）的规定。

❷ 润油粉： 用大白粉 24，松香水 16，熟桐油 2（重量比）等混合搅拌成色油粉（颜色同样板颜色）盛在小油桶内。用棉丝蘸油粉反复涂于木材表面，擦进木材棕眼内，而后用麻布或木丝擦净，线角上的余粉用竹片剔除。注意墙面及五金上不得沾染油粉。待油粉干后，用 1 号砂纸轻轻顺木纹打磨，先磨线角、裁口，后磨四口平面，直到光滑为止。注意保护棱角，不要将棕眼内油粉磨掉。磨完后用潮布将磨下的粉末、灰尘擦净。

❸ 满批油腻子： 抹腻子的配合比为石膏粉 20，熟桐油 7，水适量（重量比），并加颜料调成石膏色腻子（颜色浅于样板 1~2 成）。腻子油性大小适宜，如油性大，刷时不易浸入木质内，如油性小，则易钻入木

建筑装饰装修施工手册（第 2 版）

质内，这样刷的油色不易均匀。颜色不能一致。用披刀或牛角板将腻子刮入钉孔、裂纹、棕眼内。刮抹时要横抹竖收，如遇接缝或节疤较大时，应用披刀、牛角板将腻子挤入缝内，然后抹平。腻子一定要刮光，不留野腻子。待腻子干透后，用1号砂纸轻轻顺木纹打磨，先磨线角、裁口、后磨四口平面，注意保护棱角，来回打磨至光滑为止。磨完后用潮布将磨下的粉末擦净。

❹ 刷油色：① 先将铅油（或调合漆）、汽油、光油、清油等混合在一起过箩（颜色同样板颜色），然后倒在小油桶内，使用时经常搅拌，以免沉淀造成颜色不一致。② 刷油色时，应从外至内、从左至右、从上至下进行，顺着木纹涂刷。刷门框时不得碰到墙面上，刷到接头处要轻飘，达到颜色一致；因油色干燥较快，所以刷油色时动作应敏捷，要求无缕无节，横平竖直，顺油时刷子要轻飘，避免出刷络。③ 刷门扇时，先刷侧边后刷门框、门扇背面，刷完后用木楔将门扇固定，最后刷门扇正面；全部刷好后检查是否有漏刷，小五金上沾染的油色要及时擦净。④ 油色涂刷后要求木材色泽一致，而又不盖住木纹，所以每一个刷面一定要一次刷好，不留接头，两个刷面交接棱口不要互相沾油，沾油后要及时擦掉，达到颜色一致。

❺ 刷第一道清漆：刷法与刷油色相同，但刷第一遍用的清漆应略加一些稀料（汽油）撤光，便于快干。因清漆粘性较大，最好使用已用出刷口的旧刷子，刷时要注意不流、不坠、涂刷均匀。待清漆完全干透后，用1号或旧砂纸彻底打磨一遍，将头遍清漆面上的光亮基本打磨掉，再用湿布将粉尘擦净。

❻ 复补腻子：一般要求刷油色后不抹腻子，特殊情况下，可以使用油性略大的带色石膏腻子，修补残缺不全之处，操作时必须使用牛角板刮抹，不得损伤漆膜，腻子要收刮干净，光滑无腻子疤（有腻子疤必须点漆片处理）。

❼ 修色：木材表面上的黑斑、节疤、腻子疤和材色不一致处，应用漆、酒精加色调配（颜色同样板颜色）或用由浅到深清漆色调合漆（铅油）和稀释剂调配、进行修色；材色深的应修浅，浅的提深，将深浅色的木料拼成一色，并绘出木纹。

❽ 磨砂纸：使用细砂纸轻轻往返打磨，再用湿布擦净粉末。

❾ 刷第二遍清漆：应使用原桶清漆不加稀释剂（冬季可略加催干剂），刷油操作同前，但刷油动作要敏捷，多刷多理，清漆涂刷得饱满一致、不流不坠、光亮均匀，刷完后再仔细检查一遍，有毛病及时纠

正。刷此遍清漆时，周围环境要整洁，宜暂时禁止通行，最后将木门窗用挺钩勾住或用木楔固定牢固。

🔟 **刷第三遍清漆**：待第二遍清漆干透后首先要进行磨光，然后过水砂，最后刷第三遍清漆，刷法同前，直至漆膜厚度达到要求。

3.3　质量关键要求

❶ 钉孔、裂缝、节疤以及边棱残缺处应补齐腻子，砂纸打磨要到位。
❷ 基层腻子应平整、坚实、牢固，无粉化、起皮和裂缝。❸ 油漆涂饰应涂刷均匀、粘结牢固，无透底、起皮和反锈。❹ 一般油漆施工的环境温度不宜低于10℃，相对湿度不宜大于60%。

4 ╱ 质量要求

4.1　主控项目

❶ 溶剂型涂料涂饰工程所选用涂料的品种型号和性能应符合设计要求。
检验方法：检查产品合格证、性能检测报告和进场验收记录。
❷ 溶剂型涂料工程的颜色、光泽应符合设计要求。
❸ 溶剂型涂料涂饰工程应涂刷均匀、粘结牢固，不得漏涂、透底、起皮和反锈。
❹ 溶剂型涂料涂饰工程的基层处理应符合《建筑装饰装修工程施工质量验收标准》（GB 50210）的要求，木材基层的含水率不大于12%，基层腻子应平整、坚实、牢固，无粉化、起皮和裂缝。

4.2　主控项目

表 10.2.4-1　色漆的涂饰质量和检验方法

项次	项目	普通涂饰	高级涂饰	检验方法
1	颜色	均匀一致	均匀一致	观察

项次	项目	普通涂饰	高级涂饰	检验方法
2	光泽、光滑	光泽基本均匀，光滑无挡手感	光泽均匀一致，光滑	观察、手摸检查
3	刷纹	刷纹通顺	无刷纹	观察
4	裹棱、流坠、皱皮	明显处不允许	不允许	观察

注：无光色漆不检查光泽

表 10.2.4-2　清漆的涂饰质量和检验方法

项次	项目	普通涂饰	高级涂饰	检验方法
1	颜色	基本一致	均匀一致	观察
2	木纹	棕眼刮平、木纹清楚	棕眼刮平、木纹清楚	观察
3	光泽、光滑	光泽基本均匀，光滑无挡手感	光泽均匀一致，光滑	观察、手摸检查
4	刷纹	无刷纹	无刷纹	观察
5	裹棱、流坠、皱皮	明显处不允许	不允许	观察

5　成品保护

❶ 每遍油漆前，都应将地面、窗台清扫干净，防止尘土飞扬，影响油漆质量。❷ 每遍油漆后，都应将门窗用梃钩勾住，防止门窗扇、框油漆粘结，破坏漆膜，造成修补损伤。❸ 刷油后应将滴在地面或窗台及污染在墙上的油点清刷干净。❹ 油漆完成后，应派专人负责看管，并设警告牌。

6 / 安全、环境及职业健康措施

❶ 每天收工应尽量不剩油漆材料，剩余油漆不准乱倒，应收集后集中处理。❷ 涂刷作业时操作工人应佩戴相应的劳动保护设施。❸ 施工时室内应保持良好通风，防止中毒和火灾发生。

7 / 质量记录

溶剂性涂料涂饰施工质量记录包括：❶ 产品的出厂合格证及试验报告、材料进场检查记录；❷ 隐蔽工程验收记录、质量检验评定记录。

第 3 节

美术涂饰施工工艺

1 / 总则

1.1 适用范围

本施工工艺适用于套色涂饰、滚花涂饰、仿花涂饰等室内外美术涂饰工程的施工。

1.2 编制参考标准及规范

1.《建筑装饰装修工程质量验收标准》
（GB 50210-2018）

2.《建筑工程施工质量验收统一标准》
（GB 50300-2013）

3.《民用建筑工程室内环境污染控制标准》
（GB 50325-2020）

4.《建筑内部装修防火施工及验收规范》
（GB 50354-2005）

5.《住宅室内装饰装修工程质量验收规范》
（JGJ/T 304-2013）

6.《建筑涂饰工程施工及验收规程》
（JGJ/T 29-2015）

2 施工准备

2.1 技术准备

❶ 认真熟悉图纸。❷ 编制施工方案并经审查批准。按批准的施工方案进行技术交底。❸ 美术涂饰工程施工前应做样板间（件），并经有关各方确认。❹ 涂饰基层应做必要的建筑技术处理。

2.2 材料要求

❶ 美术涂饰所用材料的品种、型号和性能应符合设计要求。材料应具有产品合格证书、性能检测报告和进场验收记录。❷ 涂饰工程所用的涂料，应有产品名称、执行标准、种类、颜色、生产日期、保质期、使用说明。❸ 选用的涂料，在满足使用功能要求的前提下应符合安全、健康、环保的原则，内墙涂料宜选用通过绿色无公害认证的产品。❹ 涂饰工程所用的腻子的塑性和易涂性应满足施工要求，干燥后应坚固，并按基层、底层涂料和面层涂料的性能配套使用。❺ 涂饰材料应存放在专用库房，按品种、批号、颜色分别堆放。材料应存放于阴凉干燥且通风的环境内，其贮存温度应介于5℃～40℃之间。

2.3 主要机具

❶ 刷子、排笔、盛料桶、天平、磅秤等。❷ 羊毛滚筒、海绵滚筒、配套专用滚筒及匀料板等工具。❸ 塑料滚筒、铁制压板等滚压工具。❹ 空气压缩机等喷涂设备。❺ 胶皮刮板、钢皮抹子、电动打磨机、打磨块等。

2.4 作业条件

❶ 温度宜保持均衡，不得突然有较大的变化，且通风良好。一般油漆工程施工时的环境温度不宜低于10℃，相对湿度不宜大于60％。门窗玻璃要提前安装完毕，如未安玻璃，应有防风措施。

❷ 顶板、墙面、地面等湿作业完工并具备一定强度，环境比较干燥和干净。混凝土和墙面抹混合砂浆以上的砂浆已完成，且经过干燥，其含水率应符合下列要求：① 表面施涂溶剂型涂料时，含水率不得大于8％；② 表面施涂水性和乳液涂料时，含水率不得大于10％。

❸ 水电及设备、顶墙上预留、预埋件已完成，专业管道设备安装完，试水试压完成，门窗必须按设计位置及标高提前安装好，并检查是否安装牢固，洞口四周缝隙堵实。高层建筑金属门窗防雷接地验收完毕。如采用机械喷涂料时，应将不喷涂的部位遮盖，以防污染。

❹ 水性和乳液涂料涂刷时的环境温度应按产品说明书的温度控制。冬期室内施涂涂料时，应在采暖条件下进行，室温应保持均衡，不得突然变化。

❺ 水性和乳液涂料涂施涂前应将基体或基层的缺棱掉角处，用1∶3水泥砂浆（或聚合物水泥砂浆）修补；表面麻面及缝隙应用腻子填补齐平（外墙、厨房、浴室及厕所等需要使用涂料的部位，应使用具有耐水性能的腻子）。

❻ 木基层表面含水率一般不大于12%。

3 / 施工工艺

3.1 套色涂饰工程工艺流程

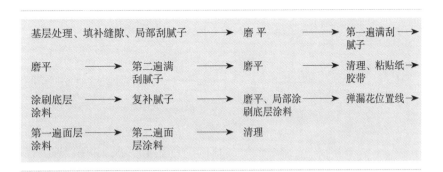

图 10.3.3-1 套色涂饰工程工艺流程

3.2 套色涂饰工程操作工艺

1. 基层处理、填补缝隙、局部刮腻子

❶ 混凝土墙面和抹灰墙面，必须批嵌两遍腻子。第一遍应注意把气泡孔、砂眼、塌陷不平的地方刮平，第二遍腻子要找平大面。❷ 石膏板墙面，应对板面的螺（钉）帽进行防锈处理，再用专用腻子批嵌石膏板接槎处和钉眼处，并粘贴玻璃纤维布、白的确良布或纸孔胶带。❸ 木夹板基面，应对板面的螺（钉）帽进行防锈处理，再用专用腻子批嵌夹板接槎处和钉眼处。❹ 对旧墙面应清除浮灰，铲除起砂、翘皮、油污、疏松起壳等部位，用钢丝刷子除去残留的涂膜后，将墙面清洗干净再做修补，干燥后按选定的涂饰材料施工工序施工。❺ 金属基面表面的处理，除油脂、污垢、锈蚀外，最重要的是表面氧化皮的清除，常用的办法有机械和手工清除、火焰清除、喷砂清除。根据不同基层要彻底除锈、满刷（或喷）防锈漆1~2道。对金属表面的砂眼、凹坑、缺棱拼缝等处用腻子（原子灰）修补，腻子干后用砂纸打磨平整。❻ 墙面如表面平整，可不刮腻子，但须用0~2号砂纸打磨，磨光时应注意不得破坏原基层。如不平仍须批嵌腻子找平处理。

2. 磨平

局部刮腻子干燥后，用0~2号砂纸人工或者机械打磨平整。手工磨平应保证平整，机械打磨严禁用力按压，以免电机过载受损。

3. 第一遍满刮腻子

第一遍满刮用稠腻子，施工前将基层面清扫干净，使用胶皮刮板满刮一遍，刮时要一板排一板，两板中间顺一板，既要刮严，又不得有明显接槎和凸痕，做到凸处薄刮，凹处厚刮，大面积找平。

4. 磨平

待第一遍腻子干透后，用0~2号砂纸打磨平整并扫净。

5. 第二遍满刮腻子

第二遍满刮用稀腻子找平，并做到线脚顺直、阴阳角的方正。

6. 磨平

所用砂纸宜细，以打磨后不显砂纹为准。处理好的底层应该平整光滑、阴阳角线通畅顺直，无裂痕、崩角和砂眼麻点。其平整度以在侧面光照下无明显凹凸和批刮痕迹，无粗糙感觉，表面光滑为合格。

7. 清理、粘贴纸胶带

第二遍腻子刮完磨平后，施工现场及涂刷面进行清理，打扫完所有的浮灰，进行降尘、吸尘处理。然后，对门窗框、墙饰面造型、软包、墙纸及踢脚线、墙裙、油漆面等与涂刷部分分界的地方，用纸胶带或粘贴废旧纸，进行遮挡，对已完工的地面也应铺垫遮挡塑料布等物，确保涂饰涂料时，不污染其他已装修好的成品。

8. 涂刷底层涂料

底层涂料主要起封闭、抗碱和与面漆的连接作用，其施工环境及用量应按照产品使用说明书要求进行。使用前应搅拌均匀，在规定时间内用完，做到涂刷均匀，厚薄一致。

9. 复补腻子

对于一些脱落、裂纹、角不方、线不直、局部不平、污染、砂眼和器具、门窗框四周等部位用稀腻子复补。

10. 磨平、局部涂刷底层涂料

待复补腻子干透后，用细砂纸打磨至平整、光滑、顺直，然后将底层涂料在此局部涂刷均匀，厚薄一致。

11. 弹漏花位置线

根据设计要求，用色线弹出漏花位置线并进行校核。

12. 第一遍面层涂料

❶ 待修补的底层涂料干透后进行涂刷面层。第一遍面层涂料的稠度应加以控制，使其在施涂时不流坠，不显刷纹，施工过程中不得任意稀释。其施工环境及用量应按照产品使用说明书要求进行。使用前应搅拌均匀，在规定时间内用完。内墙涂料施工的顺序是先左后右、先上后下、先难后易、先边角后大面。涂刷时，蘸涂料量应适量，涂刷的厚薄均匀。如涂料干燥快，应勤蘸短刷，接搓最好在分格缝处。采用传统的施工滚筒和毛刷进行涂刷时，每次蘸料后宜在匀料板上来回滚匀或在桶边舔料，涂刷的涂膜应充分盖底，不透底，表面均匀。采用喷涂时，应控制涂料稠度和喷枪的压力，保持涂层厚薄均匀，不露底、不流坠、色泽均匀，确保涂层的厚度。❷ 对于干燥较快的涂饰材料，大面积涂刷

时，应由多人配合操作，流水作业，顺同一方向涂刷，应处理好接槎部位，做到上下涂层接头流平性能良好，颜色均匀一致。❸ 套色涂刷宜用喷印方法进行，并按分色顺序喷印漏花时，两人为一组，一人持漏花板找正定位眼铺贴墙上，另一人持喷油器喷涂或用刷子刷涂色油。前套漏板喷印完，待涂料（或浆料）稍干后，方可进行下套漏板的喷印。漏花板每漏 3~5 次，应用干布或干棉纱擦去正面和背面的涂料，以免污染。漏花不得有漏刷（或漏喷）、透底、流坠、皱皮等缺陷。

13. 第二遍面层涂料

涂刷面为垂直面时，最后一道涂料应由上向下刷。刷涂面为水平面时，最后一道涂料应按光线的照射方向刷。刷涂木材表面时，最后一道涂料应顺木纹方向。全部涂刷完毕，应再仔细检查是否全部刷匀刷到、有无流坠、起皮或皱纹，边角处有无积油问题，并应及时进行处理。对于流平性较差、挥发性快的涂料，不可反复过多回刷。做到无掉粉、起皮、漏刷、透底、泛碱、咬色、流坠和疙瘩。

14. 清理

第二遍涂料涂刷完毕后，将所有纸胶带、保护膜、废旧纸等遮挡物清理干净，特别是与涂料分界处的遮挡物，揭纸时要小心，最好用裁刀顺直划一下，再揭纸或撕胶带，防止涂料膜撕成缺口，影响美观效果。

3.3　滚花涂饰工艺流程

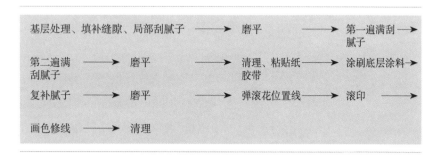

图 10.3.3-2　滚花涂饰工艺流程

3.4　滚花涂饰操作工艺

1. 基层处理、填补缝隙、局部刮腻子

❶ 混凝土墙面和抹灰墙面，必须批嵌两遍腻子。第一遍应注意把气泡孔、砂眼、塌陷不平的地方刮平，第二遍腻子要找平大面。❷ 石膏板

墙面，应对板面的螺（钉）帽进行防锈处理，再用专用腻子批嵌石膏板接槎处和钉眼处，并粘贴玻璃纤维布、白的确良布或纸孔胶带。❸ 木夹板基面，应对板面的螺（钉）帽进行防锈处理，再用专用腻子批嵌夹板接槎处和钉眼处。❹ 对旧墙面应清除浮灰，铲除起砂、翘皮、油污、疏松起壳等部位，用钢丝刷子除去残留的涂膜后，将墙面清洗干净再做修补，干燥后按选定的涂饰材料施工工序施工。❺ 金属表面的处理，除油脂、污垢、锈蚀外，最重要的是表面氧化皮的清除，常用的办法有机械和手工清除、火焰清除、喷砂清除。根据不同基层要彻底除锈、满刷（或喷）防锈漆 1~2 道。对金属表面的砂眼、凹坑、缺棱拼缝等处用腻子（原子灰）修补，腻子干后用砂纸打磨平整。❻ 墙面如表面平整，可不刮腻子，但须用砂纸打磨，磨光时应注意不得破坏原基层。如不平仍须批嵌腻子找平处理。

2. 磨平

局部刮腻子干燥后，用砂纸人工或者机械打磨平整。手工磨平应保证平整，机械打磨严禁用力按压，以免电机过载受损。

3. 第一遍满刮腻子

第一遍满刮用稠腻子，施工前将基层面清扫干净，使用胶皮刮板满刮一遍，刮时要一板排一板，两板中间顺一板，既要刮严，又不得有明显接槎和凸痕，做到凸处薄刮，凹处厚刮，大面积找平。

4. 第二遍满刮腻子

待第一遍腻子干透后，第二遍满刮用稀腻子找平，并做到线脚顺直、阴阳角方正。

5. 磨平

所用砂纸宜细，以打磨后不显砂纹为准。处理好的底层应该平整光滑、阴阳角线通畅顺直，无裂痕、崩角和砂眼麻点。其平整度以在侧面光照下无明显凹凸和批刮痕迹，无粗糙感觉，表面光滑为合格。

6. 清理、粘贴纸胶带

二遍腻子刮完磨平后，施工现场及涂刷面进行清理，打扫完所有的浮灰，进行降尘、吸尘处理。然后，对门窗框、墙饰面造型、软包、墙纸及踢脚线、墙裙、油漆面等与涂刷部分分界的地方，用纸胶带或粘贴废旧纸，进行遮挡，对已完工的地面也应铺垫遮挡物，确保涂刷涂料时，不污染其他已装修好的成品。

7. 底层涂料

底层涂料主要起封闭、抗碱和与面漆的连接作用。其施工环境及用量应按照产品使用说明书要求进行。使用前应搅拌均匀，在规定时间内用完，做到涂刷均匀，厚薄一致。

8. 复补腻子

对于一些脱落、裂纹、角不方、线不直、局部不平、污染、砂眼和器具、门窗框四周等部位用稀腻子复补。

9. 磨平

待复补腻子干透后，用细砂纸打磨至平整、光滑、顺直。

10. 弹滚花位置线

根据设计要求，用色线弹出滚花位置线并进行校核。

11. 滚印

按设计要求或样板配好涂料后，用刻有花纹图案的橡胶辊滚蘸涂料，沿粉线从上至下进行滚印，滚筒的轴必须垂直于粉线，不得歪斜，用力均匀，图案颜色鲜明、轮廓清晰为止。不得有漏涂、污斑和流坠，并且不显接槎。

12. 画色修线

滚花完成后，周边应画色线、做边花、方格线或根据设计要求画色套边。

13. 清理

第二遍涂料涂刷完毕后，将所有纸胶带、保护膜、废旧纸等遮挡物清理干净，特别是与涂料分界处的遮挡物，揭纸时要小心，最好用裁刀顺直划一下，再揭纸或撕胶带，防止涂料膜撕成缺口，影响美观效果。

3.5　仿木纹涂饰工艺流程

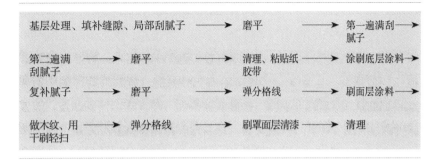

图 10.3.3-3　仿木纹涂饰工艺流程

3.6　仿木纹涂饰操作工艺

1. 基层处理、填补缝隙、局部刮腻子

❶ 混凝土墙面和抹灰墙面，必须批嵌两遍腻子。第一遍应注意把气泡孔、砂眼、塌陷不平的地方刮平，第二遍腻子要找平大面。❷ 石膏板墙面，应对板面的螺（钉）帽进行防锈处理，再用专用腻子批嵌石膏板接槎处和钉眼处，并粘贴玻璃纤维布、白的确良布或纸孔胶带。❸ 木夹板基面，应对板面的螺（钉）帽进行防锈处理，再用专用腻子批嵌夹板接槎处和钉眼处。❹ 对旧墙面应清除浮灰，铲除起砂、翘皮、油污、疏松起壳等部位，用钢丝刷子除去残留的涂膜后，将墙面清洗干净再做修补，干燥后按选定的涂饰材料施工工序施工。❺ 金属表面的处理，除油脂、污垢、锈蚀外，最重要的是表面氧化皮的清除，常用的办法有机械和手工清除、火焰清除、喷砂清除。根据不同基层要彻底除锈、满刷（或喷）防锈漆 1~2 道。对金属表面的砂眼、凹坑、缺棱拼缝等处用腻子（原子灰）修补，腻子干后用砂纸打磨平整。

2. 磨平墙面

表面平整，可不刮腻子，但须用 0~2 号砂纸打磨，磨光时应注意不得破坏原基层。如不平仍须批嵌腻子找平处理。磨平局部刮腻子干燥后，用 0~2 号砂纸人工或者机械打磨平整。手工磨平应保证平整，机械打磨严禁用力按压，以免电机过载受损。

3. 第一遍满刮腻子

第一遍满刮用稠腻子，施工前将基层面清扫干净，使用胶皮刮板满刮一遍，刮时要一板排一板，两板中间顺一板，既要刮严，又不得有明显接槎和凸痕，做到凸处薄刮，凹处厚刮，大面积找平。

4. 第二遍满刮腻子

待第一遍腻子干透后，第二遍满刮用稀腻子找平，并做到线角顺直、阴阳角垂直方正。

5. 磨平

所用砂纸宜细，以打磨后不显砂纹为准。处理好的底层应该平整光滑、阴阳角线通畅顺直，无裂痕、崩角和砂眼麻点。其平整度以在侧面光照下无明显凹凸和批刮痕迹，无粗糙感觉、表面光滑为合格。

6. 清理、粘贴纸胶带

第二遍腻子刮完磨平后，施工现场及涂刷面进行清理，打扫完所有的浮灰，进行降尘、吸尘处理。然后，对门窗框、墙饰面造型、软包、墙纸及踢脚线、墙裙、油漆面等与涂刷部分分界的地方，用纸胶带或粘贴废旧纸，进行遮挡保护，对已完工的地面也应铺垫遮挡塑料布等物，确保涂饰涂料时，不污染其他已装修好的成品。

7. 涂刷底层涂料

底层涂料主要起封闭、抗碱和与面漆的连接作用。其施工环境及用量应按照产品使用说明书要求进行。使用前应搅拌均匀，在规定时间内用完，做到涂刷均匀，厚薄一致。

8. 复补腻子

对于一些脱落、裂纹、角不方、线不直、局部不平、污染、砂眼和器具、门窗框四周等部位用稀腻子复补。

9. 磨平

待复补腻子干透后，用细砂纸打磨至平整、光滑、顺直。

10. 弹分格线

仿木纹涂饰的分格，要考虑横、竖木纹的尺寸比例关系的协调，一般竖木纹约为横木纹板宽的四倍。

11. 刷面层涂料

根据设计要求，将调配好的面层涂料进行涂刷，做到涂刷均匀。

12. 做木纹、用干刷轻扫

用不等距锯齿橡胶板在面层涂料上作曲线木纹，然后用钢梳或软干毛刷轻轻扫出木纹的棕眼，开成木纹。

13. 弹分格线

面层木纹干燥后，根据设计要求划分格线。

14. 刷罩面层清漆

待所做木纹、分格线干透后，表面涂刷清漆一道，做到木纹清晰、光泽均匀、光滑、无刷纹。

15. 清理

第二遍涂料涂刷完毕后，将所有纸胶带、保护膜、废旧纸等遮挡物清理干净，特别是与涂料分界处的遮挡物，揭纸时要小心，最好用裁刀顺直划一下，再揭纸或撕胶带，防止涂料膜撕成缺口，影响美观效果。

3.7 仿石纹涂饰工艺流程

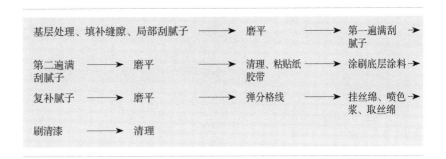

图 10.3.3-4 仿石纹涂饰工艺流程

3.8 仿石纹涂饰工程操作工艺

1. 基层处理、填补缝隙、局部刮腻子

❶ 混凝土墙面和抹灰墙面，必须批嵌两遍腻子。第一遍应注意把气泡孔、砂眼、塌陷不平的地方刮平，第二遍腻子要找平大面。❷ 石膏板

墙面，应对板面的螺（钉）帽进行防锈处理，再用专用腻子批嵌石膏板接槎处和钉眼处，并粘贴玻璃纤维布、白的确良布或纸孔胶带。❸ 木夹板基面，应对板面的螺（钉）帽进行防锈处理，再用专用腻子批嵌夹板接槎处和钉眼处。❹ 对旧墙面应清除浮灰，铲除起砂、翘皮、油污、疏松起壳等部位，用钢丝刷子除去残留的涂膜后，将墙面清洗干净再做修补，干燥后按选定的涂饰材料施工工序施工。❺ 金属表面的处理，除油脂、污垢、锈蚀外，最重要的是表面氧化皮的清除，常用的办法有机械和手工清除、火焰清除、喷砂清除。根据不同基层要彻底除锈、满刷（或喷）防锈漆 1~2 道。对金属表面的砂眼、凹坑、缺棱拼缝等处用腻子（原子灰）修补，腻子干后用砂纸打磨平整。❻ 墙面如表面平整，可不刮腻子，但须用砂纸打磨，磨光时应注意不得破坏原基层。如不平仍须批嵌腻子找平处理。

2. 磨平

局部刮腻子干燥后，用 0~2 号砂纸人工或者机械打磨平整。手工磨平应保证平整，机械打磨严禁用力按压，以免电机过载受损。

3. 第一遍满刮腻子

第一遍满刮用稠腻子，施工前将基层面清扫干净，使用胶皮刮板满刮一遍，刮时要一板排一板，两板中间顺一板，既要刮严，又不得有明显接槎和凸痕，做到凸处薄刮，凹处厚刮，大面积找平。

4. 第二遍满刮腻子

待第一遍腻子干透后，第二遍满刮用稀腻子找平，并做到线角顺直、阴阳角方正。

5. 磨平

所用砂纸宜细，以打磨后不显砂纹为准。处理好的底层应该平整光滑、阴阳角线通畅顺直，无裂痕、崩角和砂眼麻点。其平整度以在侧面光照下无明显凹凸和批刮痕迹，无粗糙感觉、表面光滑为合格。

6. 清理、粘贴纸胶带

第二遍腻子刮完磨平后，施工现场及涂刷面进行清理，打扫完所有的浮灰，进行降尘、吸尘处理。然后，对门窗框、墙饰面造型、软包、墙纸及踢脚线、墙裙、油漆面等与涂刷部分分界的地方，用纸胶带或粘贴废旧纸，进行遮挡，对已完工的地面也应铺垫遮挡塑料布等物，确保涂饰涂料时，不污染其他已装修好的成品。

7. 涂刷底层涂料

底层涂料主要起封闭、抗碱和与面漆的连接作用。其施工环境及用量应按照产品使用说明书要求进行。使用前应搅拌均匀，在规定时间内用完，做到涂刷均匀，厚薄一致。

8. 复补腻子

对于一些脱落、裂纹、角不方、线不直、局部不平、污染、砂眼和器具、门窗框四周等部位用稀腻子复补。

9. 磨平

待复补腻子干透后，用细砂纸打磨至平整、光滑、顺直。

10. 弹分格线

根据设计要求，划出分格线并校核。

11. 挂丝棉、喷色浆、取丝棉

用丝棉经温水浸泡后，拧去水分，用手甩开使之松散，以小钉挂在墙面上，并将丝棉理成如大理石的各种纹理状。涂料的颜色一般以底层涂料的颜色为基底，再喷涂深、浅两色。喷完后即将丝棉揭去，墙面上即显出细纹大理石纹。

12. 刷清漆

仿石纹涂饰完成后，表面应施涂一遍罩面清漆。做到纹路清晰、光泽均匀、光滑、无刷纹。

13. 清理

第二遍涂料经自检合格后，将所有纸胶带、保护膜、废旧纸等遮挡物清理干净，特别是与涂料分界处的遮挡物，揭纸时要小心，最好用裁刀顺直划一下，再揭纸或撕胶带，防止涂料层撕成缺口，影响美观效果。

3.9　涂饰鸡皮皱施工工艺流程

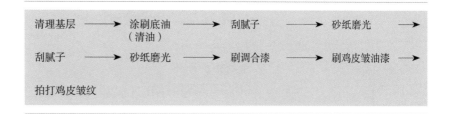

图 10.3.3-5　涂饰鸡皮皱施工工艺流程

3.10　涂饰鸡皮皱施工要点

❶ 在涂饰好油漆的底层上涂上拍打鸡皮皱纹的油漆，其配合比十分重要，否则拍打不成鸡皮皱纹。目前常用的配合比（质量比）为：清油：大白粉：双飞粉（麻斯面）：松节油 = 1 5 : 2 6 : 5 4 : 5，也可由试验确定。❷ 涂饰面层的厚度约为 1.5～2.0mm，比一般涂饰的油漆要厚一些。涂饰鸡皮皱油漆和拍打鸡皮皱纹是同时进行的，应由 2 人操作，即前面 1 人涂饰，后面 1 人随着拍打。拍打的刷子应平行墙面，距离 20cm 左右，刷子一定要放平，一起一落，拍击成稠密而撒布均匀的疙瘩，犹如鸡皮皱纹一样。

3.11　涂饰墙面拉毛施工

1. 腻子拉毛施工要点

❶ 墙面底层要做到表面嵌补平整。❷ 用血料腻子加石膏粉或滑石粉，亦可用熟桐油菜胶腻子，用钢皮或木刮尺满批。石膏粉或滑石粉的掺量，应根据波纹大小由试验确定。❸ 要严格控制腻子厚度，一般办公室、卧室等面积较小的房间，腻子的厚度不应超过 5mm；公共场所及大型建筑的内墙墙面，因面积大，拉毛小了不能明显看出，腻子厚度要求 20mm～30mm，这样拉出的花纹才大。腻子厚度应根据波纹大小，由试验来确定。❹ 不等腻子干燥，立即用长方形的猪鬃毛刷拍拉腻子，使其头部有尖形的花纹。再用长刮尺把尖头轻轻刮平，即成表面有平整感觉的花纹。或等平面干燥后，再用砂纸轻轻磨去毛尖。批腻子和拍拉花纹时的接头要留成弯曲状，不得留得齐直，以免影响美观。❺ 根据需要涂饰各种油漆或粉浆。由于拉毛腻子较厚，干燥后吸收力特别强，故在涂饰油漆、粉浆前必须刷清油或胶料水润滑。涂饰时应用新的排笔或油刷，以防流坠。

2. 石膏油拉毛施工要点

❶ 基层清扫干净后，应涂一遍底油，以增强其附着力和便于操作。❷ 底油干后，用较硬的石膏油腻子将墙面洞眼、低凹处及门窗边与墙间的缝隙补嵌平整，腻子干后，用铲刀或钢皮刮去残余的腻子。❸ 批石膏油，面积大可使用钢皮或橡皮刮板，也可以用塑料板或木刮板；面积小，可用铲刀批刮。满批要严格控制厚度，表面要均匀平整。剧院、娱乐场、体育馆等大型建筑的内墙一般要求大拉毛，石膏油应批厚些，其厚度为15mm～25mm，办公室等较小房间的内墙，一般为小拉毛，石膏油的厚度应控制在5mm以下。❹ 石膏油批上后，随即用腰圆形长猪鬃刷子捣到、捣匀，使石膏油厚薄一致。紧跟着进行拍拉，即形成高低均匀的毛面。❺ 如石膏油拉毛面要求涂刷各色油漆时，应先涂刷1遍清油，由于拉毛面涂刷困难，最好采用喷涂法，应将油漆适当调稀，以便操作。❻ 石膏必须先过箩。石膏油如过稀，出现流淌时，可加入石膏粉调整。

3.12 套色漏花墙的施工工艺流程

图 10.3.3-6　套色漏花墙的施工工艺流程

3.13 套色漏花墙的施工要点

❶ 漏花前，应仔细检查漏花的各色图案版有无损伤。❷ 图案花纹的颜色须试配，使之深浅适度、协调柔和，并有立体感。❸ 漏花时，图案版必须找好垂直，第一遍色浆干透再上第二遍色浆，以防混色。多套色者依此类推，多套色的漏花版要对准，以保持各套颜色严密，不露底子。❹ 配料稠度适宜，过稀易流淌，污染墙面；过干则易堵喷嘴。

3.14 滚花粉饰的施工工艺流程

图 10.3.3-7　滚花粉饰的施工工艺流程

❶ 用麻袋片、毛巾、粗布蘸配好的色浆，在墙面上滚成石头花纹状。

❷ 适用于一般住宅及公共建筑。

3.15 喷点色墙施工工艺流程

图 10.3.3-8 喷点色墙施工工艺流程

❶ 用毛刷子蘸色浆甩到墙面上，使墙面均匀地散布多色斑点，如同绒布一般。用于住宅的卧室及宾馆、饭店、影剧院等室内粉饰。❷ 喷点用的浆，一般分为 3 色，并须喷 3 遍。❸ 浆中须掺适量的豆浆或啤酒，也可掺适量的胶水，并应掺适量的双飞粉（麻斯面）。

4 质量标准

4.1 主控项目

❶ 涂饰工程所用涂料的品种、型号和性能应符合设计要求。

❷ 涂饰工程的颜色、图案应符合设计要求。

❸ 涂饰工程应涂饰均匀、粘结牢固，不得漏涂、透底、起皮和掉粉。

❹ 涂饰工程的基层处理应符合下列要求：① 新建筑物的混凝土或抹灰基层在涂饰涂料前应涂刷抗碱封闭底漆。② 旧墙面在涂饰涂料前应清除疏松的旧装修层，并涂刷界面剂。③ 混凝土或抹灰基层涂刷涂料时，含水率不得大于 10%。④ 基层腻子应平整、坚实、牢固，无粉化、起皮和裂缝。

4.2　一般项目

❶ 涂料的涂饰质量及检验方法应符合下表的规定。

表 10.3.4-1　涂料的涂饰质量及检验方法

项次	项目	质量要求	检验方法
1	颜色	均匀一致	
2	泛碱、咬色	不允许	观察
3	喷点疏密程度	均匀，不允许连片	

❷ 涂层与其他装修材料和设备衔接处应吻合，界面应清晰。

---

5 / 成品保护

❶ 施工前应将不进行涂饰的门窗及墙面保护遮挡好。❷ 涂饰完成后及时用木板将口、角保护好，防止碰撞损坏。❸ 拆架子时严防碰损墙面涂层。❹ 油工施工时严禁蹬踩已施工完的部位；并防止将油罐碰翻，涂料污染墙面。❺ 室内施工时防止污染涂饰面面层。

---

6 / 安全、环境及职业健康措施

❶ 对施工操作人员进行安全教育，使之对使用的涂料的性能及安全措施有基本了解，并在操作中严格执行劳动保护制度。❷ 高空作业必须系安全带和戴安全帽。脚手板、架的铺设应符合其规范要求。❸ 施工

现场必须具有良好的通风条件，在通风条件不良的情况下，必须安置临时通风设备。❹ 在木材白槎面上磨砂纸时，要注意戗槎，以防刺伤手指；磨水砂纸时，宜戴上手套。❺ 在除锈铲除污染物以及附着物过程中，应戴防护眼镜，以免眼睛沾污受伤。❻ 用喷砂除锈，喷嘴接头要牢固，不准对人。喷嘴堵塞，应停机消除压力后，方可进行修理或更换。❼ 使用喷灯，加油不得过满，打气不能过足，使用的时间不宜过长，点火时火嘴不准对人。❽ 使用氢氧化钠浸蚀旧漆时，须戴上橡皮手套和防护眼镜。涂刷对身体有害的涂料和清漆时，须戴上橡皮手套和防护眼镜。涂刷红丹防锈漆及含有铅颜料的涂料时，要戴口罩，以防铅中毒。❾ 手上或皮肤上粘有涂料时，可用煤油、肥皂、洗衣粉等洗涤，再用温水洗净。下班或吃饭前必须洗手洗脸。使用有害涂料时间较长时需淋浴冲洗。❿ 施工人员在操作时感觉头痛、心悸或恶心，应立即离开工作地点，到通风处休息。⓫ 料房与建筑物必须保持一定的安全距离，要有严格的管理制度，专人负责。料房内严禁烟火，并有明显的标志，配备足够的消防器材。料房内的稀释剂和易燃涂料必须堆放在安全处，切勿放在入口和人经常运动的地方。⓬ 沾染涂料的棉丝、破布、油纸等废物应收集存放在有盖的容器内，及时处理，不得乱扔，在掺入稀释剂、快干剂时，应禁止烟火。工作完毕，未用完的涂料和稀释剂应及时清理入库。⓭ 喷涂场地的照明灯应用玻璃罩保护，以防漆雾沾上灯泡而引起爆炸，并使用安全电压。熬胶、熬油时，应清除周围的易燃物品，并应配备相应的消防设施。⓮ 不准随意焚烧产生有毒气体的物品，剩余的油漆、稀料、漆刷、砂纸等应集中堆放和处理。

7 / 质量记录

美术涂饰施工质量记录包括：❶ 材料的产品合格证书、性能检测报告和进场验收记录；❷ 施工记录；❸ 美术涂料涂饰工程检验批质量验收记录。

纳米复合涂料涂饰施工工艺

1 / 总则

1.1 适用范围

本施工工艺适用于工业与民用建筑中室内外混凝土表面及水泥砂浆、混合砂浆表面或钢铁、铸铁等表面施涂的涂料工程。

1.2 编制参考标准及规范

1.《合成树脂乳液外墙涂料》
（GB/T 9755-2014）

2.《合成树脂乳液内墙涂料》
（GB/T 9756-2018）

3.《复层建筑涂料》
（GB/T 9779-2015）

4.《建筑用墙面涂料中有害物质限量》
（GB 18582-2020）

5.《建筑涂饰工程施工及验收规程》
（JGJ/T 29-2015）

6.《建筑内外墙用底漆》
（JG/T 210-2018）

2 施工准备

2.1 技术准备

了解设计要求，熟悉现场实际情况。施工前对施工班组进行书面技术和安全交底。技术与安全的交底、特殊部位的细节处理。

2.2 材料要求

❶ 纳米复合涂料的品种、型号、性能符合设计要求；进场时具有产品出厂合格证、性能检测报告。❷ 纳米复合涂料：化合物（VOC）≤ 120g/L（室内），或 ≤ 150g/L（室外）。❸ 游离甲醛：≤ 100mg/kg。

2.3 主要机具

一般应具备空压机或电动喷浆机、大小浆桶、人造毛筒、刷子、排笔、批刀、胶皮刮板、360号砂纸、大小水桶、胶皮管等工器具、腻子板、干净擦拭布、作业操作用的手套、胶鞋等。

2.4 作业条件

❶ 水泥砂浆、抗裂砂浆基层：施工完成，并验收合格，墙面基底基本干燥，基层含水率不得大于10%。❷ 轻质板隔墙：板与板接缝处，用石膏腻子填塞满；干燥后再用聚醋酸乙烯胶粘液（白乳胶）贴一层耐碱玻纤网格布或布条；干燥后将接缝处用腻子刮平。❸ 轻质隔墙板及陶粒混凝土砌体隔墙与结构混凝土墙体交接处，用聚醋酸乙烯胶粘液（白乳胶）贴一层低碱玻纤网格布或布条，每边宽度不小于50mm。❹ 地下室墙面、顶棚，厨房、卫生间顶棚，全部使用耐水腻子。采用防潮石膏板及外墙腻子批荡效果较好。❺ 纳米复合涂料的施工时的环境温度在5℃～35℃之间，过高、过低的温度停止涂刷施工。❻ 室内抹灰或清水墙上腻子的作业已全部完成。❼ 室内水暖卫管道、电气设备等预埋件均已安装完成，且完成管洞处抹灰的修理。

3 施工工艺

3.1 水性氟碳漆涂装工艺（仿铝塑板）的工艺流程

1. 工艺特点

本工艺是目前使用最为广泛的外墙涂装工艺，施工方便，抗污自洁功能强，易清洗。漆膜色泽鲜艳柔和，手感平整柔滑，可配套不同的品种，施工成本较低。

2. 工艺流程一：木条分格法

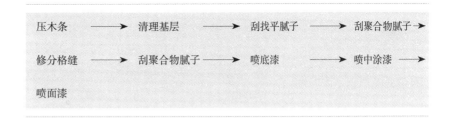

图10.4.3-1　水性氟碳漆涂装工艺（仿铝塑板）的工艺流程一：木条分格法

3. 木条分格法操作工艺

❶ 压木条：批荡水泥砂浆时，预埋木条，砂浆层初干后抽出木条。**❷ 清理基层**：修补、平整基层，检查基层平整度合格后施工。**❸ 刮找平腻子**：1~2遍，用240号~320号砂纸打磨平整。**❹ 刮聚合物腻子**：满刮1~2遍（包括分格缝处）。**❺ 修分格缝**：腻子半干时用钢管或刮刀修出弧型凹槽，干燥后用300号~400号砂纸打磨，修补平整。**❻ 刮双组分腻子**：2~3遍，用400号~600号砂纸打磨，修补平整。**❼ 薄双组分腻子一遍**，用600号砂纸打磨，最好水洗打磨。**❽ 喷底漆**：喷涂外墙封闭底漆1遍。**❾ 喷中涂漆**：喷涂中涂漆1~2遍，用600号砂纸打磨。**❿ 喷面漆**：喷涂水性氟碳漆2~3遍，刷分格缝：用黑色哑光漆刷分格缝1遍。

4. 工艺流程二：挂网分格法

图 10.4.3-2　水性氟碳漆涂装工艺（仿铝塑板）的工艺流程二：挂网分格法

5. 挂网分格法操作工艺

❶ 清理基层：修补、平整基层，检查基层平整度合格后施工。❷ 挂网：挂玻纤网。❸ 刮找平腻子：1~2 遍，用 240 号~320 号砂纸打磨平整。❹ 贴分色纸：用分色纸贴出分割缝。❺ 刮双组分细腻子：3~4 遍，用 400 号~600 号砂纸打磨，修补平整。❻ 撕分色纸：撕掉分色纸，露出分格缝。❼ 喷底漆：喷涂外墙封闭底漆 1 遍。❽ 喷中涂漆：喷涂中涂漆 1~2 遍，用 600 号砂纸打磨。❾ 贴分色纸：用分色纸盖出分格缝。❿ 喷面漆：喷涂水性漆 2~3 遍。⓫ 刷分格缝：用黑色哑光漆刷分格缝 1 遍。

6. 施工注意事项

❶ 基层处理：新建墙面：清除表面灰尘、油腻或松散物质，如有孔隙应及时修补，确保墙面清洁、干燥、平整、坚实。重涂旧墙：铲除旧墙面松散漆层，清除表面灰尘、粉化物和杂质，批平打磨，保持墙面清洁干燥。确保预涂基材表面的湿度小于 10%，pH 值小于 10，环境温度大于 5℃，湿度小于 85%。❷ 底漆：刷涂、辊涂、喷涂均可，使用前应充分搅拌均匀。稀释量：为方便施工，可用 10%~20% 的清水稀释。漆膜厚度：干膜 $30\,\mu m$/遍~$40\,\mu m$/遍，湿膜 $80\,\mu m$/遍~$100\,\mu m$/遍。重涂时间：最小 2h（25℃），最大不限。❸ 中涂：施工中涂漆基本与施工外墙平涂漆一致，最好喷涂，颜色调至与水晶幕墙漆尽量一致，使用前应充分搅拌均匀。稀释量：为方便施工，可用 10%~20% 的清水稀释。漆膜厚度：干膜 $30\,\mu m$/遍~$40\,\mu m$/遍，湿膜 $80\,\mu m$/遍~$100\,\mu m$/遍。重涂时间：最小 2h（25℃），最大不限。❹ 面漆：将产品用 5%~10% 的水均匀稀释（或不加水），不宜太稀。施工可用空气喷涂方式进行喷涂。检查施工底材是否平整、清洁、干燥，确保无油污、有机溶剂等残余物。喷涂时注意调节喷枪的气压，以获得良好的雾化效

果。为保证产品施工效果具有最好的装饰效果，不能用刷涂辊涂等非喷涂施工方式。建议选用类似施工氟碳漆经验的专业施工队伍施工，或对施工人员进行严格的培训后施工。

表 10.4.3-1　水性氟碳漆涂层体系性能参数表

项目	项目名称	指标
1	封闭底漆	细腻、均匀
2	底漆固体含量	40%
3	底漆干膜厚度	≥35μm
4	底漆理论涂布率（一遍）(m²/kg)	9~10
5	中涂漆	细腻、均匀
6	中涂漆固体含量	48%
7	涂漆干膜厚度	≥45μm
8	中涂漆理论涂布率（二遍）(m²/kg)	4~5
9	外墙面漆	细腻、均匀
10	外墙面漆固体含量	50%
11	外墙面漆干膜厚度	≥45μm
12	外墙面漆理论涂布率（二遍）(m²/kg)	4~5
13	涂层干膜总厚度	125μm
14	光泽	有光
15	施工性	刷涂二道无障碍
16	干燥时间（表干）	<2h
17	对比率（白色和浅色）	0.93（白色）
18	耐人工老化性（白色和浅色）	2000h 不起泡、不剥落、无裂纹；粉化：0（白色）；变色：≤2（白色）
19	耐擦洗次数	30000 次

项目	项目名称	指标
20	耐碱性 48 小时	240h 无异常
21	耐候性	20 年
22	耐水性	96h 无异常
23	耐温变性（5 次循环）	无异常
24	耐沾污性（白色和浅色）	4%（白色）
25	耐冻融性	不变质
26	耐盐雾性	不小于 500h

3.2　外墙平涂涂装工艺（高能桥梁漆）

1. 工艺特点

本工艺是目前使用最为广泛的外墙涂装工艺，施工方便，抗污自洁功能强，易清洗。漆膜色泽鲜艳柔和，手感平整柔滑，可配套不同的品种，施工成本较低。适用于内墙和干旱少雨的地区酸雨多的各种建（构）筑物，如大学、住宅小区、医院等大型单位的外墙涂装。

2. 工艺流程

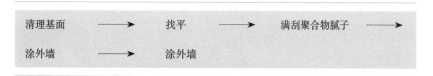

图 10.4.3-3　外墙平涂涂装工艺流程（高能桥梁漆）

3. 操作工艺

❶ 清理、平整基面。❷ 找平腻子 1~2 遍，修补后用 240 号~320 号砂纸打磨平整。❸ 满刮聚合物腻子 1~2 遍，修补后用 400 号~600 号砂纸打磨平整。❹ 涂外墙封闭底漆 1 遍。❺ 涂高能桥梁漆 2 遍。

4. 施工注意事项

❶ 基层处理：新建墙面：清除表面灰尘、油腻或松散物质，如有孔隙应及时修补，确保墙面清洁、干燥、平整、坚实。重涂旧墙：铲除旧墙

面松散漆层，清除表面灰尘、粉化物和杂质，批平打磨，保持墙面清洁干燥。确保预涂基材表面的湿度小于10%，pH值小于10，环境温度大于5℃，湿度小于85%。❷ **底漆**：刷涂、辊涂、喷涂均可，使用前应充分搅拌均匀。稀释量：为方便施工，可用10%～20%的清水稀释。漆膜厚度：干膜30μm/遍～40μm/遍，湿膜80μm/遍～100μm/遍。重涂时间：最小2h（25℃），最大不限。❸ **面漆**：刷涂、辊涂、喷涂均可，使用前应充分搅拌均匀。稀释量：为方便施工，可用10%～20%的清水稀释。漆膜厚度：干膜30μm/遍～40μm/遍，湿膜80μm/遍～100μm/遍。重涂时间：最小2h（25℃），最大不限。

表10.4.3-2 外墙平涂工艺（高能桥梁漆）涂层体系性能参数表

项目	项目名称	指标
1	在容器中状态	无硬块，搅拌后呈均匀状态
2	施工性	刷涂二道无障碍
3	低温稳定性	不变质
4	涂膜外观	涂膜外观正常
5	干燥时间（h）	≤2
6	对比率（白色或浅色）	≥0.93
7	耐水性，480h	无异常
8	耐碱性，360h	无异常
9	耐洗刷性（次）	≥10000
10	耐人工老化性粉化，≤1级 变色，≤2级	1500h，不起泡，不剥落，无裂纹，无粉化，2级变色
11	耐沾污性（白色或浅色）（%）	≤15
12	涂层耐温变性（5次循环）	无异常
13	耐酸性（pH=3）（h）	无异常

3.3 中涂拉毛涂装工艺

1. 工艺特点

本工艺立体装饰效果好，弹涂拉毛防止开裂，面漆不用弹性漆，防止挂污。不需满刮腻子，可降低施工造价。由于中涂弹性拉毛漆有高性能外墙面漆覆盖，只需提供高弹性，并不提供耐候和抗污功能，因此只采用特殊高弹性单体合成乳液，直接降低产品的原材料成本；外墙面漆对弹性要求不高，采用较高玻璃化温度（Tg）的无皂聚合核壳乳液作为基料，赋予纳米功能材料改性产品，保证了面漆的硬度，极好地解决了传统拉毛漆抗污差的弊端。适用于对平整度要求不高的内外墙水泥、混凝土砂浆层基面的建筑物。

2. 工艺流程

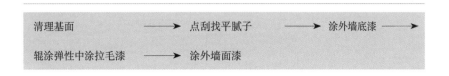

图 10.4.3-4 中途拉毛涂装工艺流程

3. 操作工艺

❶ 清理、平整基面。❷ 点刮找平腻子，修补后用 240 号～320 号砂纸打磨平整。❸ 涂 1 遍外墙封闭底漆。❹ 用拉毛辊筒辊涂 2 遍弹性中涂拉毛漆。❺ 涂 2 遍外墙面漆。

4. 施工注意事项

❶ **基层处理**：新建墙面：清除表面灰尘、油腻或松散物质，如有孔隙应及时修补，确保墙面清洁、干燥、平整、坚实。重涂旧墙：铲除旧墙面松散漆层，清除表面灰尘、粉化物和杂质，批平打磨，保持墙面清洁干燥。确保预涂基材表面的湿度小于10%，pH 值小于 10，环境温度大于 5℃，湿度小于 85%。

❷ **底漆**：刷涂、滚涂、喷涂均可，使用前应充分搅拌均匀。稀释量：可用 10%～20% 的清水稀释。漆膜厚度：干膜 30μm/ 遍～40μm/ 遍，湿膜 80μm/ 遍～100μm/ 遍。重涂时间：最小 2h（25℃），最大不限。

❸ **拉毛**：底漆实际干燥后，可进行中涂弹性拉毛漆的施工。使用时不用加水稀释，一般充分搅拌均匀后直接施工。辊筒的型号、辊涂的力度、辊涂的重复次数和加水量都会使涂层的花纹效果有所变化。

❹ **面漆**：刷涂、辊涂、喷涂均可，使用前应充分搅拌均匀。稀释量：可用 10%～20% 的清水稀释。漆膜厚度：干膜 30μm/ 遍～40μm/ 遍，

湿膜 $80\mu m/$ 遍 $\sim100\mu m/$ 遍。重涂时间：最小 2h（25℃），最大不限。

表 10.4.3-3　中涂拉毛涂层体系性能参数表

项目	项目名称	指标
1	封闭底漆	细腻、均匀
2	底漆固体含量	40%
3	底漆干膜厚度	≥35μm
4	底漆理论涂布率（一遍）（m^2/kg）	9~10
5	中涂漆	细腻、均匀
6	中涂漆固体含量	48%
7	涂漆干膜厚度	≥250μm
8	中涂漆理论涂布率（二遍）（m^2/kg）	1.5~2
9	外墙面漆	细腻、均匀
10	外墙面漆固体含量	50%
11	外墙面漆干膜厚度	≥30μm
12	外墙面漆理论涂布率（二遍）（m^2/kg）	4~5
13	涂层干膜总厚度	320μm
14	光泽	半光
15	施工性	刷涂二道无障碍
16	干燥时间（表干）	<2h
17	对比率（白色和浅色）	0.95（白色）
18	耐人工老化性（白色和浅色）	1000h 不起泡、不剥落、无裂纹 粉化：0（白色） 变色：≤1（白色）
19	耐擦洗次数	20000 次
20	耐碱性 48 小时	48h 无异常
21	耐候性	10 年
22	耐水性	96h 无异常

项目	项目名称	指标
23	耐温变性（5 次循环）	无异常
24	耐沾污性（白色和浅色）	4%（白色）
25	耐冻融性	不变质
26	延伸率	≥ 200%

3.4　喷涂压花（浮雕）工艺

1. 工艺特点

立体感强，富于变化；压花造型，在变化中追求统一平面，营造浮雕美感；漆膜坚硬、耐刻划、有良好防水效果；本工艺对墙面平整要求不高，不需要满刮腻子，降低了施工综合；喷涂压花（浮雕）提供浮雕的特殊装饰外观效果，提高涂层的干膜厚度，尤其解决了开裂问题。耐候性能的高低由外墙面漆赋予，客户可根据需求选择不同的外墙漆配套。适用于别墅、住宅、大桥等工程建筑外墙的装饰及保护。

2. 工艺流程

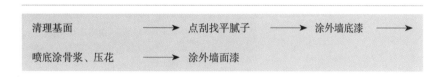

图 10.4.3-5　喷涂压花（浮雕）工艺流程

3. 操作工艺

❶ 清理、平整基面；❷ 点刮找平腻子，修补后用 240 号 ~ 320 号砂纸打磨平整；❸ 涂 1 遍外墙封闭底漆；❹ 喷涂 1 遍底涂骨浆，并均匀压花；❺ 涂 2 遍纳米复合外墙面漆。

4. 施工注意事项

❶ **基层处理**：新建墙面：清除表面灰尘、油腻或松散物质，如有孔隙应及时修补，确保墙面清洁、干燥、平整、坚实。重涂旧墙：铲除旧墙面松散漆层，清除表面灰尘、粉化物和杂质，批平打磨，保持墙面清洁干燥。确保预涂基材表面的湿度小于 10%，pH 值小于 10，环境温度大

于5℃，湿度小于85%。

❷ **底漆**：刷涂、辊涂、喷涂均可，使用前应充分搅拌均匀。稀释量：为方便施工，可用10%~20%的清水稀释。漆膜厚度：干膜30μm/遍~40μm/遍，湿膜80μm/遍~100μm/遍。重涂时间：最小2h（25℃），最大不限。

❸ **喷涂压花**：底涂骨浆使用时不用加水稀释，一般充分搅拌均匀后直接施工。必须使用浮雕喷涂喷枪喷涂，以保证有足够的附着力和获得浮雕效果，喷涂压力6kg/m²~8kg/m²。喷涂后约5min~10min以塑料辊筒沾柴油辊压施工面，滚压时应注意用力均匀，使表面呈平坦点状。

❹ **面漆**：刷涂、辊涂、喷涂均可，使用前应充分搅拌均匀。稀释量：为方便施工，可用10%~20%的清水稀释。漆膜厚度：干膜30μm/遍~40μm/遍，湿膜80μm/遍~100μm/遍。重涂时间：最小2h（25℃），最大不限。

表 10.4.3-4　喷涂压花涂层体系性能参数表

项目	项目名称	指标
1	封闭底漆	细腻、均匀
2	底漆固体含量	40%
3	底漆干膜厚度	≥30μm
4	底漆理论涂布率（一遍）（m²/kg）	9~10
5	中涂漆	细腻、均匀
6	中涂漆固体含量	60%
7	中涂漆理论涂布率（二遍）（m²/kg）	1.5~2
8	外墙面漆	细腻、均匀
9	外墙面漆固体含量	51%
10	外墙面漆干膜厚度	≥30μm
11	外墙面漆理论涂布率（二遍）（m²/kg）	4~5
12	光泽	半光

项目	项目名称	指标
13	施工性	刷涂二道无障碍
14	干燥时间（表干）	< 2h
15	对比率（白色和浅色）	0.95（白色）
16	耐人工老化性（白色和浅色）	800h 起泡、不剥落、无裂纹；粉化：0（色）；变色：≤ 1（白色）
17	耐碱性 48h	48h 无异常
18	耐候性	8 年
19	耐水性	96h 无异常
20	耐温变性（5 次循环）	无异常
21	耐沾污性（白色和浅色）	6%（白色）
22	耐冻融性	不变质

3.5 内墙平涂工艺

1. 工艺特点

本工艺是目前使用最为广泛的一种工艺，施工简便，使用安全，漆膜色泽鲜艳柔和，手感平整柔滑，可配套不同的品种，施工成本较低。适用于高级宾馆饭店、公寓、写字楼、豪华别墅、花园小区、医院、校舍、幼儿园等室内涂刷。

2. 工艺流程

清理基面 ⟶ 满刮内墙 ⟶ 涂内墙底漆 ⟶ 涂内墙面漆

图 10.4.3-6　内墙平涂工艺流程

3. 操作工艺

❶ 清理、平整基面。❷ 刮内墙耐水腻子 1～2 遍，修补后用 240 号～320 号砂纸打磨平整。❸ 满刮内墙耐水腻子 1～2 遍，修补后用 400 号～600 号砂纸打磨平整。❹ 涂 1 遍内墙封闭底漆。❺ 涂 2～3 遍纳米复合内墙漆。

4. 施工注意事项

❶ **基层处理**：新建墙面：清除表面灰尘、油腻或松散物质，如有孔隙应及时修补，确保墙面清洁、干燥、平整、坚实。重涂旧墙：铲除旧墙面松散漆层，清除表面灰尘、粉化物和杂质，批平打磨，保持墙面清洁干燥。确保预涂基材表面的湿度小于10%，pH值小于10，环境温度大于5℃，湿度小于85%。

❷ **底漆**：刷涂、辊涂、喷涂均可，使用前应充分搅拌均匀。稀释量：为方便施工，可用10%～20%的清水稀释。漆膜厚度：干膜30μm/遍～40μm/遍，湿膜80μm/遍～100μm/遍。重涂时间：最小2h（25℃），最大不限。

❸ **面漆**：刷涂、辊涂、喷涂均可，使用前应充分搅拌均匀。稀释量：为方便施工，可用10%～20%的清水稀释。漆膜厚度：干膜30μm/遍～40μm/遍，湿膜80μm/遍～100μm/遍。重涂时间：最小2h（25℃），最大不限。

表 10.4.3-5　内墙平涂工艺涂层体系性能参数表（纳米柔系列）

项目	项目名称	指标
1	封闭底漆	细腻、均匀
2	底漆固体含量	45%
3	底漆干膜厚度	$\geqslant 30\,\mu m$
4	底漆理论涂布率（一遍）（m^2/kg）	8～9
5	内墙面漆	细腻、均匀
6	内墙面漆固体含量	48%
7	内墙面漆干膜厚度	$\geqslant 30\,\mu m$
8	内墙面漆理论涂布率（二遍）（m^2/kg）	5～7
9	涂层干膜总厚度	$\geqslant 60\,\mu m$
10	光泽	哑光/丝光
11	施工性	刷涂二道无障碍
12	干燥时间（表干）	$\leqslant 2h$

项目	项目名称	指标
13	对比率（白色和浅色）	0.95（白色）
14	耐洗刷性（次）	＞ 6000
15	耐碱性 24h	240h 无异常
16	耐水性	360h 无异常
17	耐温变性（5 次循环）	无异常
18	耐冻融性	不变质

3.6　水性金属防腐漆施工工艺

1. 工艺特点

本工艺施工简便，可大幅度节省施工成本；产品水性环保，无毒无味，大大改善了劳动条件；并能缩短作业周期，具有省时、省钱、省事、省力四大优点。

2. 工艺流程

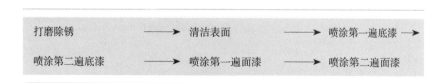

图 10.4.3-7　水性金属防腐漆施工工艺流程

3. 操作工艺

❶ 打磨除锈：用砂布或水砂纸打磨除去金属表面浮灰、浮锈以及氧化铁皮等污染物，达到人工除锈 St3 级标准。局部焊接口用原子灰修补再打磨平整。❷ 清洁表面：完全除去金属表面的油脂和污垢，保证待涂表面无油、干净、干燥。❸ 喷涂第一遍底漆：清洁半小时内喷涂第一遍水性防腐底漆，要求漆膜薄而均匀，不留空隙。❹ 喷涂第二遍底漆：第一遍底漆涂装后，隔 2h 后再涂装第二遍底漆。要求底漆漆膜平整，厚薄均匀。❺ 喷涂第一遍面漆：底漆涂装过 4h 后喷涂面漆，要求漆膜平整，厚薄均匀。❻ 喷涂第二遍面漆：第一遍面漆涂装后，隔 4h

后再涂装第二遍面漆。要求漆膜光滑平整，不流挂。

表 10.4.3-6　水性金属防腐漆涂层体系性能参数表

项目	项目名称	指标
1	防腐底漆	细腻、均匀
2	底漆固体含量	50%
3	底漆干膜厚度	$\geqslant 50\,\mu m$
4	底漆理论涂布率（二遍）（m^2/kg）	5～6
5	防腐面漆	细腻、均匀
6	防腐面漆固体含量	45%
7	防腐面漆干膜厚度	$\geqslant 45\,\mu m$
8	防腐面漆理论涂布率（二遍）（m^2/kg）	4～5
9	涂层干膜总厚度	$100\,\mu m$
10	光泽	有光、哑光
11	施工性	刷涂二道无障碍
12	干燥时间（表干）	＜2h
13	对比率（白色和浅色）	0.93（白色）
14	耐人工老化性（白色和浅色）	800h 不起泡、不剥落、无裂纹 粉化：0（白色） 变色：≤2（白色）
15	耐候性	5～8 年
16	耐水性	96h 无异常
17	耐盐水性	不小于 30d
18	耐盐雾性	不小于 300h

4 / 质量标准

主控项目

❶ 纳米复合涂料涂饰工程所用涂料的品种、型号和性能应符合设计要求。

检验方法：检查产品合格证书、性能检测报告和进场验收记录。

❷ 纳米复合涂料涂饰工程的颜色、图案应符合设计要求。

检查方法：观察。

❸ 纳米复合涂料涂饰工程应涂饰均匀、粘结牢固，不得漏涂、透底、起皮和掉粉。

检验方法：观察；手摸检查。

❹ 纳米复合涂料涂饰工程的基层处理应符合《建筑涂饰工程施工及验收规程》（JGJ/T 29）及其他标准、规范的要求。

检验方法：观察；手摸检查；检查施工记录。

5 / 成品保护

❶ 涂刷前应清理好周围环境，防止尘土飞扬，影响涂饰质量。❷ 在涂刷纳米复合涂料时，不得污染地面、踢脚线、窗台、阳台、门窗及玻璃等已完成的分部分项工程，必要时采取遮挡措施。❸ 最后一遍涂料涂刷完后，设专人负责开关门窗使室内空气流通，以预防漆膜干燥后表面无光或光泽不足。❹ 涂料未干透前，禁止打扫室内地面，严防灰尘等纳米复合涂料涂层。❺ 涂刷完的表面要妥善保护，不得磕碰表面，不得在表面上乱写乱画而造成污染。

6 / 安全、环境及职业健康措施

❶ 对施工操作人员进行安全教育，并进行书面交底，使之对所使用的涂料的性能及安全措施有基本了解，并在操作中严格执行劳动保护制度。❷ 涂料施涂前，检查马凳和跳板是否搭设牢固，高度是否满足操作者的要求，经鉴定合格后才能上架操作，凡不符合安全之处应及时修整。❸ 施工现场严禁设油漆材料仓库。涂料仓库应有足够的消防设施。❹ 施工现场应有严禁烟火安全标语，现场应设专职安全员监督保证施工现场无明火。❺ 每天收工后应尽量不剩涂料材料，剩余涂料不准乱倒，应收集后集中处理。涂料使用后，应及时封闭存放。废料应及时从室内清出并处理。❻ 施工现场周边应根据噪声敏感区域的不同，选择低噪声设备或其他措施，同时应按国家有关规定控制施工作业时间。❼ 施工时室内应保持良好通风，但不宜过堂风。涂刷作业时操作工人应佩戴相应的劳动保护设施，如防毒面具、口罩、手套等二以免危害工人的肺、皮肤等。❽ 严禁在民用建筑工程室内用有机溶剂清洗施工用具。

7 / 质量记录

纳米复合涂料涂饰施工质量记录包括：❶ 产品的出厂合格证及试验报告、材料进场检查记录；❷ 隐蔽工程验收记录、质量检验评定记录。

第 5 节

火山灰涂饰施工工艺

1 / 总则

1.1 适用范围
本施工工艺适用于要求具有调节湿气、消除异味功能的涂料工程。

1.2 编制参考标准及规范
1.《建筑装饰装修工程质量验收标准》
（GB 50210-2018）

2.《建筑工程施工质量验收统一标准》
（GB 50300-2013）

3.《民用建筑工程室内环境污染控制标准》
（GB 50325-2020）

4.《建筑内部装修防火施工及验收规范》
（BG 50354-2005）

5.《住宅室内装饰装修工程质量验收规范》
（JGJ/T 304-2013）

6.《建筑涂饰工程施工及验收规程》
（JGJ/T 29-2015）

2 / 施工准备

2.1 技术准备

❶ 本材料属于石膏类，涂抹后会出现发色现象，随着干燥过程渐渐接近其本来的颜色。变化到最终的颜色大约需要3至4周。❷ 材料应充分搅拌后才能使用。❸ 请勿使用石灰、砂浆用金属镘刀按压或打磨，易出现色斑。❹ 施工期对班组进行交底，并对施工机具和工具进行认真检查。

2.2 施工前准备的工具

1. 第一次搅拌

使用大号搅拌桶，容量为每次能搅拌2袋（20kg/袋）最为理想。

2. 第2次搅拌、搬运

使用泥瓦匠用塑料桶（ϕ300mm）。

3. 手提式搅拌器（高速）

为确保充分混合材料，请使用大型圆叶片搅拌器保持材料的松散状态并防止其缠绕在搅拌器上。

4. 搅拌用水

温度在5℃~35℃范围之内、干净的自来水可作为搅拌用水使用。搅拌用水若长时间放置会随环境温度的变化而变化。使用允许范围以外温度的水会导致墙面松软脱落、硬化不良、色花等现象。

5. 镘刀

使用不锈钢制品或者塑料制品，可以防止因镘刀生锈引起的色花现象。

6. 各种辅助品

❶ 一条毛刷（轻柔发纹机理使用）；❷ 粗糙毛刷（拉毛纹理使用）；❸ 车轴辊子套装（车轴辊涂纹理使用）；❹ 辊子套装（山脉纹饰纹理使用）；❺ 刮刀（抚平镘刀痕时使用）。

2.3 材料的准备和搅拌

❶ 标准水量（每袋7.5L），使用干净的搅拌用水。请勿加入清洗抹泥板和镘刀的水，否则将出现色花现象。水泥或砂浆染混入搅拌用水中会导致硬化不良。搅拌不匀会引起色花和线痕。

搅拌作业准备时先须计算好一面墙所需的用量。每袋材料的施工面积约5m²。

请勿将剩余的材料与新开封的材料混合，将会导致硬化不良，肌理效果不均的现象。

工具（容器、桶、镘刀、抹泥板）每次使用后需进行水洗。

❷ 第1次搅拌

材料开封后放入搅拌桶，将规定的水量逐渐加入，并充分搅拌。使用搅拌桶时，约搅拌5min。

❸ 静置10min

因材料的主要成分有多孔质的特点，因此材料吸水需要一段时间。

❹ 第2次搅拌

放入泥瓦匠专用搅拌桶（ϕ300mm），使用手提式高速搅拌器再次进行搅拌，约2min。

2.4 作业条件

❶ 施工温度保持均衡，室内温度介于5℃～35℃，且不得突然有较大的变化。应保证通风良好、湿作业已完并具备一定的强度，环境比较干燥。

❷ 墙体基底的含水率小于15%，在2h以内完成本材料的所有施工工序。

❸ 操作前应认真进行交接检查工作，并对遗留问题进行妥善处理。操作前应认真进行工序交接检验工作，不符合规范要求的，不准进行施工。

❹ 大面积施工前应事先做样板间，经设计和建设单位确认后，方可组织班组进行大面积施工。

3 / 施工工艺

3.1 工艺流程

基层处理 ——→ 面层涂抹施工 ——→ 面层各种纹理施工 ——→ 面层修补
　　　　　　　　　　　　　　　　　　的技术要求

图 10.5.3-1　火山灰涂饰工艺标准

3.2 操作工艺

1. 钢筋混凝土结构，砂浆基底时的基层处理

❶ 目测、触碰、空鼓锤检测等方法确认混凝土的质量，去除结构面的灰尘和污垢，保证墙体的干净、无空鼓现象。

❷ 袋涂抹底漆

底漆涂抹不均会引起墙面基底吸水率的差异，因此底漆原液涂抹需横向、纵向全面涂抹。边角部分请使用毛刷涂抹。

❸ 使用砂浆找平墙面

在工序 ❶ 和 ❷ 结束后，为调整墙面的平整度进行砂浆涂抹。为防止墙面出现裂纹，建议满铺网格布。

❹ 使用石膏腻子粉整平墙面

砂浆找平层干燥后，使用腻子粉对阴阳角部分以及墙面整体进行平整度调整。

❺ 底漆涂抹

保证墙体基底的含水率在 15% 以下的状态下进行底漆涂抹。

2. 轻钢龙骨结构，铺贴石膏板基底，石膏板接缝处处理

❶ 石膏腻子粉：搅拌成黏糊状，遵守本材料的加水量（1 袋 /7.5L）和第 1 次搅拌、静置、第 2 次搅拌等工序时间，否则将导致出现斑点等色花、赤线（红霞）现象。

❷ 接缝处先贴上防裂网，使用镘刀抚平表面。

❸ 将搅拌的腻子粉以 60mm 的宽度涂抹在石膏板的接缝处部分。

❹ 石膏板 V 型槽若有鼓起现象，判断干燥状态，使用镘刀刮片按压抚平表面。

❺ 第 1 次涂抹的腻子粉干燥后（约 1h 以上），在接缝部分以 250mm 以上的宽度，进行第 2 次平整涂抹。

❻ 确认石膏腻子粉完全干燥（水分测量仪测定 15% 以下）后，进行底漆涂抹工序（涂抹 2 遍）。

❼ 次日以后，进行本材料面层的涂抹工序。

3. 面层涂抹施工

❶ 第一遍涂抹（约 3mm 厚度），标准施工厚度为 5mm，首先做第一遍约 3mm 厚度涂抹施工。

❷ 第二遍涂抹（约 2mm 厚度），第一遍涂抹间隔 10min~15min 后，涂抹第二遍，两次涂抹总厚度为 5mm。

❸ 使用量规棒来确认和调整标准涂抹厚度为 5mm。

❹ 波纹整平，完成 **❷** 工序后，立即观察表面吸水状况，开始做波纹平整，不可用力多次按压，避免遗留色斑隐患。

4. 面层各种纹理施工的技术要求

❶ 轻柔发纹纹理（使用一条毛刷）

使用规定的一条毛刷横向缓慢涂刷，涂刷的长度控制在 30cm~50cm 时拉纹效果最好。从第一遍面层涂抹到面层的纹理修饰，需不间断的连贯作业，30min~1h 完成整套工序。

尽可能地将一条毛刷横躺，轻柔地接触墙面做拉纹效果。毛刷弄脏后，需用水清洗并将毛刷上的水甩干，将毛刷头部捋顺，重复施工。

❷ 薄切纹饰纹理（使用修饰小镘刀）

将修饰用薄型小镘刀横对墙面，用镘刀刀尖边按压边拖拽 15cm 长度后将镘刀离开墙面。如此反复施工完成整个肌理造型。从第一次涂抹到面层的纹理修饰，须不间断的连贯施作，30min~1h 完成整套工序。

清洗修饰用小镘刀时，彻底擦干镘刀上的水分，反复施工完成面层的修饰。

❸ 拉毛纹理

使用指定的粗毛刷，轻柔横向缓慢拉出线条，每次拉的长度控制在 50cm~70cm。拉线工序完成后，观察表面吸水状况，用修饰镘刀轻轻按压表面横向拖拽，切除因粗毛刷表面的毛边。从第一次涂抹到面层的纹理修饰，须不间断的连贯施作，30min~1h 完成整套工序。

粗毛刷脏了的情况下，使用干净的水进行清洗，彻底排除水分之后，整理粗毛刷的前端，再进行施工。清洗修饰用镘刀时，先擦干，再进行毛边工序。

❹ 随意抹平纹理（使用方角镘刀）

使用方角镘刀轻轻按压的同时横向拖拽出 30cm 长的线条，完成纹理造型。拖拽时逐渐减小力道，画出错开的水平线条。从第一次涂抹到面层的纹理修饰，须不间断的连贯施作，30min～1h 完成整套工序。镘刀清洗后要彻底擦干，重复上述方法完成纹理造型。

❺ 滚轴纹理

使用指定的滚轴，慢慢地上下滚动做出肌理。逐渐错开每次滚动的轨迹，使凹槽之间的宽度逐渐缩小使图案相隔重叠，完成肌理造型。线条肌理完成后，观察墙面吸水状况，使用镘刀轻轻按压表面并横向拖拽，切除因车轴辊子产生的墙面毛边。从第一次涂抹到面层的纹理修饰，须不间断的连贯施作，30min～1h 完成整套工序。

❻ 山脉纹饰纹理（使用山脉纹理刷）

山脉纹理刷在使用前浸泡 30min，使海绵变软，使用前应彻底拧干，不留水分。使用指定的山脉纹理刷慢慢地从上到下滚动，并重叠 3cm 左右刷出同样的纹理，重复该步骤完成造型。应注意滚刷与墙面的角度，控制在 30° 左右，保证滚刷效果。从第一次涂抹到面层的纹理修饰，须不间断的连贯施作，30min～1h 完成整套工序。

5. 面层产生开裂、色差时的修补

❶ 修补时可使用修补粉和补色液 2 种。

修补粉：墙面铲除破损的部分以及开裂部分填补时使用。修补粉和补色液同时使用。

补色液：（500mL 瓶装）墙面因搓磨发白的部分颜色调和时使用。

墙壁上沾有颜色污渍时，首先使用尖锐的工具或者砂纸去掉表面颜色，墙面发白之后再使用补色液。

❷ 修补使用的工具

吹风机、养护用编织布（报纸也可）、养护胶带、喷水瓶、修补用镘刀、刷子。

❸ 修补粉使用方法

① 用水糅合修补粉；

② 裂缝部分以及周围使用喷水瓶进行喷雾；

③ 使用修补镘刀填充裂痕部分，并使用刷子等工具进行肌理修补；

④ 填充的部分使用吹风机使其干燥；

⑤ 干燥后，使用补色液进行补色。

6. 补色液使用方法

❶ 修补部分的周围，以及不可沾上补色液的部分，请使用编织袋（或报纸）进行覆盖。

❷ 将补色液充分摇晃后安装喷头空喷数次，并距离修补部分 30cm 左右喷 2 次~3 次。

❸ 喷到的部分请使用吹风机，使其干燥。

❹ 喷雾干燥工序不断重复，直到修补部分的颜色接近周围的颜色为止（喷雾次数为 2 次~3 次，或者 5 次~6 次为基准）。

---

4 / 质量关键要求

❶ 请避免在 5℃ 以下的温度条件下施工，如果不能避免施工，请使用电暖器等控制施工现场的温度。❷ 遵守本材料的加水量（1 袋 /7.5L）和第 1 次搅拌、静置、第 2 次搅拌等工序时间。否则将导致出现斑点等色花、赤线（红霞）现象。❸ 请确保在 2h 以内完成本材料的所有施工工序。在材料开始硬化时使用镘刀进行按压，将是导致因材料的水分被挤压出表面导致的色花现象和颜料的线痕的主要原因。❹ 本材料不可接续涂抹。为此施工时请一面墙一面墙施工。搅拌时间不同的材料使用在同一面墙上会导致色花现象，请特别注意。❺ 本材料的涂抹标准厚度为 5mm。涂抹厚度不足 5mm 时，将导致硬化不良、色花、材料粒子翻滚会引起的纹理效果不良现象，请特别注意。❻ 在施工中、施工后 12h 请关闭门窗、出入口等部分进行养护。如果不关闭窗户和出入口，有可能会导致硬化不良。❼ 施工后经过 12h（刺入）开始 1 周左右时间，确保空气流通顺畅，进行干燥。目的是为了防止干燥斑、发霉现象。特别是在梅雨季节和雨天，使用电风扇和除湿器等改善高温、多湿状态，确

保室内通风良好（使用电风扇时，风向请勿直接对着施工墙面）。❽ 本材料是内装专用，不可使用于外装。同时也请勿使用在浴室、厨房等有可能长时间接触水和水蒸气的场所。❾ 本产品是已调合型涂抹材料，因此请不要添加其他材料。

5 / 质量要求

5.1 主控项目

❶ 涂饰工程所用涂料的品种、型号和性能应符合设计要求。❷ 涂饰工程的颜色、图案应符合设计要求。❸ 涂饰工程应涂饰均匀、粘结牢固，不得漏涂、透底、起皮和掉粉。❹ **涂饰工程的基层处理应符合下列要求：** ① 新建筑物的混凝土或抹灰基层在涂饰涂料前应涂刷抗碱封闭底漆。② 旧墙面在涂饰涂料前应清除疏松的旧装修层，并涂刷界面剂。③ 混凝土或抹灰基层涂刷涂料时，含水率不得大于15％。④ 基层腻子应平整、坚实、牢固，无粉化、起皮和裂缝。

5.2 一般项目

❶ 涂料的涂饰质量及检验方法应符合下表的规定。

表 10.5.5-1 涂料的涂饰质量及检验方法

项次	项目	质量要求	检验方法
1	颜色	均匀一致	
2	泛碱、咬色	不允许	观察
3	喷点疏密程度	均匀，不允许连片	

❷ 涂层与其他装修材料和设备衔接处应吻合，界面应清晰。

6 / 成品保护

❶ 施工前应将不进行涂饰的门窗及墙面保护遮挡好。❷ 涂饰完成后及时用木板将口、角保护好，防止碰撞损坏。❸ 拆架子时严防碰损墙面涂层。❹ 其他工种施工时严禁蹬踩已施工完的部位；并防止将涂料桶碰翻污染墙面。❺ 室内施工时防止污染涂饰面面层。

7 / 安全、环境及职业健康措施

❶ 对施工操作人员进行安全教育，使之对使用的涂料的性能及安全措施有基本了解，并在操作中严格执行劳动保护制度。❷ 高空作业必须系安全带和戴安全帽。脚手板、架的铺设应符合其规范要求。操作者必须思想集中，不能麻痹大意，或工作中开玩笑，以防跌落。❸ 施工现场必须具有良好的通风条件，在通风条件不良的情况下，必须安置临时通风设备。❹ 施工人员在操作时感觉头痛、心悸或恶心，应立即离开工作地点，到通风处休息。❺ 手上或皮肤上粘有涂料时，可用煤油、肥皂、洗衣粉等洗涤，再用温水洗净。下班或吃饭前必须洗手洗脸。

8 / 质量记录

火山灰涂饰施工质量记录包括：❶ 材料的产品合格证书、性能检测报告和进场验收记录；❷ 施工记录；❸ 涂料涂饰工程检验批质量验收记录。

第 11 章

裱糊与软包工程

P735-758

第1节　裱糊工程施工工艺

1 / 总则

1.1 适用范围

裱糊分壁纸裱糊和墙布裱糊。本施工工艺适用于聚氯乙烯塑料壁纸、复合纸质壁纸、金属壁纸、玻璃纤维壁纸、锦缎壁纸、装饰壁纸以及玻璃纤维墙布、无纺墙布、纯棉装饰墙布、化纤装饰墙布、高级墙布等裱糊工程。

1.2 编制参考标准及规范

1.《建筑装饰装修工程质量验收标准》
（GB 50210-2018）

2.《建筑工程施工质量验收统一标准》
（GB 50300-2013）

3.《聚氯乙烯壁纸》
（QB/T 3805-1999）

4.《壁纸胶粘剂》
（JC/T 548-2016）

5.《建筑室内用腻子》
（JG/T 298-2010）

6.《民用建筑工程室内环境污染控制标准》
（GB 50325-2020）

7.《室内装饰装修材料　壁纸中有害物质限量》
（GB 18585-2001）

2 施工准备

2.1 技术准备

施工前应熟悉施工图纸，包括壁纸和墙布的种类、规格、图案、颜色和燃烧性能等级和环保等要求。掌握天气情况，依据施工技术交底和安全交底，作好各方面的准备。

2.2 材料要求

❶ **壁纸、墙布**：品种、规格、图案、颜色应符合设计要求，应有产品合格证和环保及燃烧性能检测报告。❷ 壁纸、墙布专用粘结剂、嵌缝腻子、玻璃丝网格布、清漆等，应有产品合格证和环保检测报告。

2.3 主要机具

❶ **工具**：裁切工作台、壁纸刀、白毛巾、塑料桶、塑料盆、油工刮板、拌腻子槽、压辊、开刀、毛刷、排笔、擦布或棉丝、电动砂纸机等。❷ **计量检测用具**：钢板尺、水平尺、钢尺等。

2.4 作业条件

❶ 顶棚喷浆、门窗油漆已完、地面装修已完成，并将面层保护好。❷ 水、电及设备、顶墙预留预埋件已完。❸ 裱糊工程基体或基层的含水率：混凝土和抹灰不得大于 8%；木材制品不得大于 12%。直观灰面反白，无湿印，手摸感觉干。❹ 较高房间已提前搭设脚手架或准备铝合金折叠梯子，普通房间已提前钉好木马凳。❺ 根据基层面及壁纸的具体情况，已选择、准备好施工所需的腻子及胶粘剂。对湿度较大的房间和经常潮湿的表面，已备有防水性能的塑料壁纸和胶粘剂等材料。❻ 裱糊样板间，经检查鉴定合格可按样板施工。

3　施工工艺

3.1　工艺流程

图 11.1.3-1　裱糊工程施工工艺流程

3.2　操作工艺

1. 基层处理

根据基层不同材质，采用不同的处理方法。

❶ **混凝土及抹灰基层处理**：裱糊壁纸的基层是混凝土面、抹灰面（如水泥砂浆、水泥混合砂浆、石灰砂浆等），要满刮腻子一遍打磨砂纸。但有的混凝土面、抹灰面有气孔、麻点、凸凹不平时，为了保证质量，应增加满刮腻子和磨砂纸遍数。基层是空心砖、泡沫砖的，满刮腻子前宜满贴网格布。

刮腻子时，将混凝土或抹灰面清扫干净，使用胶皮刮板满刮一遍。刮时要有规律，要一板排一板，两板中间顺一板。既要刮严，又不得有明显接槎和凸痕。做到凸处薄刮，凹处厚刮，大面积找平。待腻子干固后，打磨砂纸并扫净，处理好的底层应该平整光滑，阴阳角线通畅、顺直，无裂痕、崩角，无砂眼麻点。

❷ **石膏板基层处理**：纸面石膏板比较平整，批抹腻子主要是在对缝处和螺钉孔位处。对缝批抹腻子后，还需用棉纸带贴缝，以防止对缝处的开裂。在纸面石膏板上，应用腻子满刮一遍，找平大面，在第二遍腻子进行修整。

❸ **涂刷防潮底漆和底胶**：为了防止壁纸受潮脱胶，一般对要裱糊塑料壁纸、墙布、纸基塑料壁纸、金属壁纸的墙面，涂刷防潮底漆。防潮底漆用酚醛清漆与汽油或松节油来调配，其配比为清漆∶汽油（或松节油）=1∶3。该底漆可涂刷，也可喷刷，漆液不宜厚，且要均匀一致。

涂刷底胶是为了增加粘结力，防止处理好的基层受潮弄污。底胶一般用108胶配少许甲醛纤维素加水调成，其配比为108胶∶水∶甲醛纤维素=10∶10∶0.2。底胶可涂刷，也可喷刷。在涂刷防潮底漆和底胶时，室内应无灰尘，且防止灰尘和杂物混入该底漆或底胶中。底胶一般是一遍成活，但不能漏刷、漏喷。

❹ 基层处理中的底灰腻子有乳胶腻子与油性腻子之分；其配合比（重量比）如下：

乳胶腻子：白乳胶（聚醋酸乙烯乳液）：滑石粉：甲醛纤维素（2%溶液）=1：10：2.5。

白乳胶：石膏粉：甲醛纤维素（2%溶液）：1：6：0.6。

油性腻子：石膏粉：熟桐油：清漆（酚醛）=10：1：2。

复粉：熟桐油：松节油=10：2：1。

2.吊直、套方、找规矩、弹线

❶ 墙面：首先应将房间四角的阴阳角通过吊垂直、套方、找规矩，并确定从哪个阴角开始按照壁纸的尺寸进行分块弹线控制，有挂镜线的按挂镜线弹线，没有挂镜线的按设计要求弹线控制。❷ 具体操作方法如下：按墙纸的标准宽度找规矩，每个墙面的第一条纸都要弹线找垂直，第一条线距墙阴角约15cm处，作为裱糊时的准线。在第一条壁纸位置的墙顶处敲进一枚墙钉，将有粉锤线系上，铅锤下吊到踢脚上缘处，锤线静止不动后，一手紧握锤头，按锤线的位置用铅笔在墙面划一短线，再松开铅锤头查看垂线是否与铅笔短线重合。如果重合，就用一只手将垂线按在铅笔短线上，另一只手把垂线往外拉，放手后使其弹回，便可得到墙面的基准垂线。弹出的基准垂线越细越好。每个墙面的第一条垂线，应该定在距墙角距离约15cm处。墙面上有门窗口的应增加门窗两边的垂直线。

3.计算用料、裁纸

按基层实际尺寸进行测量计算所需用量，并在每边增加2cm～3cm作为裁纸量。

裁剪在工作台上进行。对有图案的材料，无论顶棚还是墙面均应从粘贴的第一张开始对花，墙面从上部开始。边裁边编顺序号，以便按顺序粘贴。

4.润纸（闷水）

由于现在的壁纸一般质量较好，所以不必进行润水，如需要时按一下顺序做法。

❶ 塑料壁纸遇水或胶水自由膨胀大，因此，刷胶前必须先将塑料壁纸

在水槽中浸泡 2min～3min 取出后抖掉余水，静置 20min，若有明水可用毛巾揩掉，然后才能涂胶。闷水的办法还可以用排笔在纸背刷水，刷满均匀，保持 10min 也可达到使其膨胀充分的目的。如果干纸涂胶，或未能让纸充分胀开就涂胶，壁纸上墙后，会继续吸湿膨胀，贴上墙的壁纸会出现大量的气泡、皱折。❷ 玻璃纤维基材的壁纸，遇水无伸缩性，不需润纸。❸ 复合纸质壁纸由于湿强度较差，禁止闷水润纸。为了达到软化壁纸的目的，可在壁纸背面均匀刷胶后，将胶面对胶面对叠，放置 4min～8min，然后上墙。❹ 纺织纤维壁纸也不宜闷水，粘贴前只需用湿布在纸背稍揩一下即可达到润纸的目的。❺ 带背胶的壁纸，应在水中浸泡数分钟后裱糊。❻ 金属壁纸裱糊前应浸水 1min～2min，阴干 5min～8min，再在背面刷胶。❼ 对于待粘贴的壁纸，若不了解其遇水膨胀的情况，可取其一小条试贴，隔日观察纵、横向收缩情况以确定是否润纸。

5. 刷胶

在进行施工前将 2～3 块壁纸进行刷胶，使壁纸起到湿润、软化的作用，塑料纸基背面和墙面都应涂刷胶粘剂，刷胶应厚薄均匀，从刷胶到最后上墙的时间一般控制在 5min～7min。

刷胶时，基层表面刷胶的宽度要比壁纸宽约 3cm。刷胶要全面、均匀、不裹边、不起堆，以防溢出弄脏壁纸。但也不能刷得过少，甚至刷不到位，以免壁纸粘结不牢。一般抹灰墙面用胶量为 0.15kg/m² 左右，纸面为 0.12kg/m² 左右。壁纸背面刷胶后，应是胶面与胶面反复对叠，以避免胶干得太快，也便于上墙，并使裱糊的墙面整洁平整。

金属壁纸的胶液应是专用的壁纸粉胶。刷胶时，准备一卷未开封的发泡壁纸或长度大于壁纸宽的圆筒，一边在裁剪好的金属壁纸背面刷胶，一边将刷过胶的部分向上卷在发泡壁纸卷上。

6. 裱贴

裱贴壁纸时，首先要垂直，后对花纹拼缝，再用刮板用力抹压平整。原则是先垂直面后水平面，先细部后大面。贴垂直面时先上后下，贴水平面时先高后低。

裱贴时剪刀和长刷可放在围裙袋中或手边。先将上过胶的壁纸下半截向上折一半，握住顶端的两角，在四脚梯或凳上站稳后。展开上半截，凑近墙壁，使边缘靠着垂线成一直线，轻轻压平，由中间向外用刷子将上半截敷平，在壁纸顶端作出记号，然后用剪刀修齐或用壁纸刀将多余的壁纸割去。再按上法同样处理下半截，修齐踢脚板与墙壁间的角落。用海绵擦掉沾在踢脚板上的胶糊。壁纸贴平后，3h～5h 内，在其微干状态时，用小滚轮（中间微起拱）均匀用力滚压接缝处，这样做比传统的有机玻璃片抹刮能有效地减少对壁纸的损坏。

裱贴壁纸时，注意在阳角处不能拼缝，阴角边壁纸搭缝时，应先裱糊压在里面的转角壁纸，再粘贴非转角的正常壁纸。搭接面应根据阴角垂直度而定，搭接宽度一般不小于 2cm～3cm。并且要保持垂直无毛边。

当墙面的墙纸完成 40m² 左右或自裱贴施工开始 40min～60min 后，需安排一人用滚轮，从第一张墙纸开始滚压或抹压，直至将已完成的墙纸面滚压一遍。工序的原理和作用是，因墙纸胶液的特性为开始润滑性好，易于墙纸的对缝裱贴，当胶液内水分被墙体和墙纸逐步吸收后但还没干时，胶性逐渐增大，时间均为 40min～60min，这时的胶液黏性最大，对墙纸面进行滚压，可使墙纸与基面更好贴合，使对缝处的缝口更加密合。

部分特殊裱贴面材，因其材料特征，在裱贴时有部分特殊的工艺要求，具体如下：

❶ 金属壁纸的裱贴：金属壁纸的收缩量很小，在裱贴时可采用对缝裱，也可用搭缝裱。

金属壁纸对缝时，都有对花纹拼缝的要求。裱贴时，先从顶面开始对花纹拼缝，操作需要两个人同时配合，一个负责对花纹拼缝，另一个人负责手托金属壁纸卷，逐渐放展。一边对缝一边用橡胶刮平金属壁纸，刮时由纸的中部往两边压刮。使胶液向两边滑动而粘贴均匀，刮平时用力要均匀适中，刮子面要放平。不可用刮子的尖端来刮金属壁纸，以防刮伤纸面。若两幅间有小缝，则应用刮子在刚粘的这幅壁纸面上，向先粘好的壁纸这边刮，直到无缝为止。裱贴操作的其他要求与普通壁纸相同。

❷ 锦缎的裱贴：由于锦缎柔软光滑，极易变形，难以直接裱糊在木质基层面上。裱糊时，应先在锦缎背后上浆，并裱糊一层宣纸，使锦缎挺括，以便于裁剪和裱贴上墙。

上浆用的浆液是由面粉、防虫涂料和水配合成，其配比为（重量比）5∶40∶20，调配成稀而薄的浆液。上浆时，把锦缎正面平铺在大而干的桌面上或平滑的大木夹板上，并在两边压紧锦缎，用排刷沾上浆液从中间开始向两边刷，使浆液均匀地涂刷在锦缎背面，浆液不要过多，以打湿背面为准。

在另张大平面桌子（桌面一定要光滑）上平铺一张幅宽大于锦缎幅宽的宣纸。并用水将宣纸打湿，使纸平贴在桌面上。用水量要适当，以刚好打湿为好。

把上好浆液的锦缎从桌面上抬起来，将有浆液的一面向下，把锦缎粘贴在打湿的宣纸上，并用塑料刮片从锦缎的中间开始向四边刮压，以便使锦缎与宣纸粘贴均匀。待打湿的宣纸干后，便可从桌面取下，这时，锦缎与宣纸就贴合在一起。

锦缎裱贴前要根据其幅宽和花纹认真裁剪，并将每个裁剪完的开片编号，裱贴时，对号进行。裱贴的方法同金属纸。

❸ **波音软片的裱贴**：波音软片是一种自粘性饰面材料，因此，当基面做到硬、干、光后，不必刷胶。裱贴时，只要将波音软片的自粘底纸层撕开一条口。在墙壁面的裱贴中，首先对好垂直线，然后将撕开一条口的波音软片粘贴在饰面的上沿口。自上而下，一边撕开底纸层，一面用木块或有机玻璃夹片贴在基面上。如表面不平，可用吹风加热，以干净布在加热的表面处摩擦，可恢复平整。也可用电熨斗加热，但要调到中低档温度。

3.3   质量关键要求

❶ 裱糊壁纸时，室内相对湿度不能过高，一般低于85%，同时，温度也不能有剧烈变化。❷ 在潮湿天气粘贴壁纸时，粘糊完后，白天应打开门窗，加强通风；夜间应关闭门窗，防止潮湿气体侵袭。❸ 采用搭接法拼贴，用刀时应一次直落，力量均匀不能停顿，以免出现刀痕搭口，同时也不能重复切割，避免搭口起丝影响美观。❹ 基层应具有一定的吸水性。混合砂浆和纸筋灰罩面的基层，较为适宜壁纸裱糊，若用石膏罩面效果更好；水泥砂浆抹光面裱糊效果最差，因此壁纸裱糊前应将基层涂刷涂料，以提高裱糊效果。❺ 墙布、锦缎裱糊时，在斜视壁面上有污斑时，应将两布对缝时挤出的胶液及时擦干净，已干的胶液用温水擦洗干净。❻ 为了保证对花端正，颜色一致，无空鼓、气泡，无死褶，裱糊时应控制好墙布面的花与花之间的空隙（应相同）；裁花布或锦缎时，应做到部位一致，随时注意壁布颜色、图案、花型，确有差别时应予以分类，分别安排在另一墙面或房间；颜色差别大或有死褶时，不得使用。墙布糊完后出现个别翘角，翘边现象，可用乳液胶涂抹滚压粘牢，个别鼓泡应用针管排气后注入胶液，再用辊压实。❼ 上下不亏布、横平竖直。如有挂镜线，应以挂镜线为准，无挂镜线以弹线为

准。当裱糊到一个阴角时要断布，因为用一张布糊在两个墙面上容易出现阴角处墙布空鼓或皱褶，断布后从阴角另一侧开始仍按上述首张布开始糊的办法施工。阳角处不允许留拼接缝，应包角压实，阴角拼缝宜在暗面处。❽ 裱糊前必须做好样板间，找出易出现问题的原因，确定试拼措施，以保证花形图案对称。❾ 周边缝宽窄不一致：在拼装预制镶嵌过程中，由于安装不详、捻边时松紧不一或在套割底板时弧度不均等造成边缝宽窄不一致，应及时进行修整和加强检查验收工作。❿ 裱糊前一定要重视对基层的清理工作。因为基层表面有积灰、积尘、腻子包、小砂粒、胶浆疙瘩等，会造成表面不平，斜视有疙瘩。⓫ 裱糊时，应重视边框、贴脸、装饰木线、边线的制作工作。制作要精细，套割要认真细致，拼装时钉子和涂胶要适宜，木材含水率不得大于8%，以保证装修质量和效果。

3.4　季节性施工措施

❶ 冬期施工应在具备采暖的条件下进行，裱糊操作时环境温度不得低于5℃。❷ 冬期施工应做好门窗的封闭，避免冻坏成品，并设专人负责开关窗户排湿、换气和测温。

4　质量标准

4.1　主控项目

❶ 壁纸、墙布的种类、规格、图案、颜色和燃烧性能等级必须符合设计要求及现行国家标准的有关规定。

检验方法：观察；检查产品合格证书、进场验收记录和性能检测报告。

❷ 裱糊工程基层处理质量应符合高级抹灰的要求。

检验方法：观察；手摸检查；检查施工记录。

❸ 裱糊后各幅拼接应横平竖直，拼接处花纹、图案应吻合，不离缝，不搭接，不显拼缝。

建筑装饰装修施工手册（第2版）

检验方法：距离墙面 1.5m 处观察。

❹ 壁纸、墙布应粘贴牢固，不得有漏贴、补贴、脱层、空鼓和翘边。

检验方法：观察；手摸检查。

4.2　　　**一般项目**

❶ 裱糊后的壁纸、墙布表面应平整，色泽应一致，不得有波纹起伏、气泡、裂缝、皱折及斑污，斜视时应无胶痕。

检验方法：观察；手摸检查。

❷ 复合压花壁纸的压痕及发泡壁纸的发泡层应无损坏。

检验方法：观察。

❸ 壁纸、墙布与各种装饰线、设备线盒应交接严密。

检验方法：观察。

❹ 壁纸、墙布边缘应平直整齐，不得有纸毛、飞刺。

检验方法：观察。

❺ 壁纸、墙布阴角处搭接应顺光，阳角处应无接缝。

检验方法：观察。

5　　　**成品保护**

❶ 运输和贮存时，所有壁纸、墙布均不得日晒雨淋；压延壁纸和墙布应平放；发泡壁纸和复合壁纸则应竖放。❷ 裱糊后的房间应及时清理干净，尽量封闭通行，避免污染或损坏，因此应将裱糊工序放在最后一道工序施工。❸ 完工后，白天应加强通风，但要防止穿堂风劲吹。夜间应关闭门窗，防止潮气侵袭。❹ 塑料壁纸施工过程中，严禁非操作人员随意触摸壁纸饰面。❺ 电气和其他设备在进行安装时，应注意保护已经裱糊好的壁纸饰面，以防止污染或损坏。❻ 严禁在已经裱糊好的壁纸饰面剔眼打洞。如因设计变更，应采取相应的措施，施工时要小心保护，施工完要及时认真修复，以保证壁纸饰面完整美观。

6 / 安全、环境及职业健康措施

6.1 安全措施

❶ 施工现场临时用电均应符合现行行业标准《施工现场临时用电安全技术规范》(JGJ 46)的规定。❷ 在较高处进行作业时，应使用高凳或架子，并应采取安全防护措施，高度超过 2m 时，应系安全带。❸ 裱糊施工作业面，必须设置足够的照明。❹ 禁止穿硬底鞋、拖鞋、高跟鞋在架子上工作，架子上人数不得集中在一起，工具要搁置稳定，防止坠落伤人。

6.2 环保措施

❶ 材料应符合现行国家标准《民用建筑工程室内环境污染控制标准》(GB 50325)的要求。对环保超标的原材料拒绝进场。❷ 边角余料，应装袋后集中回收，按固体废物进行处理。现场严禁燃烧废料。❸ 剩余的胶液和胶桶不得乱倒、乱扔，必须进行集中回收处理。

6.3 职业健康安全措施

在施工中应注意在高处施工时的安全防护。

7 / 工程验收

❶ 裱糊工程验收时应检查下列文件和记录：① 裱糊工程的施工图、设计说明及其他设计文件。② 饰面材料的样板及确认文件。③ 材料的产品合格证书、性能检测报告、进场验收记录和复验报告。④ 施工记录。
❷ 各分项工程的检验批应按下列规定划分：同一品种的裱糊工程每 50

间（大面积房间和走廊按施工面积 30m² 为一间）应划分为一个检验批，不足 50 间也应划分为一个检验批。

❸ 检查数量应符合下列规定：裱糊工程每个检验批应至少抽查 10%，并不得少于 3 间，不足 3 间时应全数检查。

❹ 裱糊前，基层处理质量应达到下列要求：① 新建筑物的混凝土或抹灰基层墙面在刮腻子前应涂刷抗碱封闭底漆。② 旧墙面在裱糊前应清除疏松的旧装修层，并涂刷界面剂。③ 混凝土或抹灰基层含水率不得大于 8%；木材基层的含水率不得大于 12%。④ 基层腻子应平整、坚实、牢固，无粉化、起皮和裂缝；腻子的粘结强度应符合《建筑室内用腻子》（JG/T 298）N 型的规定。⑤ 基层表面平整度、立面垂直度及阴阳角方正应达到高级抹灰基层处理的要求。⑥ 基层表面颜色应一致。⑦ 裱糊前应用封闭底胶涂刷基层。

❺ 检验批合格质量和分项工程质量验收合格应符合下列规定：① 抽查样本主控项目均合格；一般项目 80% 以上合格，其余样本不得有影响使用功能或明显影响装饰效果的缺陷，其中有允许偏差的检验项目，其最大偏差不得超过规定允许偏差的 1.5 倍。均须具有完整的施工操作依据、质量检查记录。② 分项工程所含的检验批均应符合合格质量规定，所含的检验批的质量验收记录应完整。

❻ 分部（子分部）工程质量验收合格应符合下列规定：① 分部（子分部）工程所含分项工程的质量均应验收合格；② 质量控制资料应完整；③ 观感质量验收应符合要求。

8 / 质量记录

裱糊工程质量记录包括：❶ 裱糊工程所选用的面料、胶粘剂、封闭剂和防潮剂等材料的产品合格证和环保检测报告及进场检验记录；❷ 施工过程中基层处理的隐蔽验收记录；❸ 检验批质量验收记录；❹ 分项工程质量验收记录。

软包墙面施工工艺

1 / 总则

1.1 适用范围

本施工工艺适用于墙面（装饰布和皮革、人造革）木作软包施工。

1.2 编制参考标准及规范

1.《建筑装饰装修工程质量验收标准》
  （GB 50210-2018）

2.《建筑工程施工质量验收统一标准》
  （GB 50300-2013）

3.《民用建筑工程室内环境污染控制标准》
  （GB 50325-2020）

4.《室内装饰装修材料 人造板及其制品中甲醛释放限量》
  （GB 18580-2017）

2 / 施工准备

2.1 技术准备

熟悉施工图纸，依据技术交底和安全交底作好施工准备。

2.2 材料要求

1.木基层材料

❶ 木龙骨、木基层板、木条等木材的树种、规格、等级、防潮、防蛀、防腐蚀等处理，均应符合设计图纸要求和国家有关规范的技术标准。❷ 木龙骨料一般用红、白松烘干料，含水率不大于12%，不得有腐朽、节疤、劈裂、扭曲等疵病。其规格应按设计要求加工，并预先经过防腐、防火、防蛀处理。❸ 木基层板一般采用胶合板（五合板或九合板），颜色、花纹要尽量相似或对称，含水率不大于12%，厚度不大于20mm。要求纹理顺直、颜色均匀、花纹近似，不得有节疤、扭曲、裂缝、变色等疵病。胶合板进场后必须抽样复验，其游离甲醛释放量应 ≤ 1.5mg/L（干燥器法）。

2.面层材料

❶ 墙布、锦缎、人造革、真皮革等面料，其防火性能必须符合设计要求及建筑内装修设计防火的有关规定。❷ 海绵橡胶板、聚氯乙烯泡沫板等填充材料，其防火性能必须符合设计要求及建筑内装修设计防火的有关规定。❸ 饰面用的木压条、压角木线、木贴脸（或木线）等。采用工厂加工的成品，含水率不大于12%，厚度及质量应符合设计要求。

3.其他材料

胶粘剂、防火涂料、防腐剂、钉子、木螺丝钉、其他材料，根据设计要求采用。其中胶粘剂、防腐剂必须满足环保要求。

2.3 主要机具

❶ 机械：气泵、气钉枪、蚊钉枪、马钉枪、曲线锯、台式电刨、手提电刨、冲击钻、电动砂纸机、手枪钻等。❷ 工具：电熨斗、小辊、开刀、毛刷、排笔、擦布或棉丝、砂纸、锤子、多用刀等。❸ 计量检测

用具：水准仪、直尺、方角尺、水平尺、钢尺、塞尺、钢板尺等。

2.4 作业条件

❶ 软包墙、柱面上的水、电、暖通专业预留、预埋已经全部完成，且电气穿线、测试完成并合格，各种管路打压、试水完成并合格。❷ 结构和室内围护结构砌筑及基层抹灰完成，地面和顶棚施工已经全部完成（地毯可以后铺），室内清扫干净。❸ 外墙门窗工程已完并经验收合格。❹ 不做软包的部分墙面，面层施工基本完成，只剩最后一遍涂层。❺ 在作业面上弹好标高和垂直控制线。❻ 软包门扇应涂刷不少于两道底漆，锁孔已开好。❼ 基层墙、柱面的抹灰层已干透，含水率不大于8%。❽ 大面积装修前已按设计要求先做样板间，经检查鉴定合格后，可大面积施工。❾ 在操作前已进行技术交底，强调技术措施和质量标准要求。

3 / 施工工艺

3.1 工艺流程

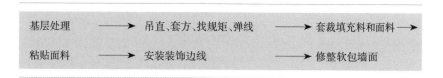

图 11.2.3-1 软包墙面施工工艺流程

3.2 操作工艺

1. 基层处理

❶ 在需做软包的墙面上，按设计要求的纵横龙骨间距进行弹线，固定防腐木楔。设计无要求时，龙骨间距控制在 400mm～600mm 之间，防

腐木楔间距一般为 200mm~300mm。❷ 墙面为抹灰基层或临近房间较潮湿时，做完木砖后应对墙面进行防潮处理。❸ 软包门扇的基层表面涂刷不少于两道的底油。门锁和其他五金件的安装孔全部开好，并经试安装无误。明插销、拉手及门锁等拆下。表面不得有毛刺、钉子或其他尖锐突出物。

2. 龙骨、底板施工

❶ 在已经设置好的防腐木楔上安装木龙骨，一般固定螺钉长度大于龙骨高度 +40mm。木龙骨贴墙面应先做防腐处理，其他几个面做防火处理。安装龙骨时，一边安装一边用不小于 2m 的靠尺进行调平，龙骨与墙面的间隙，用经过防腐处理的方型木楔塞实，木楔间隔应不大于200mm，龙骨表面平整。❷ 在木龙骨上铺钉底板，底板宜采用细木工板。钉的长度大于等于底板厚 +20mm。墙体为轻钢龙骨时，可直接将底板用自攻螺钉固定到墙体的轻钢龙骨上，自攻螺钉长度大于等于底板厚 + 墙体面层板 +10mm。❸ 门扇软包不需做底板，直接进行下道工序。

3. 定位、弹线

根据设计要求的装饰分格、造型、图案等尺寸，在墙、柱面的底板或门扇上弹出定位线。

4. 内衬及预制镶嵌块施工

❶ 预制镶嵌软包时，要根据弹好的定位线，进行衬板制作和内衬材料粘贴。衬板按设计要求选材，设计无要求时，应采用不小于 5mm 厚的多层板，按弹好的分格线尺寸进行下料制作。❷ 制作硬边拼缝预制镶嵌衬板时，在裁好的衬板一面四周钉上木条，木条的规格、倒角型式按设计要求确定，设计无要求时，木条一般不小于 10mm×10mm，倒角不小于 5mm×5mm 圆角。硬边拼缝的内衬材料要按照衬板上所钉木条内侧的实际净尺寸下料，四周与木条之间应吻合，无缝隙，厚度宜高出木条 1mm~2mm，用环保型胶粘剂平整地粘贴在衬板上。❸ 制作软边拼缝的镶嵌衬板时，衬板按尺寸裁好即可。软边拼缝的内衬材料按衬板尺寸剪裁下料，四周必须剪裁整齐，与衬板边平齐，最后用环保型胶粘剂平整地粘贴在衬板上。❹ 衬板做好后应先上墙试装，以确定其尺寸是否准确，分缝是否通直、不错台，木条高度是否一致、平顺，然后取下来在衬板背面编号，并标注安装方向，在正面粘贴内衬材料。内衬材

料的材质、厚度按设计要求选用。❺直接铺贴和门扇软包时，应待墙面木装修、边框和油漆作业完成，达到交活条件，再按弹好的线对内衬材料进行剪裁下料，直接将内衬材料粘贴在底板或门扇上。铺贴好的内衬材料应表面平整、分缝顺直、整齐。

5. 皮革拼接下料

织物和人造革一般不宜进行拼接，采购订货时应考虑设计分格、造型等对幅宽的要求。如果皮革受幅面影响，需要进行拼接下料，拼接时应考虑整体造型，各小块的几何尺寸不宜小于200mm×200mm，并使各小块皮革的鬃眼方向保持一致，接缝型式要满足设计要求。

6. 面层施工

❶蒙面施工前，应确定面料的正、反面和纹理方向。一般织物面料的经线应垂直于地面、纬线沿水平方向使用。同一场所应使用同一批面料，并保证纹理方向一致，织物面料应进行拉伸熨烫平整后，再进行蒙面上墙。❷预制镶嵌衬板蒙面及安装：蒙面面料有花纹、图案时，应先蒙一块镶嵌衬板作为基准，再按编号将与之相邻的衬板面料对准花纹后进行裁剪。面料裁剪根据衬板尺寸确定，面料的裁剪尺寸=衬板的尺寸+2×衬板厚+2×内衬材料厚+70~100mm。织物面料剪裁好以后，要先进行拉伸熨烫，再蒙到衬板已贴好的内衬材料上，从衬板的反面用马钉和胶粘剂固定。面料固定时要先固定上下两边（即织物面料的经线方向），四角叠整规矩后，固定另外两边。蒙好的衬板面料应绷紧、无皱褶，纹理拉平、拉直，各块衬板的面料绷紧度要一致。最后将包好面料的衬板逐块检查，确认合格后，按衬板的编号进行对号试安装，经试安装确认无误后，用钉、粘结合的方法，固定到墙面底板上。❸直接铺贴和门扇软包面层施工：按已弹好的分格线、图案和设计造型，确定出面料分缝定位点，把面料按定位尺寸进行剪裁，剪裁时要注意相邻两块面料的花纹和图案应吻合。将剪裁好的面料蒙铺到已贴好内衬材料的门扇或墙面上，把下端和两侧位置调整合适后，用压条先将上端固定好，然后固定下部和两侧。压条分为木压条、铜压条、铝合金压条和不锈钢压条几种，按设计要求选用。四周固定好之后，若中间有压条或装饰钉，按设计要求钉好压条或装饰钉，采用木压条时，应先将压条进行打磨、油漆，达到成活要求后，再将木压条上墙安装。

7. 理边、修整

清理接缝、边沿露出的面料纤维，调整、修理接缝不顺直处。开设、修整各设备安装孔，安装镶边条，安装表面贴脸及装饰物，修补各压条上的钉眼，的油漆，最后擦拭、清扫浮灰。

8. 完成其他涂饰

软包面施工完成后，修刷压条、镶边条应对木质边框、墙面及门的其他面做最后一道涂饰。

3.3　质量关键要求

❶ 施工中在铺贴第一块面料时，应认真进行吊垂直和对花、拼花。特别是在预制镶嵌软包工艺施工时，各块预制衬板的制作、安装更要注意对花和拼花，避免相邻两面料的接缝不垂直、不水平，或虽接缝垂直但花纹不吻合，或花纹不垂直、不水平等。❷ 面料下料应遵照样板进行裁剪，保证面料宽窄一致，纹路方向一致，避免花纹图案的面料铺贴后，门窗两边或室内与柱子对称的两块面料的花纹图案不对称。❸ 软包施工前，应认真核对尺寸，加工中要仔细操作，防止在面料或镶嵌板下料尺寸偏小、下料不方或裁切、切割不细，软包上口与挂镜线，下口与踢脚线上口接缝不严密，露底造成亏料，使相邻面料间的接缝不严密，露底造成离缝。❹ 施工时对面料要认真进行挑选和核对，在同一场所应使用同一匹面料，避免造成面层颜色、花形、深浅不一致。❺ 在施工过程中应加强检查和验收，防止在制作、安装镶嵌衬板过程中，施工人员不仔细，硬边衬板的木条倒角不一致，衬板裁割时边缘不直、不方正等，造成周边缝隙宽窄不一致。❻ 在制作和安装压条、贴脸及镶边条时选料要精细，木条含水率要符合要求，制作、切割要细致认真，钉子间距要符合要求，避免安装后出现压条、贴脸及镶边条宽窄不一、接槎不平、扒缝等。❼ 软包布铺贴前熨烫要平整，固定时布面要绷紧、绷直，避免安装后面层皱褶、起泡。❽ 施工时，室内相对湿度不能过高，一般应低于85%，同时，温度也不能有剧烈变化。❾ 阳角处不允许留拼接缝，应包角压实；阴角拼缝宜在暗面处。

3.4　季节性施工

❶ 雨期施工时，应采取措施，确保水泥基层面含水率不超过8%，木材的含水率不超过12%，板材表面可刷一道底漆，以防受潮。软包工程

施工最好避开连续下雨的天气，以防内衬和蒙面材料受潮发霉。❷ 冬期施工用胶粘剂进行粘接作业时，现场最低环境温度不得低于5℃。

4 / 质量要求

4.1　主控项目

❶ 软包面料、内衬材料及边框的材质、颜色、图案、燃烧性能等级和木材的含水率应符合设计要求及现行国家标准的有关规定。

检验方法：观察；检查产品合格证书、进场验收记录和性能检测报告。

❷ 软包工程的安装位置及构造做法应符合设计要求。

检验方法：观察；尺量检查；检查施工记录。

❸ 软包工程的龙骨、衬板、边框应安装牢固，无翘曲，拼缝应平直。

检验方法：观察；手扳检查。

❹ 单块软包面料不应有接缝，四周应绷压严密。

检验方法：观察；手摸检查。

4.2　一般项目

❶ 软包工程表面应平整、洁净，无凹凸不平及皱折；图案应清晰、无色差，整体应协调美观。

检验方法：观察。

❷ 软包边框应平整、顺直、接缝吻合。其表面涂饰质量应仍符合现行国家标准《建筑装饰装修工程质量验收标准》（GB 50210）涂饰工程中有关规定的要求。

检验方法：观察；手摸检查。

❸ 清漆涂饰木制边框的颜色、木纹应协调一致。

检验方法：观察。

❹ 软包工程安装的允许偏差和检验方法应符合表11.2.4-1的规定。

表 11.2.4-1　软包工程安装的允许偏差和检验方法

检验项目	允许偏差（mm）	检验方法
垂直度	3	用 1m 垂直检测尺检查
边框宽度、高度	0，-2	从框的裁口里角用钢尺检查
对角线长度差	3	用钢尺检查
裁口、线条接缝高低差	1	用直尺和塞尺检查

5　成品保护

❶ 软包工程施工完毕的房间清理干净，并设专人看管，避免污染和损坏。❷ 软包工程施工完毕还有其他工序进行施工时，必须设置成品保护膜，将整个完活的软包面遮盖严密。严禁非操作人员随意触膜软包成品。❸ 严禁在软包工程施工完毕的墙面上剔槽打洞。若因设计变更，必须进行剔槽打洞时，应采取可靠、有效的保护措施，施工完后要及时、认真地进行修复，以保证成品的完整性。❹ 软包工程施工完毕后在进行暖卫、电气的其他设备的安装或修理过程中，必须注意保护软包面，严防污染和损坏已经施工完的软包成品。❺ 修补压条、镶边条的油漆或周边面层涂饰施工时，必须对软包面进行保护。地面磨石清理打蜡时，也必须注意保护好软包工程的成品，防止污染、碰撞与破坏。

6 / 安全、环境及职业健康措施

6.1 安全措施

❶ 施工现场临时用电均应符合现行行业标准《施工现场临时用电安全技术规范》（JGJ 46）的规定。❷ 在较高处进行作业时，应使用高凳或架子，并应采取安全防护措施，高度超过 2m 时，应系安全带。❸ 使用电锯应有防护罩。❹ 软包施工作业面，必须设置足够的照明。配备足够、有效的灭火器具，并设有防火标志及消防器具。

6.2 环保措施

❶ 严格按现行国家标准《民用建筑工程室内环境污染控制标准》（GB 50325）进行室内环境污染控制。对污染超标的原材料拒绝进场。❷ 边角余料应装袋后集中回收，按固体废物进行处理。现场严禁燃烧废物。❸ 剩余的油漆、涂料和油桶不得乱扔乱倒，必须按有害废物进行集中回收、处理。❹ 木工作业棚应封闭，采取降低噪声措施，减少噪声污染。

6.3 职业健康安全措施

在施工中应注意在高处施工时的安全防护。

7 / 工程验收

❶ 软包工程验收时应检查下列文件和记录：① 软包工程的施工图、设计说明及其他设计文件；② 饰面材料的样板及确认文件；③ 材料的产品合格证书、性能检测报告、进场验收记录和复验报告；④ 施工记录。❷ 各分项工程的检验批应按下列规定划分：同一品种的软包工程每 50 间（大面积房间和走廊按施工面积 30m² 为一间），应划分为一个检验

批，不足 50 间也应划分为一个检验批。

❸ **检查数量应符合下列规定**：软包工程每个检验批应至少抽查20%，并不得少于 6 间，不足 6 间时应全数检查。

❹ **检验批合格质量和分项工程质量验收合格应符合下列规定**：① 抽查样本主控项目均合格；一般项目 80%以上合格，其余样本不得影响使用功能或明显影响装饰效果的缺陷，其中有允许偏差和检验项目，其最大偏差不得超过规定允许偏差的 1.5 倍。均须具有完整的施工操作依据、质量检查记录。② 分项工程所含的检验批均应符合合格质量规定，所含的检验批的质量验收记录应完整。

❺ **分部（子分部）工程质量验收合格应符合下列规定**：① 分部（子分部）工程所含分项工程的质量均应验收合格；② 质量控制资料应完整；③ 观感质量验收应符合要求。

8 / 质量记录

软包墙面施工质量记录包括：❶ 织物、皮革、内衬材料、多层板的产品合格证和环保、消防性能检测报告以及进场检验记录；❷ 隐蔽工程验收记录；❸ 检验批质量验收记录；❹ 分项工程质量验收记录。

第 12 章

细部工程

P759-809

➡

第 1 节

橱柜施工工艺

1 / 总则

1.1 适用范围

本施工工艺适用于橱柜的制作与安装施工工艺，橱柜应采用工厂制作现场安装的施工方式。

1.2 编制参考标准及规范

1.《建筑装饰装修工程质量验收标准》
（GB 50210-2018）

2.《民用建筑工程室内环境污染控制标准》
（GB 50325-2020）

3.《室内装饰装修材料　胶粘剂中有害物质限量》
（GB 18583-2008）

4.《室内装饰装修材料　木家具中有害物质限量》
（GB 18584-2001）

5.《普通胶合板》
（GB/T 9846-2015）

2 / 施工准备

2.1　技术准备

熟悉施工图纸，做好施工准备。

2.2　材料要求

❶ 橱柜制品由工厂生产成品或半成品，其木材制品含水率不得超过12%。加工的框和扇进场时，应检查型号、质量、验证产品合格证。❷ 橱柜在现场加工制作的，其所用树种、材质等级、含水率和防腐处理必须符合设计要求和《木结构工程施工质量验收规范》（GB 50206）的规定。❸ 其他材料：锁、防腐剂、插销、木螺丝、拉手、碰珠、合页等，按设计要求的品种、规格、型号购备，并应有产品质量合格证。❹ 橱柜露明部位要选用优质材，作清漆、油饰显露木纹时，应注意同一房间或同一部位选用颜色、木纹近似的相同树种。木材不得有腐朽、节疤、扭曲和劈裂等弊病。❺ 木材应提前进行干燥处理，其含水率应控制在12%以内。❻ 凡进场花岗石放射性和人造木板甲醛含量限值经复验超标的及木材燃烧性能等级不符合《民用建筑工程室内环境污染控制标准》（GB 50325）规定的不得使用。

2.3　主要机具

❶ 机械：电焊机、冲击钻、手电钻、电锯、电刨、电动磨光机、气泵、气钉枪等。❷ 工具：木锯、锤子、刨子、螺丝刀、钢锉等。❸ 计量检测用具：直角尺、水平尺、钢尺、靠尺等。

2.4　作业条件

❶ 细木工程基层的隐蔽工程已验收。❷ 结构工程和有关橱柜的连体构造已具备安装的条件，测设橱柜的安装标高和位置。❸ 橱柜成品、半成品已进场或现场已制作好，并经验收，数量、质量、规格、品种无误。❹ 已对橱柜安装位置靠墙、贴地面部位涂刷防腐涂料，其他各面应涂刷底油漆一道，存放在平整，保持通风的库房内。❺ 橱柜的框和扇检查无窜角、翘扭、弯曲、劈裂等缺陷。吊柜钢骨架检查规格符合设计要求，无变形。

3 / 操作工艺

3.1 工艺流程

图 12.1.3-1 橱柜施工工艺流程

3.2 操作工艺

成品、半成品橱柜安装施工应按如下步骤进行。

❶ 放线定位：根据设计图纸的要求，以室内垂直控制线和标高控制线为基准，弹出壁柜、吊柜、窗台柜的相应尺寸控制线，其中吊柜的下皮标高应在 2.0m 以上，柜的深度一般不宜超过 650mm。

❷ 框架安装：安装前先对框架进行校正、套方，在柜体框架安装位置将框架固定件与墙体木砖固定牢固，每个固定件不少于 2 个钉子。若墙体为加气混凝土或轻质隔墙时，应按设计要求进行固定，如设计无要求时，可预钻直径 15mm、深 70mm～100mm 的孔，并在孔内注入胶粘水泥浆，再埋入经过防腐处理的木楔，待粘结牢固后再安装。

❸ 隔板、支点安装：按施工图纸的隔板标高位置及支点构造的要求，安装支点条（架），木隔板的支点一般将支点木条钉在墙体的预埋木砖上，玻璃隔板一般采用与其匹配的 U 形卡件进行固定。

❹ 框扇安装：壁橱、吊柜、窗台柜的门扇有平开、推拉、翻转、单扇、双扇等形式。① 按图纸要求先核对检查框口尺寸，并根据设计要求选择五金件的规格、型号及安装方式。并在扇的相应部位定点划线。框口高度一般量左右两端，框口宽度量上、中、下三点，图纸无要求时，一般按扇的安装方式、规格尺寸确定五金件的规格、型号。一般对开扇裁口的方向，应以开启方向的右扇为盖口扇。② 根据划线进行框扇修刨，使框、扇留缝合适，当框扇为平开、翻转扇时，应同时划出框、扇合页槽位置，划线时应注意避开上下冒头。然后用扁铲剔出合页槽，安装合页。安装时，先装扇的合页，并找正固定螺钉。接着试装柜扇；修整合页槽深度，调整框扇边缝。合适后固定于框上，每只合页先拧一颗螺钉，然后关

闭门扇，检查框与扇平整、缝隙均匀合适、无缺陷且符合要求后，再将螺钉全部安上拧紧、拧平。③ 若为对开扇应先将框扇尺寸量好，确定中间对开缝、裁口深度，划线后进行裁口、刨槽，试装合适后，先装左扇，后装盖扇。④ 若为推拉扇，应先安装上下轨道。吊正、调整门扇的上、下滑轨在同一垂直面上后，再安装门扇。⑤ 若柜扇为玻璃或有机玻璃，应注意中间对开缝及玻璃扇与四周缝隙的大小。

❺ **五金安装**：五金的品种、规格、数量按设计要求和橱柜的造型与色彩选择五金配件。安装时注意位置的选择，无具体尺寸时应按技术交底进行。

3.3　质量关键要求

❶ 抹灰面与框不平。多为墙面垂直度偏差过大或框安装不垂直所造成。注意立框与抹灰的标准，保证外观质量。❷ 柜框安装不牢。预埋件、木砖安装前已松动或固定点少。连接、钉固点要够数，安装牢固。❸ 合页不平、螺丝松动，螺帽不平正、缺螺丝。主要造成的原因是合页槽不平、深浅不一致，安装时螺丝钉打入太长，产生倾斜，达不到螺丝平卧。操作时应按标准螺丝打入长度的1/3，拧入深度2/3。❹ 柜框与洞口尺寸误差过大；基体施工留洞不准。结构或基体施工留洞时应符合要求的尺寸及标高。

3.4　季节性施工

❶ 雨期施工时，进场的成品、半成品应放在库房内，分类码放平整、垫高。每层框与框、扇与扇间垫木条通风，不得日晒雨淋。❷ 冬期施工环境温度不得低于5℃。橱柜安装后应保持室内通风换气。

4　质量要求

4.1　主控项目

❶ 橱柜制作与安装所用木料的材质和规格、木材的燃烧性能等级和含

水率、花岗石的放射性及人造木板的甲醛含量应符合设计要求及现行国家标准的有关规定。

检查方法：观察；检查产品合格证、进场验收记录、性能检测报告和复验报告。

❷ 橱柜安装埋件或后置埋件的数量、规格、位置应符合设计要求。

检验方法：检查隐蔽工程验收记录和施工记录。

❸ 橱柜的造型、尺寸、安装位置、制作和固定方法应符合设计要求。橱柜安装必须牢固。

检验方法：观察；尺量检查；手扳检查。

❹ 橱柜配件的品种、规格应符合设计要求。配件应齐全，安装应牢固。

检验方法：观察；手扳检查；检查进场验收记录。

❺ 橱柜的抽屉和柜门应开关灵活、回位正确。

检验方法：观察；开启和关闭检查。

4.2　一般项目

❶ 橱柜表面应平整、洁净、色泽一致，不得有裂缝、翘曲及损坏。

检验方法：观察。

❷ 橱柜裁口应顺直、拼缝应严密。

检验方法：观察。

❸ 橱柜安装的允许偏差和检验方法应符合表 12.1.4-1 的规定。

表 12.1.4-1　橱柜安装的允许偏差和检验方法

项次	项目	允许偏差（mm）	检验方法
1	外形尺寸	3	用钢尺检查
2	立面垂直度	2	用 1m 垂直检测尺检查
3	门与框架的平行度	2	用钢尺检查

5 / 成品保护

❶ 木制品进场应及时刷底油一道，靠基层面应刷防腐剂；钢制品应及时刷防锈漆并入库存放。❷ 壁、吊柜安装时。严禁碰撞抹灰及其他装饰面的口角，防止损坏成品面层。❸ 安装好的壁柜隔板，不得拆动，保护产品完整。

6 / 安全、环境及职业健康措施

6.1 安全措施

❶ 使用电锯、电刨等电动工具时，设备上必须装有防护罩，防止意外伤人。❷ 施工现场临时用电均应符合现行国家标准《施工现场临时用电安全技术规范》（JGJ 46）的规定。❸ 在较高处进行作业时，应使用高凳或架子，并应采取安全防护措施，高度超过 2m 时，应系安全带。❹ 木工机械应由专人负责，不得随便动用。操作人员必须熟悉机械性能，熟悉操作技术。用完机械应切断电源，并将电源箱关门上锁。❺ 使用电钻时应戴橡胶手套，不用时及时切断电源。❻ 操作地点的刨花、碎木料应及时清理，并存放在安全地点，做到活完脚下清。

6.2 环保措施

❶ 施工用的各种材料应符合现行国家标准《民用建筑工程室内环境污染控制标准》（GB 50325）的要求。对环保超标的原材料拒绝进场。❷ 边角余料，应集中回收，剩余的油漆、胶和桶不得乱倒、乱扔，必须按规定集中进行回收、处理。❸ 木工作业棚应封闭，采取降低噪声措施，减少噪声污染。❹ 在施工过程中可能出现的影响的环境因素，在施工中应采取相应的措施减少对周围环境的污染。

建筑装饰装修施工手册（第2版）

6.3   职业健康安全措施

❶ 切割板时应适当控制锯末粉尘对施工人员的危害，必要时应佩戴防护口罩。❷ 在使用架子、人字梯时，注意在作业前检查是否牢固，必要时佩戴安全带。

7 / 工程验收

❶ **工程验收时应检查下列文件和记录**：① 施工图、设计说明及其他设计文件；② 材料的产品合格证书、性能检测报告、进场验收记录和胶粘剂、人造木板甲醛含量复验报告；③ 隐蔽工程验收记录；④ 施工记录。

❷ **应分批检验，每检验批应有检验批质量验收记录**。① 检验批划分：同类制品每 50 间（处）应划分为一个检验批，不足 50 间（处）也应划分为一个检验批。② 检查数量应符合下列规定：每个检验批应至少抽查 3 间（处），不足 3 间（处）时应全数检查。③ 检验批合格质量应符合下列规定：抽查样本主控项目均合格；一般项目 80% 以上合格其余样本不得有影响使用功能或明显影响装饰效果的缺陷，其中有允许偏差的检验项目，其最大偏差不得超过规定允许偏差的 1.5 倍。均应具有完整的施工操作依据、质量检查记录。④ 分项工程所含的检验批均应符合合格质量规定，所含的检验批的质量验收记录应完整。

8 / 质量记录

橱柜施工质量记录包括：❶ 各种材料的合格证、检验报告和进场检验记录；❷ 人造木板的甲醛含量检测报告和复试报告；❸ 各种预埋件、固定件和木砖、木龙骨的安装与防腐工程隐检记录；❹ 检验批质量验收记录；❺ 分项工程质量验收记录。

窗帘盒施工工艺

1 / 总则

1.1 适用范围

本施工工艺适合于装饰装修工程中木制窗帘盒制作与安装的施工，木制窗帘盒应采用工厂制作与现场安装的施工方法。

1.2 编制参考标准及规范

1.《建筑装饰装修工程质量验收标准》

（GB 50210-2018）

2.《建筑工程施工质量验收统一标准》

（GB 50300-2013）

3.《民用建筑工程室内环境污染控制标准》

（GB 50325-2020）

4.《室内装饰装修材料　人造板及其制品中甲醛释放量》

（GB 18580-2017）

5.《建筑内部装修设计防火规范》

（GB 50222-2017）

6.《普通胶合板》

（GB/T 9846-2015）

2 / 施工准备

2.1 技术准备

图纸已通过会审与自审，若存在问题，则问题已经解决，窗帘盒的位置与尺寸同施工图相符，按施工要求做好技术交底工作。

2.2 材料要求

❶ 对称层和同一层单板应是同一树种，同一厚度，并考虑成品结构的均匀性。表板应紧面向外，各层单板不允许端拼。❷ 板均不许有脱胶鼓泡，一等品板上允许有轻微边角缺损，二等品板的面板上不得留有胶纸带和明显的胶纸痕。公称厚度自 6mm 以上的板，其翘曲度：一、二等品板不得超过 1%，三等品板不得超过 2%。

2.3 主要机具

❶ 机械：电焊机、手电钻、电锯、砂轮锯、电刨等。❷ 工具：木工刨、木工锯、钢锯、锤子、橡皮锤、螺丝刀、气钉枪等。❸ 计量检测用具：钢尺、割角尺、靠尺、水平尺等。

2.4 作业条件

❶ 如果是明窗帘盒，则先将窗帘盒加工成半成品，再在施工现场安装。
❷ 安装窗帘盒前，顶棚、墙面、门窗、地面的装饰做完。

3 / 操作工艺

3.1 工艺流程

❶ 明窗帘盒的制作流程

图 12.2.3-1 明窗帘盒的制作流程

❷暗窗帘盒的安装流程

图 12.2.3-2 暗窗帘盒的安装流程

3.2　操作工艺

1. 明窗帘盒的制作

❶ 下料：按图纸要求截下的料要长于要求规格 30mm～50mm，厚度、宽度要分别大于 3mm～5mm。❷ 刨光：刨光时要顺木纹操作，先刨削出相邻两个基准面，并做上符合标记，再按规定尺寸加工完另外两个基础面，要求光洁、无戗槎。❸ 制作卯榫：最佳结构方式是采用 45° 全暗燕尾卯榫，也可采用 45° 斜角钉胶结合，但钉帽一定要砸扁后打入木内。上盖面可加工后直接涂胶钉入下框体。❹ 装配：用直角尺测准暗转角度后把结构敲紧打严，注意格角处不要露缝。❺ 修正砂光：结构固化后可修正砂光。用 0 号砂纸打磨掉毛刺、棱角、立槎，注意不可逆木纹方向砂光。要顺木纹方向砂光。

2. 暗窗帘盒的安装

暗装形式的窗帘盒，主要特点是与吊顶部分结合在一起，常见的有内藏式和外接式。

❶ 内藏式窗帘盒主要形式是在窗顶部位的吊顶处，做出一条凹槽，在槽内装好窗帘轨。作为含在吊顶内的窗帘盒，与吊顶施工一起做好。

❷ 外接式窗帘盒是在吊顶平面上，做出一条贯通墙面长度的遮挡板，在遮挡板内吊顶平面上装好窗帘轨。遮挡板可采用木构架双包镶，并把底边做出封板边处理。遮挡板与顶棚交接线要用棚角线压住。遮挡板的固定法可采用射钉固定，也可采用预埋木楔、圆钉固定，或膨胀螺栓固定。❸ 窗帘轨安装：窗帘轨道有单、双或三轨道之分。单体窗帘盒一般先安轨道，暗窗帘盒在按轨道时，轨道应保持在一条直线

上。轨道形式有工字形、槽形和圆杆形三种。工字形窗帘轨是用与其配套的固定爪来安装，安装时先将固定爪套入工字形窗帘轨上，每米窗帘轨道有三个固定爪安装在墙面上或窗帘盒的木结构上。窗帘轨的安装，可用螺丝将槽形轨固定在窗帘盒内的顶面上。

3.3 质量关键要求

❶ 材料一般选用无死结、无裂纹和无过大翘曲的干燥木材，含水率不超过 12%。❷ 制作时榫眼松旷或同基体连结不牢固容易导致的窗帘盒松动，如果是同基体连结不牢固，应将螺丝钉进一步拧紧，或增加固定点。❸ 安装时没有弹线就安装容易使窗帘盒不正、两端高低差和侧向位置安装差超过允许偏差。❹ 窗帘盒两端伸出窗口的长度应一致，否则影响装饰效果。

3.4 季节性施工

❶ 雨期施工，进场成品、半成品应放在库房内，分类码放平整、垫高。层与层之间垫木条通风。❷ 雨期施工要注意各种板材和木制品的含水率，木制品受潮变形应烘干、整平调直后再使用。

4 / 质量要求

4.1 主控项目

❶ 窗帘盒制作与安装所使用材料的材质和规格、木材的阻燃性能等级和含水率、人造木板的甲醛含量应符合设计要求及现行国家标准的有关规定。❷ 窗帘盒的造型、规格、尺寸、安装位置和固定方法必须符合设计要求。窗帘盒的安装必须牢固。❸ 窗帘盒配件的品种、规格应符合设计要求，安装应牢固。

4.2 一般项目

❶ 窗帘盒表面应平整、洁净、线条顺直、接缝严密、纹理一致，不得

有裂缝、翘曲及损坏。

❷ 窗帘盒与墙面、窗框的衔接应严密，密封胶应顺直、光滑。

❸ 窗帘盒安装的允许偏差和检验方法应符合表 12.2.4-1 的规定。

表 12.2.4-1　窗帘盒安装的允许偏差和检验方法

项次	项目	允许偏差（mm）	检验方法
1	水平度	2	用 1m 水平尺和塞尺检查
2	上口、下口直线度	3	拉 5m 线，不足 5m 拉通线，用钢直尺检查
3	两端距窗洞口长度差	2	用钢直尺检查
4	两端出墙厚度差	3	用钢直尺检查

5　成品保护

❶ 安装窗帘盒后，应进行饰面的终饰施工，应对安装后的窗帘盒进行保护，防止污染和损坏。❷ 安装窗帘及轨道时，应注意对窗帘盒的保护，避免对窗帘盒碰伤、划伤等。

6　安全、环境及职业健康措施

6.1　安全措施

❶ 使用电锯、电刨等电动工具时，设备上必须装有防护罩，防止意外伤人。❷ 施工现场临时用电均应符合现行行业标准《施工现场临时用

电安全技术规范》（JGJ 46）的规定。❸ 在较高处进行作业时，应使用高凳或架子，高度超过 2m 时，应系好安全带。❹ 严禁用手攀窗框、窗扇和窗撑；操作时应系好安全带，严禁把安全带挂在窗撑上。❺ 操作时应注意对门窗玻璃的保护，以免发生意外。

6.2　环保措施

❶ 施工用的各种材料应符合现行国家标准《民用建筑工程室内环境污染控制标准》（GB 50325）的要求。❷ 施工现场应做到活完脚下清，保持施工现场清洁、整齐、有序。❸ 剩余的油漆、胶和桶不得乱倒、乱扔，必须按规定集中进行回收、处理。❹ 垃圾应装袋及时清理。清理木屑等废弃物时应洒水，以减少扬尘污染。❺ 木工作业棚应采取封闭措施，减少噪声和粉尘污染。❻ 在施工过程中可能出现的影响的环境因素，在施工中应采取相应的措施减少对周围环境的污染。

6.3　职业健康安全措施

❶ 切割板时应适当控制锯末粉尘对施工人员的危害，必要时应佩戴防护口罩。❷ 在使用架子、人字梯时，注意在作业前检查是否牢固，必要时佩戴安全带。

7　／　质量记录

窗帘盒施工质量记录包括：❶ 各种材料的合格证、检验报告和进场检验记录；❷ 人造木板的甲醛含量检测报告和复试报告；❸ 各种预埋件、固定件和木砖、木龙骨的安装与防腐隐检记录；❹ 检验批质量验收记录；❺ 分项工程质量验收记录。

窗台板施工工艺

1 / 总则

1.1 适用范围

本施工工艺适用于细部工程中木质的窗台板的制作与安装工程。

1.2 编制参考标准及规范

1.《建筑装饰装修工程质量验收标准》

（GB 50210-2018）

2.《普通胶合板》

（GB/T 9846-2015）

3.《民用建筑工程室内环境污染控制标准》

（GB 50325-2020）

4.《室内装饰装修材料　胶粘剂中有害物质限量》

（GB 18583-2008）

2 / 施工准备

2.1 技术准备

熟悉施工图纸，做好施工准备。

2.2 材料要求

❶ 窗台板制作与安装所使用的材料和规格、木材的燃烧性能等级和含水率及人造板的甲醛含量应符合设计要求和现行国家标准的有关规定。❷ 木方料：木方料是用于制作骨架的基本材料，应选用木质较好、无腐朽、无扭曲变形的合格材料，含水率不大于12%。❸ 防腐剂、油漆、钉子等各种小五金必须符合设计要求。

2.3 主要机具

❶ 机械：云石机、手电钻、电锯、砂轮锯等。❷ 工具：木工刨、木工锯、锤子、橡皮锤、螺钉旋具、气钉枪等。❸ 计量检测用具：钢尺、割角尺、靠尺、水平尺等。

2.4 作业条件

❶ 窗帘盒的安装已经完成。❷ 窗台表面按要求已经清洁干净。

3 / 施工工艺

3.1 工艺流程

图 12.3.3-1　窗台板施工工艺流程

3.2 操作工艺

1. 窗台板的制作

按图纸要求加工的木窗台表面应光洁，其净料尺寸厚度在 20mm ~ 30mm，比待安装的窗长 240mm，板宽视窗口深度而定，一般要突出窗口 60mm ~ 80mm，台板外沿要倒楞或起线。台板宽度大于 150mm，需要拼接时，背面必须穿暗带防止翘曲，窗台板背面要开卸力槽。

2. 窗台板的安装

❶ 在窗台墙上，预先砌入防腐木砖，木砖间距 500mm 左右，每樘窗不少于两块，在窗框的下坎裁口或打槽（深 12mm，宽 10mm）。将窗台板刨光起线后，放在窗台墙顶上居中，里边嵌入下坎槽内。窗台板的长度一般比窗樘宽度长 120mm 左右，两端伸出的长度应一致。在同一房间内同标高的窗台板应拉线找平、找齐，使其标高一致，突出墙面尺寸一致。应注意，窗台板上表面向室内略有倾斜（泛水），坡度约 1%。
❷ 如果窗台板的宽度大于 150mm，拼接时背面应穿暗带，防止翘曲。
❸ 用明钉把窗台板与木砖钉牢，钉帽砸扁，顺木纹冲入板的表面，在窗台板的下面与墙交角处，要钉窗台线。窗台线预先刨光，按窗台长度两端刨成弧形线脚，用明钉与窗台板斜向钉牢，钉帽砸扁，冲入板内。

3.3 质量关键要求

❶ 窗台板施工时先进行预装，尺寸合适并符合要求后再进行固定，防止窗台板未插进窗框下冒头槽内。❷ 找平条的标高应调整一致，垫实后捻灰应饱满，跨空窗台板的支架应安装平正，各支架受力均匀，固定牢固可靠。防止由于捻灰不严，窗台板下垫条不平、不实造成窗台板不稳。❸ 窗台板施工时应认真检查板材厚度，做到使用规格相同，防止窗台板拼接不平、不直，厚度不一致。

3.4 季节性施工

❶ 雨期施工，进场成品、半成品应放在库房内，分类码放平整、垫高。层与层之间垫木条通风。❷ 雨期施工要注意各种板材和木制品的含水率，木制品受潮变形应烘干、整平调直后再使用。❸ 冬期施工环境温度不得低于 5℃；安装完成后应保持室内通风换气。

4 / 质量标准

4.1 主控项目

❶ 窗台板制作与安装所使用材料的材质和规格、木材的燃烧性能等级和含水率、人造板的甲醛含量应符合设计要求及现行国家标准的有关规定。❷ 窗台板的造型、规格、尺寸、安装位置和固定方法必须符合设计要求。窗台板的安装必须牢固。❸ 窗台板配件的品种、规格应符合设计要求，安装应牢固。

4.2 一般项目

❶ 窗台板表面应平整、洁净、线条顺直、接缝严密、色泽一致，不得有裂缝、翘曲及损坏。❷ 窗台板与墙面、窗框的衔接应严密、密封胶应顺直、光滑。❸ 窗台板安装的允许偏差和检验方法应符合表 12.3.4-1 的规定。

表 12.3.4-1　窗台板安装的允许偏差和检验方法

项次	项目	允许偏差（mm）	检验方法
1	水平度	2	用 1m 水平尺和塞尺检查
2	上口、下口直线度	3	拉 5m 线，不足 5m 拉通线，用钢直尺检查
3	两端距窗洞口长度差	2	用钢直尺检查
4	两端出墙厚度差	3	用钢直尺检查

5 / 成品保护

❶ 安装窗台板后，应进行饰面的终饰施工，应对安装后的窗台板进行保护，防止污染和损坏。❷ 窗台板的安装应在窗帘盒安装完毕后再进行。

6 / 安全、环境及职业健康措施

6.1 安全措施

❶ 使用电锯、电刨等电动工具时，设备上必须装有防护罩，防止意外伤人。❷ 施工现场临时用电均应符合现行行业标准《施工现场临时用电安全技术规范》(JGJ 46) 的规定。❸ 在较高处进行作业时，应使用高凳或架子，高度超过 2m 时，应系好安全带。❹ 安装、加工场所不得使用明火，并设防火标志，配备消防器具。❺ 严禁用手攀窗框、窗扇和窗撑；操作时应系好安全带，严禁把安全带挂在窗撑上。

6.2 环保措施

❶ 施工用的各种材料应符合现行国家标准《民用建筑工程室内环境污染控制标准》(GB 50325) 的要求。❷ 施工现场应做到活完脚下清，保持施工现场清洁、整齐、有序。❸ 剩余的油漆、胶和桶不得乱倒、乱扔，必须按规定集中进行回收、处理。❹ 垃圾应装袋及时清理。清理木屑等废弃物时应洒水，以减少扬尘污染。❺ 木工作业棚应采取封闭措施，减少噪声和粉尘污染。

6.3 职业健康安全措施

❶ 切割板时应适当控制锯末粉尘对施工人员的危害，必要时应佩戴防护口罩。❷ 在使用架子、人字梯时，注意在作业前检查是否牢固，必要时佩戴安全带。

7 / 质量记录

窗台板施工质量记录包括：❶ 各种材料的合格证、检验报告和进场检验记录；❷ 人造木板的甲醛含量检测报告和复试报告；❸ 各种预埋件、固定件和木砖、木龙骨的安装与防腐隐检记录；❹ 检验批质量验收记录；❺ 分项工程质量验收记录。

第4节

门窗套施工工艺

1 / 总则

1.1 适用范围

本施工工艺适用于木质门窗套的制作与安装工程的施工工艺，木质门窗套应采用工厂制作与现场安装的施工方法。

1.2 编制参考标准及规范

1. 《建筑装饰装修工程质量验收标准》
   （GB 50210-2018）

2. 《建筑工程施工质量验收统一标准》
   （GB 50300-2013）

3. 《普通胶合板》
   （GB/T 9846-2015）

4. 《民用建筑工程室内环境污染控制标准》
   （GB 50325-2020）

5. 《室内装饰装修材料 胶粘剂中有害物质限量》
   （GB 18583-2008）

2 施工准备

2.1 技术准备

熟悉施工图纸，做好施工准备。

2.2 材料要求

❶ 木材的种类、规格、等级应符合设计图纸要求，并应符合下列规定：
① 木龙骨：一般采用红、白松，含水率不大于12%，不得有腐朽、节疤、劈裂、扭曲等缺陷。② 底层板：一般采用细木工板或密度板，含水率不得超过12%。板厚应符合设计要求，甲醛含量应符合室内环境污染物限值要求，人造板材使用面积超过500m^{2}时应做甲醛含量复试。板面不得有凹凸、劈裂等缺陷。应有产品合格证、环保及燃烧性能检测报告。③ 面层板：一般采用三合板（胶合板），含水率不超过12%，甲醛释放量不大于0.12mg/m^3，颜色均匀一致，花纹顺直一致，不得有黑斑、黑点、污痕、裂缝、爆皮等。应有产品合格证、环保用燃烧性能检测报告。④ 门、窗套木线：一般采用半成品，规格、形状应符合设计图纸要求，含水率不大于12%，花纹纹理顺直，颜色均匀。不得有节疤、黑斑点、裂缝等。

❷ 其他材料：一般包括气钉、防火涂料、胶粘剂、木螺钉、防腐涂料等，其中胶粘剂、防火、防腐涂料必须有产品合格证及性能检测报告。

2.3 主要机具

❶ 机械：电锯、电刨、电钻、电锤、镂槽机、气钉枪、修边刨、电动砂纸机等。❷ 工具：木刨、木锯、锤子、螺钉旋具等。❸ 计量检测用具：钢尺、靠尺、割角尺、角尺、水平尺等。

2.4 作业条件

❶ 门、窗洞口的木砖已埋好，木砖的预埋方向、规格、深度、间距、防腐处理等应符合设计和有关规范要求。对于没有预埋件的洞口，要打孔钉木楔，在横、竖龙骨中心线的交叉点上用电锤打孔，然后将经过防腐处理的木楔打入孔内。❷ 门、窗洞口的抹灰已完，并经验收合格。❸ 门、窗框安装已完，框与洞口间缝隙已按要求堵塞严实，并经

验收合格。金属门、窗框的保护膜已粘贴好。❹ 室内垂直与水平控制线已弹好，并经验收合格。❺ 各种专业设备管线、预留预埋安装施工已完成，并经检验合格。

3　施工工艺

3.1　工艺流程

检查门窗洞口及预埋件 ⟶ 制作及安装木龙骨 ⟶ 装钉面板

图 12.4.3-1　门窗套施工工艺流程

3.2　操作工艺

❶ 弹线：按图纸的门窗尺寸及门窗套木线的宽度，在墙、地上弹出门窗套、木线的外边缘控制线及标高控制线。按节点构造图弹出龙骨安装中心线和门窗及合页安装位置线，合页处应有龙骨，确保合页安装在龙骨上。❷ 制作、安装木龙骨：在龙骨中心线上用电锤钻孔，孔距 500mm 左右，在孔内注胶浆，然后将经防腐的木楔钉入孔内，粘结牢固后安装木龙骨。根据门、窗洞口的深度，用木龙骨做骨架，间距一般为 200mm，骨架的表面必须平整，组装必须牢固，龙骨的靠墙面必须做防腐处理，其他几个侧面做防火处理。安装骨架时，应边安装边用靠尺进行调平，骨架与墙面的间隙，用经防腐处理过的楔形方木块垫实，木块间隔应不大于 200mm，安装完的骨架表面应平整，其偏差在 2m 范围内应小于 1mm。钉帽要冲入木龙骨表面 3mm 以上。❸ 安装底板：门、窗套筒子板的底板通常用细木工板预制成左、右、上三块。若筒子板上带门框，必须按设计断面，留出贴面板尺寸后做出裁口。安装前，应先在底板背面弹出骨架的位置线，并在底板背面骨架的空间处刷

防火涂料，骨架与底板的结合处涂刷乳胶，然后用木螺钉或气钉将底板钉粘到木龙骨上。一般钉间距为150mm，钉帽要钉入底板表面1mm以上。若采用成品门、窗套可不加龙骨、底板，直接与墙体固定。底板与墙体之间的空隙，如有防火要求的应灌注水泥砂浆；有的门窗套安装是没有底板的，应用连接件固定。❹ **安装面板：**在底板上和面板背面满刷乳胶，乳胶必须涂刷均匀。然后将面板粘贴在底板上。在面板上铺垫50mm宽5mm厚板条，用气钉临时压紧固定，待结合面乳胶干透约48h后取下。面板也可采用钉直接铺钉，钉间距一般为100mm。❺ **安装门、窗套木线：**安装时，一般先钉横向后钉竖向。先量出横向木线所需的长度，两端锯成45°斜角，紧贴在框的上坎上，其两端深处长度应一致。将钉帽砸扁，顺木纹冲入板面1mm～3mm，钉长宜为板的两倍，钉距不大于500mm，然后量出竖向木线长度，钉在边框上。横竖木线的线条要对正，割角应准确平整，对缝严密，安装牢固。

3.3 质量的关键要求

❶ 在安装前，应按弹线对门、窗框安装位置偏差进行纠正和调控，避免由于门、窗框安装偏差造成筒子板上下、左右不对称或宽窄不一致。❷ 在骨架的制作和安装过程中一定要按照工艺的要求进行施工，表面应平整、固定牢固，并在安装底板和面板前均应进行检查调整，避免安装后门、窗洞口上、下尺寸不一致，阴阳角不方正。❸ 在面板施工前要对面板进行精心挑选，先对花，后对色，并进行编号，然后再进行面层安装，防止门、窗套面层板的花纹错乱、颜色不均。❹ 在安装门、窗套木线之前，对墙面和底板应进行仔细检查和必要的修补、调整，防止由于墙面或门、窗套底层板不垂直、不平整而造成门、窗套木线安装不垂直、不平整。❺ 严格控制木材含水率，防止因木料含水率大，干燥后收缩造成门、窗套及木线接头、拼缝不平或开裂。❻ 特别是卫生间木门套的处理，防止下端受潮发黑，应采取门套下端头刷防腐封闭漆、门套安装在门槛石上等措施。

3.4 季节性施工

❶ 雨期施工时，进场的成品、半成品应存放在库房内，分类码放平整、垫高。层与层之间要垫木条通风，不得日晒、雨淋。❷ 雨期门、窗套施工时，应先将外门、窗安装好以后再进行安装。雨期门、窗套安装好以后，必须及时刷底油，以防门、窗套受潮变形。❸ 冬期施工环境温

度不得低于5℃；安装木制门、窗套之后，应及时刷底油，并保持室内通风。室内供暖后温度不宜过高，以防室内太干燥，门、窗套出现收缩裂缝。

---

4 / 质量标准

本小节适用于门窗套制作与安装的质量验收。检查数量应符合下列规定：每个检验批应至少抽查3间（处），不足3间（处）时应全数检查。

4.1　主控项目

❶ 门窗套制作与安装所使用材料的材质、规格、纹理和颜色、木材的阻燃性能等级和含水率、人造木板的甲醛含量应符合设计要求及现行国家标准的有关规定。❷ 门窗套的造型、尺寸和固定方法应符合设计要求，安装应牢固。

4.2　一般项目

❶ 门窗套表面应平整、洁净、线条顺直、接缝严密、色泽一致，不得有裂缝、翘曲及损坏。❷ 门窗套安装的允许偏差和检验方法应符合表12.4.4-1的规定。

表12.4.4-1　门窗套安装的允许偏差和检验方法

项次	项目	允许偏差（mm）	检验方法
1	正、侧面垂直度	3	用2m垂直检测尺检查
2	门窗套上口水平度	1	用1m水平检测尺和塞尺检查
3	门窗套上口直线度	3	拉5m线，不足5m拉通线，用钢直尺检查

5 / 成品保护

❶ 木材及木制品进场后，应按其规格、种类存放在仓库内，板材应用木方垫平水平存放。门、窗套木线宜用捆成20根一捆，用塑料薄膜包裹封闭，用木方垫平水平存放。垫起距地高度应不小于200mm，并保持库房内的通风、干燥。❷ 选配料和下料要在操作台上进行，不得在没有任何保护措施的地面上进行操作。❸ 窗套安装时，应在窗台板上铺垫木板或地毯做保护层。严禁将窗台或已安装好的其他设备当作高凳或架子支点使用。❹ 在门窗安装施工时，门洞口的地面应进行保护，以防损伤地面。❺ 门、窗套安装全部完后，应围挡和用塑料膜遮盖进行保护。

6 / 安全、环境及职业健康措施

6.1 安全措施

❶ 使用电锯、电刨等电动工具时，设备上必须装有防护罩，防止意外伤人。❷ 施工现场临时用电均应符合现行行业标准《施工现场临时用电安全技术规范》（JGJ 46）的规定。❸ 在较高处进行作业时，应使用高凳或架子，并应采取安全防护措施，高度超过2m时应系安全带。❹ 木门、窗套安装、加工场所不得使用明火，并设防火标志，配备消防器具。

6.2 环保措施

❶ 施工用的各种材料应符合现行国家标准《民用建筑工程室内环境污染控制标准》（GB 50325）的规定。对环保超标的原材料拒绝进场。❷ 边角余料，应集中回收，按固体废物进行回收或处理。❸ 剩余的油

漆、胶和桶不得乱倒、乱扔，必须按规定集中回收、处理。❹ 木工作业棚应封闭，采取降低噪声措施，减少噪声污染。

6.3　职业健康安全措施

❶ 切割板时应适当控制锯末粉尘对施工人员的危害，必要时应佩戴防护口罩。❷ 在使用架子、人字梯时，应在作业前检查是否牢固，必要时佩戴安全带。

7　／　质量记录

门窗套施工质量记录包括：❶ 各种原材料的产品合格证和性能检验报告；❷ 人造板材甲醛含量检测报告、复试报告和进场检验记录；❸ 龙骨、底层板的安装固定和防腐工程隐检记录；❹ 检验批质量验收记录；❺ 分项工程质量验收记录。

第5节　护栏和扶手施工工艺

1 / 总则

1.1 适用范围

本施工工艺适用于以木质为扶手和玻璃为栏板的扶手栏杆的制作与安装工程，其他种栏杆可参考此种做法，扶手栏杆宜采用工厂制作与现场安装的施工方法。

1.2 编制参考标准及规范

1. 《建筑装饰装修工程质量验收标准》
   （GB 50210-2018）
2. 《建筑工程施工质量验收统一标准》
   （GB 50300-2013）
3. 《建筑玻璃应用技术规程》
   （JGJ 113-2015）
4. 《冷弯薄壁型钢结构技术规范》
   （GB 50018-2002）

2 / 施工准备

2.1 技术准备

❶ 熟悉施工图纸和设计说明，进行深化设计，绘制大样图，经设计、监理、建设单位确认。❷ 按照审批后的深化设计图纸编制材料供应计划，对外委托订货加工。进场后做好材料的进场验收工作。❸ 编制施工方案，对施工人员进行安全技术交底。❹ 制作护栏、扶手样板，经设计、监理、建设单位验收确认。

2.2 材料要求

1.玻璃栏板

玻璃栏板又称为玻璃栏河。它是由玻璃板配不锈钢或铜扶手共同组成。玻璃栏板的立面通透明快，表面便于清洁。因此，目前在大型公共建筑的主楼梯、大堂跑马回廊、商场、航站楼、高级写字楼中广泛采用。

❶ 玻璃材料：由于玻璃栏板在栏河构造中既是装饰构件又是受力构件，需具有防护功能及承受推、靠、挤等外力作用，故玻璃栏板应采用厚度不小于12mm的钢化玻璃、夹层钢化玻璃等安全玻璃。多层跑马廊的栏板或扶手高度应符合建筑设计规范要求，高度应在1.1m~1.2m。钢化玻璃必须在热处理之前将裁切钻洞和磨边等加工工序进行完毕，钢化处理后的玻璃不能再进行切割打孔。

夹层玻璃具有透明、高机械强度、耐光、耐热、耐寒、耐湿等特性，适用于安全性要求更高的玻璃栏板工程。夹层玻璃主要技术性能、外观质量、尺寸允许偏差应符合《建筑用安全玻璃 第3部分：夹层玻璃》（GB 15763.3）的规定。

❷ 扶手材料：扶手是玻璃栏板的收口和稳固连接构件，起着将各段玻璃栏板连成一个整体的作用，其材质影响到使用功能和栏河的整体装饰效果。目前采用较多的材料有：不锈钢管材、黄铜管材、高级硬木、大理石等。必须严格按照国家有关建筑和结构设计规范对玻璃栏板的每一个部件和连接节点进行设计、计算。

2.金属栏杆、扶手

目前应用较多的金属栏杆、扶手为不锈钢栏杆、扶手。

建筑装饰装修施工手册（第2版）

金属栏杆和扶手的管径和管材的壁厚尺寸应符合设计要求。一般大立柱和扶手的管壁厚度小宜小于1.2mm。

3. 木栏杆和木扶手

木栏杆和木扶手，应能承受规定的水平荷载，以保证楼梯的安全。常用的木材树种有水曲柳、红松、红榉、白榉、泰柚木等。所有木栏杆和木扶手均由专业工厂加工制作。

木制扶手其树种、规格、尺寸、形状应符合设计要求。木材质量均应纹理顺直、颜色一致，不得有腐朽、节疤、裂缝、扭曲等缺陷；含水率不得大于12%。弯头料一般采用扶手料。

2.3　主要机具

❶ 机械：电焊机、氩弧焊机、电刨、电锯、抛光机、切割机、无齿锯、手枪钻、冲击电锤、角磨机等。❷ 工具：手锯、手刨、钢锤、木锉、手锤、螺钉旋具等。❸ 计量检测用具：水准仪、钢尺、水平尺、靠尺、塞尺等。

2.4　作业条件

❶ 楼梯间墙面、楼梯踏板等抹灰全部完成。❷ 金属栏杆或靠墙扶手的固定埋件安装完毕。❸ 楼梯踏步、回马廊的地坪等抹灰均已完成，预埋件已留。

3　施工工艺

3.1　操作工艺

1. 玻璃栏板

玻璃栏板可分为半玻式和全玻式两种。

半玻式其玻璃是用卡槽安装于楼梯扶手立柱之间，或者在立柱上开出槽位，将厚玻璃直接安装在立柱内，并用玻璃胶固定。

全玻式其玻璃是下部用角钢与预埋件固定，上部与不锈钢或全铜管、木扶手连接（承受水平荷载）。

要点为承受水平荷载的栏板玻璃应使用厚度不小于 12mm 的钢化玻璃或公称厚度不小于 16.76mm 的钢化夹层玻璃。当栏板玻璃最低点离一侧楼地面高度在 3m 或 3m 以上、5m 或 5m 以下时，应使用公称厚度不小于 16.76mm 的钢化夹层玻璃。当栏板玻璃最低点离一侧楼地面高度大于 5m 时，不得使用承受水平荷载的栏板玻璃。

玻璃栏板的施工要点如下：

❶ 放线。施工放线应准确。

❷ 检查预埋件位置。对于用螺栓固定的玻璃栏板，玻璃上预先钻孔的位置必须十分准确，固定螺栓与玻璃留孔之间要有空隙，并用胶垫圈或毡垫圈隔开，不能硬性安装。

❸ 栏板玻璃的周边要磨平，在高级装饰中玻璃的外露部分还应该磨光倒角。栏板玻璃周边切口必须平整。

❹ 安装玻璃前，应清除槽口内的灰浆、杂物等。

❺ 将已裁割好的玻璃就位。玻璃的安装尺寸应符合设计的要求。立放玻璃的下部要有氯丁橡胶垫块，玻璃与边框、玻璃与玻璃之间都要有空隙，以适应玻璃热胀冷缩的变化。玻璃的上部和左右的空隙大小，应便于玻璃的安装和更换。

❻ 将厚玻璃安放在槽后，再加注玻璃胶。使用密封胶前，接缝处的表面必须清洁、干燥。密封材料的宽度和深度应符合设计要求，充填必须密实，外表应平整光洁。

2. 金属（不锈钢）栏杆

❶ 放线。土建施工会有一定偏差，装饰设计图纸细度也不够，因此必须根据现场放线实测的数据，根据设计的要求绘制施工放样详图。

❷ 检查预埋件是否齐全、牢固。如果原土建结构上未设置合适的预埋件，则应按照设计需要补做，钢板的尺寸和厚度以及选用的锚栓都应经过计算。如采用膨胀螺栓固定立柱底板时，装饰面层下的水泥砂浆结合层应饱满和有足够的强度。

❸ 检查成品构件的尺寸。应尽量采用工厂成品配件和杆件。

❹ 现场焊接和安装。一般应先竖立直线段两端的立柱，检查就位正确和校正垂直度，然后逐个安装中间立柱，顺序焊接其他杆件。管材间焊

接要用满焊，不能点焊。对设有玻璃栏板的栏杆，固定玻璃栏板的夹板或嵌条应对齐在同一平面上。

❺ 打磨和抛光。对镜面不锈钢管焊缝处的打磨和抛光，必须严格按照有关操作工艺由粗砂轮片到超细砂轮片逐步打磨，最后用抛光轮抛光。

3. 木栏杆和木扶手

❶ 螺旋楼梯木扶手的制作：螺旋楼梯的木扶手是螺旋曲线，而且内外圈的曲线半径和坡度都不相同，尤其当螺旋楼梯的平面半径较小时，就更难用平面圆弧曲线段来近似代替。① 首先应按设计图纸要求将金属栏杆就位和固定，安装好固定木扶手的扁钢，检查栏杆构件安装的位置和高度，扁钢安装要平顺和牢固。② 按照螺旋楼梯扶手内外环不同的弧度和坡度，制作木扶手的分段木坯。③ 用预制好的模板在木坯扶手上划出扶手的中线，根据扶手断面的设计尺寸，用手刨由粗至细将扶手逐次成型。④ 对扶手的拐点弯头应根据设计要求和现场实际尺寸在整料上划线，用窄锯条锯出雏形毛坯，毛坯的尺寸约比实际尺寸大约 10mm，然后用手工锯和刨逐渐加工成型。一般拐点弯头要由拐点伸出 100mm～150mm。⑤ 用抛光机、细木锉和手砂纸将整个扶手打磨砂光。然后刮油漆腻子和补色，喷刷油漆。

❷ 木扶手的安装要点：① 检查固定木扶手的扁钢是否平顺和牢固，扁钢上要先钻好固定木螺钉的小孔，并刷好防锈漆。② 测量各段楼梯实际需要的木扶手长度，按所需长度尺寸略加余量下料。当扶手长度较长需要拼接时，最好先在工厂用专用开榫机开手指榫。但最好每一梯段上的榫接头不超过 1 个。

❸ 找拉与划线：对安装扶手的固定件的位置、标高：坡度找位校正后，弹出扶手纵向中心线。按设计扶手构造，根据折弯位置、角度，划出折弯或割角线。楼梯栏杆或栏板顶面，划出扶手直线段与弯头、折弯断的起点和终点的位置。护栏高度不应小于 1050mm，临空高度 ≥ 24m 时，护栏高度不应小于 1100mm，栏杆间距不应大于 100mm。

❹ 弯头配置：① 按样板或栏杆顶面的斜度，配好起步弯头，一般木扶手，可用扶手料割配弯头，采用割角对缝粘接，在断块割配区段内最少要考虑三个螺钉与支承固定件连接固定。大于 70mm 断面的扶手的接头配置时，除粘接外，还应在下面作暗榫或用铁件铆固。② 整体弯头制作：应先做足尺大样的样板，并与现场划线核对后，在弯头料上

按样板划线，制成雏形毛料。按划线位置预装，与纵向直线扶手端头粘结，弯头粘接时，温度不得低于5℃。弯头下部应与栏杆扁钢结合紧密、牢固。木扶手弯头加工成形应刨光，弯曲自然，表面磨光。③ 连接预装：预制木扶手须经预装，预装木扶手由下往上进行，先预装起步弯头及连接第一跑扶手的折弯弯头，再配上下折弯之间的直线扶手料，进行分段预装粘结。④ 固定：分段预装检查无误，进行扶手与栏杆（样板）上固定件，用木螺丝拧紧固定，固定间距控制在400mm以内，操作时应在固定点处，先将扶手料钻孔，再将木螺钉拧入，不得用锤子直接打入，螺帽达到平正。扶手与垂直杆件连接牢固，紧固件不得外露。⑤ 木扶手与弯头的接头要在下部连接牢固。木扶手的宽度或厚度超过70mm时，其接头应粘接加强。⑥ 木扶手端部与墙或柱的连接必须牢固，不能简单将木扶手伸入墙内，因为水泥砂浆不能和木扶手牢固结合，水泥砂浆的收缩裂缝会使木扶手入墙部分松动。⑦ 沿墙木扶手的安装方法基本同前，因为连接扁钢不是连续的，所以在固定预埋铁件和安装连接件时必须拉通线找准位置，并且不能有松动。⑧ 整修：木扶手安装好后，对所有构件的连接进行检查，拼接要平顺光滑，折角线清晰，坡角合适，弯曲自然，断面一致，再用砂纸打磨光滑。然后刮腻子补色，最后按设计要求刷漆。

3.2　质量关键要求

❶ 扶手安装完后，要对扶手表面进行保护。当扶手较长时，要考虑扶手的侧向弯曲，在适当的部位加设临时立柱，缩短其长度，减少变形。❷ 多层走廊部位的玻璃护栏，人靠时，由于居高临下，常常有一种不安全的感觉。所以该部位的扶手高度应比楼梯扶手要高些，合适的高度应在1.1m左右。❸ 安装玻璃前，应检查玻璃板的周边有无缺口边，若有，应用磨角机或砂轮打磨。❹ 大块玻璃安装时，要与边框留有空隙，其尺寸为5mm。❺ 木质扶手应控制好原材料的含水率，进场后应放在库内，保持通风干燥，避免淋雨、受潮。木扶手加工完成后，应先涂刷一道底油，防止木材干缩变形出现接槎不严密或裂缝等质量问题。❻ 扶手底部开槽深度要一致，护栏顶端的固定扁铁要平整、顺直，防止扶手接槎不平整。❼ 清油饰面的木质扶手选料时要仔细、认真，加强进场材料检验，防止木扶手的各段颜色不一致。❽ 不锈钢扶手施工时要掌握好焊接的温度、时间、方法。施工时应先做样板，以确定各参数的最佳值，防止不锈钢扶手面层亮度不一致、表面凹凸和不顺

建筑装饰装修施工手册（第2版）

直。❾ 安装扶手时要按工艺要求操作，螺丝安装的位置、角度、钻孔的尺寸精准、方向正确，与扁铁面垂直，防止钉帽不平、不正。

3.3　季节性施工

❶ 室外施工时注意避开雨、雪天气。❷ 木质护栏、扶手雨期施工时，注意及时涂刷底漆进行防潮。湿度较高时，不宜进行面层油漆施工。

4　质量要求

4.1　主控项目

❶ 护栏和扶手制作与安装所使用材料的材质、规格、数量和木材、塑料的燃烧性能等级应符合设计要求。❷ 护栏和扶手的造型、尺寸及安装位置应符合设计要求。❸ 护栏和扶手安装预埋件的数量、规格、位置以及护栏与预埋件的连接节点应符合设计要求。❹ 护栏高度、栏杆间距、安装位置必须符合设计要求。护栏安装必须牢固。❺ 护栏玻璃应使用厚度不小于 12mm 的钢化玻璃或钢化夹层玻璃。当护栏一侧距楼地面高度为 5m 及以上时，应使用钢化夹层玻璃。

4.2　一般项目

❶ 护栏和扶手转角弧度应符合设计要求，接缝应严密，表面应光滑，色泽应一致，不得有裂缝、翘曲及损坏。❷ 护栏和扶手安装的允许偏差和检验方法应符合表 12.5.4-1 的规定。

表 12.5.4-1　护栏和扶手安装的允许偏差和检验方法

项次	项目	允许偏差（mm）	检验方法
1	护栏垂直度	3	用 1m 垂直检测尺检查
2	栏杆间距	0，-6	用钢尺检查

项次	项目	允许偏差（mm）	检验方法
3	扶手直线度	4	拉通线，用钢直尺检查
4	扶手高度	+6，0	用钢尺检查

5 / 成品保护

❶ 安装好的玻璃护栏应在玻璃表面涂刷醒目的图案或警示标识，以免因不注意而碰、撞到玻璃护栏。❷ 安装好的木扶手应用泡沫塑料等柔软物包好、裹严，防止破坏、划伤表面。❸ 禁止以玻璃护栏及扶手作为支架，不允许攀登玻璃护栏及扶手。

6 / 安全、环境及职业健康措施

6.1 安全措施

❶ 施工中使用的电动工具及电气设备，均应符合现行行业标准《施工现场临时用电安全技术规范》（JGJ 46）。❷ 在施工现场需动用明火处，开具动火证，有专人看火、消防设施有效，预防各类火灾隐患。❸ 施工中使用的各种电动机具应有防护罩，防止意外伤人。❹ 电、气焊等特殊工种工人应持证上岗，操作人员应戴面罩和防护手套。

6.2 环保措施

❶ 施工用的各种材料应符合现行国家标准《民用建筑工程室内环境污染控制标准》（GB 50325）的要求。❷ 施工现场应做到活完脚下清，保持施工现场清洁、整齐、有序。❸ 边角余料，应集中回收，按固体废物进行回收或处理。木材或塑料扶手下脚料严禁在现场焚烧。❹ 剩余的油漆、涂料和油漆桶不得乱倒乱扔，必须按有害废弃物进行集中回收、处理。❺ 严格控制施工场地的噪声污染，合理安排有强噪声施工时间。

6.3 职业健康安全措施

在施工中应注意在高处施工时的安全防护。

7 / 质量记录

护栏和扶手施工质量记录包括：❶ 护栏、扶手原材料的产品合格证和性能检验报告、进场检验记录；❷ 人造合成木扶手的甲醛含量检测报告和复试报告；❸ 各种预埋件、固定件的安装固定和防腐工程隐检记录；❹ 检验批质量验收记录；❺ 分项工程质量验收记录。

第 6 节

花饰施工工艺

1 / 总则

1.1 适用范围

本施工工艺适用于石材、木材、塑料、金属、玻璃、石膏等花饰制作与安装工程的制作与安装施工工艺。

1.2 编制参考标准及规范

1.《建筑装饰装修施工质量验收标准》
（GB 50210-2018）

2.《建筑工程施工质量验收统一标准》
（GB 50300-2013）

3.《民用建筑工程室内环境污染控制标准》
（GB 50325-2020）

2 施工准备

2.1 技术准备

❶ 熟悉施工图纸和设计说明，进行图纸的深化设计工作。❷ 按照审批后的深化设计图纸编制材料的对外委托订货加工。❸ 编制施工方案，对施工人员进行安全技术交底。❹ 制作安装花饰样板，经设计、监理、建设单位验收并签认。

2.2 材料要求

❶ 木花饰：① 木花饰制品由工厂生产成成品或半成品，进场时应检查型号、质量、验证产品合格证。② 木花饰在现场加工制作的，宜选用硬木或杉木制作，要求结疤少，无虫蛀、无腐蚀现象；其所用的树种、材质等级、含水率和防腐处理必须符合设计要求和《木结构工程施工及验收规范》（GB 50206）的规定。③ 其他材料：防腐剂、铁钉、螺栓、胶粘剂等，按设计要求的品种、规格、型号购备，并应有产品质量合格证。④ 木材应提前进行干燥处理，其含水率应控制在12%以内。⑤ 凡进场人造木板甲醛含量限值经复验超标的及木材燃烧性能等级不符合设计要求和《民用建筑工程室内环境污染控制标准》（GB 50325）规定的不得使用。

❷ 竹花饰：① 竹子应选用质地坚硬、直径均匀、竹身光洁的竹子，一般整枝使用，使用前需作防腐、防蛀处理，如用石灰水浸泡。② 销钉可用竹销钉或铁销钉。螺栓、胶粘剂等符合设计要求。

❸ 玻璃花饰：① 玻璃，可选用平板玻璃进行磨砂等处理，或采用彩色玻璃、玻璃砖、压花玻璃、有机玻璃等。② 其他材料：金属材料、木料，主要做支承玻璃的骨架和装饰条；钢筋，用做玻璃砖花格墙拉结。这些材料都应符合设计要求。

❹ 塑料花饰：塑料花饰制品由工厂生产成成品，进场时应检查型号、质量、验证产品合格证。

❺ 胶粘剂、螺栓、螺钉、焊接材料、贴砌的粘贴材料等，品种、规格应符合设计要求和国家有关规范规定的标准。室内用水性胶粘剂中总挥发性有机化合物（TVOC）和苯限量见表12.6.2-1。

表 12.6.2-1　室内用水性胶粘剂中总挥发性有机化合物（TVOC）和苯限量

测量项目	限量
TVOC（g/L）	≤ 700
苯（g/kg）	≤ 0.5

2.3　主要机具

❶机械：电锯、平刨、线刨、滚刨、曲面刨、槽刨、开榫机、曲线锯、手电钻等。❷工具：线坠、圆规、墨斗、刮刀、刻刀、凿子、羊角锤、斧头、钢丝软锯、砂纸。❸计量检测工具：钢尺、角尺、折尺、三角尺、活络三角尺、水平尺、楔形塞尺等。❹安全防护用品：护目镜、绝缘手套等。

2.4　作业条件

❶购买、工厂加工的花饰制品或自行加工的预制花饰，应检查验收，其材质、规格、图式应符合设计要求。石膏预制花饰制品的强度应达到设计要求，并满足硬度、刚度、耐水、抗酸的要求标准。❷安装花饰的工程部位，其前道工序项目必须施工完毕，应具备强度的基体，基层必须达到安装花饰的要求。❸重型花饰的位置应在结构施工时，事先预埋锚固件，并做抗拉试验。❹按照设计的花饰品种，安装前应确定好固定方式（如粘贴法、镶贴法、螺栓固定法、焊接固定法等）。❺正式安装前，应在拼装平台做好安装样板，经有关部门检查鉴定合格后，方可正式安装。

3　施工工艺

3.1　操作工艺

1. 木花饰制作施工

❶ 制作工序:

选料、下料 ——→ 刨面、做装饰线 ——→ 开榫 ——→ 做连接件、花饰

图 12.6.3-1　木花饰制作工序

❷ 制作要点: ① 选料、下料。按设计要求选择合适的木材。选材时，毛料尺寸应大于净料尺寸 3mm～5mm，按设计尺寸锯割成段，存放备用。② 刨面、做装饰线。用木工刨将毛料刨平、刨光，使其符合设计净尺寸，然后用线刨刨刮装饰线。③ 开榫：用锯、凿子在要求连接部位开榫头、榫眼、榫槽，尺寸一定要准确，保证组装后无缝隙。④ 做连接件、花饰。竖向板式木花饰常用连接件与墙、梁固定，连接件应在安装前按设计做好，竖向板间的花饰也应做好。

❸ 安装工序:

预埋铁件或留凹槽 ——→ 安装花饰 ——→ 表面装饰处理

图 12.6.3-2　木花饰安装工序

❹ 安装要点: ① 预埋铁件或留凹槽。在拟安装的墙、梁、柱上预埋铁件或留凹槽。② 安装花饰。安装花饰可分为小花饰和竖向板式花饰两类。③ 小面积木花饰可像制作木窗一样，先制作好，再安装到位。④ 竖向板式花饰则应将竖向饰件逐一定位安装，先用尺量出每一构件位置，检查是否与预埋件相对应，并做出标记。将竖板立正吊直，并与连接件拧紧，随后安装木花饰。⑤ 表面装饰处理。木花饰安装好后。表面应用砂纸打磨、批腻子、刷涂油漆。

2. 竹花饰施工

❶ 制作工序:

选料、加工 ——→ 制作竹销、木塞 ——→ 挖孔

图 12.6.3-3　竹花饰制作工序

❷ 制作要点: ① 选料、加工。将符合要求的竹子进行修整，去枝杈、去青，按设计要求切割成一定的尺寸，还可在表面进行加工，如斑

点、斑纹、刻花等。② 制作竹销、木塞。竹销和木塞是花饰中竹竿之间的连接构件。竹销直径 3mm～5mm，可先制成竹条，使用时根据需要截取；木塞应根据竹子孔径的大小取直径，做成圆木条后再截取修整，塞入连接点或封头。③ 挖孔。竹竿之间插入式连接时，要在竹竿上挖孔、孔径即为连接杆直径，孔径宜小不宜大。可用电钻和曲线锯配合使用挖孔，也可用锋利刀具挖孔。

❸ 安装工序：

图 12.6.3-4　竹花饰安装工序

❹ 安装要点：① 定位：弹线、定位，方法同其他花饰安装。② 安装：竹花饰四周可与框、竹框或水泥类面层交接。小面积带边框花饰可在地面拼装成型后安装到位，大面积花饰则现场组装。安装应从一侧开始，先立竖向组杆，在竖向组杆中插入横向组杆，依次安装。③ 连接：组与组之间、竹与木之间用钉、套、穿等方法连接。以竹销连接要先钻孔，竹与木连接一般从竹竿用铁钉钉向木板，或竹竿穿入木榫中。④ 刷漆：竹花饰安装好后，可以在表面刷清漆，起保护和装饰作用。

3.2　质量关键要求

❶ 木、竹花饰制作前应认真选料，并预先进行干燥、防虫、防腐等处理。❷ 原材料和成品、半成品都要防止暴晒，并避免潮湿。❸ 堆放时，要防止翘曲变形，要分层纵横交叉堆垛，便于通风干燥。堆放时，要离地 30cm 以上，不可直接接触泥土。❹ 木花饰半成品饰件未涂油饰前，要严格保持胚料表面干净，以免造成正式涂饰油漆时的困难。

3.3　季节性施工

❶ 雨期施工时，应采取措施，确保木材的含水率不超过当地平衡含水率。施工环境湿度大于 60% 时，应用机械通风排湿。木质花饰安装施工最好避开连续下雨的天气，花饰安装完毕后，立即进行饰面油漆施工。
❷ 冬期施工时，用胶粘剂进行粘结的环境温度不得低于 5℃。

4 质量标准

本小节适用于石材、木材、塑料、金属、石膏等花饰制作与安装工程的质量验收。

检查数量应符合下列规定：室外每个检验批应全部检查。室内每个检验批应至少抽查3间（处）；不足3间（处）时应全部检查。

4.1 主控项目

❶ 花饰制作与安装所使用材料的材质、规格、性能、有害物质限量及木材的燃烧性能等级和含水率应符合设计要求及国家现行标准的有关规定。

检验方法：观察；检查产品合格证书、进场验收记录、性能检测报告和复验报告。

❷ 花饰的造型、尺寸应符合设计要求。

检验方法：观察；尺量检查。

❸ 花饰的安装位置和固定方法必须符合设计要求，安装必须牢固。

检验方法：观察；尺量检查；手扳检查。

4.2 一般项目

❶ 花饰表面应洁净，接缝应严密吻合，不得有歪斜、裂缝、翘曲及破损。

检验方法：观察。

❷ 花饰安装的允许偏差和检验方法如表12.6.4-1。

表 12.6.4-1　花饰安装的允许偏差和检验方法

项次	项目		允许偏差（mm）		检验方法
			室内	室外	
1	条形花饰的水平度或垂直度	每米	1	3	拉线和用1m垂直检测尺检查
		全长	3	6	
2	单独花饰中心位置偏移		10	15	拉线和用钢直尺检查

5 / 成品保护

❶ 制作好的成品、半成品按照规定进行包装、运输和保管。❷ 花饰安装完后用塑料薄膜覆盖，周围设置必要防护栏，并挂警示牌；花饰的转角部位和突出部位用木板、木方做保护；避免触摸、碰撞损坏及受到其他污染物的污染。❸ 清理现场垃圾时，必须采取降尘措施。❹ 室外花饰施工中、完成后，必须进行遮盖，采取防雨措施，严防受水渍污染和淋雨受潮。❺ 拆除脚手架、移动设备时，要防止碰撞花饰制品。

6 / 安全、环境及职业健康措施

6.1　安全措施

❶ 施工前，应对管理人员和操作人员进行安全技术交底。❷ 施工中使用的电动工具及电气设备，均应符合现行行业标准《施工现场临时用电安全技术规范》（JGJ 46）的规定。❸ 脚手架的搭设、拆除，必须由持证专业人员操作。❹ 使用手持电动工具时戴绝缘手套，并配有漏电保护装置。夜间施工移动照明应使用 36V 低压设备，电源线必须使用橡胶护套电缆。

6.2　环保措施

❶ 施工用的各种材料应符合现行国家标准《民用建筑工程室内环境污染控制标准》（GB 50325）的规定。❷ 施工现场应做到活完脚下清，保持施工现场清洁、整齐、有序。❸ 施工时合理安排有强噪声施工时间；材料装卸轻拿轻放，减少噪声扰民。❹ 严格控制粉尘排放。垃圾应装袋及时清理。清理木屑等废弃物时应洒水，以减少扬尘污染。

6.3 职业健康安全措施

在施工中应注意在高处施工时的安全防护。

---

7 / 质量记录

花饰施工质量记录包括：❶ 加工花饰所用木材的质量等级和烘干试验等资料；❷ 各种材料的产品合格证、性能检验报告、进场验收记录和报验资料；❸ 花饰基层安装，预留、预埋件安装和花饰固定节点的隐蔽验收记录；❹ 检验批质量验收记录；❺ 分项工程质量验收记录。

特殊粘接施工工艺

1 / 总则

1.1 适用范围

本施工工艺适用于部分厨房用品、卫浴用品、镜子、轻质装饰板的安装施工工艺。

1.2 编制参考标准及规范

1.《建筑用防霉密封胶》
（JC/T 885-2016）

2.《硅酮和改性硅酮建筑密封胶》
（GB/T 14683-2017）

3.《室内墙面轻质装饰板用免钉胶》
（JC/T 2186-2013）

4.《室内装饰装修材料 胶粘剂中有害物质限量》
（GB 18583-2008）

2 / 施工准备

2.1 技术准备

❶ 熟悉相关粘接及密封材料的使用说明。❷ 编制施工方案，对施工人员进行安全技术交底。❸ 制作相关样板，经设计、监理、建设单位验收并签认后，进行大面积施工。

2.2 材料要求

❶ **厨卫用防霉密封胶**：厨房卫浴易生长霉菌，以上部位使用的粘接密封产品应满足《建筑用防霉密封胶》（JC/T 885）。❷ **镜子专用粘接密封材料**：镜子的粘接密封材料，应选择满足《硅酮和改性硅酮建筑密封胶》（GB/T 14683）的中性密封胶产品。❸ **轻质装饰板用免钉胶**：轻质装饰板的粘接固定材料，应满足《室内墙面轻质装饰板用免钉胶》（JC/T 2186）。

2.3 主要工具

❶ **工具**：打胶枪、裁纸刀、湿布、刮刀；❷ **安全防护用品**：护目镜、口罩等。

2.4 作业条件

❶ 对于密封胶所使用的粘接密封基材和物品，应检查验收，其材质、规格、图式应符合设计要求。❷ 对一些特殊材料进行粘接时，应咨询密封胶厂家，确认其粘接能否合乎要求，必要时应对密封胶产品和粘接基材做相容性实验。

3.1 操作工艺

1. 厨房、卫浴防霉密封胶施工

❶ 施工工艺：

清理基面 ⟶ 施胶 ⟶ 修整胶体，抹平

图 12.7.3-1 厨房、卫浴防霉密封胶施工工艺

❷ 施工要点： ① 施胶前粘结密封表面必须致密、结实、干燥、清洁；② 如有需要可在施胶部位边缘用美纹纸粘贴；③ 用施胶枪将胶挤入待密封处；④ 将胶体修整、抹平表面，施胶修整后撕去美纹纸。

2. 镜子粘接施工

❶ 施工工艺：

清理基面 ⟶ 施胶，固定 ⟶ 修整边缘

图 12.7.3-2 镜子粘接施工工艺

❷ 施工要点： ① 将镜子和墙面、柜子等粘接部位表面清理干净；② 在镜子上打上镜子专用胶后，将镜子粘接固定；③ 将镜子边缘施胶密封部位清理干净；④ 如有需要可在施胶部位边缘用美纹纸粘贴；⑤ 用施胶枪将镜子专用胶挤入待密封处；⑥ 将胶体修整、抹平表面，施胶修整后撕去美纹纸。

3. 轻质装饰板粘接施工

❶ 施工工艺：

清理基面 ⟶ 施胶，固定 ⟶ 修整边缘

图 12.7.3-3 轻质装饰板粘接施工工艺

❷ 施工要点：

清洁施工表面，确保无油污或灰尘。切开管口，装上喷嘴，用密封枪挤出。

1）干式粘接法（适合较轻物料和承受力轻的接合处）

① 以相隔40cm的距离挤出数行"之"字形液体钉；② 将带液体钉的一面压紧粘接处，轻轻拉开，让胶水挥发2min～5min；③ 然后再将两面压紧即可。

2）湿式粘接法（适合只受较大的压力处，配合钳夹工具使用）

① 依照干式粘接法涂上液体钉；② 配合钳夹、铁钉或螺丝，立即将粘合两面或钉紧；③ 待胶凝固后（24h），再移除钳夹。

3）负重材料的粘接方法：

① 先将负重材料粘接在一起，然后再将其分离，等待干燥5min左右，再次将待粘合的材料牢固压合并敲紧，使其就位。② 必要时可用撑柱予以支撑（沉重材料必须予以支撑）。

❸ 施工要点：

不能用于潮湿和有积水的区域，不能用于安装镜子。材料方面可用于聚氯乙烯；但不适用于聚乙烯和聚丙烯。本产品不具防水功能，不宜用于室外。

注意：放置于小孩拿不到的地方。

3.2 质量关键要求

❶ 不能用于直接接触食品的地方；❷ 不宜用于会渗出油脂、增塑剂或溶剂的材料表面；❸ 不宜用于密不通风的部位，会出现固化困难；❹ 材料表面温度低于5℃或高于40℃时，不宜施工。

4 / 质量标准

本小节适用于厨卫、镜子、轻质装饰板的密封粘接材料的安装工程的质量验收。

检查数量应符合下列规定：每个检验批应至少抽查 3 间（处）；不足 3 间（处）时应全部检查。

4.1 主控项目

❶ 密封材料的性能、规格应符合相关标准。

检验方法：观察；检查产品合格证书并检查其是否符合相关产品标准。

❷ 密封材料的施工必须符合施工要求，安装必须牢固。

检验方法：观察；尺量检查；手扳检查。

4.2 一般项目

❶ 裸露在外的密封胶条表面应洁净，无颗粒，接缝应严密吻合，不得有歪斜、裂缝、空洞等。

检验方法：观察。

❷ 密封材料的粘接应牢固，无晃动。

检验方法：观察；尺量检查；手扳检查。

5 成品保护

❶ 使用湿法施工免钉胶后，应待胶凝固后（24h），再移除钳夹。❷ 粘合重物的时候，需要一定的支撑或固定物，在胶体固化前不应撤去支撑物。

6 / 安全、环境及职业健康措施

6.1 安全措施

❶ 施工前，应对管理人员和操作人员进行安全技术交底。❷ 施工中使用的电动工具及电气设备，均应符合现行行业标准《施工现场临时用电安全技术规范》（JGJ 46）的规定。❸ 脚手架的搭设、拆除，必须由持证专业人员操作。

6.2 环保措施

❶ 施工用的各种材料应符合现行国家标准《民用建筑工程室内环境污染控制标准》（GB 50325）的规定。❷ 施工现场应做到活完脚下清，保持施工现场清洁、整齐、有序。❸ 施工时合理安排有强噪声施工时间；材料装卸轻拿轻放，减少噪声扰民。❹ 严格控制粉尘排放。垃圾应装袋及时清理。清理木屑等废弃物时应洒水，以减少扬尘污染。

6.3 职业健康安全措施

❶ 密封粘接材料固化之前应避免与眼睛接触，若与眼睛接触，请及时用大量清水冲洗，并找医生处理。❷ 密封粘接材料在固化过程中会释放出少量挥发性物质，在施工及前期固化时应注意通风，以免可挥发物浓度太大对人体产生不良影响。❸ 施工中应佩戴口罩和护目镜。

7 / 质量记录

特殊粘接施工质量记录包括：❶ 密封粘接材料的产品合格证、性能检验报告；❷ 密封粘接材料的物资进场验收记录和物资进场报验资料；❸ 检验批质量验收记录；❹ 分项工程质量验收记录。

图书在版编目（CIP）数据

建筑装饰装修施工手册/倪安葵等主编. — 2 版
. — 北京：中国建筑工业出版社，2020.11
ISBN 978-7-112-25407-1

Ⅰ.①建⋯ Ⅱ.①倪⋯ Ⅲ.①建筑装饰—工程施工—
技术手册 Ⅳ.①TU767-62

中国版本图书馆 CIP 数据核字（2020）第 165755 号

责任编辑：徐晓飞　张　明
责任校对：李美娜

建筑装饰装修施工手册（第 2 版）
倪安葵　蓝建勋　孙友棣　吴颂荣　主编
*
中国建筑工业出版社出版、发行（北京海淀三里河路 9 号）
各地新华书店、建筑书店经销
北京建筑工业印刷厂制版
北京雅昌艺术印刷有限公司印刷
*
开本：787 毫米×1092 毫米　1/16　印张：50¾　字数：907 千字
2021 年 5 月第二版　　2021 年 5 月第二次印刷
定价：**158.00** 元
ISBN 978-7-112-25407-1
（36330）